韓國中世農業史研究

―土地制度와 農業開發政策―

金 容 燮

Studies on the History of Medieval Korean Agriculture

Land System and Agricultural Policies

by

Kim   Yong-sŏp

韓國中世農業史研究

초판 1쇄 발행 2000. 7. 15
초판 2쇄 발행 2003. 10. 7

지은이   김용섭
펴낸이   김경희
펴낸곳   (주)지식산업사
주소   서울시 종로구 통의동 35-18
전화   (02)734-1978(대)
팩스   (02)720-7900

인터넷한글문패 지식산업사
인터넷영문문패 www.jisik.co.kr
전자우편 jsp@jisik.co.kr, jisikco@chollian.net

등록번호 1-363
등록날짜 1969. 5. 8

ⓒ 김용섭, 2000
ISBN 89-423-1054-0 93910

책값 25,000원

이 책을 읽고 지은이에게 문의하고자 하는 이는 지식산업사 e-mail로 연락 바랍니다.

序

　필자는 우리나라 中世社會 解體期의 문제를, 朝鮮後期의 農業史를 중심으로 社會構成, 土地制度, 農業生産 등 몇 가지 면으로 살펴왔다. 그리고 그것을 社會變動에 초점을 맞추어 몇 권의 책자로 묶을 수가 있었다. 그러나 그러한 과정에서 필자에게는 朝鮮後期 農業史를 이해하기 위한 배경이 되고, 中世 農業史를 體系的으로 이해하기 위한 문제와도 관련하여, 늘 두 가지의 문제가 궁금한 문제·관심사가 되지 않을 수 없었다. 그 하나는 朝鮮後期 社會變動의 前提가 되는 古代 中世의 土地制度는, 중국이나 일본과 비교하여, 어떠한 특징을 갖는 것이었고 또 어떠한 발전과정을 거쳐온 것이었는가 하는 점이었으며, 다른 하나는 토지제도와 함께 사회변동의 또 하나의 기저가 되고 있었던 朝鮮後期의 農業技術과 農業生産力은, 朝鮮前期의 어떠한 農業政策을 통해서 형성되고 발전해 온 것이었는가 하는 점이었다. 이같은 문제는 직접 작업을 해보지 않고서는 그에 대한 이해가 정확할 수 없었다. 그리하여 필자는 朝鮮後期의 農業史에 관한 연구를 하는 한편으로는, 우리나라 中世農業史의 體系化에 관련되는 이같은 두 계통의 문제에 대하여, 틈틈이 자료를 검토하고 이를 해명하기 위한 작업을 최소한으로나마 試圖하지 않으면 아니 되었다.

　本書는 이같은 관심에서 오랜 세월에 걸치면서 틈틈이 쓰여진 글들을, 미흡한 점을 크게 보완하지 못하고, 논문간에 중복되는 점도 크게 조정하지 못한 채, 이제 土地制度와 農業開發政策이라고 하는 두 계통으로 編을 나누어 정리하고, 그 앞에 한편의 작은 글을 권수논문으로 첨부함으로써 한 권의 論文集으로 간행하게 되는 것이다. 한 권의 책으로 묶으면서도 수록된 논문들이 하나의 體制로 통일되지 못하고, 論點 또한 하나로 집약되지 못하고 흩어지는 감이 있어서 아쉽지만, 필자로서는 이것이 論文集이라는 점에서 이런 정도로 만족하지 않을 수 없었다.

　제 I 편은 우리나라 土地制度의 기본 골격을 거시적으로 개관한 것으로, 그 핵심은 私的 所有權에 입각한 自營小農制와 地主佃戶制의 바탕 위에 收租權을 중심한 '田制' '田主佃客制'가 중첩되어 운영되는 데 있는 것으로 보고, 그러한 두 제도의 역사적 推移를 통시대적으로 고찰한 것이다. 우리나라 토지제도의 기본 골격을 이해하기 위한 導論적인 글로서 구상하고 정리한 것이다.

제 II 편은 우리나라 土地制度의 기본 특징을, 그 제도를 구성하고 운영하는 基層的 원리, 즉 土地面積, 所出, 租稅額의 세 가지를 하나의 제도로 組合하여 운영하는 結負 量田制에 있는 것으로 보고, 이를 몇 가지 각도에서 고찰한 것이다. 세 편의 논고 중 제1, 제2의 논문은 高麗時期의 量田制와 田品制를 고찰한 것이고, 제3의 논문은 토지제도의 구성과 운영의 基層的 원리로서의 結負制를 通時代的으로 그 발생, 발전, 소멸의 과정을 정리한 것이다. 우리나라 중세의 土地制度, 租稅制度의 제도적 구조적 특징이, 結負 量田制에 있는 것이라면, 농업에서의 構造的 矛盾의 문제도 이 結負 量田制에 집약되어 있을 것으로 보는 가운데 작업을 한 것이다.

제 III 편은 高麗王朝가 朝鮮王朝로 전환 교체되는 시기의 문제를, 農業史의 측면에서 볼 때, 高麗末年의 농업문제·농업상의 구조적 모순을 해결하지 못한 데 있는 것으로 보고, 따라서 조선왕조에서는 그같은 모순구조를 어떻게 타개하고 新國家의 체제를 확립하고 있었는가 하는 문제를, 농업개발정책이라는 각도에서 고찰한 것이다. 제1논문은 조선왕조의 그 같은 정책을 특히 당시의 勸農政策을 포괄적으로 고찰함으로써, 고려시기에서 조선시기로 이행하면서 농업상에서 달라지게 되는 사정을 고찰한 것이고, 제2논문은 농업상의 구조적 모순을 해결하기 위한 하나의 방법으로서, 高麗國家에서는 元『農桑輯要』의 농업기술을 통해 농업생산을 증진함으로써 이를 타개하려 하고, 조선왕조에서는 結負制를 개혁하여 收取를 경감하는 가운데 우리의 『農事直說』의 농업기술을 통해 농업생산을 증진함으로써 그 문제를 타개하려 하였음을 고찰하였다. 여기서는 양 시기 지식인의 농업문제를 인식하는 태도에 차이가 있었음을 특히 주목하였다. 附論으로 수록한 논문은 高麗末年에서 朝鮮初期에 걸치면서 지식인들에게 많은 영향을 주고, 또 複刻도 되고 번역도 되었던 『農桑輯要』가 어떠한 農書였는지 書誌的으로 검토한 것이다.

부족한 연구이지만 이같은 연구물을 하나의 단행본으로 엮기까지에는 여러 분의 도움을 받았다. 本書에서 다루고 있는 시기는 필자의 전공영역이 아니어서, 古代史·中世史의 제문제를 이해하기 위해서는 金光洙, 李景植 교수와 수시로 의견을 나누었고, 자료상으로도 많은 도움을 받았다. 高麗刻本의『元朝正本農桑輯要』는 許興植 교수가 발굴한 것을 허 교수의 호의로 먼저 이용할 수 있었고, 朴英宰 교수를 통해서는 元刻本『農桑輯要』의 影印本을 입수하여 볼 수 있었으며, 黃元九·金基協·柳鏽泰 교수를 통해서는 중국의 度量衡관계 자료를 입수할 수 있어서 연구에 많은 도움을 받았다. 英文槪要는 김기협 교수가 작성하고, 교정작업을 위해서는 백승철, 도현철 강사와 김용흠, 최윤오, 정호훈, 이상의, 원재린 등 박사생들이 수고를 아끼지 않았으며, 컴퓨터 작업에서의 기술적 난점은 늘 구만옥 박사생이 이를 해결하였다.

지식산업사의 김경희 사장은 작금의 어려운 상황 속에서 이번에 간행되는 책자의 원고를 거듭 독촉하고, 여행중에 있었던 필자에게는 새로 구입한 노트북 PC를 먼저 이용하여 원고를 마무리하도록 하였으며, 추가되는 원고를 위해서는 간행작업을 1년씩이나 기다려 주기도 하였다. 그리고 편집부의 여러분은 난삽한 원고를 깨끗하게 다듬고 정리해서 참한 책으로 완성하였다. 이들 여러분의 도움이 없었다면 本書는 그나마 책이 되기 어려웠을 것으로 생각된다. 말미가 되었지만 여기에 진심으로 감사의 뜻을 표하는 바이다.

本書는 애초에 저작집 제7권으로서『韓國中世農業史의 諸問題』로 출간할 예정이었으나, 주위에서 모두 이는 강의제목 같아서 적절하지 않다 하고, 분량도 너무 많아서 分冊을 하였다. 이 책에는 그 중에서도 표제와 관련되는 글들을 수록함으로써 저작집 제8권으로서 간행하게 되었다.

2000년 3월 10일

著 者

目 次

序 ·· iii

I. 土地制度 槪觀

土地制度의 史的 推移

1. 序 言 ·· 3
2. 古代의 土地制度 ·· 4
3. 古代에서 中世로 ·· 11
4. 中世의 土地制度 ·· 16
　1) 新羅統一期 ··· 17
　2) 高麗時期 ··· 23
　3) 朝鮮時期 ··· 30
5. 中世末의 土地問題 ·· 37
　1) 農村經濟의 變動 ··· 38
　2) 矛盾構造 ··· 44
　3) 改革方向 ··· 47
6. 餘 言 ·· 53

II. 結負·量田制

高麗時期의 量田制

1. 序 言 ·· 57
2. 初期 量田制와 그 變動 ·· 58
3. 量田制 變動의 背景 ·· 70

　　1) 農業技術의 發達 ··· 70

　　2) 收租權 分給·收奪의 强化 ··· 78

　4. 量田과 土地支配 ··· 86

　　1) 量田과 所有權 ··· 87

　　2) 量田과 收租權 ··· 94

　5. 結　語 ··· 103

高麗前期의 田品制

　1. 序　言 ··· 107

　2. 田品制의 檢討 ··· 108

　3. 租率과 租額 ··· 117

　4. 結 所出의 吟味 ··· 131

　5. 結　語 ··· 141

結負制의 展開過程

　1. 序　言 ··· 145

　2. 結負制의 起源과 그 制度的 確立 ······························· 148

　　1) 古代國家 成立期의 所出 중심 結負制 ····················· 149

　　2) 三國時期 중반 把 단위 복합적 結負制의 確立 ········· 161

　3. 新羅·渤海時期의 結負制 ··· 178

　　1) 新羅統一期의 結負制 ··· 179

　　2) 渤海 結負制의 推定 ··· 193

　4. 高麗時期의 結負制 ··· 201

　　1) 高麗 結負制의 成立 ··· 202

　　　(1) 把 단위 結負制에서 步 단위 結負制로의 轉換 ······ 204

　　　(2) 量田尺 ··· 206

　　　(3) 量田步數 ··· 215

　　　(4) 田 品 ··· 217

　　2) 高麗 結負制의 變動 ··· 223

　5. 朝鮮時期의 結負制 ··· 232

　　1) 朝鮮 結負制의 成立過程 ··· 234

(1) 頃畝法의 試圖 ·· 234

(2) 尺 단위 結負制로의 復歸 ····································· 240

(3) 朝鮮 結負制의 完成 ··· 243

2) 朝鮮後期 結負制上의 變動 ······································· 258

6. 韓末 近代化過程에서의 結負制 ································· 272

7. 結　語 ··· 283

餘　言 ― 韓末 結負制의 全國的 實態 ························· 289

III. 農業開發政策

朝鮮初期의 勸農政策

1. 序　言 ··· 297

2. 勸農機構와 그 運營 ·· 298

3. 農業開發과 그 普及 ·· 308

4. 農地開發과 그 配分 ·· 319

5. 結　語 ··· 329

世宗朝의 農業技術

1. 序　言 ··· 333

2. 高麗末年의 農業事情과 『農桑輯要』의 農業技術 ········· 335

1) 高麗末年의 農業事情 ·· 335

(1) 收取體系의 强化 ·· 335

(2) 農業技術 發展의 社會的 要請 ····························· 342

2) 中國農書 『農桑輯要』의 複刻과 그 農業技術 ············· 345

(1) 『農桑輯要』의 複刻 경위와 그 農政理念 ·············· 345

(2) 『農桑輯要』의 自然環境과 農業技術 ···················· 354

〔1〕自然環境 ·· 355

〔2〕農業技術 ·· 356

3. 朝鮮初期의 農政改革과 農業開發政策 ······················· 376

1) 結負 租稅制度의 改革 ··· 377

2) 農業開發을 위한 調査와 政策 ·································· 385

(1) 農業生産에 관한 基礎調査 ································ 385
(2) 農業開發 政策의 諸局面 ································ 411
4. 世宗朝의 『農事直說』 刊行과 그 農業技術 ············ 413
　1) 『農事直說』의 刊行 경위와 그 農政理念 ············ 414
　2) 『農事直說』의 自然環境과 農業技術 ·············· 424
　(1) 自然環境 ································ 424
　(2) 農業技術 ― 備穀種과 耕地 ·············· 430
　(3) 農業技術 ― 稻作 ······················ 433
　(4) 農業技術 ― 田作 ······················ 441
　(5) 農業技術 ― 土性 土壤條件 ············· 449
5. 結　語 ································ 453

【附論】 高麗刻本 『元朝正本農桑輯要』를 통해서 본
　　　　『農桑輯要』의 撰者와 資料

1. 序　言 ································ 461
2. 高麗刻本 『元朝正本農桑輯要』의 構成과 그 底本 ········ 463
3. 孟祺 後序를 통해 본 『農桑輯要』의 編纂과 撰者 ········ 468
4. 孟祺 後序를 통해 본 『農桑輯要』의 依據 資料 ········ 476
5. 結　語 ································ 480
〔附　錄〕 孟祺 後序와 辰州路總管府 重刊後序 ········ 484

■ 英文概要 ································ 487
■ 圖表目次 ································ 492
■ 索　引 ································ 493

Ⅰ. 土地制度 槪觀

土地制度의 史的 推移

土地制度의 史的 推移

1. 序 言

近代의 韓國社會를 바로 이해하기 위해서는 그 歷史的 背景으로서의 前近代社會, 특히 中世社會에 대한 정확한 이해가 필요하다. 近代社會는 중세사회의 胎內에서 싹트고 성장해서 성립된 歷史的 產物이기 때문이다. 그리고 그 성립기반으로서의 중세사회의 社會的 特性은 거기에서 胚胎되는 근대사회의 성격을 규정하기 때문이다.

한국의 근대사회가 성립되는 데는 물론 西歐와 日本의 영향이 있었던 것이 사실이다. 서구와 일본의 작용을 빼놓고 한국 근대사회의 성립을 생각할 수는 없다. 그러나 西歐文明의 영향을 그렇게 받으면서도 우리의 近代社會가 서구의 것과 똑같은 근대사회, 동질적인 資本主義 社會로서 성립되지 못하고, 왜곡되고 후진적인 형태로서 성립된 것은 外的으로는 서구문명 그 자체의 성격에서도 연유하지만, 內的으로는 한국사회가 본시 지니고 있었던 역사발전 단계로서의 社會的 여러 조건 및 그것이 서구문명과 대응하는 자세, 방법과도 관련된다. 더욱이 이 양자가 그 이해관계를 같이하는 가운데 서로 연결, 유대하게 되면서는 우리 사회가 정상적인 사회발전의 궤도에서 이탈하지 않을 수 없었다. 그러므로 우리의 현실을 바로 이해하기 위해서는 무엇보다도 그 歷史的 傳統에 대한 이해가 앞서야 하는 것이다.

근대사회의 역사적 전통을 이해하는 데서 빼놓을 수 없는 중요한 문제의 하나가 되는 것은 經濟制度·土地制度의 문제이다. 前近代社會에서 경제생활의 중심은 農業이었고, 그것은 토지제도 속에 집약되어 있기 때문이다. 그리고 古代·中世國家의 경제기반이 되고 그 체제를 지탱케 하는 기반이 되었던 것도 바로 이 토지제도이었던 까닭이다. 그러나 그와 같은 토지제도를 本稿와 같은 짧은 글 속에서 다 언급하기는 어렵다. 土地制度에서 다루어야 할 문제는 많고 그 범위는 넓다. 그러므로 이곳에서는 그같은 토지제도를 다만 土地所有關係를 중심으로 그 기본 골격을 정리하는 데 그치고, 그러한 점에서 각 시대의 토지제도의 특질과 그 변동·발전과정을 파악하게 될 것이다.

2. 古代의 土地制度

土地制度, 특히 土地所有關係의 史的 推移를 해명하는 데 중요한 과제가 되는 것은, 각 시대의 토지를 중심으로 하는 경제생활, 즉 농업생산과 그 분배과정에서 일어나는 土地所有權者와 直接生産者 사이의 생산관계의 특질을 파악하고, 그 발전과정을 체계화하는 일이다. 그리고 그것이 각 시대의 社會構造에 어떻게 연계되는가를 파악하는 일이다. 그러므로 이러한 작업에서는 토지의 소유주체가 누구인가 하는 문제와 그 소유주체가 직접생산자와 어떤 관계에 있게 되는가를 해명하는 것이 선결문제가 된다. 이같은 관점에서 古代社會의 토지제도의 특질을 파악하면, 그것은 共同體的인 所有와 그 안에서의 私的 占有가 國家的 支配와 일정한 私的 所有關係로 이행하는 가운데, 農業生産이 반드시 奴隷만이 아니라 모든 公民에 대한 강한 人身的 支配關係로서 수행되고 있음을 지적할 수 있다. 이러한 현상은 우리나라의 農業共同體社會의 해체와 그것이 古代國家 초기의 邑制國家·小國, 이어서는 聯盟體國家, 王朝國家로 이행하고 재편성되는 과정에서의 특수한 사정과 관련이 있었다.

新石器時代 말기에서 靑銅器時代에 걸치면서 우리나라의 농경생활은 크게 발전하고 있었다. 五穀은 말할 것도 없고 稻作農業도 보급되었다. 농경생활의 발전은 私有財産을 발생시키고, 구래의 農業共同體社會의 성격을 부분적으로 해체시키면서 身分階級과 그에 기초한 정치권력을 또한 형성시켰다. 이른바 部族社會로서의 歷史時代 農村共同體社會의 시작인 것으로서 후대의 기록에 보이는 邑落社會의 원형이 여기에서 이루어졌다. 그러나 이러한 공동체사회는 中國 동북부(滿洲)·한반도에 걸쳐 동시에 등장하고 있는 것이 아니었다. 거기에는 선진지역과 후진지역의 지역적 편차와 時差가 있었고, 또 같은 선진

지역이나 후진지역 안에서도 共同體集團에 따라서는 사회발전의 정도에 차이
가 있었다. 그러므로 그 후 靑銅器 말기 단계에서 鐵器 초기 단계에 걸치면서
농업생산이 더한층 발달하고 身分階級社會로서의 성격이 심화됨에 따라, 初
期王朝國家, 聯盟體國家가 수립되는 데에서도 지역에 따라서는 커다란 편차
가 있을 수밖에 없었다. 이를테면 古朝鮮 지역에서는 身分階級制가 철저하게
확립되고, 좀 후대에 이르러서는 官僚制까지도 확립되어 古代王朝國家로서의
체제가 수립되고 있었을 때, 한반도 중남부의 辰 지역에서는 아직 農業共同體
社會에서 農村共同體社會로의 이행이 느슨하게 진행되고 있었음은 그 예이
다. 사회발전의 이같은 지역적 편차와 시차는 王朝國家를 수립하는 방법에도
일정한 경향성을 띠게 하였다. 즉 우리나라의 초기 王朝國家는, 중국 동북부·
한반도에 걸치는 모든 공동체 집단이 均質的으로 해체되는 가운데, 일시에 階
級的인 分解가 일어나 奴隸制에 준하는 사회가 확립되고, 이를 기반으로 거대
한 王朝權力이 형성되는 것이 아니었다. 그것은 선진지역의 農村共同體 部族
長이 힘의 우열로써 장기간에 걸쳐 점진적으로 후진지역의 공동체 집단을 정
복 예속시키거나, 또는 연맹관계로 회유 흡수하고 복속시키는 가운데서 점진
적으로 이루어지는 것이었다.

　선진 農村共同體 邑落社會의 部族長이 이렇게 정치사회의 중심이 될 수 있
었던 것은 물론 金屬文明, 특히 鐵器文明의 수용과 그 생산 이용이 앞서고,
농업생산이 다른 공동체 집단에 비하여 발전하고 있었던 점과, 여러 공동체
집단 가운데서도 선진국가·선진지역과의 문물·상품교류의 주도자가 될 수 있
었던 데에서 연유하고 있었다. 그러나 이때까지의 초기 王朝國家는 아직 그
수립과정의 특수 사정과도 관련하여, 여러 농업공동체·농촌공동체 집단을 완
전히 해체하고, 전혀 새로운 사회기반을 토대로 하고서 國家를 수립하고 있는
것이 아니었다. 이때의 王朝國家는 그 이전의 農業共同體·農村共同體의 部族
的 기반과 그 내부의 階級的 이해관계를 그대로 온존한 채 누층적으로 聳立한
권력체제를 확립하는 것이 일반적이었다. 그러므로 처음에는 그 君長·國王의
권력이 결코 강한 것은 아니었으며, 그 國家로서의 체제 또한 뚜렷하고 확고
한 것이 될 수 없었다.[1] 그러한 사정은 數世紀에 걸쳐 계속되었다. 그리고 그
사이에 內的으로는 農業共同體社會의 점진적 해체와 農村共同體社會·邑落社

會로의 점진적 성장·이행이 촉진되고, 外的으로는 정복사업, 聯盟 형성이 또
한 줄기차게 계속되었다. 그리하여 古朝鮮 말에서 三國의 성립기에 이르면서
初期王朝國家는 마침내 農村共同體社會·邑落社會에 기초하여, 그 豪民들의
지배권을 정치적으로 더욱 확고하게 체계화한 王朝國家의 체제를 완성할 수
가 있었다.[2]

　　農業共同體·農村共同體社會가 王朝國家體制로 흡수, 재편성되는 사정이 이
와 같았다는 사실은, 고대 왕조국가의 經濟制度·土地制度도 이와 상응하는 것
으로 재편성되고 제도화되지 않을 수 없도록 하였다.

　　農業共同體社會에서는 비록 개별세대의 私有財産이 발생하고는 있었으나
土地는 아직 共同體의 所有로 되어 있었고, 共同體 성원은 각각 그러한 전제
하에서 그 일부를 占有하는 데 불과하였다. 新石器 말기의 이 단계에서는 그
이전에 비하여 농경생활이 크게 발달하고는 있었지만, 이때에는 아직 불완전
한 農器具(石器·木器·일부의 靑銅器)로써 황량한 原野를 개간하고 農地를 조성
하여 農事 짓는 데 불과하였다. 그러므로 이때의 이러한 개간사업과 농경생활
은 공동체 성원의 개별세대적인 노동력으로서는 성취하기가 어려웠고, 공동
체 성원 전체의 집단적인 공동노동에 의해서만 비로소 그 사업을 완수할 수가
있었다. 新石器 말기에서 靑銅器 초기에 걸치면서는 農耕生活 기타와 관련되
는 크고 작은 土木工事 水利施設이 필요하고 共同勞動이 요청되고 있었는데,

　1)『三國志』卷 30, 魏書 東夷傳 夫餘條(景仁文化社本 이하 같음), p. 842에 '舊夫餘
　　俗 水旱不調 五穀不熟 輒歸咎於王 或言當易 或言當殺'이라 하고, 韓條, p. 851에
　　'國邑雖有主帥 邑落雜居 不能善相制御'라고 하였음은 그러한 사정을 표현한 것이다.
　2) 古代國家의 성립문제에 관해서는 다음 논고를 참고할 필요가 있다.
　　白南雲,『朝鮮社會經濟史』, 1933.
　　金洸鎭, '高句麗社會의 生産樣式'(『普專學會論集』3, 1937).
　　金哲埈, '韓國古代國家發達史'(『韓國文化史大系』I, 高大民族文化研究所, 1964).
　　井上秀雄, '新羅政治體制의 變遷過程'(『新羅史基礎研究』, 1974).
　　盧泰敦, '三國時代의「部」에 관한 研究'(『韓國史論』2, 1975).
　　李賢惠, '三韓의「國邑」과 그 成長에 대하여'(『歷史學報』69, 1976).
　　千寬宇, '三韓의 國家形成(上·下)'(『韓國學報』2·3, 1976).
　　李鍾旭, '斯盧國의 成長과 辰韓'(『韓國史研究』25, 1979).
　　金貞培, '三韓社會의「國」의 解釋問題'(『韓國史研究』26, 1979).
　　武田幸男, '朝鮮 三國의 國家形成'(『朝鮮史研究會論文集』17, 1980).
　　西谷正, '考古學資料에서 본 朝鮮의 國家形成'(『朝鮮史研究會論文集』17, 1980).

이같은 조건하에서는 특히 더 그러하였다. 따라서 이렇게 하여 개간되는 농지의 소유주체는 農業共同體일 수밖에 없었으며, 공동체 성원으로서의 개별세대들은 그 일부를 分配받아 占有하는 데 불과하였다. 그리하여 이 단계에서는 공동체 성원은 공동체에 의존함으로써 비로소 생산과 재생산을 보장받을 수가 있었다. 그리고 이러한 共同體的인 所有關係에서 그 소유를 대표하는 것은, 그 후 이 사회가 분해, 발전하는 가운데 지도자·지배자로서 등장하는 族長들이었다.

이같은 社會가 靑銅器文化가 더욱 발전하고 農耕文化가 더욱 성숙함에 따라서는, 점차 그 내부에 변화가 생기지 않을 수 없었다. 共同體社會 내부에 서서히 분해가 일어나고, 후대에 볼 수 있는 바와 같은 邑落社會·歷史時代의 農村共同體社會의 원형이 형성케 된 것이었으며, 共同體 성원의 所有관계에 변동이 오게 된 것이었다.

그리고 이러한 사회가, 農村共同體社會·邑落社會에 기초한 邑制國家·小國·初期王朝國家 단계에 들어가면서는, 그 土地所有關係에 한층 더 커다란 변동이 일어나고 있었다. 이때가 되면 鐵器文化가 보급되고 철제농기구를 사용할 수 있게 됨으로써, 농업생산에 종전보다 더한층 변화가 일어나게 된 까닭이었다. 즉 철제농기구의 사용이 전반적으로 생산력의 발전을 가져온 것은 말할 것도 없지만, 農業共同體에 의존하던 개개의 共同體 성원들이 점차 철제농기구를 사용할 수 있게 됨으로써, 한정된 범위에서나마 개별적인 농업생산이 가능하게 되고 있는 것이었다. 그리하여 이와 같이 농업생산의 개별화가 가능하게 되면서부터는, 共同體的인 所有 안에서 그 일부를 占有하는 데 불과하였던 共同體 성원의 토지소유관계가, 이제 私的 소유관계로 점진적으로 확대 성장할 수 있게 되었다. 공동체에 의존함으로써만 생산과 재생산이 가능하였던 共同體 성원들이 이제는 개별세대로서 생산의 주체가 될 수 있었고, 이에 私的 土地所有가 성립할 수 있는 素地가 마련되고 있는 것이었다. 이러한 사정은 선진지역에서 후진지역으로 서서히 점진적으로 확산되어 나갔다.

그러나 私的 土地所有關係를 둘러싼 이러한 변동이 모든 共同體 성원에게 균일하게 오고, 그들을 모두 충분한 土地所有者로 성장시켜주고 있는 것은 아니었다. 이러한 현상은 철제농기구의 유무와 노동력(가족·노예)의 다과에 따

라 불균등하게 전개되고 있었다. 이는 農業共同體社會가 해체되고 農村共同
體·邑落社會가 형성되면서, 이를 바탕으로 邑制國家·小國, 聯盟體國家, 初期
王朝國家가 성립될 무렵의 사회변동인 것으로서, 共同體 성원은 土地의 私的
所有關係를 둘러싸고 상하로 크게 분해되고 있었다. 철제농기구의 소유자들
이 유리한 입장에 있었음은 말할 것도 없었다. 그러한 가운데서도 가장 유리
한 처지에서 최대의 土地所有者가 될 수 있었던 것은 共同體의 族長·部族長과
그를 보좌하던 지도층들이었다. 그 뿐만 아니라 그 후 鐵器文明이 발전하는
데 따라서는 이같은 사회변동, 토지소유관계가 더욱 촉진되고 확산되었다. 그
리하여 初期 王朝國家가 그 체제를 갖추게 되었을 때, 구래의 농업공동체사회
는 농촌공동체사회로 이행하고, 이제 옛 기록에 보이는 이른바 邑落社會의 사
회구조를 형성하기에 이르렀다. '邑落有豪民 民(名)下戶 皆爲奴僕'(『三國志』
魏書 東夷傳)이라고 하였음은 그러한 현상을 표현함이었다. 이때가 되면 新石
器 말기의 農業共同體는 王朝國家, 聯盟體國家의 基層社會가 되는 農村共同
體·邑落社會로 변동하고, 그 사회는 豪民, 下戶, 奴僕(奴婢)의 여러 신분계층
으로 분화되고 있었는데, 族長層에서 轉身하고 있는 豪民層은 常民으로서의
下戶層을 奴僕과 같이 지배하고 있다는 것이었다. 이는 그들 豪民層이 단순히
政治權力에 참여하고 있는 때문만이 아니라 大土地를 소유하고 있음에서 연
유하고 있었다.

　土地의 私的 所有關係는 이와 같이 農業共同體社會의 해체와 그 農村共同
體·邑落社會로의 전환 성장과정에서 확실해지지만, 그러나 古代國家의 土地
制度가 이로써 확정된 것은 아니었다. 이같은 토지소유관계를 성립시키고 있
었던 邑落社會가 古朝鮮이나 辰國 三國의 王朝權力에 여하히 편입되는가에
따라서는 그 토지소유관계에 다시 새로운 변동이 일어나지 않을 수 없었기 때
문이었다. 어떤 邑落社會가 邑制國家·小國, 聯盟體國家, 王朝國家를 수립하
는 데 중심이 되었거나, 또는 이와 협력관계에 있으면서 왕조체제에 편입되었
을 경우에는, 그 所有地의 많은 부분이 國有로 편입되면서도 구래의 여러 권
리가 그대로 인정된 채 私的 所有關係가 자연스럽게 발전하였지만, 이에 저항
하다 정복당한 被征服社會에서는 그렇게 되기가 어려웠다. 그러한 사회에서
는 土地所有의 主體에 격동이 일어났으며, 많은 土地가 몰수되어 國有로 편입

되거나 정복자 貴族들에게 分給되기도 하였다. 그리고 그 소유관계가 原住民 (豪民과 民 民下戶)에게 그대로 주어질 경우에도 국가에 의해서 강한 통제를 받지 않으면 안되었고, 또 集團的 隸屬(貢納奴隷)관계에 놓이지 않으면 아니 되었다. 그리하여 古代王朝國家가 그 국가체제를 갖추게 되었을 때, 그 토지 소유관계는 私有, 國有(公有), 準國有 등 다양한 형태를 취하게 되었다.

土地의 私的 所有關係는 農業共同體가 분해되고 여러 지역이 새로이 등장하는 권력자들에 의해서 정복·흡수되는 가운데 성립되는 것이었으므로, 그 토지 소유의 주체는 共同體社會의 분해가 다양한 정도 만큼 그리고 정복사업이 활발하게 전개되는 정도에 따라 다양하였다. 그러한 가운데에서도 王族을 중심으로 한 中央貴族들은 최대의 土地所有者들이었다. 그들은 본시 그들의 출신지인 邑落社會를 바탕으로 이미 大土地所有者가 되고 있었지만, 권력에 연결되고 정복사업에 功을 세움으로써 다시 田地와 奴婢가 주어졌다. 그리고 이밖에 경우에 따라서는 食邑이 주어지기도 하였다. 이같은 中央貴族들에 이어서 大土地를 소유하고 있는 것은 地方에 남아 있으면서 邑落社會를 실질적으로 이끌고 있는 有力者·豪民層이었다. 이들은 본시 농업공동체사회의 族長層·指導層이었는데, 그 사회가 農村共同體·邑落社會로 전환하고 王朝國家의 체제로 편입될 때, 유리한 위치에 있으면서 그들 자신을 새 사회의 새로운 계층으로 전환시키고, 그들 자신의 所有地를 늘려나가는 가운데 새로운 경제세력으로 성장하였다.

中央貴族이나 地方豪民層의 大土地所有가 私的 土地所有의 두드러진 예이기는 하였지만, 그러나 이 시기의 私的 土地所有가 그것에 한하는 것은 아니었다. 그러한 가운데에서나마 일반 民들도 토지소유의 주체, 自營農民이 되고 있었으며, 그 수 또한 적지 않았다. 그러나 일반 民의 경우 특히 邑落社會에서 下戶의 경우 無田者가 많았던 것은 말할 것도 없으며, 그러한 民들은 大土地所有者에게 예속된 후대의 佃戶와 같은 農民으로서 살아가거나 傭作民으로 생계를 이어나갔다.

大土地所有者들의 농업생산은 대체로 두 가지 형태로 운영되었다. 그 하나는 奴隷(奴婢)勞動에 의거하는 생산이었다. 그것은 國王에 의해서 土地가 주어질 때는 奴婢가 함께 주어지고 있었던 점과, 大土地를 소유하고 있는 귀족들이 전쟁에서 포로를 잡으면 의례 이를 奴隷로 이용하고 있었음에서 그렇게 이해할 수 있다. 그들은 결국 直營 또는 竝作의 생산노동에 이용되었던 것이다. 그런데 이 시기의 그와 같은 奴隷들은 그 인격이 완전히 박탈되고 있어서, 그 인격이 어느 정도 인정되고 있었던 후대의 農奴와는 다른 바가 있었다. 그것은 殉葬의 풍습에서 그렇게 이해할 수 있다. 殉葬의 풍습은 선진지역(古朝鮮)에서는 이미 기원전 8·7세기에 절정에 달하고 있었는데,[3] 그러한 풍습은 기원 후 수세기에 이르도록 계속되었다. 3세기 전후의 夫餘에서의 殺人殉葬은 많을 경우 아직도 '多者以百數'[4] 하는 실정이었다. 노예들은 그들의 소유주가 죽으면 강제 동반사를 당하고 있는 것이었다. 貴族들의 大土地는 이같은 奴隷들에 의해서 생산, 운영되는 이른바 奴隷制 生産의 일면이 있었다.

다른 하나는 下戶層에 의한 생산이었다. 이들은 農業共同體가 분해되는 가운데 析出된 多數階層으로서 신분은 비록 常民이었지만 자기 토지를 충분히 소유하지 못하고 있어서 빈곤한 처지에 있는 농민이었다. 자기 소유지가 없는 농민이 생계를 유지하려면 타인의 토지를 借耕하는 수밖에 없었다. 下戶層은 그러한 농민층으로서 邑落社會에서 貴族이나 豪民層의 소유지에 의존해서 살아가고 있었으며, 귀족이나 호민층은 이들을 통해서 그들의 대토지를 경영해 나갔다.[5] 그러한 점에서 이들은 중세 地主佃戶制下의 佃戶層과 다를 바가 없

3) 梶村秀樹, '發展 — 朝鮮'(『經濟學大辭典』 III, 1980年版).
   武田幸男, '朝鮮의 國家形成과 三國'(朝鮮史硏究會編, 『新朝鮮史入門』, 1981).
   사회과학원고고학연구소, 『고조선문제연구론문집』, 1976.
4) 『後漢書』卷 85, 東夷列傳 75, p. 2811. 이 시기의 殉葬에 관한 연구로서는 다음의 연구가 참고된다.
   金貞培, '中·日에 比해 본 韓國의 殉葬'(『白山學報』 6, 1969).
   주용립, '한국 고대 순장고'(연세대 대학원, 1982).
5) 『三國志』卷 30, 魏書 東夷傳 高句麗條, p. 843에는 '其國中大家不佃作 坐食者萬餘口 下戶遠擔米糧魚鹽供給之'라고 되어 있는데, 당시의 中國에서는 이같은 '下戶貧人'을 '或耕豪民之田見稅什五'(『漢書』卷 24 上, 食貨志 第4 上, p. 1137, 註 7)하는 농민으로 설명하고 있었다.
   下戶에 대한 이해를 위해서는 다음의 논고들을 통한 종합적 검토가 필요하다.
   白南雲, 前揭書.
   金龍德, '鄕·所·部曲攷'(『白樂濬博士還甲紀念 國學論叢』, 1955).
   武田幸男, '魏志 東夷傳에 보이는 下戶問題'(『朝鮮史硏究會論文集』 3, 1967).
   洪承基, '1~3세기의 「民」의 存在形態에 대한 一考察'(『歷史學報』 63, 1974).

었다. 그러나 그러면서도 이들 下戶層은 단순한 佃戶層이 아니었다. 그것은
이들 下戶層과 土地所有者와의 관계가 地主·佃戶의 관계를 넘어서고 있다는
점에서였다. 이때의 下戶層의 土地所有者에 대한 관계는 앞에 든 자료에서 보
는 바와 같이 奴僕과 같았다. 中央貴族이나 邑落社會의 豪民層은 下戶層을 奴
僕과 같이 부리고 있었으며, 下戶層은 王室, 貴族과 豪民層에게 노예와 같이
예속되어 있었다.[6] 食邑으로 지배하는 지역의 下戶層은 특히 그러하였던 것
으로 이해된다. 이들은 殺害되거나 殉葬의 대상이 될 수도 있었다(慕本王과 杜
魯의 관계). 이는 奴隸階級의 그 所有主에 대한 예속관계가 궁극적으로 殉葬
이었음과 비교될 수 있는 것으로, 최악의 경우의 下戶層의 사회적 지위를 단
적으로 반영하는 것이었다고 하겠다. 말하자면 이때의 下戶·佃戶層은 殉葬이
관행하는 시대의 佃戶농민인 것이었다.

　　國有地에서의 生産關係도 大土地所有者들의 그것과 기본적으로 다를 바가
없었다. 그리고 일반 농민의 국가에 대한 관계도 크게 다르지 않았다. 租稅와
役의 부과는 무거웠다. 왕조국가는 被征服民을 貢納奴隸로서 다루기도 하고,
小邑落을 集團 隸民化하기도 하였다.[7]

3. 古代에서 中世로[8]

　　이같은 사정은 시대가 진전함에 따라 점차 조정되지 않을 수 없었다. 古代國
家의 성장 방향은 國王權力을 중심으로 그 체제를 강화해 나가려는 것이었으
며, 그것도 國王權力이 公民의 개별적 파악과 그 지배를 토대로 하려는 것 ―

　　이 옥, '高句麗의 征服과 爵位(試論)'(『東方學志』27, 1981).
　6)『魏略』輯本 卷 21, 高句麗傳에서도 下戶를 '大家不佃作 下戶給賦稅如奴'라고 기술
　　하고 있다.
　7) 金洸鎭, 金龍德 前揭論文.
　8) 古代와 中世의 時代區分, 中世의 시초에 관해서는 ① 三國說, ② 統一新羅說, ③ 羅
　　末麗初說, ④ 高麗中期武臣亂說, ⑤ 朝鮮時期說 등 여러 견해가 있으나, 여기에서는
　　②說을 취하는 가운데, 三國時期 중반 이후의 三國抗爭과정·變動과정 ― 古代에서
　　中世로의 이행과정을 거쳐 ②說단계에서 中世社會가 정착하는 것으로 이해하였다.

中央集權的 官僚體制, 郡縣制的 齊民的 統治體制 — 이었는데, 앞에서 언급한 바와 같은 사정은 그러한 성장을 저해하게 되기 때문이다. 그것은 民의 궁핍과 그 貴族層에 대한 예속이 확대되면 국가의 租稅收入이 줄어들게 됨은 말할 것도 없고, 귀족층의 세력기반이 강화됨으로써 국가권력은 상대적으로 약화되지 않을 수 없는 까닭이었다. 그리하여 古代國家는 三國時期 중엽 이후 어느 나라를 막론하고 점차 일정하게 貴族層을 견제하고 民을 보호하는 정책을 취하지 않을 수 없게 되었다. 더욱이 이때에는 삼국이 領土擴張, 人口增加에 열을 올리고 있었으며, 統一을 전망하면서 생사를 건 항쟁관계에 돌입하고 있었으므로, 戰列을 가다듬는 뜻에서도 그같은 정책은 반드시 필요하였다. 그뿐만 아니라 그와 같은 항쟁은 끝을 기약할 수 없을 만큼 장기화되고 있어서 전쟁물자의 공급은 한이 없었으며, 따라서 산업은 마비되지 않을 수 없었다. 그러므로 三國은 모든 산업에 걸쳐 生産力을 증진시키지 않으면 안되었고, 그러기 위해서는 농민을 비롯한 모든 生産階層에 대하여 일정한 보호정책과 사회경제적 처지의 개선책을 취하지 않으면 아니되기도 하였다. 생산계층이 직접 간접으로 저항을 하게 되면 생산력의 증진은 기대하기가 어려웠다. 그리고 그와 같은 항쟁이 일어나고 있는 것도 사실이었다.

貴族에 대한 견제책은 中央官制와 地方制度 등 일련의 集權的 官僚體制와 郡縣制의 정비과정으로 나타났다. 高句麗의 경우라면 3세기 전후에 이미 시작이 되나, 본격적으로는 5세기 초 平壤遷都를 전후한 시기로부터의 일련의 정치개혁이 이에 해당할 것이며, 新羅의 경우라면 6세기에 접어들면서 있게 되는 일련의 律令 반포에서 이를 찾을 수가 있겠다. 이러한 개혁과정은 7세기 중엽의 統一 이후까지도 계속되어 나갔다. 이곳에서는 이같은 정치사적인 움직임에 관하여 詳論할 여유가 없지만, 요컨대 이러한 과정을 통해서는 그 목적이 서서히 달성되어 나갔다. 그뿐만 아니라 이러한 개혁과정을 거침으로써 三國時期의 전반기에 볼 수 있었던 정치체제가 그 후반기에 이르러서는 점차 새로운 형태의 정치체제로 전환되어 나가기도 하였다. 古代國家體制의 정비과정은 그 주관적 의도와는 관계없이 그 자신을 새로운 성격의 사회와 국가로 전환시켜 나가고 있는 것이었다.

農民, 生産階層에 대한 보호정책 또는 처지개선은 여러 가지로 제기되었지만, 그 가운데에서도 두드러진 현상은 奴隷階級과 土地問題에 대한 대책이었다.

奴隷階級은 고대사회에서는 가장 낮은 社會階層으로서 어려운 生産勞動 工役에 종사하였으며, 그 人格이 전적으로 인정되지 않은 가운데, 경우에 따라서는 왕실이나 귀족에 의해서 殉葬당하지 않으면 아니되는 존재였다. 노예의 非人格性은 순장의 풍습에 잘 집약되고 있었다. 그런데 앞에서 언급한 바와 같은 사정으로 인해서 삼국시기 중엽 이후에는 古代王朝國家는 이들에 대해서 일정한 보호정책을 취하지 않을 수 없게 되고 있었다. 殉葬制의 폐지는 그 단적인 예였다. 新羅의 경우 이는 6세기 초에 법으로서 제정되었다. 삼국이 대치하고 있는 상황하에서 각종 생산노동에는 양질의 노동력이 요청되고 있었으므로 이 같은 조치가 취해진 것이었다.[9] 이러한 경향은 진작부터 전개되고 있어서 4세기 전후의 伽倻國에서는 殉葬인원이 수십 명, 십여 명으로 줄어들고 있었으며,[10] 5~6세기의 新羅에서는 國王의 경우에도 10명(남녀 각 5명)으로 제한하고 있었는데, 6세기 초에는 이것마저도 폐지토록 하고 있는 것이었다.

그뿐만 아니라 이 무렵에는 奴隷로서의 戰爭捕虜를 放良하는 일도 있었다. 고대사회에서 전쟁을 하는 목적은 領土擴張과 다른 集團·部族·小國을 복속시키는 데 있었으며, 따라서 그 산물로서는 전쟁포로, 즉 奴隷가 확보되기 마련이었다. 그리하여 그 포로는 노예로서 國有가 되거나 戰功者들에게 賞給되는 것이 상례였디. 그리고 그렇게 급여된 노예들이 그 소유주에 의해서 생산노동에 종사하게 됨은 말할 것도 없었다. 그런데 6세기 이후에는 그같은 사정에 변화가 일어나고 있었다. 전쟁포로를 노예로서 받은 귀족 가운데에는 그들을 良民으로 放良하는 일이 있게 된 것이다.[11] 이는 이 시기의 사회정세에서 연유

9) 『三國史記』 卷 4, 新羅本紀 4에,
    (智證麻立干)三年(502)春三月 下令禁殉葬 前王薨 則殉以男女各五人 至是禁焉…
   分命州郡主勸農 始用牛耕
    이라고 하였음은 그것이다. 여기서 우리는 殉葬의 禁令과 勸農政策이 동시에 나오고
    있음에 유의할 필요가 있다.
10) 尹容鎭·金鍾徹, 『大伽倻古墳發掘調査報告書(高靈郡)』, 1979.
    權五榮, '고대 영남지방의 殉葬'(『韓國古代史論叢』 4, 1992).
11) 『三國史記』 卷 42, 金庾信傳 ; 卷 44, 斯多含傳.
    韓㳰劤, '古代國家 成立過程에 있어서의 對服屬民施策 — 其人制 起源說에 대한 檢
    討에 붙여서'(『歷史學報』 12·13, 1960).

하는 것으로 農民에 대한 일정한 보호정책과 노예계급에 대한 일정한 처지개
선이 아닐 수 없었다. 이 시기의 사회정세는 그러한 조처를 점차 불가피하게
하는 것이었으며, 노예를 노예로서 지배하기보다는 그 지위를 향상시켜 佃戶
로서 지배하는 것이 유리하게 되어 가고 있었다.

　이러한 사정은 농업생산 그 자체와도 밀접하게 관련되고 있었다. 삼국시기
중반 이후에는 生産用具의 개량이 있는 가운데 농업생산이 한층 더 발전하고
있었으며, 따라서 생산의 발전을 기반으로 한 사회발전이 촉진되고 있었다.
그와 같은 생산용구로서 특기할 수 있는 것은 犁(쟁기)와 그 사용법의 발달이
었다. 쟁기는 애초에 농업공동체 단계 그리고 그 후 그 해체과정까지도 石犁
木犁가 이용되었으며, 고대사회에 들어와 鐵製農具가 등장하면서부터는 철제
의 耒耜가 만들어지고, 이어서 삼국시기가 되면서부터는 이것이 다시 犁耜로
개량되어 人力 또는 畜力을 이용한 耕具로서 사용되고 있었다. 그리고 그러한
犁耕具의 생산기반 위에 古代王朝國家는 성립하고, 농민은 노예와 같이 사역
되고 있었다. 그런데 그와 같은 犁耕具가 新羅의 경우 6세기에 들어오면서부
터는 크게 개량되어 오늘날과 같은 볏이 달린 쟁기가 되고, 그것도 牛耕으로
서 이용되고 있었다. 이러한 犁耕具의 변화는 단순한 변화가 아니었다. 犁耕
具의 변화, 즉 牛犁耕의 결과는 深耕農業을 한층 더 발전시키고 경지확장도
더욱 촉진시켰을 것이지만, 농민들의 개별적 농업생산, 농업생산의 개별화를
또한 더욱 촉진시킬 수가 있었을 것으로 생각된다. 이는 농업생산자층의 일정
한 성장이 전제될 때 가능한 일이었다. 그러므로 이제 三國이 대치하는 상황
에서 王朝權力이 農業生産의 발전을 바라려면, 개별적 농업생산을 발전시키
는 것과 아울러 거기에 상응하는 對農民施策을 또한 수립하지 않으면 아니되
었다. 그것은 그들의 사회경제적 처지를 개선하는 문제가 아닐 수 없었다.

　土地문제는 노예와 같은 상태에 있는 下戶層이나 流民에게 가계유지가 가
능하도록 일정한 土地를 分給하는 일이었다. 이러한 제도가 어느 시점부터 어
떤 내용으로 시행되었는지 분명치 않지만, 高句麗의 경우 6세기 초의 金石文
에 보이는 '佃舍法'은 그러한 사정과 관계가 있을 것으로 생각된다.[12] 이것을

---

12) 土地에 관한 법제로서 佃舍法이 있었다는 사실은 최근 발견된 丹陽赤城碑에서 알
　　려지게 되었다. 그러나 아직은 이에 대한 구체적인 연구가 나와 있지 않다. 그러므

'佃作民 관리에 관한 法'으로 읽으면, 이는 후대의 屯田의 節目과 같은 규정으로 볼 수 있겠으며, 거기에는 農民에게는 농지를 얼마씩 分給하여 佃作을 하도록 하며, 그것을 관리하는 舍音(마름) 舍主의 자격은 어떻고 보수는 얼마로 한다는 등의 규정이 수록되었을 것으로 추정된다. 그러나 물론 이때에는 土地私有制가 법으로서 인정되고 있었으므로, 이 제도가 전국적으로 모든 農民과 모든 土地에 대하여 中國의 均田制와 같이 획일적으로 시행하는 것은 아니었으리라고 생각되며, 아마도 國(公)有地나 無主田 또는 前方地區나 新開拓地 등 특정 토지와 특정 지역의 한정된 범위에서, 土地 없는 農民에게 土地를 均給하는 제도였으리라 생각된다. 그러므로 이 제도가 시행되던 시기의 각 지역에는 自作農으로서 비교적 넉넉하게 살아가는 農民이 다수 존재하였을 것이나, 동시에 貧民 또한 적지 않았을 것으로 생각된다. 그것은 高句麗의 稅制가, '賦稅 則絹布及粟 隨其所有 量貧富 差等輸之'라고 하여, 貧富를 헤아려서 絹布와 粟(토지소출)을 부과하고 있었던 점으로서 그와 같이 이해할 수 있다.[13]

그러나 그러면서도 이 제도는 그 의의가 적지 않았을 것으로 생각된다. 그것은 이를 통해서 농민들은 점차 일정한 한계 안에서의 일이기는 하지만 豪民 지배하의 奴隷的인 下戶상태에서 탈출할 수 있으며, 이 과정을 거침으로써 국가에 租稅를 수납하는 自營小農層으로 성장할 수도 있고, 그렇게 되지 못하더라도 中世國家의 佃戶農民으로서 國家에 役을 바치는 농민으로 성장할 수 있었을 것이기 때문이다. 뿐만 아니라 고구려의 이 제도는 그것이 시행되던 지역이 신라지역으로 편입된 후에도 그대로 시행되고 있어서 제도적으로 지속성이 있었다. 그리고 이러한 일련의 과정을 거치는 가운데 농민경제는 점차

로 이곳에서는 다만 필자가 이해하는 각도에서 이를 설명하게 된다. 赤城碑에 관해서는 檀國大學校 史學會의 『史學志』 12호(1978)에서 이를 특집으로 다루고 있어서 그 윤곽이 대체로 파악되고 있다. 본고와 관련해서는 특히 鄭求福 교수의 '丹陽 新羅 赤城碑 內容에 대한 一考'가 참고된다.

13) 『周書』卷 49, 列傳 41, 異域 上 高麗, p. 885.
더욱이 이때의 농민들에게는 무거운 役이 부과되고 있었는데, 그 양은 적은 것이 아니었다. 自作農民이라 하더라도 여기에서 자유롭고 부유해지기는 어려웠다. 新羅에서는 그같은 役을 면하기 위하여 租 30石을 바쳐도 허용되지 않았다(『三國遺事』卷 2, 孝昭王代 竹旨郎條). 그러므로 이 시기에는 이같이 무거운 役으로 인해서도 貧民은 다수 존재할 수밖에 없었다.

조금씩 향상되어 나갔으며, 農民들은 이제 다시는 奴隸的인 下戶상태로 되돌아가지 않게도 되었다. 그리하여 삼국시기 중반 이후에는 下戶의 명칭이 자료상에서 사라지게 되었다. 下戶가 존재하였던 基層社會로서의 邑落社會가, 國王權力 지배하의 郡縣制的 齊民的 統治體制에 흡수되고 변동하는 가운데, 下戶農民들의 지위가 실제로 달라지고 있었던 까닭이라고 생각된다.

한편으로는 귀족층을 견제하고 다른 한편으로는 농민층을 보호하는 이러한 정책은 統一戰爭이 종결된 후에도 당분간 더 계속되었다. 集權的 官僚體制를 확립하기 위한 여러 제도의 개혁과 土地問題를 둘러싼 일련의 農民對策이 그것이었다. 그 중에서도 이곳에서 관심을 갖게 되는 것은 後者의 정책인데 그것은 두 가지 점으로 집약될 수 있다. 그 하나는 統一戰爭에서 승자가 된 新羅가 高句麗, 百濟의 遺民을 被征服 戰爭捕虜, 즉 奴隸로 간주하지 않고 新羅의 民과 동일시하고 있는 점이었다. 이 시기의 對農民施策은 그렇게 될 수밖에 없었으며 그렇게 하는 것이 더 유리하였다. 그리고 다른 하나는 장기간의 전란으로 농촌과 농업생산이 파괴되고 있는 가운데 이를 재건하지 않으면 안되는 특정 상황 아래의 일이기는 하지만, 文武官僚에게 田을 賜하는 것과 함께 백성에게는 뒤에 다시 언급되듯이, 특정한 의미를 지니는 丁田을 지급하고 있는 일이었다. 이는 아마도 高句麗 佃舍法의 전통과 이어지는 것으로 생각되는데, 이로 인하여 농민의 처지가 어느 정도 향상되었을 것임은 말할 것도 없겠다.

이와 같이 이 시기의 농민들은 三國抗爭의 격동 속에서 下戶農民으로부터 佃舍·丁田農民으로 점차 변동되어 나갔거니와, 이는 농민층의 사회적 존재형태의 변동이 아닐 수 없었다. 그리고 이 변동은 단순히 古代社會 내의 변동이 아니라 殉葬制(奴隸制)의 폐기와도 관련하여, 古代的 農民에서 中世的 農民으로의 傾斜를 보여주는 변동이 아닐 수 없었다고 하겠다.

4. 中世의 土地制度

三國抗爭의 격동과정과 거기에 대비하는 체제의 정비과정은 앞에서 언급했듯이 고대에서 중세로의 전환과정이었다. 이러한 전환과정은 三國의 중반 이

후에 이미 시작되었지만, 7세기 중엽의 統一戰爭 이전 약 1세기 반 내지 2세
기 동안은 절정의 상태로 계속되었으며, 통일 후에도 삼국의 개별적 사회경제
제도가 하나의 제도로 통합될 때까지 계속되었다. 그리고 그러한 가운데서 중
세적인 經濟制度·土地制度가 새로이 마련되어 나갔다. 정치적으로 集權的 官
僚體制와 地方制度(郡縣制度)의 재정비를 통해서 集權的 封建國家가 확립되
고, 이를 지탱하는 封建的인 經濟制度가 또한 제도적으로 새로이 확립되어 나
간 것이다. 이같은 中世의 封建的인 經濟制度·土地制度는 앞 시대의 그것과
비교할 때 다음과 같은 특징이 있었다. 즉 한편으로는 土地의 私的 所有관계
가 발전하는 가운데 封建的인 地主佃戶制와 봉건적인 自營農民의 토지소유가
일반화되고, 따라서 전자의 경우 農業生産이 封建地主層의 佃戶層에 대한 農
奴的인 지배관계로서 수행되었다. 그리고 다른 한편으로는 토지의 이같은 私
的所有를 전제한 위에서, 封建國家와 그 지배층이 봉건적인 身分職役관계를
중심으로 收租權을 授受·管掌함으로써, 일반 토지소유 自營農民과의 사이에
'田主佃客'의 관계가 성립하고, 따라서 농업생산은 收租權者(田土 : 國家·支配
層)가 納租者(佃客·土地所有者)를 準農奴 또는 隸屬農民으로서 지배하는 가
운데 수행되었다. 이는 封建國家가 支配層의 所有權에 입각한 地主經營을 직
접 측면에서 지원하는 제도적 장치이기도 하였다. 그리하여 이 양자가 상호
보완하는 가운데 우리나라 中世 土地制度의 특질은 형성되었으며, 또 이 所有
權과 收租權이 서로 갈등 대립하는 가운데 中世的 土地制度에는 변동이 오기
도 하였다. 그리고 그러한 가운데 中世의 經濟制度·土地制度는 몇 단계에 걸
치면서 발전해 나갔다.

1) 新羅統一期

그 제1단계는 新羅統一期였다. 이때에는 장기간에 걸친 統一戰爭의 혼란으
로 土地所有의 주체에 변동이 일어나는 가운데, 土地의 私的 所有관계가 크게
발달하였다. 그것은 新羅人뿐만 아니라 百濟나 高句麗 遺民의 경우에도 마찬
가지였으며, 또 귀족층이나 서민층 어느 경우에도 마찬가지였다.

그러한 가운데서도 종래 土地의 私的 所有를 기반으로 하면서, 새로운 상황
과도 관련하여 大土地所有者로 크게 성장할 수 있었던 것은 주로 新羅의 貴族

層이었다. 王室이 광대한 토지를 소유하였음은 말할 것도 없지만 여타의 많은
귀족들도 그러하였다. 統一戰爭에서의 특정 공로자에게는 대규모의 토지가
주어졌으며 그 밖의 將卒에게도 상이 내려졌다.[14] 그리고 일반 文武官僚들에
게도 田土가 주어졌다. 전쟁이 끝나고 전국의 地方制度가 어느 정도 자리를
잡은 神文王代에, '(神文王 7년) 五月 敎賜文武官僚田有差'라고 하였음은 그것
이었다.[15] 관료들에게 지급한 이 田은 그 규모가 큰 것이 아니었을 것으로 생
각되지만, 토지확대의 기반은 될 수가 있었을 것이다. 또 지방제도가 개정되
고 새로운 外位制度가 마련된(京位制의 地方社會에 대한 擴大適用) 후에는, 신
라의 貴族들은 지방으로 확산해 나가는 바가 더욱 많아졌는데, 그들은 그러한
지방에 土地를 집적하고 경제기반을 마련하는 것이 관례였다. 百濟, 高句麗
지역으로의 진출은 그것을 특히 용이하게 하고 있었다. 그러한 지역에는 오랜
세월에 걸친 전란과 인구이동으로 無主陳荒田이 많았던 까닭이었다. 그리고
이 밖에 이 시기에는 佛敎寺院은 말할 것도 없고, 僧侶도 또한 여러 가지 방법
으로 大土地所有者가 되고 있었다. 어떤 僧侶는 12개 區의 莊土에 500結이나
되는 거대한 토지를 소유하기도 하였다.[16]

   貴族이나 寺院 및 僧侶들의 이러한 대토지는 田莊으로 불리웠는데 田莊이
넓으면 넓을수록 이를 경영하기가 어려웠다. 토지소유자들은 일정한 管理機
構를 두고 조직적으로 운영하지 않으면 안되었다. 寺院에서는 그러한 기구로
서 莊舍를 설치하고 거기에 관리인으로서 知莊을 파견하고 있었다.[17] 田莊을
奴婢와 良人으로 구성된 農奴的인 佃戶農民들에게 경작시키고 地代를 징수하
는 등 일체의 관리사무를 맡아보는 것이 그 소임이었다. 이러한 전장의 관리,
경영형태는 일반 귀족의 경우에도 마찬가지였을 것으로 생각된다.

   농민들의 土地所有는 귀족의 그것에 비하면 영세하였다. 小土地를 소유하
고 家族勞動으로 小農經營을 하는 것이 특징이었다. 적으면 겨우 몇 畝의 농

---

14) 金庾信, 金仁問은 그 대표적인 인물로서 수백 結의 토지를 받았다.
    『三國史記』卷 6, 新羅本紀, 文武王 2年條 ; 卷 42, 金庾信傳.
15) 『三國史記』卷 8, 新羅本紀, 神文王 7年條.
16) 『朝鮮金石總覽』上, 鳳巖寺智證大師寂照塔碑, p. 93.
17) 『三國遺事』卷 4, 洛山二大聖 觀音 正趣 調信.

지를 소유하는 데 불과하였고, 많으면 10여 結에 달하는 수도 있었다. 統一戰
爭으로 人口가 감소되고 농지가 황폐해진 곳이 아마도 농지규모가 가장 큰 지
대가 아니었을까 생각된다. 이같은 곳에서는 農民層에 대한 農地分配도 있었
을 것으로 생각된다. 聖德王 21년 秋 8월에 '始給百姓丁田'이라고 한 丁田은
이와 일정한 관련이 있었으리라 여겨진다.[18] 「新羅帳籍」에 보이는 4개 村落의
경우는 그러한 지역의 예로 보이는데, 그러한 곳에서는 烟戶民이 받은 土地를
'烟受有田''烟受有畓'으로 불렀으며, 家戶당 평균 경작규모는 10여 結이 넘고
있었다.[19] 물론 이들 촌락에는 대단히 많은 수의 桑木, 栢子木, 秋子木 등이
栽植되고 있어서 田이 모두 穀作을 위한 농지는 아니었다. 그러나 그렇더라도
그 농지의 규모는 너무 크다고 보이는데, 이때의 농지는 모두가 常耕田이 아
니라 歲易田이 또한 적지 않았을 것이므로 그 경작이 가능하였다.[20] 그리고

---

18)『三國史記』卷 8, 新羅本紀, 聖德王 21年條.
　　여기서 丁田은 두 가지 경우로 해석할 수 있다. 하나는 國家가 문자 그대로 農地를
　百姓에게 분급하는 경우인데, 이때의 新羅의 百姓丁田은 전국의 農地를 획일적으로
　전 百姓에게 분급하는 것이 아니라, 특정지역의 荒蕪地나 無主田을 無田農民에게 분
　급하는 것이었으리라 생각된다.
　　다른 하나는 量田을 통해서 百姓들이 소유하고 있는 農地에 대하여 그 結負·稅額을
　정해주는(量給) 경우인데, 이 경우의 丁田은 단순한 農地가 아니라, 國家의 租稅徵
　收 단위, 일정한 稅役이 부과되는 농지가 된다. 후대의 일이지만 高麗에서 田丁은
　조세의 수취 단위가 되고 있었다. 그러므로 이런 경우에도 그 農地는 稅役을 정해
　받았다는 점에서 烟受有畓 烟受有田으로 불리었을 것이다.
　　그러므로 이때의 新羅의 百姓丁田은 量田을 통해서 후자적인 丁田을 정해주는 가
　운데, 지역에 따라서는 전자적인 丁田을 또한 분급하였던 것이라고 하겠다.
19) 이에 관해서는 內外에 많은 연구가 있다. 그 가운데에서도 특히 토지문제와 관련하
　여 見解差를 보여주는 것으로는 다음의 논문들이 있으므로 참고가 필요하다.
　　旗田巍, '新羅의 村落 — 正倉院에 있는 新羅村落文書의 硏究'(『歷史學硏究』226·
　227, 1958, 1959).
　　崔吉成, '新羅에 있어서의 自然村落制의 均田制'(『歷史學硏究』237, 1960).
　　木村誠, '新羅의 祿邑制와 村落構造'(『歷史學硏究』, 1976 別冊 ;『世界史의 新局面
　과 歷史像의 再檢討』).
　　武田幸男, '新羅의 村落支配 — 正倉院 所藏文書의 追記를 둘러싸고'(『朝鮮學報』
　81, 1977).
　　兼若逸之, '新羅「均田成冊」硏究'(『韓國史硏究』23, 1979).
　　李泰鎭, '新羅統一期의 村落支配와 孔烟'(『韓國史硏究』25, 1979).
20) 李泰鎭, '畦田考 — 統一新羅·高麗時期의 水稻作法 類推'(『韓國學報』10, 1977).
　　宮嶋博史, '朝鮮農業史上에서의 15世紀'(『朝鮮史叢』3, 1980).

이들 촌락에서는 牛馬를 많이 사육하고 있었으므로 所要勞動力, 施肥 등은 보완될 수가 있었다.

하지만 이같은 지역은 오히려 國家에서 丁田을 지급한 예외적인 특정지역일 것이며, 많은 경우의 다른 지역에서는, 다만 量田을 하는 가운데 烟戶民이 소유하고 있는 農地에 대하여 結負 등의 稅役을 정해주되(量給) 그것을 丁田으로 칭했을 것이다. 그리고 그럴 경우에도 그러한 農地는 烟戶民들이 結負 稅役을 정해 받았기 때문에 烟受有畓, 烟受有田으로 불렀을 것이다. 이같은 경우의 農村에는 그 村民만이 自營農民으로서 농지를 소유하는 것이 아니라, 경우에 따라서는 이웃 村落이나 京의 大土地所有者가 소유하고 있는 농지가 대단히 많이 편재해 있었을 것이며, 그 村落에 사는 농민들 가운데에는 零細農이나 無田農民이 또한 적잖이 있었을 것이다. 이들은 귀족의 田莊에 佃戶農民으로서 예속되거나 富家에 傭作農民으로서 의존함으로써 생계를 이어나갔을 것이다. 그러므로 농민들의 토지소유관계는 지방에 따라 村落에 따라 불균등한 것이 일반이었다 하겠으며, 이같은 농민들에 대하여 국가는 租庸調의 무거운 賦稅를 징수하고 있었다. 自營農民의 경우에도 그 전체 세액은 적지 않아서, 그들의 封建國家에 대한 관계는 佃戶農民의 封建地主에 대한 그것과, 田稅와 地代에서만 차이가 날 뿐 흡사하였다.

新羅統一期에는 이같은 農民經濟를 바탕으로 그 위에 祿邑이라고 하는 토지제도가 설치되고 있었다. 정부에서 貴族官僚에게 지급해야 할 祿俸을 지급치 않는 대신, 귀족관료로 하여금 지방의 지정된 邑(郡縣)에서 녹봉의 액수만큼 收租하여 소유하도록 收租權을 분급하는 제도였다. 이른바 收租權을 중심으로 한 土地分給制인 것으로서, 우리나라 中世의 封建的 經濟制度의 또 다른 일면의 특징을 잘 보여주는 제도이었다. 이 제도가 언제부터 시행되었는지는 분명치 않지만, 아마도 三國統一 이전에도 이미 설치되고 있었던 것으로 생각되며, 한때 罷해졌다가 다시 설치되고 있었다. 神文王 9년(689)과 景德王 16년(757)의 일이었다.[21] 그래서 이 祿邑制度는 前期祿邑과 後期祿邑으로 구분되기도 한다.[22] 이와 유사한 제도로서는 食邑이라는 것이 있어서 이미 종전부

21) 『三國史記』 卷 8, 新羅本紀, 神文王 9年條.
    同 上 卷 9, 新羅本紀, 景德王 16年條.

터 있어 왔지만, 그러나 이것은 특수한 몇몇 有功者에게만 주어지는 것이었
다. 그런데 이때 마련되고 있는 이 祿邑制度는 모든 文武官僚에게 그들이 국
가의 관료로서 奉仕하고 國王에 충성하는 데 대한 반대급부로서 주어지는 것
이었다. 이 시기의 봉건귀족들은 토지의 사적소유(田莊)를 통해서 농민을 지
배하는 것 외에도, 國家收租地의 일부를 祿邑으로 받음으로써 '祿邑主'가 되어
祿邑農民을 佃客으로 지배하도록 되어 있는 것이었다.

　貴族官僚에게 收租權을 분급하는 祿邑制度의 내용이 어떤 것이었는지 구체
적으로 알려져 있지는 않다. 그러나 國學의 學生祿邑이 전체로 菁州 居老縣에
설치되었던 것을 보면(『三國史記』 卷 10, 昭聖王 元年), 아마도 文武官僚들의
祿邑도 官廳 단위로 한 郡縣, 또는 몇 개의 郡縣에 설치되었을 것이라고 생각
된다. 그리고 그 안에서 다시 개인별로 收租地가 분급되었거나, 아니면 관청
이 일괄 收租하여 소속관료에게 분배해 주었을 것이라고 생각된다. 또 高官으
로서 넓은 지역을 收租地로 받을 경우에는 한 개인이 한 郡縣 농지의 많은 부
분을 祿邑으로 받을 수도 있었을 것이다. 그리하여 이와 같이 收租權의 분급
이 일정량의 租를 징수할 수 있는 토지를 분급하는 것이라면, 그 토지는 結負
制로서 파악되고 結負制를 단위로 하여 지급되었을 것이며, 따라서 祿邑制의
제정에는 所出과 地積을 組合한 結負制의 시행이 선행하였거나 동시에 제정
되고 시행되었을 것이라고 생각된다.[23] 收租權은 그같은 단위로서 분급하는

22) 祿邑制에 관해서는 前揭 木村, 武田氏의 논문 외에 다음과 같은 연구를 참고할 필
　요가 있다.
　　金哲埈, '新羅貴族勢力의 基盤'(『韓國古代社會研究』, 1975).
　　姜晉哲, '新羅의 祿邑에 대하여'(『李弘稙博士回甲紀念 韓國史學論叢』, 1969).
　　洪承基, '高麗初期의 祿邑과 勳田 — 功蔭田柴制度의 背景'(『史叢·姜晉哲敎授華甲
　紀念 韓國史學論叢』 21·22 合輯, 1977).
　　이 경우 학자에 따라서는 이같은 祿邑制를 전술한 바 神文王 7년의 '敎賜文武官僚
　田有差'의 官僚에게 지급하는 田과 동일 체계로 보는 경우와, 별개의 체계로 보는
　견해가 있는데, 이곳에서는 後者의 입장을 취하였다. 前者는 토지의 所有權을 지급
　하는 체계이고, 後者는 收租權을 지급하는 체계로 보이기 때문이다.
23) 結·負·束·把의 단위로써 農地面積을 파악하는 우리나라의 結負制는 단순한 地積의
　단위가 아니라, 一定量의 所出을 전제로 하는 地積單位였다. 그러므로 애초에는 地
　積보다도 일정량의 所出에 더 큰 비중을 두는 단위였을 것으로 생각되는데, 그와 같
　은 일정량의 소출은 稅穀(벼) 10,000把(100負) 米 20石이었다. 이같은 문제에 대
　한 좀더 구체적인 검토는 本書에 수록된 '結負制의 展開過程'에서 상론된다.

것이 공평하였을 것이기 때문이다. 그리고 이와 같이 祿邑制와 結負制가 연결되기 위해서는, 수시로 적절하게 농지에서 나오는 所出과 그 농지에 대한 收租量을 조정할 필요가 있었을 것이다. 앞에서도 언급했듯이 '始給百姓丁田'이라고 하였을 때 始給은 이같은 收租量의 조정문제, 즉 國家가 백성들에게 그 농지에 대한 租稅의 量, 즉 結負를 전국적으로 재조정해 주는 量田문제와도 깊은 관련이 있었을 것으로 생각된다. 無田農民에게 丁田을 분급하는 일도 이같은 전제 위에서 행하여졌을 것이다. 그리고 이같은 祿邑에서의 收租額은 국가가 일반농민에게서 조세로서 징수하는 租額과 같았을 것이라고 생각된다. 收租權의 분급은 國家가 가지고 있는 租稅의 收取權을 일정기간 분급 양도하는 데 불과한 것이고, 또 그같은 내용으로서의 祿邑은 수시로 加減, 置廢될 수도 있는 것이므로, 그 租額이 다를 수는 없었을 것이기 때문이다.

이 경우 國家와 祿邑主가 수취하는 租額이 얼마나 되었겠는지는 분명치 않다. 다만 한 가지 분명한 것은 租를 수취하는 이 토지가 國有地가 아니라 私有地이며, 따라서 국가가 수취하는 租는 地主의 土地所有에 대한 地代의 징수가 아니라, 國家의 자기백성 公民에 대한 公租의 수취라는 점이었다. 전자의 경우는 보통 分半取1 내지 4分取1하는 것이 관례이지만, 후자의 경우는 그렇게 될 수 없는 것이 상례였다. 후자의 경우는 아마도 10分取1하는 것이 기준 또는 제도상의 규정이 아니었을까 생각된다. 公租는 東洋의 경우라면 역사적으로 볼 때 什一稅를 課하는 것이 理想으로 되어 있었다. 그리고 新羅末年의 일이기는 하지만, 高麗 太祖가 즉위 초에 지배층의 暴斂으로 賦稅가 1頃(結)에 6石이나 되어 民이 살 수 없게 됨에, 舊制·舊法으로 돌아가 什一稅로서 1結 2石을 수취하도록 하였던 일은 그 예가 되겠다.[24] 그러나 제도상의 규정과 그 제도의 운영상에서 볼 수 있는 현실적 收租量이 반드시 동일하였으리라고는 생각되지 않는다. 국가가 수조하는 것이 아니라 祿邑主가 수조할 경우에는 특히 그러하였다. 그리하여 이러한 경우에는 평상시에도 대개 10分取1의 收租

---

24) 『高麗史』, 卷 78, 食貨 1, 租稅, 中, p. 726.
　　同 上 食貨 1, 祿科田, 中, p. 715.
　　『高麗史節要』, 卷 1, 太祖 元年 秋7月, p. 11.
　　同 上 卷 33, 昌王 卽位年 秋7月, p. 829.

線을 넘어섰을 것이지만, 특히 혼란한 後三國時期에는 10分取3의 線에까지도 달하였던 것이다. 土地所有 自營農民들은 이같은 租稅 외에 役과 調를 또한 부담해야만 하였다.

2) 高麗時期

　中世의 經濟制度·土地制度가 발달하는 제2단계는 高麗時期였다. 신라통일기에는 集權的 官僚體制가 성립하고 있었지만 그것은 骨品制社會 안의 일이었다. 그러므로 이 시기에는 官僚制가 갖는 본질적 성격과 骨品制가 내포하는 본래적 성격이 상반하는 가운데, 역사의 진전과 더불어 체제모순이 심화되고 있었다. 그리고 이러한 모순은 마침내 체제의 재편성을 불가피하게 하고 있었다. 骨品官僚制의 해체와 科擧官僚制의 성립을 기반으로 하는 中世社會의 재편성인 것이었다. 그러나 이같은 변동은 단순한 정치상의 변동이 아니었다. 그러한 변동의 바탕에는 그것을 가져오게 한 사회경제적 기반이 형성되고 있었으며, 따라서 그것은 잔잔한 社會變動이기도 하였다. 그러한 사회경제적 기반의 형성은 新羅 말년에 있었던 地方勢力의 정치적 경제적 성장이었다. 이때의 지방세력은 본시 骨品制的인 신분체계의 말단에 위치한 寒微한 骨品貴族이 主였으나, 지방의 경제적 성장을 기반으로 하여 이제 新羅에 대한 反體制·反骨品的인 사회세력이 되고 있었다. 그리고 그들은 그들의 反體制 행위를 後三國期의 지방할거와 高麗國家의 건설로까지 몰고 갔다. 이들의 그같은 행동의 추진력이 되고 있는 것은 그들의 경제력과 이를 바탕으로 한 정치적 역량이었다. 광대한 田莊과 祿邑을 소유하고 地方民을 지배할 수 있었던 경제력 및 정치력이 바로 그것이었다.[25] 이들 地方勢力은 이같은 경제력을 바탕으로 사회적 정치적으로 성장하였으며 이어서는 中世國家의 체제를 재편성하는 주체가 되기도 하였다.

　그러므로 이 제2단계에서의 經濟制度는 이들 사회세력의 이해관계와 관련해서 마련되지 않을 수 없었다. 그것은 이미 이전부터 있어 온 中世的 經濟制度의 테두리 안에서 그것을 확대 조정 발전시키는 방향으로 재편성되어 나갔

---

25) 註 22)의 金哲埈, 姜晋哲, 洪承基 씨 논문 참조.

다. 土地의 私的 所有가 인정되는 가운데 地主佃戶制가 발전하였던 일과, 收
租權을 分給하는 土地制度가 더욱 발전된 형태로 재편성되는 가운데 '田主'로
서 농민을 지배하게 된 일은 그것이다. 그리하여 이 시기에는 土地의 所有權
과 收租權이 並行하고 복합하는 가운데 우리나라 특유의 中世的 經濟制度의
발전이 절정에 달하게 되었다. 封建的인 地主佃戶制는 國家權力을 통해서 직
접 간접으로 지원되고 있었으며, 支配層은 이를 통해서 농민들을 더욱 철저하
게 지배(經濟外 强制)할 수가 있었다.

土地의 私的 所有權은 누구에게나 인정되고 있었다. 土地의 所有權이 占有
權과 구분되는 근거는, 토지의 소유주체에게 그것을 자기 의사에 따라 賣買·
相續·讓渡할 수 있는 권리가 주어지고 있는 점이겠는데, 이때의 土地所有權者
들에게는 이러한 여러 권리가 제도적으로 보장되고 있었다. 토지의 소유권자
는 개인일 수도 있고, 私的 機關일 수도 있고, 또 國家일 수도 있었다. 이와
같이 소유권이 국가에 있는 토지는 정말로 國有地였다. 우리나라 중세의 경제
제도 토지제도는 이같은 토지의 사적 소유권의 바탕 위에 수립되고 있었다.[26]
그러나 그러한 소유관계에 있는 토지가 현실적으로 어떤 身分階級에 의하여
주로 소유되고 있었는가 하는 量的, 階級的인 문제에 이르러서는 身分階級 사

---

26) 中世의 土地制度를 이와 같이 이해하게 된 것은 近年에 이르러서의 일이다. 얼마
전까지만 해도 이때의 토지제도는 土地國有制로 이해되고 있었다. 물론 오늘날이라
고 이때의 토지제도를 모두가 土地私有制로서 이해하고 있는 것은 아니며, 지금도
논자에 따라서는 아직 土地國有制를 확신하고 있는 이가 적지 않다. 그러나 東洋社
會에 대한 歷史理論이나 이 시기의 歷史的 事實에 대한 실증적인 연구가 진전됨에
따라, 이같은 견해는 점차 理論的으로나 事實關係에서 적합하지 않다는 것이 밝혀져
가고 있다. 이같은 문제에 대한 硏究動向으로는 다음 글들을 참고할 필요가 있다.
  旗田巍, '高麗의 公田'(『朝鮮中世社會史의 硏究』, 1972).
          '朝鮮土地制度史의 硏究文獻 — 朝鮮總督府〈和田一郎擔當〉「朝鮮의土地
          制度及地稅制度調査報告書」를 中心으로'(同上書).
  有井智德, '土地所有關係 — 公田論 批判'(朝鮮史硏究會 旗田巍 編, 『朝鮮史入門』,
  1966).
  權寧旭, '朝鮮에 있어서의 封建的 土地所有에 대한 약간의 理論的 問題'(『歷史學硏
  究』321, 1967).
  金玉根, '公田論爭(1)'(『移山趙璣濬博士華甲紀念論文集』, 1977).
  李成茂, '高麗·朝鮮初期의 土地所有權에 관한 諸說의 檢討'(『省谷論叢』9, 1978).
  安秉直, '韓國에 있어서 封建的 土地所有의 性格 — 특히 15·16세기를 중심으로'
  (『經濟史學』2, 1978).

이에 커다란 차이가 있었다. 封建的인 國家機構 속에서는 그 운영과도 관련하여 토지의 소유관계는 현실적으로 身分階級에 따라 偏在될 수밖에 없도록 되어 있었다.

大土地를 소유하고 온갖 富貴를 누리는 것이 王室, 貴族, 官僚, 土豪層이었음은 말할 것도 없었다. 그 가운데에서도 최대의 소유자는 王室이었다. 高麗王朝를 세운 王建은 開京地方의 土豪였으므로 본시 많은 토지를 소유하고 있었지만, 後三國을 재통합한 후에는 각 지방에 더욱 많은 광대한 토지를 소유할 수 있게 되었다. 귀족들도 마찬가지였다. 이들은 대부분 新羅末年의 土豪層이고 地方貴族이었으므로 그 경제기반은 탄탄하였는데, 고려국가의 건국과정에 참여함으로써 그 기반으로서의 토지를 더욱 확대시켜 나갔다. 더욱이 건국과정에 공로가 있는 귀족에게는 토지가 賞給되기도 하였다. 다만 土地는 賣買를 통해서 자유롭게 이동될 수 있었으므로, 귀족들의 토지소유에는 규모의 차가 있을 수 있고, 따라서 귀족 가운데에는 혹 소규모의 土地를 소유하는 데 불과하거나, 그것조차도 소유하지 못한 無田의 빈한한 귀족도 없지 않았다.

寺院의 土地所有는 특히 두드러진 바가 있었다. 佛敎는 封建國家의 농민통치에 정신적 지원자로서 협력하고 있었던 만큼, 그 寺院은 국가로부터 보호를 받고 경제적 보장으로서 많은 토지가 주어지고 있었다. 그뿐만 아니라 貴族層 신도들로부터는 많은 토지를 寄進받기도 하였다. 그리하여 큰 사원은 각처에 광대한 토지를 소유하였으며, 그 위치 영역을 표시하기 위해서 長栍標를 세우기도 하였다.

農民들은 비교적 큰 규모의 토지를 소유한 富農도 있기는 하였으나, 그 대부분은 소토지를 소유한 小農民經營者들이었다. 그리고 그 밖에 전혀 토지가 없는 無田農民도 허다히 있어서, 이들은 大土地를 소유한 귀족이나 寺院의 佃戶農民으로서 살아나갔다.

貴族이나 寺院의 대토지는 農莊을 형성하고 直營制 또는 並作制로서 경영되었다. 이 경우 그 佃戶農民이 되는 것은 보통 두 종류의 사회계층으로서, 그 하나는 奴婢였다. 귀족이나 사원은 토지와 함께 많은 노비를 소유하고 있었으므로, 그들은 이들 노비를 率居 또는 外居시킴으로써 佃戶農民으로서 농지를 경작시키고 있는 것이었다.[27] 이런 경우의 노비는 경제적으로나 사회적

으로 그 上典에게 완전히 예속되어 있는 農奴였다. 그리고 그 밖에 他人의 奴
婢로서 佃戶가 되어 있는 경우도 있었는데, 이같은 노비도 그 처지는 전자와
크게 다르지 않았다. 다른 하나는 일반 良人이었다. 이들은 身分이 비록 양인
이지만 토지를 소유하지 못한 無田農民임에서, 그리고 본시는 토지소유농민
이었으나 어떤 사정으로 몰락하였기 때문에 이같이 佃戶農民이 되고 있었다.
이들은 處干이라고도 불리었다. 이들의 지주에 대한 관계는 제도적으로는 地
代만을 상납하고, 庸과 調는 국가에 바치도록 되어 있는 이른바 並作關係로
서, 거기에는 地主·佃戶 사이의 대등 개념이 내포되어 있었다. 그러나 현실적
으로는 地主層의 수탈이 가혹하여, 아주 몰락 失勢한 농민이거나 債務관계에
있는 농민일 경우 農奴的인 상태에 있는 것이 보통이었다. 封建地主層의 農莊
은 말하자면 그들에게 직속된 부자유한 佃戶層과 예속관계가 비교적 느슨한
자유로운 佃戶層을 통해서 생산 경영되고 있는 셈이었다.[28] 地代는 半打作을
하는 것이 관례였으나, 佃戶層의 勞動力이나 資金이 특별히 많이 투입될 경우
에는 3分取1이나 4分取1로 경감되는 수도 있었으며, 반대로 가혹한 지주의

---

27) 洪承基, 『高麗時代奴婢硏究』, 1981.
    『高麗貴族社會와 奴婢』, 1983.
    金世潤, '高麗後期의 外居奴婢'(『韓國學報』18, 1980).
    林英正, '麗末 農莊人口에 대한 一考察'(『東國史學』19, 1976).
28) 宋炳基, '高麗時代의 農莊'(『韓國史硏究』3, 1969).
    姜晉哲, '公田의 經營形態'(『高麗土地制度史硏究』제5장 附載, 1980).
    崔吉成, '1328년 통도사(通度寺)의 농장경영형태'(『력사과학』, 1961-4).
    武田幸男, '高麗時代에 있어서의 通度寺의 寺領支配'(『東洋史硏究』25-1, 1966).
    旗田巍, '高麗時代의 王室의 莊園 ─ 莊·處'(『朝鮮中世社會史의 硏究』, 1972).
    그러나 일반적으로 高麗前期 田柴科體制 아래에서는 並作半收的인 私的 地主佃戶
    制가 보편화되기 어려웠을 것으로 이해되고 있다. 公田租率이 4分取1이라는 데에서
    이다. 이 說을 따르면 아마도 그렇게 보아야 할 것이다. 國家나 科田主가 4분의
    1(25퍼센트)을 정확히 수취하고, 佃戶農民이 半을 차지하고 나면 私的 地主의 수취
    분은 얼마 되지 않을 것이기 때문이다. 또 각도를 달리해서 만일 公田(民田)租率이
    확실히 4分取1 이었다면, 이는 國家가 농민으로부터 地代를 징수하는 것, 즉 토지는
    國有이므로 국가 이외에 並作半收를 하는 私的 所有權者(地主)가 따로 또 있을 수는
    없는 것이다. 그러므로 並作制的인 地主佃戶制의 존재여부는 公田租率의 4分取1의
    여부와 깊은 관련이 있다고 하겠으며, 따라서 그렇게 볼 수 있으려면 『高麗史』에 보
    이는 그 初期나 末期의 什一稅의 기록을 부정하는 바가 합리적이고 정당해야만 할
    것이다.

경우에는 半打作 이상으로 많아지는 경우도 있었다. 國有地의 地主經營에서
는 勞役이나 기타의 농민수탈과도 관련하여 4分取1을 제도화한 경우도 있었
다. 이는 田柴科制度가 성립되기 이전부터의 농업관행이었다.[29]

　高麗時期에서 朝鮮初期에 걸치면서는 이같은 토지소유관계 위에서 田柴科,
祿科田, 科田法이라고 하는 收租權을 분급하는 土地制度·田制가 시행되고 있
었다.[30] 이는 중세 초기의 祿邑制度를 계승한 제도로서, 文武官僚, 鄕吏, 軍
人, 功蔭者 등 봉건지배층에게, 그들이 봉건왕조에 봉사하였거나 하고 있는
데 대한 대가로, 그들의 身分職役의 높고 낮음에 따라 수백 結에서 십여 結에
이르는 토지의 收租權을 지급하는 土地分給制度였다. 祿邑이 관청 단위로 邑
에 설치된 데 대하여, 이때의 일련의 科田은 개인별로 각지에 분급되고 있었
다. 그리하여 봉건국가는 이들 收租權者를 '田主'(이 경우의 田主는 엄밀하게는
'科田主'이다), 納租者(토지소유자·농민)를 '佃客'으로 명명하였으며, 따라서 수
조권자는 전주로서 농민을 전객으로 관리 지배하도록 되어 있었다. 수조권을
지급하는 토지제도는 이제 集權的 封建國家의 경제제도로서 한층 완벽해지고
있는 셈이었다. 그러므로 농민들은 土地를 所有한 自營農民일 경우에도, 그
土地의 所有權은 이같은 지배층의 收租權(田主權)에 의해서 제약을 받는 불완
전한 것으로 되어 있었다. 바로 이 점이 中世的 土地所有權의 所有權으로서의

　29)『高麗史』卷 78, 食貨 1, 租稅, 光宗 24年 12月判 및 睿宗 6年 8月判, 中. pp.
　　726~727.
　　　拙 稿, '高麗前期의 田品制'(『韓沽劤博士停年紀念史學論叢』, 1981 ; 本書 所收).
　30) 이같은 문제에 관해서는 많은 연구가 있다. 그 중에서도 다음 글들은 기초적인 연
　　구로서 늘 참고되는 논문이다.
　　　白南雲,『朝鮮封建社會經濟史』上, 1937.
　　　姜晉哲, 前揭書 및 '韓國土地制度史' 上(『韓國文化史大系』Ⅱ, 1965).
　　　千寬宇, '韓國土地制度史' 下(『韓國文化史大系』Ⅱ).
　　　深谷敏鐵, ① '高麗朝 祿科田考'(『朝鮮學報』48, 1968).
　　　旗田 巍, '高麗의 公田'(『朝鮮中世社會史의 硏究』, 1972).
　　　閔賢九, '高麗의 祿科田'(『歷史學報』53·54, 1972).
　　　深谷敏鐵, ② '鮮初의 土地制度 一斑 — 이른바 科田法을 중심으로'(『史學雜誌』
　　　50-5·6, 1939).
　　　李相佰,『李朝建國의 硏究』, 1949.
　　　李佑成, '高麗의 永業田'(『歷史學報』28, 1965).
　　　李成茂, '兩班과 土地所有'(『朝鮮初期兩班硏究』제4장, 1980).

한계이고 특징이기도 하였다. 收租權을 중심으로 한 土地分給制度는 그러나 위에 언급한 바와 같은 封建支配層에게만 수조의 권리를 분급하는 제도는 아니었다. 이와 아울러서 나라의 주인임을 자처하는 王室 및 宮院을 비롯하여 각급 官廳에도 또한 같은 내용의 토지가 분급되고 있었다. 公廨田柴는 그것이었다. 封建國家는 그 國家機構의 운영을 위하여 일정 액수의 收租權을 각급 기관에 분급하여 줌으로써 그 기관의 운영에 소요되는 경비를 해결하고 있는 것이었다. 그런데 봉건국가에서는 국가기관에 대한 收租地의 분급과 지배층에 대한 그것을 대등하게 하고 있었다. 그러한 점에서 봉건지배층에 대한 수조지의 분급은, 集權的 封建國家 그 자체의 운영원리로서 마련되고 있는 셈이었다. 그러므로 이 토지제도는 集權的 封建國家體制의 발전과 더불어 변동될 수 있는 것이기도 하였다.

田柴科, 祿科田, 科田法 등에서 볼 수 있는 收租權 分給의 내용은 그때마다 조금씩 달라지고 있었다. 시대가 진전함에 따라 제도상의 결함과 그 운영을 둘러싼 사회적 모순이 심화되고, 따라서 그것은 시정되지 않으면 아니되었던 까닭이었다. 처음에는 土地分給이 農地와 함께 柴地도 포함하고 結數도 많고 전국 각지에 주어지고 있었지만, 후대에는 農地만으로 한정하고 結數도 적어졌으며 지역도 京畿로 국한하였음은 그 때문이었다. 수조권을 통해서 농민을 지배할 수 있는 권한은 처음에는 강대하였으나 후대로 내려올수록 제약되고 약화되고 있는 것이었다. 그러나 그렇더라도 科田法 단계까지는 수조권자의 田主로서의 기능은 강하였고, 이를 통해서 지배층은 농민을 지배하는 가운데 封建地主로서 성장해 나갈 수가 있었다.

收租權者가 科田主로서 농민으로부터 수취하는 租額은 국가가 농민에게서 租稅로서 징수하는 조액과 같았다. 收租權은 국가가 그 수조지의 일부를 일시 과전주에게 분급해주는 것이므로, 국가가 수조할 때와 과전주가 수조할 때가 다를 수는 없었다. 租率과 租額은 10分取1로서 1結 米 2石이었다.[31] 이같은 조율과 조액은 『高麗史』에서 보면 太祖 즉위 초의 農政策과 高麗末의 科田法 규정에 명기되어 있다. 太祖 때의 1結 2石에 관한 규정을 什一稅가 아니라고

---

31) 註 24) 참조.

하는 견해도 있으나, 자료가 말하는 대로 인정하는 것이 옳다고 생각된다.[32] 이같은 조율과 조액은 租額만으로 보면 농민부담이 비교적 가벼웠던 것으로 생각될 수도 있다. 그러나 국가에 대한 농민의 부담은 이것이 전부가 아니었다. 이 밖에 附加稅를 생각해야 하고, 庸과 調에 해당하는 稅를 또한 부담하지 않으면 아니되었다. 그것을 모두 합하면 自營農民의 경우라 하더라도 그 부담은 과중하였다. 封建國家의 農民支配, 국가에 대한 농민의 처지는 봉건적인 隷屬農民 또는 農奴的인 존재 그것이었다.

　이같이 科田主가 10分取1, 1結 2石씩 수조하는 租額은 田主의 입장에서 결코 적은 것이 아니었다. 10分取1이라는 조율에서 보면 그 수치가 큰 것이 아닌 것으로 생각되지만, 그러나 科田의 結數가 많은 것을 생각하면 수조액 전체는 적지 않았다. 과전주가 받은 과전의 결수가 가령 수십 結, 수백 結이 되면 그들의 수입은 私有地 地主制에서 中小地主의 수입과 맞먹는 것이 되는 것이었다. 더욱이 1結 2石의 租額은 규정상의 액수에 불과한 것으로서, 실제로 科田主가 수조를 할 때에는 이보다 많아지는 것이 보통이었다. 科田主가 직접 수조를 할 경우와 조세행정이 문란해질 경우에는 더욱 그러하였다. 그리하여 이 시기의 중반기 이후가 되면 과전주의 수조권을 통한 農民收奪이 심해지고 그 수입은 늘어났다. 그리고 그러한 수조 과정에서 농민이 조세수납을 못할 경우에는 이러저러한 이유를 붙여 그 토지의 所有權을 헐값으로 買收, 占奪하기도 하였다. 그들은 본시 私的 所有權에 입각한 광대한 農莊을 소유하고 있었는데, 수조권의 운영을 통해서 토지를 兼幷, 集積함으로써 그 農莊의 규모를 더욱 확대시켜 나가고 있는 것이었다.

---

32) 李成茂, 註 26)의 論文 및 '公田·私田·民田의 槪念 ─ 高麗·朝鮮初期를 中心으로' (『韓㳵劤博士停年紀念史學論叢』, 1981).
　　拙 稿, 前揭論文.
　　註 28)에서 언급했듯이 租率은 이 시기의 土地制度·地主制를 이해하는 데 중요한 의미가 있다. 什一稅의 규정은 특히 그러하다. 이러한 조율의 전제 위에서 竝作半收하는 地主制(註 29)는 관행할 수가 있었다. 이 시기에는 公田에 3科가 있었듯이 租率에서도 몇 종류가 있었을 것임을 전제할 필요가 있다.

3) 朝鮮時期

中世의 經濟制度·土地制度의 발전과정에서 제3단계를 이루는 것은 朝鮮時期였다. 이때는 封建的인 經濟制度로서의 收租權을 중심으로 한 土地分給制가 점차 약화, 소멸하고 所有權에 입각한 地主佃戶制만이 유일한 封建的인 經濟制度로서 잔존 발전하게 되는 시기였다. 支配層에 분급했던 收租權이 모두 회수되어 國家收租 아래 들게 된 것이다. 이는 封建支配層의 농민지배를 國家가 직접 지원하는 것을 중단하게 된 것으로서, 封建支配層의 농민지배에 대한 권한이 그만큼 약화되고, 國家權力은 그만큼 더 강화되었으며, 또 農民層의 토지소유권도 그만큼 더 성장하게 되었음을 뜻하는 것이었다. 그러나 그렇다고 봉건지배층의 利權이 모두 박탈된 것은 아니었다. 국가는 그들에게 종종의 혜택을 줌으로써 그들이 封建地主로서 성장하고 농민을 지배할 수 있도록 간접적으로 지원하고 있었다. 그리하여 봉건적인 經濟制度 地主佃戶制는 그같은 입장에서 발전하게 되었으며, 國家도 그같은 성격을 지닌 中世封建國家로서 성장해 나갔다.

高麗時期에는 集權的 官僚體制가 발달하고 있었지만, 그러나 그것은 地方勢力의 여러 가지 旣得權을 상당부분 인정한 위에서의 일로서, 集權體制로서는 아직 미숙하였다. 國家收租地의 일부를 귀족관료들에게 분급하지 않으면 아니되었던 이유도 거기에 있었다. 그러므로 이 시기에는 集權化를 지향하는 봉건국가의 官僚體制의 속성과, 지방에서 經濟的 利權을 추구하는 귀족층의 分權的 경향이 상반하는 가운데 모순은 심화되고 있었다. 이를 收租權 문제를 중심으로 생각한다면 國家收租와 科田主收租의 대립문제였다. 더욱이 이와 아울러서는 收租權을 취득하기 위한 貴族官僚層 상호간의 대립도 일어나고 있어서 사회는 혼란하였다. 그뿐만 아니라 貴族官僚層, 즉 科田主에 의한 收租地의 확대는 궁극적으로 農民的 土地所有權을 침해하는 바가 되는 데서, 收租權者(科田主)와 所有權者(佃客) 사이에 타협할 수 없는 이해관계의 충돌이 있었다. 이는 高麗社會가 안고 있는 보다 심층적이고 본질적인 모순관계의 하나이기도 하였다. 그러므로 이 시기에는 이같은 문제들이 총괄적으로 해결되지 않으면 안되었다. 그것은 체제의 재편성을 불가피하게 하는 문제였다. 麗

末에서 鮮初에 걸치는 일련의 集權的 官僚體制의 재정비 강화와 田制 및 稅制
의 개혁을 중심으로 하는 中世社會의 재편성, 즉 朝鮮社會의 성립은 그 소산
이었다.[33]

國家와 科田主 兩班官僚는 본시 지배기구와 지배층으로서 農民을 지배한다
는 점에서 이해관계를 같이하는 존재였다. 그러나 그러면서도 國家의 財源과
科田主의 收租源이 같은 농민층으로부터의 조세징수라는 점에서는, 이들은
서로 대립할 수 있는 존재이기도 하였다. 그리고 실제로 歷史는 그렇게 전개
되었다. 科田主에 의한 收租地의 확대는 국가재원을 침식하고, 따라서 국가는
이들을 견제하지 않으면 안되었다. 이 경우 국가재정은 특히 軍需, 祿俸, 기타
등등에 관한 경비조달이 중심이 되는 것이므로, 특정 科田主(權勢家)들에 의
한 收租地 확대가 이같은 財政運營에 관련된 여러 계층, 특히 軍人들의 불만
을 유발하게 되었음은 말할 것도 없었다. 외적의 침입이 계속되는 상황 아래
에서 軍需財源의 감축은 국가의 존립을 위태롭게 하는 것이기도 하였다. 그들
은 이같은 土地分給制의 불합리는 개혁되어야 할 것임을 요구하게도 되었다.
收租權을 둘러싼 兩班官僚層 사이의 대립은, 주로 중앙의 貴族權勢家와 지방
에서 새로이 성장하고 있는 이른바 新興官僚들 사이에서 일어났다. 중앙의 권
세가들은 그 政治的 社會的 지위를 배경으로 하여, 여러 가지 이유를 내세워
국가로부터 규정 이상으로 收租權을 받아냈다. 그리고 가혹한 조세수취를 통
해서는 그 토지를 私有地로 겸병하고 農莊을 확대시켜 나갔다. 그리하여 이러
한 權勢家가 있음으로 해서는 收租權 分給에서 제외되거나 극히 일부만을 받
는 데 불과한 피해자가 있게도 되었다. 그것은 주로 新興官僚와 末端官僚들이
었다. 그들은 收租權 分給의 불공평을 좌시할 수만은 없었으며 항의도 하고
田制改革을 주장하게도 되었다. 그리고 개혁을 추진하는 선봉이 되었다.

---

33) 周藤吉之, '高麗朝에서 朝鮮初期에 이르는 田制改革'(『東亞學』3, 1940).
　　深谷敏鐵, 前揭 ② 論文 및 '朝鮮에 있어서의 近世的 土地所有의 成立過程 ─ 高麗
　　의 私田에서 李朝의 民田으로'(『史學雜誌』55-2·3, 1944).
　　李相佰, 前揭書.
　　韓永愚, '太宗·世宗朝의 對私田施策'(『韓國史研究』3, 1969).
　　浜中 昇, '高麗末期의 田制改革에 대하여'(『朝鮮史研究會論文集』13, 1976).
　　金泰永, '科田法下의 自營農에 대하여'(『韓國史研究』20, 1978).

이러한 갈등이 전개되고 있을 때, 이와 병행해서는 土地所有 農民들의 불만
과 항쟁이 또한 전개되고 있었다. 농민들은 科田主들의 수조가 暴斂化하는 데
서 큰 피해를 받고 있는 것이었다. 收租地를 재조정할 때나 收租地 分給의 규
정을 개혁하고 收租를 강화하게 되었을 때는 — 結負制 改革(후술) — 한 해에
數名의 科田主가 연달아 조세를 强徵하기도 하였다. 이는 농민경제를 지탱키
어렵게 하는 것으로서 농민들을 抗爭의 대열로 몰아넣는 것이 아닐 수 없었
다. 더욱이 高麗 後半期부터는 歲易農法이 급속하게 常耕農法으로 전환하는
가운데 生産力이 발전하고 있어서 농민경제가 향상될 수 있는 여지가 있었는
데,[34] 지배층은 結負制를 개혁하고 재조정함으로써 收租體系를 강화하고 있었
으며, 따라서 농민들에게 돌아갈 剩餘가 송두리째 수탈당하지 않으면 아니되
도록 되고 있었다. 생산계층이 항쟁을 안한다면 오히려 이상한 일이 아닐 수
없었다. 이러한 항쟁은 科田主 상호간의 대립보다도 더 심각한 사회문제였다.
농민들은 이제 이같은 租稅制度, 土地制度를 감내할 수 없었으며 그 개혁을
희망하게 되었다. 그러한 사정은 中央의 權貴와 新興官僚가 대립 항쟁하는 데
대하여 농민층을 후자에게 편들게 하였다. 농민층은 新興官僚層의 사회적 배
경이 본시 지방의 中小地主層임에서 그들과는 일정한 대립관계에 있었지만,
이때에는 피차 공통의 투쟁대상을 갖게 됨에서 그들을 지원하게 되고 있었다.
    新興官僚層이 중심이 된 이같은 항쟁은 마침내 그들에게 승리를 안겨 주었
다. 그들은 民心의 지원을 받으면서, 그리고 李成桂 등의 武人과 연결됨으로
써 권력을 장악하고 田制를 개혁할 수가 있었다. 科田法의 제정이 그것이었
다. 그리고 한걸음 더 나아가서는 高麗에서 朝鮮으로 王朝를 교체시키기도 하
였다. 그러나 이러한 사실은 모두 결국 集權的 封建國家의 集權體制 강화과정
에서 일어나는 필연적 현상이었다. 그러한 집권체제의 강화는 高麗時期의 그
것보다도 완벽한 集權的 官僚體制의 확립에서 이루어질 수밖에 없었다. 그런
데 이러한 집권적 관료체제는 그 본질상 관료층이 지방에 경제적 기반을 갖는
收租權 分給의 제도와는 양립하기가 어려웠다. 朱子學的인 儒敎思想이 朝鮮
王朝 集權官僚體制의 정치이념이 되고 있는 상황 아래에서는 특히 그러하였

───────────────

34) 註 20)의 李泰鎭, 宮嶋博史 논문.
    拙稿, '高麗時期의 量田制'(『東方學志』16, 1975 ; 本書 所收).

다. 더욱이 收租權者와 所有權者의 대립은 첨예하고 심각한 것이었다. 그리하여 朝鮮王朝에 들어와서는 科田法이 오래갈 수가 없었다. 새 王朝의 集權官僚體制가 정비되는 데 따라서 이 제도는 다시 조정되어 職田法으로 개정되었다. 15세기 중엽 世祖朝의 일이었다.[35] 그리고 이에 따라서는 農民層의 지위가 또한 다소 향상되어 나아갔다.

　職田法은 收租權 分給의 토지제도로서는 마지막 제도였다. 그러나 이 제도는 조선왕조의 集權的 官僚體制가 강화되는 가운데, 그리고 收租權(科田主)에 대한 所有權(佃客)의 항쟁이 심화되는 가운데 科田法을 개정하여 제정한 것이므로, 그 내용이 科田主들에게 유리한 것이 될 수는 없었다. 이 제도에서는 收租權의 지급 대상자는 축소되고 수조 방법도 官收官給이 되었다. 그리고 수조액도 점점 감소되어 나갔다. 수조권을 통해서 농민을 지배한다는 中世的 經濟制度로서의 의의가 대폭 감소되고 소멸되어 가고 있는 것이었다.[36] 수조권의 내용이 이렇게 되고 보면 이 제도는 이제 봉건지배층에게 農民收奪, 財富蓄積의 좋은 방법이 되기가 어려웠다. 그들에게는 이제 수조권을 분급하는 토지제도는 기대할 만한 것이 되지 못하였다. 그리하여 16세기 중엽 明宗朝에 이르러서는 職田法은 사실상 유명무실한 것이 되었으며, 따라서 지배층에게 수조권을 분급하던 중세적 경제제도는 이제 제도적으로 끝이 나게 되었다.

　高麗末年에서 朝鮮初期에 설친 이같은 격동과정을 土地制度의 측면에서 보면, 토지의 收租權者와 所有權者가 대립하는 가운데 收租權에 입각한 田主佃客制가 해체되는 과정이었다. 그리고 그 후에는 所有權에 입각한 地主佃戶制(地主時作制)만이 유일한 封建的인 經濟制度로서 남게 되는 과정이었다. 그러한 地主佃戶制의 경영 내용은 高麗時期의 그것과 기본적으로 같았다. 地主가 그들의 農地나 農場을 경영하는 데는, 규모가 작으면 의례 家作으로 하였으며, 그 규모가 커지면 地主制로 경영하되 그것을 直營農場으로 하는 경우와 並作制로 하는 경우 등 다양하였다. 佃戶層은 많은 부분이 奴婢로서 구성되는데 그들의 지주와의 관계는 農奴 그것이었다. 그리고 그 밖에 또 많은 부분을

35) 深谷敏鐵, '科田法에서 職田法으로'(『史學雜誌』 51-9·10, 1940).
36) 李景植, '朝鮮前期 職田制의 運營과 그 變動'(『韓國史研究』 28, 1980).

차지하는 것은 良人身分의 無田農民이었는데, 이들의 존재형태는 農奴的인
상태에 있는 농민에서부터 그 隸屬關係가 비교적 느슨하고 자유로운 農民에
이르기까지 다양하였다.[37] 地代는 전자에서는 주로 勞動地代的인 방식을 병행
하고, 후자에서는 現物로서 分半하는 것이 관례였으나 융통성이 있었다. 그리
고 이같이 地代를 수취하는 데는 간접적으로 갖가지 장치를 통해서 經濟外的
인 강제가 가해지는 것이 또한 보통이었다. 이는 주로 私有地 地主制에 관해
서 말한 것이지만 國有地, 즉 國家所有地와 王室所有地의 地主經營에서도 마
찬가지였다. 국유지이거나 사유지이거나 그 所有原理는 본질적으로 같았고,
따라서 그 지주경영의 내용도 기본적으로는 같을 수밖에 없었다. 國屯田의 경
우 賦役勞動에 의해서 경영되는 곳이 여전히 많이 남아 있었지만, 그러나 점
차 並作半收的인 지주경영으로 전환되어 가는 것이 이 시기의 추세였다.[38] 이
는 수조권을 중심으로 한 토지제도의 변동과 보조를 같이하는 것이었다. 地代
의 수취는 佃戶農民, 時作農民의 노동력이나 자금이 투입되는 것과 관련하여
조정될 수도 있었다.

　　그러나 그러면서도 이 시기의 地主經營은 收租權 分給制가 절정에 달하고
있었던 시기의 그것과 크게 다른 바가 있었다. 그것은 봉건지주층의 수입이
지주경영에만 의존하게 되는 데서, 직접생산자인 농민과 마찬가지로 그들도
농업생산에 일정한 관심을 갖지 않을 수 없었다는 점이었다. 在地 中小地主層
(이른바 新興士大夫)의 경우는 더욱 그러하였다. 그리하여 이들은 벌써 高麗時

---

37) 周藤吉之, '麗末鮮初에 있어서의 農莊에 대하여'(『靑丘學叢』17, 1934).
　　旗田巍, '李朝初期의 公田'(『朝鮮史硏究會論文集』3, 1967 ;『朝鮮中世社會史의
　　硏究』1972).
　　有井智德, '李朝初期의 私的土地所有關係 ― 民田의 所有·經營·收租關係를 中心으
　　로'(同 上 論文集, 1967).
　　李景植, '16世紀 地主層의 動向'(『歷史敎育』19, 1976).
　　金鴻植, 『朝鮮時代 封建社會의 基本構造』, 1981.
38) 李鍾英, '朝鮮初의 屯田制에 대하여'(『史學會誌』7, 1964).
　　李載龒, '朝鮮初期 屯田考'(『歷史學報』29, 1965).
　　李景植, '朝鮮初期 屯田의 設置와 經營'(『韓國史硏究』21·22 合輯, 1978).
　　　　'16世紀 屯田經營의 變動'(『韓國史硏究』24, 1979).
　　旗田巍, 同 上 論文.
　　有井智德, '李朝初期에 있어서의 公的土地所有로서의 公田'(『朝鮮學報』74, 1975).

期부터 농업생산의 발전에 일정하게 참여하고 있었다. 高麗社會에서 朝鮮社會로의 교체과정을 農法과 관련해서 생각하면, 대체로 아직 歲易農法이 적잖이 남아 있던 농업에서 常耕農法이 지배적으로 되는 농업, 즉 粗放農業의 잔재를 벗어나서 비교적 集約的인 農業으로 전환하는 과정이었다고 하겠는데, 그들 在地 中小地主層(新興士大夫)들은 이러한 전환에 적지않이 기여하고 있었다.[39] 그리하여 그러한 기반 위에서 朝鮮初期에는 『農事直說』에서 볼 수 있는 바와 같은 비교적 집약적인 농업이 전개될 수 있었으며, 그 農書가 편찬되기도 하였다.[40]

　이 시기의 地主經營이 高麗時期의 그것과 다른 점은 이 밖에 農地擴大의 방식에도 있었다. 收租權 分給制가 발달하고 있었던 시기에는 봉건지배층의 土地集積을 통한 富의 축적은, 토지의 所有權을 확대하는 것으로서 행해지기도 하였지만, 일반적으로는 收租權의 취득을 확대하는 것으로서 행해지고 있었다. 전자의 방법은 막대한 자금이 소요되나, 후자는 그렇지가 않았으며, 특히 權力을 배경으로 한 貴族層에 의해서 널리 행하여졌다. 그런데 朝鮮時期에 들어와서는 점차 收租權 分給制가 변동·폐기되는 가운데, 이같은 土地集積의 방법에도 변화가 일어나게 되어, 후자적인 방법은 소멸하고 전자적인 방법만이 남게 된 것이었다. 收租地의 수입에만 의존하던 가난한 兩班官僚層도 이제는 土地의 所有가 필요하였다. 그리하여 이 시기의 封建支配層은 규모의 차이는 있었지만 모두 所有權에 입각한 私的 所有地의 확장에 열을 올리게 되었다. 그 방법은 農民의 所有地나 官有地를 買入하는 것이 일반적이었지만, 때로는 高利貸를 통해서 差押하는 경우와, 未墾地를 개간하여 농지를 확대하는 경우도 흔히 있었다. 농업발전을 위해서는 水利施設을 확대시켜 나가기도 하였다.[41] 그리고 그러한 농지들은 규모가 크면 地主制로서 경영되고, 소규모의

---

39) 李泰鎭, '14·5세기 農業技術의 발달과 新興士族'(『東洋學』 9, 1979).
40) 宮嶋博史, 註 20)의 논문.
　　閔成基, '東아시아 古農法上의 樓犁考 — 中國과 朝鮮의 耕種法 比較'(『省谷論叢』 10, 1979).
　　'朝鮮前期의 麥作技術考 — 農事直說의 種麥法 分析'(『釜大史學』 4, 1980).
　　林和男, '李朝農業技術의 展開'(『朝鮮史叢』 4, 1980).
　　金鴻植, '李朝農業生産力의 形成과 그 特質'(前揭書 제2장).

경우에는 自營으로 경영되었다. 兩班支配層은 그들이 소유하고 있는 이같은 토지에서 田稅를 부담하지 않으면 아니되었다. 그들도 이제는 國家와의 관계에서 收租權者가 아니라 納租者일 뿐이었다.

이 시기에는 土地의 私有는 자유로웠고, 따라서 良人農民이거나 賤人農民들도 대부분 自營農民으로서 土地를 소유할 수 있었다. 朝鮮初期의 國家의 荒遠田·陳荒田 개발정책과 徙民政策을 통해서 良人과 賤人의 土地所有관계가 더욱 확대되어 나갈 수 있었다. 그리고 개중에는 비교적 대규모의 土地를 소유하고 있는 부유한 農民이나 地主層도 있었다.[42] 그러나 일반 농민층의 경우는 대개 소규모의 土地를 소유하고, 家族勞動으로 이를 경영해 나가는 소규모 自營農民의 처지에 있는 것이 일반이었다. 그들이 부담하는 조세는 世宗朝의 田稅制度 개혁 이후 그 稅額이 점점 감소하고 있었지만, 特産物로서의 貢納制와 軍役·賦役의 부담은 무거웠다. 이를 모두 합하면 良人 自營農民層의 경우, 良人신분이라는 것 때문에 그 부담이 가벼운 것은 아니었으며, 또 土地를 소유한 자영농민이라는 것으로 해서 윤택할 수 있는 것도 아니었다. 이들은 비록 신분은 양인이고 토지도 소유하였지만, 封建國家와의 관계에서 그 사회경제적 처지는 대부분 열악하였다. 그들은 결국 封建制 아래의 自營農民에 불과하였으며, 그래서 그들의 존재형태는 혹은 隷農, 혹은 農奴的인 존재로 규정되기도 한다.[43] 그러나 그렇다고 하더라도, 이들은 私有地나 國有地 地主制 아래에 있는 農奴的인 佃戶農民과는 일단의 차이가 있는, 비교적 자유로운 농민이 아닐 수 없었다.

41) 李景植, '16세기 地主層의 動向'(『歷史敎育』 19, 1976).
　　李泰鎭, '16세기의 川防(洑)灌漑의 발달 ― 士林勢力 대두의 經濟的 背景 一端'(『韓沽劤博士停年紀念史學論叢』, 1981).
42) 『成宗實錄』 卷 182, 成宗 16年 8月 戊申, 11冊, p. 50에 의하면, 全羅道 南平의 私奴 家同은 2천 石의 穀食을 納粟하고 있었다. 이같은 私奴는 상당한 규모의 地主였을 것으로 생각된다.
43) 金錫亨, 『朝鮮封建時代 農民의 階級構成』, 1957.
　　金鴻植, 前揭書.
　　宮嶋博史, '李朝後期 農書의 硏究'(『人文學報』 43, 1977).

5. 中世末의 土地問題

土地의 私的 所有와 이에 입각한 地主制 및 自營農을 근간으로 하는 中世의 經濟制度·土地制度는, 朝鮮後期·中世最末期, 그 가운데에서도 18·19세기에 접어들면서는 크게 동요하고 변동하게 되고 있었다. 이 시기에는 우리나라의 中世社會가 그 身分制의 변동에서 볼 수 있듯이 전반적으로 동요 해체되고 있었는데, 그와 보조를 같이하여서는 經濟制度·土地制度에도 또한 그러한 변동이 오고 있는 것이었다. 朝鮮前期까지의 田主佃客制가 소멸된 조건 아래에서 所有權에 입각한 經濟制度·土地制度는 안정될 것이 기대되었지만, 朝鮮後期에 이르러서는 이 시기 조건 아래에서의 여러 가지 사정으로 農村社會가 分解되는 가운데 그러한 經濟制度·土地制度에 새로운 변동이 일어나게 되고 있는 것이었다. 사회 전반의 동요도 실은 이같은 經濟制度·土地制度의 변동을 기반으로 해서 전개되고 있는 것이었다고 하겠다. 國交擴大(開港) 이후 이같은 사태가 더욱 심화되고 있었음은 말할 것도 없었다. 일찍이 경험하지 못하였던 바 새로운 여건이 이를 촉진하고 있었다. 그뿐만 아니라 이같은 변동은 그 자체로서 평탄하게 전개되고 있는 것이 아니라, 커다란 社會的 矛盾·階級對立을 수반하고 있었으며, 그 모순이 심화되는 데 따라서는 中世國家는 위기에 몰리지 않을 수 없도록 되고 있었다.

그러면 朝鮮後期의 中世 經濟制度·土地制度는 어떠한 상황에서 어떠한 상황으로 변동하는 것이었을까. 土地所有의 측면에서 보면 이 시기 農村社會의 階級構成은 大土地所有者層, 中·小土地所有者層, 無田者層 등 다양하였다. 우리나라 中世 封建社會의 土地制度는 모든 身分의 民에게 土地의 私的 所有權을 인정하는 것이었으므로, 西유럽이나 日本 등 分權的 封建國家의 그것이 領主制·農奴制的인 土地所有였음과는 달리, 이같이 모든 身分의 民·百姓이 그들의 능력에 따라, 大土地를 소유할 수도 있고, 中·小土地所有者가 될 수도 있으며, 그것을 전혀 소유하지 못한 無田者가 될 수도 있었다. 그리고 이때의 經濟制度·土地制度에서는 모든 民의 所有地의 經營도 자유였으므로, 그들은 그 農地의 크고 작음을 막론하고 地主經營으로 할 수도 있고 自營으로 할 수

도 있었으며, 또 자기의 農地만을 自作經營으로 할 수도 있고, 자기 農地의
自作經營 외에 他人의 農地를 時作兼營으로 할 수도 있었으며, 나아가서는 극
단적으로 말하여 時作經營만을 하거나 전혀 農事를 하지 않는 것도 자유이었
다. 그러므로 이 시기 農村社會의 階級構成을 經營形態의 측면에서 보면, 그
것은 地主層, 自營農民層, 自·時作農民層, 時作農民層, 賃勞動層 등으로 구분
할 수도 있고, 所有의 측면이나 所有와 經營을 종합하는 가운데 地主層, 富農
層, 中農層, 小農層, 貧農層, 賃勞動層 등으로 구분할 수도 있었다.

　그러므로 이 시기의 農村社會가 分解되는 가운데 그 經濟制度·土地制度에
변동이 오게 된다고 하는 것은, 이같은 制度에 상응하는 변동이 되지 않으면
아니되겠다. 그것은 富·中·小·貧農層이 서서히 上下로 분해되는 가운데, 혹
그 가운데에 大地主로 상승하거나 그 所有地가 종래의 地主層에게 흡수 집적
되기도 하고, 혹 理財에 밝은 時作層, 商人層이 있어서 農地를 집적하고 地主
層으로 성장하는 가운데, 많은 종래의 農民層이 서서히 몰락함으로써 종래의
階級構成이 보다 소규모의 영세한 中農層, 小農層, 貧農層, 時作層, 賃勞動層
등으로 재편성되기에 이르는 것으로 볼 수 있겠다. 그리하여 이러한 변동이
심화되면 될수록 중간지대의 農民層은 소멸하고, 소수의 地主層이 대부분의
農地를 집적하는 가운데, 時作層 및 賃勞動層이 더욱 늘어나지 않을 수 없도
록 된다고 하겠다. 이 경우 兩班層이라고 예외일 수는 없으며, 그들도 上下貧
富로 격심하게 분해되고 있었음은 말할 것도 없겠다.

1) 農村經濟의 變動

　農村社會를 변동시키고 있는 이같은 현상은 여러 가지 사정에서 연유하고
있었지만, 우리는 이를 이 시기의 經濟發展에 따르는 현상과 租稅制度의 불합
리에서 연유하는 것으로 대별하여 정리할 수 있을 것이다.

　經濟發展과 관련하여서는 몇 가지 이유를 들 수 있는데, 무엇보다도 먼저
들 수 있는 것은 土地의 私的 所有權에 강한 제약을 가하고 있었던 支配層의
收租權에 의한 土地支配體系가 폐기됨으로써 土地所有權이 신장하고, 따라서
그 賣買 移動이 그만큼 더 자유스러워진 점이었다. 이 때문에 이미 朝鮮前期
부터 많은 兩班支配層에 의한 토지의 집적현상이 일어났는데, 朝鮮後期 兩亂

期로 넘어오면서는 地主制를 중심으로 하는 農業政策, 農業再建策을 취하게
된 데서, 그 主體가 특히 일부의 特定支配層(王室 官僚 및 官權과 연결된 支配
層), 地主層, 商人, 高利貸로 집중하면서 土地集積이 더욱 확산되었다. 土地
集積의 대상이 되는 토지는 沒落農民이나 失勢한 兩班支配層의 그것이었다.
賣買뿐만 아니라 新田開發에 의한 토지확장은 토지집적을 더욱 촉진시키고
있었다.[44] 그리고 토지는 누구나가 소유할 수 있고 매매할 수 있었기 때문에
그 集積의 主體에는 商人, 農民 등 庶民層이나 賤民層도 있게 되었다. 그리하
여 이같이 토지집적이 성행하는 데 따라서는 그와 반대로 토지를 방매하고 몰
락하는 자가 늘어나게 되었다.

다음으로 들 수 있는 것은 農業技術과 農法이 발달함으로써 농민층이 성장
하고 농촌사회가 분해될 수 있는 기반이 마련되고 있는 점이었다. 農業技術과
農法의 발달은 麗末鮮初의 시기에도 한 단계를 가를 만큼 큰 변화가 있었는
데, 이 시기에는 그러한 朝鮮前期의 농업에서 새로운 비약을 보이고 있었다.
水田農業이 直播(付種) 중심에서 移秧 중심의 농업으로 전환 변동함으로써 勞
動力을 절약할 수 있게 되고, 따라서 經營擴大, 廣作을 할 수 있고 水田種麥도
할 수 있게 되었다. 旱田은 米作農業이 소득이 많음으로 해서 水田으로 飜作
(反畓)하는 비가 늘어나고 있었다. 施肥法도 더욱 발달하게 되었다. 田作에서
는 畝壟상의 科種法이 畎種法으로 전환하여 노동력이 절약되었다. 그리고 田
作에서는 綿, 煙草, 家蔘, 蔬菜, 藥草 등 商品作物의 재배가 늘어나고, 지방에
따라서는 商品作物의 주산지를 형성하게도 되었는데, 이러한 곳에서는 각종
의 商品作物을 專業的으로 재배함으로써 富를 축적할 수 있는 농민이 생겼다.
實學者들에 의한 農學硏究와 農書編纂 및 그 보급, 그리고 政府, 富裕層, 村落
民에 의한 水利施設의 확장은 농업기술을 개량하고 農法을 변동시킬 수 있는
기초가 되었다.[45]

44) 周藤吉之, '朝鮮後期의 田畓文記에 관한 硏究'(『歷史學硏究』 7-7·8·9, 1937).
韓㳓劤, '18세기 前半期에 있어서의 韓國社會經濟面에 대한 一考察'(『李朝後期의
社會와 思想』 제1편, 1961).
李景植, '17세기 農地開墾과 地主制의 展開'(『韓國史硏究』 9, 1973).
45) 朴容玉, '南草에 관한 硏究'(『歷史敎育』 9, 1966).
宋贊植, '朝鮮後期 農業에 있어서의 廣作運動'(『李海南博士華甲紀念史學論叢』,

셋째로 들게 되는 것은 商品貨幣經濟가 발달하게 되고, 그것이 농촌사회에 작용함으로써 農村經濟·農村社會가 분해되고 변동하게 되는 점이었다. 이 시기에는 流通機構가 발달하고 새로운 商人層이 등장하여 상품화폐경제를 발전시키고 있었는데, 이같은 상품화폐경제는 농업생산의 발전과 밀접한 관련이 있었다. 상품화폐경제의 발달은 農·手工業 발전의 결과이지만, 역으로 그것은 農·手工業의 발전을 촉진시키는 기반이 되기도 하였다. 그리하여 이 시기에는 양자가 상호작용하는 가운데 農業의 商品化는 촉진되고, 각종 賦稅와 地代의 金納化가 진전하였으며, 貨幣經濟와 商人資本이 농촌경제에 깊숙이 침투하도록 되었다. 농업생산이 상품화폐경제 속에 휘말리고 구래의 封建社會에 남아 있는 自然經濟的 측면이 貨幣經濟와 商人資本의 영향 아래에서 서서히 변동하지 않을 수 없도록 되고 있었다.[46] 농촌사회 分解의 기반이 마련되고 있는 것이었다. 開港 이후의 通商貿易은 이같은 사정을 한층 더 심화시키고, 분해는 촉진되었다. 輸出品은 米, 豆, 牛 등 농산물이 主이고 수입품은 綿布 등 生必品이 主였기 때문이었다.

끝으로 들어야 할 것은 위에서와 같은 경제사정으로 전개되고 있는 農村社

   1970).

   宮嶋博史, 註 43)의 논문 및 '李朝後期에 있어서의 朝鮮農法의 發展'(『朝鮮史硏究會論文集』 18, 1980).

   李光麟, 『李朝水利史硏究』, 1961.

   李春寧, 『李朝農業技術史』, 1964.

   拙 著, 『朝鮮後期農業史硏究』 II, 1971 ; 同書 증보판, 1990.

46) 安秉珆, ①『朝鮮近代經濟史硏究』, 1975.
       ②『朝鮮社會의 構造와 日本帝國主義』, 1977.

   劉元東, 『韓國近代經濟史硏究』, 1977.

   姜萬吉, 『朝鮮後期 商業資本의 發達』, 1973.

   宋贊植, 『李朝後期 手工業에 관한 硏究』, 1973.

   柳承宙, 『朝鮮後期鑛工業史硏究』, 高麗大 大學院, 1981.

   元裕漢, 『朝鮮後期貨幣史硏究』, 1975.

   金泳鎬, '朝鮮後期에 있어서 都市商業의 새로운 展開'(『韓國史硏究』 2, 1968).
         '朝鮮後期 手工業의 發達과 새로운 經營形態'(『大東文化硏究』 9, 1972).

   河原林靜美, '18·9세기에 있어서의 廛人과 私商에 대하여'(『朝鮮史硏究會論文集』 12, 1975).

   전석담·허종호·홍희유, 『朝鮮에서 資本主義的關係의 發生』(日譯논문, 1972).

   김광진·정영술·손전후, 『朝鮮에서 資本主義的關係의 發展』(日譯논문, 1973).

會의 分解作用을 측면에서 촉진하고 있는 문제였다. 그것은 封建國家의 農民支配, 租稅制度의 문제로서, 이는 제도 자체의 불합리에서도 오고 그 운영의 불합리에서도 오고 있었다. 이 시기에는 租稅制度 자체가 身分制와 總額制에 기초하고 있어서 구조적으로 결함을 지니고 있었으며, 그것을 운영하는 데에서도 不正하게 운영하는 바가 많아서 租稅行政에 커다란 혼란이 일어나고 있었다. 이른바 三政紊亂은 그것이었다. 稅政의 혼란은 田政, 軍政, 還穀에서 뿐만 아니라 주로 地方財政에 충당되는 雜役稅(民庫)의 운영에서도 마찬가지였다. 이는 결국 賦稅行政이 법대로 공평하게 행해지지 않음을 뜻하는 것으로서 權力, 金力, 地閥이 있는 자는 賦稅對象에서 빠지거나 헐한 稅를 부담하는 데 그치고, 무력하고 비천한 농민층은 이중 삼중으로 과중한 稅를 부담하는 현상이었다. 그리하여 이같은 稅政의 문란이 농민경제를 위축시키게 됨은 말할 것도 없었고, 그것이 심해지면 농민경제를 파탄시켜 몰락의 방향으로 몰아갔다. 그뿐만 아니라 稅政紊亂이 만성화함에 따라서는 中農層이나 富農層마저도 그 賦稅를 감당하기가 어렵게 되고 있었다. 말하자면 이러한 租稅行政이 결과는 농민경제의 성장을 서해하였음은 말할 것도 없고, 農村社會의 分解를 부정적인 측면에서 가속화시키고 있는 것이었다.

　이러한 여러 가지 사정은 각각 그 하나만으로서도 사회적으로 큰 영향을 미칠 수 있는 것이지만, 이 시기에는 이 4者가 다소 시차가 있기는 하였지만 동시에 복합적으로 작용하고 있었다. 그러므로 그것이 농촌경제에 미치는 영향은 적지 않았다. 經濟動向에 민감하고 理財에 밝은 富民은 致富에 힘써 富益富하고, 시세에 어둡고 가난한 자는 貧益貧하였다. 農村社會에서 致富의 방법은 대체로 土地集積(所有地), 經營擴大가 중심이 될 수밖에 없었다. 그리하여 농촌사회는 위와 같은 사정으로 土地所有와 經營規模에 변동이 일어나게 되거니와, 그것은 兩班支配層이나 常民層의 어느 경우에도 마찬가지였다. 그리고 이를 바탕으로 하여서는 身分의 상승과 몰락이 있게 됨으로써 封建的인 身分制가 크게 동요하고 해체되어나가지 않을 수 없게 되었다.[47] 그리하여 이

---

47) 四方博, '李朝人口에 대한 身分階級別的 觀察'(『朝鮮經濟의 研究』 3, 1938).
　　鄭奭鍾, '朝鮮後期 社會身分制의 崩壞'(『大東文化研究』 9, 1972).
　　金泳謨, '朝鮮後期 身分構造와 그 變動'(『東方學志』 26, 1981).

시기에는 中世的 農村社會가 본래부터 지니고 있던 身分階級構成이 동요하면
서 中世社會 解體期의 새로운 階級構成으로 재편성되고 있었다. 그것은 요컨
대 身分制와 土地所有가 점차 더 乖離되고 있는 것이었다.

農村社會를 지배하는 經濟勢力으로서 가장 큰 힘을 갖는 것은 地主層이었
다. 그 가운데에서도 가장 거대한 地主는 王室이고 兩班官僚였다. 王室은 전
국의 도처에 宮庄土를 소유하고 있는, 나라 안에서의 최대의 封建地主였다.
在地의 兩班土豪層 가운데에서도 거대한 地主가 있었다. 이들을 道 단위로 보
면 萬石君이 있고 郡 단위로 보면 千石君이 수명씩 있으며, 그 밖에 中小地主
層 및 朝鮮前期의 直營의 전통을 계승한 經營地主層도 있었다. 이같은 地主層
은 본시 대부분 兩班支配層이 중심이 되고 있었는데, 앞에서 언급했듯이, 이
때에 이르러서는 주로 官權과 직접 간접으로 관련이 있는 지배층만이 크게 성
장하고 있었다. 이 시기 지주층의 성격이 官僚的 地主로 규정되는 까닭이기도
하였다.[48] 이 밖에 이때에는 地方行政의 말단에 참여하고 있는 鄕吏層으로서
地主가 되는 자도 적지 않았다. 그리고 商人, 高利貸, 富農 등 庶民層 가운데
에도 中小地主로 성장하는 자가 적지 않았다. 이른바 庶民地主이거니와,[49] 이
러한 階層은 鄕村社會의 土着勢力으로서 어느 정도 識見이 있으면서도 억척
스러웠으며, 封建的인 兩班支配層의 기반이 취약한 中部地方 이북의 지역에
서는 성장하기가 더욱 용이하였다. 그러나 이들도 鄕村社會에서 鄕權에 직접
간접으로 연결되고 있었음은 말할 것도 없었다. 그렇지 않고서는 富를 유지하
기가 어려웠다. 이와 같이 새로운 地主層이 성장하고 있는 것과 관련하여 주
목되는 것은, 과거에는 地主 대열에 참여하고 있었던 兩班支配層이 이제는 政
治權力에서 배제되는 가운데, 그 地主 대열에서도 탈락하고 있는 사람이 많아
지고 있는 점이었다. 경제적으로도 몰락하게 되고 있는 것이었다. 그들은 혹
自己 土地를 소유한 富農, 中農, 小農으로서 奴婢나 雇工을 두고 雇只勞動을

　　朴性植, '18세기 丹城地方의 社會構造'(『大邱史學』 15·16, 1978).
　　平木實, 『朝鮮後期 奴婢制研究』, 1982.
48) 崔虎鎭, 『韓國經濟史』, 1970.
　　馬淵貞利, '李朝末期 朝鮮農業의 한 特色'(『一橋論叢』 75의 2, 1976).
49) 許宗浩, 『조선봉건말기의 소작제연구』, 1961.

써서 이를 경영하거나, 직접 手作勞動으로서 이를 경영하여 살아가기도 하였
지만, 개중에는 時作農民으로서의 貧農層으로 전락하기도 하고, 또 최악의 경
우에는 賃勞動層으로까지 전락하기도 하였다. 이같은 沒落兩班은 身分만이
양반이지 경제적으로는 일반 농민과 다를 바가 없었다. 이는 봉건적인 농촌사
회의 큰 변화가 아닐 수 없었다.

富農層은 自己土地이거나 借耕地이거나를 막론하고, 農作을 할 경우 많은
농지를 경영함으로써 富를 축적하는 농민이었다. 小地主의 경우에도 그러한
사람이 있었다. 당시에는 그같은 농민들을 廣作, 廣業, 廣農, 大農 등으로 불
렀다. 그 經營規模는 家族勞動의 노동력 범위를 넘어서며, 奴婢, 雇工이나 품
앗이 등 雇傭勞動力을 이용함으로써 이를 경영할 수가 있었다. 이러한 농업경
영을 통해서 생산되는 농산물이 自給自足만을 위한 것이 아님은 말할 것도 없
었다. 그들은 收益性, 市場性 등을 고려하며 그것을 경영하였다. 그러한 점에
서 그들 가운데는 반드시 경영확대가 아니더라도 작은 농지에서 값비싼 商品
作物을 생산 판매함으로써 수입을 늘리는 농민도 있었다. 우리는 이 시기의
이같은 농민들을 특히 經營地主(地主型富農), 經營型富農 등으로 부르고 있
다. 이 양자는 그 농지의 경영형태상 큰 차이가 없으나, 전자가 주로 兩班 小
地主로서의 生産者的 성격을 지니는 반면, 후자는 주로 身分에 관계없이 富農
으로서의 生産者的 성격을 지닌다고 하겠다. 그러므로 이 후자 가운데는 혹
몰락양반도 있었으나, 그렇더라도 그는 예전부터 농업생산에 종사하였던 사
람으로서 일반농민층과 다름없는 존재였다고 하겠다. 이같은 농민들은 일반
농민층 가운데에서도 활동적이고 農業生産 農業經營에 일정한 식견을 가진
농민(明農者)들이 그 중심이었다고 하겠다.[50]

이와 같이 經營擴大에 열을 올리는 농민이 있는 반면에는, 農地에서 밀려나
는 沒落農民이 있게 마련이었다. 이러한 농민들 가운데에는 平民層이나 賤民
層뿐만 아니라 兩班層도 다수 존재하였다. 가령 한 명의 廣作富農(經營地主·
經營型富農)이 현재의 자기 경영지 이외에 經營擴張을 통해서 10명이 경작할

---

50) 宋贊植, 註 45)의 논문.
　　宮嶋博史, 註 43)의 논문.
　　拙 著,『朝鮮後期農業史研究』II, 1971 ; 同書 증보판, 1990.

수 있는 농지를 借耕한다면, 원래 그 농지를 차경하던 10명의 농민은 농지에
서 밀려나게 되는 것이었다. 地主層이 農地를 竝作으로 貸與할 때는 貧農作人
보다 富裕作人을 선호하고 있었다. 그리하여 이 시기에는 이와 같이 借地農民
의 지위에서조차 밀려나는 沒落農民이 허다하게 배출되었다. 經營擴大·廣作
을 꾀하는 농민이 증가함에 따라서는, 그와 반비례하여 그보다 몇 배나 많은
농민이 농지에서 배제되고 몰락하였다. 그리고 그들은 결국 '計日取値' '傭春
雇織'하는 임노동층이나 일정량의 水田農業을 도급으로 맡아 경작하는 '雇只
勞動'層을 형성하게 되었다. 그들은 농번기에는 그런대로 생계가 유지되었으
나 농한기에는 그것이 어려웠다. 그들은 樵軍으로서 생계를 잇기도 하고, 遠
隔地 鑛山 노동자나 각종 工事場 노동자로 고용되어 살아가기도 하였으며, 都
市로 흘러 들어가 日雇 노동자가 되기도 하였다. 流民이나 火田民이 되는 자
도 적지 않았다. 물론 이 경우 이같은 임노동층이 近現代社會의 그것과 성격
이 같지 않음은 말할 것도 없었다. 그들은 아직 봉건제 해체기의 임노동층,
半프롤레타리아적인 성격을 지닌 계층에 불과하였다.[51]

2) 矛盾構造

農村社會가 分解되고 階級構成이 재편성되는 과정은 각 계급 사이의 경제
적 이해관계가 첨예하게 대립되는 과정이었다. 그러므로 中世末期는 封建的
社會體制 안에서의 사회적 모순관계가 절정에 달하는 시기이기도 하였다. 그
러한 모순관계는 地主層과 時作層, 富農層과 貧農層, 雇主層과 雇工層, 課稅
者(封建國家·官吏)와 擔稅者(土地所有者·農民) 등 여러 계통에 걸쳐 있었다.
그 가운데에서도 이 시기의 사회적 모순관계로서 두드러지고 중심이 되는 것
은 地主層과 時作層의 대립 및 課稅者와 擔稅者의 대립문제였다.[52] 봉건지주
층의 시작농민 지배와 봉건국가의 농민지배에서 나타나는 현상이었다.

---

51) 註 46, 50)의 논문들.
52) 矢澤康祐, '李朝後期에 있어서의 社會的 矛盾의 特質에 대하여'(『人文學報』 89,
    1972).
    馬淵貞利, 前揭論文.
    安秉珆, 前揭書.
    拙 著, 『韓國近代農業史研究』, 1975 ; 同書 上·下, 증보판, 1984.

地主層과 時作農民의 대립은, 봉건적 경제제도 봉건적 생산관계와 연결되는 基層的 矛盾關係로서, 여러 가지 문제가 그 대립의 계기가 되고 있었지만 핵심은 地代문제였다. 그것은 民田, 宮房田 및 官屯田의 地主經營 어느 경우에도 마찬가지였다. 지주층은 封建地代를 어김없이 많이 수취하려 하였고, 시작농민은 이를 되도록 경감시켜 나가려는 대립관계였다. 그 대립관계는 시작농민의 抗租運動으로 전개되고 있었다. 이같은 항조운동은 개별적이고 소극적으로도 일어나고, 집단적이고 적극적으로도 일어났는데, 후자적인 방법이 택해지면 그 운동은 폭력화하기 마련이었다. 그리고 그런 경우의 抗租運動은 民亂과 다를 바 없었다. 그리하여 이러한 항쟁의 결과, 이 시기의 지주층은 때에 따라 시작농민에게 일정한 양보를 하지 않으면 아니되었고, 따라서 시작농민의 권리는 어느 정도 신장될 수가 있었다.[53] 그러나 그러면서도 封建地主層은 아직 건재하였고, 그 힘은 강대하였으며, 따라서 기회만 있으면 시작농민에 대하여 역습을 기도하고 수탈을 강화하고도 있었다.

課稅者와 擔稅者의 대립은 稅의 부과가 불합리하고 불공평하며 과중하게 행해지는 데서 일어나는 문제였다. 이 경우 課稅를 직접 담당하는 것은 地方官廳의 守令, 吏屬들이었다. 그러므로 이 課稅者와 擔稅者 사이의 대립관세를 야기시키는 것은, 일단은 이들 守令과 吏屬들의 부당한 租稅行政이었으며, 따라서 이 대립에서 土地所有者層이나 農民層의 투쟁의 대상이 되는 것은 地方官廳이 되고 있었다. 그러나 이와 아울러 생각해야 할 문제는, 이 시기의 각종 賦稅制度가 지니는 구조적 특질에 관해서이다. 즉 이 시기의 부세제도는 그 종류에 따라 다소 차이는 있었지만, 身分, 職役에 따라 혹은 면제도 되고 혹은 차등이 두어지기도 하는 가운데, 그같은 부세가 民에게 부과될 때는 郡縣 단위로 그 액수가 미리 과중하게 郡摠制, 定額制로 책정되고, 그곳 地方民들은 그것을 책임 상납하도록 되어 있었다는 점이다. 과세대상(土地·戶·人身)이 격

---

53) 許宗浩, 前揭書.
　　宋贊植, '朝鮮後期 農業에 있어서의 廣作運動'(『李海南博士華甲紀念史學論叢』, 1970).
　　鄭昌烈, '朝鮮後期 屯田에 대하여'(同 上書).
　　拙 著, 『朝鮮後期農業史研究』I, 1970 ; 同書 증보판, 1995.

감하는 변동이 생겨도 國王의 결재가 없는 한 세액을 변동시킬 수 없으며, 각
지방에서는 배정된 稅額을 그대로 상납하지 않으면 아니되었다. 그런데 이 시
기에는 被支配層의 身分變動, 納賂, 逃亡 등으로 담세호가 줄고 있었으며, 따
라서 각 지방의 세액은 그 지방의 잔여 농민들이 이를 이중 삼중으로 부담하
는 가운데 상납하지 않으면 아니되도록 되어 있었다.

   그러므로 이러한 관점에서 課稅者와 擔稅者의 모순관계를 보면, 이는 그들
개개인의 문제가 아니라, 보다 근본적인 矛盾關係, 즉 봉건국가의 농민지배
및 봉건국가와 농민층의 封建的인 稅, 役을 중심으로 한 構造的 矛盾 및 그
運營上의 矛盾관계였다고 하겠다. 그리하여 이러한 대립 모순관계는 농민층의
抗稅運動으로 전개되지 않을 수 없었다. 그러한 항세운동은 소극적으로는 納
賂脫稅와 逃亡으로 나타났지만, 적극적으로는 郡民有志들의 訴狀提示 呈訴運
動(等訴)으로도 나타났다. 그리하여 이를 통해서는 혹 효과를 보기도 하였지
만, 그러나 별로 효과를 보지 못하는 것 또한 흔히 있는 일이었다. 이같은 경우
농민들이 마지막으로 취하게 되는 방법은 과격하고 폭력적인 것이 되지 않을
수 없었다. 이른바 民亂인 것이었다.[54] 이 시기의 모순관계는 이같은 실정 위
에서, 國交擴大·開港通商 이후 다시 外來商品 外來資本이 농촌사회에 침투하
는 가운데, 새로운 각도에서의 矛盾關係를 추가 형성케 하고 있었다. 外來商品
과 外來資本의 영향으로 民族經濟·農民經濟가 파탄으로 몰리게 된 까닭이었
다. 이는 결국 民族資本과 外來資本의 대립문제, 즉 民族的 矛盾의 문제였
다.[55] 그리하여 이 민족적 모순의 문제는 종래부터 있어 온 사회적 모순에 추
가되고, 따라서 그 결과로서의 農民抗爭은 한층 더 격화되지 않을 수 없었다.

   農民抗爭은 19세기 전기간에 걸쳐 계속해서 일어나고 있었다. 19세기 초의
端川 谷山民亂은 洪景來 등이 이끄는 平安道農民戰爭으로 확대되었고,[56] 19

---

54) 註 52)의 논문 참조.
55) 韓㳞劤, 『韓國開港期의 商業硏究』, 1970.
   梶村秀樹, 『朝鮮에 있어서의 資本主義의 形成과 展開』, 1977.
   姜德相, '李氏朝鮮 開港直後에 있어서의 朝·日貿易의 展開'(『歷史學硏究』 265,
   1962).
56) 鄭奭鍾, '洪景來亂의 性格'(『韓國史硏究』 7, 1972).
   河原林靜美, '1811년의 平安道에 있어서의 農民抗爭'(『寧樂史苑』 19, 1973).

세기 중엽의 丹城 晉州民亂은 三南地方 전체로 번졌으며,[57] 國交擴大 開港通
商 후 19세기말의 산발적인 각 지방 民亂은 마침내 1894년의 甲午農民戰爭
으로 확대되었다.[58] 그러므로 이같은 農民抗爭은 封建國家, 封建支配層, 地主
層에게는 실로 중대한 문제가 아닐 수 없었다. 이들 항쟁은 처음에는 비조직
적이고 理念도 분명치 못한 채 산발적으로 발생하였지만, 그러나 항쟁이 거듭
되고 계속되는 데 따라서는 점차 그 성격이 反體制的인 것으로 드러나게 된
까닭이었다. 이때의 農民抗爭은 中世末期의 사회적 모순과 開港 후의 민족적
모순에서 연유하는 것이므로, 그 속성은 反封建·反侵略的 성격을 띠는 것이었
으며, 따라서 중세봉건국가와 그 지배층 지주층은 항쟁의 주체들에 의해서 타
도의 대상이 되지 않을 수 없는 것이었다. 19세기는 실로 封建末期의 社會的
矛盾을 둘러싸고 支配層과 被支配層이 결전을 벌이는 시기인 셈이었다.

3) 改革方向

　農民抗爭은 수습되고 그 발생요인, 즉 社會的 矛盾은 제거되지 않으면 아니
되었다. 이는 封建支配層이 그 體制를 더 오래 유지하기 위해서도 그렇고, 土
地所有者 農民層의 입장을 이해하고 農民經濟를 안정시킨다는 점에서도 그러
하였다. 그리고 한걸음 더 나아가서 항쟁을 불러일으키고 있는 사회를 근본적
으로 개혁함으로써 새로운 사회, 새로운 질서를 수립한다는 점에서는 더욱 그
러하였다. 그것은 작게는 土地改革·農業改革의 문제인 것이며, 크게는 中世

　　鶴園 裕, '平安道農民戰爭에 있어서의 參加層'(『朝鮮史叢』 2, 1979).
57) 金鎭鳳, '壬戌民亂의 社會經濟的 背景'(『史學硏究』 19, 1967).
　　　　'晉州民亂에 대하여'(『白山學報』 8, 1970).
　　朴廣成, '壬戌民亂의 硏究'(『仁川敎大論文集』 4, 1969).
58) 韓㳰劤, 『東學亂起因에 관한 硏究 ― 그 社會的 背景과 三政의 紊亂을 中心으로』,
　　1971.
　　姜在彦, '封建體制解體期의 甲午農民戰爭'(『朝鮮近代史硏究』 제3장, 1970).
　　金義煥, '1892~3년의 東學運動과 그 性格'(『韓國史硏究』 5, 1970).
　　朴宗根, '東學과 1894년(甲午)의 農民戰爭에 대하여'(『歷史學硏究』 269, 1962).
　　瀬古邦子, '甲午農民戰爭期에 있어서의 執綱所에 대하여'(『朝鮮史硏究會論文集』
　　16, 1979).
　　馬淵貞利, '甲午農民戰爭의 歷史的 位置'(旗田巍先生古稀記念會 編, 『朝鮮歷史論
　　集』 下, 1979).

社會·中世國家를 해체시키고 近代社會·近代國家를 성립시키는 문제이기도
하였다. 그러나 이같은 문제에는 결국 어떠한 입장에서의 수습이고 改革인가
하는 어려운 문제가 있었다. 이로 인해서는 經濟的 利害關係가 좌우되기도 하
고, 앞으로 성립될 社會經濟的 形態가 전혀 다르게 나타날 수도 있는 까닭이
었다. 그것은 결국 階級的 利害關係의 문제였다. 그리하여 농민항쟁을 수습하
고 사회적 모순을 제거하는 방안은, 그것을 제기하는 論者의 사회계급적 입장
이나 사회적 모순에 대한 이해방식의 차이에 따라, 兩班·地主層 입장의 방안
과 農民層 입장의 방안으로서 제기되고 있었다. 전자는 주로 양반·지주층의
이익이 전제된 것이고, 후자는 주로 농민층의 이익이 고려된 것이었다. 그러
므로 전자를 地主的 立場의 改革方案이라고 한다면, 후자는 農民的 立場의 改
革方案이라고 할 수 있는 것이었다. 그리고 이 밖에 이 양자를 절충하는 방안
이 그 중간에 여러 가지 있었음은 말할 것도 없었다.

　地主的 立場의 개혁방안은 이 시기의 사회모순을 주로 봉건국가의 농민지
배, 즉 收取體系 및 稅政運營上의 문란인 것으로 보고, 이를 釐正 改革하면
농민항쟁은 수습되고 농민경제는 안정될 것이라고 보는 견해였다. 稅政紊亂
은 확실히 오랜 세월에 걸쳐 계속되었고, 이로 인해서는 民의 원성이 높았던
것이 사실이었다. 그리고 19세기에 들어와서는 이를 계기로 農民抗爭이 발발
하고 있는 것도 사실이었다. 그러므로 이같은 收取體系 및 稅政紊亂을 釐正
改革함으로써 이 시기의 사회문제를 수습하려는 것은 당연한 일이었다. 이 시
기의 사회모순은 課稅者와 擔稅者, 國家와 農民·土地所有者 사이의 대립관계
이기도 하였으므로 이에 대한 개혁은 반드시 필요하였다. 그리고 그러한 이유
에서 이 釐正策, 改革政策이 성공하면 농민경제의 일정한 안정과 성장이 있게
될 것임은 말할 것도 없었다. 이 시기의 사회모순에 대한 이러한 대응조치는
朝鮮後期 封建政府나 支配層의 전통적인 정책이기도 하였다. 量田의 시행, 大
同法·均役法의 실시, 그리고 雜役稅 및 地方官廳 내 각 官廳에서 應捧應下(歲
入歲出)制의 제정 등은 그 중에서도 두드러진 예였다. 그리하여 이러한 전통
위에 서서 19세기에 들어와서도 봉건정부와 지배층은 주로 이같은 방향에서
方案을 마련하고 있었다. 법에 따른 稅政의 공정한 운영이 재삼 재사 강조되
고 있었음과, 19세기 중엽의 農民抗爭(三南民亂)을 계기로 해서 마련된 「三政

釐整策」및 大院君의 戶布法을 포함한 內政改革은 그러한 입장에서의 釐整 또는 改革方案이었다.[59]

農民的 立場의 改革方案은 이 시기의 사회모순을 단지 稅政紊亂에 연유하는 것으로만 보지 않고, 이와 아울러서는 그 밑바닥에 土地問題, 즉 地主와 時作 사이의 대립문제가 있는 것으로 보는 것이었다. 그러므로 이 시기의 사회모순을 해결하기 위해서는, 稅政뿐만 아니라 土地問題 또한 해결해야, 農民抗爭은 수습되고 農民經濟도 안정되리라는 견해였다. 토지문제는 사실 이 시기 최대의 농업문제였다. 이때에는 많은 토지가 봉건지배층과 지주층에 의해서 소유되고, 농민층은 토지에서 배제되는 바가 점점 심해지고 있었으며, 時作地의 借耕에도 경쟁이 생기고 있었다. 그뿐만 아니라 시작농민과 지주층 사이의 대립(抗租運動)도 심해지고 있었으며, 賦稅문제를 둘러싼 民亂도 그러한 바탕 위에서 전개되고 있었다. 그러므로 이 시기의 사회문제를 해결하기 위해서는 토지문제의 해결, 즉 土地改革과 封建地主制의 해체가 있어야 함은 말할 것도 없는 일이었다. 이러한 견해도 오랜 역사적 전통이 있었디. 17세기 중엽 이래로 實學者와 진보적인 農村知識人들에 의해서 提論되고 있었던 일련의 土地改革論(井田論, 均田論, 限田論)이 그것이었다. 그리하여 그러한 전통 위에서 19세기 農民抗爭의 시기에 들어와서도, 이 계통의 학자들은 土地改革, 地主制의 解體를 통해서 농민항쟁을 수습하고, 農民經濟를 안정시키려 하였다. 丁若鏞, 徐有榘, 洪吉周 등의 19세기 초의 農民抗爭(洪景來亂)에 대한 수습방안에서도 그렇고, 許傳, 姜瑋 등의 19세기 중엽의 農民抗爭(三南民亂)에 대한 수습방안에서도 그러하였다. 그들은 그러한 문제의 수습방안으로서는 토지개혁을 통한 地主制의 解體와 農民的 土地所有를 期하는 것이 최선의 방안이라고 생각하였으며, 그러한 위에서 稅政改革도 있어야 할 것임을 강조하였다.[60]

59) 朴廣成, '晉州民亂의 硏究'(『仁川敎大論文集』3, 1968).
　　原田 環, '晉州民亂과 朴珪壽'(『史學硏究』126, 1975).
　　拙 稿, '朝鮮後期의 民庫와 民庫田'(『東方學志』23·24 合輯, 1980)
　　註 52) 拙 著, 上卷 가운데 '哲宗朝의 應旨三政疏와「三政釐整策」'.
　　韓㳓劤, '大院君의 稅源擴張策의 一端'(『金載元博士回甲紀念論叢』, 1969).
60) 洪以燮, 『丁若鏞의 政治經濟思想硏究』, 1959.

  國交擴大 開港通商 后에는 社會矛盾이 더욱 심화되고 그 위에 民族的 矛盾
까지도 겹치고 있었으므로, 이에 대한 대책으로서의 改革政策은 더욱 절실한
바가 있었다. 더욱이 이 시기에는 우리나라가 아직 資本主義로 진입해야 하는
단계에 있으면서, 이미 帝國主義 단계에까지 도달하고 있는 先進 資本主義列
强의 世界市場 속에 편입되고, 그들 近代國家와도 직접 맞닥뜨리고 있었으므
로, 近代國家의 수립을 위한 社會改革이 앞당겨지지 않으면 안 되었다. 그러
나 그렇다고 하더라도 근대국가의 수립을 위한 이같은 社會改革이, 종전부터
취해지고 있었던 改革政策과 관계없이 전혀 다른 각도, 전혀 다른 방안으로서
마련될 수 있는 것은 아니었다. 近代社會·近代國家를 수립하기 위한 개혁도
결국은 封建社會·封建國家가 안고 있는 社會的 矛盾을 제거하는 작업에서 시
작하지 않으면 아니되기 때문이었다. 그리하여 이때가 되면 사회적 모순을 제
거하고 農民抗爭을 수습하는 문제는 종전부터 있어온 社會改革論의 전통 위
에 서서, 그리고 西洋思想도 고려한 위에서, 이를 近代國家·近代社會의 수립
이라는 새로운 차원으로 추진해 나가게 되었다. 그뿐만 아니라 地主的 立場과
農民的 立場이라고 하는 改革方案의 문제도 그대로 계승되고 더욱 분명해졌
으며, 따라서 그 충돌이 불가피해지고 있었다.

  社會를 개혁하고 近代國家·近代社會를 수립하는 문제에 관해서 政府나 支
配層은 몇 계통으로 견해가 갈리고 있었다. 稅政運營의 부조리만을 제거함으
로써 舊體制를 그대로 유지하려는 守舊的인 견해, 西歐의 科學文明은 받아들
이되 傳統的인 思想은 그대로 유지하려는 東道西器 또는 改良主義的인 견해,
西歐의 科學文明은 말할 것도 없고 그 政治思想까지도 받아들여 우리 사회를
一新하려는 變革的인 견해 등은 그것이었다. 그리고 그러한 견해차이 때문에
그들의 政爭은 격렬하기도 하였다. 그러나 그러면서도 그들에게는 한 가지 共
通되는 점이 있었다. 그것은 그들이 이 시기의 사회모순을 稅政紊亂과 관련해
서만 생각하고, 따라서 개혁은 그것을 중심으로 해서 마련되고 있었던 점이었

  朴宗根, '茶山 丁若鏞의 土地改革思想의 考察'(『朝鮮學報』 28, 1963).
  鄭奭鍾, '茶山 丁若鏞의 經濟思想'(『李海南博士華甲紀念史學論叢』, 1970).
  註 52) 拙 著, 上卷 중의 '18, 9세기의 農業實情과 새로운 農業經營論'과 '哲宗朝의
應旨三政疏와 「三政釐整策」'.

다. 그리고 中世的인 經濟制度, 土地制度에 관해서는 이를 變革하려 하지 않
았다는 점이었다. 守舊의 입장에 있는 論者는 말할 것도 없고, 改革論의 첨단
을 가고 있는 이른바 開化派 文明開化論者에게도 그것은 마찬가지였다. 그들
은 地主制를 유지하고 지주제를 바탕으로 하면서 支配層, 地主層이 중심이 되
는 地主的 立場의 社會改革을 구상하고 이를 추진해 나갔다. 甲申改革에서도
그렇고 甲午改革에서도 그러하였다.[61)]

　社會改革을 土地問題까지도 포함한 變革으로서 수행하려는 것은 農民層 및
農民的 立場에 서는 논자들이었다. 開港通商 후에는 米穀貿易에 편승하여 官
僚, 地主, 商人層의 土地集積이 늘어나고,[62)] 이에 따라서는 농촌사회의 분해
가 더욱 촉진되고 있었으므로, 몰락농민이 한층 더 증대하게 되었음은 말할
것도 없었다. 그리하여 이같은 사정을 배경으로 農民層의 抗爭은 끊이지 않았
으며, 시간이 흐름에 따라 더욱 드세지고 있었다. 地主와 時作農民 사이의 갈
등이나 民亂은 여전하였으며, 武裝 도적의 횡행과 조직적인 집단행동도 늘어
났다.[63)] 그리고 이같은 항쟁이 社會改革이라고 하는 하나의 理念으로 집약되
어 감에 따라서는 마침내 甲午年의 農民戰爭으로 확대되기도 하였다. 그리하
여 이때가 되면 全琫準 등 農民軍 指導層은 稅政紊亂의 문제뿐만 아니라, 정
면으로 中世的 土地制度의 불합리성을 지적하고 그 개혁을 주장하였다.[64)] 그

---

61) 姜在彦, 前揭書 및 『朝鮮의 開化思想』, 1980.
　　安秉珆, 前揭 ① 書 제5장, '1884년 甲申政變의 社會經濟的 基礎'.
　　日本朝鮮研究所 譯, 『金玉均의 研究』, 1968.
　　青木功一, '朝鮮 開化思想과 福澤諭吉의 著作 ― 朴泳孝「上疏」에 있어서의 福澤著
　　　　作의 影響'(『朝鮮學報』52, 1969).
　　　　'朴泳孝의 民本主義「新民論」民族革命論 ―「興復上疏」에 있어서의 變法
　　　　開化論의 性格'(『朝鮮學報』80·82, 1976, 1977).
　　註 52) 拙 著, 下卷 가운데 '甲申·甲午改革期 開化派의 農業論'.
62) 拙 稿, '韓末 日帝下의 地主制 ― 事例 1 ; 江華金氏家의 秋收記를 통해서 본 地主経
　　　　營'(『東亞文化』 11, 1972).
　　　　'韓末 日帝下의 地主制 ― 事例 4 ; 古阜金氏家의 地主經營과 資本轉換'(『韓
　　　　國史研究』 19, 1978).
　　洪性讚, '韓末 日帝下의 地主制研究'(『韓國史研究』 33, 1981).
63) 韓㳓劤, 註 58)의 書.
　　久間健一, '合德百姓一揆의 研究'(『朝鮮農業의 近代的 樣相』, 1935).
　　註 52)의 拙 著, 下卷 가운데 '高宗朝의 均田收賭問題', 1968.

리고 支配層 전체를 부정하는 가운데 폭력으로써 政權奪取 革命을 기도하게
도 되었다. 이는 農民層 스스로에 의한 農民的 立場의 社會改革論의 단적인
표현이었다. 中世的인 經濟制度·土地制度의 불합리성 및 그것을 둘러싼 사회
적 모순을 인정하는 進步的인 知識人들은 농민층의 이같은 입장을 충분히 이
해하고, 또 공감하고 있었다. 그들은 實學派의 學統과 그 토지문제를 중심으
로 한 社會改革論을 계승한 사람들이었다. 그리고 그러한 學統 위에서 實學者
들이 제기하였던 바 農民的 立場의 개혁방안을 현시점에서도 그대로 필요하
다고 생각하였다. 李沂는 그 대표적인 인물일 수 있겠다. 그리하여 그들은 農
民層의 土地改革에 관한 주장을 近代國家 수립을 위한 政府의 개혁정책에 받
아들여야 할 것임을 강조하였다.[65] 중세적인 토지제도, 封建的인 地主制는 해
체되고 獨立自營農이 육성되어야 하며, 近代國家는 그와 같은 농민층을 바탕
으로 성립되어야 한다는 것이었다.

 이같은 두 경향, 두 입장의 社會改革論은 서로 용납될 수 있는 것이 아니었
다. 이 두 견해는 이해관계가 상반되는 것이기 때문이었다. 지배층의 입장에
서 볼 때, 그들의 이권을 침해하는 農民的 입장의 土地改革論은 허용될 수가
없는 것이었으며, 농민의 입장에서 볼 때 中世의 수탈적인 土地制度는 더 이
상 존속해서는 아니되는 것이었다. 두 견해의 충돌은 불가피하였다. 이 시기
의 政治家 가운데는 이를 타협시킬 만한 인물이 없었다. 그리하여 農民的 입
장의 改革論이 단지 論으로 그치지 않고, 이의 실현을 위해서 農民戰爭 革命
運動을 전개하게 되었을 때, 양자의 대립은 절정에 달하게 되었다. 土地制度
史의 측면에서 볼 때, 甲午農民戰爭은 地主的 입장과 農民的 입장의 近代化를
가늠하는 결전이었다. 양자는 이 전쟁에서 승패를 가르게 되었다. 그리고 승
리는 支配層, 地主層에게 돌아갔다. 甲午年의 開化派 政權은 守舊 地方勢力
및 日本軍과 연합함으로써 農民軍을 철저하게 섬멸할 수가 있었다. 農民的 立
場의 개혁론은 좌절하고, 地主的 立場의 개혁론만이 오직 近代化를 위한 기반

---

64) 執綱所의 弊政改革件에 '土地는 平均으로 分作케 할 事'라는 조항이 있음은 그 단적
    인 예가 되겠다(吳知泳, 『東學史』, 1939, p. 127).
65) 註 52) 拙著, 下卷, '光武年間의 量田·地契事業 가운데 3. '海鶴 李沂의 土地論과
    量田論'.

이 되었다. 甲午改革(1894~1895)의 土地政策과 大韓帝國 光武改革(1896~1904)에서의 量田 地契事業은 그것이었다.[66]

6. 餘 言

이같은 土地制度, 土地所有關係는 그 후 日帝侵略 日帝强占期(1905~1945)에도 그대로 계승되어 植民地 農業機構로 재편성되었다.[67] 日帝의 植民地 農業政策은 그들 자신의 資本主義 農業機構가 地主制를 근간으로 하였음과도 관련하여, 그리고 植民地支配의 협력기반을 확보하는 문제와도 관련하

---

66) 朴宗根, '朝鮮에 있어서의 1894~5年의 金弘集 政權(開化派政權)의 考察'(『歷史學研究』415·417, 1975).
   馬淵貞利, 註 58)의 논문.
   註 52) 拙 著, 下卷 가운데 '光武年間의 量田·地契事業', '甲申·甲午改革期 開化派의 農業論'
67) 이 시기의 이같은 전환과정은 本稿에서 다룰 수 있는 범위 밖의 문제이다. 그러므로 이곳에서는 그것을 그 후의 추세로서 附言하는 것으로 그치고자 한다. 그러한 전환과정의 이해를 위해서는 다음과 같은 文獻의 참고가 필요하다.
   朴文圭, '農村社會分化의 起點으로서의 土地調査事業에 대하여'(京城帝大法文學會 編, 『朝鮮社會經濟史研究』, 1933).
   印貞植, '土地調査事業을 基軸으로 한 朝鮮土地·農村關係의 變遷過程'(『朝鮮의 農業機構分析』, 1937).
   李在茂, '朝鮮에 있어서의 「土地調査事業」의 實體'(『社會科學研究』7-5, 1955).
   田中愼一, '韓國財政整理에 있어서의 '徵稅制度' 改革에 대하여'(『社會經濟史學』39-4, 1974).
       '韓國財政整理에 있어서의 '徵稅臺帳' 整備에 대하여'(『土地制度史學』63, 1974).
   宮嶋博史, '朝鮮 「土地調査事業」 研究의 새로운 前進을 위하여'(『東洋史研究』36-2, 1977).
       '朝鮮 「土地調査事業」 研究序說'(『아시아經濟』19-8, 1978).
   兪仁浩, '「土地調査事業」의 土地制度史的 意義'(『移山趙璣濬博士華甲紀念論文集』, 1977).
   李鎬徹, '日帝侵略下의 農業經濟를 形成한 歷史的 背景에 관한 研究 ― 農民의 社會的 存在形態를 中心으로'(『韓國史研究』20·21·22, 1978).
   愼鏞廈, 『朝鮮土地調査事業研究』, 1979.
   裵英淳, '韓末 驛屯土調査에 있어서의 所有權論爭'(『韓國史研究』25, 1979).

여, 時作(小作)農民의 지위개선의 필요성을 인정하였으나 구래의 地主制를 그
대로 존속시켰다. 資本主義 經濟機構에 의한 종래 지주제의 흡수, 즉 이른바
半封建的 土地所有·半封建的 地主制로서의 재편성인 것이었다. 이는 농민경
제를 희생시키는 가운데 강제적으로 수행되었고, 따라서 지주층에게는 植民
地 支配者에 의해서 여러 가지 혜택과 보호가 주어졌다. 그러므로 그들은 자
연히 예속화의 길을 걷지 않을 수 없게 되고 있었다.

　이러한 사정은 地主와 時作農民 사이에 있었던 구래의 社會的 矛盾關係도
그대로 새로운 상황하의 그것으로 移越시키고 존속하게 하였다. 그리고 이것
은 이 시기 최대의 農業問題가 되었다. 1920년대 이후 계속 전국적으로 전개
되는 地主層에 대한 小作農民의 항쟁, 즉 小作爭議는 그러한 모순관계의 표현
이었다. 그러기에 이 시기의 이같은 農民抗爭은 그 地主制의 성격, 地主層의
존재형태와도 관련하여, 필연적으로 反封建·反帝國主義運動으로서의 성격을
띠게 되고 있었다. 그리고 그런 까닭으로 이는 새로운 社會運動이 나오게 되
는 農業·農村的 배경이 되기도 하였다. 물론 이같은 矛盾關係도 이때에는 해
결되지 못하였다. 그것은 문제의 성격상 이 시기에 해결될 수 있는 일이 아니
었으며, 民族解放과 더불어 비로소 해결될 수 있는 일이었다. 그러므로 이들
두 社會階級이나, 각각 이들의 입장에 서는 農業論은, 民族解放과 그 후의 社
會形態에 관해서도 그 입장과 견해를 달리하는 것이 되지 않을 수 없었다. 土
地問題를 중심으로 해서 볼 수 있는 우리나라 近·現代史의 비극의 연원은 바
로 여기에 있었다.[68]

〔未發表 논문. 1981. 1998. 補〕

---

68) 본고는 1979년에 타계하신 고 李海英 교수를 추모하기 위한 논총(李洪九 교수 주
　관)에 싣기 위하여 작성한 글이었다. 그러나 다 쓰고 보니 그 내용이 너무 빈약하고
　개괄적이어서 그때 차마 내지 못하고 있었다. 그래도 버리기 아까워서, 당시 대학원
　에 갓 들어온 방기중 군으로 하여금 깨끗하게 정리하도록 하고, 그 후 학술원의『한
　국학입문』(1983)에 '전근대의 토지제도'를 연구사 정리로서 쓰게 되었음을 계기로,
　약간의 보완을 하였던 바, 의외로 방군이 정리한 노트를 복사하여 돌려보는 학생들
　이 많았고, 그 후에는 타자본, 컴퓨터본이 나와 복사집에서 판매되기도 하였다. 매
　우 개괄적인 글이지만 이같은 글을 보고자 하는 학생이 아직도 있음에서, 그리고 이
　글은 본서의 이 도론 부분에 적합한 글이라고 생각되어, 늦었지만 이를 여기 수록함
　으로써 고 李 교수의 명복을 빌고자 하는 바이다.

Ⅱ. 結負·量田制

高麗時期의 量田制
高麗前期의 田品制
結負制의 展開過程

高麗時期의 量田制

1. 序　言

高麗時期 集權的 封建制下에서의 土地支配 形態를 이해하기 위한 작업은 여러 가지 面에서 행해지고 있다. 한편으로는 土地制度에 대한 구체적인 연구가 진행되기도 하고, 다른 한편으로는 土地支配와 관련된 社會 諸階層의 존재 형태가 追究되고도 있다. 그리고 이와 관련하여서는 이러한 土地制度의 성립 기초인 量田法에 관하여 수리적인 검토가 加해지고도 있다. 이러한 여러 方面의 연구는 물론 각각 개별적인 문제로서 취급되고, 따라서 모두가 ㄱ 土地支配形態의 기본성격을 추출할 것을 목표로 하고 있는 것은 아니다. 그러나 이들 여러 문제는 요컨대 하나의 문제인 것이며, 따라서 그 개개의 연구가 모두 이 시기의 土地支配의 형태나 農業體制의 究明에 관련되는 것임은 말할 것도 없다.

이 時期의 農業上의 諸問題를 이와 같이 體制로써 인식하려 할 때, 특히 이 시기의 全農業體制의 기본성격을 지극히 요약된 形態로 추출하려 할 때는, 위에서와 같은 諸問題가 하나의 主題 속에 收斂되고 분석될 필요가 있다. 그것은 硏究方法上 필요하며, 그러한 작업은 아마도 이 時期의 量田制에서 발견할 수 있을 것이다.

結負法으로 표현되는 우리나라 舊來의 量田制, 특히 高麗時期의 그것은 이 시기의 土地制度史나 農業史 전반과도 관련하여 중요한 의미를 지니고 있었다. 이는 단순한 土地測量上의 기술적인 문제에 그치는 것이 아니라, 農地의 實積과 그 農地로부터의 所出을 동시에 표현하는 制度인 것이며, 또 이를 통해서는 土地의 所有權者를 확인하고 土地(收租權)分給의 바탕을 마련하고 있는 制度인 까닭이었다. 말하자면 이 시기에는 農業生產力의 발전에 따르는 租

稅額의 조정, 私的土地所有權者에 대한 그 所有權의 확인과 稅의 賦課, 封建
支配層에게 收租權을 分給하는 土地分給의 문제 등등이 모두 이 量田制와 불
가분의 관계에 있었으며, 따라서 우리나라 舊來의 集權的 封建制下에서의 土
地支配의 원리는 이 量田制에 집약되어 있는 것이기도 하였다.[1]

그러므로 本稿에서는 筆者가 지금까지 다루어 온 朝鮮時期의 量田問題와의
聯關性도 고려하면서, 평소에 생각해 온 바 이 時期의 量田制를 考察하고, 이
를 통해서 이 시기 農業體制의 一端을 정리하고자 한다.

2. 初期 量田制와 그 變動

高麗時期에는 그 國初로 부터 末年에 이르기까지 여러 차례의 量田事業이
있었다.[2] 中世 封建國家의 財政基盤은 주로 土地에 있는 것이고, 따라서 土地

---

1) 高麗時期의 結負制나 量田制를 主題로 다룬 研究로서는 다음과 같은 論著가 있어
   서 參考된다.
   白南雲, 『朝鮮封建社會經濟史』 上, 1937, pp. 145~159.
   朝鮮總督府中樞院, 『朝鮮田制考』, 1940, pp. 272~283.
   朴時亨, '李朝田稅制度의 成立過程(『震檀學報』 14, 1941).
   朴克采, '高麗封建社會의 停滯的本質—田結制研究(『李朝社會經濟史』, 1946, pp.
   77~178).
   金載珍, '田結制研究—田結制本質論'(『慶北大論集』 2, 1957).
   千寬宇, '韓國土地制度史' 下(『韓國文化史大系』 II), pp. 1486~1503.
   朴興秀, ① '新羅 및 高麗의 量田法에 관하여'(『學術院論文集』 II, 1972).
          ② '韓國古代의 量田法과 量田尺에 관한 연구'(『한불연구』 1, 1974).
          ③ '李朝尺度에 관한 研究'(『大東文化研究』 4, 1967).
   河合弘民, '結負의 意義及沿革'(1910, 『朝鮮及滿洲之研究』, 1914, pp. 319~
   330).
2) 몇 가지 資料에서 손쉽게 눈에 띄는 것만을 들어도 量田事業은 다음과 같이 있었
   다. 그러나 이것이 量田年度의 전부는 아닐 것이며, 量田은 必要時에는 隨時로 行하
   였을 것이다.
   太祖   26年   943   『三國遺事』(崔南善本), p. 185.
   光宗   7年   956   「若木郡淨兜寺石塔形止記」.
   成宗   10年   991   『三國遺事』, p. 116.
   顯宗   13年   1,022   『高麗史』(影印本) 中, p. 705.
   靖宗   7年   1,041   『高麗史』 中, p. 706.

의 정확한 조사를 통한 稅源의 확보는 언제나 필요한 까닭이었다. 더욱이 이 시기에는 農地開墾이나 農法의 改良을 통해서 土地所有關係에 많은 변동이 생기기도 하고, 또 農業生産力이 크게 발전하고 있었으므로, 國家로서는 그 所有關係나 그 田品을 정확히 파악함으로써 賦稅政策을 합리적으로 운영할 필요가 있었다. 그뿐만 아니라 이 시기에는 封建支配層에게 수시로 土地를 지급해야 하는 土地分給制가 제정되어 있었으므로 量田을 통한 정확한 土地把握은 불가결하였다.

量田을 함에 있어서는 中央에서 算士를 帶同한 量田使가 파견되며, 地方官이 사전에 마련한 基礎調査를 통해서 이를 재확인하는 정도로 일을 마치거나, 또는 처음부터 전국적으로 測量을 함으로써 그 事業을 수행하기도 하였다. 어느 경우나 그 事業이 정확해야 할 것은 말할 것도 없는 일이었으며, 따라서 量田事業을 수행하는 데는 그 전과정에 관하여 일정한 원칙이 마련되고 있었다. 量田尺의 제정에서 量案의 작성에 이르기까지 그 규정은 세밀하였으며, 이러한 規定에 의해서 測量을 하고 量案을 작성하면 그 事業은 끝나는 것이었다. 그러므로 이 시기의 量田制를 이해하기 위해서는 무엇보다도 量田에 관한 그같은 規程이나 이와 관련하여 作成된 量案을 살피는 것이 필요하다.

量田에 관한 規程이 高麗의 史書上에 처음 보이는 것은 文宗朝에 이르러서의 일이었다. 이때에는 量田步數에 관한 規程이 마련 반포되고 있었는데, 이

			『高麗史節要』(影印本), p. 114.
文宗	13年	1,059	『高麗史』中, p. 706.
			『高麗史節要』, p. 139.
文宗	18年	1,064	『高麗史』中, p. 706.
			『高麗史節要』, p. 143.
明宗	22年경	1,192	『高麗史』上, p. 416.
			『朝鮮金石總覽』上, p. 439.
高宗	41·43年	1,254·56	『高麗史』中, p. 706.
			『高麗史節要』, p. 442, 448.
忠烈王	18年	1,292	『高麗史』中, p. 732.
忠肅王	元年	1,314	『高麗史』中, p. 730.
忠穆王	3年	1,347	『高麗史節要』, p. 658.
恭愍王	23年	1,374	『高麗史』中, p. 728.
禑王	14年	1,388	『高麗史』中, p. 707.
恭讓王	3年	1,391	『高麗史節要』, p. 883.

를 통해서는 高麗時期 量田制의 大體를 파악할 수가 있다. 그 全文은 다음과
같다.

　　(文宗)二十三年 定量田步數 ① 田二(一의 誤)結方三十三步 ② 〈六寸爲一分 十分
爲一尺 六尺爲一步〉 ③ 二結方四十七步 三結方五十七步三分 四結方六十六步 五結方
七十三步八分 六結方八十步八分 七結方八十七步四分 八結方九十步七分 九結方九十
九步 十結方一百四步三分[3]
　　* 〈 〉는 雙行의 細註이다. 版本에 따라서는 여기 '六尺爲一步'에서 '一'자가 脫字
로 된 경우가 있다.

이에 의하면 이때의 量田步數에 관한 規程에서는 量田의 방법으로서 세 가
지 原則을 제시하고 있었다. 그 첫째는 ①로 표시된 부분으로서 1結의 實積은
'方 33步'(1,089平方步)로 계산한다는 것이었고, 다음은 ②로 표시된 부분으
로서 量田에서 이용될 尺度는, 基本尺(周尺)의 6寸을 (量田尺의) 1分으로 하
고, 그 10分을 量田尺 1尺으로 하며, 그 量田尺 6尺을 1步(步尺)로 하여, 이
步尺으로서 실제로 方 33步가 되거나, 計數상 方 33步가 되면 1結이 되도록
量田을 한다는 것이었다. 그럴 경우 그 周尺은 약 20㎝ 정도로 보면 그 1結의
면적은 지금의 17,081坪(槪算으로 계산하면 17,424평)이 된다. 그리고 셋째
는 ③으로 표시된 부분으로서 2結에서 10結에 이르는 農地의 實積은 각각 '方
몇 步'(몇 平方步)로 한다는 것이었다. 이같은 내용의 量田規程은 짤막한 몇
구절로 되어 있지만, 그러나 이 規程은 高麗時期의 量田制만이 지니는 커다란
특징을 표현하고 있는 것이었다.

그런데 이 자료에서는 이같은 規程을 文宗 23年에 처음으로 제정한 듯이
기술하였지만, 그러나 앞으로 보게 되듯이, 國初(光宗朝)에도 이미 量田은 '6
尺爲1步' '1結方33步'의 原則으로서 행해지고 있었다. 그러한 점에서 보면 文
宗朝의 이 規定은 그 全部가 처음으로 制定된 것이 아니라, 2結에서 10結에
이르는 農地의 量田步數·開平値를 添補하는 것이 그 목적이었을 것으로 생각
된다. 이 시기에는 한 筆地의 農地, 한 個人의 農地가, 가령 開仙寺의 田券에
'大業渚畓四結' '奥畓十結'(註 8 참조)이라든가, 高城三日浦埋香碑의 田券에

　　3) 『高麗史』 卷 78, 食貨 1, 田制 經理, 中, p. 706.

'代下坪員畓二結' '北反伊員畓二結'(註 51 참조), 또는 朝鮮初期의 記錄에 '災傷
連伏十結者 方許免稅'(『文宗實錄』 卷 3, 文宗 卽位年 9月 壬戌條, 6冊, p. 286)
라고 한 바와 같이, 2結에서 10結에 이르는 큰 것이 있었으므로, '1結方33步'
만의 規定으로서는 量田에 不便이 있었을 것이다. 그리고 量田尺의 길이를 表
示한 細註의 規定도 이때 처음으로 制定한 것이 아니라, 國初의 '6尺爲1步' '1
結方33步'의 原則과 함께 이미 制定되고 있었던 것이라 보아야 할 것이며, 따
라서 文宗朝의 量田規定에서는 이 부분도 원래의 규정을 그대로 인용함으로
써 이를 재확인하였던 것이라고 생각된다.

　高麗時期의 量案은 완벽한 상태로 남아 있는 것이 없다. 그러나 부분적으로
는 量田臺帳의 일부가 寺刹文書 속에 전하고 있어서, 量田의 내용과 量案의
형식을 이해할 수 있도록 되어 있다. 「若木郡淨兜寺石塔造成記」는 바로 그것
으로서, 이 石塔記 안에는 同寺와 관련된 土地의 일부가 다음과 같이 量田臺
帳에서 발췌 수록되고 있다.[4]

> A. 寺之段 司倉上導行審是白乎矣 七十六是去丙辰年 量田使前守倉部卿藝言·下典奉
> 　 休·算士千達等 乙卯(光宗6·955)二月十五日 釆良卿矣結審是乎 導行乙用良 顯德
> 　 三年丙辰(光宗7·956)三月 日 練立作良中
> B. 代下田 長二十六步方二十步 北能召田 南東渠 西葛頸寺田 承孔伍百肆拾 結得肆
> 　 拾玖負肆束
> C. 同寺位同土 犯南田 長拾玖步東三步 三方渠 西文達代 承孔百四 結得玖負伍束
> D. 右如付量有在等以……

이는 石塔 造成과 관련된 淨兜寺의 田地로서 量案에 기록된 것을, 이 形止
記에 轉載한다는 사실을 설명한 것으로, 네 부분으로 되어 있는데, 그 중에서
도 B와 C는 量案에 기록된 두 筆地의 寺位田의 내용을 그대로 전재한 것이
다. 즉 A는 이러한 量案이 작성된 연유, 즉 이곳 石塔의 造成時期(太平 11·顯
宗 22·1031 ─ 形止記의 첫머리에 보인다)로부터 76년 전인 顯德 3년(光宗 7·

---

4) 이 史料는 舊韓末 京釜線敷設工事중에 發見된 것으로서, 『朝鮮古蹟圖譜』 6, 『朝鮮
　 吏讀集成』 등에 收錄되어 있다. 이 資料에 관한 硏究로서는 往年에 前間恭作, '若木
　 郡石塔記의 解讀'(『東洋學報』 15의 5, 1926)이 있었고, 最近에는 武田幸男, '淨兜
　 寺五層石塔形止記의 硏究(1)'(『朝鮮學報』 25, 1962)가 있어서 참고가 필요하다.

956)에, 中央에서 파견된 量田使 前守倉部卿藝言이 算士인 千達 등을 帶同하
고 내려와, 그 前年에 이곳 采良卿이 調査한 바에 따라 새로 量案을 마련하였
는데, 그 가운데 寺位田이 B·C와 같이 되어 있다는 것이며, D는 위와 같이
寺剎의 田地 B·C가 量案에 付記되어 있으므로, 石塔 造成에서는 이를 어찌어
찌 한다는 것이다.

이에 의하면 高麗時期의 量田에서는 이미 國初로부터 量田과 量案(量田帳
籍, 量田都帳, 田籍, 導行帳) 작성에 관한 여러 가지 規定을 마련하고 있었다.
이 두 筆地의 기록에서만 보더라도 이때의 量田에서는 土地의 所有主(同寺位
能召), 田品(代下田), 土地의 形態(長…方…), 量田의 方向(犯南), 四標(北能召
田 南東渠 西葛頸寺田), 量田尺의 單位(長二十七步 方二十步), 總尺數(承孔伍百
肆拾一地積), 結數(結得肆拾玖負肆束) 등을 田畓의 每筆地에 관하여 整然하게
조사하고 이를 臺帳에다 기록하고 있었다.

이 경우 이곳에 표기된 量田尺의 단위는 '步'로만 되어 있지만, 제시된 土地
의 尺數와 그 實積을 통해서 計算해보면 量田은 '6尺爲1步'의 '步尺'으로써 行
하였고, 土地의 長·方을 곱한 實積을 結負로 換算하는 데는 '1結 方 33
步'(1,089平方步)의 면적을 기준으로 算出하고 있었음을 알 수 있다.[5] 이러한
量田法은 기록상으로는 앞에서 본 바와 같이 文宗 23년의 '量田步數'에 관한
규정에 처음 보이지만, 그러나 이 규정은 이미 國初로부터 사용되고 있는 것
이었으며, 따라서 高麗의 量田制는 이미 國初로부터 '田一結 方三十三步 〈六
寸爲一分 十分爲一尺 六尺爲一步〉'의 원칙이 規程으로서 마련되어 있었던 것

---

5) 위의 史料에서 B 田의 面積은 그 數式이 27步×20步=540平方步인데, 이것을 結
로 換算하면 49負 4束이 되는(得) 것이다. 540平方步가 49負 4束이 될 수 있으려
면 1結이 '方33步', 즉 1,089平方步가 되어야 한다. C 田의 경우는 原文에 誤記가
있는듯 不明하게 되어 있다. 誤記된 부분은 '東3步'라고 한 곳이다. 東3步란 뜻이 통
하지 않으며, 이 부분은 B 田의 경우로 보아 方 5.473步 약 '方五步三尺'이 되어야
한다. 이 C 田의 面積은 그 數式이 19步×□=104平方步로 되어 있기 때문이다.
그리고 이 104平方步는 結로 환산하여 9負 5束으로 되어 있는데, 이 경우도 104平
方步가 9負 5束이 되려면, 1結은 方33步(1,089平方步)이어야 한다. 그러나 이 C
田에 대하여 여기에 설명은 없지만, 삼각형의 田(句股田 圭田)을 가리키는 것이라
면, 그 尺數 표기와 數式에 착오가 있는 것은 아니라고 하겠다. 李泰鎭, '新羅統一期
의 村落支配와 孔烟'(『韓國社會史研究』, 1986, p. 30) 참조.

이라고 하겠다.

그리고 위 量案의 경우 量田尺은 田品에 따라 그 길이를 달리하는 隨等異尺制로서의 量田尺이 아니라 單一量尺制로서의 量田尺이었을 것임은 말할 것도 없겠다. 光宗 이후의 成宗朝에는 '公田租法'이 公布되었는데, 여기서는 上·中·下의 田品에 따라 그 租額을 달리하고 있었다.[6] 量田尺이 다르면 동일한 收租를 해야 할 것인데 이때는 그렇지가 않았다. 이러한 사정은 文宗朝에도 마찬가지였다. 이때 公布된 '量田步數'에서는 量田尺의 길이를 명시하기 위하여 母尺(基準尺)·量田尺·步尺의 관계를 '六寸爲一分 十分爲一尺 六尺爲一步'라고만 규정하고 있었는데, 이는 하나의 量田尺과 步尺에 대한 母尺 길이의 明示인 것이며,[7] 朝鮮時期에서와 같이 田品에 따라 그 길이를 달리하는 隨等異尺의

---

6)『高麗史』卷 78, 食貨 1, 田制 租稅, 中, p. 726.
　水田上等一結 租二(三의 誤)石十一斗二升五合五勺
　　　中等一結 租二石十一斗二升五合
　　　下等一結 租一石十一斗二升五合
　旱田上等一結 租一石十二斗一升二合五勺
　　　中等一結 租一石十斗六升二合五勺
　　　下等一結 缺
　又水田上等一結 租四石七斗五升
　　　中等一結 三石七斗五升
　　　下等一結 二石七斗五升
　旱田上等一結 租二石三斗七升五合
　　　中等一結 一石十一斗二升五合
　　　下等一結 一石三斗七升五合
　이러한 差率收租의 意義에 관해서는 姜晋哲 교수의 '高麗前期의 公田·私田과 그의 差率收租에 대하여'(『歷史學報』29, 1965)가 있어서 참고된다.
7) 여기서 '六寸爲一分'의 6寸은 곧 母尺=基準尺으로서의 6寸인데, 이 母尺은 周尺이었을 것이다. 그것은 朝鮮初期에 量田尺을 調停할 때 기준이 되고 있었던 것이 周尺이었던 점과, 中國에서의 모든 尺度의 基準도 '凡尺寸皆用周尺度之'(楊寬, 「中國古尺槪說 ─ 中國歷代尺度考序說」重版後記, 註 47；藪田嘉一郎編『中國古尺集說』所收, p. 57, 1969)라고 하였듯이 周尺이었던 점으로서 그렇게 이해할 수 있다. 따라서 이 細注에서의 量田尺 1尺은 周尺으로서 6尺인 것이며, 步尺은 量田尺으로 6尺인 것이다. 量田尺의 '尺'의 單位 위에 '步'의 單位가 또 있는 것은, 量田尺만으로서 廣闊한 農地를 測量할 때의 불편을 덜려는 데서였을 것이다. 그것은 朝鮮時期의 量田制에서도 그러하였던 것으로서 그와 같이 이해할 수 있다. 예컨대 世宗朝의 「量田事目」에서 量田用의 '繩尺'(量繩)을 말하되
　量田所用 周尺計五步 木尺造作 面刻十分 量田時步外餘數量用 量繩 每步着小標 每十步着大標 一日內累次校正(『世宗實錄』卷 102, 世宗 25年 11月 乙丑, 4冊, p. 524)

길이에 대한 표시가 아닌 것이었다. 그러므로 이때까지는 말할 것도 없고, 그
후에도 당분간은 이 규정에 따라 量田이 單一量田尺으로서 행하여졌던 것이
라고 하겠다.

또 이 量案에서는 田畓이 속해 있는 字號와 그 字號內에서의 地番을 표시하
지 않고 있는데, 地番은 분명치 않지만, 후술하는 바와 같이 '天字丁' '地字丁'
등으로 標記되는 字號는 이미 國初로부터 사용되고 있었을 것으로 생각된다.
이곳에서 그것을 記錄치 않은 것은 아마도 字號(足丁 半丁)는 17結이나 20結
씩 되는 廣大한 農地를 한 단위로 묶어서 맨 첫머리에 기록하고, 따라서 量案
에서는 개개의 筆地에 이를 표기치 않은 까닭이었으리라고 생각된다. 더욱이
이 形止記는 所有權의 移轉을 목적으로 하는 것이 아니었으므로, 후대의 賣買
文記에서와 같이 字號를 일일이 添記할 필요를 느끼지 않았을 것이라고도 생
각된다.

이러한 형식의 量案이 물론 高麗時期에 처음으로 만들어지고 있는 것은 아
니었다. 이와 형식을 같이하는 量案은 이미 新羅時期에도 있었다. 新羅統一期
의 말엽에 작성된 開仙寺石燈記에 보이는 田券의 내용은 바로 그러한 사정을
말해주는 것이다.[8] 이에 따르면, 그 量田制의 구체적인 내용을 알 수는 없지

이라고 한 것이라든가, 肅宗朝의 「量田事目」에서

量田尺數從遵守冊定式……量繩 麻索·草索沾濕露水 則交急短縮 必致地小負多之寃
以水濕不縮之物 如竹索杻索之類 造作打量(『受教輯要』, p. 300)

이라고 하였음은 그것이다. 朝鮮時期의 量田은 量田尺(木尺)으로서 일일이 地面의
長廣을 測量하는 것이 아니라, 量田尺으로 10尺 또는 20尺이 되는 긴 繩尺(量繩)
을 作하여 이로써 測量하는 것이었다. 이로써 보면 文宗朝의 量田規定에 보이는 '步
尺'은 곧 朝鮮時期의 繩尺에 해당하는 것이며, 따라서 이 兩時期의 步尺과 繩尺은
그 길이는 달랐지만, 그 量田에서의 機能이나 原則은 같은 것이었다고 하겠다. 그리
고 이러한 점으로서 보면 高麗 文宗朝의 量田規定에서 量田尺과 步尺의 길이를 표시
하기 위하여 母尺=周尺으로서 이를 明示하였음은 당연하고도 자연스러운 일이었다
고 하겠다. 이 시기에도 周尺은 尺度의 기본으로서 土地測量에 이용되고 있었기 때
문이다. 이 문제는 本書의 '結負制의 展開過程'에서 다시 논의되겠다.

8) 이 資料는 『朝鮮金石總覽』上, p. 87과 黃壽永 編, 『續金石遺文』, p. 95에 收錄되
어 있으나 字行의 배열에 차이가 있다. a. 旗田 巍 교수는 '新羅·高麗의 田券'(『朝鮮
中世社會史의 硏究』, pp. 175~207)에서 이를 바로잡고 그 內容을 硏究하고 있으
며, b. 魏恩淑 씨는 '나말여초 농업생산력 발전과 그 주도세력'(『釜大史學』9, 1985)
에서 특히 그 四標 중의 畦부분을 재검토하고 있다. 이에 의하면 그 文記의 내용은
다음과 같다.

만, 이때에도 高麗時期의 그것과 흡사한 量田이 행해지고 量案이 작성되었음을 알 수 있다. 土地의 權利를 이양하는 우리나라 舊來의 土地文記에서는 일반적으로 그 土地의 所在處, 四標, 地積·結負, 賣主·買主 姓名 등을 明記하고 있었으며, 이는 量田의 결과로서 작성된 量案에 의거해서 그 내용을 중심으로 기록하는 것이었는데, 이 文記에서는 그와 같은 여러 내용을 볼 수 있는 것이다. 田畓의 여러 내용을 그와 같이 표시하고 있었다면 그것이 의거하고 있는 量案의 記載形式도 그러하였을 것이고, 量案의 記載內容이 그러하였다면 量田制도 또한 그러하였을 것임을 우리는 알 수 있는 것이다.

이같이 살피면 「若木郡淨兜寺石塔造成記」에서 볼 수 있는 高麗時期의 量田制는 新羅統一期 이래의 結負 量田制를 그대로 계승하되, 이를 이 시기의 時代狀況·王朝交替에 따르는 社會條件·社會改革의 要請에 맞도록 補完 改革하고 있는 것이었다고 하겠다(新羅時期의 結負 量田制는 本書 '結負制의 展開過程'을 참조). 그리고 그것은 量田制의 大原則에서 그 구체적인 내용이 잘 알려지고 있는 朝鮮前期나 後期의 그것과도 대체로 같은 것이었다고 하겠다. 다만 이 시기의 그같은 量田制의 내용이 新羅時期나 朝鮮時期의 그것과 두드러지게 다른 점이 있다면, 그것은 1結方33步의 原則, 田品의 規定과 이에 따른 量田尺의 내용에 차이가 있다는 점이겠다. 이는 이 시기의 量田制가 지니는 段階性·時代性을 表現하는 것으로서, 이때의 農法 수준이나 農業生産力 발전정도와 관련하여 이렇게 마련되고, 또 時代的 社會的 조건에 따라 이렇게 마련된 것으로서, 이러한 여건이 달라지게 되면 이도 또한 변동하게 될 것임을 예상할 수 있게 하는 것이라 하겠다. 그리고 실제로도 그러한 변동은 오고 있어서, 麗末에 이르러서는 점차 全國의 農地가 새로이 上·中·下의 田品으로 재조정되고, 이에 따라 朝鮮時期의 量田制에서와 같이 隨等異尺制로서의 量田尺

---

a. 龍紀三年辛亥(891)十月日僧入雲京租
一百碩烏乎比所里公書俊休二人
常買其(期?)分石保坪 大業渚畓四結 〈畦□□
□□□〉
〈土南池宅土西川 奧畓十結 〈畦田南池土
東令行土北同〉 □東令行土西北同〉
*〈 〉는 大業渚畓과 奧畓에 대한 雙行 四標

〈b. 畦十
五〉
〈b. 畦上南池宅土
八東令行土西同〉

이 제정되기도 하였다. 上·中·下의 田品에 따라 각각 그 길이를 달리하는 '指尺'에 의거한 量田尺이 출현한 것은 바로 그것이었다. 그리고 이러한 田品과 量田尺이 變動하는 데 따라서는, 그것을 바탕으로 하여 算出되는 結의 實積 또한 크게 변동하여, 田品에 따라 그 結 實積에 큰 격차가 생기게도 되었다.

그러므로 이같은 量田制의 趨移에서, 이를 高麗時期의 量田制로서 段階지우고 特徵지울 수 있게 하는 점의 하나는, 위에서와 같이 변동하는 方 33步의 原則이나 田品規定 및 量田尺과도 관련하여, 그러한 量田制로서 파악되는 農地實積의 단위 '結'이, 高麗初期로부터 어느 시기까지는 新羅에서와 마찬가지로 中國의 頃畝法에서의 '頃'과 동일한 것으로 파악되기도 하였으나, 그 中期를 넘어서 末期에 이르는 어느 시점으로부터는 結의 實積이 頃 面積의 數分의 1로 축소된다는 점이겠다. 結負制는 본시 農産物의 所出을 기준으로 마련한 제도로서, 高麗初期에는 그것이 실제의 面積을 표시하는 頃畝法과 일치되는 것으로도 보고 있었으나, 후대에 이르면서는 이 양자가 어떤 조건 아래에서 乖離된다는 것이다. 일정한 農地로부터의 所出과 租額은, 農法의 발전에 따라 그리고 收奪의 강도에 따라, 그 多寡에 변동이 있게 마련이므로, 所出을 기준으로 하는 農地面積은 生産力의 발전에 따라 伸縮이 있지 않을 수 없는 것이었다.

高麗初期에 結과 頃의 면적이 동일하게 파악되고 있었음은 몇 가지 기록을 통해서 확인할 수 있다. 太祖가 卽位初에 1頃의 租가 6石이나 되어 民이 流亡하게 되자, 이를 天下通法인 什一稅로 改革하여 田 1負에 租 3升, 즉 1結에 2石을 賦課함으로써 農民經濟의 안정을 기했다고 한 것은 그 예이다.[9] 結과 頃이 並用되고 또 이 양자가 동일시되고 있는 예인 것이다. 그리고 成宗 10년에 金海府를 量田하였던 量田使 趙文善이 首露王陵의 位田을 改革할 것을 요청하되, 新羅時期에는 30頃으로 되어 있던 이 位田을 그 半인 15結은 그대로 인정하고, 나머지 半(15結)은 府의 徭役戶丁에게 折給해 줄 것을 건의하였던 것도 같은 사례가 되는 것이겠다.[10] 新羅나 高麗初期에는 제도로서는 結負制

---

9) 『高麗史』卷 78, 食貨 1, 田制 祿科田, 中, p. 715.
　　同 上 食貨 1, 田制 租稅, 中, p. 726.
　　『高麗史節要』卷 1, 太祖 元年 7月, p. 11.
10) 『三國遺事』卷 2, 駕洛國記, p. 116.

를 사용하고 있었으나, 太祖나 成宗朝까지는 아직 관례로서 頃을 結과 동일시
하고 並用하고 있었음을 보여주는 사례이다. 이 경우 혹 結을 中國式 표현을
빌려 頃으로 불렀을 수도 있고, 또 結의 別稱이 頃일 수도 있었겠으나, 그렇더
라도 그렇게 하려면은 結과 頃이 어지간히 근접해 있어야 했을 것이다. 물론
中國의 頃의 實積은 시대에 따라 크게 변동하고 있었으므로, 우리나라에서 頃
이 結과 같다는 말을 하더라도, 그것을 말하는 시대와 사람에 따라서는 그 頃
實積이 각각 다르게 이해되고 있을 수 있었다.

이러한 사정은 高麗 중엽에도 아직 마찬가지였다. 文宗朝에는 長城 밖에다
屯田을 起墾하고 이를 頃으로 파악하고 있어서, 西北路兵馬使는 11,494頃의
이 屯田으로부터 秋收할 것을 건의하고 있었다.[11] 頃과 結이 분리되고 結負制
로서 農地를 파악하고 있었다면 頃畝法을 따로 또 사용하지는 않았을 것이다.
그리고 仁宗朝에 宋使를 隨行하여 온 徐兢이 우리나라의 度量衡을 말하는 가
운데서, 長短, 多寡, 輕重에 관한 制度를 가만히 생각하고 비교해 보면 中國의
法과 조금도 다르지 않다고 하면서,[12] 宋의 立場(宋尺)에서 結의 實積을 算出
하되 '每一百五十步爲一結'이라 하였음도 그 예이다.[13] 每 150步를 1結로 한

11) 『高麗史』 卷 82, 兵志 2, 屯田, 中, p. 812.
   『高麗史節要』 卷 5, 文宗 27年 4月, p. 148.
   이러한 頃에 관한 記錄은 그 후에도 보인다(註 47 참조).
12) 『高麗圖經』 卷 40, 權量, p. 401.
13) 『高麗圖經』 卷 23, 種藝, p. 224.
   우리가 現在 볼 수 있는 『宣和奉使高麗圖經』으로서는 朝鮮學叢書本(今西龍 編刊,
   1932, 亞細亞文化社에서 影印再刊, 1972), 古ণ博物院本(中國, 1931, 梨花史學研
   究所에서 影印再刊, 1970), 人人文庫本(臺灣 商務印書館刊, 1971) 등이 있는데,
   이 記錄은 어느 本에서나 동일하게 되어 있다. 이러한 事實은 '每一百五十步爲一結'
   이라는 記錄에 착오가 없음을 뜻하는 것이며, 따라서 이 記錄은 高麗時期의 結의 實
   積을 파악할 수 있는 가장 정확한 자료의 하나가 되는 것이라 하겠다. 이 記錄은 中
   國人이 中國의 尺度로서 結의 實積을 파악하여 이를 開平하고 있는 것인데, 우리는
   그와 같은 中國의 尺度가 어느만한 길이인지 알고 있기 때문이다.
   徐兢은 宋代의 인물로서 이 글은 그가 國王 徽宗에게 바친 글이므로 그가 여기서
   사용하고 있는 尺度는 宋尺이었다. 宋代의 標準尺은 '官尺' '布帛尺' '三司尺' '省尺'
   '京尺' 등으로 불리었으며, 唐 '大尺'에 沿襲하고 明 '營造尺', 즉 '官尺'에 繼承되는 것
   이었다. 그래서 明代에는 '明官尺은 布帛尺에 依하고' '지금의 營造尺은, 즉 唐大尺'
   이라고 하였다. 唐代에는 '大尺'과 '小尺'이 있었는데, '小尺'은 다만 '調鐘律·測晷景·
   合湯藥及冠冕之制'에 使用되었을 뿐이며, 公私를 막론하고 일반 용도로서는 '內外官

다는 것은 長·廣 각 150步의 면적이 1結이라는 것으로서, 이 넓이는 宋代 中
國의 1頃의 넓이와 대략 같은 것이다. 宋代의 1頃은 정확하게는 一邊의 길이
가 155步 정도가 되므로 結이 頃과 꼭 같은 것은 아니지만, 그러나 그는 우리
나라 量田尺으로 方 33步인 結의 實積을 大略으로 開平하여 이 수치를 얻었을
것이다.

  그러나 이러한 사정이 武臣政權과 對蒙抗爭을 겪은 후인 高麗末葉에 이르
면 크게 달라지고 있었다. 結의 實積과 頃의 面積이 일치하지 않게 된 것이었
다. 忠烈王朝의 일을 動安居士 李承休에 관하여 언급한 바에서 보면, 그는 그
外家로부터 2頃의 田地를 分與받아 살아가고 있었는데, 晚年에 佛家에 귀의
하게 되자 이를 寄進하였고, 또 그 居處인 容安堂 부근에 있었던 약간의 空閑
地도 官으로부터 開墾權을 인정받아 이를 施納하였었다. 그런데 당시의 사람
들은 이 양자를 '前後合爲俗言七八結也'라고 하여, 7, 8結이나 되는 것으로 말
하고 있었다.[14] 이 경우 '若干空閑地'가 어느 정도의 面積인지 분명치 않지만,

司悉用大者'라든가 '外官私悉用大者'라고 하여(『大唐六典』卷 3, 金部郎中, 『唐會
要』卷 66, 大府寺) 大尺을 使用하였다. 따라서 唐·宋·明을 통해서 일상생활이나 土
地測量用으로 使用된 基準尺度는 唐'大尺', 宋'布帛尺', 明'營造尺'인 것이었는데, 그
러한 尺度는 時代에 따라 多少의 出入이 있기는 하지만 大略 28∼31.5㎝이었다(楊
寬, 前揭論文 및 矩齋, '古尺考' ; 羅福頤, '傳世歷代古尺圖說' ; 藪田嘉一郎 編, 『中國
古尺集說』所收 ; 本書의 '結負制의 展開過程' 註 168 참조). 그런데 이 時期의 中國
의 頃畝法은 다음과 같이 계산되고 있었다.
  大尺 5尺＝1步(길이)
  方 5尺＝1步(面積)
  橫 1步×直 240步＝1畝
  100畝＝1頃
 그러므로 이때의 1頃은 24,000步(積)가 되는 것이었으며, 따라서 이것은 우리나
라의 量田步數에서와 같이 '方…步'로 開平하면 約 '方 155步'가 되는 것이었다. 그리
고 이러한 頃畝法에서 길이의 單位인 尺은 바로 앞에서 본 바와 같은 唐'大尺', 宋'布
帛尺', 明'營造尺', 즉 30∼31㎝ 內外의 길이였다. 그러므로 이 두 길이에 의해서 畝와
頃의 면적을 오늘날의 坪數(1坪＝3.305平方m)로 計算해 보면, 畝는 大略 163.38坪
내지 174.46坪, 頃은 대략 16,338坪 내지 17,446坪 정도가 된다. 이러한 바탕 위
에서 徐兢은 우리나라(高麗)의 結을 宋의 尺度로써 풀이하되 '每150步爲1結'이라고
하고 있었다. 이는 대략적인 계산으로 얻은 수치였겠지만, 이 또한 위 唐大尺의 두
길이(30∼31㎝)로써 계산해 보면, '每150步'의 면적은 15,317坪 내지 16,355坪
이 되는 넓이이어서, 그들의 頃의 면적과 거의 같은 것이었다고 하겠다. 그런데 그
는 高麗의 1結의 實積을 이같은 면적으로서 國王에게 보고하고 있는 것이었다.

원래 있었던 2頃에 더하기를 '若干'이라는 표현으로서 말한 것을 보면 대단히 큰 것이었다고는 생각되지 않는다. 그런데 그러한 2頃의 農地와 약간의 空閑地를 합친 것을 7, 8結이 된다고 말하고 있으니, 이는 결국 結의 實積이 頃의 面積과 符合되지 않게 되었음을 나타내는 표현이 아닐 수 없는 것이다.

高麗末年의 사정에 관하여 언급하고 있는 朝鮮初期의 文獻에서는 그와 같은 현상을 더욱 분명하게 읽을 수 있다. 田制詳定所나 『龍飛御天歌』에서 高麗의 田制를 말하는 가운데, 高麗의 上田 1結은 頃畝로서는 25畝 4分餘, 中田 1結은 39畝 9分餘, 下田 1結은 57畝 6分餘라고 하였던 것은 그 예이다.[15] 이는 이때의 支配層이 高麗時期의 기록을 그대로 인용하고 있는 것이 아니라, 이때 高麗·朝鮮에서 이해하고 또 관행하고 있었던 頃畝法에 의해서 그 實積을 換算하고 있는 것이기는 하였지만,[16] 그러나 요컨대 結積과 頃積의 괴리를 보여주는 좋은 사례임은 말할 것도 없겠다. 그리하여 이러한 事實의 인정 위에서 結과 頃의 분리를 制度的으로 분명히 내세운 朝鮮前期의 結負制는 마련되고 있었다.

---

14) 『動安居士集』雜著 看藏寺記, 看藏庵重創記(『高麗名賢集』1), p. 585, 591.
　　『拙藁千百』卷 1, 記(『高麗名賢集』2), p. 391.

15) 『田制詳定所遵守條畫』(『遵守冊』) 序頭.
　　『龍飛御天歌』第 73章(奎章閣叢書本 下), p. 307에는 다음과 같이 結 頃 周尺(積)의 換算値가 記錄되어 있으며,
　　舊制田品只有上中下 所量之尺三等各異 上田尺二十指 中田二十五指 下田三十指 而皆以實積四十四尺一寸爲束 十束爲負 百負爲結 準諸中朝畝法 上田之結二十五畝四分有奇 實積周尺十五萬二千五百六十八尺 中田三十九畝九分有奇 實積周尺二十三萬九千四百一十四尺 下田五十七畝六分有奇 實積周尺三十四萬五千七百四十四尺
　　『世宗實錄』卷 104, 世宗 26年 6月 甲申, 4冊, p. 561에는 이것이 좀 다르게 다음과 같이 表現되고 있다.
　　今有田於此 以下田尺量之 得一結積周尺一萬三千八百二十九步 以中田尺量之 得一結餘周尺四千二百五十三步 以上田尺量之 得一結餘周尺七千七百二十七步
　　그러나 어느 경우를 막론하고 頃과 結이 乖離되고 있음을 보여주는 점에서는 공통된다.

16) 朝鮮時期의 世宗 12, 13년에는 尺度에 대한 조정이 있었고(朴興秀, 前揭 ③ 論文), 이러한 바탕 위에서 同 25년에는, '量田所用 周尺計五步……今量田 以方五尺積二十五尺爲一步 二百四十步爲一畝 百畝爲一頃 五頃爲一字'라고 하여, 朝鮮式 頃畝法을 제정하고 그 面積을 조정할 것을 시도하고 있었다(『世宗實錄』卷 102, 世宗 25年 11月 乙丑, 4冊, p. 524).

3. 量田制 變動의 背景

高麗時期 量田制의 段階性, 時代性을 표현하는 이러한 변동은 여러 가지 사
정에서 연유하는 것이겠지만, 그 가운데에서도 두드러진 배경으로서 이해되
어야 할 것은 麗末에 이르면서 農法이 발달하여 結의 實積을 축소하여도 무방
하게 되었다는 사정과, 아마도 土地分給制의 운영이 문란해져서 이에 대한 대
책을 세우지 않으면 아니되었던 사정이라고 생각된다.

1) 農業技術의 發達

農業技術 農法의 발달은 주로 旱田農業에서 크게 일어나고 있었다. 旱田農
業의 歲易農法(休耕制度)이 그 改良을 통해서 점차 常耕化해가고 있었음은 그
것이었다. 山地旱田의 경우는 더욱 그러하였다. 平地에서는 水田은 말할 것도
없고 旱田의 경우에도 벌써 新羅統一期에 常耕化가 진행되고 있었다. 그러므
로 이곳에서 문제가 되는 山地旱田의 歲易農法의 문제는 新羅統一期 후반에
展開되는 社會的 矛盾과 관련하여 일어나는 현상이 主가 되는 것이다.

新羅末年에는 新羅國家가 그 체제의 유지와 전환을 위해서 統一期에 들면서
마련하였던 바 土地分給制·租稅制度(丁田)의 安定的 운영에 이완과 균열이 생
기고, 貴族官僚層은 收租地로서의 祿邑을 통해서 收奪을 강화하였으며, 이를
통해서는 土地를 더욱 集積하고 田莊을 확대시켜 大地主로 발전해 나가고 있
었다. 私有地로서의 田莊과 收租地로서의 祿邑은 스스로 별개의 土地支配體
系이지만, 이는 상호 밀접한 관련을 가지면서 발전하였으며, 그 결과는 貴族
層의 土地集積·田莊을 더욱 확대시키는 바가 되었다. 그리고 貴族層의 이와
같은 土地集積은 반비례로 農民層의 몰락을 가속화시키는 바가 되었으며, 따
라서 沒落農民은 늘어나고 傭作農民도 증가하게 되었다. 征服戰爭을 통한 奴
隷供給이 두절된 상황 속에서 貴族層의 土地經營은 地主·佃戶制로서 행해지
게 되고, 沒落農民들은 그 經濟的 支配下에 예속되는 바가 늘어나게 되었다.

貴族官僚層이 그들이 集積한 私有地의 地主로서 또는 國家로부터 주어지는
祿邑의 收租權者로서 農民層을 지배하는 실정 속에서, 零細土地所有者나 몰

락한 農民들이 그들의 産業을 유지하고 그 經營를 성장시켜 나갈 수 있는 방법은, 農法을 改良하거나 新田을 개발함으로써 소득을 늘리고 土地의 所有權者가 되는 길뿐이었다. 이는 결국 社會的 矛盾의 결과인 것으로서, 우리나라 中世封建社會에서 農業技術의 특징은 여기에 집약되게 되었다. 農民들은 생존을 위하여 이를 끊임없이 遂行하여 나갔고 이에 따라 農業生産力은 서서히 발전하게 되었다. 이 시기에 두드러지게 드러나는 山田開發과 歲易農法의 展開 및 그 常耕田으로의 전환은 바로 그것이었다.

歲易田의 農法은 다른 말로는 '代田'으로 표현되기도 하였다. 易田은 본시 中國古代 華北地方의 農業에서 地力 회복을 위하여 고안된 農法이었고, 代田은 특히 漢代의 搜粟都尉 趙過가 三輔지방에서 새로이 개발한 農法이었는데, 이 代田의 農法은 '代田 一畝三畎 歲代處 故曰代田'이라고 한 데서 연유하는 것으로, 그 播種處를 해마다 바꾸는 農法이었다. 그래서 農學者들은 農書에서 이를 註하되 '代易也'라고 하여 代田을 易田과 같은 것으로 보고 있었다.[17] 양자의 農地制度는 그 형태를 달리하는 것이지만, 그러나 이 양자는 해마다 그 播種處를 돌려가며 休耕, 輪作한다는 점에서 공통적인 것이었고, 따라서 農學者들은 그들의 저서에서 代田을 易田과 동일한 것으로 파악하고 있었던 것이다.

우리나라의 農業, 특히 旱田農業은 麗末鮮初까지는 대체로 華北地方的인 農業圈에 들어 있었고, 그 영향을 많이 받고 있었다. 그리고 農業을 발전시켜 가기 위해서는 그와 같은 中國의 農學을 끊임없이 흡수하고 있었다. 中國의 農學은 農書로서 체계화되기도 하고 儒敎의 經典이나 史書에 수록되고도 있었는데, 우리나라에서는 三國時代 이래로 그와 같은 中國의 書籍을 두루 輸入하여 교육하고 있었다. 그러므로 儒敎의 經典이나 史書를 통해서는 그 農法이 부산물로서 얻어지기도 하고, 農書를 통해서는 그것이 직접 흡수되기도 하였다. 그와 같은 農書로서는 記錄上에 보이는 것만으로도 『氾勝之書』나 『農桑輯要』가 있었다. 『齊民要術』에 관한 記事는 보이지 않지만 이 農書도 반드시 輸

---

17) 『漢書』 卷 24 上, 食貨志 4 上, p. 1138.
　　『齊民要術』 卷 1, 種穀.
　　『農桑輯要』 卷 1, 耕墾 代田(武英殿聚珍版本).
　　『農桑輯要』 卷 2, 播種 種穀(元代刊本).

入되어 널리 보급되었으리라 생각된다.『齊民要術』은 北宋이나 南宋에서 여러 차례 刊行되었는데,[18] 高麗에서는 平常時의 무역 이외에도 여러 차례 中國의 書籍을 蒐集, 購入해오고 있었으므로,[19] 이도 응당 輸入되었으리라 생각되는 것이다.『氾勝之書』는 中國으로부터 求書의 요청이 올 정도였고,[20]『農桑輯要』는 高麗에서 이를 저본으로 農書를 편찬하는 사람도 있고, 이를 板本으로 刊行할만큼 그 보급이 활발하였다.[21] 그런데 그와 같은 高麗時期의 農書에서 代田은 易田, 易田은 代田으로서 이해되고 있는 것이었다.

高麗時期의 旱田農業이 易田이나 代田의 이름으로 행해지고 있었음은 여러 곳에서 읽을 수 있다. 그러한 가운데서도 易田이라는 용어는 주로 農法의 뜻으로 사용되고 있었다. 李齊賢의 史贊에 '鴨綠以南 大抵皆山 肥膏不易之田 絶無而僅有'라고 한 것,[22] 文宗 8년에 山田 上·中·下의 田品을 不易田 一易田 再易田으로서 구분하고 그에 대한 賦稅의 率을 정하고 있었던 것은 그러한 예이다.[23] 그리고 麗末의 司憲府 上疏에 '三韓自鴨綠以南 大抵皆山 肥膏不易之田

18) 西山武一, '齊民要術傳承考'(『아시아의 農法과 農業社會』, 1969, pp. 189~229). 繆啓愉,『齊民要術校釋』校釋說明, 1982.
19) 가령 大規模로 書籍이 輸入 傳來하였던 예만을 들어도 다음과 같은 경우가 있었다.
『高麗史節要』卷 3, 顯宗 18年 8月條, p. 95, 宋江南人……來獻書冊五百九十七卷.
同 上 卷 6, 宣宗 3年 6月條, p. 160, 敎藏都監의 購書四千卷.
同 上 卷 24, 忠肅王 元年 6月條, p. 608, 成均館의 購書一萬八百卷.
同 上 卷 24, 忠肅王 元年 7月條, p. 608, 元의 賜書四千三百七十一冊.
이러한 事情에 관해서는 金庠基, '宋代에 있어서의 高麗本의 流通에 대하여'(『亞細亞研究』18, 1965;『東方史論叢』, 1974, pp. 162~171 所收) 참조.
20)『高麗史』卷 10, 世家 10, 宣宗 8年 6月, 上, pp. 212~213.
『增補文獻備考』卷 242, 藝文考 1, 下卷(影印本), pp. 838~839 등에는 이때의 求書目錄이 收錄되어 있다. 中國측의 이러한 求書事情에 관해서는 金庠基, 前揭論文 및 屈萬里, '元祐六年 宋朝向高麗訪求佚書問題'(『東洋學』5, 1975) 참조.
21) 李嵓의『農桑編輯』(『增補文獻備考』卷 246, 藝文考 5, 農家類, p. 895)은 전자의 예이고,『元朝正本農桑輯要』는 이때 高麗에서 刊行한 冊의 書名이다.『牧隱文藁』卷 9, 農桑輯要後序(『高麗名賢集』3, p. 861)에는 이때의 간행사정이 기술되어 있다. 拙稿, '高麗刻本『元朝正本農桑輯要』를 통해서 본『農桑輯要』의 撰者와 資料'(『東方學志』65, 1990; 本書 所收) 참조.
22)『高麗史』卷 2, 世家 2, 景宗, 上, p. 65.
『高麗史節要』卷 2, 景宗 6年, p. 40.
『益齋亂藁』卷 9, 史贊(『高麗名賢集』2, p. 324).
23)『高麗史』卷 78, 食貨 1, 田制 經理, 中, p. 706.

在於濱海 沃野數千里之稻田 陷于倭奴'라고 하였던 것도 그러한 예가 된다.[24]

이러한 易田, 즉 歲易農法이 量案이나 土地文記에서는 地目上 代田으로 記錄되고 있었다. 앞에서 제시한 2筆地의 淨兜寺 位田에 관한 量案의 標記가 '代下田'으로 되어 있었음은 그것이다. 代田(易田) 가운데서도 그 田品은 下田(再易田)에 속한다는 뜻일 것이다. 易田에서 歲易의 빈도를 기준으로 한 田品의 구분은 일반 記錄上으로는 文宗 8年의 記事가 처음이지만, 그러한 구분은 이미 國初로부터 있었던 것이었다. 文宗 8年의 記事는, '量田步數'의 경우에서와 마찬가지로, 田品의 制定에 그 목표가 있었던 것이 아니라, 기존의 田品制에 관하여 稅率을 조정하는 데 목표가 있었던 것이라고 하겠다. 또 그 밖에 麗末에 있었던 趙浚의 私田改革論에서, 封建支配層에 대한 土地分給과 아울러 특히 白丁을 差役할 때는 代田 1結을 給하라고[25] 하였던 것도 그러한 예가 되는 것이겠다.

旱田의 歲易農法은 高麗時期의 전기간에 걸쳐서 존재했지만, 그러나 이는 주로 山田에서의 경우이고 平田에서는 진작부터 그 常耕化가 진행되고 있었던 것으로 보아야 하겠다. 그 시기는 아마도 新羅末年에서 高麗初期에 이르는 期間으로 거슬러 올라가야 할 것이다. 新羅統一期의 후반에는 農業勞動에 畜力이 많이 이용되고 있었으므로 施肥가 容易하였고,[26] 牛犁耕이 본격적으로 행하여졌으므로 深耕을 통한 地力의 회복이 빨랐고, 따라서 地力의 회복을 위해서라면 종전부터 있어온 休耕法을 사용하지 않아도 되었을 것이다. 開仙寺石燈記의 田畓文券에 보이는 2筆地의 畓에 田品이 기록되어 있지 않았음은

　　『高麗史節要』卷 4, 文宗 8年 3月, p. 129.
　　凡田品 不易之地爲上 一易之地爲中 再易之地爲下 其不易山田一結 准平田一結 一易田二結 准平田一結 再易田三結 准平田一結

24) 『高麗史』卷 82, 兵志 2, 屯田, 中, p. 815.
　　『高麗史節要』卷 33, 禑王 14年 8月, p. 837.
25) 註 58) 참조.
26) 新羅統一期의 農業에 畜力이 많이 利用되고 있었음은, 이 時期의 村政文書(「新羅帳籍」)를 통해서 이해할 수 있다. 西原京 부근의 네 마을에는 43戶의 民戶가 있었는데, 그들은 牛 53頭와 馬 61頭를 기르고 있었다. 1戶當 平均 2.5頭나 되는 셈이었다. 이 4개 村落의 土地는 580結이 넘고 있었으므로 畜力의 이용은 반드시 필요하였다. 이에 관한 연구로서는 旗田巍, '新羅의 村落'(『朝鮮中世社會史의 硏究』, pp. 415~462)참조.

그러한 사정을 표현하는 것이겠으며,[27] 谷城 大安寺 寂忍禪師照輪淸淨塔碑에
보이는 이 사찰의 田地 가운데 代田의 結數가 많지 않은 것도 그러한 사실을
반영하는 것이겠다.[28] 그리고 文宗朝의 山地歲易田의 稅率이 平田(平地田-不
易田)과의 對比에서 정해지고 있었음도 그러한 사정을 단적으로 드러내는 것
이라 하겠다. 이 稅制 조정에서도 平田은 이미 常耕田化하고 있음을 대전제로
하고 있는 것이다.

앞에서 본 李齊賢의 史贊에서는 高麗時期의 不易田을 通時期的으로 말하되
'肥膏不易田 絶無而僅有'라고 하였지만, 이는 특히 肥膏한 不易田이 그렇다는
것이고, 보통의 不易田은 많았음을 전제로 하는 것이었다. 文宗朝의 山地歲易
田의 田品規定과 稅率 조정에서 보는 바와 같이, 不易田이 적은 것은 山地에
한하는 일이었다. 더욱이 平田뿐만 아니라 山田에서조차도 文宗朝에는 '不易
山田'이 田品의 하나를 이루고 있었다. 또 앞에서 든 淨兜寺 位田의 量案 記載
內容에서 보았듯이 國初에도 벌써 代下田이 있는 가운데 그 주변의 四標에는
不易田으로서의 能召의 '田'이나 葛頭寺의 '田'이 있었다. 그리고 通度寺의 寺
刹文記에서도 直干에 대한 寺位田 支給을 언급하는 가운데 代田은 부수적인
것으로서 記述하고 있었다.[29] 高麗時期에 널리 慣行하였던 歲易農法은 주로
山地旱田에서의 경우인 것이었다.

이와 같이 山田에 歲易農法이 발달하게 된 것은, 新羅統一期의 土地分給制·
租稅制度의 운영에 이완 균열이 생긴 후, 貴族과 土豪들의 土地集積으로 土地
에서 배제된 農民들이 그 生計를 위하여 山田을 開發하게 된 데서 연유하고

---

27) 註 8) 참조.

28) 『朝鮮金石總覽』上, p. 120에 의하면, 이 寺刹과 관련된 田畓柴地를 '田畓四百九
　　十四結三十九負 坐地三結 下院代四結七十二負 柴一百四十三結'이라고 分類 記錄하
　　고 있어서, 代田이 많지 않음을 볼 수 있다.

29) 이 資料에 관해서는 往年에 長生標와 관련하여 여러 사람의 연구가 있었으며, 最近
　　에는 寺院經濟의 性格과 관련하여 武田幸男 교수의 '高麗時代에 있어서의 通度寺의
　　寺領支配'(『東洋史硏究』25의 1, 1966)가 發表됨으로써, 그 全貌를 파악할 수 있게
　　되었다. 그런데 그러한 寺刹領에는 '分塔排於四境 各置干十 每給位田畓及家代田 並
　　四方長生標內田畓土地也'라고 하고 있었다. 直干에게 土地를 分給하는 데 中心이 되
　　는 것은 寺位田이고, 그 밖에 直干이 居處할 家屋과 그에 따른 代田은 附隨的인 것
　　으로 支給되는 데 불과한 것이었다.

있었다. 農民들의 처지에서는 그것이 최선의 대책이었고, 따라서 山田開發은 늘어날 수밖에 없었다. 12세기의 仁宗朝에 宋使를 隨行하여 온 徐兢이 우리 나라의 農地開墾의 樣相을 말하되, '治田多於山間 因其高下耕墾甚力 遠望如梯磴'이라고 하였음은[30] 그와 같은 山田開墾의 확대현상을 표현함이었다. 農民들은 山田을 開墾하되 山腰 이하의 平地에서만 이를 행하는 것이 아니라, 山頂에 이르기까지 起墾을 하게되고, 따라서 멀리서 보면 마치 梯磴과 같이 보이게까지 된 것이었다. 이는 農民經濟가 그만큼 급하고, 따라서 農地開墾의 필요성이 그만큼 절박하였음을 나타내는 표현이었다.

農民層에 의한 新田開發의 盛行은 결국 山田의 확대로 나타나게 되었지만, 山田이라고 영구히 歲易農法으로만 행해지는 것은 아니었다. 山田일 경우에도 起耕과 施肥 등 人功이 제대로 加해지면 再易田은 一易田으로, 一易田은 不易田으로 변모하게 마련이었다. 앞에서 든 文宗朝의 山地旱田에 不易田이 있었음은 아마도 대개의 경우 바로 그러한 예가 될 것이다. 그러므로 新田開發에 따르는 歲易田의 확대와 아울러서는 그러한 歲易田의 常耕化가 늘상 전개되고 있었던 것이라고 하겠다. 그리고 歲易田이 이렇게 常耕化되는 데 따라서는, 乙 農地의 立地條件 如何에 따라, 常耕化된 農地의 肥沃度에 여러모로 차등이 생기게도 되었다. 成宗朝의 公田의 差率收租에서 볼 수 있듯이(註 6 참조), 高麗初期에는 벌써 常耕田의 田品에 上等·中等·下等의 구분이 생기게 되고 있었다.

山地歲易田의 常耕化는 高麗의 全時期를 통해서 늘상 있었던 일이지만, 이러한 현상이 급속도로 전개되어 歲易農法을 점차 소멸시키게까지 되는 것은 對몽골 抗爭期 및 그 이후의 혼란한 정세 아래의 일이었던 것으로 생각된다. 몽골과의 抗爭期에는 首都는 江華島로 옮겨졌고 많은 貴族과 人民이 이곳으로 피난하였다. 이곳뿐만 아니라 沿海岸 地方의 島嶼地帶는 遊牧民族인 몽골의 軍兵을 피할 수 있는 안전지대가 되고 있어서, 이러한 곳은 피난민이 당분간 安住할 수 있는 곳이 되었다. 그 밖에 內陸地方에서도 侵略軍의 寇掠이 미치지 않는 곳에는 많은 人民의 집중이 있었다. 그리하여 그들은 이러한 피난

---

30) 『高麗圖經』 卷 23. 雜俗 種藝.

지에서 農地를 얻어 農耕에 종사하는 것으로서 살아가지 않으면 아니되었다.
그것은 農民뿐만 아니라 貴族官僚層의 경우도 마찬가지여서, 피난지에서는
貴族層의 農地求得에 경쟁이 일어나기도 하였다. 그러나 農地面積은 일정한
데 갑자기 人口가 늘어나고 있었으므로 農地는 새로 온 피난민 모두에게 고루
돌아갈 수가 없었다. 貴族들조차도 '歲入幾許斛'에 불과할 정도로 得田은 어려
웠다. 그리고 개중에는 그나마도 전혀 얻지 못하여 생계가 어려웠던 貴族官僚
도 있었다.[31] 貴族官僚層이 그러하였다면 일반 農民層의 경우는 더 말할 필요
가 없었을 것이다.

이러한 실정 속에서의 農耕生活은 地力의 회복을 위하여 休耕을 할 정도로
여유가 있을 수 없었다. 해마다 農作物을 재배하여 우선 延命을 하는 것이 급
하였을 것이다. 그럴 경우에는 常耕을 할 만큼 비옥하지 못한 農地라 하더라
도 常耕이 강행되었을 것이다. 新田을 새로 開墾하였을 경우에도 그러하였을
것이다. 對몽골 抗戰 이후에는 '比年 土田盡闢而國無加入 生齒漸繁而民無定
居'라고 할 만큼,[32] 農地가 모두 開墾되었던 것으로 말하여지고 있었는데, 이
는 아마도 抗戰 이래로 新田開發과 歲易田의 常耕化가 널리 이루어지고 있었
음을 말해주는 것으로 볼 수 있겠다. 그리고 對몽골 抗爭 이후의 農業에 관하
여는 '田出甚少'라든가[33] 또는 '田土小且瘠'이라는[34] 慨歎의 소리가 있었는데,
이는 常耕田이 되기 어려운 農地를 갑자기 常耕하게 된 데서 일어나는 현상이
었다고도 하겠다.

그러므로 이런 경우에는 農作物의 재배는 極度로 集約化되고, 따라서 休耕
을 통해서 회복되던 地力이 이제는 人功으로서 회복되지 않으면 아니되었다.
人功을 통한 地力의 挽回는 종래의 歲易田을 충분히 常耕田으로 전환시킬 수

---

31) 『李相國集』卷 18. 古律詩(『高麗名賢集』1), p. 196.
　　『李相國集後集』卷 7. 古律詩(『高麗名賢集』1), p. 515에서 李奎報는 이때의 事
　　情을 詩로서 表現하였는데, 그 가운데는 다음과 같은 句節이 있다.
　　　人皆新有田 (入新京 爭求田以耕 予獨未)……我無一畝地
　　　人皆務耕田 歲入幾許斛 我家無是事 天遣生穉穀
32) 『拙藁千百』卷 1. 問 (『高麗名賢集』2), p. 396.
33) 『牧隱集』詩藁 卷 30(『高麗名賢集』3), p. 714.
34) 『冶隱集』卷上. 行狀 (『高麗名賢集』4), p. 493.

가 있었을 것이다. 그리고 그러기 위해서는 農業技術에 관한 새로운 지식이
필요하지 않을 수 없었을 것이다. 對몽골 抗爭 이후 이러한 필요성에서 高麗
의 知識人들은 元에서 새로 편찬된 最新의 農書『農桑輯要』를 구입하였으며,
이를 이용하기 위해서는 이를 새로이 板刻하여 刊行 普及하기도 하였다. 慶尙
道 陜川에서 간행한『元朝正本農桑輯要』는 그것이었다(註 21 참조).

더욱이 이 시기, 즉 武臣政權 이후의 혼란기와 몽골 侵略의 압력 아래에서
는 封建支配層의 수탈이 가중하고 있어서, 生産階層으로서의 農民層에게는,
休耕을 통한 農地經營에서의 所出을 넘어서는, 土地生産力의 발전이 요청되
었다. 農民層이 그들의 貧困을 극복하는 길은, 그들이 自作農民이거나 佃戶農
民이거나를 막론하고, 우선 歲易田을 常耕化함으로써 그 收入을 늘리는 수밖
에 없었을 것이다. 그리고 이러한 욕구가 충족되기 위해서도 農業技術의 발달
이 절실한 문제가 되지 않을 수 없었다. 그리하여 이러한 사회적 요청은 元의
새로운 農學을 수용하였고, 그 결과는 실제로 일정 정도의 農業技術의 발달을
가져오기도 하였다. 그리고 이러한 農學이나 農業技術 발달이 추세는, 朝鮮初
期에 이르러서는 오랜 세월에 걸쳐 행하여졌던 山地歲易田의 農法을, 先進地
域으로부터 점차 소멸시키게 하였다.『農桑輯要』의 刊行 이후, 우리나라의 農
學은 우리의 先進地域의 農業 현실에 기반을 둔 農書『農事直說』을 편찬하게
되거니와, 이 農書에서 歲易田의 農法이 자취를 감추게 되었음은 그 단적인
증거이었다.[35]

---

35)『農事直說』은 世宗 11年에 編纂된 것으로서, 이는 우리 農業의 先進地域인 三南地
  方의 農業慣行을 基礎로 한 것이었는데, 이 農書에서는 歲易田이나 代田의인 農法에
  관하여 言及하고 있지 않다. 이 지역에서는 이러한 農地制度가 이미 農業慣行으로서
  는 消滅되었음을 뜻하는 것이겠다. 그러나 咸鏡道와 같은 後進地域(江原道 以北은
  대체로 類似)에서는 아직도 歲易田의 農法이 그대로 계속되고 있었다. 世祖朝의 兵
  曹에서 啓하되,
    兵曹據咸吉道軍士等上言啓 慶尙·全羅·忠淸道 土地膏沃 可以准田給丁 本道則土田
  瘠薄 率皆歲易而耕 若計田作丁 則民不堪役 請勿拘土田多寡 依數給丁 從之(『世祖實
  錄』卷 32, 世祖 10年 2月 甲申, 7冊, p. 607)
  라고 하였음은 그러한 事情을 말함이었다. 그러나 이러한 지역에서도 그러한 農法은
  점차적으로 장기간에 걸쳐 消滅될 수밖에 없었다.『農事直說』은 農業政策으로서 後
  進地域에 보급되었고, 따라서 勸農政策이나 人口의 증가와도 관련하여, 이들 後進
  地域에서도 農法의 변동은 올 수밖에 없었다.

農法이 이렇게 변동하는 데 따라서는 賦稅政策이 달라지지 않을 수 없었다. 종래에는 賦稅는 平田과 山田의 기반 위에 세워지고 있었는데, 이제 그러한 기반은 변동하고 있는 것이었으므로, 논리상 稅政도 달라지지 않으면 아니되 는 것이었다. 對몽골 抗爭 이후의 稅政에 관하여는 많은 기록이 있는 가운데, 賦稅不均에 관한 비판의 소리와 土地가 盡闢하였으므로 增稅를 해도 좋지 않 겠느냐는 論議를 볼 수 있는데, 이는 요컨대 收租를 할 수 있는 農地에서의 農耕生活이 크게 변모하고 있어서, 그에 따라 稅制改革·增稅의 필요성을 강조 하고 있는 말이 아닐 수 없었다. 그리고 이렇게 생각할 때, 이 시기에는 실제 로 계속해서 여러 차례 稅制를 改革해가고 있었던 점으로 보아, 收稅의 대상, 즉 農地經營이나 農法上에서 일어나는 변동은 오랜 세월에 걸쳐 지속적으로 전개되었던 것으로 이해할 수 있으며, 따라서 稅政의 改革도 繼續的으로 논의 되고 수행되지 않을 수 없었던 것이라고 하겠다.

2) 收租權 分給·收奪의 强化

高麗에서 土地分給制의 운영이 문란하게 되는 것은 武臣政權 이후이며 蒙 古의 압력이 가중하면서부터는 더욱 심해졌다. 이른바 田柴科體制가 무너지 는 가운데 權勢家들에 의한 土地兼幷이 성행하고 農場이 확대해 나가고 있었 음은 그것이다. 이러한 土地兼幷과 농장의 확대는 한편으로는 私的土地所有 權에 입각한 私有地의 兼幷이 그 중심이 되고 있었지만, 다른 한편으로는 國 家로부터 收租權이 給與된 이른바 土地制度上의 '私田'을 兼幷 확대시켜 나가 는 것 또한 또 하나의 주요한 현상이 되고 있었다. 收租權의 兼幷이 私有地로 서의 農莊의 확대를 더욱 촉진시키게 되었음은 당연한 歸結이었다. 그리하여 土地分給制가 전면적으로 마비되는 데 따라서는, 土地分給制를 통해서 그 혜 택을 받지 못하게 되는 貴族이 있게 되었으며, 따라서 封建支配層 내부에는 이 문제를 둘러싸고 알력과 대립과 마찰이 일어나게 되었다.

이러한 사실은 國家의 입장으로서는 實로 중대한 문제가 아닐 수 없었다. 土地의 分給은 본질적으로 國家에 대한 封建支配層의 충성에 대하여 그 대가 로서 주어지는 것이므로, 이의 分給이 중단된다는 것은 결국 그들 未支給支配 層에게는 그러한 충성을 기대할 수 없는 결과가 될 것이기 때문이었다. 高麗

國家가 그 國權, 그 體制를 유지해 나가려면 이러한 문제는 어떠한 형태로든
해결되지 않으면 아니되었다. 그리고 封建支配層 스스로의 立場에서도 收租
權의 授收문제는 그들 자신의 사활이 걸린 문제인 것으로서, 특정한 權勢家들
에 의해서 兼幷되는 것을 그대로 放任할 수만은 없었다. 여기에 對몽골 抗爭
이후의 高麗에서는 이러한 문제를 수습하기 위한 방안이 여러 가지로 모색되
고 대책이 세워지게 되었다.

　祿科田이나 科田法은 그러한 조치 중에서도 두드러진 큰 改革이었지만, 이
러한 큰 改革이 있기까지에는 그에 先行하는 여러 차례의 자질구레한 收拾策
이 마련되고 있었다. 그것은 무려 수십 회에 걸친 크고 작은 다양한 조치였으
며,[36] 그 내용은 대체로 兼幷된 土地를 조사하여 이를 還收하거나 再分配하려

---

36) 對蒙抗爭期에서 高麗末年 사이에 볼 수 있는 그러한 措置를『高麗史節要』『高麗
　　史』등에 依據해서 列擧하면 대략 다음과 같다.

高宗	41年	遣使……量給土田	『高麗史節要』p. 442
	43年	耕閑地收租·屯田設置	『高麗史節要』p. 446
		量給十甲	『高麗史節要』p. 448
	44年	議分田代祿 置給田都監	『高麗史節要』p. 449
		江華田二千結屬公廩 三千結屬崔竩家	『高麗史節要』p. 450
元宗	10年	置田民辨正都監	『高麗史節要』p. 478
		計點民戶 更定貢賦	『高麗史節要』p. 556
	12年	請給祿科田(京畿八縣)	『高麗史節要』p. 492
	13年	分給京畿田有差	『高麗史節要』p. 497
忠烈王	3年	置農務都監.多受賜牌不納租稅 請收還賜牌	『高麗史節要』p. 511
	4年	改折給祿科田	『高麗史節要』p. 522
	5年	功臣受賜田 勿充祿科田	『高麗史節要』p. 524
		命田民之訟……推決無滯	『高麗史節要』p. 524
	18年	量戶口之贏縮土田之墾荒計定民賦	『高麗史節要』p. 556
	24年	改官制	『高麗史節要』p. 567
	27年	置田民辨正司	『高麗史節要』p. 576
	34年	點數民田 均租定賦	『高麗史節要』p. 595
忠宣王	2年	遣採訪使 更定稅法……田野盡闢 宜量田增賦	『高麗史節要』p. 599
	?	設典農司有備倉	『高麗史節要』p. 617
忠肅王	元年	凡諸民弊隨意革正	『高麗史節要』p. 606
		五道巡訪計定使 量田制賦	『高麗史節要』p. 606
	5年	置除弊事目所(察理辨違都監)	『高麗史節要』p. 611
忠惠王	元年	罷畿內賜給田 以充祿科	『高麗史節要』p. 634
忠肅王後5年		收前王功臣田 並還本主	『高麗史節要』p. 639
忠惠王後4年		置田民推刷都監	『高麗史節要』p. 650
	後5年	罷寶興德寧庫內乘鷹坊 所取土田奴婢各還本處	『高麗史節要』p. 655

는 작업과, 前述한 바 農法變動과도 관련하여 稅制를 재조정하고 改革해 가려
는 작업으로서 構成되고 있었다. 土地分給은 收租權을 일정기간 給與하는 것
이므로, 土地分給制를 재조정하려면 그와 竝行하여 반드시 租稅制度를 또한
검토하고 조정해야만 하였다. 더욱이 당시의 土地分給制나 租稅制度는 結負
制를 바탕으로 운영되는 것이었으므로, 收租權의 給與, 즉 일정량의 所出에
대한 租稅收取를 의미하는 土地分給制에서는, 結負制와 관련된 面에서의 稅
制의 조정이 불가피하였다.

이와 같이 結負制 위에서 운영되는 土地分給制와 관련하여 租稅制度를 조
정하려 할 때 생각할 수 있는 방법은 아마도 두 가지가 있었을 것이다. 그 하나
는 結의 實積을 그대로 두고 租稅의 額數를 늘리는 방법이고, 다른 하나는 租
稅額을 그대로 둔 채 結의 實積을 伸縮하는 方法이다. 당시의 爲政者들은 이
두 가지 방법을 모두 생각하였을 것이지만, 그러나 그들은 이 두 방법 가운데

		祿科田爲權貴所奪者 悉還本主	『高麗史節要』 p. 656
忠穆王	元年	整理都監	『高麗史』, 中, p. 803. 846. 865
	3年	置整治都監 量諸道田	『高麗史節要』 p. 658
恭愍王	元年	請罷辨整都監	『高麗史節要』 p. 671
	15年	置田民推整都監	『高麗史節要』 p. 719
	18年	改官制	『高麗史節要』 p. 729
	21年	改官制	『高麗史節要』 p. 739
禑 王	3年	喬桐江華私田革罷 以充軍食	『高麗史節要』 p. 763
	7年	置田民辨僞都監	『高麗史節要』 p. 786
	13年	奪占倉庫宮司田民者 具名以聞	『高麗史節要』 p. 815
	14年	置田民辨正都監	『高麗史節要』 p. 818
	14年	置給田都監	『高麗史節要』 p. 841
恭讓王	元年	都評議使司 議田制	『高麗史節要』 p. 846
		改官制	『高麗史節要』 p. 866
	2年	給田都監 始頒田籍	『高麗史節要』 p. 870
		焚公私田籍	『高麗史節要』 p. 880
	3年	平壤府量墾田 革日耕	『高麗史節要』 p. 883
		定科田法	『高麗史節要』 p. 888

이 무렵의 이같은 政治改革의 움직임에 관해서는 다음과 같은 論著가 있어서 參考
된다.

深谷敏鐵, '高麗祿科田考'(『朝鮮學報』48. 1968).
閔賢九, '高麗의 祿科田'(『歷史學報』53·54. 1972).
李起男, '忠宣王의 改革과 詞林院의 設置'(『歷史學報』52. 1971).
邊太燮, '高麗時代 京畿의 統治制'(『高麗政治制度史研究』. 1971. pp. 238~274).
        '高麗의 式目都監'(『歷史教育』15. 1973).

서도 후자를 합리적인 것으로 생각하였고, 이를 政策상에 반영시키고 있었다. 그것은 말할 것도 없이 당시의 土地分給制나 稅制는 일정량의 所出을 計量하여 土地面積을 파악하는 結負制 위에 성립되고 있었는데, 土地分給制의 재조정이 요청되던 高麗末葉에는 旣述한 바와 같이 農法이 크게 변동하여 農業生産力이 발전하고, 따라서 단위면적 '結'에서의 所出은 늘어나고 있는 까닭이었다. 그들이 택한 방법은 結에 賦課되는 稅額은 전과 같이 그대로 두되, 그 結의 實積을 축소함으로써 實質的으로 稅額을 증대시키는 방법인 것이었다.

그러나 結의 實積을 축소함으로써 稅額을 조정하는 문제는 단순한 稅制의 조정으로 그쳐질 문제가 아니었다. 이는 곧 量田制의 변동문제인 것이었다. 그리하여 여기에 農法의 변동이나 土地分給制의 조정과 관련하여 있게 되는 高麗의 量田制에는 커다란 변동이 있게 되었다. 그리고 이같은 量田制의 변동은 一時에 全國的으로 달성되지는 않았다. 그것은 그 필요성의 절실함과 그 가능성의 有無를 헤아려서 地域別로 몇 段階, 또는 몇 系統에 걸치면서 점진적으로 수행되고 있었다.

그 첫 단계는 對몽골 抗爭期(高宗 19~46), 즉 江華島로 國都를 옮긴 후 모든 政治가 이곳을 중심으로 행해지던 시기였다. 이때 이곳에는 政府의 遷都에 따라 많은 貴族과 人民이 또한 本土를 버리고 피난해 오고 있어서, 土地面積은 일정한데 人口가 급증하고 있었다. 避亂民에게는 農地가 給與되고, 農耕이 督勵되었으며, 本土에서 지녔던 經濟基盤을 잃고 生計가 막연하게 된 貴族들에게는 새로운 收租地를 給與하게 되었다.[37] 그리고 아마도 이러한 새로운 土

---

37) 避亂地에서는 일반 農民層뿐만 아니라 貴族層도 '爭求田以耕'함으로써 生計를 이어가고 있었다(註 31 참조). 그러므로 政府에서는 이 좁은 섬 안에서 새로운 經濟秩序를 수립하고 난국을 타개하지 않으면 아니되었을 것이다. 『高麗史』나 『高麗史節要』에 보이는 이 무렵에 관한 적지 않은 記錄은 그러한 措置를 반영하는 것이겠다. 이에 따르면 이때의 그러한 措置는 대체로 세 계통으로 取해지고 있었다.
　첫째는 그 구체적인 내용을 알 수는 없지만 農地를 量給하는 일이었다. 高宗 41년 2월에 '遣使諸道 審山城海島避難之處 量給土田'(『節要』, p. 442 ; 『史』中, p. 706)이라고 한 것, 同 43년 12月條에 '諸道民避亂流移 甚可悼也 寓居之地 與本邑相距程不過一日者 許往還耕作 其餘就島內 量給土田 不足則給沿海閑田及宮寺院田'(『節要』, p. 448 ; 『史』, 中, p. 706)이라고 한 것은 그것이었다. 政府에서는 熟田을 量田하여 給與하기도 하고, 부족하면 閑田이나 宮·寺院田을 量給하기도 하였다는 것이었다. 이때 分給한 土地는 물론 土地 그 자체는 아닐 것이며, 그 耕作權 또는 時作

地分給制를 시행함에 있어서는 結負의 實積을 축소하고, 따라서 많은 結摠을
확보함으로써 이를 되도록 많은 貴族에게 分給하게 되었을 것으로 생각된다.
그것은 이때의 江華島의 結摠이 5,000結(아마도 그 以上 ?)이나 되었던 것으
로서 그와 같이 이해될 수 있다.[38] 이는 高宗 44년의 일로서, 이때 江華政府가
확보한 江華島 내의 結摠은 5,000結이었는데, 이때의 이 結은 高麗初期의 量
田制에서 볼 수 있는 頃의 면적과 同一視될 수 있는 結은 아니었으며, 朝鮮初
期의 量田制에서 볼 수 있는 바와 같은, 원래 實積의 數分의 1로 축소된 結이
었다. 그것은 朝鮮時期의 江華島 면적이 世宗朝에는 5,606結, 純祖朝에는
4,431結, 高宗朝에는 3,618結이었던 것으로서 알 수 있다.[39] 戰亂期 피난지
라고 하는 특수한 상황하에서, 貴族들이 집결하고 있는 이 江華島를 중심으
로, 結의 實積을 축소하는 量田制의 변동은 오고 있는 것이었다.
　다음 段階는 對몽골 抗爭이 끝나고 開京으로 還都한 후 貴族層에 대한 土地

　　佃戶로서 耕作할 수 있는 佃作權이었을 것이다. 그리고 이러한 佃作權을 量給하는
　데는 아마도 일정한 '原則'이 制定되어 있기도 하였을 것이다.
　　다음은 農耕을 督勵하는 일이었다. 高宗 42年 5月條에 '分遣諸道勸農使'(『節要』,
　p. 445 ;『史』中, p. 735)하였던 것, 同 43年 2月條에 '諸道被兵凋殘 租賦耗少 其
　令州縣其人 耕閑地收租補經費 又令文武三品以下權務以上 出丁夫有差 防築梯浦瓦浦
　爲左屯田 狸浦草浦爲右屯田'(『節要』, p. 446 ;『史』中. p. 735)이라고 하였음은
　그것이었다. 農民層의 農業生産 일반을 督勵함은 말할 것도 없고, 支配層도 또한 이
　를 動員하여 閑地를 開墾하거나 築堰作畓하여 屯田을 설치하고도 있는 것이었다.
　　셋째는 支配層에게 土地(收租權)를 分給하는 일이었다. 高宗 44年 6月條에 보이
　는 '議分田代祿 置給田都監'(『節要』, p. 449 ;『史』中, p. 713)이란 句節은 바로
　그것이었다. 分田代祿을 論議하고 이를 處理하기 위하여 給田都監을 設置했다는 것
　이다. 이는 戰時中의 海島에서 舊來의 田柴制度를 施行할 수 없는 狀況下에서 論
　議하고 提起한 것이므로, 아마도 이때 제정한 土地分給制는 그 大原則은 舊來의 그
　것과 같았겠지만, 그 구체적 내용은 田柴科制度에서의 그것과 적지 않은 차이가 있
　었으리라 생각된다. 그리고 그것은 量田制와도 관련되는 것이었으리라 생각된다.
　38)『高麗史節要』卷 17. 高宗 44年 9月, p. 450.
　　以江華田二千結 屬公廩 三千結屬崔竩家 又以河陰鎭江海寧之田 分給諸王宰樞以下
　　有差
　　『高麗史』(中, p. 706)에는 이 記事가 高宗 46年 9月로 되어 있는데, 이는 『節要』
　　의 年代가 옳을 것이다. 高宗은 46年 6月에 別世하였다.
　39)『世宗實錄』卷 118. 地理志, 江華都護府條, 5冊, p. 622 및 『世宗實錄地理志』(朝
　　鮮總督府中樞院本), p. 40에는 '墾田五千六百六結'이라 보이고, 『萬機要覽』財用篇,
　　p. 209에는 '江華府元帳付田畓 四千四百三十一結'이라 記錄되고 있다. 그리고 高宗
　　32年의 『江華府田畓結摠結稅區別成冊』에는 田畓 總 3,618結餘로 記錄되고 있다.

分給制를 전면적으로 재검토하여 祿科田制를 시행하게 될 때였다(元宗 13年, 壬申, 1272). 祿科田은 京畿(8縣)에 分給되었으므로 結 實積을 축소하는 量田制의 시행도 우선은 이 지역을 중심으로 실시되었을 것으로 생각된다. 그리고 이때 分給한 土地의 단위 '結'은 江華島에서 分給할 때 사용하였던 바 量田制로서 파악한 '結', 즉 그 實積이 축소된 結이었을 것이다. 祿科田을 分給할 때 '罷京畿兩班祖業田外半丁 置祿科田'이라고 한 데서 그러한 사정을 엿볼 수 있다.[40] 후술하는 바와 같이 收租權은 '足丁' '半丁' 등 '田丁'을 단위로 하여 分給하고 있었는데, 祿科田을 지급함에서는 그러한 舊來의 '田丁'을 革罷, 調整하고 있기 때문이다. 그리고 이 제도가 시행된 후의 폐단으로서는, '一田三兩其主 各徵其租'[41]라든가 '徵租 一歲或至再三'[42] 또는 '一畝之主 過於五六'이라고 云謂되기도 하고, '以一結之田 爲三四結'로 徵租한다고 비난받기도 하였는데,[43] 이는 모두 結의 實積이 축소되고, 따라서 結數가 늘어남에 따라, 종래에 分給된 農地가 다시 여러 사람에게 재분배된 데서 일어나는 현상이었다고 하겠다.

셋째 段階는 祿科田의 施行과 並行하여 제기되고 그 후 계속해서 있게 되는 一連의 稅制改革에서였으리라고 생각된다. 稅制改革은 元宗 10년에 있었으나 그 후 계속해서 재조정되고 있었다. 이때의 改革이 구체적으로 어떠한 것이었는지 알 길은 없지만, 그러나 그 후의 稅制의 내용으로 보아 그것이 農法의 변동에 따르는 賦稅의 불균을 시정하고, 따라서 당시의 土地分給을 중심으로 한 租稅制度를 전면적으로 재검토하는 것이었음에는 틀림이 없겠다. 그것은 가령 忠穆王 3년(丁亥, 1347)에 整治都監을 설치하고 弊政을 改革하려 하였을 때의 趣旨가, 그 후의 國王의 策問(李齊賢 代作)에서 볼 수 있듯이, 足丁·半丁, 祿科, 役分·口分, 租稅의 量, 農地의 田品, 結負法, 斗斛制 등 이 時期의 田政 전반과 權豪奸猾의 土地兼幷 문제를 시정하려는 것이었음에서 알 수 있다.[44]

---

40)『高麗史』卷 78, 食貨 1, 田制 祿科田, 中, p. 714.
41)『高麗史』卷 78, 食貨 1, 田制 租稅, 中, p. 728.
42)『高麗史』卷 78, 食貨 1 序頭, 中, p. 705.
43)『高麗史』卷 78, 食貨 1, 田制 祿科田, 中, p. 716.
44)『益齋亂藁』卷 9 下, 策問(『高麗名賢集』2), pp. 331~332.
　　　我祖宗垂統守成四百年於此矣 經國之謨 取民之制 要皆合於古 而可傳於後也 所謂內外足半之丁 轉祿之位 役分口分加給補給之名 租稅之數 肥饒磽薄九等之品 五種之宜

結負制나 量田制를 改革하는 문제는 田政 전반과 관련되는 것이고, 따라서 이
는 이 時期의 田政 全般의 檢討 속에서 調整되지 않으면 아니되었을 것이다.

그리고 이보다 앞서 忠肅王 원년(甲寅, 1314)에는 5道에 巡訪計定使 蔡洪
哲을 파견하여 '量田制賦'케 하되, 그 원칙으로서는 '凡便民事宜 將式目都監所
啓條畫酌定損益'하고 있었는데,[45] 당시 租稅制度를 재검토하고 있었던 사정은
이에서도 알 수 있는 것이겠다. 量田을 하여 賦稅를 새로 정하는 데는 式目都
監에서 啓한 바 條畫에 따라 그 額數를 조정한다는 것이었다.

그리하여 이러한 調整作業은 이 시기의 상황으로 보아 결국 그 趨勢가 結
實積을 축소하는, 다시 말하면 結數를 늘리고 稅率을 높여 가는 작업이 될 수
밖에 없었을 것으로 생각된다. 그것은 賦稅를 均平하게 하기 위한 작업에는
일반적으로 量田事業이 따르고 있었고, 또 그럴 경우에는 가령 忠宣王 2년(庚
戌, 1310)에 있었던 更定稅法의 논의에서 볼 수 있는 바와 같이, 稅法을 更定
하는 방법이 '量田增賦(註 36 참조)를 중심으로 검토되고 있었으며, 또 前記
巡訪計定使 蔡洪哲의 '量田制賦'의 결과로서는 '新舊貢賦多不均 民不聊生'하는
실정이 되고 있었던 것으로서 알 수 있다.[46] 그리고 旣述한 바와 같이 忠烈王
朝의 三陟地方에서 종래의 2頃의 田地와 약간의 空閑地를 合하여 말하되, '合
爲俗言七八結也'라고 하였던 것에서도 그러한 사정은 엿볼 수 있다. 이 표현에
서는 結의 實積이 축소되고 있는 것이 당시의 知識人들에게는 아직 생소하게
여겨지고 있었음을 느낄 수 있는 것이다.

그러나 이러한 여러 단계의 변동이 있었음에도 불구하고, 麗末까지는 아직
새로운 量田制가 전국적으로 시행되고 있지는 않았던 것으로 생각된다. 다시

與夫曰負曰結所以量地者 曰斗曰石所以量穀者 其與古者經界井田什一之法 有同不同
乎 法制之行 已踰四百年旣久矣 不能無所弊 或仍或改 有可不可乎 近世來……權豪之
兼幷 姦猾之匿挾 所以毒於民而病於國者 紛然而作 倉廩之入 比之江都攻守危急之時
什不能二三焉 萬分一有三五年水旱之災 何以周其急 千百軍餽饗之費 何以共其用
乎……諸生皆有志於國家 請言其可以有爲之說

45)『高麗史』卷 78, 食貨 1, 田制 貢賦, 中, p. 730.
   同 上 卷 34, 世家 34, 忠肅王 元年, 上, p. 698.
46)『高麗史』卷 108, 列傳 21, 蔡洪哲, 下, p. 375.
   그래서 이러한 稅制의 改革에 관해서는 '權勢之家 拒而不納'하는 實情이기도 하였다
   (『高麗史』卷 78, 食貨 1, 田制 租稅, 中, p. 728).

말하면 전국의 모든 農地가 그 實積이 축소된 結로서 파악되고 있는 것은 아니었다.[47] 恭愍王朝의 6道의 總結數가 아직 65만여 結에 불과하였음은 그것을 단적으로 말해주는 것이다.[48] 그 후 그 實積이 축소된 結로서 6道의 全農地를 量田하였던 朝鮮初期 世宗朝에는 118만여 結이나 되고 있었다.[49] 朝鮮初期에 이르면서 全國의 結摠이 갑자기 늘어나는 것은 倭寇의 침입으로 황폐하였던 陳荒田을 그 침입이 끝난 후 開墾한다든가, 新田을 개발한 데에서도 緣由하지만, 그러나 主로는 全國的으로 結의 實積을 축소할 수 있었던 데 그 이유가 있었던 것으로 보아야 하겠다. 開墾이 아무리 많이 된다 하더라도 이 짧은 기간에 農地가 배로 늘어나기는 어려운 것이다. 高麗時期에 이미 축소된 결로서 農地를 파악한 곳에서는, 가령 江華島에서의 경우와 같이 朝鮮初期에 들어와서도 그 結摠에 큰 차이가 없었다.

　高麗의 量田制에서는 이와 같이 農法의 발전과 土地分給制의 원활한 운영을 위해서 結의 實積을 축소시켜 가는 큰 변동이 있었지만, 그러나 그 변동의 내용이 그렇게 단순한 것은 아니었다. 이와 같이 結의 實積을 축수시켜 가면서노 이때의 爲政者들은 그것을 모든 農地에 대하여 일률적으로 동일하게 적용하고 있는 것이 아니었다. 農地에 따라서는 그 肥沃度에 차이가 있고, 따라

---

47) 平壤에서는 恭讓王 3년까지 土地가 日耕으로서 把握되고 있다가 이때에 이르러서야 '量墾田革日耕'(『高麗史』中, p. 714 ;『高麗史節要』, p. 883)하고 있었으며, 忠烈王朝의 軍威나 恭愍王朝의 扶餘地方에서도 아직 '頃'을 土地面積의 單位로서 使用하는데가 있었다(『朝鮮金石總覽』上, p. 468, 496).

48)『高麗史』卷 78, 食貨 1, 田制 祿科田, 中, p. 723.

49)『世宗實錄』卷 118, 地理志, 5冊, p. 615, 624, 636, 654, 668, 675에 의하면 京畿, 忠清 慶尙, 全羅, 黃海, 江原 등 6道의 墾田數는 다음과 같다.

京畿道 墾田	200,347 結	
忠清道 墾田	236,300 結	
慶尙道 墾田	301,147 結	計 1,186,070結
全羅道 墾田	277,588 結	
黃海道 墾田	104,772 結	
江原道 墾田	65,916 結	

또 이보다 앞서 太宗 6년에 把握하였던 6道의 結數는,
京畿·忠清·慶尙·全羅·黃海·江原六道原田 凡九十六萬餘結 及改量剩田 三十餘萬結
(『太宗實錄』卷 11, 太宗 6年 5月 壬辰, 1冊, p. 356)
이라고 한 데서 알 수 있듯이, 麗末보다 30여만 結이나 增加한 90여만 結이었다.

서 單位面積當 所出은 각각 田畓마다 다를 수 있는 것이므로, 結 實積을 변동
시키는 데 있어서는 이러한 문제를 합리적으로 처리하지 않으면 아니되었을
것이다. 그들은 그것을, 結은 일정량의 所出을 전제로 하는 農地面積이므로,
農地의 肥瘠에 따라서는 그 結의 실적을 달리하는 것으로서 처리하였다. 말하
자면 上·中·下의 田品에 따라 각각 그 면적을 달리하게 된 것이었다. 朝鮮初
期에 高麗의 田品을 말하되 '舊制田品只有上中下'(註 15 참조)라고 하였음은
그것이었다. 그리고 그러기 위해서는 朝鮮初期의 여러 기록이 말하듯이, 上·
中·下의 田品에 따라 그 길이를 달리한 새로운 量田尺, 즉 이른바 '指尺'을 基
準尺으로 한 量田尺(20指·25指·30指)을 마련하고 隨等異尺制로서의 量田을
행하게 되었다.[50] 그리하여 여기에 高麗 초기에 볼 수 있었던 單一量田尺에
의한 量田制는 새로운 隨等異尺制에 의한 量田制로 변모하게 되었다.

4. 量田과 土地支配

高麗의 量田制는 이와 같이 變動하고 있었지만, 그러나 그러한 量田制에서
도 그 전기간을 통하여 늘 불변의 사실로 중요시된 것은, 土地支配의 主體를
정확히 점검 확인하고, 그 土地를 一定面積 단위로서 구분하여 파악하는 일이
었다. 그것은 한편으로는 國家가 그 土地에 대한 支配權者를 確認하여 그 權

---

50) 이와 같은 田品制가 正確하게 언제부터 實施되었는지는 분명치 않다. 그러나 이는
필경 지금까지 言及해온 바와 같이 結負制 稅制의 變動過程에서 마련되었을 것이다.
그리고 이 경우 아마도 高麗에서는 地域差로서의 三等의 田品을 두기도 하고, 그 안
에서의 田地 하나하나에 대한 上·中·下의 田品을 두게도 된 것이 아닐까 생각된다.
忠肅王 元年에 蔡洪哲에게 量田制賦를 命했을 때의 制賦의 基準이 '視州郡殘盛 均定
其額(『高麗史』, 食貨 1. 中. p. 730)하는 것이었음은, 그 앞부분은 前者를 뜻하고
그 뒷부분은 후자를 뜻하는 것일 것이며, 隨等異尺의 指尺制가 마련되어 있었음은
後者를 뜻하는 것이겠다. 朝鮮時期의 학자들은 이때의 사정을 '相四方三壤之宜 定其
賦稅'한 것으로 이해하고 있었다(『增補文獻備考』卷 141. 田賦考 1. 經界. 中. p.
624). 그러므로 全體的으로 보면 田品은 9等이 되는 셈인데, 忠穆王 3年의 整治都
監의 量田과 관련된 國王의 策問에서 高麗朝의 田品을 '肥饒磽薄九等之田'이라고 하
고 있었음을 보면(註 44 참조), 이때까지에는 아마도 結의 實積을 달리하는 上·中·
下의 田品制의 原則이 成立되어 있었던 것이 아닐까 생각된다.

利를 보장하는 동시에 그에 대한 稅를 정확하게 부과하려는 데서였으며, 다른 한편으로는 國家가 土地制度로서 마련하고 있는 封建支配層이나 國役負擔者에 대한 收租地의 分給을 착오 없이 원활하게 운영하려는 데서였다. 말하자면 이 시기의 土地는 所有權에 의한 土地支配와 收租權에 의한 土地支配로 운영되는 것으로서, 國家는 이 두 측면의 토지지배관계를 원활하게 운영하지 않으면 아니되었다. 그리하여 이러한 문제는 앞에서도 언급하였듯이 量田의 決算인 量案이나 量田事業 및 收租에 관한 규정에 기록되고 있었으며, 따라서 이들 기록을 통해서는 이 시기의 이같은 土地支配의 두 측면을 또한 확인할 수가 있다.

1) 量田과 所有權

土地支配의 主體가 量案에 어떻게 記載되고 있었는지는 이미 앞에서 제시한 바 있었다. 「若木郡淨兜寺石塔造成記」에 보이는 이 사찰의 位田에 대한 量案 記載의 사례가 그것이다(資料 B, C). 이 밖에도 高麗時期이 그러한 사례로서는 高城三日浦埋香碑에 수록된 田券이 있어서(資料 E) 그 대략을 認知할 수 있다.[51] 이 田券은 通州副使 金用卿과 襄州副使 朴瑛이 이 碑가 건립되었을 때(忠宣王 원년·1309) 施納한 土地의 細目을 적은 것인데, 이는 量案記載의 내용을 일부분 발췌한 것이었다. 이러한 두 資料만으로서는 量案記載에 관한 모든 내용을 충분히 알 수 없지만, 그러나 여기에 제시된 내용만으로도 土地支配의 主體가 量案에 어떻게 記載되고 있었는지 그 대략을 이해할 수는 있다.

　B. 代下田 長二十七步方二十步 北能召田 南東渠 西葛頸寺田 承孔伍百肆拾 結得肆拾玖負肆束
　C. 同寺位同土 犯南田 長拾玖步東三步 三方渠 西文達代 承孔百四 結得玖負五束
　E. 通州副使金用卿施納 襄州副使朴瑛施納
　　　壤原代下坪員 畓二結 陳〈東北陳畓大冬音 南道 西白丁千達起畓〉
　　　北反伊員 畓二結 陳〈東北州軍陳畓 南軍□ 西彌勒寺畓〉

---

51) 黃壽永 編,『續金石遺文』, p. 53.
　　李蘭永 編,『韓國金石文追補』, p. 28.
　　旗田巍 교수는 '新羅·高麗의 田券'(『朝鮮中世社會史의 硏究』所收)에서 이를 土地制度와의 관련에서 구체적으로 연구하고 있다.

　　同員 田二結 陳〈東南吐 西陳地 北鍾伊川〉*
　　*〈　〉內는 雙行의 四標표시

　이에 따르면 모든 農地는 일정한 지역 안에서, 筆地마다 田品, 量尺數, 結
數, 四標, 陳起 여부와 함께 그 土地의 所有主가 명시되고 있었다. 그것은 國
家가 그 農地를 파악하고 확인하기 위해서도 필요한 것이고, 또 隣接한 農地
를 확인하기 위해서도 필요한 것으로서, 量田事業이나 量案作成에서는 대단
히 중요한 것이었다. 어떠한 農地에 관해서나 그 所在를 밝히기 위해서는, 반
드시 四標를 명시하도록 되어 있었는데, 四標의 표시에서 이를 山川道路 등
地形上의 특징으로서 표기할 수 없을 경우에는, 그 이웃에 있는 農地의 所有
主로써 표기하도록 되어 있었다. 그만큼 農地의 所有主는 四標의 표시에서 기
준이 되는 것이었다. 淨兜寺石塔記의 경우 이 사찰 位田의 四標를 '北能召田'
'西葛頸寺田'이라든가 '西文達代'라고 하였던 것, 三日浦埋香碑의 경우 通州副
使 金用卿과 襄州副使 朴瑔이 施納한 農地의 四標를 '西白丁千達起畓' '東北州
軍陳畓' '南軍□' '西彌勒寺畓' 등으로 표기하고 있었음은 그것이다. 모든 農地
에는 所有主가 있어서, 그 農地의 名稱은 이를테면 '金某畓' '朴某畓' '某寺田'
'某軍畓' 등으로 불리고 있었으며, 無主일 경우에는 '無主'로 기록하고 있었다.
　量案에 기재된 이와 같은 土地支配의 主體가 그 農地의 所有主를 뜻하는 것
임은 말할 것도 없었다.[52] 量案에 記載된 土地支配의 主體에 政府機關이나 寺
院이 있고 兩班官僚 등 貴族層이 있었음은 무엇보다도 그 證據가 되는 것이
다. 그것은 朝鮮時期의 量案에서라면 '起主'나 '陳主'로 표기되는 所有主欄의
記載者와 같은 것이었다. 國家가 全國土를 대상으로 작성하는 量案에서, 土地

---

52) 이 時期의 土地 所有權에 관한 硏究로서는 다음의 論考들을 참고할 필요가 있다.
　　姜晉哲, 「韓國土地制度史」 上(『韓國文化史大系』 Ⅱ, 1965).
　　李佑成, '新羅時代의 王土思想과 公田'(『趙明基博士華甲紀念佛敎史論叢』, 1965).
　　深谷敏鐵, '高麗時代의 民田에 대하여'(『史學雜誌』 69의 1, 1960).
　　旗田巍, '高麗의 民田에 대하여'(『朝鮮中世社會史의 硏究』 所收).
　　　　 '高麗의 公田制'(同 上書 所收).
　　有井智德, '李朝初期의 私的土地所有關係 — 民田의 所有·經營·收租關係를 中心으
　　로'(『朝鮮史硏究會論文集』 3, 1967) ; '高麗에 있어서의 民田의 所有關係에 대하
　　여'(『朝鮮史硏究會論文集』 8, 1971).

所有權者의 記載를 배제하고 佃戶層의 姓名을 기록할 수는 없는 것이며, 또 그럴 필요도 없었다. 佃戶農民은 地主가 소유하고 있는 個人量案 秋收記에 기록되고 있었다. 量田은 본시 租稅制度를 바로잡기 위해서 행하는 것이고, 量案은 그 결과로서 작성되는 것이며, 따라서 量案에는 租稅의 負擔者를 기록하지 않으면 아니되었다. 量田의 필요성이 '民田多寡 膏瘠不均 請遣使量之'[53]라든가, '賦斂不均 民受其病 可更遣使 量戶口之贏縮 土田之墾荒 計定民賦' 또는 '量田審其耕作之田 以所耕多寡 定其戶上中下三等'[54]이라고 云謂되고 있었음은 바로 그러한 사정을 말함이었다.

量案에 記載된 者는, 말하자면 租稅 負擔者로서의 土地所有權者이었다. 封建支配層이 土地를 兼幷할 때, '權勢之家 奪人土田 田屬勢家 稅仍本主 甚爲民害'[55]이라고 하여, 民田을 兼幷하면서도 稅는 여전히 本來所有主인 農民들에게 부담시키고 있다고 비판되고 있었음은 그러한 사정에서 오는 것이었다. 이러한 租稅 負擔者로서의 土地所有權者는 全國의 어디에나 광범하게 존재하였다. 가령 '京畿八縣田 元有其主'라고 하였음은 그 한 예이다.[56] 京畿뿐만 아니라 全國 어느 곳을 믹론하고 民이 租稅를 負擔하는 農地, 즉 量案에 民이 主로서 기록되는 農地는 많았다. 이는 이른바 '有主付籍之田'[57]이라고 하는 표현에서 말하는 '主'인 것으로서, 田籍(量案)에 土地支配의 主體로서 그 이름이 기록된 者는 그 土地의 所有主인 것이었다. 이는 이 시기의 土地分給(收租地)이 私的 土地所有를 바탕으로 그 위에 성립되고 있었음을 표현하는 것이며, 量案에 등장하는 土地支配의 主體는 그것을 所有하고 있는 私的 土地所有權者였음을 나타내는 것이다.

土地支配의 主體, 즉 土地所有權者에는 이 시기의 社會를 구성하는 여러 社會階層이 모두 포함되고 있었다. 그리고 그것은 개인일 수도 있고 기관일 수도 있었다. 위에서 든 두 地方의 量案記載 사례에서 土地를 施納한 金用卿과

---

53) 『高麗史』 卷 78, 食貨 1, 田制 經理, 中, p. 706.
54) 『高麗史』 卷 79, 食貨 2, 戶口, 中, p. 732, 733.
55) 『高麗史』 卷 78, 食貨 1, 田制 功蔭田柴, 中, p. 712.
56) 『高麗史』 卷 78, 食貨 1, 田制 經理, 中, p. 707.
57) 註 71) 참조.

朴瑔은 兩班官僚層이었으며, 能召와 文達과 白丁千達은 平民層이었다. 이곳
에서는 賤民層의 경우가 보이지 않지만, 賤民層이 土地所有·土地支配의 主體
에서 배제되고 있는 것은 아니었다. 그들도 土地를 소유할 수가 있었다.[58] 그
리고 淨兜寺, 葛頸寺 그리고 彌勒寺, 州軍 등은 機關으로서의 土地所有權者였
다. 이 밖에 각급 정부기관이나 王室이 土地所有의 主體가 되고 있었음은 말
할 것도 없는 일이었다.

　이와 같은 土地所有에서는 身分이나 사회적 지위에 따라 그 所有權에 質的
차이가 주어지지 않았다. 身分이나 사회적 지위에 따라 제약이 加해질 수 있
는 것은 다만 量的인 차이뿐이었다. 그것은 朝鮮時期와 마찬가지였다. 예외적
인 경우가 없을 수는 없지만, 대개의 경우라면 貴族層이나 地方의 土豪層은
廣大한 農地를 所有하고, 일반 農民層이나 賤民層은 소규모의 農地를 소유하
는 데 지나지 않았다. 羅末麗初의 支配層 가운데 廣大한 農地를 소유하고 이
를 田莊으로서 경영하는 者가 있었음은 周知의 事實로 되어 있다. 智證大師
道憲이 12개 莊 500여 結을 經營하고 있었음은 그 한 예이다.[59] 정도의 차이
는 있었겠지만 羅末麗初 이래의 몇몇 貴族層이나 地方土豪層의 경제기반은
아마도 그와 같은 廣大한 所有地였을 것이며,[60] 그밖에 많은 貴族層은 中·小
土地所有者로 處해 있었을 것이다.

　이러한 實情에 비하면 高麗時期의 平民層이나 賤民層의 그것은 지극히 영

---

58) 『高麗史』 卷 78, 食貨 1, 田制 祿科田, 中, p. 717.
　　高麗末年에 趙浚은 正田制方案을 제언하는 가운데, 白丁代田을 중심으로 하여서는
　　다음과 같이 언급하고 있었는데, 그는 여기에서 公私賤人에 관해서도 함께 말하고
　　있었다.
　　白丁代田 百姓付籍當差役者 戶給田一結 不許納租 其在公私賤人 當差役者 亦許給之
　　明白書籍
　　즉, 이는 白丁이 差役될 때, 그들이 所有하고 있는 農地에 대하여 代田의 이름으로
　　1結을 免租해 줄 것을 建議한 것인데, 그는 여기에서 公私賤人도 같은 待遇를 해야
　　할 것임을 말하고 있는 것이었다. 이는 公私賤人도 土地를 所有하고 納租를 하고 있
　　었음을 뜻하는 것이었다고 하겠다.
59) 『朝鮮金石總覽』 上, 鳳巖寺智證大師寂照塔碑, p. 93.
60) 金哲埈, '新羅貴族勢力의 基盤'(『人文科學』 7, 1962 ; 『韓國古代社會研究』, 1975
　　所收).
　　崔柄憲, '新羅下代禪宗九山派의 成立'(『韓國史研究』 7, 1972).

세하였다. 中農 이상의 富民이라 하더라도 4結 정도의 農地가 표준으로 되어
있었던 것 같으며,[61] 대개의 경우 貧民은 數畝의 農地로서 생계를 이어가야만
하였는데, 그나마 말엽에 이르면서는 租稅負擔이 가중하고 있어서, 그것이 때
로는 所出의 半이나 되기도 하였다.[62]

　量案에 記載된 土地所有權者의 土地支配의 권리는 다양하였다. 그들은 自
己의 土地에 관하여 寄進·賣買·相續 등 그 處分權을 자유로이 행사할 수 있었
다. 그것은 그 土地가 그들의 私的所有에 속하는 까닭이었으며, 이러한 土地
支配의 권리는 新羅 이래의 전통으로서 慣行되고 있었다. 前揭 三日浦의 埋香
碑에서 金用卿이나 朴珙이 그들의 所有地를 施納하였던 것, 忠烈王朝의 動安
居士 李承休가 2頃餘(7, 8結)에 達하는 農地를 看藏庵에 희사하였던 것은, 寄
進에 의한 自由處分의 권리가 그들 所有權者들에게 있었음을 표현하는 것이
다. 그리고 前記 智證大師가 新羅末年에 그의 12개 莊을 역시 佛寺에 施納하
였던 일도 그러한 사례에 속하는 것이다.

　賣買도 자유롭게 그리고 廣範하게 행하여졌다. 제반 賦稅를 담당헤아 하는
農民들이 軍役(閑散軍)을 지게 되어있을 때 軍馬를 마련하기 위하여 '盡賣家産
又賣已耘之田 以求馬匹'[63]한다고 한 것이라든가, 翼軍徵發의 督勵에 따르는
죄를 면하기 위하여 '盡賣家財 以贖其罪 遂失産業'[64]한다고 云謂되고 있었음은
바로 그러한 사정을 반영하는 것이었다. 이와 같이 土地賣買는 자유롭게 행해
지고 있었으므로 이 시기 文人들의 기록에서는 買田에 관한 많은 記事를 읽을
수 있다. 林椿의 古律詩 「崔文胤將卜居溫州」에는 '買田一頃'이라는 文句가 보

61)『高麗史』卷 82, 兵志 2, 站驛, 中, pp. 802~803.
　　忠烈王 5年에 高麗에서는 元의 要求에 따라 營城과 鴨綠江에다 伊里干을 設하고
　使臣往來에 供役케 되었는데, 이때 營城伊里干으로는 各道에서 富民이 差出되고,
　이들에게는 移徙費 屋舍費와 함께 營農에 必要한 農器費 農牛(2頭) 牜牛(3頭) 農軍
　(兩界亡丁·投化丁) 및 '田各四結'을 給與하고 있었다. 이러한 점으로 보아 이 4結
　(이 경우의 結은 結 實積 縮小以前의 結로 생각된다)이라는 農地面積은 대략 中農以
　上의 富裕한 農民의 最小限의 基準的 農地所有面積이 아니었을까 생각된다.
62)『高麗史』卷 79, 食貨 2, 借貸, 中, p. 748.
　　恭愍王……十一年 密直提學白文寶上劄子 貧民歲耕數畝 租稅居半 故不能卒歲而乏食
63)『高麗史』卷 81, 兵志 1, 五軍, 中, p. 787.
64)『高麗史』卷 81, 兵志 1, 五軍, 中, p. 789.

이고, 「代李湛之寄權御史敦禮書」에는 '僕買土一廛 卜居其間 便了一生'이라는
句節이 보인다.[65] 그리고 李穡은 실제로 '柳浦田頭買一區'하고 있었으며, 어느
때인가는 家舍土田을 '立券而買'하여 田庄을 이루고 있었다.[66] 이러한 田土의
賣買行爲도 역시 新羅 이래의 農村慣行과 관련이 있음은 말할 것도 없었다.
新羅末年의 開仙寺石燈記에 보이는 買田事實이나(註 8 참조), 海印寺庄土의
買田文記는[67] 바로 그러한 오랜 전통의 農村慣行을 입증하는 것이다.

私的 所有權이 인정된 土地는 그 相續도 自由였다. 賣買나 寄進이 자유로웠
던 土地에 대하여 相續上에서 제약이 加해질 수는 없었으며, 따라서 土地의
所有權者는 그 土地를 그들의 후손에게 자유롭게 전할 수가 있었다. 그것은
貴族層에 한하는 일이 아니었다. 일반 백성도 마찬가지였다. 明宗 18년 3월
의 下制에 '富强兩班以貧弱百姓 賖貸未還 劫奪古來丁田 因此失業益貧'[68]이라
고 한 것에서는 그러한 사정을 엿볼 수 있다. 富强한 貴族들은 가난한 農民들
에게 穀物을 대여하였다가 이를 상환하지 못하면, 農民들이 祖上代代로 계승,
보유해 온 '丁田'(所有地로서의 民田)을 약탈한다는 것으로서, 이는 요컨대 가
난한 農民들에게도 그 私有財産으로서의 土地가 자유롭게 相續되고 있었음을
말함이었다. 相續은 반드시 親族 안에서만 이루어지지는 않았다. 前記한 李承
休의 2頃의 農地는 그의 外家로부터 물려받은 것이었다.

量案에 記載된 土地所有權者들의 土地支配의 權利, 所有權의 개념은 이러
하였으므로, 그 土地의 經營에도 이에 相應한 자유로움이 있었다. 그들은 그
들이 所有한 土地에 대하여 國家로부터 그 경영에 관한 모든 권리를 인정받고
있었다. 그것은 본시 私有地이기 때문에 그 經營權은 그 所有主의 자유의사에
맡겨지는 수밖에 없었다. 그리하여 小土地所有者로서의 일반 農民層은 일반

65) 『西河集』 卷 1, 古律詩(『高麗名賢集』 2), p. 15.
    『西河集』 卷 4, 書簡(『高麗名賢集』 2), p. 40.
66) 『牧隱集』 詩藁 卷 32(『高麗名賢集』 3), p. 746.
    『牧隱集』 詩藁 卷 34(『高麗名賢集』 3), p. 771.
67) 今西龍, 『新羅史硏究』, pp. 539~544.
    旗田巍, '新羅·高麗의 田券'(『朝鮮中世社會史의 硏究』 所收) 참조.
    河日植, '해인사 전권(田券)과 묘길상탑기(妙吉祥塔記)'(『역사와 현실』 24, 1997).
68) 『高麗史』 卷 79, 食貨 2, 借貸, 中, p. 747.

적으로 自耕을 하였지만, 大土地를 소유한 貴族들은 이를 흔히 分半打作·竝作半收를 하는 地主制로서 經營하였으며, 國家는 이를 法으로 인정하고 있었다. 太祖 王建이 國初에 '除內屬奴婢在宮供役外 出居外郊 耕田納稅'라 하였듯이,[69] 內屬奴婢까지도 일부 外居케 함으로써 '耕田納稅'케 한 것이라든가, 또는 國家의 勸農政策에서 他人의 陳田을 起墾하였을 때 일정한 절차에 따라 分半打作토록 하고 있었음은 그러한 예이다.[70] 이와 같은 地主經營은 이미 新羅 이래로 널리 발달하고 있어서, 大規模의 農地를 所有한 큰 地主들은 田莊에 莊舍를 설치하고 知莊을 파견하여 이를 관리, 경영하고 있었다. 羅末麗初의 이른바 地方土豪들은 이와 같은 地主經營을 바탕으로 하여 그 政治的 勢力을 성장시켜 갔으며, 高麗中葉 이후 확대되는 地主層의 農莊도 新羅 이래의 이러한 地主制가 바탕이 되었음은 말할 것도 없었다. 그리하여 私的 土地所有의 기반 위에 수립된 이러한 地主制는 실로 우리나라 中世의 封建的 經濟制度의 基幹이 되고 있었다.

量案에 土地支配의 主體로 기록된 자에게는 완전히 그 土地의 所有權이 부여되고 있었으므로, 이러한 土地所有權者가 그 의무를 다하는 한, 그리고 第三者로부터 어떠한 침해를 받을 경우, 國家는 이를 法으로 보호하지 않으면 아니되었다. 對蒙抗爭 이후 農業再建策의 일환으로서 閑田開墾을 장려하게 되었을 때의 일에서는 그러한 사정을 엿볼 수 있다. 이때 權勢家들은 閑田에 대한 賜牌를 받아 이를 開墾함으로써 農地를 확대시켜 나갔으며, 이에 수반하여서는 量案에 엄연히 그 所有主가 기재된 '有主付籍之田'이라 하더라도, 賜牌를 빙자하여 이를 약탈하는 일이 일어나고 있었는데, 이러한 현상에 대하여 國家는 이를 '有主付籍之田'임을 근거로 '窮推辨覈'하여 本主에게 돌려주도록 措處하

---

69)『高麗史』卷 6, 列傳 6, 崔承老, 下, p. 86.
70)『高麗史』卷 78, 食貨 1, 田制 租稅, 中, pp. 726~727.
　　光宗 24年 12月判에 '陳田墾耕人 私田 則初年所收全給 二年始與田主分半 公田 限三年全給 四年始依法收租'라고 한 것, 그리고 睿宗 6年 8月判에 '三年以上陳田 墾耕所收 兩年全給佃戶 第三年則與田主分半 二年陳田 四分爲率 一分田主三分佃戶 一年陳田 三分爲率 一分田主二分佃戶'라고 하였던 것은 그와 같은 事情을 말하는 것이었다. 이는 陳田을 起墾하였을 경우의 地代의 收取率을 마련한 規定이지만, 우리는 여기에서 地主·佃戶制의 農業慣行이 일반화되고 있었음을 볼 수 있다.

고 있었다.[71] 土地所有權의 분쟁을 辨別하는 이러한 覈實過程에서 그 辨別上
의 근거가 되고 있는 것은 土地所有權者의 姓名을 기록하고 있는 籍(量案)인
것이었다. 말하자면 量案에 主로서 記載되고 있는지 여부는 곧 그 土地를 奪還
할 수 있는 근거가 되고 있었다. 또 量案에 登載되지 않았다 하더라도 實質的
으로 그 土地를 所有하고 있음이 확실할 경우에는, '付籍之田'에서와 마찬가지
로 보호를 받을 수가 있었다. 위의 禁令은 新田開發을 위해 賜牌를 할 경우,
그 農地가 이미 農民들에 의해서 起墾되고 있는 곳(已曾開墾)에 대해서도 그
奪占을 禁하고 있었는데, 이는 그러한 예가 되는 것이다. 이러한 점에서 보면,
麗末에 이르면서 封建支配層의 土地兼幷이 심화됨에 따라 展開되었던 政府側
의 여러 차례의 辨正事業에서도, 民有의 農地를 覈實하는 데 근거가 되었던
기본자료는 주로 量案이거나 이에 의거한 文記이었을 것으로 생각된다.

2) 量田과 收租權

高麗時期에는 이와 같이 私的 土地所有權者에 의해서 土地가 지배되고 있었
지만, 그러나 土地支配의 권리가 이들에게만 한정되어 있는 것은 아니었다.
私的 土地所有權이 발달하고 있는 기반 위에서, 國家는 이를 바탕으로 하여
土地支配權과 관련된 다른 또 하나의 제도, 즉 土地分給制·收租權分給制를 마
련하고 있었다. 田柴科, 祿科田, 科田法 등으로 표현되는 一連의 土地制度가
그것이었다. 이러한 제도는 때때로 土地 그 자체를 지급하는 경우도 없지 않았
으나, 그 중심이 되는 것은 收租地·收租權의 給與로서, 이는 集權的 封建國家
로서의 高麗王朝가 官職이나 軍·役에 종사하는 封建官僚層이나 軍人·役人에
게 그 奉仕와 忠誠에 대한 대가로 일정한 지역에 대한 收租權을 分給하는 제도
였다. 封建支配層은 私的土地所有權에 입각하여 地主로서 土地를 지배하는 것
외에도, 收租權을 통해서 또한 土地와 農民을 지배하도록 되어 있는 것이었다.
당시에는 中央官署나 鄕職 그리고 軍職에 이르기까지 엄격한 身分的 制約

---

71) 『高麗史』卷 78. 食貨 1, 田制 經理, 中, pp. 706~707.
　　忠烈王十一年下旨 諸王宰樞及扈從臣僚諸宮院寺社望占閑田 國家亦以務農重穀之意
　　賜牌 然憑藉賜牌 雖有主付籍之田 竝皆奪之 其弊不貲 擇人差遣 窮推辨覈 凡賜牌付田
　　起陳勿論 苟有本主 皆令還給 且本雖閑田 百姓已曾開墾 則竝禁奪占

이 加해지고 있었으므로, 이러한 土地分給制가 身分과의 관련에서 운영되었음은 말할 것도 없었다. 이는 集權的 封建制下에서의 社會經濟體制가 身分秩序와 土地의 階層的 支配의 기반 위에 수립되어 있었던 단적인 표현으로서, 私的土地所有權을 기반으로 한 封建地主制와 아울러 우리나라 中世의 封建的 經濟制度의 또다른 한 축을 이루는 것이었다.

土地分給制는 그 자체 커다란 연구과제이지만, 이는 本稿에서 검토되는 量田制와도 밀접하게 관련되고 있었다. 量田은 收租를 위해서 있는 것인데 土地分給制는 收租權을 分給하는 제도인 까닭이었다. 그리고 그러한 점에서 土地分給制는 國家의 收租方式을 기반으로 하여 마련되는 수밖에 없었을 것이다. 말하자면 量田制는 國家의 收租를 위해서나 土地分給制의 運營을 위해서 편리하게 제정될 필요가 있는 것이었다. 量田制에서는 그것을 租稅의 징수나 土地分給 규정과도 관련하여 일정한 면적(結數)을 字號單位로 구획하여 이를 量案에다 기입하도록 하고 있었다. 그 字號는 天字文으로 표기하여 '天字丁' '地字丁' 등으로 불렀으며, 이는 朝鮮初期까지 그대로 계속되다가 그 후에는 '天字畓' '地字畓' 등으로 그 명칭이 바뀌었다. 이 시기에는 말하자면 土地把握의 단위로서 結負束 외에 結 위에 '丁'이 하나 더 있는 셈이었다.

高麗時期의 이와 같은 量案 작성의 방식은 高麗末年에 科田法을 제정하면서 '京畿六道之田 一皆踏驗打量……計數作丁 丁各有字號 載之于籍'이라고 한 것이라든가, 또는 '己巳年不及打量……踏驗作丁 續書于籍'이라고 하였던 데서 명백히 이해할 수가 있다.[72] 그리고 高麗의 量田制와 土地分給制를 그대로 襲用하고 있었던 朝鮮初期의 量田制가 또한 그러하였던 데서도 그것은 이해될 수 있다.[73] 일정한 넓이의 結을 여러 개 합하여 '丁'으로 作하고 이를 土地臺帳

---

72) 『高麗史』 卷 78, 食貨 1, 田制 祿科田, 中, p. 723, 725.

73) 『太宗實錄』 卷 10, 太宗 5年 9月 壬寅, 1冊, p. 336의 議政府啓에서는 그러한 事情을 各道田地並皆繩量 勿論荒闢 作丁成籍
   이라 하였고, 『世宗實錄』 卷 102, 世宗 25年 11月 乙丑, 4冊, p. 524의 「量田事目」에서는 그것을
   　今量田 以方五尺積二十五尺爲一步 二百四十步爲一畝 百畝爲一頃 五頃爲一字 餘數不用
   이라고 하였다. 그리고 『世宗實錄』 卷 103, 世宗 26年 正月 庚午, 4冊, p. 537의 議政府啓에서는 이를 다시

에다 記入함으로써, 이를 통해서 科田法이라는 土地分給制 및 國家의 收租制
를 운영하려는 것이었다.

이는 비록 高麗末年의 기록이지만 이러한 量田規定이 물론 이때에 이르러
서 처음으로 마련되고 있는 것은 아니었다. 그것은 벌써 高麗初期부터 있어
온 규정이었다. 顯宗 14年의 判에 보이는 義倉法에 '凡諸州縣義倉之法 用都田
丁數收斂……已有成規'라고 한 것은[74] 그 한 예이다. 義倉의 資本穀을 捻出하
여 이를 運營하기 위해서는, 그것을 州縣 단위로 '田丁'의 總數를 헤아려서 行
하는데, 이러한 원칙은 이미 規定으로서 마련된 바가 있다는 것이었다. 그리
고 成宗 2년의 公廨田柴法에 '定州府郡縣館驛 田 千丁以上州縣 公須田三百
結……'이라고 되어 있는 '丁'도 바로 그러한 예이다.[75] 이때 이미 全國의 農地
는 '丁'으로 區劃하여 파악되고 있어서, 政府에서는 이를 기준으로 하여 그 丁
의 많고 적음에 따라 公廨田(公須田 紙田 長田)의 면적을 정한다는 것이었다.
또 이 시기의 崔承老 上疏에 '其主典有田丁'이라고[76] 보이는 것도 田地가 丁으
로 파악되고 分給되는 사정을 말해주는 것임은 말할 것도 없겠다.

'丁'이라는 용어는 본시 稅役을 부과하기 위한 人丁을 뜻하는 것이지만, 이
시기의 量田制에서는 이를 租稅를 부과하기 위한 區域으로서의 土地單位로도
사용하고 있었다. 그러므로 '丁'이라는 용어가 이 한 字만으로서 표기될 때는,
그것이 人을 뜻하는 것인지 田을 뜻하는 것인지 분명치 않고 혼란이 일어나지
않을 수 없었을 것이다. 이 시기의 支配層은 그러한 혼란을 피하지 않으면 아
니되었다. 여기에 그들은 이 兩者를 구분하는 방법으로서 '丁'에 각각 人과 田
을 冠하여 人을 뜻할 때는 '人丁', 田을 뜻할 때는 '田丁'으로 부르게도 되었다.
그것은 지극히 자연스러운 명칭이 아닐 수 없었으며, 따라서 量田制나 土地分
給制에서는 '天字丁' '地字丁'으로 파악한 土地를 '田丁'으로 부르게도 되었다.

議政府據戶曹呈啓 以田方五尺積二十五尺爲一步 二百四十步爲一畝 百畝爲一頃 五
頃爲一字丁 已曾立法 其畝下餘數 滿二百四十步 則成爲一畝 二百三十九步以下 則並
以步施行
이라고 부연 說明하고 있었다.

74) 『高麗史』卷 80, 食貨 3, 常平義倉, 中, p. 761.
75) 『高麗史』卷 78, 食貨 1, 田制 公廨田柴, 中, p. 713.
76) 『高麗史』卷 93, 列傳 6, 崔承老, 下, p. 84.

그러나 이와 같이 일정한 면적의 土地를 '丁'으로 區劃하여 이를 단위로 해서 收稅를 하거나 土地(收租地)를 分給하려 할 때는 불편이 없을 수 없었다. 農地의 分布에 따라서는 丁을 作하려 하여도 丁의 地積에 미달하거나 넘치는 곳도 있을 것이고, 또 일정한 면적만으로 丁을 區劃한다면, 丁을 단위로 하여 土地를 分給할 때, 規定된 結數보다 부족한 부분이 생기거나 여분이 생기기도 할 것이기 때문이었다. 이 시기의 支配層은 이러한 불편을 제거하지 않으면 아니되었다. 그들은 여기에 田丁을 '足丁'과 '半丁'으로 구분하여 작성할 것을 고안하게 되었다. 一定區劃의 丁의 結數에 충족하는 農地는 '足丁', 미달인 農地는 '半丁'으로 부른 것이었다. 그리하여 이 시기의 租稅制度나 土地(收租權) 分給制에서는 '田丁', 즉 '足丁'·'半丁'의 農地單位를 적절히 조합, 조정함으로써 이를 운영해 나갔다.[77]

丁·田丁·足丁은 후대에 이르면서 그 면적이 달라지지만, 高麗時期 본래의 量田制에서는 17結을 1丁, 즉 1足丁으로 정하고 있었다. 恭愍王 5년의 下教에서는 그것을 '國家以田十七結 爲一足丁 給軍一丁 古者田賦之遺法'[78]이라고 하였다. 17結을 1足丁으로 한다면 半丁은 그 土地面積의 半 정도가 되었을 것이다. 그리하여 國家가 모든 民有地에 대하여 稅를 賦課할 때는, 이러한 足丁·半丁의 農地에 대하여 그 區域內의 農民으로 하여금 그 稅를 納付토록 하였다. 그것은 恭愍王朝의 白文寶가 慶尙道地方에서의 納稅에 관하여 '慶尙之田 則稅與他道雖一 而漕輓之費亦倍其稅 故田夫之所食 十八其一 元定足丁則七結 半丁則三結加給 以充稅價'[79]케 하라고 건의하고 있는 것으로써 알 수 있다. 이 지방

---

77) 丁을 土地說과 관련하여 田丁 및 足丁·半丁을 研究한 業績으로서는 다음과 같은 論考가 있다. 여기에서는 그것을 量田制와의 관련에서 解釋해 보는 것이다.

　　旗田巍, '高麗時代에 있어서의 土地의 嫡長子相續과 奴婢의 子女均分相續(『東洋文化』22, 1957 ; 『朝鮮中世社會史의 研究』所收).

　　金載珍, '田結制研究 — 第二編 高麗田丁考'(『慶北大論集』3, 1958).

　　深谷敏鐵, '高麗足丁·半丁考'(『朝鮮學報』15, 1960).

　　李佑成, '閑人·白丁의 新解釋'(『歷史學報』19, 1962).

　　武田幸男, '高麗田丁의 再檢討'(『朝鮮史研究會論文集』8, 1971).

　　閔賢九, 前揭 논문.

78) 『高麗史』卷 81, 兵志 1, 五軍, 中, p. 783.

79) 『高麗史』卷 78, 食貨 1, 田制 租稅, 中, p. 728.

은 稅額은 비록 다른 道와 같지만, 그러나 輸送費가 많이 들어서 農民負擔이
다른 곳에 비하여 월등히 무거우니, 다른 지방과 동일한 稅額을 징수하려면,
賦稅의 단위인 足丁·半丁의 면적을 넓혀주어야 한다는 것이었다. 요컨대 租稅
의 징수가 足丁·半丁(田丁)을 단위로 운영되었음을 말해주는 것이라 하겠다.

租稅의 징수가 그러하다면 收租權을 給與하는 土地分給法도 '田丁'을 기준
으로 하게 되었을 것임은 말할 것도 없겠다. 忠宣王의 卽位敎에 '先王制定內外
田丁 各隨職役 平均分給 以資民生 又支國用'[80] 이라고 하였음은 그것을 이름
이었다. 先王께서는 京畿나 外方의 모든 農地를 田丁으로 제정하여, 이를 官
職이나 役에 따라 分給함으로써 民生에 도움을 주고, 또 國家가 租稅를 징수
함으로써 國用을 지탱하도록 했다는 것이다. 그리하여 이 시기의 土地分給에
서는 그 分給할 土地面積이 크면 모두 田丁, 즉 足丁·半丁을 단위로 이를 조정
하여 支給하고 있었다. 위의 기록 외에도 그러한 사정은 여러 곳에서 읽을 수
있다. 功臣田은 足丁·半丁을 통해서 조정 分給되고,[81] 祿科田이나 科田은 丁
을 바탕으로 支給되었으며, 따라서 軍人田 또한 그러하였다.[82] 다만 이 경우
白丁의 差役에 대하여 土地를 分給하는 등, 分給할 土地의 규모가 작아서 半
丁에도 미달할 때는 結을 단위로 지급하는 등 예외적인 경우가 없지 않았다.[83]
그러나 이는 土地分給制의 附隨事項인 것이며 그 主軸은 어디까지나 田丁을

---

80) 『高麗史』卷 78, 食貨 1, 田制 經理, 中, p. 707.
81) 『高麗史』卷 78, 食貨 1, 田制 功蔭田柴, 中, p. 712.
　　忠烈王二十四年正月 忠宣王卽位下敎曰 功臣之田 子孫微劣 孫外人占取者 勿論年限
　　依孫還給 同宗中 若一戶合執者 辨其足丁·半丁均給
82) 『高麗史』卷 78, 食貨 1, 田制 祿科田條에 祿科田의 分給狀況을 '罷畿縣兩班祖業
　　田外半丁 置祿科田 隨科折給'(中, p. 714)이라고 한 것은 祿科田이 丁을 단위로 分
　　給되었음을 보여주는 것이다. 半丁을 罷하였다고 하는 것은 舊來의 丁의 면적을 조
　　정하여, 새로 조정된 丁으로서 祿科田을 支給하게 되는 사정을 말함일 것이다. 또
　　趙浚이 正田制方案을 말하되, '凡作丁公私之田 一切革去 或以二十結 或以十五結 或
　　以十結 每邑丁號 標以千字文'(中, p. 718)이라고 한 것도 祿科田이 丁으로서 分給
　　되고 있었음을 보여주는 것이겠다. 그리고 科田法規定에서 '告官作丁科受'라고 한
　　것, '某丁某子某孫所受……雖田少子多 不許破丁'이라고 하였던 것도(中, p. 724)
　　그러한 例이다.
83) 『高麗史』卷 81, 兵志 1, 五軍, 中, p. 781.
　　西北面兵馬使曹晋若奏定烽燧式……每所防丁二白丁二十人 各例給平田一結
　　註 58)의 백정대전의 경우 참조.

기본으로 하는 것이었다.

收租權을 통해서 土地를 지급받을 수 있는 主體로서는, 土地所有權의 경우에서와는 달리, 主로 國家權力에 참여하고 있는 封建支配層이 중심이 되고 있었으며, 그 밖에 被支配層으로서 특정한 國役을 지고 있는 일부 人民이 그 혜택을 받고 있었다. 王室, 貴族(士大夫·僧侶), 地方官廳의 吏, 軍人, 供國役者 등이 그것으로서, 田柴科, 公廨田柴, 功蔭田柴, 祿科田, 科田法 등 이 시기의 一連의 土地分給制에서는, 이들에 대한 土地分給問題가 다루어졌다. 土地를 分給하는 원리는 물론 封建的인 身分秩序와 相應하도록 하는 것으로서, 封建支配層으로서의 王室에게는 360여 莊處의 수천 수만 結의 農地, 貴族에게는 수십 結에서 수백 結에 달하는 광대한 農地가 分給되었으며, 吏나 軍人에게는 그 社會身分에 相應하도록 십여 結에서 수십 結에 이르는 土地가 지급되었다.

土地를 分給할 때에는 반드시 文券·契券을 작성하였다. 文券은 收租를 할 수 있는 證憑書類, 즉 租簿인 것으로서, 이는 量案上의 某某 '丁'(足丁·半丁)이 누구에게 지급되었는가를 明示하는 것이었으며, 따라서 收租權을 통한 土地支配의 권리는 이것을 소지함으로써 비로소 행사할 수가 있었다. 麗末의 科田法에서 볼 수 있는 文券作成에 관한 규정은 바로 그러한 사정을 말해주는 것이다.[84] 文券을 소지해야만 收租地를 지배할 수 있는 事情은 이에 앞서서도 마찬가지였다. 麗末의 혼란기에는 祖父文券을 가지고 坐食國田한다든가, 高·曾之券을 가지고 收租地를 互相爭奪한다고 云謂되고 있었다.[85] 그리고 田柴科 制度가 아직 그대로 운영되고 있을 때에도 마찬가지였다. 權守平과 卜章漢의 '租簿'를 둘러싼 美談은 바로 이때의 사정을 말함이었다.[86]

文券은 收租地支配의 근거였다. 그러므로 收租地에 紛爭이 일어났을 때는

---

84) 『高麗史』 卷 78, 食貨 1, 田制 祿科田, 中, pp. 724~725.
　　凡加科受田 新作公文者 綴連原卷 合爲一通 毋得另作文卷 分父母田者 原卷納官 朱筆標注 其上曰 某丁某子某孫所受 仍句銷之 原卷還長子 雖田少子多不許破丁 減自己田與子孫及他人者 父沒其子科外餘田 夫沒無子減半田 於原卷標注句銷如上 原卷還其主 盡以其田與他人者 告官遞給 原卷還官 凡足科受田者 父母沒後 願以其田 易父母田者聽 犯罪及無後者之公文 其家人隱匿不納官者 痛行理罪
85) 『高麗史』 卷 78, 食貨 1, 田制 祿科田, 中, pp. 719~720.
86) 『高麗史節要』 卷 16, 高宗 37年 7月, p. 433.

'句稽文劵'[87]함으로써 이를 解決하였으며, 따라서 收租地를 兼幷하는 데에도
이 文劵이 근거가 되고 있었다. 土地分給制의 운영이 마비되고 封建支配層 안
에서도 權力層이 收租地를 兼幷하는 現象이 일어나게 되었을 때, 忠宣王은 그
復位敎에서 權勢家들이 '造作文契 奪人奴婢田丁'[88]함을 지적하고 이를 엄격히
금지하고 있었다. 그리고 원래 私田(收租地)이 있을 수 없는 東北面이나 西北
面에서 文劵을 통해서 私田을 濫執하는 일이 있게 되었을 때에도, 政府에서는
이 文契를 沒官함으로써 이를 저지하려 하였었다.[89]

   이와 같이 文劵을 통해서 지배할 수 있는 土地, 즉 田丁의 지배를 통해서
租稅를 징수할 수 있는 土地는 兩界를 제외한 內外(京畿와 外方)의 어느 곳에
나 支給되었다. 앞에서 제시하였던 바 '內外田丁 各隨職役 平均分配'라고 하였
음은 그것이었다. 收租權을 통한 土地兼幷이 성행하게 되었을 때는, 이를 막
기 위하여 私田京畿의 원칙을 마련하게 되었지만, 처음에는 그러한 제한을 두
지 않고 있었다. 그러한 점에서 收租權者는 그 收租地를 그들의 생활근거지,
본시부터 그 경제기반이 있는 鄕里에서 받을 수가 있었다. 그리고 그렇게 될
경우에는 그 收租權을 自己自身의 본래의 私有地에서 받을 수도 있었다. 科田
法에서 '六道閑良官吏…隨其本田多少 各給軍田十結或五結'[90]이라고 하였던
것, 기술한 바와 같이 趙浚이 祿科田의 改革方案을 말하는 가운데 白丁代田을
말하여 '百姓付籍差役者 戶給田一結 不許納租'라고 하였던(註 58 참조) 것은
그러한 사정을 말해주는 것이겠다. 前者의 경우는 각각 그 鄕里에서 그 所有
地(本田)의 많고 적음에 따라 收租地(軍田)를 分給하되 차이를 둔다는 것이
며, 後者는 白丁들이 가지고 있는 많은 所有地 가운데서 1結에 한하여 免租의
권리를 인정한다는 것이다.[91]

87)『高麗史』卷 78. 食貨 1. 田制 祿科田. 中. p. 716.
88)『高麗史』卷 84. 刑法志 1. 職制. 中. pp. 844~845.
89)『高麗史』卷 78. 食貨 1. 田制 祿科田. 中. p. 714.
90)『高麗史』卷 78. 食貨 1. 田制 祿科田. 中. p. 724.
91)『高麗史』卷 78. 食貨 1. 田制 祿科田. 中. p. 718.
   趙浚은 正田制方案을 말하는 가운데 差役白丁에 대하여 1結을 分給할 것을 말하
   고, 이와 관련하여서는 '受代田白丁 匿傍田一結者……杖一百'할 것을 附言하였다.
   이는 白丁들 가운데 1結 以上의 土地를 所有한 者가 있음을 前提로 하는 表現인 것
   이며, 그럴 경우에도 免租, 따라서 收租權을 1結에 한한다는 것이다.

이러한 사정은 비단 이들에게만 한하는 것이 아니라 兩班支配層의 경우에
도 마찬가지였다. 朝鮮初期에 있었던 科田 下三道移給 論議에서 '其中 各人折
受累代農舍 所耕字丁 定日牓示 單字收納 移關京畿監司 核實折給'[92]이라고 하
였음은 그 한 예이다. 그들은 累代所有의 私有地에다 收租權을 겹쳐서 받는
경우가 있어서, 이러한 收租權者에 대해서는 일정한 절차를 거쳐 下三道 移給
의 對象에서 제외시켜 준다는 것이었다. 이럴 경우에는 그 私有地에서는 租稅
를 納付하지 않아도 되었고, 또 다른 地域에서 收租를 해야 하는 노고를 덜
수도 있었다. 또 自己所有地에다 收租權을 받지 않더라도, 收租權을 기반으로
하여 그 土地에 대한 支配力을 강화하고, 마침내는 그 土地의 所有權까지 買
收, 兼幷하게 된다면, 所有權과 收租權은 겹쳐지게 마련이었다.[93] 麗末鮮初의
이른바 不輸不納의 農場은 이렇게 해서 확대되어 나갔을 것이다.

文券을 통해서 '田丁'이 支給되는 土地, 특히 兩班支配層에게 收租權이 分給
되는 土地는 '私田'이라고 稱하였다. 收租權이 사사로운 개인에게 屬하는 까닭
이었다. 그리고 私田의 支配權者를 收租權 分給制의 土地制度에서는 '田主'라
하고, 그 土地의 所有主는 '佃客'이라고 일컬었다. 이는 이 시기의 이른바 土地
'國有論'과 관련하여 자연스럽게 생각되었다. 그리고 피지배층으로서 差役되
어 田丁이 支給되었을 경우 그들은 丁戶라고 칭하여 役이 없는 白丁戶와 구분
되고 있었다. 이러한 '私田'은 물론 私的土地所有權 위에 수립된 '私有地'와는
다르며, 그 '田主'의 權利는 兩班支配層의 경우에도 제도상 규정된 額數의 收
租와 附加稅로서의 '草料'를 징수할 수 있는 데 지나지 않았다. '田丁'의 支給은
職·役의 承繼에 따라 그 後代에게 傳遞될 수 있지만, 그것이 私有地로 될 수는
없었다.[94] 따라서 賣買가 될 수 없음은 말할 것도 없었다.[95] 그러나 그러면서

---

92) 『太宗實錄』 卷 28, 太宗 14年 8月 戊午, 2冊, p. 32.
93) 『高麗史節要』 卷 15, 高宗 16年 10月, p. 411 및 『高麗史』 卷 129, 列傳 42, 叛
  逆 3, 下, p. 806에 보이는
    臨陂縣令田承雨 嫉上將軍金鉉甫廣植田園 盡收田租入官 又以其田與民 鉉甫托按察
    使崔宗裕還徵其租 承雨憤恚 償以官司銀器 報于法司 法司劾鉉甫及宗裕 崔瑀(怡)要
    奪其狀 止之
  라고 한 收租紛爭은 아마도 이러한 데서 일어난 現象일 것이다.
94) 『高麗圖經』 卷 23, 種蓺條에서 徐兢이 우리나라의 田柴科制度를 말하여, '其俗不
  敢有私田 略如丘井之制 隨官吏民兵秩序高下而授之'라고 하였음은 이를 말함이었다.

도 收租權의 지배를 통해서는 그 土地의 所有主, 즉 佃客을 여러모로 收奪, 統制할 수 있었기 때문에, 그 收租의 實數는 늘어나고 있었으며, 따라서 土地所有權者와 收租權者는 늘 대립관계에 있지 않을 수 없었다. 그리고 그 收入은 적지않은 것이기 때문에, 土地分給을 둘러싸고 그 운영이 제대로 되지 않을 때는, 兩班支配層 내부에서 그들 상호간에 알력과 대립과 마찰이 일어나지 않을 수 없는 것이기도 하였다.

土地分給制의 운영이 크게 마비되는 것은 高麗 후반기 이후의 일이었다. 武臣政權 시기의 權力層과 몽골제국의 侵略 아래에서 外勢에 의탁한 權力層이 土地兼幷을 競爭的으로 자행한 까닭이었다. 封建支配層의 土地兼幷은 私有地에서도 일어났지만, 收租地를 둘러싸고는 대대적으로 일어났으며, 兼幷行爲의 중심이 되는 것은 우선은 이 후자이기도 하였다. 그리고 이러한 收租權의 兼幷을 토대로 하여서는 마침내 所有權까지도 침식하게 되는 것이었다. 이러한 土地兼幷은 그 자체도 문제이지만, 이로 인해서 收租地의 分給에서 排除되는 者가 있게 되었음은 큰 사회문제이자 정치문제가 아닐 수 없었다. 이 때문에 支配層 내부에서 경제적으로 이해관계의 대립이 일어나고 나아가서는 정치적 대립으로까지 확대될 위험성이 있는 까닭이었다. 그리고 現實은 실제로 그렇게 되고 있었다.

이 시기의 지배층은 이러한 문제를 근본적으로 해결하지 않으면 아니되었다. 그 결과는 祿科田, 科田法 등 一連의 收租權(私田) 改革運動으로 나타났지만, 이와 아울러서는 이에 앞서거나 이에 수반하면서 旣述한 바와 같이 結의 實積을 좁히고, 따라서 結摠을 늘려가는 방안이 나오게도 되었다. 量田制의 변혁인 것이었다. 收租權의 分給은 結負制에 바탕을 둔 國家의 租稅制度를 전제로 하는 것인데, 國家의 租稅制度는 結負制를 중심한 量田制에 그 기반이 있었던 까닭이었다. 그리하여 土地分給과 관련된 量田制, 따라서 結負制를 중심으로 한 量田制는 旣述한 바와 같이 점진적으로 변혁되어 나갔다. 그것은 所有權과 收租權의 충돌이라는 점에서 어려운 작업이었지만, 몽골제국의 侵略 아래에서의 國家의 租稅收入 增大의 필요성과도 관련하여 이는 서서히 시행되

---

95)『高麗史』卷 85, 刑法志 2, 禁令, 中, p. 857에는, '妄認公私田幷盜貿賣者'에 대한 處罰規定이 있다.

어 나갔다. 앞에서 지적한 바와 같이 高麗末年에 60여만 結에 불과하였던 6道의 結摠이, 量田制가 변혁되고 結實積이 완전히 축소된 후 파악한, 朝鮮初期의 結摠이 110여만 結로 增大하고 있었음은 그러한 事情의 한 표현이었다.

5. 結　語

　高麗時期의 量田制에서는 일정한 규정에 따라서 量田을 하고 이를 量案으로 작성하고 있었다. 이러한 量田制는 그 國初로부터 시행되고 있었으며, 이는 新羅 이래의 量田制를 이 시기의 조건에 맞도록 繼承 改革 發展시키고, 朝鮮時期의 量田制로 재조정되고 이어지는 것이었다. 量田의 方法에서 量案의 작성에 이르기까지의 전 과정이 結負制를 기초로 한다는 점에서 그 대원칙이 같은 것이었다. 그러나 그러면서도 高麗의 量田制는 新羅나 朝鮮의 그것과는 구별될 수 있는 단계적인 차이성이 있었다. 그것은 結과 頃이 통용되던 新羅의 量田制가, 이 시기에 이르러서는, 그것이 통용되지 않는 朝鮮의 그것으로 이행되고 있는 점이었다. 그러한 변동은 이 시기의 중엽 이후 서서히 진개되었다. 이 시기에도 그 중엽까지는 結을 頃과 동일시하고 같은 것으로 사용하였으나, 그 말엽에 이르면서는 結이 頃에서 점진적으로 이탈하여, 結의 實積이 축소되는 가운데, 結負法으로서의 特徵(同科收租)을 十分 발휘하는 量田制로 확립되었다.

　高麗 量田制의 이와 같은 변동은 두 가지의 커다란 정치 경제적 배경 위에서 전개되고 있었다. 그 하나는 무엇보다도 특히 이 시기에 볼 수 있었던 農業技術 農法의 발달이 이를 가능케 하고 있었다는 점이었다. 結負制는 본시 일정량의 所出을 기준으로 제정한 土地面積이므로, 農業技術과 農法이 발달하고 農業生産力이 발전함으로써 단위면적에서의 所出이 늘면, 結負의 實積이 축소되어도 되는 것이었다. 그와 같은 農法의 발달은 이 시기에는 歲易田의 農法이 常耕化하는 현상에 집중적으로 표현되고 있었다. 이때의 歲易農法은 新羅統一期에 있었던 土地分給·租稅制度의 政策이 파탄하면서, 주로 農民層에 의해서 新田으로서 開發된 山地旱田에서 보급되고 있었다. 그리고 高麗中

葉에서 末葉에 이르면서는 이 시기의 政治的 社會的 여건과도 관련하여, 보다
큰 所出 증대가 요청되고, 따라서 歲易農法도 가일층 발전하여 그 常耕化를
보게 되고, 또 이에 따라서는 農業生産力 전반에 큰 향상이 있게 된 것이었다.

다른 하나는 田柴科體制로 대표되는 이 시기의 土地分給制가 마비되고, 따
라서 그에 대한 대책을 마련하지 않으면 아니되었던 사정이었다. 土地分給制
의 마비는 중엽 이후의 혼란기에 일어나게 되었는데, 그 주요한 현상은 특정
한 權勢家들에 의해서 收租權·收租地가 獨占, 兼并되고, 封建支配層으로서도
收租地의 分給에서 배제되는 자가 늘어나고 있었다는 사실이었다. 支配層 내
부에서의 이와 같은 불균형은 그들 상호간의 알력·대립·마찰을 초래하는 것
이므로, 國家는 이에 대한 충분하고도 완전한 대책을 세우지 않으면 아니되었
다. 그것은 요컨대 土地(收租地)를 균등하게 分給하는 일이며, 그러기 위해서
는 土地結數·結摠을 늘려나가는 수밖에 별 도리가 없었다. 그리고 또 그러기
위해서는 이 시기의 상황 속에서 農法의 변동, 즉 農業生産力의 발전과도 관
련하여, 結 實積을 축소함으로써 結摠을 늘리고, 그럼으로써 未受田者에게 收
租地를 分給하는 것이 첩경이라고 생각하였다.

다만 이때에는 이같은 結摠의 증대와 結 實積의 축소가, 農業生産力이 향상
하고 있는 정도만큼, 그 수준에 맞추어 균형있게 합리적으로 조정되고 있는
것이 아니었다. 結摠, 結 實積의 변동은 이때의 政治的 社會的 상황과도 관련
하여 農業生産力의 향상수준을 훨씬 넘어서는, 따라서 農民層이 그 租稅를 감
당하기에는 너무나 무거운 收奪的인 것이 되지 않을 수 없었다.

이와 같은 量田制에서도 高麗時期 量田制로서의 特徵을 두드러지게 드러내
는 것은 土地支配의 主體를 파악하는 일이었다. 封建的 經濟體制의 수립을 위
해서는 이 작업이 반드시 필요하였으며, 이를 위해서는 量田을 통해서 직접
土地所有權者를 파악하는 작업과 租稅收取 및 土地(收租地)分給을 위해서 量
案臺帳에다 그 기초작업을 하는 일이 있었다.

土地所有權者는 量田의 결과인 量案에 기재되었다. 土地所有에는 身分的인
제약이 가해지지 않았으며, 貴族, 僧侶, 平民, 賤民 등 모든 社會階級이 그 所
有의 주체일 수가 있었다. 거기에는 다만 양적인 차이가 있어서 지배층이 大
土地를 所有하고 있을 때 피지배층은 영세한 土地를 所有하고 있을 따름이었

다. 그러한 土地所有權의 구체적 내용은 寄進·賣買·相續 등 管理處分에 관한 권리가 보장되고, 自營이거나 地主經營이거나를 막론하고 그 所有權者에게는 그 자유로운 經營權이 法으로서 인정되고 있었다. 이는 이것 자체만으로서는, 中世封建社會 안에서의 일이기는 하지만, 완전한 의미에서의 私的土地所有權 의 인정인 것이며, 이러한 바탕 위에서 分半打作을 내용으로 하는 地主佃戶 制, 즉 封建的인 地主制는 발달할 수가 있었다.

租稅收取 및 土地分給을 위해서 있게 되는 기초작업은 量田으로서 파악한 모든 農地를 다시 일정한 結數의 丁(田丁 一 足丁·半丁)으로 묶는 일이었다. 國家의 租稅徵收는 丁을 단위로 하는 것이었고, 따라서 封建支配層에 대한 收租 地의 分給도 丁을 단위로 하게 되는 까닭이었다. 土地分給制 내에서는 이러한 收租權者를 '田主'로 칭하고 所有權者(租稅負擔者)를 '佃客'으로 칭하였지만, 그러한 土地의 支配權이 收租權의 지배에 불과한 것임은 말할 것도 없었다. 그렇지만 그 土地支配의 권리가 비록 收租權의 지배에 불과하다 하더라도, 이 시기의 封建支配層은 이를 통해서 納租者·農民層을 효과적으로 수탈 지배하 고, 따라서 이 제도는 그들이 農民을 지배하는 封建的 經濟基盤이 될 수 있었 다. 그리고 그러한 점에서 앞에서 언급한 바 納租者·農民層의 土地所有權은 이 收租權에 의해서 크게 제약되는 것이었다. 이러한 收租權은 혹 收租權者와 아무 관계도 없는 타인의 土地에 주어지기도 하고, 또 경우에 따라서는 그 自 身의 私有地에 分給되기도 하였다. 그러므로 前者의 경우에는 土地所有權者 와 收租權者는 그 권리의 한계를 둘러싸고 대립관계에 놓이지 않을 수 없었 고, 後者의 경우에는 이를 통해서 私的土地所有權의 기반 위에 수립된 地主制 를 더욱 발전시키게 되는 것이기도 하였다.

高麗時期의 量田制를 이와 같이 살펴보면, 이는 요컨대 이 시기의 農法 발 달과 관련되는 것이었음은 말할 것도 없고, 이 시기의 封建的 經濟制度와도 밀접하게 관련되면서 마련되고 발전하였던 것이라고 하겠다. 그러므로 이 量 田制를 더욱 정확하게 이해하기 위해서는, 이 시기의 農法이나 封建的 經濟制 度에 대한 보다 깊은 硏鑽이 있어야 할 것임은 말할 것도 없겠다.

〔『東方學志』16, 1975. 揭載, 1998. 補〕

高麗前期의 田品制

1. 序　言

高麗時期의 土地制度는 公田과 私田, 收租權과 所有權 등 여러 가지 각도에서 연구되어 왔다. 그리고 그것을 연구하는 관심은 주로 이 시기의 土地制度가 土地國有制냐 土地私有制냐에 집중되어 있었다. 이같은 문제는 우리나라 中世의 封建的 經濟制度의 본질과 특징을 이해하는 데 중요한 근거가 되기 때문이었다. 그리하여 많은 학자들에 의한 이러한 연구를 통해서 이 시기의 土地制度는 이제 종래와 같이 土地國有制만으로 처리될 수 없는 것임이 밝혀졌다. 이른바 土地制度로서의 田柴科·祿科田·科田法 등은 토지 그 자체의 分給이 아니라 收租權의 分給이며, 그같은 토지 分給의 바탕에는 토지의 私的 所有關係가 형성되고 있었음이 증명된 까닭이다.

그러나 그러면서도 이 시기의 土地私有制가 전적으로 오늘날의 近代法的인 土地私有制와 같은 것이 아니라는 사실도 분명하여졌다. 國家權力이 收租權 및 이와 관련된 여러 規程을 통해서 土地와 農民을 지배하고 통제하는 권한이나, 兩班支配層이 국가로부터 收租權을 分給받아 그것을 지배하는 권한은, 단순한 稅의 徵收가 아니라 '田主'의 '佃客'지배인 까닭이었다. 농민들은 私有地를 소유하고 있는 土地所有權者라 하더라도, 국가는 말할 것도 없고 兩班支配層이 收租權者로서 그 토지로부터 租稅를 징수하게 되면, 兩者 사이에는 '田主·佃客'의 관계가 강요되고, 田主는 이를 통해서 농민을 규정 이상으로 가혹하게 통제하고 수탈할 수가 있었다. 농민들의 土地所有權은 近代社會에서의 그것과 같은 절대적 배타적인 것이 아니었다.[1]

---

1) 이같은 문제들에 대한 이해를 위해서는 최근 이 시기의 토지제도 연구를 개괄적으로 검토 비판하고 있는 다음 글을 참고할 필요가 있다.

그러므로 이 시기의 土地制度를 바로 이해하기 위해서는 이같은 두 계통의
문제, 즉 所有權과 收租權의 문제를 통일적으로 파악하고 관련·조화시킴으로
써, 그것이 封建的인 經濟制度로서 기능하고 있었던 사정을 밝혀야 하는 것이
라고 하겠다.

그러기 위해서는 여러 가지 문제가 검토되고 해명되어야 할 것임은 말할 것
도 없겠다. 그러한 여러 가지 문제 속에는 田品制의 문제가 또한 포함되어야
할 것이다. 이는 封建支配層이 농민으로부터 租稅를 징수할 때의 기초가 되는
문제이기 때문이다. 봉건적인 經濟制度 전체로서 보면 이것은 비록 조그만 문
제이지만, 이 시기의 土地制度를 바로 이해하기 위해서는 반드시 검토를 거쳐
야 하는 기본문제의 하나라고 하겠다. 그러므로 이같은 田品制에 관하여는 기
왕에 이를 검토하였던 論著가 적지 않았지만, 필자는 이들 여러 論著의 견해
와는 좀 달리 생각하는 바가 있었으므로, 이곳에서는 이를 高麗前期의 사정을
중심으로 정리해 보고자 한다.

2. 田品制의 檢討

田品은 土地의 肥瘠을 헤아려서 등급을 매기는 것으로서 結負制的인 土地
制度의 운영에서 매우 중요한 문제였다. 그것은 單位面積當 所出과 租稅의 양
을 산정하고 국가의 課稅와 농민의 擔稅가 均平하도록 조정하는 문제이기 때
문이다. 租稅의 부과에 不均이 있게 되면 여러 가지 형태로 농민의 항쟁이 일
어나는 것이다. 그러나 그것은 비단 국가의 농민에 대한 賦稅行政에서만 그러
한 것은 아니었다. 兩班支配層에게 土地(收租權)를 分給하는 土地分給 行政에
서도 그것은 마찬가지였다. 이 경우에는 收租權者의 수입이 田品과 관련되므
로 田品은 공정하게 매겨져야만 하였다. 田品의 불공정과 부정확으로 收租에
차질이 생기고, 收租權者 상호간에 租稅收入의 불균형이 있게 되면 정부는 그
들의 불평 대상이 되는 까닭이다. 그러므로 結負制的인 土地制度가 시행되던

李成茂, '高麗·朝鮮初期의 土地所有權에 대한 諸說의 檢討'(『省谷論叢』 9, 1978).
安秉直, '韓國에 있어서 封建的 土地所有의 性格'(『經濟史學』 2, 1978).

우리나라 中世에 있어서는 田品을 구분하는 문제는 언제나 중요한 문제가 아
닐 수 없었다.

　그런데 그와 같은 田品制를 우리는 高麗時期에 관해서는 분명하게 이해하
고 있지 못하다. 자료가 零星하여 그 전모를 정확하게 파악할 수 있도록 되어
있지 않은 것이다. 이 시기의 田品에 관해서도 본시는 朝鮮時期와 마찬가지
로, 그 규정이 구체적으로 마련되어 있었을 터인데, 지금은 그 일부만이 남아
있어서 田品의 파악을 어렵게 하고 있는 것은 말할 것도 없고, 이에 기초해서
산출하게 되는 租稅나 所出마저도 곤란하게 하고 있다. 그러나 앞에서 지적했
듯이 이 시기의 土地制度를 바로 이해하기 위해서는 이 田品制를 정확히 이해
해야 하며, 그러기 위해서는 남아 있는 자료를 재검토하여 그 원래의 모습을
밝혀 찾아내는 수밖에 없다.

　高麗時期의 田品은 흔히 볼 수 있는 일반 史書에 의하면 上等·中等·下等의
3等으로 구분되어 있으며, 이는 고려 초기나 말기의 어느 경우에도 마찬가지
였다. 이러한 사정은 그 자료가 분명히므로 아무도 믿어 의심치 않는다. 초기
의 그러한 사정은 이 시기의 두 史書에 명기되어 있다. 文宗 8년 3월에 제정
한 다음 규정은 바로 그것이다.

　(1) 凡田品 不易之地爲上 一易之地爲中 再易之地爲下 其不易山田一結 准平田一結
　　　一易田二結 准平田一結 再易田三結 准平田一結[2]

이때에는 아직 모든 農地가 連作 常耕化되지 못하고 일부는 常耕, 일부는
休閑歲易農法으로 경작되고 있었는데, 위의 구분은 不易常耕田(平田)은 上等
田, 一易田은 中等田, 再易田은 下等田으로 한다는 것으로서, 田品의 등급을
歲易의 빈도를 기준으로 해서 구분한 것이다. 歲易農法은 農地의 地力의 强弱
大小, 즉 農地의 肥沃度와 관련되므로, 田品을 歲易의 빈도를 중심으로 구분
하는 것은 대체로 합리적이었다고 하겠다. 그리고 이때의 農地는 平地뿐만 아

───────────
　2)『高麗史』卷 78, 食貨 1, 田制 經理, 中, p. 706. 이 田品規程의 山田部分이『高麗
　　史節要』에는 '其不易山田一結 准平田一結 一易田准二結 再易田准三結'(卷 4, 文宗 8
　　年條)로 되어 있어서, 표현부족이고 의미불통이다. 이는 撰者의 不察로 인한 整理
　　錯誤로 생각되므로, 이곳에서는『高麗史』의 자료에 의거하여 논리를 전개한다.

니라 山地에도 개척되고 있었는데, 이러한 山田의 田品도 일정한 비례하에 平
田과 같이 한다는 것이다.

  그뿐만 아니라 3等의 田品規程은 이보다 앞서 成宗 11년(922)判으로 公布
되고 있었던 公田租率이 上等·中等·下等으로 구분되고 있었음과도 관련하여
確實한 것으로 보여지고 있다.

  (2) 公田租四分取一 水田 上等一結 租二(三의 誤)石十一斗二升五合五勺 中等一結
      租二石十一斗二升五合 下等一結 租一石十一斗二升五合 旱田 上等一結 租一石
      十二斗一升二合五勺 中等一結 租一石十斗六升二合五勺 下等一結 缺

      又水田 上等一結 租四石七斗五升 中等一結 三石七斗五升 下等一結 二石七斗五升 旱田 上等一
      結 租二石三斗七升五合 中等一結 一石十一斗二升五合 下等一結 一石三斗七升五合³⁾

  이것은 田品의 구분을 목적으로 한 기록은 아니지만, 租稅의 徵收를 3等의
田品에 따라 각각 4分取1 할 경우의 租稅의 양을 법으로 규정한 것으로서, 田
品制와 밀접한 관련이 있는 자료이다. 다만 이 경우 이 자료에서는 본문의 租
稅量과 '又'字 이하 細註 부분의 租稅量 사이에 차이가 있어서, 학자들의 해석
에 혼선을 빚고 있지만, 어느 경우를 막론하고 그 田品이 上等·中等·下等의
3等으로 구분되었다는 점은 공통되고 있었다. 그러나 이 경우의 3等田品은,
위 (1)의 그것이 農地의 歲易 빈도나 利用 빈도에 따라 구분하는 것이었음과
는 달리, 뒤에 다시 언급되겠지만, 連作 常耕하는 農地를 그 農地의 肥沃度에
따라 上·中·下의 3等으로 구분하는 것이었다는 차이점이 있었다. 그리고 그
런 가운데에서도 이 시기의 田品制에서 중심이 되는 것은 이 (2)의 連作 常耕
하는 農地에서의 3等田品이라고 하겠다.

  高麗末年의 사정도 高麗時期의 자료에는 보이지 않으나, 朝鮮初期의 實錄
이나 그 밖의 자료에 기록된 내용으로서, 그와 같이 이해되고 있다. 朝鮮初期
에는 새 王朝의 體制整備의 일환으로서 租稅制度의 개정이 있게 되는데, 그러
기 위해서는 田品의 調整이 불가피하였고, 따라서 많은 사람들은 高麗王朝의
田品制에 관하여 그 결점, 한계 등을 논하는 데서부터 출발하지 않을 수 없었

  ────────────────
  3) 『高麗史』卷 78, 食貨 1, 田制 租稅, 中, p. 726.

다. 이에 따르면 高麗末年에서 朝鮮初期에 걸치는 田品은 다음과 같이 되어 있다.

(3) 摠制河演以爲……惟我國家……自前朝 只以上·中·下三等定制 將農夫手二指計 十爲上田尺 二指計五三指計五爲中田尺 三指計十爲下田尺 六尺爲一步 以三步三寸四方周廻爲一負 二(三의 誤-필자)十五步爲一結 而打量其收租 則皆取三十斗[4]

(4) 參判柳季聞以爲 我國土地之品不同……前朝但以農夫手二指計十爲上田尺 二指計五三指計五爲中田尺 三指計十爲下田尺 定爲三等 一結收租 並以三十斗定數[5]

(5) 田制詳定所議以爲 一 本國因高麗之舊 三等之田皆用方面之數 不計實積 地之膏堉 南北不同 而其田品分等 不通計八道 只以一道分之 故三等田膏堉不同 納稅輕重頓異[6]

즉, 이때에는 田品이 上·中·下 3等으로 구분되어 있었고, 이것은 각각 그 길이를 달리하는 '指尺'으로서의 上田尺·中田尺·下田尺으로서 量田을 하되, 道단위로 행하였으며, 收租는 모두 1結에 30斗씩 同科收租하였다는 것이다. 이때의 田品 租稅制度 개정을 위한 논의, 특히 貢法 논의에는 1천 수백 명이 참여하여 그 可否를 토론하기도 하였는데, 공통된 바탕으로서 토론의 전제가 되고 있었던 것은 前朝의 田品은 3等이라는 점이었다.[7] 그리고 이때의 이같은 田品 구분에서는 歲易의 빈도를 그 구분의 기준으로 삼은 것이 아니라, 다만 農地의 肥瘠을 헤아려서 하고 있었는데, 이는 이때가 되면 歲易農法이 大勢上 대체로 連作常耕農法으로 전환하고 있었던 까닭이었다.[8]

4)『世宗實錄』卷 49, 世宗 12年 8月 戊寅, 3冊, pp. 252~253.
5) 同 上.
6)『世宗實錄』卷 106, 世宗 26年 11月 戊子, 4冊, p. 593.
7)『世宗實錄』卷 49, 世宗 12年 8月 戊寅, 3冊, pp. 250~254. 貢法을 중심한 田稅制度의 개정에 관해서는 朴時亨 '李朝田稅制度의 成立過程'(『震檀學報』14, 1941)에 상세히 논급되어 있다.
8) 물론 朝鮮時期에 들어와서도 歲易農法이 아직 그대로 행해지고 있는 곳이 있었다. 地品이 척박한 곳이나 地廣民少한 곳에서는 특히 그러하였다. 咸吉道에서는 世祖年間에도 '土田瘠薄 率皆歲易而耕'(『世祖實錄』卷 32, 世祖 10年 2月 甲申, 7冊, p. 607) 하고 있었으며, 黃海道에서도 成宗年間에 '地廣民少 凡耕田者 歲歲遞耕 以休

朝鮮初期 사람들의 高麗時期 田品에 대한 이러한 이해는, 世宗 26년의 田品 租稅制度 개정 이후 잘 정리되어 많은 책에 수록되었다.[9) 그리고 그 결과 그러한 이해가 3等田品이었음과도 관련하여, 그 후의 사람들은 高麗時期의 田品이 본시 3等으로 구분되었던 것으로 이해하게 되었다.

오늘의 學界에서도 高麗 田品制에 대한 이해는 기본적으로 이같은 자료들에 의존하고 있다. 그리고 이러한 자료를 바탕으로 結의 넓이, 結의 所出, 結의 租額 등이 추산되고 있다. 계통과 시기가 다른 영성한 자료를 통해서 사실을 파악하려고 하고 있는 것이다. 그러므로 자료의 취급방법이나 해석 여하에 따라서는 논자마다 이 시기의 3等田品制의 실태에 대하여 그 견해를 다르게 하였다.

가령 上等田·中等田·下等田 등 3等田品의 1結이 각각 얼마나 되는 면적이고 그 소출은 얼마나 될 것인가 하는 문제를 해결하려 할 때, 史料 (2) 成宗 11년의 公田租率에 관한 자료를 이용하는 것은 공통되나, 그 경우 ① 그 租額이 많은 細註의 기록에 의거하기도 하고, ② 그 額數가 적은 本文의 기록을 이용하기도 하며, ③ 또 本文은 公田 細註는 私田의 租額으로 생각하기도 한다. ④ 그리고 근자에는 이 兩者를 종합하여 上限과 下限으로 처리 이용하고 있는 것 등은 그 예이다.[10) 그리고 그 결과가 이 시기의 土地制度·田品制·生産力

地力'(『成宗實錄』 卷 13. 成宗 2年 11月 壬子, 8冊, p. 610) 하고 있었다. 그리고 이보다 앞서 世宗年間에는 일반적으로 '塉薄山田 必不得每年而耕 互相陳荒' 이라고 하면서, 그러한 곳으로서 平安·咸吉道와 함께 江原·黃海道를 들고 있었다(『世宗實錄』 卷 49. 世宗 12年 8月 戊寅, 3冊, p. 251). 그러나 朝鮮時期가 되면 農法의 轉換은 어쩔 수 없는 추세로서 진행되었고, 그것도 이제 大勢上 거지반 마무리되어 가는 단계에 있었다고 하겠다.

 9) 『龍飛御天歌』第 73章 ; 『田制詳定所遵守條畫』(『遵守冊』) ; 『萬機要覽』財用篇 田結條 ; 『度支志』卷 2. 版籍司 田制部 등 참조.
10) ① 說은 白南雲, 『朝鮮封建社會經濟史』上, 1937. p. 405.
       今堀誠二, '高麗賦役考覈'(『社會經濟史學』9의 3·4·5, 1939).
    ② 說은 深谷敏鐵, '高麗의 私田租率에 관한 疑問'(『社會經濟史學』11의 11·12, 1942).
       姜晋哲, 『高麗土地制度史研究』, 1980. p. 392.
    ③ 說은 麻生武龜, 『朝鮮田制考』, 1940. p. 424.
    ④ 說은 朴興秀, '新羅 및 高麗의 量田法에 關하여'(『學術院論文集』人文·社會科學篇 11, 1972).

수준 등에 대한 理解差를 가져오게 함은 말할 것도 없다.

또 그러한 문제를 해결하려 할 때, 이 成宗年間의 公田租率의 기록과 함께 중요한 자료가 되는 것으로는 후술하는 바와 같이 史料 (12)~(15) 및 太祖年間의 什一稅(1結 租2石)의 租稅規程과 租額에 관한 기록이 있는데, 논자에 따라서는 이 자료에 대한 가치판단을 달리하는 것도 그러한 異見의 한 예이다. 즉 ① 어떤 이는 太祖年間의 什一稅를 그대로 인정은 하되 成宗年間 또는 그 후에 이르면서 4分取1로 개정되었다고 보며, ② 어떤 이는 太祖年間에 什一稅의 제도가 있었다 하더라도 그것은 이름뿐이고 실제로는 4分取1과 같은 것이었으리라 보며, ③ 또 어떤 이는 太祖年間의 什一稅를 신빙성이 없는 것으로 보고 이를 捨象해 버리기도 한다. ④ 그리고 또 다른 이는 이 什一稅의 규정을 4分取1의 자료와 마찬가지로 중시해야 할 것으로 생각하는 것 등이 그것이다.[11] 그리고 이에 따라서는 이 시기의 토지문제에 대한 이해가 크게 달라지는 것이다.

이러한 여러 見解는 물론 차이가 있다 하더라도 자료의 일부를 이용하고 있다는 점에서 전적으로 틀린 것은 아니다. 그러나 모든 자료를 합리적으로 연결시켜주지 못하고 있다는 점에서 전적으로 수긍이 가게 하는 것도 아니다.

이 시기의 田品制를 논하는 학자들 사이에 이같은 見解差가 있게 되는 것은, 근본적으로는 우리나라 土地制度에서의 結負制에 대한 이해방식에서도 연유하지만, 보다 직접적으로는 이 시기의 田品制를 자료가 말하는 그대로 3等田品으로 믿는 데 더 큰 이유가 있는 것 같다. 그리고 주로는 앞에 제시한 바와 같은 田品制에 관한 자료만을 가지고 田品의 내용을 해석하려는 데서 무리한 해석, 따라서 견해차가 있게 된 것 같다. 무리한 해석을 하려다 보니 연결이 안되는 자료는 버리게도 되고, 文字를 바꾸어 文章의 뜻을 고쳐 해석하게도 되었다. 만일에 이 시기의 田品制가 上·中·下의 3等田品이 아니거나, 또

　　　　宮嶋博史, '朝鮮農業史上에 있어서의 15世紀'(『朝鮮史叢』 3, 1980).
　11) ① 說은 白南雲, 前揭書 및 今堀誠二, 前揭論文.
　　　② 說은 姜晋哲, 前揭書, pp. 397~398 및 朴興秀, 前揭論文.
　　　③ 說은 宮嶋博史, 前揭論文
　　　④ 說은 李成茂, 前揭論文.

는 3等田品이라 하더라도 그 내용이 그렇게 단순한 것이 아니라면 어떻게 될
까 ? 이러한 의문을 가져보아야 할 것 같다. 그리고 그렇게 보아야만 이 시기
의 田品制는 바로 파악되고, 전혀 연결이 안되는 계통이 다른 자료도 연결되
며, 또 자료에 대한 무리한 해석과 거기서 오는 異見도 해소될 것으로 생각된
다. 그리고 그렇게 볼 수 있는 근거는 충분히 있는 것으로 본다. 그것은 몇
가지의 자료가 이 시기의 田品이 단순한 3等田品制가 아니었음을 말해주기
때문이다.

그 첫째는 金海에 있는 首露王陵廟의 王位田과 관련된 『駕洛國記』의 記事
이다. 『駕洛國記』는 文宗 30년(大康 2, 1076)에 金官知州事(金海府使)였던
金良鎰이 撰한 것인데,[12] 후에 一然이 이를 節略하여 『三國遺事』에 수록함으
로써 전해 오는 책이다. 그리고 이 고장의 農地는 그보다 앞서 成宗 10년(淳
化 2, 991)에 金海府量田使 趙文善에 의해서 量田되었고, 陵廟의 王位田도 이
때 그 절반이 金海府田으로 회수된 일이 있었다.[13] 그러므로 이 陵廟王位田의
記事는 최소한 成宗·文宗 연간의 현실을 반영하는 것이 된다. 그런데 이같은
陵廟王位田의 내력에 관하여 金官知州事 金良鎰은 다음과 같이 기록하고 있
는 것이다.

(6) 泊新羅第三十王法敏龍朔元年辛酉三月日 有制曰 朕是伽耶國元君九代孫仇衝王
    之降于當國也 所率來子世宗之子 率友公之子 庶云匝干之女 文明皇后寔生我者 玆
    故元君於幼沖人 乃爲十五代始祖也 所御國者已曾敗 所葬廟者今尙存 合于宗祧 續
    乃祀事 仍遺使於黍離之趾 □近廟上上田三十頃 爲供營之資 號稱王位田付屬本土[14]

즉, 신라의 文武王 法敏은 자기의 15代 外祖父인 首露王을 祭祀드리기 위
하여, 使者를 파견하여 陵廟 가까이에 있는 上上田 30頃으로서 供營의 資로
삼고, 이를 王位田이라 칭하여 金海府의 土地에 부속시켰다는 것이다. 여기서
田品과 관련하여 우리를 주목케 하는 것은 '上上田三十頃'이란 표현이다. 단지

12) 三品彰英 遺撰, 『三國遺事考證』 中, p. 315.
13) 이러한 事實은 이 『駕洛國記』의 뒤 부분에 보인다(『三國遺事』, 崔南善本 卷 2, p.
    116).
14) 『三國遺事』, 崔南善本 卷 2, pp. 113~114.

'田三十頃'이 아니라 '上上田三十頃'인 점이다. 이러한 표현이 文武王 때부터 이미 그러한 토지가 있어서 그것을 王位田으로 삼았다는 것인지는 속단하기 어렵지만, 최소한 金良鎰이 『駕洛國記』를 쓸 때의 王位田이 上上田으로 파악 되고 있던 것임에는 틀림이 없겠다. 그러므로 이 표현에 착오가 없는 것이라 면, 그리고 先入見 없이 보기로 한다면, 이때의 田品制는 그 등급 안에 上上田 을 포함하고 있는 것, 다시 말하면 上上田에서 下下田까지 있는 9等田品制이 었던 것으로 보아야 할 것이다.

물론 이 표현은 혹 단지 좋은 農地라는 뜻일 수도 있다. 그러나 그렇더라도 '上上田'이라는 표현이 나올 수 있으려면, 그러한 制度나 農村慣行이 일반화되 어 있어야 할 것이다. 더욱이 이때는 成宗·文宗 연간이어서 田品制가 제도적 으로 조정되고 있는 시기이었다. 金良鎰이 이같은 시기에 그와 같이 '上上田' 이란 표현을 쓰고 있는 것이라면, 양자가 전혀 무관하지는 않았을 것으로 생 각해야 할 것이다.

다음은 高麗後期에 稅制 전반이 재조정되던 때의 일이기는 하지만, 忠肅王 원년에 蔡洪哲 등을 5道巡訪計定使로 삼아 '量田制賦 便民事宜'를 마련케 하 였을 때의 원칙과 기준이

(7) 視州郡殘盛 均定其額[15]

하는 점이었다는 사실이다. 농민들에 대한 賦稅를 州郡의 殘盛(州郡勢), 즉 지 역차를 고려하여 정한다는 것이다. 앞에서 든 史料 (5)의 記事에 高麗의 田品 分等이 '不通計八道 只以一道分之'라고 되어 있는 것도 이와 관련이 있을 것으 로 생각된다. 그리고 이것은 高麗後期의 기록이기는 하지만, 이러한 원칙은 아마도 高麗前期에도 마찬가지였으리라 생각된다. 結의 實積이 균일하였던 高麗前期에 가령 全羅道와 江原道에서의 結當租額을 동일하게 賦課하였으리 라고는 생각되지 않기 때문이다. 朝鮮前期에 田品·租稅制度가 개정될 때의 논 의를 보면 賦稅行政에서 지역차를 고려하는 것은 자연스러웠다.[16] 아마도 成

---

15) 『高麗史』 卷 78, 食貨 1, 田制 貢賦, 中, p. 730.
16) 註 7), 18)의 貢法論議 資料 참조.

宗 연간의 公田租率에 대한 규정이 하나가 아니었던 것은 이같은 지역차의 문제와 관련이 있었으리라 여겨진다. 그리고 首露王陵廟의 王位田이 '上上田'이었던 것도 같은 사정에서라고 생각된다. 만일에 그러하였다면 田品은 農地의 비옥도를 달리하는 지역에 따라 上·中·下의 몇 등급으로 구분되었을 것이고, 또 그 地域 안에서의 田品이 자료에서 보는 바와 같이 다시 上·中·下의 3等으로 구분되었을 것이다.

셋째는 李齊賢의 策問에 보이는 高麗 土地制度에서의 田品規程이다. 그는 忠穆王 3·4년의 整治都監의 설치 및 활동과 관련하여 작성된 國王의 土地問題를 중심한 求言策問(代筆)에서, 다음과 같이 중국 고대의 井田什一制와 우리나라의 土地·租稅制度를 대비 설명하면서 그 폐단이 있는 부분에 대한 개혁 여부를 물었다.

(8) …… 我祖宗垂統守成四百年於此矣 經國之謨 取民之制 要皆合於古 而可傳於後 也 所謂內外足牛之丁 轉祿之位 役分口分加給補給之名 租稅之數 肥饒磽薄九等之 品 五種之宜 與夫曰負曰結 所以量地者 曰斗曰石 所以量穀者 其與古者經界井田 什一之法 有同不同乎 法制之行 已踰四百年旣久矣 不能無所弊 或仍或改有可不可 乎 近世來 …… 權豪之兼幷 姦猾之匿挾 所以毒於民而病於國者 紛然而作 倉廩之 入 比之江都攻守 危急之時 什不能二三焉 萬分一有三五年水旱之災 何以周其急 千百軍餽饗之費 何以共其用乎 …… 諸生皆有志於國家 請言其可以有爲之說[17]

그런데 그는 이 글에서 4百年來의 高麗 土地制度의 기본 골격을 摘記하면서 그 田品에 관하여는 '肥饒磽薄九等之品'이라고 말하고 있는 것이다. 이는 高麗의 농지가 肥饒와 磽薄을 헤아려서 9等級의 田品으로 구분되어 있다는 말이다. 물론 그는 忠烈王代에서 恭愍王代를 살았던 인물이므로, 이러한 9等 田品은 앞에서 들었던 바 史料 (7)이나 그 후 있게 되는 일련의 제도개혁과도 관련하여 새로이 마련된 田品일 수도 있다. 그렇다면 이 자료는 高麗前期의

17) 『益齋亂藁』 卷 9 下, 策問(『高麗名賢集』 2, pp. 331~332). 이 策問과 관련되는 整治都監의 設置 및 활동에 관해서는 다음 閔賢九 교수의 연구가 있어서 이 策問이 나가게 되는 사정을 잘 알 수 있다.
　閔賢九, '整治都監의 設置經緯'(『國民大論文集』 11, 1977) 및 '整治都監의 性格' (『東方學志』 23·24, 1980).

사실에 직선적으로 적용될 수는 없을 것이다. 그러나 그의 문맥으로 보면 그런 것 같지는 않다. 그는 그같은 高麗의 土地·租稅制度가 중국의 '井田什一之法'과 같은지 아닌지를 묻고, 이어서는 '法制之行 已踰四百年旣久矣 不能無所弊 或仍或改 有可不可乎'라고 하여 4百年來의 制度(폐단이 생긴)에 대한 改革 여부를 묻고 있는 것이다. 이에서 보면 그는 자신이 摘記하고 있는 高麗 土地·租稅制度의 골격, 그리고 그 가운데 일부인 '肥饒磽薄九等之品'으로서의 田品을 國初로부터 있어 온 제도로 생각하면서 쓰고 있는 것으로 보아도 좋을 것 같다. 다만 이 策問에서는 이 9等田品에 대하여 더 이상의 구체적인 언급이 없는 것이 아쉽다.

　위에서 우리는 高麗時期의 田品에 관하여 일반 史書와는 다른 몇 가지 자료를 들었다. 몇 건의 예에 불과하지만, 이는 이 시기의 3等田品에 대하여 재검토를 필요로 하는 충분한 근거가 되리라고 생각한다. 그러나 우리는 이같은 자료가 종래의 3等田品에 관한 자료의 내용을 전면적으로 부정하는 것이라고는 생각되지 않는다. 가령 이들 자료가 말하듯이 이 시기의 田品이 9等田品이었다 하더라도, 그것이 1等田에서 9等田까지 그 등급이 숫자로 매겨져 있는 새로운 체계의 9等田品은 아닐 것이며, 또 우리가 이미 알고 있는 앞에서 제시한 바와 같은 3等田品의 자료와도 무관하지 않으리라 생각한다. 숫자로 배열된 9等田品은 아직은 자료상에 그 흔적이 보이지 않는다. 麗末鮮初의 田籍에서도 그 田品은 다만 上·中·下로 기록되고 있었다.[18] 그리고 보면 그 9等田品은 上等·中等·下等으로 표현되는 종래의 田品 규정에 관한 여러 자료 속에 존재하고, 따라서 그 실체는 그 속에서 찾아야 하는 것이라고 하겠다.

3. 租率과 租額

　田品을 정하는 이유는 租稅의 賦課를 합리적으로 하려는 데 있었다. 그러므로 田品과 租額은 항상 표리관계에 있게 된다. 田品이 바로 세워지면 租額도

---

18)『世宗實錄』卷 78, 世宗 19年 7月 丁酉, 4冊, p. 87.

공평하게 부과되고, 租額이 공평할 때는 田品 규정에도 무리가 없음을 뜻한
다. 田品과 租稅의 이같은 관계는 지금 우리가 이 문제를 연구하는 데에서도
마찬가지다. 田品資料의 부족으로 인해서는 租額의 파악이 어려웠고, 租額자
료의 불충분으로 인해서는 田品의 파악이 또한 어려웠다. 그러나 그런 까닭으
로 田品이나 租額에 관한 새로운 단서가 제시되어 그 실체가 더욱 분명하게
드러나면, 다른 하나도 그에 따라 그 내용이 더욱 정확하게 파악될 수 있다.

　高麗時期의 租額에 관해서는 田品에 관해서와 마찬가지로 異論이 많았다.
이 시기의 租稅에 관해서는 租率이나 租額에 관한 기록이 몇 건씩 있지만, 그
것을 3等田品과 관련시켜 해석하려 할 때 연구자마다 그 組合의 방법을 달리
하였기 때문이다. 그리하여 그 결과 이 시기의 土地制度·經濟制度, 따라서 封
建支配層의 農民收奪의 실상은 논자마다 다르게 파악되고 있었다. 그러므로
이 시기의 土地制度·經濟制度를 바르게 이해하기 위해서는 田品制와도 관련
하여 이 租稅制度를 또한 정확하게 이해하지 않으면 아니되는 것이라고 하겠
다. 그리고 그것을 해명하는 길은 田品制를 파악하는 데 있는 것이기도 하다.
앞에서 우리는 高麗時期의 田品이 단순한 3等田品制가 아님을 지적하였거니
와, 이러한 사실은 이와 관련되는 租率·租額을 이해하는 데도 중요한 근거가
된다.

　이 시기의 租는 자료에 의하면 두 종류가 있었다. 2分取1, 3分取1, 4分取1
하는 租와 10分取1하는 租가 그것이다. 그 중에서 앞의 3者는 封建支配層의
地代徵收와 관련되는 租였고, 後者는 集權封建國家의 租稅로서 징수되는 租
였다.

　地主層이 私有地에서 地代를 징수할 경우의 租는 본시 田主와 佃戶가 그 所
出을 分半·竝作半收하는 것이 관례였다. 地主가 全所出의 2분의 1을 수취하
도록 되어 있는 것이었다. 그것은 田柴科制度, 즉 收租權을 분급하는 土地制
度와는 관계없이 형성되고 있는, 私的 土地所有權에 바탕을 둔 封建的인 經濟
制度였다. 田柴科制度가 성립되기 전인 光宗 24년(973) 12월判에

　(9) 陳田墾耕人 私田則 初年所收全給 二年始與田主分半[19]

이라고 한 것에서, 우리는 그러한 사정을 엿볼 수 있다. 그리고 이 규정은 그후 田柴科制度가 성립 실시되고 있었던 睿宗 6년(1111) 8월에 이르러서 좀더 다듬어져서 다음과 같이 되었지만,

(10) 三年以上陳田 墾耕所收 兩年全給佃戶 第三年則與田主分半 二年陳田 四分爲率
一分田主三分佃戶 一年陳田 三分爲率 一分田主 二分佃戶[20]

여기서도 역시 地代의 징수는 궁극적으로 田主와 佃戶가 分半하는 것으로 되어 있음을 볼 수 있는 것이다. 그러나 그러면서도 경우에 따라서는 그 地代가 3分取1이 되기도 하고 4分取1이 되고도 있음을 볼 수 있다. 이는 특별한 경우인 것으로서, 가령 이 자료에서 보듯이 농민이 自己資力으로 地主의 陳田을 개간하였을 경우 일정 기간의 일이었다. 말하자면 封建地主層의 地代 징수는 2分取1하는 것이 원칙이었지만, 佃戶農民層의 資力이나 勞力이 평상시의 佃作에서보다도 더 많이 투입되었을 경우에는, 地主層은 地代를 일정한 정도로 경감하여 3分取1이나 4分取1하노록 되어 있는 것이 이 시기의 제도이고 農業慣習이었다.

4分取1하는 租는 私有地 地主經營에서는 특별한 경우이고, 따라서 흔히 있고 광범하게 행해지고 있는 현상은 아니었다. 그러나 公田(國家所有地)의 경우에는 이러한 私有地에서의 地主經營과는 좀 달랐다. 公田의 地主經營은 私有地의 그것보다 그 租率이 佃戶農民들에게 유리하였다. 앞에서 들었던 史料 (9)의 光宗 24년 12月判에는 私田의 墾耕과 더불어 公田의 墾耕에 대해서도 다음과 같이 말하고 있는데, 이것은 그 예가 되는 것이겠다.

(11) 陳田墾耕人……公田 限三年全給 四年始依法收租[21]

즉, 私田(私有地)에서는 起墾者가 처음 1년간만 全收할 때, 公田에서는 3년간을 起墾者가 全收하고, 第4年度에 들어서야 비로소 地主가 '依法收租'하도

---

19) 『高麗史』 卷 78, 食貨 1, 田制 租稅, 中, p. 726.
20) 『高麗史』 卷 78, 食貨 1, 田制 租稅, 中, p. 727.
21) 註 19)와 同.

록 되어 있는 것이었다. 이때의 '依法收租'가 구체적으로 어느 정도의 租率을 말하는 것인지 이 기록에서는 분명치 않지만, 이 자료에 이어서 나오는 史料 (2) 成宗 11年(922)判의 '公田租四分取一'의 규정은 이것과 무관하지 않으리라고 생각한다. 私田의 경우를 '分半'이라고 하면서 公田의 경우 '依法收租'라고 한 것은 그 때문이라고 생각된다. 그렇다면 公田 地主經營에서 租率은, 私有地 地主經營의 그것보다, 그 率 자체만으로서는 가벼웠다고 하겠다.

물론 이 경우의 公田은 모든 公田을 뜻하는 것은 아니었다. 公田은 3科公田으로 구성되는데,[22] 그 중에서도 이 公田은 흔히 公田으로 불리울 수 있고 국가가 地主로서 租, 즉 地代를 징수할 수 있는 公田이었다. 그것은 이 4分取1의 규정이 '凡公田租 四分取一'이 아니라 단지 '公田租 四分取一'이었던 점에서 그렇게 이해할 수 있다. 그리고 3科公田 가운데에는 王室의 農莊과 같이 分半收租를 하는 公田도 있고, 단지 國家가 什一稅를 收租하는 公田(民田)도 있었기 때문이다. 그러므로 이 '四分取一'의 규정이 적용되는 公田은 아마도 國家所有地로서 각급 官廳에 소속된 특정한 農地였던 것으로 생각할 수 있겠다. 그리고 국가가 이와 같이 公田의 地主經營에서 兩班支配層의 私有地 地主經營에서보다 輕率의 租를 징수하였던 것은, 佃戶農民들에 대한 평상시의 勞役 수탈이나 公田形成時의 勞力動員 등이 많아서 이에 대한 보상을 고려한 때문이라고 생각된다.

封建國家가 民田에서 租稅를 징수할 경우의 租는 제도적으로 '什一租', 즉 10分取1하는 것이 理想이었다. 그리고 그것은 高麗의 경우라면 그 太祖에 의해서 시행된 것으로 알려지고 있다. 太祖가 즉위한 후 곧 취한 農政策은 그것이었다. 널리 알려진 사실이지만, 이것은 '天下通法'·'舊法' 등으로 칭해지기도 하는 제도였다. 그것은 이 시기의 史書에 보이는 다음 기록에서 잘 볼 수 있다.

(12) 太祖元年七月 謂有司曰 泰封主 以民從欲 惟事聚歛 不遵舊制 一頃之田 租稅六碩 管驛之戶賦絲三束 遂使百姓 輟耕廢織 流亡相繼 自今租稅征賦 宜用舊法

---

22) 旗田巍, 『朝鮮中世社會史의 硏究』 第10章, 高麗의 公田.
    姜晋哲, 『高麗土地制度史硏究』 第5章, 公田支配의 諸類型 참조.

(13) 秋七月詔曰 泰封主 以民從欲 惟事聚斂 不遵舊制 一頃之田 租稅六碩 置驛之戶 賦絲三束 遂使百姓 輟耕廢織 流亡相繼 自今租稅征賦 宜用天下通法 以爲恒例

(14) 太祖龍興 卽位三十有四日 迎見群臣 慨然嘆曰 近世暴斂 一頃之租 收至六石 民不聊生 予甚憫之 自今宜用什一 以田一負 出租三升 遂放民間三年租[23]

高麗 太祖가 즉위하였을 때, 즉 後三國의 혼란기에는 농민들에 대한 수탈이 심해서 1頃(結)에서 租稅를 6石씩이나 징수했으므로 농민들은 살 수가 없었다. 그래서 太祖는 즉위하자 곧 '舊法'·'天下通法'으로서의 '什一'稅法을 채택하여 租稅를 1負에서 3升, 즉 1結(頃)에서 2石씩 내게 했다는 것이다. 太祖의 租稅政策은 말하자면 10分取3(1結 6石)까지 하고 있었던 租額을 10分取1(1結 2石)로 경감한 것이었다. 평상시라면 생각할 수 없는 파격적인 조정이었다. 그리하여 그 후 이것은 高麗의 租稅制度로서 정착하고, 高麗人들은 그렇게 믿었다. 白文寶와 趙浚 등이

(15) (恭愍王)十一年 密直提學白文寶上箚子 國田之制 取法於漢之限田 十分稅一耳. 祖宗之取民 止於什一而已 今私家之取民 至於十千[24]

이라고 하였음은 바로 그러한 믿음의 표현이었다. 물론 이러한 제도가 그대로 지켜졌느냐 하는 것은 별개의 문제이다. 지켜지지 않았기 때문에 이들은 이것을 문제삼고 있는 것이었다. 그래서 이같은 什一稅法, 즉 10分取1의 租稅制度에 대해서는 부정적인 입장을 취하는 견해도 있다. 그러나 제도와 운영은 일단은 분리하여 생각하는 것이 합리적이다. 그러한 점에서 10分取1의 租稅制度를 거부할 필요는 없겠다. 李成茂 교수는 앞의 논문에서 이를 특히 강조하였는데, 필자도 같은 생각이다. 그뿐만이 아니라 한걸음 더 나아가서 이 시기의 田品·租稅制度 및 土地制度 전반을 바로 이해하기 위해서는 이 10分取

23) 『高麗史』 卷 78, 食貨 1, 田制 租稅, 中, p. 726.
『高麗史節要』 卷 1, 太祖 元年 7月, p. 11.
『高麗史』 卷 78, 食貨 1, 田制 祿科田, 中, p. 715.
『高麗史節要』 卷 33, 昌王 卽位年 7月, p. 829.
24) 『高麗史』 卷 78, 食貨 1, 田制 租稅, 中, p. 728 및 田制 祿科田, 中, p. 716.

1, 즉 什一稅의 규정에 깊이 유의하고 이를 활용할 수 있어야 할 것이라고 생각된다.

지금까지 우리는 자료에 나타나는 두세 가지 租의 用法을 살폈거니와, 그 중 私有地 地主經營에서 分半收租하는 租는 田品制와는 직접 관계가 없겠다. 이 시기의 田品制와 관련이 있고, 따라서 田品制를 파악하는 데 관계가 있는 租는 成宗朝에 제정된 史料 (2)의 '公田租 四分取一'하는 租와 그 이전에 '依法收租'하던 租 및 太祖 때에 제정된 史料 (12)~(15)의 '什一稅'로서의 租였다. 앞의 2者는 국가의 公田 地主經營에서의 地代收取와 관련되는 租이고, 後者는 국가의 民田에 대한 租稅收取와 관련되는 租였다. 이같이 이 두 租資料는 그 계통과 성격을 달리하는 것으로서, 高麗國家의 처음부터 마지막까지 각각 별개의 제도로서 존재한 것이었다. 흔히 운위되듯이 太祖年間에는 什一稅였던 것이 成宗年間에 이르러서 租率이 높아져서 4分取1이 되고 있는 것은 아니었다. 우리가 이 시기의 田品·租稅制度를 정확히 이해하려면 이 점을 분명히 구분해서 파악해야 할 것이다.

그러나 그러면서도 이 두 계통의 자료에는 공통되는 점이 있었다. 그것은 어느 경우를 막론하고 그 租를 수취하기 위해서는 田品制를 바탕으로 하고 있었다는 사실이다. 그리고 그럴 경우 그같은 田品制는, 국가의 公田 地主經營으로부터의 地代收取나 民田으로부터의 租稅收取의 어느 경우에도 적용되는, 공통의 제도였다는 점이다. 田品制에 公田經營의 地代收取로 이용되는 것과 民田의 租稅收取로 이용되는 것 등 별개의 것이 따로 있을 수는 없었다. 국가가 量田事業을 통하여 農地의 肥饒瘠薄을 헤아려서 田品等第를 정한 후에는, 公田 地主經營에서도 이 田品에 따라 租(4分取1)를 수취하고, 일반 民田에서도 이 田品에 의거하여 租稅(10分取1)를 수취하고 있는 것이었다. 말하자면 이 시기의 田品制를 찾으려면 이 양자의 조건을 충족시킬 수가 있어야만 하는 것이겠다.

이같은 전제가 세워지면 田品에 따르는 租額을 찾는 일은 그렇게 어려운 것이 아니다. 우리는 이 시기의 田品을 단순한 3等田品이 아니라 9等田品이라고 하였는데, 이 시기의 租額도 이러한 田品에 따라 정연하게 책정되어 있었음을 볼 수가 있을 것이다.

9等田品과 그에 따르는 租額을 찾는 데 단서가 되는 것도 우리가 이미 잘 알고 있는 成宗 11年判 公田租率(4分取1)에 관한 자료이다. 이 자료에는 田品과 그 租額을 기록한 것이 두 가지가 있어서, 하나는 本文으로서 그리고 다른 하나는 細註로서 기록되어 있다. 그런데 이 두 田品 자료는 어느 것을 버리고 어느 것을 취할 수 있는 것이 아니며, 또 둘을 합해서 上限과 下限으로서 처리할 수 있는 것도 아니다.[25] 이것은 모두 9等田品 속에 포함시켜서 처리해야 하는 자기 소임이 있는 자료라고 생각한다. 앞에서 언급했듯이, 9等田品은 1等田에서 9等田까지 均差를 두고 배열한 것이 아니라, 農地의 肥沃度에 따라 세 지역으로 구분하고, 그 지역 안에서 다시 地品을 따라 田品을 上等·中等·下等으로 구분하는 그러한 9等田品이었다. 그러므로 이 자료가 보여주는 本文의 田品과 細註의 田品은, 9等田品의 체계 속에서, 각각 지역을 달리한 어떤 지역 — 本文은 C 地域 細註는 B 地域이라고 하자 — 의 田品과 租額을 기록한 것에 불과한 것이라고 하겠다. 말하자면 9等田品 가운데 6等田品이 이 두 田品 자료로서 표시되고 있는 것이다.

그런데 이 두 田品 자료 중에서도, 上等·中等·下等의 田品과 그 田品에 따르는 租額을 정하는 데, 일정한 원칙을 잘 나타내고 있는 것은 細註로서 기록한 B 지역의 자료이다. 이제 그것을 表로 작성하고 자세히 살피면(〈表 2〉 租額 1/4 부분 참조), 田品等第와 租額을 정하는 원칙은 다음과 같았음을 알 수 있다.

① 水田에서의 田品과 租額은 上等·中等·下等의 田品에 따라 15斗(1石)씩의 租額의 차를 둔다.
② 旱田에서의 田品과 租額은 上等·中等·下等의 田品에 따라 7.5斗씩의 租額의 차를 둔다.
③ 旱田 租額은 水田 租額의 절반으로 한다.

---

25) 本文과 細註를 上限과 下限으로 처리하는 것은 합리적인 것같이 보인다. 그러나 이렇게 하면 上等의 下限과 中等의 上限 및 中等의 下限과 下等의 上限 사이의 所出에 대해서는 租稅를 賦課하지 않는 것으로 된다. 그 사이에는 1石, 즉 15斗의 空白地帶가 있게 된다. 租稅를 升合勺에 이르기까지 세분해서 賦課하면서 이 空白地帶에 대해서 유의하지 않았으리라고는 생각되지 않는다. 또 실제로 租稅를 부과할 때 이같은 上限·下限制는 불필요한 것이라고도 생각된다. 下等 이상은 中等, 中等 이상은 上等으로 매기는 것이 훨씬 더 자연스럽기 때문이다.

田品等制는 農地의 비옥도, 따라서 農作物의 所出의 다과를 헤아려서 정하고, 그것에 의해서 租稅를 징수하려는 것이므로, 이와 같이 田品에 따라 租額에 균일한 차등을 둔 것은 합리적이었다. 그리고 우리나라 中世에서는 旱田의 所出, 즉 黃豆는 水田의 소출, 즉 糙米의 반값에 해당하는 것으로 생각되고 있었으므로,[26] 水·旱田 사이의 租額에 이같은 차등을 둔 것도 납득할 수 있는 일이라 하겠다.

한 地域에서 이같이 田品等制와 租額을 정하는 원칙이 세워지면, 그 원칙은 다른 지역의 그것에도 적용되지 않으면 안 될 것이다. 田品을 정하는 데 지역에 따라 그 원칙을 달리할 수는 없었을 것이기 때문이다. 그런데 本文, 즉 C 지역의 田品 자료를 보면 일정한 원칙이 없음을 볼 수 있다. 이것은 납득하기 어려운 일이며, 분명 기록상의 착오로 봄이 좋겠다. 이 점을 밝히고 그것을 바로잡은 이는 여러 사람 있었다.[27] 이제 이들 諸氏가 바로잡은 바에 따라 이 C 지역에서의 田品과 租額을 살피면(〈表 3〉 租額 1/4 부분 참조), 그것은 B 지역의 租額과 숫자상의 차이만 있을 뿐, 田品에 따라 租額을 정하는 원리 원칙이 같음을 알 수 있다. 즉

① 水田에서의 田品과 租額은 上等·中等·下等의 田品에 따라 15斗(1石)씩의 租額의 차를 둔다.
② 旱田에서의 田品과 租額은 上等·中等·下等의 田品에 따라 7.5斗씩의 租額의 차를 둔다.
③ 旱田 租額은 水田 租額의 절반으로 한다.

는 점 등을 볼 수 있는 것이다. 그것은 9等田品이라고 하는 하나의 田品制 내에서의 일이기 때문에 너무나도 당연한 일이 아닐 수 없었다.

---

26)『世宗實錄』卷 104, 世宗 26年 6月 甲申, 4冊. p. 561.
　　傳旨議政府六曹曰 田制所啓…… 或者曰 旱田水田 雖曰每結三十斗 然水田則糙米 旱田則黃豆也 黃豆三十斗 折糙米十五斗 則水田旱田 租稅相去遠矣……若論其價 則黃豆半於糙米 若論所出 黃豆與糙米 其實則同也
27) 今堀誠二, 前揭論文.
　　深谷敏鐵, 前揭論文.
　　姜晋哲, 前揭書, p. 394.

우리는 이와 같이 成宗 11年判의 두 田品租額 자료를 이 시기의 9等田品制를 구성하는 B·C 두 지역의 田品과 租額인 것으로 보는 바이지만, 9等田品制가 밝혀지려면 다른 또 하나의 지역 ― A 지역이라고 하자 ― 의 田品과 租額을 찾지 않으면 안 될 것이다. 이 A 지역에 관해서는 史料 (2) 成宗 11年判의 田品租額 자료에는 언급이 없지만, 아마도 그것은 B·C 두 지역의 田品租額이 법으로서 제정 첨가되기 이전부터 실시되고 있었던, 원래의 田品租額이 아니었을까 생각한다. 그리고 그 원래의 田品租額은, 그보다 약 20년 전인 앞에서 이미 들었던 바 史料 (11) 光宗 24년(973) 12월의 陳田開墾에 관한 자료 속에, '陳田墾耕人……公田 限三年全給 四年始依法收租'한다고 한 '依法收租'의 내용이 바로 그것이 아닐까 생각한다. 그리하여 公田租(4分取1)는 본시는 이 규정 하나만으로 시행되던 것이, 그 후 약 20년이 지난 成宗 11년(992)에 이르러서는, 어떤 사정으로 인해서 이를 세분하여 租稅를 보다 합리적으로 수취할 필요가 있게 되고, 따라서 B·C 두 지역에 적합한 田品租額을 새로 더 작성하여 공포 시행토록 한 것이 아닐까 생각되는 것이다

그러면 그같은 본래의 田品租額은 어떤 것이었을까 ? 우리가 이것을 찾는 데 있어서 여기서 기준으로 삼을 수 있는 것은, 본래의 田品租額도 그것을 정하였던 바 원칙은, 새로 제정 첨가한 B·C 지역의 원칙과 같았으리라는 점이다. 그리고 본래의 田品租額, 즉 A 지역의 田品租額이 그러하였을 때, A·B·C 지역간에 차이를 두는 원칙도 같았으리라는 점이다. 하나의 田品制(9等田品)를 마련하는 데, 全田品에 일관하는 원칙이 없이 지역에 따라 다른 원칙을 적용했으리라고는 생각되지 않기 때문이다. 그리고 이같이 본래의 田品租額, 즉 A 지역의 田品租額을 찾으려 할 때, 우리는 그것을 成宗年間에 새로 제정한 B 지역의 그것보다도 多額일 경우와 C 지역의 그것보다도 少額일 경우를 생각할 수 있겠는데, 그것을 분간하는 데는 이 시기의 什一租의 租額이나 結實積 등이 기준이 될 것이다.

이러한 관점에서 먼저 B 지역(細註)과 C 지역(本文)의 동일 田品 사이의 租額上의 差를 살피면, 上等·中等·下等의 어느 경우를 막론하고 水田은 11.25斗, 旱田은 그 절반인 5.625斗임을 확인할 수 있다. 이것을 알기 쉽게 표시하면 아래 표와 같다.[28] 즉 B 지역과 C 지역의 동일 田品間에는 그 租額

에 균일한 차등이 있음을 보는 것이다. 이것은 B 지역과 C 지역 사이에 지역
차를 두는 데 일정한 원칙이 있었음을 뜻하는 것이다. 그렇게 보면 본래의 田
品租額이 실시되었던 지역, 즉 A 지역에서 B·C 지역을 분리하여 새로운 田
品租額을 결정하려 하였을 때, A 지역과 B 지역 또는 A 지역과 C 지역 사이
에도 지역차를 두는 데 일정한 원칙이 있었을 것임을 예상할 수 있다. 그리고
그럴 경우 그같은 지역차의 원칙은 9等田品制 내에서의 일이므로, B 지역과
C 지역 사이의 지역차의 원칙과 같았을 것으로 생각된다.

이같은 推定이 인정될 수 있다면, A 지역의 田品租額은 B 지역의 각 田品
等第의 租額에 11.25斗(水田)와 5.625斗(旱田)를 加한 것이 되거나, C 지역
의 그것에서 11.25斗(水田)와 5.625斗(旱田)를 減한 것이 될 것이다. 그리고
그 중에서 맞는 것은 前者일 것으로 筆者는 생각한다. 그것은 무엇보다도 國
初의 租稅制度는 史料 (11)~(15)에 제시한 바와 같이 什一稅였고, 그 額數
는 1結 30斗였는데, 이러한 什一稅의 租額과 관련되는 田品을 찾으려면 B 지
역의 田品租額보다도 많아져야 하기 때문이다. 그리고 이때 1結(頃)의 實積은
旱田의 경우 150斗落이나 되었으므로,[29] C 지역의 田品租額보다도 田品租額

28) B·C 地域 同一田品間의 租額差

地 目	田 品	B 地域 租額	C 地域 租額	B · C 地域間의 租額差
水 田	上 等	67.5斗	56.25斗	11.25斗
	中 等	52.5	41.25	11.25
	下 等	37.5	26.25	11.25
旱 田	上 等	33.75	28.125	5.625
	中 等	26.25	20.625	5.625
	下 等	18.75	〈13.125〉	5.625

29) 高麗前期 結의 實積이 얼마나 되는 것이었는지는 論者마다 그 견해가 다르다. 필자
도 前稿 '高麗時期의 量田制'(『東方學志』16 ; 本書所收)에서 이를 검토한 바 있었
다. 여기서는 이를 다시 언급할 여유가 없으나, 頃과 結이 동일시되던 때의 頃의 面
積은 田의 경우 150斗落이었다는 사실에 유의할 필요가 있겠다. 우리는 그것을 유
명한 安吉의 饒木田에 관한 故事에서 볼 수 있다.
  以星浮山(一作星損乎山—慶州 南山의 남쪽)下 爲武珍州上守饒木田 禁人樵採 人不
敢近 內外人欽羨之 山下有田三十畝 下種三石 此田稔歲 武珍州亦稔 否則亦否云(『三
國遺事』卷 2, 文虎王法敏, p. 75)
  이라고 하였음이 그것이다. 30畝가 3石落, 즉 45斗落이었다면, 1頃(100畝), 즉 1

이 더 이상 아래로 내려갈 수는 없기 때문이다.[30]

이러한 이유로 본래의 田品租額, 즉 A 지역의 그것을 B 지역의 田品租額에 다 11.25斗(水田)와 5.625斗(旱田)를 더한 수치로서 산출하면, 水田에서의 4 分取1의 租額은 上等 78.75斗, 中等 63.75斗, 下等 48.75斗이고, 旱田의 그 것은 上等 39.375斗, 中等 31.875斗, 下等 24.375斗가 된다. 필자는 이것이 高麗初期, 즉 成宗 11年判의 田品租額이 제정 첨가되기 이전에 시행되고 있 었던 4分取1의 田品租額이고, 또 成宗 11년 이후에는 上等지역·A 지역에서 收取하던 田品租額이었다고 생각한다. 이제 이 수치를 통해서 10分取1의 租 額과 각 田品에서의 所出을 산출하면 〈表 1〉과 같이 된다. 그리고 이에 준해 서 B 지역과 C 지역에서의 租額과 所出도 아울러 산출하면 〈表 2〉〈表 3〉을 작성할 수 있다. 그리고 이를 더욱 명료하게 그림으로 표시하면 〈圖 1〉의 9等 田品圖와 같이 되기도 한다.

이 계산을 통해서 보면 A 지역에서의 10分取1의 租額은 水田은 上等이 31.5斗, 中等이 25.5斗, 下等이 19.5斗이고, 旱田은 그 반인 上等이 15.75 斗, 中等이 12.75斗, 下等이 9.75斗가 되며, B 지역과 C 지역에서의 租額은 각각 표에서 보는 바와 같다. 10分取1의 租額에서도 지역과 田品에 따라 이만 한 차등을 두고 이를 징수하는 것이 이 시기의 租稅政策이었다고 하겠다. 그 리고 高麗初期에는 아마도 4分取1의 公田의 경우에서와 마찬가지로, 이 A 지 역의 田品租額만으로 租稅를 징수하다가, 점차 제도가 정비되는 데 따라 成

結은 150斗落의 면적인 것이다. 그리고 이 30畝의 繞木田은, 安吉의 고향인 武珍州 (光州地方)의 每年每年의 作況을 판단하는 기준이 되고 있었던 점으로서 보면, 비옥 한 農地로서 不易常耕을 하는 農地였을 것이라고 생각된다.

30) C 地域보다도 租額이 낮을 경우의 租額 및 所出을 산출해 보면 다음과 같다.

地 目	田 品	租 額(1/4)	租 額(1/10)	所 出
水 田	上 等	45.0斗	18.0斗	180斗(12石)
	中 等	30.0	12.0	120 (8)
	下 等	15.0	6.0	60 (4)
旱 田	上 等	22.5	9.0	90 (6)
	中 等	15.0	6.0	60 (4)
	下 等	7.5	3.0	30 (2)

〈表 1〉   A 지역의 田品租額과 所出

地 目	田 品	租 額(1/4)	租 額(1/10)	所 出
水 田	上 等	78.75斗	31.5斗	315斗(21石)
	中 等	63.75	25.5	255 （17 ）
	下 等	48.75	19.5	195 （13 ）
旱 田	上 等	39.375	15.75	157.5 （10.5）
	中 等	31.875	12.75	127.5 （ 8.5）
	下 等	24.375	9.75	97.5 （ 6.5）

〈表 2〉   B 지역의 田品租額과 所出

地 目	田 品	租 額(1/4)	租 額(1/10)	所 出
水 田	上 等	67.5斗	27.0斗	270斗(18石)
	中 等	52.5	21.0	210 （14 ）
	下 等	37.5	15.0	150 （10 ）
旱 田	上 等	33.75	13.5	135 （ 9 ）
	中 等	26.25	10.5	105 （ 7 ）
	下 等	18.75	7.5	75 （ 5 ）

〈表 3〉   C 지역의 田品租額과 所出

地 目	田 品	租 額(1/4)	租 額(1/10)	所 出
水 田	上 等	56.25斗	22.5斗	225斗(15石)
	中 等	41.25	16.5	165 （11 ）
	下 等	26.25	10.5	105 （ 7 ）
旱 田	上 等	28.125	11.25	112.5 (7.5)
	中 等	20.625	8.25	82.5 (5.5)
	下 等	缺〈13.125〉	〈5.25〉	52.5 (3.5)

宗 11년에 이르는 어느 시점에서는 9等田品制가 확립하고, 이에 따라서는 10
分取1의 租額도 지역별로 더 세분화되었을 것으로 생각된다. 그러므로 이와
같이 租額을 계산하고 보면 太祖가 什一稅를 채택하여 1結에 租 30斗를 받도
록 명했다고 하는 것에 무리는 없는 것이며, 따라서 그것은 그대로 믿어야 하
는 것이라고 하겠다.[31] 더욱이 그 후 9等田品이 정해진 후에는, 그것은 모든

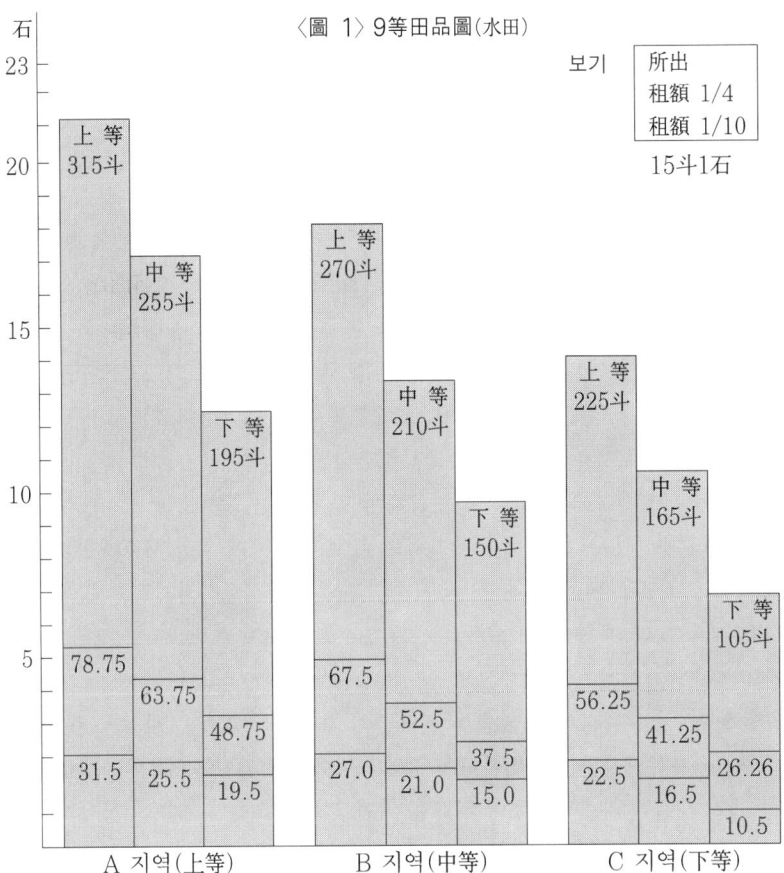

〈圖 1〉 9等田品圖(水田)

農地에 대해서 그러하였던 것이 아니라 上等地域의 上等水田에 대해서, 즉 上限이 그러하였을 뿐이고, 일반적으로는 田品에 따라 租額이 그 이하로 내려가

31) 다만 이 경우 太祖의 什一稅는 1結 30斗라고 이해되고 있었는 데 대하여, 우리의 계산은 31.5斗가 되고 있어서 정확하게 일치하지는 않는다. 이같은 差에 대해서는 趙浚이 太祖의 什一稅를 말할 때 대략 1負 3升, 1結 30斗란 뜻으로 말했을 경우와, 太祖 때 30斗 원칙이었던 것이 田品制가 새로 마련되면서 計算上 정확하게 31.5斗로 되었을 경우를 생각할 수 있겠는데, 筆者는 후자의 가능성이 크지 않을까 생각한다. 太祖의 什一稅 1結 30斗에 관한 詔勅은 즉위하자마자 곧 발표한 것이므로, 田品租額에 관한 세세한 내용은 아직 마련되어 있지 않았을 것이며, 따라서 大原則만이 그와 같이 발표되었을 것으로 생각되기 때문이다.

는 경우가 많았을 것이므로, 그것은 더욱 신빙성이 있는 것이라고 하겠다.

이와 같이 表와 圖를 작성하고 그 내용을 일람하면 〈表 1〉의 A 지역은 地品이 좋은 上等地域이고, 〈表 2〉의 B 지역은 地品이 보통인 中等地域이며, 〈表 3〉의 C 지역은 地品이 척박한 下等地域이었음을 알 수 있다. 高麗의 田品制는 이같이 3等의 지역차를 設하고, 그 안에서 다시 地品을 上等·中等·下等으로 3分하는 그러한 田品制였다. 史料 (8)에서 李齊賢이 말하는 '肥饒磽薄九等之 品'은 이러한 田品制를 말하는 것으로 생각되며, 史料 (6) 『駕洛國記』의 首露 王陵廟王位田이 '上上田'이었음도 이러한 田品制 속에서의 上等地域의 上等田 을 뜻하는 것이라 생각된다. 그러므로 高麗의 田品制는, 그것을 3等田品이라 고 할 때 단순한 3等田品이 아니며, 또 9等田品이라고 할 때 일반적 구분법으 로서의 9等田品도 아닌, 그러한 田品制였다고 하겠다.

租額에 관하여 우리가 끝으로 언급해야 할 문제는 歲易田의 경우에 관해서 이다. 歲易田의 田品은 앞에서 史料 (1)로 제시한 바와 같이 文宗 8년의 田品 規程에서 不易田은 上, 1易田은 中, 再易田은 下로 규정되었으므로, 租額은 각각 그에 따라 부과되었을 것이다. 그러나 歲易田도 그 土地의 肥瘠은 지역 에 따라 차이가 있었을 것이므로, 그 田品은 지역을 달리해서 책정될 필요가 있었을 것이며, 따라서 그 租額은 지금까지 우리가 정리해온 바 9等田品의 체 계 속에서 각 지역의 中等田이나 下等田으로서 부과되었을 것이다. 그리고 그 럴 경우 旣述한 바 9等田品의 租額은 매년 1結當 그만한 額數를 상납케 하는 것을 뜻하는 것이지만, 歲易田의 경우는 경작을 한 농지에 한해서 그 租額을 부과하고 징수하였을 것이다. 가령 史料 (1) 文宗 8年의 歲易田 자료에서 山 地歲易田과 平地不易田과의 結의 비교를 '不易山田一結 准平田一結 一易田二 結 准平田一結 再易田三結 准平田一結'이라고 한 것에서는 그러한 사정을 엿 볼 수 있다. 다시 말하면 어떤 농민이 3結의 농지를 소유하고 이를 반씩 1易 田으로서 경작하였다면 그는 매년 그 지역 中等田의 1結 50負의 租額을 수납 하였을 것이고, 3분의 1씩 再易田으로서 경작하였다면 해마다 그 지역 下等 田의 1結의 租額을 상납하였을 것이다.

그리고 보면 高麗國家의 租稅行政은 지극히 복잡한 것이었다고 하겠다. 특 히 兩班支配層에게 收租權을 분급할 경우를 생각하면 더욱 그러하였다. 封建

政府로서는 이같은 이중 삼중의 租稅體系를 단일화하여 원활하게 운영할 필요가 있었을 것이다. 그러기 위해서는 이 복잡한 租稅徵收의 규정을 하나의 단위로 포괄할 수 있는 제도적 장치가 필요하였을 것이다. 田丁을 중심으로 한 足丁·半丁의 제도는 여기에서 마련되었을 것으로 생각된다.

4. 結 所出의 吟味

앞에서 우리는 田品租額을 표로 작성하고 그러한 租額의 징수를 가능케 하는 結의 所出을 또한 산출하여 보았다. 이 시기의 田品制에 관하여 우리가 끝으로 생각할 문제는, 그같은 租額이나 所出의 숫자가 米穀(또는 糙米)을 표시하는 것인지 또는 皮穀(稻)을 뜻하는 것인지를 검토함으로써, 結의 所出을 음미하는 일이다. 租額이나 所出의 米·稻 여부를 분간하는 일은 田品과 租額에 관한 자료만으로는 분명치 않지만, 이에 관련되는 몇 가지 다른 자료를 참고하면 그것이 가능할 것으로 생각된다.

그 첫째는 租稅로 수납된 稅穀의 운송을 담당하던 漕運制度와 관련해서이다. 이 시기에는 각 지방에 漕倉이 설치되고, 租稅穀이 수납되면 漕運船을 통해서 이를 서울로 수송하도록 되어 있었다. 그러므로 이 漕運船이 수송하는 稅穀이 어떤 것인지를 확인하면 稅穀의 米·稻 여부도 또한 알 수 있다. 그런데 이 漕運制度에 따르면 漕運船이 수송하는 租稅穀은 다음 자료에서 볼 수 있는 바와 같이 米穀이었다.

州郡租稅 各以附近輪諸倉 翌年二月漕運 近地限四月 遠地限五月 畢輪京倉 限內發船 因風失利 梢工三人以上 水手雜人五人以上 幷米穀漂沒者 勿徵 限外發船 梢工水手三分之一敗沒者 其官色典梢工水手等 平均徵納[32]

이는 漕運制度의 序頭에 나오는 글로서 일반적으로 漕運船이 敗沒하였을

---

32) 『高麗史』 卷 79, 食貨 2, 漕運, 中, p. 749.
　　또 同上書, 漕運制度條의 末尾에는 '公私漕運穀米'란 文句가 보인다(中, p. 750).

경우의 처벌규정이지만, 이에서 보면 漕運船이 수송하고 있었던 稅穀은 米穀
이었음을 알 수 있다. 그리고 지방의 漕倉에서 그 稅穀을 서울로 운송할 때는
耗穀이 附加稅로서 징수되고 있었는데, 그 稅穀이나 耗穀은

　　(文宗) 七年六月 三司奏 舊制 稅米一碩 收耗米一升 今十二倉米 收納京倉 累經水
　　陸 欠耗實多 輸者苦被徵償 請一斛增收耗米七升 制可[33]

라고 하였듯이, 모두 米로 되어 있었다. 그러므로 이러한 몇 가지 점에서 보
면, 漕運制度는 租稅米를 수송하는 것이 그 기능이었으므로, 농민들이 農作이
끝난 후 收納하는 租稅는 皮穀이 아니라 舂精한 米穀이었다고 하겠다. 물론
이 경우 혹 皮穀을 받은 후 漕倉에서 米穀으로 舂精을 하지 않았을까 하는 생
각도 해볼 수 있겠다. 그러나 漕運船의 發船時日로서 보면 그 많은 稅穀을 舂
精할 만한 시간 여유가 없었을 것으로 생각되며, 또 그러한 큰 작업을 담당할
만한 시설도 없었던 것으로 생각된다.

　　다음은 官人들에게 봉급으로서 지급하는 祿俸制와 관련해서이다. 祿俸의
재원은 농민들에게서 징수한 租稅穀이었다. 서울의 경우이면 이 稅穀은 지방
에서 수송되어 온 후 左倉(廣興倉)에 보관되었다가 규정된 시일에 祿俸으로서
지급되고 있었다. 그러므로 이 左倉에 수납되는 稅穀이 米穀인지 皮穀인지가
확인되면, 농민이 부담하는 租稅가 또한 어떤 것이었는지도 밝혀지는 셈이다.
그런데 『高麗史』 祿俸條의 序頭에 의하면,

　　高麗祿俸之制 至文宗大備 以左倉歲入米粟麥摠十三萬九千七百三十六石十三斗 隨
　　科准給[34]

---

33)『高麗史』卷 78, 食貨 1, 田制 租稅, 中, p. 727.
　　漕運船이 輸送하는 租稅穀이 米穀이었음은 漕運制度에 관한 여러 硏究에서도 確認
　　된다. 이 時期의 漕運制度에 관해서는 다음과 같은 硏究가 있다.
　　丸龜金作, '高麗의 十二漕倉에 대하여'(『靑丘學叢』21·22, 1935).
　　孫弘烈, '高麗漕運考'(『史叢』21·22, 1977).
　　北村秀人, '高麗初期의 漕運에 관한 一考察'(『古代東아시아史論集』上, 1978).
　　　　　'高麗時代의 漕倉制에 대하여'(『朝鮮歷史論集』上, 1979).
34)『高麗史』卷 80, 食貨 3, 祿俸, 中, p. 751.

이라고 한 바와 같이, 祿俸은 매년 左倉에 歲入되는 米, 粟, 麥으로 지급되고 있었다. 그리고 明宗年間의 기록에 따르면 左右倉에 수납되는 稅穀은 '初左右倉 斗斛不法 納米一石 贏至二斗'[35]라고 하여 納米로 되어 있었으며, 左倉에서 賜給하는 糧穀도 田米나 粳米로 되어 있었다.[36] 이것은 이 시기의 祿俸이 米穀으로서 지급되고 있었음을 보여주는 것인 동시에, 이 시기의 租稅도 또한 米穀으로서 수납되고 있었음을 뜻하는 것이라 하겠다.

셋째는 兩班支配層이 收租權을 지급받은 후 부담하게 되는 稅와 관련해서이다. 이는 田柴科制度와도 관련하여 잘 알려진 사실이지만, 그들이 收租地를 分給받으면 少額이기는 하나 그 수입에서 일부를 稅로서 收納하지 않으면 아니되었다. 그런데 그것을, 처음 顯宗朝의 규정에서는 米·稻 여부가 분명치 않았지만,[37] 그 후 文宗 23년에 개정된 규정에서는 다음과 같이

定田稅 以十負出米七合五勺 積至一結 米七升五合 二十結米一碩[38]

이라고 히여 명백히 米로써 수납해야 함을 밝히고 있었으며, 이점은 그 후 麗末의 科田法에서도 마찬가지였다.[39] 이는 兩班支配層의 收租가, 따라서 國家의 民田으로부터의 收租도 米穀으로서 행해지고 있었음을 말해 주는 것이라 하겠다. 兩班支配層이 皮穀으로 收租한 糧穀을 스스로 春精하여 米로써 納稅했을 리는 만무한 일이기 때문이다.

끝으로 생각하게 되는 것은 麗末이나 朝鮮時期 租稅制度와 관련해서이다. 麗末에는 祿科田制가 개정되는 가운데 科田法이 성립되었는데, 이 제도도 역

35) 『高麗史』卷 78, 食貨 1, 田制 租稅, 中, p. 727.
36) 『高麗史』卷 80, 食貨 3, 祿俸, 中, p. 758. 祿俸制에 관해서는 다음과 같은 연구가 참고된다.
    李熙德, '高麗 祿俸制의 研究'(『李弘稙博士回甲紀念 韓國史學論叢』, 1969).
    崔貞煥, '高麗祿俸制의 成立過程'(『大邱史學』16, 1978).
    '高麗祿俸制의 運營實態와 그 性格'(『慶北史學』2, 1980).
37) 『高麗史』卷 78, 食貨 1, 田制 租稅, 中, p. 726.
    顯宗四年十一月判 文武兩班諸寺院 田受三十結以上 一結例收稅五升
38) 『高麗史』卷 78, 食貨 1, 田制 租稅, 中, p. 727.
39) 『高麗史』卷 78, 食貨 1, 田制 祿科田, 中, p. 725.
    除陵寢倉庫宮司公廨功臣田外 凡有田者皆納稅 水田一結 白米二斗 旱田一結 黃豆二斗

시 收租權을 分給하는 土地制度였다. 그러므로 收租의 額數가 米인지 稻인지
는 중요한 문제였다. 그런데 이 제도에서 公私田租의 徵收規程은 아래와 같이,

凡公私田租 每水田一結 糙米三十斗 旱田一結 雜穀三十斗[40]

라고 하여 糙米와 雜穀으로 되어 있었다. 말하자면 농민들의 租稅收納은 皮穀
이 아니라 米穀인 것이었다. 이 제도는 그 후 朝鮮王朝에 들어와서도 그대로
법으로서 계승되었다. 그리고 世宗朝의 田稅制度 개혁에서는 稅額만이 달라
지고 있을 뿐 米穀收納의 원칙은 그대로 준수되었다. 그것은『經國大典』및
그 후의 法典에 명백히 규정되어 있는 바와 같다. 이같이 朝鮮初期에는 租稅
收納이 米穀으로 되어 있었기 때문에, 경우에 따라 租稅를 皮穀 그대로 징수
해야 할 필요가 있을 때는 이를 특히 政府에서 논의하기도 하였다.[41]

  이같은 여러 사정에서 보면, 高麗時期의 租稅收納은 米穀으로서 행하여졌
음이 分明한 것이라 하겠다. 그리고 租稅收納에 관한 규정을 그렇게 본다면,
前節에서 검토하여 온바 田品租額도 그것이 皮穀으로서의 숫자가 아니라 米
穀으로서의 수치였다고 하겠다. 租稅收納에 관한 규정에 가령 '租' 몇 斗로 되
어 있는 것도, 그 租는 '租稅'를 뜻하는 것으로서, 그 租稅는 米로써 몇 斗를
내라는 뜻이 되겠다. 租額의 규정은 皮穀으로 정하고 그것의 收納은 米穀으로
행하는, 그러한 혼란한 租稅行政은 하지 않았을 것이다. 그리고 租額이 그와
같이 米穀이었다면, 그것을 근거로 산출한 所出의 수치도 米穀의 양을 뜻하게
됨은 말할 것도 없는 것이라 하겠다.

  그런데 前節에서 算出하였던 바와 같이, 田品에 따르는 結의 所出은〈表
1〉〈表 2〉〈表 3〉에 제시된 바와 같다. 가령 水田 上等의 경우라면 A 지역
315斗, B 지역 270斗, C 지역 225斗였다. 이 上等이란 田品은 文宗 8년의
田品規程에서 말하는 不易之地, 즉 連作 常耕하는 農地 가운데에서도 肥饒한
農地로서, 그 所出은 지역에 따라 이만한 차이가 나는 것으로 파악되고 있는

---

40) 同上.
41)『世祖實錄』卷 2, 世祖 元年 8月 己酉, 7冊, p. 76.
    忠淸道觀察使啓……一 今年租稅 並以皮穀 收納州倉 補來年種子……

것이었다. 물론 이는 稅率에서 산출한 것이므로 실제 所出과는 거리가 있을
수 있다. 그러나 그렇더라도 結의 實際所出이 이러한 算出値와 크게 다르리라
고는 생각되지 않는다. 그러므로 이 시기의 結이란 連作常耕田일 경우 이만한
數의 米穀이 생산되는 농지였다고 보아야 하겠다. 그리고 그 중에서도 結 所
出의 표준이 되고 있었던 것은 A 지역, 즉 上等地域 上等田(常耕田으로서 肥饒
한 農地)의 所出인 米 315斗(21石)였다고 하겠다. 이는 皮穀으로는 약 630斗
에서 787.5斗에 달하는 양이다.[42] 太祖가 什一稅로서 1負에서 米 3升, 1結에
서 米 30斗를 징수한다고 하였던 것도 그 때문이었으리라고 생각된다.

  그러나 이에 관해서는 한두 가지 더 생각해야 할 문제가 있다. 그 하나는
이 경우 A 지역, 즉 上等地域이란 구체적으로 어느 지방일까, 그리고 어느 만
한 범위의 지역일까 하는 문제이다. 그런데 여기서 생각되는 것은 그것이 극
히 예외적인 좁은 지역에서의 일은 아닐 것이라는 점이다. 만일에 그러하다면
그러한 지역의 사정을 田品租額의 기준으로 삼지는 않았을 것이기 때문이다.
이는 궁금한 문제이지만 資料上으로는 분명치가 않다. 다만 앞에서도 인용하
였던 바 『駕洛國記』 首露王陵廟의 王位田이 '上上田'이었음을 생각할 때, 그리
고 후대의 사정으로서 판단하건대, 下三道 또는 嶺南地方과 湖南地方의 穀倉
地帶가 上等地域으로 간주되었을 것임은 확실하다고 하겠다.[43] 그리하여 高麗

---

42) 皮穀을 米穀으로 春精할 때의 率은 5割 내지 4割이었다. 茶山은 '皮穀十斗 作米五
  斗'(『經世遺表』 地官修制 田制別考 1 結負考辯)라 하였고, 星湖는 '千斗春米四百斗'
  (『星湖僿說』 4下, 人事篇 6 治道門 3)라고 보고 있었다.

43) 가령 世宗 19年의 貢法에 관한 論議에서, 戶曹가 地品分等案을 말하여,
   遠稽古制 近察時宜 較數歲之中 成一定之法 略倣古者任土辨壤之制 先定諸道之土品
   有三等 慶尙全羅忠淸道爲上等 京畿江原黃海三道爲中等 咸吉平安二道爲下等(『世宗
   實錄』 卷 78, 世宗 19年 7月 丁酉, 4冊, p. 87)
  이라 하고, 이보다 앞서 世宗 12年의 貢法論議에서도 地域에 따르는 地品을 말하여,
   慶尙全羅沿海水田 種稻一二斗 而所出或至十餘石 一結所出 多則逾五六十石 少不下
   二三十石 旱田亦極膏腴 所出甚多 京畿江原道依山州郡 則雖種一二石 所出不過五六
   石 不可以一體收租 明矣
   我國土地之品不同 如慶尙全羅等道沿海之田 種稻一二斗 而所出幾至十石 若京畿江
   原等道山谷之田 種穀一二石 而所出不過七八石 其田品之不同 如此(『世宗實錄』 卷
   49, 世宗 12年 8月 戊寅, 3冊, pp. 252~253)
  라고 論하고 있었던 事實 등등에서 우리는 그같이 이해할 수 있겠다. 이같은 사정은
  高麗時期에도 마찬가지였을 것으로 생각된다.

國家는 三南地方의 穀倉地代의 農業實情을 上等地域의 표본으로 삼고서 각 지방의 田品租額을 정하게 되었으리라 생각된다.

다른 하나는 이같은 上等地域內에서의 上等田, 즉 不易常耕田으로서 肥饒한 農地는 얼마나 되었을까 하는 문제이다. 이 경우에도 역시 이 上等田이 極少하고 絶無한 상태였으리라고는 생각되지 않는다. 田品等制와 租額이 不易常耕田을 기준으로 하고, 거기에서 上·中·下의 等級을 구분하고 있음에 유의할 필요가 있을 것이다. 이러한 문제와 관련해서는 李齊賢의 贊이 있어서 '肥膏不易之田 絶無而僅有'[44]라고 하였지만, 이는 특히 肥膏한 極上의 不易常耕田을 말하였을 뿐이며, 高麗前期에도 三南地方에는 常耕田이 적지 않았고, 또 歲易田의 常耕化가 확대되고 있었던 것으로 생각된다. 가령 史料 (9) (10) (11) 陳田開墾에 관한 光宗·睿宗 연간의 두 기록을 보더라도, 그 陳田은 그 내용으로 보아 常耕田이 陳田化되었을 때의 그것이며, 개간을 한 후에도 歲易田으로서가 아니라 連作常耕田으로서 경작하는 것이었다. 이 지역에서는 그러한 가운데 上·中·下 3等의 田品을 구분하고 있었으므로, 그 3等田 중의 上等田도 거기에 상응할 만큼 있었을 것으로 생각된다. 그렇지 아니하였다면 上等田을 설정할 필요가 없었을 것이기 때문이다. 그러나 그렇더라도 이같은 極上의 農地를 전국적으로 보면, 李齊賢의 표현과 마찬가지로 아주 적었던 것이 실정이었을 것이다.

말하자면 태조가 什一稅의 租額을 1負 3升, 1結 30斗로 정하고, 그 후 이를 기준으로 9等田品의 租額이 제정될 수 있었던 것은, 이같은 넓은 곡창지대에서의 連作常耕農法이 일정 정도 확립되고 그것이 확대됨으로써 가능했던 것이라고 하겠다. 그리고 이 穀倉地帶에서의 常耕田은 上上田의 경우 그 結의 所出이 실제로 米 300斗를 넘는 바가 일반화되고, 그 지역 또한 좁은 것이 아니었기 때문에, 이 지역은 9等田品의 제정에서 上等地域으로 설정될 수가 있었던 것이라고 하겠다.

우리는 앞에서 結의 標準所出이 上等地域 上等田의 所出인 米 315斗(21石), 즉 皮穀 약 630斗에서 787.5斗 정도가 그 기준이었으리라고 말하였거니

---

44) 『高麗史』卷 2, 世家 2, 景宗, 上, p. 65.
　　『益齋亂藁』卷 9 下, 史贊(『高麗名賢集』2, p. 324).

와, 이같은 사실은 후대의 結 所出에 대한 通念을 통해서도 확인할 수 있다. 麗末鮮初의 科田法에서의 收租量은 30斗였는데, 이것이 '古什一之數'로 이해 되고 있었음은 그 한 예이다.[45] 이는 結의 所出이 米 300斗임을 뜻하는 것이 다. 그리고 朝鮮後期에 이르러서는 結의 所出이 평균으로 잡을 때 600斗라든 가 800斗라고 이해되고 있었음도 그 예이다.[46] 여기서도 結이란 米 300斗(20 石) 안팎의 所出이 있는 農地로 간주되고 있는 것이다. 이로써 보면 結이란 본시 그만한 所出이 전제되는 농지였으며, 바로 거기에 結負制의 본질적 일면 이 있는 것이라고도 하겠다.

그러면 그러한 結의 본질적 일면은 어떠한 것인가? 우리는 그것을 結負制 자체의 문제로서 다른 각도에서 좀더 검토해야 할 것이다. 그리고 이 경우 그 같은 검토는, 結負制란 단순한 面積單位가 아니라 본시는 벼의 所出과 관련하 여 마련된 제도라는 점을 특히 유의하고자 하는 것이다. 이러한 문제는 이미 先學들에 의해서 널리 지적된 바이지만,[47] 다시 음미해 보아도 좋을 것이다.

그런데 이와 관련하여 우리의 주목을 끄는 것은 『萬機要覽』에 보이는 나음 자료이나. 여기서는 結負制를 설명하여 다음과 같이 말하고 있는 것이다.

大略 能出稅穗〈穀連禾之稱〉一握者 謂之把 遞以上之至于結 十把爲束 十束爲負 〈或稱卜. 今每一負 出租一斗〉百負爲結〈俗音 '먹'〉[48]

즉, 대략 稅穗(稅로서 내게 되는 볏단·禾束)으로 1握이 出하는 것을 1把라 하고, 10把는 1束이 되고, 10束은 1負가 되며, 100負는 1結이 되는데, 이 結 은 속칭으로 '먹'이라고 한다는 것이다. 그래서 우리나라에서는 結을 혹 '먹결' 이라고도 하였다. 말하자면 1結은 능히 稅穗, 즉 脫穀하지 않은 볏단·禾束 10,000把(千束, 百負)의 所出을 뜻하는 것으로서, 우리말로는 이것을 '먹'이

45) 『世宗實錄』卷 78, 世宗 19年 7月 丁酉, 4冊, p. 87.
    太祖卽位 首正經界 而定收稅之數 每水田一結 糯米三十斗 旱田一結 雜穀三十斗 卽
    古什一之數
46) 拙 著, 『朝鮮後期農業史研究』 I, p. 169. 증보판, p. 185.
47) 河合弘民, '結負의 意義及沿革'(1910, 『朝鮮及滿洲之研究』, 1914).
    白南雲, 前揭書, pp. 154~159.
48) 『萬機要覽』財用篇 2, 田結, p. 197.

라고 한다는 것이다. 그러고 보면 '먹'은 10,000把의 萬이라는 수량을 뜻하는
것일는지도 모르겠다. 사실 万(萬)은 우리나라 古音으로는 '믁'이기도 한 것이
다.[49] 10,000把를 뜻하는 結이 '먹'결인데 万(萬)은 '믁'인 것이다. 이는 후대
의 자료지만, 結·負·束·把라는 단위는 이와 같이 所出(禾束)의 수량개념이었
다. 그 발생 사정도 그러하였으리라 생각된다. 所出(禾束)을 계량하는 데는 아
주 자연스러운 단위이기 때문이다.

   이러한 사실은 結의 所出이나 結負制를 이해하는 데 중요한 의미가 있다고
본다. 일정한 수량의 稅穗, 즉 禾束으로부터는 品種改良과 같은 農業技術的인
조건이 크게 변하지 않는 한, 그리고 平常의 환경과 평년작의 경우라면, 시대
가 달라져도 일정한 斗量의 稻와 米가 산출할 것이기 때문이다. 그리고 農業
生産力이 발전하여 單位面積當 稅穗의 수가 늘어나더라도, 結은 항상 10,000
把 100負의 所出을 말하게 될 것이기 때문이다. 高麗初期에서 朝鮮後期까지
는 시대가 많이 흘렀음에도 불구하고, 그리고 農業生産力의 발전이 적지 않게
있었음에도 불구하고, 結의 所出을 보통 米 300斗 안팎으로 이해하고 있었던
것은 이 때문이라고 생각된다. 그리고 이것은 結負制的인 土地把握下에서는
일단 정당한 것이라고 생각된다. 말하자면 結은 農業技術上에 변동이 있거나
없거나, 稅穗 10,000把 100負의 所出을 항상 기준으로 하게 된다는 사실을
그 본질적 일면으로서 지니고 있다는 것이다.

   結負制와 관련하여, 農業技術이 발달함으로써 所出이 증대하게 됨을 생각
할 때는, 그 所出의 증대가 두 계통으로 이루어지게 됨을 유의할 필요가 있겠
다. 그 하나는 品種이 개량되는 방향으로 효과가 발생하여 벼 자체가 크게 성
장하는 길이다. 이렇게 되면 禾稈(벼 줄기)이 성장하고 禾穗가 長大해져서 穀
粒의 數가 늘어나게 되며, 따라서 所出이 늘게 되는 것이다. 다시 말하면 이
경우는 單位面積當 禾束의 數, 즉 把·束·負의 수량이 늘어나지 않더라도 所出
은 증대하는 것이다. 그리고 또 하나는 禾稈이나 禾株(벼 포기)의 수가 늘어나
는 방향으로 효과가 발생하여 所出이 느는 길이다. 이것은 단위면적 안에서

---

49) 結을 '먹결'로 읽는 것은『字典釋要』(池錫永)에 보이고, 万을 '믁'으로 읽는 것은 万
    俟(믁기)氏에 연유하므로, 많은 字典類 이를테면『字典釋要』,『字類註釋』(鄭允容),
    『全韻玉篇』,『註解千字文』(洪泰運) 등에서 이를 볼 수 있다.

禾株數와 禾稈數가 늘어나는 것을 뜻하는 것으로서, 整地·施肥·栽植의 방법
에서 오기도 하고 分蘗(가지치기)이 촉진되는 데서 오기도 할 것이다. 즉 이
경우는 단위면적 내에서 禾束의 數, 다시 말하면 把·束·負의 수가 늘어나는
가운데 所出이 증대하는 것이다.

  農業技術의 발달과 所出增大를 생각할 때, 이 兩者는 상관관계에 있었을 것
이다. 그러나 어떤 역사발전의 단계에서는, 그 농업기술의 내용과도 관련하여
어느 한쪽이 더 우세한 원인으로서 所出增大에 작용하고 있었을 것이다. 다시
말하면 어느 한쪽이 중심적인 것으로서 작용한다 하더라도 다른 원인을 전적
으로 배제할 수 있는 것이 아니지만, 時代에 따라서는 所出增大에 기여하는
방법이 다르게 나타났을 것이다. 農業技術이나 所出增大를 이같이 생각할 때,
前者의 방법, 즉 品種改良에 역점을 두고 그 효과를 보게 되는 것은 近代農業
에서의 일이고, 中世農業에서는 주로 後者의 방법을 통해서 농업발전을 추진
해 온 것으로 생각한다. 品種改良을 통해서 所出을 2배, 3배 늘리려면 育種學
을 비롯한 과학이 고도로 발달함으로써 가능하다. 그리고 禾穗의 長大化에는
일성한 한계가 있는 것이다.

  우리나라 中世에서도 벼 품종이 여러 가지 있기는 하였지만, 그리고 그것은
여러 가지 점에서 장점을 가지고 있었지만, 韓末까지는 이른바 재래종으로서
의 특징을 가진 벼 품종이 主였다. 그 특징이란 禾稈이 길고 禾穗도 길어서
粒數가 많은, 이른바 오늘날의 穗重型에 속하는 품종이라는 점이었다.[50] 그러
므로 그러한 禾穗가 더 長大해지기를 기대하기는 어려운 일이 아닐 수 없겠
다. 또 실제로 40년간에 걸친 실험결과를 통해 보더라도, 施肥條件(無肥, 堆
肥, 化學肥料, 堆肥와 化學肥料의 倂用)에 따라 水稻收量이 증대하는 것은 禾稈
禾穗數의 증가에 기인하고 있었다.[51] 이는 농업 발전, 소출 증대에서 後者的

---

50) 盛永俊太郎『日本의 稻』, 1957, p.128.
    柳田國男·安藤廣太郎·盛永俊太郎,『稻의 日本史』下, 1970, p. 12.
51) 權容雄·李殷雄, '多年間 施肥條件을 달리해 온 논의 土性變化와 그가 水稻의 實用
    形質에 미치는 影響 및 品種間差異'(『서울大論文集 生農系』19, 1968).
    이같은 現象은 日本에서도 마찬가지였다. 1940年代와 50年代의 各地方 農業試驗
    場의 試驗成績에 의하면 施肥의 效果는 穗長을 促進시키기보다는 穗數를 增加시킴
    으로써 水稻收量을 增大시키고 있었다(農林省振興局研究部監修,『新撰土壤肥料 全

인 방법이 대단히 큰 비중을 갖는 것임을 말해 주는 것이다. 그런데 中世에 있어서는 이같은 後者의 방법을 통한 농업발전이 여러 단계에 걸치면서 점진적이지만 지속적으로 전개되고 있었다. 불규칙한 休閑農法, 歲易農法, 連作常耕農法, 移秧法, 그리고 이를 지원하는 施肥法, 水利施設의 발달 등은 그 중에서도 두드러진 것이었다.

그러면 이와 같이 하여 所出이 증대하게 될 때 結負制는 어떻게 될까? 즉, 結은 본시 10,000把 100負의 稅穀이 생산되는 것을 前提로 하는데, 가령 농업기술의 발달로 禾稈, 禾穗가 증가하여 본래의 結 實積에서 20,000把 200負의 稅穀을 생산하게 된다면, 結負制가 어떻게 될까 하는 것이다. 이에 대한 답은 역사적인 사실에 비추어 보아 명백하다. 結負制는 그 제정의 목표가 租稅의 수취에 있었으므로, 이같은 경우에는 結數를 늘림으로써 租稅收取의 증가를 꾀하게 되었을 것이다. 그리하여 10,000把 100負를 생산하던 1結의 단위면적에서 20,000把 200負의 所出이 있게 되면, 그 農地의 結數는 재조정되어 새로이 2結로 책정될 것이며, 따라서 租稅는 2배로 늘려서 징수하게 될 것이다. 우리나라 中世에서 結負制를 통해서 농민을 수탈하는 원리는 기본적으로 이러한 것이었다. 그렇기 때문에 農業生産力이 발전하는 데 따라서는 結의 實積은 반대로 축소되지 않을 수 없었다.

그러나 農業生産力의 발달과 結 實積의 조정이 항상 공정하게만 행해지지는 않았다. 경우에 따라서는 農業生産力의 발전이 있어서 結 實積의 축소가 있어야 할 때 그것이 잘 이루어지지 않기도 하고, 또 경우에 따라서는 반대로 農地가 황폐하여 所出이 줄어들고, 따라서 結 實積을 늘려야 結 所出을 확보할 수 있을 때에 그것이 잘 안되기도 하였다. 그것은 收租權者와 納租者 사이에 이해관계의 대립문제이기 때문에 그렇게 쉽게만 처리될 수 있는 것이 아니었다. 우리나라 中世의 結負制的인 土地制度 아래에서는 이같은 문제들을 조정하는 것, 즉 生産力의 발전에 따르는 所出, 租額, 結의 實積 등을 조정하는 것이 바로 田品制의 문제였다. 그러므로 田品制를 중심으로 한 이같은 문제를 조정하지 못하게 되면, 中世國家의 租稅行政과 土地(收租權)分給 정책은 마비될 수밖에 없었다.

5. 結 語

지금까지 우리는 高麗前期의 田品制에 관하여 몇 가지 문제를 살폈다. 田品制는 地品에 따라 農地의 등급을 구분하는 것으로서, 한편으로는 국가의 租稅徵收와 土地(收租權)分給에 직접적으로 관련되는 문제이고, 다른 한편으로는 租率이나 租額을 통해서 이 시기의 農業生產力 수준을 파악케도 하는 중요한 문제였다. 이같은 高麗의 田品은 흔히는 上·中·下의 3等으로 구분되며 上等田은 不易田, 中等田은 一易田, 下等田은 再易田으로 이해되고 있다. 이는 史書의 여러 곳에서 볼 수 있는 바로서 의문의 여지가 없는 명백한 것으로 보였다. 그러므로 이 시기의 租稅制度는 이를 통해서 이해되어 왔고, 生產力 수준도 이를 통해서 파악되어 왔다.

그러나 그러면서도 이러한 田品에 관한 자료가 반드시 분명하고 구체적이며 상세한 것은 아니어서, 이를 통한 연구의 결과가 논자마다 다르게 나타나는 것도 어쩔 수 없는 사실이었다. 그리고 그것이 경우에 따라서는 이 시기의 역사적 사실을 근본적으로 다르게 파악케 할 정도로 큰 차이가 나는 것이기도 하였다. 이러한 견해차는 많은 경우 주로 자료 해석상의 차이에서 오는 것이었다. 그러므로 田品制는 근본적으로 재검토될 필요가 있었으며, 그럴 경우 上·中·下의 3等田品制에 대해서도 깊은 의문을 가져볼 필요가 있었다. 그리하여 필자는 몇 가지 잘 이용되지 않던 자료를 통해서 평소에 생각해 오던 바를 정리해 보았다. 이들 자료에 의하면, 高麗時期 農地의 田品은 上·中·下의 단순한 3等田品이 아니라 3等의 지역차를 전제한 3等田品, 따라서 9等田品이 분명하다고 생각되었다. 그리고 이 경우 그러한 田品이 전부 農地의 歲易 빈도에 따라 구분되는 것이 아니라, 그 중에는 常耕連作하는 農地에서 그 農地의 肥沃度나 肥瘠의 차이에 따라 구분되는 바가 있으되, 이 시기 田品制에서 중심이 되는 것은 후자라는 관점에서 논지를 전개하였다.

9等田品制의 내용은 기왕에 우리가 잘 알고 있었던 바 田品 자료 속에 담겨

있었다. 成宗 11년에 반포한 4分取1에 관한 두 田品租額 자료와, 그것이 반포
되기 이전에 적용되고 있었던 어떤 내용의 자료가 그것이었다. 앞의 두 자료
는 下等地域과 中等地域의 田品租額이고 뒤의 자료는 上等地域의 그것으로
판단하였다. 4分取1의 公田의 경우, 太祖 이래로 上等地域의 田品租額만이
적용되다가 成宗年間에 와서는 이를 세분하여 지역차를 두고 稅를 징수하게
된 것이었다. 이같은 9等田品은 각 등급 사이에 일정한 차등이 있고, 지역간
에도 균일하게 차등을 두고 있다는 점에서 田品制로서의 원칙이 있었음을 보
여주고 있었다.

 이 9等田品은 4分取1의 公田에 관한 자료를 통해서 파악한 것이지만, 이는
비단 그러한 公田에만 적용되는 것이 아니라, 10分取1의 民田의 租稅에도 적
용되는 제도였다고 보았다. 그것은 무엇보다도 한 나라의 田品制는 하나일 수
밖에 없기 때문이기도 하고, 4分取1의 租額을 통해서 산출한 10分取1의 租額
이 太祖 때의 什一稅의 租額(1結 30斗)과 거의 일치하고 있다는 점에서이기도
하다. 9等田品의 입장에서 보면 太祖의 什一稅는 의심할 여지가 없는 것이라
고 하겠다. 太祖의 什一稅 1結 30斗의 원칙은 엄연한 사실로서 인정해야 할
것이며, 그 후 9等田品制가 확정되는 데 따라서는, 4分取1의 公田租額과 마
찬가지로 이 什一稅의 租額도 각 等의 田品에 따라 조정되었으리라고 생각된
다. 그러므로 什一稅는 왕왕 부정되는 경향이 있으나 제도 그 자체가 부정되
어서는 아니될 것이라고 생각된다. 4分 1租와 10分 1租는 명칭은 비록 같은
租이지만 그 성격이 다르며, 그것을 징수하게 되는 토지의 종류가 또한 근본
적으로 다른 것임에 유의해야 할 것으로 본다.

 田品制는 結의 所出을 바탕으로 제정되므로, 本稿에서 끝으로 관심을 갖게
되는 것은 結 所出을 파악하는 일이었다. 이는 4分取1이나 10分取1의 租額이
확실해짐으로써 쉽게 산출할 수가 있었다. 그것은 上等地域 上等田의 경우 水
田이면 米 약 315斗(21石)가 생산되는 것이 표준이었다. 太祖의 什一稅(租
30斗, 結 所出 300斗)의 내용과는 약간의 차이가 있지만 크게 문제되는 것은
아니라고 생각한다. 이 차이는 太祖의 什一稅 1結 30斗의 대원칙이 세워진
후, 이에 따라 9等田品制가 마련되고 各田品의 租額을 산정하게 된 데서 연유
하는 것으로 생각된다. 말하자면 이 시기 上等地域에서의 結 所出은 米 300斗

또는 315斗가 기준이었다고 하겠다. 이것이 結 所出의 기준이었으리라는 사실은 後代의 結 所出의 사정이나, 또는 結의 所出이 본시 禾束 萬把를 전제로 한다는 점으로 보아도 무리한 추정이 아니라고 생각한다. 9等田品制는 이같은 結 所出을 전제로 하고, 지역차와 地品을 고려함으로써 租額을 정하고 있는 田品制였다고 하겠다.

高麗의 田品制를 이와 같이 9等田品制로 보게 되면, 불분명한 3等田品의 자료와 관련하여 해석되었던 종래의 租稅制度 土地分給制 및 結의 實積 등에 대한 이해는 재검토되어야 할 것으로 생각된다. 그러나 이같은 문제들은 本稿에서 다루고자 한 田品制 문제의 범위를 넘어서는 것이므로 이곳에서는 논외로 하고자 한다.

〔『韓沾劤博士停年紀念 史學論叢』1981, 揭載〕

結負制의 展開過程

1. 序 言

우리나라의 土地制度를 깊이 있게 이해하기 위해서는, 結負制에 관해서도 어느 정도 알아두지 않으면 아니된다. 結負制는 우리나라 前近代社會에서 土地制度·租稅制度 운영을 위한 基層單位이기 때문이다. 그뿐만 아니라 이 단위는 中國이나 日本의 그것과 달라서, 우리나라 土地制度의 특이성을 잘 나타내주는 것이기 때문이기도 하다. 中國에서는 古代 이래로 土地 운영의 단위로서 土地의 實面積을 나타내는 頃畝法을 쓰고,[1] 日本에서도 古代 초기에는 土地의 實積을 나타내는 代(シロ — 高麗尺 方 6尺 1步의 5步에 해당)를 쓰다가 律令時代 이래로 내내 町步法을 쓰고 있었는데,[2] 우리나라의 結負制는 이와는 달리 土地의 所出, 따라서 稅額을 전제로, 그 實積을 파악하고자 하는 것이었다. 日本에서도 近世에 이르러서는 町步法 외에 石高(コクタカ)의 制度[3]가 있어

---

1) 吳承洛, 『中國度量衡史』, 1993版, p. 75, pp. 94~97.
   陳夢家, '畝制與里制'(『中國古代度量衡論文集』, 1990).
   萬國鼎, '秦漢度量衡畝考'(同 上書).
   胡戟, '唐代度量衡與畝里制度'(同 上書).
   朴興秀, '中國田畝制度에 관한 研究'(『度量衡과 國樂論叢』, 1980).
2) 藤田元春, 『尺度綜考』, 1929, pp. 270~306.
   『體系日本史叢書』10, 豊田武 編, 『産業史』1, 第3章 古代産業(2), 第3節 農業 중의 龜田隆之, '度量衡'(山川出版社, 1976).
   古島敏雄, 『日本農業史』第3章 律令時代의 農業 중, 第2節 土地制度와 農民의 負擔, 第3節 村落·家族·農業生産의 構造 참조, 1968.
3) 藤野保, 『幕政과 藩政』, 1979.
   『體系日本史叢書』7, 北島正元 編, 『土地制度史』II, 序論(山川出版社, 1975).
   古島敏雄, 『日本農業史』第6章 織豊期·江戸初期의 農業 중 第1節의 1 太閤檢地와 封建領主制의 確立, 第2節 土地制度와 農民의 負擔 참조.

서, 土地制度 운영의 원리가 우리의 結負制와 흡사한 바 있었지만, 그러나 이
制度도 우리의 結負制와 꼭 같은 것은 아니었다.

結負制가 土地制度·租稅制度 운영을 위한 기층단위이되, 所出을 전제로 하
고, 그 實積을 파악하는 것이었음은, 結負制의 명칭과 그 實積 파악을 위한
量田規程에서 분명하다고 하겠다. 그러한 사정을 우리는 다음과 같은 두 자료
를 통해서 살필 수 있다. 먼저 들어야 할 것은 그 명칭에 관한 것으로, 『萬機
要覽』에 기술된 자료인데, 그 요점은 다음과 같다.

　國朝田制 田分六等 每二十年改量成籍 藏於戶曹及本道本邑 旱田水田 通謂之田……
大略 能出稅穗〈穀連禾之稱〉一握者 謂之把……十把爲束 十束爲負〈或稱卜……〉百
負爲結〈俗音 먹〉[4]

즉, 이에 의하면 稅를 낼 수 있는 穀食이 아직 禾秆에 달려 있는 상태에서,
稅穗(벼 다발) 1握(한 줌)을 産出할 수 있는 田畓은 把(줌·발)라 하고, 10把를
산출할 수 있으면 束(뭇), 10束을 산출할 수 있으면 負(짐·짐), 100負를 산출
할 수 있으면 結(먹·멱·목)이라고 한다는 것이다.[5] 이는 結負制가 본시 稅穀의
所出과 관련하여 발생 제정되었음을 보여주는 것이라고 하겠다. 그리고 다음
으로 들어야 할 것은 그 實積 파악에 관한 것으로, 朝鮮王朝의 경우라면 『經國
大典』 등 여러 法典의 量田條에 기술된 자료인데, 그 내용은 다음과 같았다.

　凡田分六等 每二十年改量成籍 藏於本曹·本道·本邑〈一等田尺 長准周尺四尺七寸
七分五釐……六等九尺五寸五分 實積一尺爲把 十把爲束 十束爲負 百負爲結……〉[6]

즉, 이에 의하면 結·負·束·把의 實積은, 量田尺으로 實積 一尺(1尺平方)의

----

4) 『萬機要覽』 財用編 2, 田結, p. 197. 괄호 〈 〉 안은 細註. 이하 同.
5) 把束·負·結자의 우리식 발음에 관해서는 아래의 朴時亨·崔南善 논문 참조.
　　茶山 丁若鏞에 의하면 結負制의 單位는 負와 結 사이에 "總"이 하나 더 있어서, 10
把=1束, 10束=1負, 10負=1總, 10總=1結로 활용하고도 있었던 듯하다(『經世遺
表』 5, 地官修制 田制 1, 井田論 2). 그러나 이는 結負制의 法制上 單位는 아니었으
며, 農村에서 結負制의 10進法을 좀더 선명하게 하기 위하여 설정 이용하고 있었던
農村慣行으로서의 單位였던 것으로 생각된다.
6) 『經國大典』, 『續大典』, 『大典會通』 戶典 量田.

넓이는 把, 10把는 束, 10束은 負(100把는 負), 100負는 結(10,000把는 結)
이 되고 있었다. 다시 말하면 量田尺으로 '以百尺爲面 萬尺爲積', '以實積……
萬尺爲結', '計積萬尺之地'가 結이 된다는 것으로,[7] 그 實積을 표시하는 단위
명칭이 所出의 量을 표시하는 단위 명칭과 같았다. 이는 結負制가 확실히 地
積을 표시하는 단위이면서도, 앞의 자료와도 관련하여, 일정한 所出을 전제로
하는 地積이었음을 표현하는 것이었다고 하겠다.

  우리나라 구래의 土地制度에서는 이같은 두 계열의 단위를 結負制의 이름
아래 하나로 결합하여 운영하는 것이 특징이었다. 穀物의 所出量을 기준으로
하는 단위와 量田尺으로 地積을 파악하는 단위는, 전자는 가변적이고 후자는
고정적이라는 점에서, 그 본질상 쉽게 일치 결합될 수 있는 것이 아니었지만,
역대 王朝國家의 土地政策에서는 애써 이를 일치 결합시키는 가운데 土地制
度를 운영해 나가고 있었다. 이는 그렇게 하는 것이 당시의 國家體制를 유지
하고 운영해 나가는 데 필요하고도 편리한 까닭이었을 것이다. 물론 이 경우
역대 王朝國家의 農業政策은 生産力은 계속 증진시키고 國土·農地는 항상 색
관적으로 명쾌하게 파악하려 하였을 것이므로, 역사가 진전하고 生産力이 증
진하는 데 따라서는, 結負制에서 이 두 단위를 결합시키는 관계도 새로운 결
합관계로 재조정하는 가운데 結負制를 새로운 것으로 釐正하지 않을 수 없었
다. 또한 그럼으로 해서 역대의 結負制는 그 명칭에는 큰 변화가 없었지만,
그 내용에는 시대에 따라 적지 않은 변동이 생기지 않을 수 없었다. 그러므로
우리나라 土地制度의 특질을 이해하기 위해서는, 그같은 변동의 推移를 그 기
본 골격이나마 파악해 두지 않으면 아니되는 것이라 하겠다.

  이같은 結負制는, 주지하는 바와 같이, 이미 오래 전부터 여러 고전적 연구
가 있어서,[8] 사실상 잘 알려져 있는 제도이다. 그러나 그러면서도 우리나라

---

7) 『世宗實錄』 卷 106, 世宗 26年 11月 戊子. 4冊. p. 594.
   『龍飛御天歌』 卷 8, 第73章.
   『萬機要覽』 財用編 2, 田結. p. 199.
8) ① 白南雲, 『朝鮮封建社會經濟史』 上, 第23章 量田尺의 改定과 結負制의 確認,
      1937, pp. 151~159.
   ② 朴克采, '朝鮮封建社會의 停滯的本質 — 田結制研究'(『李朝社會經濟史』, 1946).
   ③ 朴時亨, '결부(結負)제도의 발생과 발전'(『과학원 창립 5주년 기념논문집』,

土地制度를 처음 대하는 사람들에게는, 이 제도가 農地 파악을 위한 제도로
서, 오늘날과 너무나 다르다는 점에서, 생소하고도 이해하기 어려운 제도인
것 또한 분명하다 하겠다. 더욱이 근년에 이르러 이에 대한 연구가 심화되는
데 따라서는, 그 제도의 내용이 구체적으로 해명되는 가운데, 학자들간의 견
해차가 적지 않아서, 쉽게 접근하기 어려운 점 또한 없지 않다. 그러므로 이곳
에서는 그간의 연구에 유의하면서 이 제도의 역사적 추이를 개관해 보고자 한
다. 다만 이 문제에 관해서는 자료가 극히 제한되어 있으므로, 우리의 작업은
이 제한된 자료를 통해 추정에 추정을 거듭하면서, 그리고 尺度의 길이는 많
은 경우 개략적인 수치도 활용하면서, 그 제도의 기본골격이 역사적으로 어떻
게 변동 발전하였는지 그 추이를 살피게 되겠다.

2. 結負制의 起源과 그 制度的 確立

所出·租稅를 전제로 地積·面積을 파악하고자 하는 복합적 의미를 갖는 結
負制가 언제 어떻게 발생하였는지 史書에서는 기록하고 있지 않다. 다만 三國
時期의 新羅(文武王 3년, 663)[9]와 이보다 앞서 머지않아 新羅에 정복될 伽倻

1957).
　④ 崔南善, '結負'(『六堂崔南善全集』 4, 故事千字, 1973, p. 379).
　이들 연구에서는 여러 가지를 언급하였지만, 그러면서도 각 논문은 다음과 같은 점
에 특히 유의하며 結負制를 파악하려 하였던 것으로 볼 수 있겠다. ① 에서는 結負制
는 위에서 언급한 바와 같은 세 가지 기능이 있음을 지적하고, 자료에 나오는 기록을
그대로 인정하는 가운데, 그것이 高麗國家의 體制운영과 어떻게 관련되며 발전하였
는가를 파악하려 하였다. ② 에서는 우리나라 停滯性의 원인을, 分權的 封建社會의
典型的 土地制度와 다른, 土地國有制에서 찾고, 그것을 結負制를 중심한 田結制의
운영을 통해서 설명하고자 하였다. ③ 에서는 土地制度史家의 전문가적 안목으로 우
리나라 結負制의 역사적 발전과정을 麗末·鮮初의 사정을 중심으로 그 전대와 후대를
정리하되, 度量衡제도는 시대를 따라 크게 변동하는 것이 아니라는 전제 위에서, 結
負의 實積을 통시대적으로 유사한 것으로 정리하려 하였다. ④ 에서는 漢學者·歷史
家로서의 해박한 지식으로서, 우리나라뿐만 아니라 中國·日本의 古代文籍까지도 섭
렵하는 가운데, 結負制가 우리나라 고유의 獨自的 傳統을 지니는 制度로서 발생한
것임을 강조하고, 그 역사적 변동과정을 정리하고자 하였다.
　9)『三國史記』卷 42, 列傳 第 3, 金庾信 中에는 百濟정복에 공이 많았던 金庾信에게

(金銍王 2년, 452)에서는 이미 結負로 표현되는 제도가 이용되고 있었으므로
(註 43 原文 참조). 그 역사가 대단히 오래되었다는 사실을 알 수 있을 뿐이다.
물론 이 경우 이 시점의 新羅·伽倻에서 이 제도를 이용하고, 이 제도 이용의
역사가 이같이 오래되었다 하더라도, 이것이 곧 이 제도의 발생이 이 시점의
新羅·伽倻에서 비롯됨을 뜻하는 것은 아니라고 생각된다. 이 시기의 新羅는
당당한 王朝國家였고 伽倻도 고도한 鐵器文明을 발전시키고 있는 작은 王國
이었으므로, 農地의 면적을 파악하고 租稅를 부과하기 위해서는, 都市計劃,
都城測量에서와 같이 일반 尺度로서 그 實積을 量田하고 그 면적을 頃畝法 등
으로 표기할 수도 있었을 터인데,[10] 新羅·伽倻에서는 그렇게 하지 않고 結負
制로써 표현하고 있었다. 이는 이 시점의 이 나라들에서는 結負制적인 農地
파악이 이미 오랜 傳統을 지니고, 農政 운영에서는 이렇게 하는 것이 편리할
만큼, 結負制가 이미 오래 전부터 제도로서 정착될 수 있도록 준비되고, 또
이렇게 될 수밖에 없는 배경이 형성되고 있었음을 뜻하는 것이라 하겠다. 말
하자면 우리나라 中世의 복합적 의미를 갖는 結負制는, 所出·租稅를 파악하는
전통이나 地積·面積을 파악하는 전통의 어느 면에서도 그 기원이 오래되었으
며, 이것이 어느 시점에 이르러서는, 時代的 社會的 요청으로 인하여 하나의
제도 속에 組合되고 복합된 개념을 갖게 되었던 것이라고 하겠다.

1) 古代國家 成立期의 所出 중심 結負制

　結負制의 발생과 이용이 이같이 오랜 전통을 지니는 것이었다면, 그 기원
은, 이 제도의 성격이 國家의 租稅 징수를 위해서 존재하는 것이었음과도 관

　　文武王이 田 500結을 賜하고 있었음이 기록되어 있다.
10)『三國遺事』卷 2, 駕洛國記에 따르면, 실제로 그 후 文武王 元年(661)에 이르러서
　　는 首陵王廟(首露王陵廟)에 王位田으로서 '近廟上上田三十頃'을 배정한 것으로 기록
　　하고 있었다. 이는 伽倻를 병합한 이때의 新羅에서는 公式的으로 頃畝法으로도 土地
　　를 파악하고 있었음을 보여주는 것이라 하겠다. 그러나 이때의 頃畝法이 中國 어느
　　時期의 頃畝法과 꼭 같은 것을 말하는 것은 아니라고 생각되며, 이때에는 일반적으
　　로 都城 市街의 測量은 高麗尺을 기본으로 한 步尺으로서 행하고 있었으므로, 그리
　　고 그 넓이가 아주 넓었으므로, 이같은 面積표시가 나올 수 있었던 것으로 생각된다
　　(註 32, 33 참조). 뒤에 언급되는 朝鮮初期의 頃畝法으로서 보면, 古來로 우리나라
　　에서는, 特定 農地에 대해서는 朝鮮式 頃畝法이 竝用되었던 것이 아닌가 생각된다.

련하여, 단순히 5~7세기의 新羅·伽倻에서 이 제도를 이용하고 있었다는 사실에서 찾을 수 있는 일이 아니라고 생각된다. 그것은 그 이전부터 우리나라 古代 王朝國家의 형성과정에서 租稅·貢納의 징수문제와 관련하여, 오랜 세월에 걸치면서 점진적으로 형성되었다고 봄이 타당할 것으로 생각된다.

주지하는 바와 같이 우리나라 新石器時代의 말기 단계에서는 農耕文化가 정착 발달하고, 그것을 기반으로 하여서는 선진지역에서 기원전 10數世紀 단계에서 벌써 琵琶形 銅劍이라고 하는 난숙한 靑銅器文化를 이룩하고 있었다. 그러므로 古朝鮮과 같은 初期 古代國家는 그 이전부터 이미 태동하고 있었을 것임을 추정케 하며,[11] 그 후에는 이러한 文化의 발달을 배경으로 邑落社會 邑制國家(邑落社會의 구조와 운영원리를 기초로 형성된 小國)에 기초한 夫餘(또는 扶餘), 句麗, 辰·韓 등 많은 國家들이 등장하고 있었다. 그리고 기원전 5, 6세기경부터(春秋戰國時代) 기원 후 수세기에 걸치면서는, 새로운 차원의 선진문물 특히 鐵器文明이 점차 우리나라 선진지역으로부터 수용되고, 鐵生産文化를 정착시키게 됨으로써, 古朝鮮지역이거나 辰·韓지역이거나를 막론하고 社會·經濟·國家의 발전을 보게 되고 있었다.

즉, 이 단계로부터는 鐵製農器具의 사용에 따르는 農業生産力의 발전이 있게 되고, 이로 인해서는 靑銅器文化를 기초로 하면서 邑落社會와 邑制國家를 통합 또는 연합하여 발달하고 있었던 古朝鮮 등의 國家를 古代國家로서 한층더 體制化시키게 되고 있었다.[12] 그 후 古朝鮮은 멸망하지만, 그러나 그와 인

---

11) 金貞培,『韓國民族文化의 起源』, 1973.
　　유·엠·부찐,『古朝鮮』, 1986.
　　尹乃鉉,『韓國古代史新論』, 1986.
　　박진욱, '비파형단검문화의 발원지와 창조자에 대하여'(『비파형단검 문화에 관한 연구』, 1987, 서울판 1997).
　　황기덕, '료서지방의 비파형단검문화와 그 주민'(同 上書).
　　임병태, '고고학상으로 본 예맥'(『한국고대사논총』1, 1991).
　　한창균, '고조선의 성립배경과 발전단계 시론'(『國史館論叢』33, 1992).
　　신정숙, '新石器時代의 社會經濟 發展段階 試論'(『韓國 古代·中世의 支配體制와 農民』, 1997) 및 註 18)의 논문.
　　徐榮洙, '古朝鮮의 對外關係와 彊域의 變動'(『동양학』29, 1999) 등 참조.
12)『조선전사』개정판 2, 조선사·부여사·구려사·진국사, 1991, 서울판 白山資料院, 1997.

접해 있었던 國家나 그 통치권 내에 있었던 地域은 말할 것도 없고, 辰·韓지역
에서도 鐵器文明의 영향을 받아 農業生産力이 더욱 발전하였으며, 따라서 지
역에 따라 차이가 있기는 하였지만, 靑銅器時代의 그것보다 한층 더 古代的인
階級社會로 변동하고 성숙한 邑落社會에 기초하여 수십 개씩의 邑制國家들이
형성되고,[13] 오늘날 그 社會·國家의 성격을 파악하는 데는 見解差가 있지만[14]
그러나 이들 社會·國家는 하나의 권력으로 累層的으로 統合되거나 聯合됨으
로써, 夫餘(扶餘) 高句麗, 그리고 百濟 新羅 伽倻 등의 聯盟國家 내지 王朝國
家를 탄생케 하고 있었다.

그런데 이같은 邑落社會는 다음과 같은 역사적 특성을 지니고 있어서, 이것
은 古代國家 초기의 租稅制度의 수립 방식에 중요한 요인으로 작용하지 않을
수 없었다.

첫째, 邑落社會는 新石器時代 말기 이래의 農業共同體社會가 靑銅器時代를
거치면서, 農耕文化의 정착 발전으로 내부적으로 그 共同體的인 성격이 분해·
해체되고 있는 상황을 기초로 하고 있는 사회였으나, 그러면서도 아직 그 사
회의 운영이 共同體的인 사회운영의 원리를 완전히 벗어나지 못하고 있는 사
회였다는 점이다. 이에 관해서는 좀더 구체적으로 언급할 필요가 있을 것이
다. 즉 農業共同體社會는 소수의 血緣集團·氏族이 그들의 家父長權者·族長

金光洙, '古朝鮮 官名의 系統的 理解'(『歷史教育』 56, 1994).
尹乃鉉, 同 上書 및 『고조선연구』, 1995.

13) 『三國志』卷 30, 魏書 東夷傳의 韓條에서는 邑落社會를 기반으로 수립되어 있는
邑制國家·小國을 馬韓 50여 國 총 10여 萬戶(그 중 大國은 萬餘家, 小國은 數千
家), 辰韓·弁韓 각 12國, 합 24國 총 4, 5萬戶(그 중 大國은 4, 5千家, 小國은 6,
7百家)로 기록하고 있다. 同書 東夷傳의 夫餘 高句麗 東沃沮 濊條에서는 小國의 數
를 기록하고 있지 않으나, 그 戶數는 총 14萬 5千餘 戶로 계산될 수 있어서, 韓지역
의 그것에 좀 미치지 못하는 것으로 되어 있는데, 이로써 보면 小國의 數도 그렇지
않았을까 생각된다. 그러나 이 遼河 以東지역에는 夫餘(扶餘)·高句麗계와 다른 挹
婁族(옛 肅愼, 후의 勿吉·靺鞨·女眞)이 있어서 후에는 高句麗에 통합되므로, 이 민
족까지도 합하면 戶數나 小國의 수가 韓지역과 비슷하거나 많아질 수 있겠다.

14) 이러한 國家의 名稱이나 性格에 관해서는 근년에 이르러서도 部族國家·城邑國家·
邑制國家·小國, 古代國家 또는 封建國家의 기층사회로 보는 見解 등 다양하다.
歷史學會, 『韓國古代의 國家와 社會』, 1985.
註 12)의 『조선전사』 개정판 2, 조선사·부여사·구려사·진국사, 1991, 서울판
1997 등 참조.

지도 아래 그들이 주거하는 지역·촌락에서 農耕生活을 하되, 山林·柴地·沼澤
은 말할 것도 없고 農地도 共同體의 共有가 되고 있는 가운데, 共同體를 구성
하는 각 구성원·세대들에게는 共有地로서의 住居地와 農地를 배분하는 사회
였다.[15] 이 경우 초기에는 農地배분의 원칙이 느슨했을 것이나, 점차 나름대
로 尺度·자에 해당하는 일정한 길이의 기구를 마련하여 이용하거나, 所出의
양으로써 農地를 측정하는 일정한 기준이 마련되었을 것으로 생각된다. 尺度
의 경우 무엇보다 편하게 이용할 수 있었던 것은, 아마도 人體나 身邊 가까이
의 중요한 器物, 예컨대 ① 엄지와 장지를 잔뜩 폈을 때의 길이, 즉 한 뼘이나
한 손가락의 幅을 寸으로 한 10指폭의 넓이(指尺), ② 人體의 양팔을 활짝 폈
을 때의 길이(발·尋)나, ③ 사람이 걸을 때 같은 발의 발자국 간(倍蹠)의 거리
(步), ④ 古代人이 일상적으로 몸에 지니게 되는 활(弓)의 길이 등은 그 기준
이 되었을 것이다.[16] 그리고 農作物의 所出을 기준으로 하였을 경우에는, 후
대의 結·負·束·把 등과 마찬가지로 일정한 길이의 尺度·자를 이용하면서도,
그 수량으로서 ⑤ 農作物의 禾稈 한 줌을 내는 농지(握·把), ⑥ 한 뭇을 내는
농지(束), ⑦ 한 짐을 내는 농지(負) 등의 기준이 자연스럽게 마련되었을 것으
로 생각된다.[17] 國家가 성립되기 전 아직 人智가 덜 발달한 단계에서는 이러한

---

15) 農業共同體社會에 관해서는 구체적 연구가 잘 이루어지지 않고 있는 가운데, 황기
    덕, '조선에서의 농업공동체의 형성과 계급사회에로의 발전'(『력사과학』, 1978)이
    있어서 참고된다.

16) 藤田元春, 前揭書의 '度의 起原'(p. 8)에는 東西洋 여러나라에서의 그러한 사정이
    소상하게 기술되어 있다.
    吳承洛, 前揭書의 '度量衡 寓法於自然物之一般'(p. 50).
    楊寬, 『中國歷代尺度考』, 1938, 尺度의 起源 참조.

17) 結·負·束·把로 표시되는 結負制度는 우리나라 土地制度에서 볼 수 있는 특이한 농
    지파악의 단위였지만, 古代에는 日本에서도 이와 비슷한 制度를 쓰고 있었던 것으로
    보인다. 그것은 日本에서 古代國家의 체제를 확립하기 위하여 7, 8세기에 여러 가지
    制度改新을 하고, 그 일환으로서는 土地를 町·段·步로 파악하는 새로운 조치를 취하
    고 있었을 때의 사정으로서 그와 같이 이해할 수 있다. 이때 日本에서는 그러한 조
    치를 취하면서도, 그 단위농지 내에서의 租稻數나 穫稻數를 몇 束 몇 把(예 : 1段의
    租稻 2束 2把, 1町의 租稻 22束, 좀 뒤에는 公田의 穫稻 上田 500束)로 표시하고
    있었는데, 이는 그 이전에는 所出·租稅 등이 우리나라에서와 마찬가지로 오랫동안
    束·把 등의 단위로서 파악되는 때가 있었음을 뜻하는 것으로 이해되기 때문이다.
    註 2)의 龜田隆之, '度量衡' 및 註 8)의 崔南善 論文 참조.

과정을 거치는 것이 일반적이었을 것이다. 그런데 이러한 農業共同體社會가, 新石器時代 말기에서 靑銅器時代·古代社會 초기에 이르면서는, 그 共同體社會의 성격을 완전히 벗어나지 못하고 있으면서도, 다음에 언급하는 바와 같은 사정으로, 점차 그 내부에 변화가 발생하는 가운데 새로운 邑落社會로 편입 통합 전환되어 나가고 있었다.

둘째, 이때의 邑落社會는 新石器時代 말기에서 靑銅器時代·古代社會 초기에 걸치면서 그 原型이 형성된 사회로서, 그에 앞서 이미 안정된 農耕生活을 하는 가운데 共同體 내에서 分解가 싹트고, 木柵과 環濠 등으로 자기방어를 하고 있었던 靑銅器時代의 共同體社會·마을(10~100戶)을 한 지역 안에서 10여 개 또는 2, 30개 내외씩 政治的 經濟的으로 통합하고 있는 사회였다.[18] 그러므로 이 사회는 일면 共同體的인 성격을 다분히 지니고 있으면서도, 다른 일면에서는 古代的인 성격을 또한 강하게 지니게 되는 사회였다. 그리고 이 사회는 이러한 정도로서 그 사회 성격이 고정되는 것이 아니라, 그 후의 우리나라에서는 선진문물을 수용하고, 鐵製農器具를 이용하는 가운데 農業生産力을 계속 발전시키고 있었으므로, 후자적인 성격이 강화되는 사회변동이 계속 전개되지 않을 수 없었다. 그리하여 이제 邑落社會는 그 본질상 農業共同體社會의 성격에 가까운 것이 아니라, 거기에서 멀리 벗어나 점차 사실상 古代社

---

18) 윤내현, 『고조선연구』, 1994, pp. 482~483.
新石器時代 말기에서 靑銅器時代에 이르는 전환기의 農耕文化 및 集落生活에 관한 考古學적인 연구에 관해서는 다음과 같은 연구와 조사보고를 참고할 수 있다.
韓炳三, '農耕文 靑銅器에 대하여'(『韓國史論文選集』先史篇 Ⅰ, 1976).
서울大學校博物館, 『欣岩里住居址 1·2·3·4 ― 漢江畔先史聚落址發掘進展報告』, 1973-1978.
國立公州博物館, 『松菊里』 Ⅴ, 木柵 (1), 1993.
한림대학교 박물관, '춘천시 서면 신매리 신매대교부지 발굴조사 약보고서', 1996.
신숙정, '한국 신석기 ― 청동기시대의 전환과정에 대하여'(『서울大學校 博物館 年報』 10, 1998).
경상남도 남강유적발굴조사단, 『남강선사유적』, 1998.
慶南大學校博物館·密陽大學校博物館, 『蔚山 無去洞 玉峴遺蹟』, 1999.
경남고고학연구소, 『진주대평옥방 지구 발굴조사』(지도위원회 및 현장설명회 자료), 1999.
嶺南文化財研究院, 『대구 서변동 마을유적 발굴조사』 Ⅱ, 1999.
고려대학교 매장문화재연구소, '論山 麻田里 遺蹟', 1999.

會의 성격을 지닌 사회로 전환하게 되고, 그것은 결국 작은 國家이지만 邑制
國家라고 하는 권력기구를 성립시키게 되고 있는 것이었다.

그러한 사정을 우리는 여러 가지 면에서 확인할 수 있다. 무엇보다도 이 사
회는 그 내부에 私有財産制가 확립되는 가운데 남의 財物을 도적질하면 奴婢
가 되는 처벌을 받았으며, 이를 면하려면 50萬의 贖良金을 바쳐야만 하였다.
이른바 '八條의 禁法' 가운데 하나였다.[19] 住居地·農地 등 원래 共有地로서 배
분되었던 土地도 이 단계에 이르러서는 점차 私有地로 되었을 것이다. 그리고
이를 기초로 하여서는 身分·階級·權力이 발생하고 있었다.[20] 그리고 이 社會
는 그 規模·勢를 달리하고,[21] 이웃한 다른 邑落社會와는 이해관계를 달리하는
가운데 서로 대립하고 침략하는 社會集團이 되고도 있었으며,[22] 그뿐만 아니
라 이때에는 春秋戰國時代의 전개, 秦·漢帝國의 형성 등 대륙정세의 변동이
있고, 이에 따라서는 민족이동이 또한 계속되고 있었으므로, 이들 邑落社會는
이에 대응하기 위해서 그 체제의 강화를 꾀하는 가운데, 더 큰 政治集團, 즉
邑制國家를 연합한 聯盟國家 또는 王朝國家로 결집하지 않으면 아니되고 있
었다.[23] 그러한 점에서 新石器時代 말기의 農業共同體社會는 靑銅器時代의 邑
落社會 단계에 이르면서, 그리고 그 후 그 邑落社會의 발전이 진행되면서, 사

---

19) 『漢書』 卷 28, 地理志 第 8 下, 영인본, p. 1658.
20) 『三國志』 卷 30, 魏書 東夷傳의 夫餘·高句麗·東沃沮·濊 및 三韓 등 여러 나라의
   邑落에 대한 기록에 의하면, 邑落社會는 '邑落有豪民 名(民)下戶皆爲奴僕'이라고 한
   바와 같이, 身分階級的인 분해가 일어나고 있었다. 여기서는 下戶를 豪民에 대한 대
   층으로 썼고, 따라서 豪民 이하의 民은 모두 下戶가 되는 것이지만(후대의 良人에
   해당), 그러나 民 중에는 豪民에 미치지 못하지만 樂浪에 朝謁을 하는 富裕한 자가
   적지 않았으므로(韓), 시대가 발전하는 데 따라서는, 위 자료에서 보는 바와 같은
   下戶는 民 가운데에서도 최하위로 전락한 民으로서의 下戶로 봄이, 共同體社會의 分
   解라는 관점에서 합당할 것 같다. 그 밑에 奴婢身分의 소유자 奴隸들이 또한 광범하
   게 존재하였음은 말할 것도 없었다. 이들 豪民層은 혹은 君長으로서 權力者가 되거
   나, 혹은 諸加·使者·臣智·邑借 등으로서 좀더 上級 統治機關의 權力에 참여하기도
   하였다.
21) 註 13)의 東夷傳 邑落社會의 戶數 참조.
22) 『三國志』 卷 30, 魏書 東夷傳의 濊條에서는 그러한 사정을, '其邑落相侵犯 輒相罰
   責生口牛馬 名之爲責禍'라고 기술하고 있었다.
23) 李賢惠, 『三韓社會形成過程研究』, 1984.
   金杜珍, '三國時代의 邑落(『韓國學論叢』 7, 1985).
   盧重國, '韓國古代의 邑落의 構造와 性格(『大丘史學』 38, 1990) 등 참조.

회발전에 기인하여 그 성격이 점진적으로 변동하고 있었음을 보여주는 것이었다고 하겠다. 그것은 곧 新石器 말기·靑銅器 초기 단계의 農業共同體社會가 歷史時代·古代國家 단계의 農村共同體社會로 느슨하지만 전환, 이행하고 있었음을 뜻하는 것이었다고 하겠다.[24]

셋째, 邑落社會에서는 그 農業生産의 수준이 높아지고, 그 사회를 형성 발전케 하는 農業生産力의 발전이 급속하게 전개되고 있는 것이 사실이었지만, 그러나 그것은 鐵製農具의 종류에 따라 段階性(괭이, 호미와 鐵犁·牛犁耕, 선철농구와 강철농구 등)이 있고, 그것을 이용할 수 있는 階層에 한계가 있으며, 그 普及 정도에도 선진지역과 후진지역의 地域差가 있는 것으로서, 전체적으로 보면 아직은 그 수준이 대단히 낮은 단계에 있는 것이었다. 그것은 단적으로 당시 활용하고 있었던 농기구를 통해서 확인할 수 있다. 즉 이때에는 한편으로 新石器時代 말기·靑銅器時代의 농경생활에 鐵製農器具를 도입 사용하게 됨으로써 深耕農業, 所出增大 등 당시로서는 비약적인 발전을 가져오고 있었지만,[25] 그러나 그러면서도 아직은 鐵製農器具의 이용이 身分階級에 따라, 그리고 지역에 따라 차이가 있어서 균일하게 전면적으로 전개되지 못하고, 따라서 아직은 新石器時代 말기·靑銅時代 이래로 이용하던 石製 木製의 농기구를 倂用하지 않을 수 없는 것이 실정이었다.[26] 그러나 그러면서도 金屬農器具의 이용은 시대를 따라 확산되고 있었으므로, 이때의 金·石倂用은, 결국 점차적으로 鐵製農器具만을 이용하는 방향으로 전환해 나가게 되는 것이 역사의 추세였다고 하겠다.

그리고 이 단계의 우리 農業이 전체적으로 보아 낮은 수준일 수밖에 없었던

---

24) 허종호, 『조선토지제도발달사』(1), 1991. p. 22, 37.
25) 沈奉謹, '韓國稻作農耕의 始源에 관한 硏究'(『釜山史學』6, 1982).
    申叔靜, '新石器時代의 社會經濟 發展段階 試論'(『韓國古代·中世의 支配體制와 農民』, 1997).
    李賢惠, ① '韓國古代社會의 國家와 農民'(『韓國史市民講座』6, 1990).
             ② '三韓社會의 농업생산과 철제농기구'(『歷史學報』126, 1990).
26) 耿鐵華, '集安高句麗農業考古槪述'(『農業考古發現與硏究』1989-1).
    李暎澈, '務安良將里 遺蹟調査報告'(『韓國考古學의 반세기』, 1995).
    李賢惠, 위의 ② 논문 및 ③ '韓國古代의 犁耕에 대하여'(『國史館論叢』37, 1992).
             ④ '三國時代의 농업기술과 사회발전'(『韓國上古史學報』8, 1991) 등 참조.

사실은, 우리나라는 본시 비옥한 農地보다는 척박한 農地가 많았던 데서도 그
와 같이 이해할 수 있겠다. 전국의 農地는 통계적인 숫자가 남아 있는 韓末의
사정에서 보더라도 척박한 農地가 많고 지역차가 심하였으므로(本稿 餘言의〈附
表 1〉및〈附表 2〉참조), 그러한 사정이 邑落社會의 단계에서는 더 심하였을
것으로 생각되며, 따라서 그 農業發展은 지역적으로 대단히 불균등하게 전개
되는 지역차가 심한 것이었다고 하겠다.

그러므로, 가령 異民族에 대한 정복, 약탈을 목표로 하는 征服國家가 아닐
경우, 이같은 邑落社會 邑制國家를 累層的으로 통합 또는 연합하는 聯盟國家·
王朝國家는, 그 초기에는 이들 邑落社會 邑制國家를 획일적으로 지배하기 어
려웠을 것으로 생각된다. 租稅·貢納의 징수문제와 관련해서 말한다면, 각 邑
落社會 邑制國家의 전통·관행을 존중하는 가운데, 그들이 납득할 만한 합리적
기준을 세우지 않으면 아니되었을 것으로 생각되는 것이다. 일반론으로서 말
할 때, 國家가 형성될 무렵의 邑制國家에서는 그 民에게 부과하는 稅額이 대
단히 가벼웠고, 國家權力이 强大해지고 古代國家로서의 체제가 강화되면 될
수록, 그리고 폭군·전제군주가 등장하면 할수록, 그 收取하는 稅額이 커지게
마련이었을 것으로 생각된다. 그러한 邑制國家들의 租稅가 구체적으로 얼마
나 되고 어떠한 방식으로 수취하는 것이었겠는지 획일적으로 말하기 어렵지
만, 우리는 우리 역사와 관련되는 그러한 租稅收取에 관한 동향을『孟子』를
통해서 어느 정도 살필 수 있을 것이다. 中國 戰國時代의 인물 孟子(기원전
4~3세기)는 당시의 東夷 濊貉族의 租稅를 말하여 다음과 같이 기술하고 있었
는데, 이는 中國人들의 東夷族에 대한 인식이 일반적으로 '밭을 잘 다스리고
세입이 넉넉하다'(實畝實籍)[27]는 것을 전제로 하면서 한 말이었다.

　　白圭曰 吾欲二十而取一 何如……
　　　孟子曰 子之道貉道也……夫貉五穀不生 惟黍生之 無城郭宮室宗廟祭祀之禮 無諸侯
　　幣帛饔飧 無百官有司 故二十取一而足也……欲輕之於堯舜之道者 大貉小貉也 欲重之
　　於堯舜之道者 大桀小桀也……什一而稅堯舜之道也 多則桀 寡則貉[28]

---

27)『詩經』大雅 韓奕篇.
28)『孟子』(集註大全) 卷 11, 告子章句,『經書』, p. 698.

이 기록은 孟子가 白圭(名 : 丹 周人)와의 문답에서, 白圭가 '내가 諸侯들이
暴斂하는 什一의 稅法을 고쳐서 20분의 1稅를 받고자 하는데 어떻습니까' 하
는 물음에 답한 말로서, 孟子는 요컨대 그렇게 하면 안 된다는 것이었다. 濊貊
族은 그가 보기에 農業이 덜 발달하고 아직 城郭·宮室·百官·有司 등이 없는
小國 ― 몇몇 邑制國家를 연합한 聯盟國家 ― 이어서, 所出에 대한 20분의 1稅
를 받아도 國家를 운영하는 데 족하지만, 春秋戰國時代의 中國과 같이 城郭·
宮室·百官·有司를 갖춘 諸侯國家가 되면, 堯舜之道로서의 10분의 1稅를 받아
야 그 國家 운영이 가능하다는 것이었다. 이보다 많이 받고자 하는 것은 大桀
小桀이 되고자 하는 것이고, 이보다 적게 받고자 하면 大貉小貉으로 가게 되
는 것이니, 어느 경우도 따라서는 아니된다는 것이었다.

이 문답은 요컨대 中國人의 입장에서 이미 성립된 그들의 거대한 國家機構
를 어떻게 유지하고 바르게 운영할 것인가 하는 문제를 논한 것이지만, 우리의
관점에서 주목되는 것은, 그것과 비교하여 상대적으로 小國의 단계에 있었던
濊貊族의 경우에는 所出의 20분의 1(0.5/10)을 수취하고(貊道) 있있나는 섬
에서 보듯이, 租稅收取가 가벼웠다는 점이며, 그러한 小國이 스스로 성장하여
大國이 되거나, 이웃한 國家에 의해서 연합되거나 통합됨으로써 더 큰 大國의
지배하에 들게 되면, 그리고 그러한 중에도 桀主·暴君의 지배를 받게 되면,
租稅의 부담이 所出의 10분의 1(堯舜之道) 또는 10분의 2~3(桀道)으로 종전
보다 무거워진다는 점이다. 그리고 이같이 될 경우 그 租稅의 增徵에는, 그것
이 10분의 1이건 10분의 2~3이건 간에, 民의 동향과 여론에 근거하여 諸侯
의 暴斂에 대한 白圭와 같은 抵抗, 桀主·暴君의 수탈에 대한 孟子와 같은 항의
가 따른다는 점이다. 그러므로 이같은 사실에서 보면, 濊貊族과 같은 邑制國
家 또는 그것을 연합한 작은 聯盟國家들을 통합하거나 연합하는 어느 큰 聯盟
國家·王朝國家가 있었다고 할 때, 그 國家가 이같은 邑制國家나 작은 聯盟國
家들의 租稅收取의 전통을 무시하고 갑자기 무거운 租稅를 색다른 방법으로
부과하기는 어려웠을 것이다. 古朝鮮, 辰·韓, 高句麗, 百濟, 新羅 등 어느 國
家의 경우에도 지역차가 있기는 했겠지만 마찬가지였을 것으로 생각된다.

이같은 경우 초기 古代王朝國家들은 새로 통합 또는 연합한 그들 基層社會
의 民을 납득시킬 수 있는 租稅 부과의 방법 기준을, 그들이 처한 지역적 특성,

農地의 肥瘠을 충분히 고려하는 가운데, 아마도 제기될 수 있는 몇 가지 방법
중에서, 그들에게 최선이라고 생각되는 것을 선택하였을 것으로 생각된다. 그
러한 방법으로서 제기될 수 있는 것은, ① 일정 구역의 地積을 分給하고 그 안
에서 穀物所出이 얼마나 나는가를 파악하되, 地積에 따라 租稅를 所出의 몇
분의 1씩 부과하는 경우이고, ② 동일한 양의 穀物所出이 나는 몇몇 大小區域
의 地積을 파악하는 가운데 租稅는 所出 중심으로 부과하는 경우이며, ③ ①과
②의 방법을 지역차를 참작하는 가운데 적절히 배합하거나, 정복지역에 總額
을 정해주고 이를 統責함으로써 租稅를 융통성 있게 부과하는 경우이겠다. 中
國과 日本의 경우는 그 古代國家 성립초기에 ①의 방법으로 租稅를 징수했으
며,[29] 로마제국(共和國期)의 경우는 租稅의 부과대상에 따라 조금씩 달랐지만,
公有地에 대해서는 ②의 방법을 택하여 穀物所出의 10분의 1(과일 1/5)稅를,
屬州稅에 대해서는 20분의 1稅나 總額稅(割當稅)를, 그리고 私有地에 대해서
는 단위면적당 얼마씩 받는 ①의 방법으로 租稅를 징수하였다.[30]

　高句麗·百濟·新羅 등 우리나라의 경우는, 聯盟國家 王朝國家 성립 초기에
는 혹 그에 앞서 있었던 邑落社會·邑制國家의 慣行을 따라 ③의 이런저런 방
법으로 행하기도 하다가, 점차 그 國家의 영역이 확대되고, 통일적인 地方制
度가 확립되며, 國家體制가 정비되는 데 따라서는 점차 貉道의 수준을 넘어서
면서 ②의 방법으로 획일화되었던 것으로 이해된다. 그렇게 하는 것이 당시의

---

29) 中國과 日本은 租稅를 징수하는 방법에서 좀 달랐지만, 일정 區域·地積을 기준으
　로 징수한다는 점에서는 결국 같았다고 하겠다. 前者에 관해서는 이를테면 夏·殷·周
　의 井田制 내에서의 貢法·助法·徹法을 생각하면 되겠고, 後者에 관해서는 古代國家
　성립기의 條里制를 생각하면 되겠다.
30) 許勝一, 『로마 공화정 연구』 증보판(1995), p. 66, 237.
　金昌成, 『로마共和國의 租稅徵收政策 硏究』, 서울大 大學院, 1993, p. 54, 116, 83.
　필자는 오래 전에(1985), 나폴리대학에서 한국사·한국문화를 담당하고 있는 파올
　로 산탄젤로(Paolo Santangelo) 교수와 로마에서 나폴리까지 기차여행을 하면
　서, 이탈리아사와 한국사의 특성에 관하여 이런저런 이야기를 나눈 바 있었다. 그런
　데 이야기가 우리나라의 結負制에 미치게 되자, 산탄젤로 교수는 즉석에서 "그러한
　제도는 로마시대·로마사에도 있었습니다"라고 하면서, 위에 언급한 바와 같은 '10분
　의 1稅'를 설명해주고 있어서 반가웠다. 이탈리아人 교수의 눈에 비친 結負制는 所出
　의 몇 분의 1을 租稅로서 내는 제도로서 아주 자연스러운 것이었다. 結負制는 말하자
　면 그 생성 당시에는 世界史的으로 보편적인 租稅制度로서 출발하고 있는 셈이었다.

시점에서는 農地 파악의 방법으로서도 편하고, 각 邑落社會와 民에게 稅率의 均平을 기할 수 있다는 점에서도 합리적이었을 것으로 생각되기 때문이다. 가령 高句麗·百濟·新羅 어느 경우에도, 農地가 비옥한 평야지대나 所出이 많은 平田沃土에 대한 租稅를, 農地가 척박한 山地나 所出이 적은 瘠田薄土에 대한 租稅와, 동일한 地積이라고 동일하게 부과할 수는 없었을 것으로 생각된다. 所出이 많은 農地에서는 租稅를 많이 받고, 所出이 적은 農地에서는 租稅를 적게 받았을 것이다. 그리하여 그러한 租稅 부과의 慣行은 오랜 세월에 걸치면서 지속되는 가운데, 우리나라의 이른바 所出을 전제로 하는 租稅收取의 관행이 점차 우리나라 고유의 특이한 제도로서 정착하게 되었을 것으로 이해된다.

단, 이 경우 당시의 그같은 租稅收取의 제도적 명칭이 무엇이고, 그렇게 租稅를 收取할 때의 단위가 어떠하였는지는 미상이다. 그러나 그 제도를 기초로 해서 확립되는 후대의 제도가 結負制이고, 그 단위가 結·負·束·把였던 것을 고려하면, 아마도 그 租稅收取의 내용은, 그것이 所出을 중심으로 하는 租稅制度이고 結·負·束·把가 數量 개념이라는 점에서, 후대의 結負制와 유사하였을 것으로 생각된다. 이 점은 뒤에 다시 언급할 기회가 있겠다.

물론 이때에는 中國 선진문물의 수용이 광범하게 전개되고, 戰國時代의 전란을 피하려는 大小 규모의 종족·민족이동이 또한 계속적으로 일어나고 있었으므로, 역사의 진전에 따라서는, 일정한 원칙에 따라 마련된 秦·漢帝國 전후의 中國의 尺度, 이를테면 周尺·秦尺·漢尺 등등 또한 신속하게 전래하였을 것으로 생각된다.[31] 이러한 추세 속에 高句麗에서는 이른바 東魏尺의 1.2배에

---

31) 이 시기의 中國의 尺度에 관해서는, 일찍이 前揭 吳承洛, 楊寬 등의 연구가 있었고, 최근에는 唐蘭, '商鞅量與商鞅量尺'(『中國古代度量衡論文集』, 1990) ; 萬國鼎, '秦漢度量衡畝考'(同上書) ; 曾武秀, '中國歷代尺度槪述'(同 上書) 등에서, 확실한 자료와 유물에 의거하여 소상하게 연구되고 있다.
　그 요점은 周代 말기에서 春秋戰國時代를 거쳐 後漢代에 이르기까지, 國家는 여러 차례 바뀌었지만, 尺度의 길이에는 根本的이라고 할 만한 큰 변화가 없었다는 것이며, 그 標準尺의 길이는 23.1㎝이고, 末期 周尺임이 확실한 8개 尺의 길이는 22.5~23.1㎝, 평균 22.88㎝였다는 것이다(同 上書, p. 62, 133). 즉 周尺＝秦尺＝漢尺의 관계에 있다는 것이었다. 그러므로 이 시기의 이러한 中國尺度는 周代 이래로 통칭 '周尺'의 이름으로 우리나라의 古朝鮮·夫餘·高句麗 등에 널리 전래했을 것으로 생각된다. 高句麗의 墳墓·建築 등에 이용된 尺度가 대략 22.083~22.852㎝의 尺度였음은 그러한 사정을 말해주는 것이라 하겠다(米田美代治 저, 申榮勳 역, 『韓國上代

해당하는 高麗尺을 그들 독자의 尺度로서 마련하여, 그 建築·都市計劃·土木
工事 등에 이용하고 있었으며,[32] 이는 당시의 新羅·百濟·日本에까지도 수용되
어 그곳에서 널리 이용되기도 하였다.[33] 그러므로 생각하기에 따라서는, 그
기술수준으로 보아, 農地를 頃畝法 또는 그와 유사한 성격의 地積으로 量田하
여 地積 단위로 租稅를 부과할 수도 있었을 것으로 생각되며, 실제로 高句麗

建築의 研究』, 1976, pp. 166~170 ; 李宇泰, '韓國古代의 尺度', 『泰東古典研究』
創刊號, 1984 등 참조). 日本에서는 近刊의 辭書에서 古周尺의 길이를 20.2㎝, 漢尺
의 길이를 25.3㎝로 소개하고 있다(『日本史廣辭典』度量衡, 山川出版社, 1997).
  그 이전의 中國尺度로서는, 殷墟에서 出土된 것으로 전해지는 殷尺遺物이 15.78㎝,
15.8㎝(國家計量總局·中國歷史博物館·故宮博物院 編, 金基協 譯, 『中國度量衡圖
集』度 1, 2, 1993), 16.9㎝(藪田嘉一郎 編譯注, 『中國古尺集說』, p. 3, 6)였던
것으로 알려져 있으므로, 아마도 周代에 들어서면서는 周尺의 길이가 이 殷尺보다
좀 길어졌을 것으로 보이며(吳承洛, 前揭書, p. 65에서는 19.91㎝로 추산한다), 그
末期·春秋戰國시기에 이르면서는 위에서와 같이 더 늘어났던 것으로 생각된다. 그러
므로 우리나라에서 가장 일찍이 古代王朝國家를 수립하고, 中國에 이웃하여 그 문화
를 수용함으로써 그 자신의 문화를 발전시키고 있었던 古朝鮮의 경우, 그 先代로 올
라가면 아마도 이같은 초기의 周尺도 수용하고 이용하였을 것으로 추정된다.
32) 高麗尺에 관해서는 藪田嘉一郎 編, 『中國古尺集說』, p. 35, 92를 참조. 여기서는
  그 길이를 36㎝로 보고 있다. 그러나 그 尺度의 길이는 그것을 고찰한 논자에 따라
  서, 그리고 그것을 이용한 나라에 따라서 조금씩 달라서, 朴興秀, '한국 고대의 量田
  法과 量田尺에 관한 연구'(『度量衡과 國樂論叢』, 1980)에서는 35.50~35.85㎝,
  藤島亥次郎, '朝鮮建築史論'(『建築雜誌』 530~536號, 1930 ; 『朝鮮建築史論』, 景
  仁文化社, 1969) 其一 第3章 皇龍寺에서는 35.612~35.699㎝ 정도로 보았다. 단,
  여기서는 이것을 東魏尺이라 하였으나, 이것이 高麗尺이었음은 말할 것도 없었다.
  그리고 1997年刊의 『日本史廣辭典』度量衡條에서는 37.1㎝로 보고 있다.
    이같은 高麗尺이 土地測量 量地에 어떻게 이용되었을까 하는 문제는 建築史家 關
  野貞, 『朝鮮의 建築과 藝術』(1941) 중의 '高句麗의 平壤城 及 長安城에 대하여', p.
  363을 참조할 필요가 있다. 이 글에서는 平壤城의 箕田을 본시 井田으로서 분급된
  농지가 아니라, 高句麗 都城計劃상의 몇몇 區域이었던 것으로 보았으며, 그뿐만 아
  니라 그것을 高麗尺(35.632㎝)으로 測地 設計하였던 것으로 추정하였다. 이 都市
  計劃說은 그 후 藤島亥次郎에 의해서도 『韓의 建築文化』(李光魯 역, 1986, p. 86)
  를 통해서 거듭 확인되었다.
33) 藤島亥次郎 前註의 『朝鮮建築史論』其二編 중의 '新羅王京 復原論'에서는 여러 가지
  고증과정을 거쳐, 慶州의 都市計劃이 東魏尺으로 설계되었음을 들고 있었는데, 이것
  은 高麗尺이었다. 이때의 日本人 學者들은 高麗尺을 東魏尺으로 이해하고 있었다.
  그리고 최근에는 百濟에서도 泗沘都城(扶餘)의 건설에서 高麗尺을 이용하였을 것으
  로 추정하고 있다(朴海玉, '百濟 泗沘都城의 토지구획', 『문화역사지리』 4, 1992).
  日本에서 高麗尺이 이용되었던 사정은 藤田元春, 『尺度綜考』尺度考 長尺 및 龜田隆
  之, 前揭 '度量衡' 등을 통해서 손쉽게 살필 수 있다.

에서는 頃畝法으로서 農地를 파악하였던 것으로 보이는 자료가 남아 있기도 하다.[34] 아마도 都市計劃·都城測量이 高麗尺 등으로 행해졌던 것을 생각하면, 그 주변의 소규모 農地는 그렇게 量田을 한 곳도 있었을 것이다. 그리고 그렇게 量田을 한 특정 農地에 대해서는, 그 地積의 단위를 結負가 아니라 頃畝로 표시하였을 수도 있겠다. 그러나 다시 숙고하면, 그 國家들은 여러 개의 邑落社會 邑制國家를 누층적으로 통합 또는 연합하고 있었으며, 중앙정부에서 일사불란한 官僚體制로 직접 租稅를 징수하는 것이 아니라, 여러 명의 大加, 干層으로 하여금 그 租稅를 管掌·統責하도록 하고 있었던 國家權力의 성격으로 인해서,[35] 그리고 그 基層社會의 조건과 성격 등에 제약되어, 그 國初에는 아직 전국토를 획일적으로 頃畝法이나 그에 유사한 地積으로서 量田을 하고 그 地積을 통해서 租稅를 통일적으로 부과하기는 어려웠을 것으로 생각된다. 그뿐만 아니라 濊貊의 경우에서와 같이, 所出의 몇 분의 1씩을 租稅로 부과하는 조건하에서는, 田野 農作地域을 頃畝法과 연결되는 尺度, 都城測量을 하던 尺度로서 量田을 하는 것은 적합하지 않으며, 量田을 하더라도 이같은 地域에서는 一定所出을 전제로 하는 尺度로서 量田을 하는 것이 더 적합하다고 판단하였을 것이다.

2) 三國時期 중반 把 단위 복합적 結負制의 確立

結負制의 발생 사정을 이같이 살피면, 앞에서 언급한 5, 7세기 新羅·伽倻에서 結負制가 시행되고 있었다는 사실은, 그 王朝國家가 그 이전의 邑落社會

---

34) 『三國史記』卷 13, 高句麗本紀 琉璃王 37年(A.D. 18) 4月條에는, 王이 익사한 王子의 屍體를 찾은 祭須에게 사례로서 '金 10斤, 田 10頃'을 賜하고 있었음이 기록되어 있다. 이는 이때의 土地制度가 頃畝法과 통할 수 있는 제도로서 量田을 하고 있었음을 나타내는 사례일 수도 있다.

35) 『三國志』卷 30, 魏書 東夷傳, 夫餘條, p. 841에 '諸加別主四出道 大者主數千家 小者數百家'라 하고, 東沃沮條, p. 846에 '國小 迫于大國之間 遂臣屬句麗 句麗復置 其中大人爲使者 使相主領 又使大加統責其租稅貊布魚鹽海中食物'이라고 한 것 등은 그 예이다.

　　盧泰敦, '三國時代의 "部"에 관한 硏究'(『韓國史論』2, 1976).

　　金光洙, '高句麗 前半期의 「加」階級(『建大史學』6, 1982).

　　徐毅植, 『新羅上代 '干'層의 形成·分化와 重位制』, 서울大 大學院, 1994 등 참조.

邑制國家의 農業慣行을 기초로 그 租稅制度를 마련하였을 때부터 점진적으로
시작된 오랜 경과과정을 지닌 제도였다고 하겠다. 그리고 그같은 사정은 뒤에
다시 언급하겠지만, 자료상 結負에 관한 언급이 보이지 않는, 高句麗 지역에
서도 마찬가지였을 것으로 생각된다. 그러나 結負制의 발생 사정을 이같이 생
각한다 하더라도, 그 結負制의 내용은 初期의 상태에서 그대로 고정되어 있는
것이 아니라 時代를 따라 계속 변동한다고 보아야 하겠다. 그것은 곡물재배의
기술적인 면에서도 그렇고, 租稅制度를 잘 운영함으로써 齊民的 統治를 하고
자 하는 國家權力의 입장이나, 여러 가지 政治制度의 변동과 관련해서도 그러
하지만, 역사상에서는 그 제도가 변할 수밖에 없는 계기가 계속 발생하고 있
었기 때문이었다.

　高句麗·百濟·新羅 등의 三國에서, 農業技術의 발전, 政治制度의 변동에 따
라 租稅制度·結負制에 변화가 오는 시기는 여러 단계에 걸치는 것으로 보아야
하겠지만, 그 중반 이후, 특히 그 말기 단계에 들면서는 그것이 현저해진다고
하겠다. 이들 國家의 중반 이후는 三國統一을 위한 삼국간의 抗爭이 전개되던
시기였으며, 그 말기는 그것이 절정에 달하는 시기였다. 그러므로 이때 이들
나라에서는 이같은 항쟁에 대비하여 國力增强을 위한 政策을 여러 가지 면으
로 총력을 기울이지 않으면 아니되었다. 그러한 중에서도 크게 주목할 일은
中央集權的 官僚體制와 郡縣制的 地方統治體制를 추구하고 있는 일이었다.[36]
일사불란한 統治體制를 制度的으로 확립하는 것은, 확대되는 統治領域과 늘
어나는 民戶·百姓 및 稅源을 확실하게 장악하기 위해서 필요하였다. 그리고,
전쟁의 수행을 위해서는 양질의 勞動力과 충성스러운 백성 및 군사력이 요구

36) 金光洙,『高句麗 古代 集權國家의 成立에 관한 硏究』, 1983.
　　손영종,『고구려사』제4장 제2절 봉건통치체제의 정비, 1990(서울판 1997).
　　林起煥,『高句麗 集權體制 成立過程의 硏究』, 1995.
　　盧泰敦, '5~7세기 고구려의 지방제도'(『韓國古代史論叢』8, 1996).
　　金賢淑,『高句麗 地方統治體制 硏究』, 慶北大 大學院, 1996.
　　盧重國,『百濟政治史硏究』, 1988.
　　金英心, '5~6세기 百濟의 地方統治體制'(『韓國史論』22, 1990).
　　全德在, '新羅 州郡制의 成立背景硏究'(『韓國史論』22, 1990).
　　李宇泰,『新羅 中古期의 地方勢力 硏究』, 1991.
　　姜鳳龍,『新羅 地方統治體制 硏究』, 1994 등 참조.

되고 租稅收入의 증대가 절실히 요청되는데, 郡縣制的인 統治體制는 이같은
문제를 효과적으로 달성할 수 있었다. 그러나 國家가 民·百姓에게 그같은 문
제를 요구하기 위해서는, 國家는 民·百姓에게 그것에 상응하는 어떤 보상, 사
회·경제적인 혜택, 민심을 얻을 수 있는 어떤 政策的인 變革措置를 제시하지
않으면 아니되었다. 주지하는 바 殉葬制의 법적 폐기 등은 그 한 예이겠다.
그러나 그러한 조치는 좀더 광범하게 모든 民·百姓에게 주어지는 것이 되지
않으면 아니되었다.[37] 그리하여 여기에 취해지게 되는 것이 종래의 租稅制度·
結負制를 재조정함으로써, 되도록 租稅 부과의 지역간, 신분간 불균형을 해소
하고, 國家의 租稅수입도 늘리고자 하는 政策이었을 것으로 생각된다. 이 시
기에 새로운 租稅制度·結負制가 등장할 수밖에 없는 이유였다.

그러나 租稅制度·結負制上의 그같은 변화는 단순히 행정상의 조치만으로서
이루어질 수 있는 일이 아니었다. 우리나라의 結負制는 본질적으로 所出·生産
力을 기초로 해서 租稅를 징수하려는 제도였으므로, 그 제도에 어떤 변화가
있으려면, 農業技術 발달상에도 적지 않은 변화가 있을 것을 전제하지 않으면
아니되었다. 그런데 이 시기에는 이미 여러 연구에서 그러한 사정이 밝혀지고
있는 바와 같이, 三國에서는 農業技術의 발전을 나라마다의 입지조건에 따라
추구하는 가운데, 그에 상응하는 所出·生産力 증대의 과정이 전개되고 있었
다.[38] 그러한 중에서도 이 시기의 農業技術의 발전을 가시적으로 보여주는 것
으로 주목되는 것은, 農地利用方式에 커다란 변화가 일어나고 있는 일, 다시

---

37)『三國史記』卷 4, 新羅本紀 4, 智證麻立干 3년(502) 3월에 있었던 '禁殉葬'의 令
   은 그같은 시대상황의 반영이었다.
   朱容立, '한국 고대의 순장연구'(『孫寶基博士停年紀念 韓國史學論叢』, 1988) 참조.
   權五榮, '고대 영남지방의 殉葬'(『한국고대사론총』 4, 1992).
   金基興, '韓國史의 古·中世 時代區分 ― 사회경제사를 중심으로 총체적 시각에서'
   (『韓國史의 時代區分―古代·中世』, 1995).
   朴宗基, '韓國史의 中世起點과 中世社會論 ― 郡縣制의 성립과 변동을 중심으로'
   (『經濟史學』 21, 1996).
   李景植, 註 64)의 논문 등 참조.
38) 金基興, 『삼국 및 통일신라세제의 연구』, 1991, 특히 보론.
   李賢惠, 前揭 ② ③ ④의 논문 참조.
   李仁在, '農業生産力 發展의 樣相'(『新羅統一期 土地制度 研究』, 延世大 大學院,
   1995).

말하면 일정량의 稅穀·所出을 내는 데 소요되는 農地面積이 점차 축소되고 集約化되고 있는 일이었다. 우리는 그러한 사정을 근년에 한강변의 渼沙里에서 발굴된 三國時期의 밭(旱田)의 상황을 통해서 구체적으로 살필 수 있다.[39]

전국의 農地가 모두 이와 같았던 것은 아니겠지만, 이 유적지의 밭은 당시 농업의 일면을 이해하는 데 중요한 근거가 되는 것으로 생각된다. 그런데 이에 의하면, 이 유적지의 밭은 上層과 下層의 두 층으로 되어 있고, 下層의 밭은 4세기 이전에서 4세기에 이르는 시기(三國時期 前半期)의 農耕法, 上層의 밭은 5, 6세기(三國時期 후반기)의 農耕法을 보여주는 것으로 파악되었는데, 그 下層 밭은 이랑(畝·壟)과 고랑(畎)의 폭이 140~160㎝나 되고, 種子(穀種 미상)는 고랑에만 두 줄로 25~30㎝ 간격의 구덩이(科)에 파종하고 있었다. 그 農耕法은 代田法에 區田法을 가미한 이른바 우리나라식 代田農法으로 볼 수 있어서 당시로서는 새로운 農法일 수 있었겠으나, 그러나 이 시기의 이러한 農耕法을 後代의 農耕法과 비교하면, 일정한 所出을 얻는 데 필요한 農地實積이 倍 또는 그 이상 소요될 수 있는, 아주 넓은 면적의 農地를 필요로 하는 粗放的인 農法이었다고 하겠다. 그런데 이러한 下層 밭의 農耕法이 그 후 100, 200년이 지난 5, 6세기에 이르면서는 커다랗게 변동하고 있었다. 즉 上層 밭의 밭이랑과 밭고랑의 폭이 80~100㎝ 정도로 축소되고 있는 것이었다. 말하자면 三國時期의 후반기, 統一抗爭期의 절정단계에 이르면서는, 前시기에 비하여 그 農地利用 農業生産의 방법이 대단히 집약화되고 있는 것이었다고 하겠다.

이것은 代田法을 중심으로 해서 볼 수 있는 農業變動의 한 예이지만, 이 시기에는 이같은 農業變動이 여러 계통으로 일어나고 있었던 것으로 볼 수 있겠다. 歲易田의 常耕田化·平田化도 점진적으로 진행되고 있었을 것이고,[40] 水利施設은 말할 것도 없지만,[41] 특별한 의미를 갖는 牛犁耕의 보급도 政府의 勸農

---

39) 崔鍾澤, ‘渼沙里出土 밭의 構造와 年代에 대하여’(『서울大學校博物館 年報』 5, 1993).
　　金基興, ‘미사리 삼국시기 밭유구의 농업’(『歷史學報』 146, 1995).
40) 註 43)의 原文 참조.
　　李景植, ‘高麗前期의 平田과 山田’(『李元淳敎授華甲紀念史學論叢』, 1986).
41) 李基白, ‘永川 菁堤碑 貞元修治記의 考察’(『新羅政治社會史硏究』, 1974).
　　‘永川 菁堤碑의 丙辰築堤記’(同 上書).

政策으로 점진적으로 확산되어 나갔다.[42] 그러므로 이러한 변동에 따라서는, 그 國初와는 달리 所出에 따라 부과되는 租稅制度, 結負制도 좀더 合理的으로 조정되지 않으면 아니되었을 것으로 생각된다. 그리하여 이 단계에 이르러서는, 삼국간에 時差가 있기는 했겠지만, 그 租稅制度는 이미 國初의 지역간 편차가 심하였던 상황에서 멀리 벗어나, 地積과 所出, 租稅를 일정하게 組合한, 전국적 규모로 시행될 수 있는 새로운 中世的인 租稅制度, 즉 齊民的 租稅制度, 結負制로의 전환이 시작된다고 하겠다.

그러한 사정은 여러 측면에서 살필 수 있겠지만,『駕洛國記』의 結負에 관한 기록은, 이 시기의 그러한 시대상황을 반영하는 것으로 생각된다.

元君八代孫金銍王克勤爲政 又切崇眞 爲世祖母許后奉資冥福 以元嘉二十九年壬辰 於元君與皇后合婚之地創寺 額曰王后寺 遣使審量近側平田十結 以爲供億三寶之費[43]

이 자료는 伽倻의 元君·金首露王의 8世孫인 金銍王이 元嘉 29년(452)에 世祖母后·許皇后의 명복을 빌기 위하여, 元君과 皇后가 결혼한 위지의 장소에 王后寺를 창건하고, 三寶의 資로서 位田 10結을 遣使審量하여 배정하였다는 내용을 기록한 것이다. 그런데 本稿의 주제와 관련하여, 우리가 이곳에서 주목하게 되는 것은, 이 王后寺에 三寶之資로서 내린 位田이 官에서 파악하고 있는 農地를 사무적으로 분급하는 것이 아니라, 특별히 '遣使審量近側平田十結' 해서 주었다고 한 점이다. 즉 정부에서는 이 일을 위하여 ① 農地의 量田에 식견이 있는 官吏를 量田使로서 파견하였고, ② 그 量田使로 하여금 農地의 肥沃度(여기서는 平田 山田), 王后寺로부터의 遠近 거리 등을 審理하여 量田을 하되, ③ 그 절로부터 가까운 곳의 平田 10結을 位田으로서 주었다는 것이며,

---

42)『三國史記』卷 4, 新羅本紀 4, 智證麻立干 3年(502) 3月條에 보이는 '分命州郡主勸農 始用牛耕'의 기사는 이 시기의 그러한 사정을 반영하는 것이라고 하겠다.

43) 崔南善,『增補 三國遺事』卷 2, 駕洛國記.
이 자료는 伽倻시기의 기록이 아니라, 高麗 文宗 때의 인물 金官知州事 金良鎰이 私撰으로 편찬한 史書를, 一然이 다시 節略하여『三國遺事』에 수록한 것이다. 그러므로 이 자료의 사료가치에 대하여는 혹 의문이 제기될 수도 있겠으나, 이곳에서는 그대로 이용하기로 한다. 이 자료에 보이는 平田에 관해서는 註 40)에 제시된 李景植 교수의 논문을 참조할 필요가 있다.

④ 그 位田의 面積單位가 中國 頃畝法에서의 頃과 같은 것이 아니라 우리나라 結負制에서의 '結'이었다는 점이다. 요컨대 여기서는 結에 대하여 더 이상 구체적인 언급을 하고 있지 않지만, 이때의 量田은 말하자면 단순히 地積만을 파악하려는 量田이 아니라, 그것을 所出과 관련하여 파악하고자 하는 結負制의 量田이었다는 것이며, 그것도 農地의 肥瘠도 고려하고 있는 量田으로서, 이 자료는 우리나라 특유의 結負 量田制의 원형을 보여주는 것이라고 하겠다. 우리는 이 시기의 結負制를 이같이 伽倻에 관해서 살필 수 있지만, 伽倻의 結負制가 이러한 것이었다면, 다른 三國의 租稅制度·結負制도 이와 유사했을 것으로 생각하는 것이다.

그러면 이때 三國에서 마련하고 시행한 結負制는 구체적으로 어떠한 것이었을까. 필자에게는 이때 그들이 어떤 새로운 制度를 수용하였다거나, 아니면 종래의 結負制와 다른 새로운 結負制를 마련하였을 것이라고는 생각되지 않는다. 다만 結負制의 발달과정이라는 관점에서 보면, 그 내용을 어느 정도 추정할 수 있을 것으로 생각되는데, 그것은 三國에서는 앞에서 언급한 바와 같이 종전부터 所出 중심의 結·負·束·把에 의거한 아주 단순한 租稅制度·結負制가 마련되고, 이것이 하나의 전통으로서 지속되고 있었으므로, 그들은 이러한 발생 사정과도 관련하여, 그것을 이 시기의 조건에 맞도록 전국적 규모의 새로운 규정, 전국에 통용할 수 있는 단일의 획일적 규정으로 재조정하게 되었을 것으로 생각된다. 그리고 이것이 이 시기의 새로운 結負制로서 정착하고 이용되었을 것으로 추정된다. 그럴 경우 그같은 재조정에서 초점이 된 것은, 本稿의 서두에서 이미 지적한 바, 稅穗 1握이 나는 農地를 1把(方 1把·발·尋), 10把=1束, 10束=1負, 100負=1結, 따라서

量田尺 方 100把(발·尋)＝10,000平方把(발·尋)＝1結

로 한다는 結負制의 單位數値를 명백히 하고,[44] 그 기본단위가 되는 '把'를 이

---

44) 註 4), 6), 7) 참조.
　　여기 제시한 結負制의 單位는 朝鮮初期와 後期의 자료에 기록된 것이므로, 이를 통해서 三國時期의 結負制를 추정하는 데는 무리가 따를 수 있겠다. 그러나 結負制의

제는 量田시의 尺度로서 분명히 하는 데 있었을 것으로 생각된다. 말하자면 이때에는, 우리나라에서는 '把', 中國에서는 '尋'으로 표기되는 한 '발'의 尺度를 量田尺으로 하여, '方 100把(발·尋)＝1結'이 되게 地積과 所出을 파악하고, 租稅를 부과하게 되었을 것으로 추정된다. 이같이 생각하게 되는 이유는, 三國人이 종전부터 사용해오던 結負制의 틀 속에서, 이것을 재조정함으로써 所出과 地積을 결합시키는 새로운 획일적인 규정을 마련하고자 할 때, 가장 먼저 자연스럽게 생각할 수 있는 것은 이 방법이었을 것으로 생각되기 때문이다.

이 시기에 結負制가 이같이 재조정되었다고 한다면, 이때 재조정된 結負制에서 그 結 實積은 얼마나 되었을까 하는 것이 궁금한데, 이같은 문제는 把·발·尋의 길이가 확인되면 그 結 實積이 자동으로 파악된다고 하겠다. 그런데 우리나라에서는 좀 후대의 기록이어서 반드시 정확하다고는 말할 수 없지만, '量船尺準營造尺之半 十尺爲把'[45]라고 하여, 船隻의 크기를 측정할 때 쓰는 量船尺을 營造尺의 半에 준하도록 하고, 그 10尺을 把로 규정하고 있었다. 그런데 三國時期에 쓰이고 있었던 營造尺은 周尺·秦漢尺과 더불어 高麗尺이 있었으므로, 이 자료의 營造尺은 高麗尺으로 보아도 좋겠다. 이것을 周尺·秦漢尺으로 보면, 그 半을 1尺으로 하는 10尺은 한 발＝1把·발·尋이 되지 않기 때문이다. 그리고 中國 古代의『說文』에서는 '度人之兩臂爲尋 八尺也'[46]라고 하여, 把(발)를 尋으로 표기하는 가운데, 넓이를 재는 尋의 길이를 當代의 尺度 8尺으로 객관화하고 있었다. 그러므로 所出을 전제로 한 結 實積의 산출은 이로써 대체로 가능해진다고 하겠다. 가령 우리나라 ① 營造尺을 後代의 30.6㎝ 정도로 보면,[47] 把의

단위는 본시 十進法·百進法이고, 統一期의「新羅帳籍」에 보이는 結·負·束도 또한 그러하였으므로, 여기서는 三國時期의 結負制도 기본적으로 이와 같았던 것으로 보고자 한다. 단, 高麗初期까지는 그러한 단위에서 把 단위가 어떻게 계산되었는지 분명치 않은데, 그러나 그렇더라도 束·負·結이 算出되기 위해서는, 그에 앞서 把 단위의 계산이 선행되어야 함은 말할 것도 없었다.

45)『萬機要覽』財用編 3, 海稅, p. 383.
46)『說文解字注』三篇 下, 寸部, p. 122.
47) 朴興秀, '李朝尺度에 관한 研究'(『度量衡과 國樂論叢』, 1980)에서는 營造尺을 31.24㎝로 산출했고, 朝鮮後期의 營造尺으로서 현재 實物로 남아 있는 尺度를 實測한 바로는 30㎝弱(29.86㎝)에서 30.7㎝까지 다양하다(국립민속박물관,『한국의 도량형』, 1997, pp. 26~28). 그러므로 여기서는 上下수치를 평균하여 약 30.6㎝ 정도로 보기로 한다.

길이는 1.53미터가 되므로, 量田尺 方 100尺(把)은 方 153미터=23,409평방 미터로 약 7,082坪이 되고, ② 營造尺을 당시의 高麗尺 36㎝ 정도로 보면, 把 의 길이는 1.8미터가 되므로, 量田尺 方 100尺(把)은 方 180미터=32,400평 방미터로 약 9,803坪이 된다. 그리고 中國의 尺을 戰國末期의 周尺 秦·漢尺이 약 22.5~23.1㎝였던 것으로 보면(高句麗에 들어와 있었던 尺은 22.5㎝ 내외였 다),[48] ① 1尺을 22.5㎝로 볼 경우, 1尋=量田尺 1尺은 1.80미터가 되므로, 量田尺 方 100尺(尋)은 方 180미터=32,400평방미터로 그 面積은 대략 9,803坪이 되고, ② 1尺을 23.1㎝로 볼 경우, 1尋=量田尺 1尺은 1.848미터 가 되므로, 量田尺 方 100尺은 方 184.8미터=34,151평방미터로 그 면적은 대략 10,333坪 정도가 된다. 그러므로 把의 길이를 中國의 尋의 길이로 보고 結 實積을 계산할 경우 그 면적은 대략 9,803坪에서 10,333坪 정도가 된다고 하겠다.

여기서 사람의 '발' 길이는 우리나라 把 ①의 경우 너무 짧고, 中國의 尋 ② 의 경우 너무 긴 감이 있는데, 이것은 전자는 小人을 기준으로 하고 後者는 大人을 기준으로 한 탓이라고 생각된다. 그러므로 이를 最短과 最長의 경우를 절충하여, 把·발·尋의 길이를 1.689m 정도로 보면, 그 結 實積은 약 8,631 坪이 된다. 요컨대 把·발·尋으로 표현되는 尺度를 우리나라의 結 實積을 파악 하기 위한 量田尺으로 이용한다고 할 때, 이때의 結 實積은 대략 8,600여 坪 을 중심으로 7,000여 坪에서 9,800여 坪 내지 10,300여 坪에 이르는 신축성 이 있는 農地面積이 된다고 하겠다. 그리고 이 경우 아마도 農地가 비옥한 新 羅·伽倻에서는 結 實積을 되도록 좁은 쪽으로 조정하고, 그것이 척박한 高句 麗에서 結負制가 시행되고 있었다면, 그것을 되도록 넓은 쪽으로 조정하되, 여기서는 그 넓이가 이보다도 더 넓어지는 경우가 많았을 것이다. 그러면서도 三國은 공통되게, 이 시기는 三國抗爭期 재정수입의 증대가 절실히 요청되는 시기라는 점에서, 그같은 작업을 각각 租稅收入을 늘리는 방향으로, 즉 結 實 積을 종전보다 축소하는 방향으로 그 結負制를 조정하였으리라 생각된다.

참고 삼아 中國의 營造尺을 들면, 唐 大尺은 28~31.5㎝, 明·淸 營造尺은 31.7~ 32.0㎝로 늘어나게 된다(前揭, 『中國古尺集說』, p. 8, 22, 45, 50).
48) 註 31) 및 前揭 『中國古尺集說』, p. 12, 24, 32 참조.

  그러나 이같은 結 實積은 그 農地가 비교적 비옥하여서 歲歲連作되는 不易
田으로서의 표준적 農地일 경우이고, 따라서 그 농지가 척박하여서 歲易田이
나 代田法 등 粗放的으로 경작되는 農地의 結 實積은 그렇게 될 수가 없었다
고 하겠다. 그것은 古代의 結負制는 所出을 중심으로 하여 성립되었는데, 그
러한 所出을 낼 수 있는 農地는, 그것이 不易田·常耕田이냐 또는 歲易田·代田
이냐에 따라서, 그 면적이 달라질 수밖에 없었기 때문이다. 앞에서 언급한 바
한강변 渼沙里에서 발굴된 三國시기의 밭·代田은 그러한 사정을 잘 보여준다
고 하겠다(註 39 참조). 그리고 量田이 所出을 기준으로 하여 행해질 것을 생
각하면, 일반 歲易田의 경우도 이와 같았으리라 생각된다. 代田은 그 農地를
畎畝로 작성하여 그 한쪽을 息土而代墾하고, 歲易田은 1易田일 경우 그 農地
를 양분하여 그 한쪽을 休耕息土하였다가 다음해에 경작하는 것인데, 그럼에
도 불구하고 이들 農地에 대한 量田을 常耕田과 마찬가지로 매년 일정한 所出
을 낼 것을 전제로 행하게 된다면, 그 일정한 所出을 산출할 수 있는 農地面積
은 常耕田의 경우보다 倍나 넓어질 수밖에 없는 것이다. 그러므로 이같은 관
섬에서 歲易田이나 代田의 結 實積을 산출한다면, 그 넓이는 앞에서 산출한
常耕田 結 實積의 배수, 즉 1結의 實積이 대략 17,200坪을 중심으로 14,000
여 坪에서 19,600여 坪 내지 20,600여 坪에 이른다고 하겠다. 당연한 논리로
서 再易田, 三易田이 있었다면, 그 農地의 結 實積은 더 넓어져야 할 것이다.
그런데 歲易田과 代田은 시대가 진전하고 農業技術이 발달하는 데 따라 常耕
田으로 전환하게 마련이지만, 그러나 朝鮮時期에도 아직 그것이 많이 남아 있
었던 점으로서 보면(註 152 참조), 古代에는 그것이 더욱 많았다고 보아야 하
겠으며, 특히 農地가 척박한 中部地方 이북 지역에서는 그것이 주류를 이루고
있었을 것으로 보아도 좋겠다.
  물론 이같은 結負制의 조정과 관련하여서는 다음과 같은 의문이 제기될 수
도 있을 것이다. 그것은 앞에서 지적한 바와 같이, 高句麗나 新羅에서는 그
王京의 都市計劃과 都市坊里의 측량을 高麗尺으로 수행하고 있었다 하였으므
로(註 32, 33의 關野, 藤島 논문), 高麗尺에 의한 이같은 都市測量의 방법은
이때의 農村地帶의 結負制 調整事業이나 量田事業에도 적용될 수 있지 않았
을까 하는 점이다. 사실 이때의 조정이 所出, 稅額, 地積을 組合해서 파악하는

結負制의 원칙을 전제로 하는 것이 아니라면, 그리고 단순히 農地의 地積 파
악만을 위한 量田事業을 목표로 하는 것이라면, 당연히 그렇게 하는 것이 편
리하였을 것이다. 그러나 이때의 調整이 結負制라고 하는 대원칙의 유지를 전
제로 하면서, 그 틀 안에서 結負에 관한 여러 조건을 조정하려 하는 것이었다
면, 아마도 高麗尺을 이용한 頃畝法과 같은 都市測量의 방법을 農村地帶에 도
입하기는 어려웠을 것으로 생각된다. 이같은 경우에는 高麗尺은 단지 把·발·
尋을 기준으로 하여 마련된 量田尺의 길이·장단을 조절하는 基準尺의 역할을
하는 데 그쳤을 것이다.

　　우리는 結負制가 所出을 중심으로 한 租稅制度에서 출발한다는 사실을 이
미 말하였지만, 그러나 結負制의 단위가 처음부터 이같이 정연한 單位數値로
서 마련될 수 있었던 것은 아니라고 생각한다. 그것은 國家의 集權官僚體制,
地方統治體制·郡縣制가 강화되는 데 따라, 地方勢力에 대한 國王의 支配力이
또한 강화되었을 때 비로소 가능한 것으로 생각된다. 古代國家 초기 또는 그
이전에는 租稅制度가 단지 所出 중심으로 운영되고, 國王權力이 조금 강화되
는 다음 단계에는 租稅制度를 所出과 地積을 참작하여 운영하였을 것이나 지
역별로 차이가 있었을 것이며, 그 다음 集權的 統治體制가 강화됨으로써 齊民
的 統治가 어느 정도 가능하게 된 단계에 이르러서는, 租稅制度가 이같이 정
연한 單位數値를 갖는 結負制를 바탕으로 하여 운영되었을 것으로 추정된다.
앞에 든 伽倻의 結負制는 이같은 시기의 사정을 반영한 것으로 생각된다. 그
리하여 結負制가 이같이 全國的이고 劃一的인 制度로 마련되었을 때, 新羅에
서는 이를 기초로 하여 이른바 收租權 分給制로서의 前期祿邑을 시행할 수 있
게 되고, 高句麗에서는 종전과 다른 새로운 租稅制度를 시행할 수 있었던 것
이 아닐까, 그리고 百濟에서도 같은 사정으로 租稅制度上에 高句麗에서와 마
찬가지로 '編戶小民'을 기초로 하는 새로운 변화가 일어나고 있었던 것으로 생
각된다.[49]

49)『舊唐書』卷 199, 列傳 149 上, 東夷 百濟, p. 5329에 '凡諸賦稅及風土所産 多與
　　高麗同'이라 하였고,『三國史記』卷 48, 列傳 8, 都彌條에는 그를 '編戶小民'이라 하
　　였다.
　　梁起錫, '百濟의 稅制'(『百濟硏究』18, 1987) ;『三國史記』都彌列傳 小考'(『李元

이같은 과정을 거침으로써 租稅制度가 크게 변동하였다고는 하지만, 그러나 三國의 租稅制度를 모두 어떤 節目을 통해서 일목요연하게 파악할 수 있는 것은 아니다. 이 무렵의 租稅制度에 관해서는 자료가 지극히 영성하여서, 그 실상을 파악하기 위해서는 단편적인 여러 사실을 종합적 구성적으로 검토함으로써 비로소 가능할 뿐이다. 그러한 중에서도 그같은 租稅制度를 확실한 자료를 통해서 그 핵심에 접할 수 있는 것은 高句麗의 경우이다. 高句麗의 租稅制度는 中國의 史書에 그 요점이 기록되어 있기 때문이다. 中國 史書에서는 그들 大中華帝國의 주변 民族에 대한 정황 파악이라는 관점에서, 正史의 列傳 안에 四夷傳을 設하고 그 사정을 기술하고 있었는데, 그 일환으로서 그들은 高句麗에 관하여 그 租稅制度의 요점을 기술하고 있는 것이었다. 그러므로 우리는 이를 통해서 三國時期 중반 이후의 租稅制度 변동의 추이를 대략이나마 살필 수 있게 된다.

① 賦稅 則絹布及粟 隨其所有 量貧富 差等輸之
② 人稅 布五匹 穀五石 ③ 游人 則三年一稅 十人共細布一匹 ④ 租 戶一石 次七斗 下五斗[50]

이 자료는 高句麗史 연구에서 널리 이용되고 있다는 점에서 유명하지만, 그 해석이 여러 가지로 제기되고 있다는 점에서 또한 世人을 놀라게 하는 자료이다.[51] 그것은 이 자료 자체만으로서도 해석상의 차이가 있을 수 있지만, 그 밖에 이 자료는 南北朝時期의 中國人들이 그들 나라의 制度와 관련하여 이해한 高句麗의 賦稅制度를, 唐代의 史家가 기술하고 있는 것이라는 점에서 더욱 그러하다. 그러므로 우리는 이 자료를 당시의 中國 租稅制度와 대비하며 이해하되, 高句麗와 中國의 그것은 근본적으로 차이점이 있었다는 점을 염두에 두면

　　　　淳教授華甲記念史學論叢』, 1986) 참조.
50) ①『周書』卷 49, 列傳 41, 異域 上, 高麗, p. 885.
　　　②『隋書』卷 81, 列傳 46, 東夷 高麗, p. 1814 ;『北史』卷 94, 列傳 82, 高麗, p. 3116.
　　　여기서『隋書』와『北史』의 이 자료에 대한 기술은 같다. 다만『北史』에는 맨 앞 '人' 자가 생략되어 있다.
51) 白南雲, 朴時亨, 허종호, 金基興 前揭書 등 참조.

서, 合理的인 해석을 끌어내야 할 것으로 생각된다.

三國抗爭期의 高句麗가 中國 南北朝시기의 역대 왕조와 접하게 되는 것은 北朝의 여러 나라, 그 중에서도 가장 가까이 오랫동안 인접하고 있었던 것은 北魏(鮮卑族)였으며, 따라서 中國의 제도를 영향받을 경우 그것은 北魏의 제도가 아닐 수 없었다. 그럴 경우 中國人이 기술한 高句麗의 이 賦稅制度와 관련되는 것으로 볼 수 있는 北魏의 賦稅制度는 太和 10년에 제정된 民調制였으며,[52] 이는 이보다 앞서 太和 9년에 제정, 반포된 均田制와 표리관계를 이루면서 운영되고 있었다.[53] 다시 말하면 이때의 中國人들은 均田制의 이름으로 戶主內外, 家族 가운데 壯丁數, 奴婢數, 耕牛數 등의 勞動力을 기준으로 일정량의 農地, 桑田, 麻田, 宅地 등을 규정에 따라 분배받고 果樹를 種植토록 하며, 그에 상응하는 賦稅를 民調의 이름으로 受田額에 비례할 만큼 (差等을 두어) 民戶로 하여금 帛·布, 粟 기타 등으로 수납토록 한다는 것이었다.[54] 그러므로 이때의 民調制 아래에서의 '調'는 단순히 후대의 租庸調에서의 調만을 뜻하는 것이 아니라, 租庸調에서의 調와 租를 함께 뜻하는 것이었다고 하겠으며,[55]

---

52) 『魏書』卷 110, 食貨志 6의 15, 太和 10年條, p. 1855.

53) 『魏書』卷 110, 食貨志 6의 15, 太和 9年 下詔均給天下民田, p. 2853.

54) 그러므로 北魏의 均田制는 모든 民戶에게 土地를 均一하게 분급하는 의미에서의 均田制는 아니었다. 이러한 制度하에서는 奴婢와 耕牛와 土地를 많이 소유하고 있었던 北魏政權의 主體인 鮮卑族 貴族과 在地 漢族 土豪層·官僚層은 명목을 바꾸어 새로운 大土地所有者가 될 수 있고, 또 土地를 적게 所有하거나 所有하지 못한 사람이라 하더라도 奴婢와 耕牛를 많이 所有하고 있으면 거기에 상응하는 大土地所有者가 될 수 있는 반면, 一夫一婦의 단혼가족으로서 농사를 하는 農民은 비교적 넉넉한 土地이지만 규정상의 農田만을 인정받거나 새로이 분배받아 自營農民이 될 수밖에 없었다. 그러나 그럼으로 해서 여기에 부과되는 賦稅는 비교적 均賦의 뜻을 지니게 된다고 하겠다. 이 시기의 均田制에 관해서는 다음의 논문을 참조.

    曾我部靜雄, 『均田法과 그 稅役制度』第3章 南北朝時代의 土地稅役制度, 1953, p. 80.

    唐長孺, '均田制度的産生及其破壞'(『歷史研究』 1956-6 ; 『中國封建社會土地所有制形式問題討論集』下, 南開大學歷史系, 1962).

    鳥廷玉, 『中國歷代土地制度史綱』上, 1987, pp. 189~198.

    朴漢濟, '北魏均田制의 成立과 胡漢體制'(『東洋史學研究』24, 1986).

    金鐸敏, '均田制下에서 田種의 性格과 受田의 意味 ― 北朝均田制를 中心으로'(『歷史學報』109, 1986).

55) 曾我部靜雄, 同 上書, p. 86.

따라서 帛·布는 '調'稅에 해당하지만 粟(穀食)은 田租로서의 '租'稅에 해당한다
고 하겠다. 이같은 北魏의 均田制·民調制가 그 후 北朝의 여러 나라에서는 말
할 것도 없고, 天下를 통일한 隋·唐의 均田制와 그 租稅制度로서 계승 발전되
었음은 주지의 사실이다. 물론 北魏에서도 한때 貧富를 기준으로 戶의 등급을
나누어 稅를 부과하는 시기가 있었는데, 그것은 均田制와 民調制가 시행되기
전의 일이었다.[56] 그리고 이때에는 이를 戶調 租賦라고도 부르고 있었는데,
이 戶調는 政府財政의 필요에 따라 常賦 외에 雜調를 징수하는 등 수시로 增
減하고 있었다.[57] 그러한 점에서 均田制·民調制의 農業政策 이후 北朝시기의
北魏의 농민들을 제도상으로만 본다면 土地制度上 비교적 안정되고, 賦稅制
度上으로도 비교적 均賦均稅의 정책하에 있었다고 하겠다. 위의 高句麗에 관
한 자료 ①과 ②, ③, ④는, 이같은 두 가지 賦稅制度의 사정을 경험하고 있었
던 中國人들이, 그들의 均田制하의 農村事情과 다른 高句麗의 農村事情을 기
술한 것이었다.

　①의 자료는 『周書』에 기록된 것으로 高句麗 賦稅制度의 기본 특징을 단적
으로 지적한 것이다. 이에 의하면 이때의 高句麗에서는 民戶의 '賦稅를 絹·布
와 粟으로서 받되, 民家에서 秋收하여 所有하고 있는 바(所出)에 따라, 그 戶
의 貧富를 헤아려 차등을 두고 내게 한다'는 것이었다. 여기서는 賦稅의 명칭
을 賦稅라고만 하였을 뿐 이를 특별히 民調라고 하지 않았지만, 그 표현된 내
용으로 보면 이는 결국 北魏 民調制의 租稅體系와 기본적으로 같은 것이 아닐

---

56) ①『魏書』卷 4 上, 延和 3年 2月 戊寅 詔, p. 83 ; 同 上書, 太延 元年 12月 甲申
詔, p. 86.
　②『魏書』卷 110, 食貨志 6의 15, 顯祖條, 原文 註 57) 참조.
57)『魏書』卷 110, 食貨志 6의 15, 顯祖條, p. 2852.
顯祖卽位 …… 遂因民貧富 爲租輸三等九品之制 千里內納粟 千里外納米 上三品戶
入京師 中三品入他州要倉 下三品入本州
先是太安中 高宗以常賦之外 雜調十五 頗爲煩重 將與除之 尙書毛法仁曰 此是軍國
資用 今頓罷之 臣愚以爲不可 帝曰 使地利無窮 民力不竭 百姓有餘 吾孰與不足 遂免
之 未幾 復調如前 至是乃終罷焉 於是賦斂稍輕 民復贍矣
同 上書, 太和 8年 (高祖)條, p. 2852.
先是 天下戶以九品混通 戶調帛二匹·絮二斤·絲一斤·粟二十石 又入帛一匹二丈 委之
州庫 以供調外之費 至是 戶增帛三匹 粟二石九斗 以爲官司之祿 後增調外帛滿二匹 所
調各隨其土所出

수 없었다. 그리고 그러한 관점에서 보면, 이 자료에서의 絹·布는 民調制에서
의 調에 해당하고, 粟(穀食)은 거기서의 調에 해당하기도 하지만, 후에는 租庸
調에서의 租에 해당하는 租稅였다고 하겠다. 그러나 中國人이 기술한 高句麗
의 賦稅制度와 北魏의 民調制의 내용이 이같이 유사하기는 하지만, 그들의 눈
에 비친 高句麗의 賦稅制度는 北魏의 民調制와 다른 점이 있었음을 그들은 확
실히 인식하고 있었던 것 같다. 그것은 高句麗의 賦稅制度를 中國의 賦稅制度
와 비교해서 말하면서, 그것이 中國의 民調制와 같다고 하지 않고 있는 점,
그 뿐만 아니라 그 賦稅를 '量貧富'해서 내게 한다고 한 점 등에서 그와 같이
이해된다. 量貧富해서 賦稅를 부과하는 것은 均田制 民調制 이전의 制度에서
볼 수 있는 일이었다. 물론 均田制 아래에서도 貧富(大土地所有者와 貧農)의
차이가 없을 수 없었지만, 그러나 均田制와 民調制 아래에서는 國家가 勞動力
의 多寡를 따라 國有의 土地, 國家支配의 土地를 分給해주고, 그에 따라 거기
에 상응하는 租稅를 均賦均稅의 원리로 부과하고 있었으므로, 租稅를 부과할
때 貧富의 등급을 헤아려 부과한다고 표현하는 것은 적절하지 않다. 그러므로
그들 中國人은 高句麗의 賦稅制度를 民調制의 틀로서 설명하고자 하면서도,
거기에는 均田制가 시행되지 못하고 私的 所有關係가 발달하여 빈부의 관계
가 현저하였으므로, 均田制를 바탕으로 한 民調制의 규정을 그대로 적용하여
설명할 수 없었으며, 따라서 그들은 그들이 均田制 이전에 경험한 바 貧富 차
등에 의한 賦稅制度를 참작하여 그것을 설명하였던 것이라고 하겠다.

　②, ③, ④의 자료는 『隋書』와 『北史』에 수록된 것으로, 여기서는 번호로 구
분했으나, 原文에서는 하나의 문장으로 이어져 있는 것이다. 이 史書의 편찬
자들은 앞에서 언급한 자료 ①의 기술내용이 불충분하다고 본 데서, 그들의
史書에서는 이를 좀더 구체적으로 기술하게 된 것이다. 그러므로 이 자료도
그 정리 방식은, ① 자료의 경우와 마찬가지로, 北魏의 民調制의 틀로서 기술
하되, 高句麗와 北魏의 土地制度 賦稅制度는 그 내용이 다른 만큼, 民調制의
규정으로써 설명할 수 없는 점은, 그들이 경험한 바 民調制 이전의 貧富 차등
을 구분해서 부과하는 賦稅制度를 참작하여 설명하였던 것이라고 하겠다. 이
같은 전제 위에서 이 자료를 보면, 高句麗의 賦稅는 그 納稅 擔當者를 크게
② 일정한 지역(주로 농촌지역)에 定着해서 農業生産이나 그 밖의 經濟活動에

종사하며 살아가고 있는 일반 民戶로서의 人(戶)과 ③ 확고한 定着地가 없이
여러 地方을 이곳저곳 游移하며 短期間씩 임시 정착하여 살아가는 游人(戶 —
예컨대 傭作人, 行商人, 柴炭業者, 狩獵民, 遊牧民, 여러 가지 사정에 기인한 流移
民 등등)의 두 부류로 나누어 稅를 각각 다르게 부과하되, 그것을 常賦에 해당
하는 正規稅로서의 ②, ③의 稅와 中國의 雜調에 해당하는 追加稅·增稅로서의
④의 稅로서 부과하는 것이 큰 특징이 된다고 하겠다. ④의 '租'(田租)는 ②의
일반 民戶·人(戶)에도 연결되고 ③의 游人(戶)에게도 연결되는 것으로 보는
것이 합당할 것으로 생각된다.

자료를 이같이 정리하고 보면, 高句麗의 賦稅는 '② 일반 民戶·人(戶)의 경
우 正規稅는 人(戶)당 布 5匹, 穀 5石, 追加稅는 그 戶等(上·次·下)에 따라
租 1石, 7斗, 5斗씩 내고, ③ 游人(戶)의 경우 正規稅는 3년에 한 번 10人(戶)
이 共同으로 細布 1匹, 追加稅는 앞에서와 같이 戶等에 따라 租 1石, 7斗, 5
斗씩 내게 한다'는 것으로 되겠다.

이러한 해석에 관해서는 몇 가지 부연설명이 필요하겠다. 무엇보다도 中國
人들이 본 高句麗의 賦稅는 '量貧富'해서 稅를 부과한다 하였으므로, 賦稅를
담당하는 高句麗 사람들은 地域間, 種族間 또는 地域內의 어느 경우를 막론하
고 그 所有에 따르는 貧富 차등이 엄격하게 구분되어 있었던 것으로 보아야
하며, 따라서 이 자료에 보이는 사람들, 즉 農村地域에 정착해서 살고 있는
人(戶)이거나 游移하며 살고 있는 游人(戶)들도 모두 그 생활조건에 따라서는
貧富 차등이 있었던 것으로 보아야 한다는 점이다. 그런 점에서 이들 史書에
서 일반 人(戶)과 游人(戶)을 구분한 것은, 그들이 부담하는 賦稅의 量으로 보
아 貧富의 差異를 나타내는 것이라 하겠으며, 동시에 遊牧民·隸屬民·游移民
에 대한 種族的 배려나 勸農的인 의미도 있었던 것으로 보아야 하겠다.[58] 그리
고 자료에서는 人(戶)이거나 游人(戶)이거나를 막론하고 그들의 貧富差等을
구분하고 있지 않지만, 追加稅의 부과가 人戶를 上·次·下의 3等으로 구분하
고 있는 점으로 보아, 高句麗에서는 모든 民戶를 貧富의 차이, 財産所有의 차
등에 따라 3等戶制로 구분하고, 이에 대하여 賦稅를 差等賦課하고 있었던 것

---

58) 白南雲, 朴時亨, 허종호, 金基興 前揭書.

이라 하겠다. 高句麗에서는 中國과 같이 均田制와 民調制를 시행하고 있지 않았으므로 賦稅制度를 이같이 설정하고 운영하는 것은 자연스러운 일이었다고 하겠다. 이 경우 일반 民戶에서의 布와 穀·租 및 游人에서의 細布와 租는 각각 民調制 아래에서의 帛과 粟에 해당한다고 하겠으며, 그러한 점에서 穀과 租는 비록 常賦와 追加稅로 부과되기는 하였지만, 한가지로 土地所出에 부과되는 것이라는 점에서 田租의 성격을 지닌다고 하겠다.

그러나 高句麗의 賦稅制度가 이같이 貧富 차등을 기초로 한 3等戶制를 중심으로 운영되는 것이라 하더라도, 이로써 우리의 의문이 모두 해소되는 것은 아니다. 그것은 두 가지 점에서이다. 그 첫째는 이 자료에 의하면 高句麗의 民은 貧·富를 막론하고 모두 田租에 해당하는 穀과 租를 내고, 따라서 貧民도 모두 農地를 所有하고 있는 것으로 되어 있는데, 均田制가 시행되고 있지 않는 조건하에서 어떻게 모든 民이 農地를 所有하거나 占有하고 있었을까 하는 점이다. 이러한 의문은 두 가지 방향에서 해답이 가능할 것으로 생각된다. ①은 이 시기는 三國抗爭期로서 각국은 農業生産의 증진에 전력을 기울이고 있었으며, 高句麗에서는 그러한 政策의 일환으로서 특정지역에서이기는 하였지만 佃舍法(佃作民 관리에 관한 法)을 시행함으로써 無田農民들에게 農地를 分給하고 있었던 것으로 추정되므로,[59] 이는 貧民으로 하여금 農地를 소유하고 租稅를 수납케 하는 방법이 되었을 것으로 생각된다. 그리고 ②는 高句麗 農民들 가운데에는 적지 않은 無田農民이 있었고, 이들은 大土地所有者의 佃戶農民이 되어 있었는데, 이들은 土地를 所有하지 못했지만, 佃戶農民의 자격으로서 貧民의 賦稅를 부담하였을 것으로 생각되는 점이다.

그리고 둘째는 위의 자료 ②에서는 人(戶)마다 '布 5匹, 穀 5石'을 내게 한다고 하였는데, ④를 추가하여 생각한다 하더라도, 이는 '量貧富'해서 稅를 차등 있게 내도록 한다는 원리와는 일치하지 않는다는 점이다. 이 자료를 표현 그대로 인정하기로 한다면, 高句麗에서는 戶 단위로 일정 면적의 農地를 分給하는 均田制를 시행하고 있었던 것으로 보지 않을 수 없다.[60] 그러나 그러하였다

---

59) 本書 제1 논문, '土地制度의 史的 推移' 참조.
60) 白南雲, 前揭書.
   王承禮, 『渤海의 歷史』, p. 125, 128.

면 均田制를 경험하고 있는 中國人들이 租稅制度를 설명하면서 그것을 놓칠
리 없고, '量貧富'해서 稅를 부과한다는 점을 특히 강조하지는 않았을 것이다.
그러한 점에서 이 자료 ②의 人(戶)을 다시 숙고하면, 이것은 高句麗 農村社會
의 모든 개개의 自然戶로서의 人(戶)을 가리키는 것이 아니라, 아마도 賦稅
담당자로서의 標準戶 또는 거기에 준하도록 上·次·下의 3等戶 또는 몇몇 零
細戶를 賦稅를 差等 분담하도록 하는 가운데 적절히 組合한 編戶였으리라고
생각된다. 앞에서 언급된 바와 같이 百濟의 賦稅制度는 '編戶小民'을 기초로
하고 있었는데, 中國 사람들은 그 賦稅制度를 高句麗와 같다고 보고 있었다
(註 49 참조). 그 賦稅를 貧民이 감당하기에는 그 稅額이, 가령 그것이 戰時에
桀道로 부과하는 것이었다 하더라도, 너무 많아 보인다는 점에서 더욱 그러하
다. 그리고 이 경우 그 標準戶가 될 수 있는 기준은, 國初의 賦稅가 다분히
人頭稅的인 것이었음과는 달리, 단지 人口(壯丁)數의 多寡가 아니라 經濟的
富力이 중심이 되고, 그럴 경우에도 그 기준이 되는 것은 단순히 農地面積의
多寡가 아니라, 일정량의 穀物所出과 布生産이 가능한 農地를 많이 所有해야
한다는 점이 중심이 되었을 것으로 생각된다. 그러므로 高句麗의 賦稅制度를
이같이 보면, 그 賦稅制度는, 이 지역의 農地는 지역적으로 肥瘠의 편차가 큰
가운데 瘠薄地가 많았으므로, 頃畝法과 같은 地積을 중심으로 한 制度로써 운
영하기보다는 所出을 중심으로 한 結負制를 통해서 운영하는 것이 편리하였
을 것으로 생각된다.

  그리고 그러하였다면, 그 結負制는, 都城測量시 이용하는 高麗尺과는 다른,
앞에서 언급한 바 일정한 길이의 把·발·尋尺(量田尺)으로서 量田을 함으로써
地積과 所出을 일정 정도 결합시키고 있는 結負制였으리라고 생각된다. 그러
한 점에서 三國時期의 중반에서 末期에 이르면서는 高句麗에서도 새로 조정
된 租稅制度·結負制度가 시행되고 있었던 것으로 간주할 수 있겠다. 渤海에서
結負制가 시행되었던 것으로 볼 경우에는 더욱 그러하였을 것으로 생각된
다.[61] 우리는 高句麗의 그같은 制度를 渤海의 租稅制度를 살피는 가운데 좀더
고찰할 수 있을 것이다.

---

61) 허종호, 前揭書, p. 107, 172에서는 渤海에 結負制가 있었음을 지적하고, 그것을
    高句麗의 전통을 계승한 것으로 추정하였다.

3. 新羅·渤海時期의 結負制

高句麗·百濟·新羅 등 三國時期의 農業은 그들의 장기간의 鼎立 抗爭期, 즉 古代에서 中世로의 移行期를 거치면서 점차 크게 발전하였다. 그리고 新羅統一期에 들어서는 新羅에 의해 百濟와 일부 高句麗 지역까지도 포함한 전국적 규모의 中世的 農業制度·土地制度를 확립하였으며, 그 후 高麗·朝鮮을 포함한 中世 全 기간에 걸치면서는 다시 後三國과 일부 渤海 지역을 더 포함한 韓半島의 統一國家를 수립하고 그 農業制度·土地制度에 기초한 租稅制度·農政을 운영해 나가는 것이 특징이었다. 그리고 그같은 租稅制度·農政의 운영을 위해서는 結負制에 의한 農地 파악, 量田의 방법이 시대에 따라 보다 合理的으로 조정되고 개혁되지 않으면 아니되었다. 그것은 다음과 같은 사정에서 연유하는 것으로 생각된다. 즉 무엇보다 먼저 유의하게 되는 것은 伽倻, 新羅의 慶尙道 지역 農地에 비하여 中部지방의 農地는 그 비옥도가 크게 떨어지고, 北部지방의 農地는 中部지방의 農地보다도 더 척박하였기 때문에, 본시 慶尙道 지역을 중심으로 제정하였던 新羅의 結負制를 다른 지역으로까지 확대 실시하기 위해서는 적지 않은 조정이 필요하였으리라는 점이다. 더욱이 高麗 이후 渤海 지역을 일부 통합한 후에는 制度的으로나 現實的으로 그 지역의 農業과 租稅制度를 또한 고려하지 않을 수 없었을 것으로 사료된다. 뿐만 아니라 그러한 사정하에 있는 農地에 대하여, 中世國家는 國家財政을 충실하게 하기 위해서 뿐만 아니라, 封建支配層·官僚層에게 田地(收租權)를 分給하는 제도를 지속적으로 시행하기 위하여, 그 租稅制度를 적절히 조정하는 가운데 이를 강행해 나가고 있었다. 이 점은 中世의 土地制度가 古代의 그것과 구분되는 큰 차이점이 아닐 수 없었다. 그리하여 이때에는 收租權을 분급받는 支配層이나 租稅를 정부나 지배층에게 納付하는 農民層이, 이같은 制度에 대하여 그 收租率이나 納租率이 합리적이어야 할 것임을 요구하지 않을 수 없었으며, 따라서 中世國家는 그때마다 그러한 요구에 부합하도록 結負制를 조정하지 않으면 아니되었다.

1) 新羅統一期의 結負制

新羅統一期의 租稅制度 結負制는 國家의 租稅징수뿐만 아니라, 封建支配層·
官僚層에게 收租權을 分給하는 문제와 관련하여 운영되고 있었다는 점에 큰
특징이 있었다고 하겠다. 新羅의 그러한 收租權 分給制度는 景德王 16년
(757)에 반포된 祿邑制였다.[62] 이보다 앞서서도 新羅에서는 祿邑制를 시행하
고 있었으나, 그것은 아마도 여러 가지 점에서 統一戰爭 후의 새로운 여건에
맞는 것이 아니어서 폐지되었던 것으로 생각되는데(神文王 9년 ; 689),[63] 이때
에 이르러서는 이를 새로운 각도에서 다시금 시행하게 된 것이었다. 封建支配
層·官僚層이 國王에게 충성하는 데 대한 반대급부로서 일정 고을, 즉 郡縣 단
위로 일정량의 農地 收租權을 官等에 따라 國家의 收租量만큼 量田과 所出의
單位인 結負로서 分給하는 제도였다.[64] 그러나 이같은 제도를 시행하기 위해
서는, 그 전제로서 한두 가지 사업을 먼저 시행하지 않으면 아니되었다고 하
겠다. 그 하나는 國家와 支配層에게 租稅를 納付하는 農民層은 그 農地所有가
항상 안정적이어야 할 필요가 있으므로, 國家는 반드시 이를 위한 조치를 취
하지 않으면 아니되는 일이었고, 다른 하나는 지역에 따라 租稅 부과에 不公
平이 없도록 國家는 전국의 農地에 대하여 結負制로서 合理的 量田을 하지 않
으면 아니되는 일이었다. 이같은 두 가지 사업이 缺하면 國家가 收租하거나
封建支配層에게 收租權을 分給하는 제도는 원활하게 운영되기 어려웠다. 그
리하여 新羅王朝는 통일 후의 시점에서 기왕에 시행하고 있었던 祿邑制를 罷

---

62)『三國史記』卷 9, 新羅本紀 9, 景德王 16年條.

63)『三國史記』卷 8, 新羅本紀 8, 神文王 9年條에는 '九年春正月 下教罷內外官祿邑
逐年賜租有差'라 하였는데, 이 祿邑을 언제 시행하도록 下教하였었는지는 미상이다.
이에 관해서는 두 가지 견해가 있다. 그 하나는 이보다 앞서 神文王 7년 5월에는
'教賜文武官僚田有差'하는 令이 있었는데, 이것이 바로 이 祿邑이라는 견해이고, 다
른 하나는 이 令과는 별도로 祿邑에 관한 下教는 前期祿邑으로서 따로 있었을 것이
라는 견해이다. 이곳에서는 후자의 견해를 취하고 있다.

64)『三國史記』卷 10, 新羅本紀 10, 昭聖王 元年條에 菁州居老縣을 學生祿邑으로 삼
고 있었던 사정은 그러한 예가 되는 것이라고 하겠다.
　　姜晉哲, '新羅의 祿邑에 대하여'(『韓國中世土地所有研究』, 1989).
　　　'新羅의 祿邑에 대한 若干의 問題點(同 上書) 참조.
　　李景植, '新羅時期祿邑制의 施行과 推移'(『歷史教育』72, 1999).

하는 우여곡절을 거치면서, 그러한 두 가지 목적을 달성하기 위한 작업을 하
나의 사업으로서 전개하게 되었다. 聖德王 21년(722)에 '始給百姓丁田'[65]했다
고 하는, 이른바 丁田制의 시행은 그것이었던 것으로 생각된다.

丁田制가 어떠한 내용의 土地制度였는지 『三國史記』에서는 구체적으로 언
급하고 있지 않다. 그러나 그 명칭으로 보면 이는 丁年(15~60세)의 男女(丁
男, 丁女)에게 일정한 원칙으로 農地를 分給하는 제도였을 것으로 보아도 무
리가 없겠으며, 그러하다면 그것은 당시 中國(唐)에서 시행되고 있었던 均田
制와 적지 않은 관련이 있었을 것으로 생각된다.[66] 그러나 그러면서도 그 제도
의 명칭을 均田으로 하지 않고 丁田으로 하고 있는 점으로 보면, 中國의 均田
制와는 적잖이 차이가 났던 것으로도 생각된다. 그리고 그러한 차이점은 여러
가지 면에서 지적할 수 있겠지만, 크게는 두 가지 점에 특히 주목할 수 있을
것으로 생각된다.

그 하나는, 이 제도에서의 土地分給은 國家가 全國의 土地를 수용하여 全國
의 民에게 획일적으로 재분배하는, 즉 철저한 均田의 이념을 추구하는 制度改
革은 아니었으리라는 점이다. 그것은 이 시기에는 土地의 私的 所有가 인정되
고 있는 가운데, 封建地主層을 해체시키지 않음으로써 大土地所有者가 광범
하게 존재하고 있었을 뿐만 아니라,[67] 이 제도를 시행할 무렵 政府는 貴族官僚
에게 土地를 賜함으로써 地主가 되도록 하고 있었던 점으로서 그와 같이 이해
할 수 있겠다.[68] 그러므로 백성에게 丁田을 始給했다는 이 제도는, 地主制 地

---

65) 『三國史記』 卷 8, 新羅本紀 8, 聖德王 21年 8月條.
66) 임건상, '신라의 "정전제"에 대하여'(『역사과학』, 1977. 4~1978. 1).
    崔吉成, '新羅에서의 自然村落的 均田制'(『歷史學研究』 237. 1960.
    兼若逸之, 『新羅 "均田成冊"의 分析을 통해서 본 村落支配의 실태』, 延世大 大學院,
    1984.
67) 이 시기에는 王室·官僚·僧侶·寺院 등의 大土地所有에 관하여 많은 자료가 남아 있
    지만, 여기서는 이에 관하여 일일이 그 예를 들지 않아도 되겠다. 이 시기의 그같은
    大土地所有 地主制에 관해서는 다음의 諸 연구가 이를 소상하게 다루고 있다.
    金昌錫, '통일신라기 田莊에 관한 연구'(『韓國史論』 25, 1991).
    金琪燮, '新羅統一期 田莊의 發達'(『高麗前期 田丁制 研究』, 釜山大 大學院, 1993).
    李仁在, '私的 土地所有權의 성장과 田莊經營'(『新羅統一期 土地制度 研究』, 延世大
    大學院, 1995).
    하일식, '해인사전권(田券)과 묘길상탑기(妙吉祥塔記)'(『역사와 현실』 24, 1997).

主的 土地所有가 광범하게 존재하는 가운데서, 農地가 없거나 있다 하더라도 극히 적은 農民들에게 無主田을 分給하거나, 農地가 황폐한 상태로 남아 있어서 이를 개간할 필요가 있는 곳에서 그것을 백성에게 分給하는, 지극히 한정된 의미에서의 土地分給이었을 것으로 생각된다. 그러나 그러한 범위 안에서의 土地分給이라 하더라도, 그 범위 안에서는 이 제도는 일정하게 均田的 土地分給의 의미를 지니고 있었던 것으로 이해된다(兼若逸之, 전게논문 참조). 사실 이때에는 大土地所有 地主制가 발달하는 반면, '向得舍知割股供親'(8세기)하거나 '貧女養母'(9세기)하는 고사에서 볼 수 있는 바와 같은 無田貧民層이 적지 않았는데,[69] 統一戰爭 이후에는 農業生産이 파괴된 데다 특히 百濟·高句麗 지역에서는 死亡·離散·亡命하거나 徙民당하는 民이 많이 발생하고,[70] 그뿐만 아니라 이때에는 자연재해로 인하여 '饑死'하고 '人多流亡'함으로써 農村이 荒廢하는 현상도 발생하였으므로,[71] 이 시기에는 國家的으로 이와 관련

68) 가령 百濟 정복에 공이 많은 金庾信에게 田 500結을 施賞하ㄱ 있었던 일(註 9 참조)이라든가, 高句麗부흥운동을 하던 安勝을 달래기 위하여 蘇判으로 삼고 金氏姓과 甲第·良田을 賜하고 있었던 일(『三國史記』 卷 8, 新羅本紀 8, 神文王 3年 10月條)은 그러한 예가 되겠다. 그리고 같은 王代에 文武官僚들에게 차등 있게 田을 賜하고(教賜文武官僚田有差) 있었던 일도(『三國史記』 卷 8, 新羅本紀 8, 神文王 7年 5月條), 統一戰爭이 끝난 후 文武官僚들에게 일률적으로 施賞을 한 賜田이었을 것으로 생각되어, 같은 성격의 土地가 되는 것이라고 하겠다.

69) 『增補 三國遺事』 卷 5, 孝善, 向德舍知割股供親(景德王代), 貧女養母(興德王代).

70) 盧泰敦, '高句麗 遺民史 硏究'(『韓㳓劤博士停年紀念 史學論叢』, 1981).
金文經, 『唐 高句麗遺民과 新羅僑民』, 1986.
申瀅植, '統一新羅에 있어서의 高句麗遺民의 動向'(『韓國史論』 18, 1988).

71) 自然災害는 언제나 있는 일이지만, 丁田制를 시행하기 직전의 聖德王代에는 특히 심하였다. 『三國史記』 卷 8, 新羅本紀 8, 聖德王條에 의하면, 이때에는 旱魃 水災의 폐해가 다음과 같이 거듭되고 있었다.

聖德王 2年 京都大水 溺死者衆
4年 夏五月 旱 …… 冬十月 國東州郡饑 人多流亡
5年 春正月 …… 國內饑 …… 秋八月 …… 穀不登
6年 春正月 民多饑死 給粟人一日三升 至七月, 二月 …… 賜百姓五穀種子有差
13年 夏 旱, 人多疾疫
14年 六月 大旱
15年 夏六月 旱
19年 夏四月 大雨 山崩十三所 雨雹傷禾苗 …… 秋七月 …… 蝗蟲害穀

된 對農民 施策이 절실하게 요청되지 않을 수 없었다. 이럴 경우 그러한 國家
의 施策은, 租稅制度 農政 전반을 원활하게 운영함으로써 國家財政을 충실하
게 하고 祿邑制를 차질없이 운영하기 위하여, 이들 無田貧民層 流亡民을 安集
하여 황폐한 農地와 新墾地를 分給 開墾케 함으로써, 租稅源을 확대함과 아울
러 그들을 土地所有 自營農民으로 육성하고, 그들로 하여금 租稅收納을 충실
하게 하도록 하는 것이 최선의 방법이 아닐 수 없었을 것이다.

다른 하나는 이 丁田制는 단순한 農地分給이 아니라, 全國의 農地를 일정한
원칙과 규정으로 量田을 함으로써, 본시 自己 農地를 소유하고 있었던 農民層
의 農地이거나, 大土地所有者의 農地, 그리고 새로이 丁田을 지급받은 農民들
의 農地 등, 租稅를 부담하는 모든 農地에 대하여 筆地 단위로 일정하게 稅·役
(結·負·束, 田丁)을 정해주고(量給) 있었으리라는 점이다. 聖德王 21년에 '始
給百姓丁田'했다고 하는 丁田의 '丁'은 이같은 稅役을 뜻하는 것으로, 후대의
足丁·半丁이나 作夫제도의 계통에 연결되는 制度로 보아야 하겠다. 뿐만 아니
라 丁田制가 農地를 分給해주는 제도였다 하더라도, 그것은 동시에 國家가 農
地所有者에게 稅役을 정해주는(量給) 제도로서, 農地分給은 이 稅役量給의 틀
안에서 운영되었을 것으로 생각된다. 그리고 이때에는 祿邑制가 시행되고 있
었는데, 이 제도를 시행하고 운영하기 위해서는, 量田을 통한 이러한 정지작
업이 반드시 필요하였을 것으로 생각된다. '始給百姓丁田'했다고 하는 丁田制
에서, 本稿의 結負制와 관련하여, 우리가 특히 주목하게 되는 것은 바로 이같
은 점이다. 그리고 그러한 점에서 우리에게는 이때의 量田制가 구체적으로 어
떠한 것이었겠는지 지극히 궁금한 문제가 되지 않을 수 없다. 그러나 이때의
結負制나 量田制에 관해서는 節目이나 事目이 온전하게 남아 있지 않으므
로,[72] 우리의 관심사를 분명하고 정확하게 해명하기는 어려운 바 있다. 다만
그러한 가운데에서도 新羅統一期의 西原京 부근 4개 村落에 관해서는, 이와

---

72) 『梵魚寺誌』 古蹟條에는 이 寺刹의 創建 당시(興德王 10年)의 사정을 전하는 가운데,
　　梵魚寺 …… 且其量田畓 而文籍則新羅金生之手書也 同田畓方圓斜正 及畦畛數爻
　　並於公案文籍書著
　　이라고 하는 句節을 수록하고 있는데, 이로써 보면 이때의 量田事業에서는 세세한
　　節目이 마련되어 있었던 것으로 생각된다.
　　金潤坤, '羅·麗 郡縣民 收取體系와 結負制度'(『民族文化論叢』 9, 1988) 참조.

관련된 낱장의 文書 「新羅帳籍」이 일부분 남아 있으므로, 우리는 이를 통해서
당시의 結負 量田制의 기본 골격을 어느 정도 추정할 수 있을 것으로 생각된
다. 그 文書의 일부를 발췌 소개하면 다음과 같다.

　A. 當縣沙害漸村 見內山橲地周五千七百二十五步
　　合孔烟十一 計烟四余分三 此中仲下烟四 下上烟二 下下烟五 合人百四十七 ……
　　合馬二十五 合牛二十二 合畓百二結二負四束 (以其村官謨畓四結 內視令畓四
　　結) 烟受有畓九十四結二負四束 (以村主位畓十九結七十負) 合田六十二結十負
　　五束 (並烟受有之) 合麻田一結九負
　B. 當縣薩下知村 見內山橲地周万二千八百三十步 此中薩下知村古地周八千七百七
　　十步 橺加利何木杖(村) 古地周四千六十步
　　合孔烟十五 計烟四余分二 此中仲下烟一余子 下上烟二余子 下仲烟五並余子 下
　　下烟六以余子五法私一 三年間中收坐內烟一 …… 合人百二十五 …… 合馬十八
　　合牛十二
　　(合畓六十)三結(六)十四負九束 以其村官謨畓三結六十六負七束 (烟受)有畓五
　　十九結九十八負二束 合田百十九結五負八束並烟受有之 合麻(田一結六負)[73]

이 자료에는 마을 단위로 村落의 地周步數, 烟戶數, 牛馬數, 田畓結數, 麻田
結數, 桑木數, 果樹數 등 租·傭·調의 稅役을 부과할 수 있는 대상이 구체적으
로 기록되고, 그 변동상황도 추가 기록되고 있는데, 이곳에서는 本稿와 관련
되는 村의 地周의 步數, 力役 대상, 農地의 結負관계만을 발췌하여 제시하였
다. 아마도 이 자료의 용도는, 地方의 州·京 단위 地方官廳에서 管下 郡·縣으

---

73) 「新羅帳籍」의 原文은 李弘稙, '日本正倉院發見의 新羅民政文書'(『學林』 3, 1954),
崔南善, 『增補 三國遺事』 附錄(1954), 北韓의 『력사과학』(1957. 4)에 活字本으로
소개된 이래로, 오늘날에는 여러 종류의 논문과 자료집에 活字本과 寫眞版으로 수록
되고 있어서 잘 알려져 있는 바이다. 本稿에서는 崔南善의 活字本과 兼若逸之 전게
논문에 수록된 活字本과 寫眞版을 참고하고 있다. 이 자료는 A. 沙害漸村, B. 薩下
知村, C. 失名村, D. 西原京○○村 등 4개 村落의 文書로 구성되어 있는데, 이곳에
서는 그중 A. 沙害漸村과 B. 薩下知村 등 두 마을에 관하여 우리가 필요로 하는 農
地관계 稅役賦課대상만을 예로서 제시하였다. 이 文書의 作成年代는, 景德王 15년
(丙申 756)說과 憲德王 8년(丙申 816)說의 두 見解가 있는데, 이 문제는 西原小京
을 관행적으로 西原京으로도 부르고 있었는지의 與否가 문제해결의 관건이 될 것으
로 생각되며, 최근에는 孝昭王 4년(乙未 695)說이 제기되고도 있다(尹善泰, '正倉
院所藏 新羅村落文書의 作成年代 — 日本의 『華嚴經論』 流通狀況을 중심으로', 『震
檀學報』 80, 1995).

로 하여금 그 管轄하에 있는 村落들의 村勢를 조사하여 중앙정부에 보고함으
로써, 國家가 전국 각 지방의 백성들에게서 차질없이 稅役을 징수할 수 있도
록 그 稅源을 조사 정리한 문서로서, 州·京에서는 이것만으로서도 課稅를 위
한 하나의 완결된 문서가 되고 있었겠지만, 최하의 행정구역인 村落에서는 각
각 자기 마을의 村勢만을 파악하고 있었을 것이다. 그리고 각 村落에서는 처
음부터 이러한 문서를 작성하였던 것이 아니라, 이와 관계없이 이를 작성할
수 있는 기초자료 帳籍 등이 그 자체의 목적을 위하여 미리 마련되고 있었으
며, 이를 기초로 하여 우리가 지금 보는 바와 같은 村勢文書가 종합정리되었
던 것으로 사료된다. 州·京에서는 管下의 이러한 村勢文書를 다시 종합정리하
여 政府에 보고하였을 것이다. 이같은 과정에서 이용된 基礎資料는 烟戶·戶口
調査를 통하여 작성한 戶籍帳籍, 量田을 함으로써 田畓의 所有主와 田丁을 기
록한 量田帳籍, 丁田을 分給했을 경우 그것을 받은 民戶를 기록한 丁田帳籍
등이었을 것으로 생각된다. 이러한 여러 帳籍의 맨 끝에는 總結로서 각종 사
항을 計數로써 정리, 첨부하는 것이, 후대의 예로 보아 帳籍의 기재방식이었
을 것이므로, 이를 통해서는 村勢가 어렵지 않게 파악되었을 것이기 때문이
다. 그러한 가운데 各村의 文書에 烟受有田·畓 몇 結 몇 負 몇 束으로 표기하
고 있음은, 개개의 烟戶·民·百姓들이 量田을 통해서 정해 받은(量給) 바 農地
實積, 所出, 稅額을 總計하여 기록한 것이라고 하겠다.

그러므로 이「新羅帳籍」의 토지소유관계는, 이것이 各村의 烟戶民들이 國
家로부터 丁田을 받았던 사정을 기록하였을 경우에는, 각 行政村域 안의 農地
는 그 村·住居地域 내의 烟戶들이 이를 모두 所有하는 것으로 되겠지만, 그렇
지 않고 이것이 일반민의 所有地에 量田을 통해서 稅役을 정해준 것일 경우에
는, 어느 行政村域 안의 農地가 반드시 그 村·住居地域 내의 烟戶民들이 所有
하는 農地라든가 또는 村內의 烟戶民들은 모두 그 村域 내에 農地를 所有한다
고 말하기 어렵겠다. 이런 경우에는 村域 내의 農地에 村民들의 所有地가 포
함됨은 당연하나, 村民 가운데에는 혹 자기의 土地를 다른 村域 내에 所有하
기도 하고, 또 혹 村民 가운데에는 자기 土地가 없는 無田農民이 있을 수 있어
서, 이들은 他人의 農地를 借耕하지 않으면 아니되었을 것이다. 그리고 이와
는 반대로 이웃한 村이나 邑, 京에 거주하는 大土地所有者, 먼 곳에 위치한

寺院, 멀리 山寺에 상주하는 僧侶 등 지주층의 田莊이 또한 다수 포함된다고
보아야 하겠다. 大土地所有者·僧侶·寺院 등은 土地를 그들이 거주하거나 위
치한 村域 안에만 집중 소유하는 것이 아니라, 이런저런 사정 때문에 여러 곳
에 분산된 상태로 소유하는 것이 일반적이었기 때문이다.[74]

　그런데 이 시기의 結負制와 관련하여 우리가 이 文書에서 주목하게 되는 것
은, 村落의 地周 표시와 農地의 稅額·面積 표시를 地周는 步로써 표기하고 田
畓은 結·負·束으로써 표기하고 있는 점이다. 자료 A의 경우, 沙害漸村을 설명
하여 '沙害漸村; 보이는 山 나무가 우거진 숲속에 있고 그 地周는 5,725步가
된다'라 하고, 그 村 소속의 農地는 '合畓 102結 2負 4束, 合田 62結 10負 5
束'이라고 기록하고 있는 것이 그것이다. 그런데 이때의 제도는 結負制이기 때
문에, 여기서 農地를 結負의 단위로써 표기하고 있는 것은 당연한 것으로 이
해되지만, 村落의 '地周 몇 步'는 구체적으로 무엇을 가리키는 것일까, 어떻게
읽어야 하는 것일까 하는 점이 궁금하다. 周는 그 뜻이 명사로서 '周回·둘레'
를 뜻하기도 하지만, 동사로서 '周徧, 徧周, 두루 미친다'는 뜻을 깊기도 하는
데, 이곳에서의 周는 어느 쪽으로 읽는 것이 옳은가 하는 것이다. 일반적으로
우리는 城周, 山城周回, 都城周回 등의 용법에 익숙해 있으므로,[75] 이곳에서
의 地周도 村域周回로 생각하기 쉽다. 실제로 이 文書에 관한 硏究가 시작된
이래로 이 地周는 行政區域으로서의 村域 주위의 길이로 보게 되었으며,[76] 그
렇게 보는 가운데 步로 파악한 村域의 周回 안에 農地의 結負가 모두 내포되
는 것으로 이해하기도 한다.[77] 그러나 다른 한편으로 이를 좀더 깊이 생각하면

74)『朝鮮金石總覽』上, 鳳巖寺智證大師寂照塔碑, p. 93에 보이는 '捨莊十二區 田五百
　　結 云云'이라고 한 기록은 그 단적인 예이다.
　　오장환, '신라장적에서 본 9세기전후 우리나라의 사회경제형편에 대한 몇 가지 문
　　제'(『력사과학』5, 1958) ; 李仁在, '田莊의 構成과 經營'(前揭書) 등 참조.
75) 에컨대 다음은 그 몇몇 예가 되겠다.
　　『三國史記』卷 4, 眞平王 13年, 秋 7月 築南山城 周 2854步.
　　『高麗史』卷 56, 地理志 1, 王京開城府, 京都羅城 城周 29,700步 …… 城周
　　10,660步.
　　『高麗史節要』卷 3, 顯宗 20年 8月, 築開京羅城 …… 周 10,660步.
　　『世宗實錄』卷 148, 地理志, 京都漢城府, 都城周回 9,975步.
　　『續大典』卷 6, 工典 雜令, 都城周圍 14,935步.
76) 旗田巍, '新羅의 村落(『朝鮮中世社會史의 硏究』, 1972), p. 424.

이 견해에 대해서는 쉽게 찬동하기 어려운 바가 있다. 그것은 城周나 山城·都城周回는 城郭을 길게 쌓는 大工事를 한 것이므로 線·길이의 개념을 갖는 것이고, 따라서 官이 그 길이를 파악할 필요가 있었던 것이지만, 일반 農村地帶의 村落·마을에서는 村城을 쌓고 있는 것도 아니고, 郡縣制가 시행되고 있는 조건하에서, 官이 行政村域의 周回를 파악해야 할 절실한 필요성이 있는 것도 아니라고 생각되기 때문이다. 그러나 그럼에도 불구하고 이같이 村域을 '地周 몇 步'로 표시하고 있었다면, 이 경우의 地周는 村域周回의 길이가 아니라 다른 뜻으로 해석해야 할 것으로 생각된다. 다시 말하면 이 地周에서의 地는 城郭과 같은 線이 아니라 大地의 地面·平面·넓이를 가리키는 것이며, 따라서 이 '地周 몇 步'는 '村域周回의 길이가 몇 步'임을 뜻하는 것이 아니라, 그 村落·마을·住居地域이 위치한 곳의 '地面의 넓이가 몇 步에 달한다'는 뜻으로 보는 것이 합당하다고 생각된다.

이같은 사정은 자료 B 薩下知村의 地周 표시에서 좀더 분명하게 드러난다고 하겠다. 즉 이 薩下知村은 그 地周가 12,830步나 되는 큰 마을로서, 이것은 종전의 작은 薩下知村(地周 8,770步)과 그 이웃에 있었던 새로 개발한(攟加利) 何木杖(村)(地周 4,060步)을 統合해서 형성한 새로운 하나의 마을이었으며, 그 地周 12,830步도 두 마을의 종전의 地周 8,770步와 地周 4,060步를 合算함으로써 얻어진 수치였다. 그러므로 이 경우 '地周 몇 步'를 村域周回의 길이로 보는 것은 타당하지 않은 것으로 생각된다. 두 마을이 合村해서 하나의 마을이 되었다면, 두 마을이 合村할 때, 그 村域周回에 겹치는 부분이 생기기 때문이다. 두 村落을 飛地로 보고 그 두 村落周回의 길이를 한 村落의 그것으로 合算하는 것은[78] 더욱 불합리해 보인다. 그럴 경우에는 薩下知 東村, 西村, 內村, 外村, 前村, 後村 등 어떤 형식으로건 구분했을 것이다. 그러한 점에서 '薩下知村 …… 地周 12,830步'는, 두 마을을 통합했을 때 자연스럽게 하나의 마을이 될 수 있고, 두 마을의 地周步數를 合算했을 때 자연스럽게

---

77) 李宇泰, '新羅〈村落文書〉의 村域에 대한 一考察'(『金哲埈博士華甲紀念 史學論叢』, 1983).
   宮嶋博史, '朝鮮農業史上에 있어서의 15世紀'(『朝鮮史叢』3. 1980).
78) 旗田巍 註 76)의 논문 참조.

12,830步가 될 수 있도록 다른 각도에서 읽어야 하겠다. 그리고 그럴 경우 그것은 그 村落의 주민이 가옥을 짓고 살아가고 있는 마을·주거지역이 미치는 地面의 空間·넓이를 표시하는 것으로 보아야 한다고 생각된다.[79]

步는 일반적으로 6尺＝1步로 하는 尺度의 단위이지만, 동시에 方 1步를 地積 1步로 하는 면적의 단위이기도 한데, 이 村落文書에서의 '地周 몇 步'라고 한 步는 地積을 표시하는 단위로 보아야 하겠다는 것이다. 都城의 土木工事가 周尺, 營造尺 또는 高麗尺을 기본으로 하고, 그 6尺(경우에 따라서는 5尺)을 1步로 하는 尺度로서 이루어지는 것을 고려하면, 村落·村域의 넓이가 步로써 표시되는 것은 지극히 자연스러운 일이었다고 하겠다. 이같이 步를 地積으로 볼 경우 沙害漸村의 5,725步는 周尺(약 20cm)으로서는 약 2,494坪, 營造尺(약 30.6cm)으로서는 약 5,839坪, 高麗尺(약 36cm)으로서는 약 8,081坪이 되고, 薩下知村의 12,830步는 周尺으로서는 약 5,590坪, 營造尺으로서는 약 13,085坪, 高麗尺으로서는 약 18,111坪이 되는데, 이 시기 都城의 區劃整理 量地事業에서 이용하고 있었던 尺度는 高麗尺이었으므로,[80] 이곳 村落에서의 '地周 몇 步'도 高麗尺에 의한 步로 보는 것이 사실에 가까울 것으로 생각된다. 물론 이 경우 村落의 '地周 몇 步'와 農地의 結負를 구분해서 기록했다 하더라도, 村落의 '地周 몇 步' 내에 住民들의 家屋에 부속된 텃밭이나 果樹 등이 포함되고 있었을 것임은 말할 것도 없겠다.

위의 문서에서는 村落의 地周를 步로 표시하는 것과는 달리, 田野의 農地는 結負로 표시하고 있었는데, 이는 역사적으로 都城, 村落·住居地域에서의 地周파악과 田野 農地에서의 結負 파악의 전통에 차이가 있었던 데서 연유하는 것으로 생각된다. 즉 전자에서는 城郭, 都市計劃, 道路, 橋梁, 大建築物, 家屋 등이 있어서 정밀을 요하는 尺度가 필요하고, 都城과 村落의 地周를 파악하는 작업도 이와 일정하게 관련되므로, 中國의 頃畝法에서와 같이, 일정 尺度(周尺 營造尺 高麗尺)의 6尺＝1步의 원칙으로서 이를 測量하는 것이 가능하였지만, 후자에서는 광활한 田野에서 農地의 結負를 파악하되, 이는 所出을 전제

---

79) '地周 몇 步'를 村落 村域의 넓이로 보려는 見解도 이미 제시되고 있다.
  兼若逸之, 前揭書 및 李仁在, 前揭書 등 참조.
80) 註 32), 33)의 關野, 藤島 著書 참조.

로 한 地積을 파악함으로써 稅額을 정해주려는 것이므로, 이때에는 都城과 村
落의 地周에서와 같이, 단지 일반 尺度로서 農地의 實積만을 정확하게 파악하
고자 하는 작업이 되기 어려웠다. 이 경우에는 所出과 地積과 稅額을 組合시
킬 수 있는 좀더 적절한 尺度를 이용하여 다소 느슨하게 측량을 하는 것이 필
요하였고, 그러기 위해서는 結負制가 발생한 이래로 이용되고 있었던 尺度,
그 자체 結·負·束·把의 所出을 표현하는 尺度를 量田尺으로서 이용하는 것이
편리하였을 것으로 생각된다.

  그리고 그러한 尺度이려면, 村落의 地周를 步로써 파악하는 尺度가 아니라,
아마도 앞에서 이미 언급하였던 바 三國時期 중반 이후의 量田事業에서 中央
集權的 地方統治體制의 확립과도 관련하여, 전국에 대하여 획일적으로 적용
할 수 있는 제도로서 확립하였던 바 所出을 전제로 한 結負制의 원칙을 그대
로 계승하고, 거기에서 이용하였던 바 '把·발·尋'의 길이를 量田尺으로 하되,
이를 통일 후의 영토확장과도 관련하여 不易常耕田, 歲易田, 代田 등의 地品
을 租稅의 형평성과 관련하여 고려하는 가운데,[81] 시의에 맞게 조정하여 이용

---

81) 이 시기에 田畓의 肥瘠을 어떻게 구분했겠는지, 현재로서는 자료를 통해서 그 실상
  을 명확하게 설명하기 어렵다. 그러나 所出을 전제로 實積을 파악하는 量田을 하고,
  그것을 통해서 結負를 정하며, 그것이 곧 結稅·稅額이 되게 하는 조건하에서, 가령
  慶尙道의 肥沃한 지역과 江原道 北部의 瘠薄한 지역에서 同一實積의 農地라고 稅를
  同一하게 부과하지는 않았을 것으로 생각된다. 이 시기에도 이 두 지역과 같이 農地
  肥沃度에 큰 差異가 나는 곳에 대해서는 稅額에 差等을 두는 정책이 취해졌을 것으
  로 생각되는 것이다. 그렇지 않으면 그것은 너무나도 不合理하고 不公平하기 때문이
  다. 다만 그럴 경우 政府에서는 그 差等을 얼마만큼 適正하게 合理的 차원에서 설정
  하고 있었을까 하는 점이 문제될 뿐이라고 하겠다. 그런데 우리는 좀 막연하지만 이
  때에도 田畓의 비옥함을 '上上田'(駕洛國記), '良田'(註 68 참조)이라 하고, 특히 內
  外人이 欽羨하는 武珍州上守燒木田이 星浮山(慶州南山의 南쪽)下에 있었던 사실
  (『三國遺事』 2, 文虎王法敏) 등등을 알고 있다. 이러한 점에서 보면, 이때에도 소박
  하나마 高麗初의 기록에서 볼 수 있는 바와 같은 分等의 原形이 이미 있었거나, 아
  니면 高麗時期와 같이 地域別·道別로 差等을 두는 방법을 취하지 않았을까 추측된
  다. 그것은 高麗時期에는 量田尺 量田의 方法에 변화가 오기는 하지만, 많은 경우
  新羅 이래의 量田法에 따라 행해졌을 것으로 짐작되는, 高麗建國에서 얼마 지나지
  않은 時點인 光宗 6, 7년의 量田에서, 量田使가 量田帳籍에다 '代下田'이라고 田品
  을 기재하고(「若木郡淨兜寺石塔造成形止記」) 있었던 점에서 그와 같이 추정된다.
  浜中昇, '高麗前期의 量田制에 대하여'(『朝鮮古代의 經濟와 社會』, 1986);拙稿,
  '高麗時期의 量田制'(本書 所收) 등 참조.

하는 것이 편리하였을 것으로 생각된다. 그리고 이 시기에는 祿邑制를 結負制에 기초해서 운영하고 있었는데, 그 結負를 所出에만 의거해서 정하면, 所出은 동일한 지역 안에서도 年事의 豊凶에 따라 수시로 가변적일 수 있어서, 收租權者들은 지역간 不均을 탓할 수도 있었을 것이므로, 政府에서는 客觀性을 부여하는 의미에서도 所出에 地積을 결합시킬 수 있는 尺度의 제도가 반드시 필요하다고 생각하였을 것으로 사료된다.

말하자면 이 시기의 量田事業에서는 農地의 所出·結負 파악을 대전제로, 農地의 實積을 측정하는 일을 동시에 해결하지 않으면 아니되었는데, 그러기 위해서는 앞에서 이미 언급한 바, 三國時期 중반의 結負 量田制의 원칙을 그대로 따르는 것이 최선이었을 것이다. 다만 이때에는 시대가 흐르고 영토가 확대되었으므로, 農地의 所出을 전제로 마련한 옛 量田尺(把·발·尋)으로서 지금의 확대된 지역의 農地實積을 측정해도 그 結負 파악에 큰 무리가 없겠는지, 農地의 肥瘠을 고려하는 가운데 종래의 量田尺을 재검토하고 조정하지 않으면 아니되었을 것이다. 그리고 그러하였다면 이때의 量田도 不易常耕田 가운데 표준이 되는 農地를 중심으로,

量田尺 方 100把(발·尋)＝10,000平方把＝1結

의 규정으로서 量田을 하되, 이 경우 新羅政府에서는 量田尺 1把의 길이 ― 1.53 내지 1.848m ― 를, 中部地方 이북의 척박한 地品을 고려하여, 종전과는 달리 긴 쪽을 충분히 고려하는 가운데 조정하였을 것으로 사료되며, 따라서 그 結 實積 ― 8,600여 坪을 중심으로 7,000여 坪에서 9,800여 坪 내지 10,300여 坪 ― 도 또한 三國時期 중반의 그것에서 다소 달라져, 넓은 쪽 結實積이 되는 지역이 늘어났을 것으로 추정되는 것이다. 그리고 이때에도 歲易田과 代田이 아직 많았는데, 이같은 農地도 所出을 대전제로 結實積을 파악하였을 것이며, 따라서 그 1結의 結 實積은 三國時期 중반의 그것과 마찬가지로 不易常耕田 結 實積의 倍數 ― 17,200여 坪을 중심으로 14,000여 坪에서 19,600여 坪 내지 20,600여 坪 ― 가 되었을 것이다. 그리하여 政府가 農地에 대하여 租稅를 부과할 때는, 常耕田이거나 歲易田·代田이거나를 막론하고

그 農地의 實積에 관계없이, 農作物의 所出이 常耕田 1結의 所出만큼 되면 동일한 1結의 稅를 부과하고, 따라서 常耕田과 地積은 같으나 2年에 한 번 경작하는 歲易田일 경우에는 정한 규정에 따라 稅額을 반만큼 부과함으로써, 農地의 肥瘠에 따르는 賦稅不均의 문제를 해결하였을 것으로 생각된다. 그러나 이 같은 調整이 있었다 하더라도, 그것이 어느 만큼 전국적으로 均等하게 적용될 수 있는 齊民的 制度로서 마련되었을까 하는 것은 미지수이며, 만일 그것이 農地가 비옥한 南部地方과 本 新羅人들에게 조금이라도 더 혜택이 가는 제도로서 마련되었다면, 그 結負制는 구조적으로 일정한 모순과 한계를 지니게 되지 않을 수 없었을 것으로 사료된다. 그리고 후대의 사정으로서 보면 실제로 그러하였던 것이 아닐까 생각된다.

　量田事業은 田畓 하나하나에 대하여 量田을 하고 結負 稅額을 정해주는 것으로서 끝나는 것이 아니었다. 그 事業은 그 결과를 정리하여 「量田帳籍」을 작성함으로써 비로소 끝나는 것이었으므로, 이때에는 그같은 「量田帳籍」을 작성하고 있었다. 一然이 『三國遺事』에서 거론하고 있는 「量田帳籍」은 바로 이때 작성하였던 것으로 생각된다(『三國遺事』 卷 2, 南扶餘 前百濟). 여기서 一然은 扶餘郡이 옛 所夫里郡임을 설명하면서, 그 근거로서 『三國史記』의 기술을 든 다음, '又按量田帳籍 曰所夫里郡田丁柱貼'이라고 하여, 「量田帳籍」에 기록된 바를 또한 전거로서 제시하고 있었는데, 그 표현이 좀 애매하기는 하지만, 「量田帳籍」을 살피니 「所夫里郡田丁柱貼」이라고 기록되어 있다는 것이었다. 이로써 보면 이 「量田帳籍」은 所夫里郡이 扶餘郡으로 改名되기 전, 즉 아직 所夫里郡으로 존재하고 있을 때 작성된 것으로 볼 수 있다. 所夫里郡은 본시 百濟의 郡으로서, 新羅統一期에도 그대로 통용되어 오다가,[82] 景德王代에 이르러서 扶餘郡으로 改名되고 있었는데,[83] 이 사이에는 우리가 이곳에서 거

---

82) 新羅에서는 文武王 11년(671)에 百濟의 所夫里郡(泗沘)에 所夫里州를 설치하였는데 이는 泗沘州이기도 하였으며, 神文王 6년(686)에는 이 泗沘州를 泗沘郡으로 하였는데 이는 所夫里郡이기도 하였다. 그것은 그 후 孝成王 2년(738)에 '所夫里郡河水變血'이라는 기술이 있는 것으로서 알 수 있다(『三國史記』 各年度 記事 참조). 그러므로 神文王 6년(686)에서 景德王 16년(757)에 이곳이 扶餘郡으로 改定될 때까지의 이곳 地名은 所夫里郡 또는 泗沘郡이 된다.

83) 『三國史記』 卷 36, 雜志 5, 地理 3, 熊州 扶餘郡.

론하고 있는 바 丁田制·祿邑制 등이 시행되고 있었다. 이때의 量田은 말하자
면 이같은 制度의 설정과 관련하여 시행되고 있는 셈이었다고 하겠다.

그런데 一然의 이 설명에는 석연치 않은 점도 없지 않다. 그것은 「量田帳籍」
과 「田丁柱貼」은 전혀 별개의 문서일 터인데, 「量田帳籍」에다 '所夫里郡田丁
柱貼'이라고 기록했다든가, 또는 「量田帳籍」을 '所夫里郡田丁柱貼'이라고 했
다는 것이다. 이러한 기술에 관해서는 여러 가지 해석이 있을 수 있겠지만,
생각건대 이것은 아마도 「量田帳籍」의 上欄 여백에, 量田字號 또는 이에 준하
는 田丁을 표시하는 字號와 관련하여, 「田丁柱貼」을 작성하기 위한 草案을 참
고용으로 추가로 기록하고 있었던 것이 아닐까. 그리고 그러기 때문에 이 「量
田帳籍」의 內面에는 그 草案을 가리키는 '所夫里郡田丁柱貼'이라는 제목도 內
題로서 표기했던 것이 아닐까 추정된다. 그러나 이 경우 「量田帳籍」에다 이같
이 「田丁柱貼」을 기록했다 하더라도, 이 「量田帳籍」이 불필요해지고 폐기하
게 되어 이를 재활용하는 뜻에서 그렇게 하였던 것은 아니라고 생각된다. 「量
田帳籍」은 살아 있는 文績으로서 그대로 활용하면서도, 이때에는 租稅의 징수
와 관련하여, 「田丁柱貼」의 내용을 그 위에다 병기하는 것이 필요하다고 본
데서 그와 같이 하였던 것으로 생각된다. 다시 말하면 이때에는 結負로 표현
된 稅額이 田丁과 일정하게 연계되는 가운데 징수되고, 따라서 結負를 표시한
帳籍에다 「田丁柱貼」의 내용을 병기하는 것이, 稅政 운영상 필요하다고 생각
되는 데서 그와 같이 하였던 것으로 사료된다. 田丁은 高麗時期의 土地制度·
租稅制度에서 익히 잘 알려져 있는 제도이지만, 이때에도 이미 田丁은 高麗時
期의 그것과 마찬가지로 稅役 징수상의 절차를 간편하게 하기 위하여, 結을
일정한 단위로 묶어서 田丁으로 삼고, 稅役을 그 田丁 단위로 賦課하고 收納
케 했으리라 생각되는 것이다.[84]

이상에서 우리는 「新羅帳籍」을 통해서, '始給百姓丁田'할 무렵의 量田事業
이, 村落·住居地域과 田野·農作地域의 土地를 步와 結負로 구분해서 파악하
고 있었음을 살폈거니와, 이같은 차이는 요컨대 두 지역에 대한 量田事業의
역사적 전통의 차이성, 租稅政策의 차별성과 관련이 있었다고 하겠다. 農地에

---

84) 兼若逸之, 前揭論文 ; 尹漢宅, 註 133)의 논문 참조.

대해서는 그 所出을 근거로 結負에 대하여 租稅를 부과하지만, 村落·住居地域
에 대해서는 住民에 대하여 役과 調에 해당하는 稅를 부과할 뿐, 그 지역 내의
土地에 대해서는 農地의 結負에 대해서 부과하는 것과 같은 租稅는 부과하지
않았을 것으로 사료된다. 말하자면 村落·住居地域과 田野·農作地域에 대한
稅役의 부과는 그 계통을 달리하고 있는 것이었으며, 그러한 점에서 이 시기
의 稅役 징수체계는 여러 가지 면에서 치밀하고 조직적으로 짜여져 있었다고
하겠다. 이 시기의 量田事業은 그러한 체계 속에서 租稅를 공평하게 부과하고
자 하는 것이었다고 하겠다.

  그러나 이 시기의 丁田制·量田事業, 즉 稅役의 量給과정이 비록 전국의 農
地에서 租稅를 공평하게 징수할 것을 목표로 하면서 수행되는 것이었다 하더
라도, 그것을 지역차 및 지역 내 農地의 肥瘠 등을 충분히 참작하면서 공평하
고 합리적인 것으로 수행할 수 있었던 것은 아니라고 생각된다. 그것은 新羅
末年에 이르러서는 租稅制度에 대혼란이 일어나고, 그 결과는 전국적 農民抗
爭의 발생, 後三國의 등장, 그리고 新羅의 멸망 등 커다란 역사적 사건으로까
지 확대되고 있었기 때문이다. 租稅制度의 혼란은 한마디로 國家와 收租權者
들이 제도상의 규정을 넘어서 대대적으로 暴斂을 하고 있었던 것을 말하는 것
으로, 新羅는 國家 유지를 위해서 結負 租稅制를 제정하였으면서 그 結負 租
稅制의 불합리로 인해서 國家를 상실하게 되는 셈이었다. 이같은 사정은 이
시기의 租稅수취의 실상을 통해서 확인할 수 있는데, 新羅를 계승하고 있는
高麗王朝의 史書에서는 그같은 사정에 관하여, 制度的 法的으로 1結(頃)에서
2石을 받아야 하는 租稅를 6石, 즉 3배씩이나 收取하고 있었던 것으로 기록하
고 있었다.[85] 한마디로 暴斂 收奪 그것이었다. 그런데 이같은 현상은 이유 없

---

85)『高麗史』卷 78, 食貨 1, 租稅, 中, p. 726.
  『高麗史節要』卷 1, 太祖 元年 秋7月, p. 11.
    ① 太祖元年七月 謂有司曰 泰封主 以民從欲 惟事聚斂 不遵舊制 一頃之田 租稅六碩
  管驛之戶 賦絲三束 遂使百姓 輟耕廢織 流亡相繼 自今租稅征賦 '宜用舊法'(이 구절이
  『節要』에서는 '宜用天下通法 以爲恒例'로 표현되고 있다. 天下通法은『孟子』의 이른
  바 什一稅를 말한다).
  『高麗史』卷 78, 食貨 1, 祿科田, 中, p. 715.
  『高麗史節要』卷 33, 昌王 卽位年 秋7月, p. 829.
    ② 新羅之末 田不均而賦稅重 盜賊群起 太祖龍興卽位三十有四日 迎見群臣 慨然嘆

이 무작정 收奪을 하는 데에서도 일어날 수 있었겠지만, 그러나 이를 結負制라고 하는 제도적 측면에서 보면, 이때의 新羅의 結負制에는 租稅行政이 적절하고 공평하게 운영될 수 없었던 근본적 원인이 그 자체 내에 내재하고 있었던 까닭이라고 보아야 하겠다.

2) 渤海 結負制의 推定

新羅의 三國統一은 완전한 것이 아니었다. 百濟 지역은 통합했으나 高句麗 지역은 극히 일부분만을 통합한 데 불과하였다. 그러므로 高句麗 지역에서는, 統一戰爭이 끝나고 唐의 高句麗 遺民에 대한 철저한 파괴정책이 수행되는 가운데, 高句麗 遺民과 粟末靺鞨族은 唐에 대하여 항쟁과 국가재건운동을 전개하지 않을 수 없었다. 그리고 그 운동은 마침내 '高麗舊將'[86] 大祚榮으로 하여금 이 지역에 震·渤海國家를 건설(698)케 하고 있었다. 그런데 이 大祚榮은 혹 '本高麗 別種'[87]으로 파악되기도 하고, 혹 '本粟末靺鞨 附高麗者'[88]로 좀더 구체적으로 파악되고도 있어서, 그를 현실 國籍을 중심으로 볼 것이지 아니면 본래의 출신 種族을 중심으로 볼 것인지에 따라, 오늘날 연구자들로 하여금 왕왕 渤海를 高句麗族의 國家라든가 靺鞨族의 國家라고 하는 상반된 견해를 지니게 하고 있다.[89] 이는 우리나라 渤海史 연구에서 볼 수 있는 오랜 전통이

日 近世暴斂 一頃之租 收至六石 民不聊生 予甚憫之 自今宜用什一 以田一負 出租三升 遂放民間三年租

86) 『增補 三國遺事』卷 1, 紀異 2, 靺鞨渤海, p. 38.
87) 『舊唐書』卷 199 下, 列傳 149 下, 北狄 渤海靺鞨, p. 5360.
　　여기서 '本高麗別種'이라는 표현이 高麗族과 구체적으로 어떤 차이가 나는지 『舊唐書』에서는 더 이상 언급을 하고 있지 않다. 高句麗는 처음에는 작은 集團으로 출발하여 나중에는 大國이 되었으므로, 高句麗의 성장과정에서는 주변의 많은 他集團 他種族이 복속하여 高句麗民이 되었을 터인데, 여기서 別種이라는 표현은 그러한 種族, 따라서 高句麗의 構成員이기는 하되 그 核心 高句麗族과는 區別되는 傍系族으로서의 高句麗族을 뜻하는 것으로 볼 수 있겠다. 이 경우 우리는 漢·唐 이래의 中華帝國의 民族構成이 漢族만으로서 구성되는 것이 아니라, 이들을 핵심으로 하면서, 많은 他種族을 吸收 融合하여 구성됨을 상기할 필요가 있을 것이다.
88) 『新唐書』卷 219, 列傳 144, 北狄 渤海, p. 6179.
　　여기서 附는 附化, 來附를 의미하는 것으로, 大祚榮은 본시 出自는 粟末靺鞨이지만, 高句麗에 來附 歸化하여 高句麗民化하고 있는 사람, 앞에 제시된 바와 같이, 이미 '高麗別種'이 되고 있는 사람이라는 뜻이 되겠다.

기도 하였다.[90] 사실 渤海의 건국과정에 靺鞨族의 軍團이 중요한 세력으로서
참여하고, 大祚榮을 배출한 種族이 본시 靺鞨族이었다면, 渤海의 등장을 靺鞨
族의 國家건설로 보는 것은 자연스러우며, 이를 高句麗族에 의한 완전한 高句
麗 국가의 재건으로만 보는 것은 무리한 일이라 하겠다. 그러나 大祚榮의 출
신이 '高麗別種'이면서도 그가 高句麗民의 의식을 지니고 있을 경우에는 말할
것도 없고, 비록 그가 '本粟末靺鞨 附高麗者'여서 그 出自가 靺鞨族임이 분명
하다 하더라도, 그가 이미 高句麗에 附(附化·歸化)해서 高句麗人으로 되어 있
고, 그뿐만 아니라 그로 인해서 高句麗의 장수가 되고도 있었다면, 그는 이미
법제상 靺鞨 사람은 아니라 하겠으며, 따라서 渤海國家도 靺鞨族만의 國家가
될 수는 없는 것이라 하겠다. 더욱이 渤海의 영역과 문화가 과거의 高句麗의
그것을 바탕으로 하고, 그 주민의 적지 않은 부분이 高句麗 遺民으로 구성되
며, 그 주민들의 種族意識이 高句麗民임을 자처하고, 그 國家의 國家意識이
高句麗의 後身임을 적극 내세우고 있었다면, 그리고 다른 나라(日本)가 渤海
를 高句麗人의 國家로 보고 있었다면, 渤海는 분명 靺鞨族의 國家라고만 말할
수 없고, 高句麗 國家와 高句麗 文化를 계승하고 있는 國家로 보아야 하는 것
이라 하겠다.

　그러나 이같은 문제는 일방적으로 주장하는 것만으로써 역사상 渤海의 귀
속문제를 해결할 수 있는 것은 아니라고 생각된다. 이 문제를 더욱 공정하고
정확하게 해결하기 위해서는, 渤海國家를 高句麗族의 입장에서뿐만 아니라
靺鞨族의 성장과정이라는 입장에서도, 객관적으로 냉철하게 관찰하는 시각이
필요하다고 생각된다. 그러한 관점에서 渤海國家의 건국과정, 종족구성, 영
역, 문화기반을 지금까지의 연구성과를 통해서 보면, 현단계로서는 渤海를 어

---

89) 王承禮, 『渤海簡史』, 1984 ; 宋基豪 역, 『발해의 역사』, 1987.
　　盧泰敦, '渤海國의 住民構成과 渤海人의 族源'(『韓國古代의 國家와 社會』, 1985).
　　사회과학원력사연구소, 『조선전사』 개정판 5, 발해 및 후기신라사, 1991.
　　력사편집부, 『발해사 연구론문집』 1, 과학백과사전종합출판사, 1992.
　　韓圭哲, 『渤海의 對外關係史』, 1994.
　　宋基豪, 『渤海의 歷史的 展開過程과 國家位相』, 서울大 大學院, 1995 등 참조.
90) 李萬烈, '朝鮮後期의 渤海史 認識'(『韓㳓劤博士停年紀念 史學論叢』, 1981).
　　宋基豪, '조선시대 史書에 나타난 발해관'(『韓國史硏究』 72, 1991) 참조.

느 한 종족만의 國家라고 말하기 어려운 바 있다고 하겠으며, 따라서 그것은 舊高句麗族이 그들의 정치적 문화적 주도하에 粟末靺鞨族과 협력하여 그들 공동의 國家로 수립한 나라, 즉 渤海는 高句麗族과 粟末靺鞨族의 聯合性政權, 聯合性國家의 성격을 지니게 되는 것이라고 하겠다. 더욱이 渤海가 그 領域을 확대해 나가면서는, 그 지역들에 주거하고 있었던 非高句麗系·非濊貊系의 수많은 種族집단을 통합하여, 일종의 多種族國家를 이루고 있었으므로, 한 種族의 國家라고만 말하기는 어려운 것으로 생각된다. 渤海 국가의 실체는 바로 그러한 것이 아니었던가 여겨진다.[91] 그러므로 우리가 渤海를 우리 民族의 국가활동, 우리 역사의 전개과정으로 보고자 할진대, 그러한 사정까지도 염두에 두면서, 그것이 우리 민족의 국가와 역사에 어떻게, 어느 정도로 연결되는 것인지, 그리고 新羅와 渤海가 왜 통합될 수 없었던 것인지도 추구하고 해명해야 하는 것이라고 하겠다.

渤海의 歷史的 위치를 이같이 정하고 보면, 本稿의 주제와 관련하여, 그 土地制度·租稅制度 등이 대단히 중요한 의미를 지니게 된다. 渤海는 高句麗를 계승한 國家임을 자처하고 있었는네, 주지하는 바와 같이 高麗는 高句麗의 전통을 계승하는 國家로 출발하고 있었으므로, 高句麗 문화의 전통은 渤海를 통해서도 적지않이 高麗로 전달되었을 것임을 상정할 수 있기 때문이다. 그러한 사정은 후일 渤海가 망하게 되었을 때, 그 王族·貴族·百姓들이 자연스럽게 高麗로 넘어오게 되었던 사람이 적지 않았던 사정을 통해서도 짐작이 간다. 그런데 그 같은 渤海에서는 작은 문제이지만, 그 土地制度·租稅制度의 일환으로서 結負制를 시행하고 있었다는 사실이 알려지고 있다. 그것은 근년에 발굴되어 그 자료적 가치가 논란이 되고 있는 『陜溪太氏族譜』를 통해서이다.[92] 본고의

---

91) 孫進己,『東北民族源流』, 黑龍江人民出版社, 1987.
　　孫進己, 김영국 역, '발해민족의 형성과 발전과정'(『발해사연구』 7, 연변대학출판사, 1996 참조.
　　이러한 문제와 관련하여, 우리는 金富軾이 『三國史記』에서 渤海本紀·渤海의 歷史를 다루지 않았고, 高麗國家에서도 渤海史를 국가사업으로서 편찬하지 않았던 이유가, 渤海人 渤海國家를 우리 同族, 우리 民族의 國家활동으로만 다루기 어렵다고 판단한 데서 연유하였던 것으로 생각된다. 그리고 이러한 사실이 또한 그 후의 우리 선인들로 하여금 우리나라 歷史에 대한 認識에서 '渤海를 우리 역사로 이해하지 않'케 한 이유가 되었던 것이라고 하겠다.

관심사가 되는 結負制는 그 族譜 중에서도 王室의 역사를 기술한 「渤海國王世
룽史」에 기술되어 있다.[93] 이에 따르면 ① 渤海의 高王 大祚榮은 渤海王이 된

---

92) 우리가 이곳에서 참고하고 있는 『陜溪太氏族譜』(丁卯譜)는 陜溪太氏譜所가 1928
년에 咸鏡北道 明川郡에서 간행한 新譜이다. 이보다 앞서서는 이 門中에서 各派(3
派)별로 편찬한 舊譜가 있었는데(?. 1655. 1706. 1809. 1856년), 이 門中에서는
이를 기초로 하면서 새로운 사항을 증보 종합하여 新譜를 편찬하고 있었다. 族譜의
주인공인 太氏는 渤海의 王世子 大光顯이 高麗에 來附한 후 高麗國王이 그 一族에게
내린 賜姓이다. 그들은 高麗로 올 때 渤海의 政治·經濟·王室=大氏門中 등에 관한
귀중한 文書를 가지고 온 듯, 이 族譜를 편찬할 때, 다른 渤海관계 자료에서 볼 수
없는 희귀한 사실들을 기술하고 있었다. 그러한 자료 중에서도 우리가 특히 주목하
게 되는 것은 「渤海國王世룽史」인데, 여기에는 渤海의 內政에 관한 몇몇 귀중한 사
실들이 수록되어 있다. 太氏 가문의 族譜로서 우리가 현재 볼 수 있는 것으로서는
1809年刊의 『永順太氏世譜』도 있으나, 여기에는 渤海國王世系가 지극히 간략하게
기술되어 있다.
  「渤海國王世룽史」는 자료 부족으로 渤海의 실상을 파악할 수 없는 현시점에서 발굴
된 것이므로, 渤海史를 연구하는 사람들에게는 비상한 관심사가 되고 있다. 그러나
이 族譜는 앞에서 보는 바와 같이, 渤海와는 시간적으로 너무나 긴 세월이 흘러간
시점에서 편찬되었기 때문에 그 信憑性이 문제될 수밖에 없었으며, 따라서 이 자료
의 이용 여부에 대해서는 대체로 그 의견이 두 계통으로 갈리고 있다. 그 하나는 渤
海史 연구자의 일부에서는 이 자료를 자료 그대로 인정함으로써 渤海史의 내용을 풍
부하게 할 수 있을 것으로 확신하는 것이고, 다른 하나는 渤海史 연구자의 다른 일부
에서는 위 자료의 기술 중에는 언뜻 보기에도 高麗의 制度와 그 표현이 너무 닮은
부분이 있다는 점에서, 엄격한 실증주의적 입장에서 그 자료로서의 信憑性을 문제삼
고, 따라서 渤海史 연구를 위한 일차 자료로서는 가치가 없는 것으로 보는 견해이다.
  이러한 문제는 무엇보다도 앞으로 전문가에 의한 면밀한 書誌的 資料的 검토가 있
어야 할 것으로 생각되며, 현단계의 우리로서는 이 자료가 표현 그대로 그 후손들에
의해서 씌어진 그 家門의 룽史인 만큼, 그리고 그것이 이런저런 많은 자료를 기초로
하면서 씌어지고 있다는 점과도 관련하여, 이 자료를 사료가치가 없는 것으로 단정
하고 가볍게 폐기해서는 아니될 것으로 생각된다. 그러한 점에서 우리는 룽史의 어
떤 제도에 대한 기술방식이 표현상 『三國史記』나 『高麗史』의 그것과 같다 하더라도,
그것 자체를 문제삼고 그것을 버릴 것이 아니라, 撰者가 그러한 표현으로서 나타내
고자 한 渤海의 原制度, 實際의 制度는 어떠한 것이었을까 하는 점에 더 많은 관심
을 기울여야 할 것으로 생각된다.
93) 「渤海國王世룽史」가 언제 어떻게 저술되었는지는 분명치 않다. 다만 新譜의 凡例
에, '舊譜之王世系及其記事 猶有疎畧 故今按史乘 增演以錄'(『海東歷史』, 『新唐書』,
『舊唐書』 참조)이라고 하고 있는 점으로서 보아, 이 룽史는 『永順太氏世譜』에서 볼
수 있는 바와 같은 간략한 '渤海國王世系'를 이때의 新譜에서 增補한 것으로 생각된
다. 그러나 이때 참고한 史書가 『海東歷(繹?)史』, 『新唐書』, 『舊唐書』 등이었던 점으
로서 보면, 增演한 부분은 일반적인 體系에 관한 것이고, 따라서 룽史에 수록된 渤海
의 內政에 관한 구체적 사실은, 그 이전부터 그들만이 지니고 있었던 祖上傳來의 어
떤 文書, 書冊 또는 口傳으로 전해오는 바를 통해서 기술하였을 것으로 추측된다.

(698) 후 제반 문물제도를 갖추는 가운데, 租稅制度를 '什一'制를 써서 '以田一負 出租三升 遂放民間三年租'케 하고, 官僚에게는 官品 高低에 따라 '皆給田柴有差'했다는 것이며, 또 이와 관련해서는 ② 宣王 大仁秀 때에 이르러 "渤海國典法九事"를 제정하고(829), 그 중 한 항목으로서 '今始行井田法 以租民三十而稅一'케 했다는 것이다. 여기서 자료 ①은 渤海初 國家建設期의 사정을 보여주는 것으로, 高句麗적인 土地制度와 租稅制度 아래에서, 그리고 그 후 장기간의 전란 및 唐軍의 수탈 속에서 무거운 租稅를 부담하던 民에게, 建國者의 선물로서 所出의 10분의 1(1負 3升, 1結 30斗)을 稅로서 내되 3년간 免稅를 해주고, 官僚들에게는 그 品秩에 따라 田·柴를 分給했다는 것이다. 그리고 자료 ②는 渤海 후기의 사정을 보여주는 것으로, 渤海王朝의 宣王이 문물제도를 정비하고, 영토를 확장하여 5京 15府의 체제를 갖추는 등 국력을 신장하는 가운데, 井田法까지 시행하고 民에 대하여 30분의 1稅를 받도록 했다는 것이다.

그런데 「王世畧史」의 기사를 이같이 정리하고 보면, 文獻資料의 엄격성을 요구하는 실증주의의 입장에서는 이같은 사실에 신빙성을 부여하기 어려운 바 있지만, 그러나 이 자료의 기사를 이 시기 국제환경의 사정과 비교하여 보면 하나도 이상할 것이 없어 보인다고 하겠다. 즉 渤海에서는 이때 井田法을 시행했다고 하였는데, 이 시기의 中國은 南北朝時期에서 隋·唐代에 이르는 시기로서, 각 王朝는 다소간의 차이가 있기는 하였지만 均田制를 시행하고 있었으며, 日本에서는 渤海와 같은 시기에 약 300년간 班田制를 시행하고 있었다. 그리고 우리나라의 新羅에서도 앞에서 언급한 바와 같이 丁田制를 시행하고 있었다. 말하자면 이 시기의 동아시아 세계 여러 나라들은 帝王的인 齊民의 統治理念과도 관련하여, 각각 그 입지조건에 따라 民에게 土地를 分給하는 政治를 하고 있는 것이었다. 그러므로 滿洲와 沿海州, 그리고 한반도 북부에 걸쳐 大帝國을 건설하고, 中國의 文物制度를 수용하고 있었던 海東盛國 渤海에서 井田法을 시행했다고 하는 것이 이상할 것은 없으며, 그것은 의당 있을 수 있는 일이었다고 생각된다. 오늘날 中國의 渤海史 연구에서 渤海의 土地制度를 國有制였던 것으로 보는 것도 그러한 사정에서 연유하는 것으로 생각된다.[94]

---

94) 王承禮, 前揭書, p. 125, 128.

다만 이 경우 그 井田法의 내용이 어떠한 것이었는지, 이를테면 ① 전 국토를 井井方方으로 구획하여 1區씩을 8家에 分給한다는 것인지, 아니면 ② 전국적으로 井田法을 시행은 하되 農地를 畵方成井하지 않고 다만 頃畝나 結負의 計數로서 每戶마다 授民한다는 것인지, 또는 ③ 전 국토가 아니라 無主田, 荒蕪地, 아니면 새로 확대된 新開發地에 대해서, 勸農政策으로서 새로이 無田農民에게 ②의 방법으로 農地를 分給한다는 것인지, 그것도 아니면 ④ 渤海의 國力이 강성하여 그 영토확장이 절정에 달하는 宣王의 海東盛國시기에, 王京부근의 특정지역을, 屯田을 이루듯이, 新開拓地로서 井井方方으로 구획하고 특정한 사람들에게 分給하였다는 것인지 등의 내용이 분명치 않아서 아쉬울 따름이다. 그러나 그러면서도 井田法을 시행했다고 하는 渤海의 각 地方에는 在地 有力者로서의 支配者層·首領層이 다수 존재하고 있었던 점으로 보아,[95] 그 井田法은 ①, ②의 방법으로써 운영되는 것은 아니었을 것이며, 아마도 ③의 방법으로써 시행되고 운영되는 정도의 것이 아니었을까, 그리고 혹 지극히 한정된 의미에서라면 ④와 같은 井田法의 시행도 가능하지 않았을까 생각된다. 그러나 그 井田法의 租稅를 所出에 대하여 '三十而稅一'한다 하고, 또 그 井田法을 시행한 후에도 窮民에 대하여 勸農政策을 계속 취하고 있었던 점으로서 보면,[96] 그 井田法은 일반 農地가 아니라, 특히 ③과 같은 農地에 대하여 結負制로서 量田을 함으로써 計負授民하는 것이었으리라 짐작된다. 그리고 그럴 경우의 量田은, 앞에서 언급한 바 高句麗의 量田法이 그대로 전승되는 가운데, 이를 통해 자연스럽게 수행되었을 것으로 생각된다.

「王世畧史」에 기록된 宣王代의 井田法이, 논리적으로 볼 때, 結負制를 중심으로 운영되는 것이었다고 보면, 그에 앞서 國初의 高王代에 시행했다고 하는 什一稅, '以田一負 出租三升'케 했다고 하는 結負관계 기술도 크게 거부감을 갖게 하지는 않는다고 하겠다. 이 자료의 結負관계 기술내용은 官僚에게 田·柴를 분급했다고 하는 기술과 함께, 渤海의 그러한 제도를 高麗에서 수용한

---

95) 渤海의 首領에 관해서는 많은 연구가 있으나, 이곳에서는 그 社會的 性格을 종합검토한 바 宋基豪, '渤海 首領의 성격'(『韓國 古代·中世의 支配體制와 農民』, 1997)을 참고할 수 있을 것이다.

96) 「渤海國王世畧史」 景王諱玄錫條.

것인지 아니면 高麗의 그러한 제도를 이 자료의 撰者들이 활용한 것인지는 분
명치 않지만(우리는 政治制度의 명칭과 아울러, 高麗의 收租權 분급제가 新羅의
祿邑 명칭을 취하지 아니하고, 갑자기 전혀 생소한 田柴科 명칭을 칭한 배경에 관
심을 갖지 않을 수 없다), 그러나 역사적으로 보면 濊貊(貊) 古朝鮮 이래의 이
지역의 租稅收取의 전통은, 『孟子』에 貊道(二十而取一)[97]로 표현되어 있는 바
와 같이, 所出의 20분의 1씩을 수취하는 것이었는데, 그 후에인 渤海의 租稅
制度도 이같은 전통의 제도에서 기본적으로 벗어나 있지 않다는 점에서이다.
孟子는 이 貊道를 논하면서 그곳은 北方 地寒한 곳이어서 農業이 발달하지 않
았고 國家機構도 아직 그 규모가 크지 않으므로 租稅를 所出의 20분의 1을
받아도 足하다고 보았으며, 國家가 발전하는 데 따라서는 그 발전 정도에 따
라 國家財政이 커지므로 什一稅를 받아야 하는데, 이것이 이른바 儒敎國家가
이상으로 삼고 있는 標準租稅로서의 堯舜之道이며, 이보다 많으면 桀道(大桀,
小桀), 적으면 貊道(大貊, 小貊)가 되는 것이라고 말하고 있었다.[98] 그런데 이
같은 기준에서 보면 渤海는 건국과 더불어 桀道로까지 가 있었던 租稅制度를
堯舜之道로 회복하고, 아마도 新開發地域에 井田法을 시행하였던 곳에 대해
서는 農業開發 勸農政策의 차원에서 貊道를 쓰되, 그것도 大貊의 방법으로서
租稅를 징수하고 있는 것이었다고 하겠다. 그러므로 「王世畧史」에 기술된 租
率관계 사실은 文獻資料上의 典據를 요구하는 입장에서는 의문의 여지가 많
지만, 이같이 濊貊 古朝鮮 이래의 租率의 전통이라고 하는 거시적인 흐름에서
보면 조금도 부자연스러운 바가 없는 것이라고 하겠으며, 그뿐만 아니라 그같
이 所出의 몇 분의 1씩을 租稅로서 징수하기 위해서는, 頃畝法보다 結負制를
택하는 것이 편리하며, 그러한 점에서 高句麗나 그 계승국인 渤海에서 結負制
를 채택하고 있었다는 사실은 오히려 자연스러운 일이었다고 하겠다.

　이같이 우리는 거시적인 안목에서 高句麗·渤海 지역에서 結負制가 시행되
었으리라고 보는 것이지만, 그러한 사정은 結負制의 단위인 結·負·束·把의 우
리말 명칭, 특히 結의 명칭을 통해서도 살필 수 있다. 結負制의 단위는 앞에서
언급한 바와 같이, 우리말 명칭이 把는 한 줌·한 밤, 束은 한 뭇, 負는 한 짐,

---

97) 註 28) 原文 참조.
98) 同 上.

結은 한 먹·한 멱·한 목(지방에 따라서 발음이 조금씩 다르다)으로 표시되는 것
으로, 穀物所出의 數量을 나타내는 것이었다. 그런데 여기서 把, 束, 負가 각
각 한 줌·한 발, 한 뭇, 한 짐임은 그 뜻이 量을 나타내는 漢字의 뜻과 같아서
쉽게 이해가 가지만, 結이 한 먹·한 멱·한 목을 나타내는 漢字 표시라고 할
때 양자는 얼른 연결이 되지 않는다. 구태여 양자를 연결시킨다면, 結은 사전
적인 지식에만 의하더라도 字意上(『禮記』) 收斂, 收聚의 뜻이 있으므로,[99] 結·
負·束·把의 단위에서 結은 所出量 한 먹·한 멱·한 목에 해당하는 租稅를 收聚
하는 단위가 된다고 하겠다. 結負制에서의 結의 명칭 용어는 이같은 의미에서
발생한 것으로 생각된다.

  그렇다면 한 먹·한 멱·한 목은 얼마나 되는 數量을 뜻할까 하는 것이 궁금한
데, 이는 結負制에서의 結이 實積 萬把임과도 관련하여, 万(만)이라고 하는 漢
字의 數詞가 들어오기 전, 古朝鮮·夫餘(扶餘)·高句麗 등 지역에서 쓰고 있었던
萬에 해당하는 數詞이었을 것으로 생각된다. 그리고 그것은 古朝鮮·夫餘·高句
麗 지역과 인접해서 遼西 지역에 살면서 夫餘·高句麗와는 맞수로서 교류도 하
고 전쟁도 하고 있었던 鮮卑族[100]의 用語에서 온 것으로 생각된다. 鮮卑族에서
는 萬을 墨(묵), 木(목)으로 부르고 있었다.[101] 주지하는 바와 같이, 우리의 古
語에는 우리 고유의 數詞가 一, 十, 百, 千(하나, 열, 온, 즈믄)까지만 있었다.
이 점은 中國도 마찬가지여서, 中國人들은 數詞 萬에 해당하는 말을 十千으로
표시하고, 이것이 불편하므로 萬(蟲名)자를 빌려 쓰게 되었는데, 唐人에 이르
러서는 漢字의 數詞로서 전용의 万(만)字를 만들어 쓰게 되었었다.[102] 그러므

---

 99) 『中文大辭典』 7, 結字項, p. 349.
100) 『三國志』 卷 30, 「魏書」 30, 烏丸 鮮卑 東夷傳. 이 시기의 鮮卑族의 동향에 관해서는
    다음의 논저를 참조할 필요가 있다.
    崔棟, 『朝鮮上古民族史』, 1969. p. 658, pp. 736~750.
    池培善, 『慕容燕의 中國化政策과 對外關係』, 延世大 大學院, 1986.
    朴漢濟, 『中國中世胡漢體制硏究』, 1988.
    '胡漢體制의 展開와 그 構造'(『講座 中國史』 2, 1989).
101) 『中文大辭典』 1, 万字項, p. 302.
    鮮卑族에는 萬俟部落이 있고, 그곳에 사는 사람들은 萬俟氏라고 하였는데, 鮮卑族
    에서는 그 萬俟氏를 墨基(묵기), 木基(목기)氏로 부르고 있었다. 萬字가 묵·목으로
    발음되고 있는 것이었다.
102) 『說文解字注』 14篇 下, 萬字項, 學海出版社本, 1982. p. 746.

로 우리나라에서는 이 새로운 數詞로서의 万字가 들어오기 전까지는, 數詞 萬
이 빌려온 萬(蟲名)字로서 통용되고, 그것은 鮮卑語에서 쓰이던 萬을 뜻하는
묵·목의 발음으로 통용되었을 것이다. 뿐만 아니라 이 묵·목은 우리의 言語
數詞로 되고, 中國에서는 漢字의 數詞 万字가 만들어진 후에도 數를 뜻하는
萬字는 万字와 더불어 共用되고 있었으므로, 묵·목이 어떤 사물의 고유명사에
활용되어 그것이 명사로서 정착하였을 경우, 그 명사는 그 후에도 그대로 통용
되었을 것으로 생각된다.[103] 그리고 이 묵·목은 지방에 따라 그 지방의 방언과
도 연결되는 가운데, 먹·멱 그리고 그 밖의 이와 비슷한 발음으로도 통용되었
을 것이다. 結과 먹·멱·목과의 관계를 이같이 정리하고 보면, 이 용어가 통용
되었을 古朝鮮·夫餘·高句麗·渤海 지역에서, 그러한 단위를 갖는 結負制의 租
稅制度가 제도화되는 것은 자연스러운 일이었을 것으로 생각된다.

4. 高麗時期의 結負制

租稅制度의 측면에서 볼 때, 新羅는 앞에서 언급한 바와 같이, 그 租稅體系
의 모순을 극복하지 못함으로써 망하게 되었으며, 이를 이어서 다음 단계의
中世封建國家로 등장하게 되는 것은 泰封에서 起身하여 後三國을 統一한 高
麗王朝였다. 그러므로 高麗가 後三國의 亂世 속에서 그것을 통합하는 가운데,
그 체제를 확립하고 발전하기 위해서는 官僚體系, 科擧制度를 새롭게 정립함
과 아울러 田柴科·功蔭田柴 등 일련의 土地制度를 제정함으로써, 地方에 할거
하면서 後三國 變亂의 주체가 되고 있었던 支配勢力을 國王 지배하의 官僚體
系에 흡수하지 않으면 아니되었다. 그리고 그러기 위해서는 新羅末·後三國時
期의 租稅制度의 대혼란을 수습하는 가운데, 土地制度·租稅制度의 기초가 되
는 結負制를 합리적 체계로 재조정하고 개혁하지 않으면 아니되었다. 그것은
바로 集權的 封建制의 원활한 운영을 위한 土地政策·農業政策의 문제이기도
하였다. 그러나 이같은 일은 일시적 事業으로서 완결될 수 있는 일이 아니었

---

103) 拙稿, '高麗前期의 田品制'(『韓㳂劤博士停年紀念 史學論叢』, 1981 ; 本書 所收),
　　　註 49) 참조.

고, 그러한 事業으로서 어떤 제도를 확립하였다 하더라도 그것이 불변의 제도
로서 고정될 수 있는 일도 아니었다. 그러므로 高麗前期에는 政治情勢의 변
동, 土地制度 운영상에서의 모순문제와도 관련하여, 그 전기간에 걸쳐, 結負
量田制를 재삼 조정하고 개혁하는 사업을 수행하지 않으면 아니되었다.

1) 高麗 結負制의 成立

高麗國家에서 租稅制度의 혼란을 수습하는 일은 泰封王 弓裔 휘하의 將軍
이었던 王建이 高麗國家를 세우고 國王(太祖)으로 즉위하면서부터 시작되었
다. 당시 泰封에서는 그 國王 弓裔가 종전의 제도를 지키지 아니하고 수탈적
인 誅求를 함으로써, 租稅는 1頃(結)에 6碩(石) 管驛戶의 賦는 絲 3束에나 달
하여, 民이 輟耕廢織하고 流亡하기에 이르고 있었는데, 高麗太祖 王建이 이같
은 수탈적인 租稅收取를 금하고 '舊制' '舊法' '天下通法'으로서 收稅할 것을 命
하고 있었음은 그것이다.[104] 여기서 舊制, 舊法은 新羅의 제도를 말하고, 天
下通法은 儒教經典의 말씀에 따라 儒教國家라면 공통적으로 시행하게 되는
표준적 租稅制度, 堯舜之道를 말하는 것으로서, 구체적으로는 什一制를 시행
해야 한다는 것이었다.[105] 그리고 여기서는 이때의 租稅制度의 혼란을 泰封에
관해서만 말하였지만, 그것은 高麗太祖의 즉위 초에는 아직 그가 後三國 전체
를 통일하지 못하고 있었던 까닭이었다. 그러한 사정은 後百濟나 新羅의 어느
경우에도 마찬가지였으며, 따라서 후대의 記錄에는 그가 後三國 전체를 통일
한 후에는 그 전 지역에 대하여 이 조치를 확대 실시하게 됨으로써, 전국의
百姓들은 10분의 1稅로서의 1結(頃) 30斗 2石의 租稅를 수납하게 되었음을
지적하고 있었다.[106]

그러나 羅末麗初의 租稅制度 운영상의 혼란은 이같은 정도의 대책만으로써
해결될 수 있는 일이 아니었다. 그것은 좀더 근본적으로는 租稅制度의 기초가
되는 이 시기의 結負制에 문제가 있는 데서 오는 것이기도 한 까닭이었다. 우

---

104) 註 85) 참조.
105) 註 28) 原文 참조.
106) 註 85) ② 자료 참조.
    金載名, '高麗時代 什一租에 관한 一考察'(『淸溪史學』 2, 1985).

리나라의 租稅制度는 단순히 農地의 넓고 좁음에 따라 租稅의 많고 적음이 결
정되는 것이 아니라, 穀物의 所出과 地積을 결합시킨 위에서 結負·稅額을 정
해주는 것이기 때문에, 租稅收取상의 혼란은 무조건적인 수탈에서 발생할 수
도 있지만, 좀더 근원적으로는 結負制의 이같은 구조에서 연유하는 바가 더
큰 이유가 될 수 있었다. 가령 弓裔가 어떤 農地 1結에서 租 2石을 받아야 할
것을 그 3倍인 6石을 받았다면, 그것은 그 農地가 실제로는 1結밖에 안 되는
데도 3結로 파악하여 3結의 租稅를 징수하였다는 것으로, 이런 경우의 租稅收
奪은 農地를 파악하는 結負 量田制에 불합리가 있었던 데서 연유하는 것으로
볼 수 있다는 것이다. 아마도 이러한 租稅收取의 현상은 지역에 따라 정도의
차이는 있었겠지만, 新羅末年의 租稅制度는 전반적으로 이러한 불합리한 結負
量田制의 農地 파악을 기초로 하여 운영되고 있었던 것으로 생각된다. 그러므
로 이 시기의 政府에서 그 租稅制度의 혼란을 수습하기 위해서는, 그 수탈을
막아야 하는 것은 말할 것도 없지만, 동시에 그 기반으로서의 結負 量田制를
합리적이고 공정한 租稅收取의 기반이 되도록 개혁하지 않으면 아니되었다.
다시 말하면 租稅制度의 혼란은 근본적으로 農地의 實積과 所出을 정확히 파
악하지 못하고, 그 肥瘠을 공정하게 파악하여 거기에 합당한 田品 稅額을 정해
주지 못하는 데서 발생하므로, 그 혼란을 근원적으로 차단 수습하기 위해서는,
이같은 기초적인 문제가 합리적으로 조정되고 개혁되지 않으면 아니되었다.
租稅制度의 수습문제는 결국 結負 量田制의 調整 改革의 문제였다. 그리하여
이 시기의 高麗國家에서는 租稅制度의 혼란을 수습하기 위하여, 더욱 합리적
이고 공정한 結負 量田制를 마련하지 않으면 아니되었고, 이를 통해서 全國의
農地를 새로이 量田하고 田品과 稅額을 적절히 정해주지 않으면 아니되었다.

　더욱이 이때에는 集權的 封建國家의 官僚制 운영과 관련하여 田柴科·功蔭田
柴 등 일련의 '私田' 分給制·收租權 分給制가 제정되어 있었으므로, 이를 원만
하게 운영하기 위해서도 公正한 量田事業이 필수 불가결하였다. '私田' 分給制,
收租權 分給制는 新羅의 祿邑制와 마찬가지로, 高麗國家가 兩班支配層과의 유
대, 협력을 통해서 國家를 건설, 유지해나가고 있는 데 대한 대가, 반대급부로
서, 그들 兩班官僚層 및 支配層에게 그 身分·官等에 상응할 만큼 國家의 租稅
徵收權을 分給 또는 免租하는 제도였다. 그러므로 이러한 제도를 시행하는 高

麗國家에서는, 收租權 分給을 항상 제도적으로 公平無私하게 운영하고, 그러기 위해서는 收租地의 結負制를 항상 공정하게 유지할 수 있어야만 하였다. 그렇지 못할 경우에는 兩班官僚層, 支配層 및 農民層의 불만을 초래하게 되고, 그것은 後三國時期의 혼란과 같은 위기상황을 재현시킬 수도 있었다. 그러한 점에서 이 시기에 제기되는 結負 量田制의 재조정과 개혁은 지극히 중요한 문제였으며, 따라서 이를 위해서는 세세한 量田規程을 마련하지 않으면 아니 되었다.

(1) 把 단위 結負制에서 步 단위 結負制로의 轉換

結負 量田制의 재조정과 개혁을 위한 量田規程에서 먼저 들어야 할 것은, 量田을 위한 대원칙, 즉 量田原則을 일부 재조정하고 개혁하는 문제였다. 高麗國家에서는 그것을 所出 중심의 結負制, 把 단위의 所出 중심 結負制를, 所出을 염두에 두기는 하지만 '步' 단위의 地積 중심 結負制로 전환시키는 것으로 變通하고 있었다. 이는 三國時期 이래의 量田原則을 획기적으로 전환시키는 것이었다. 그리고 이는 農地에 대한 結負 量田制를, 新羅의 그것에서 볼 수 있었던 바 두 가지 원칙에 입각한 量田方式을, 하나의 방식으로 통합하는 가운데 마련하는 것이기도 하였다. 즉 新羅에서는 「新羅帳籍」에서 볼 수 있었던 바와 같이, 村落·住居地域은 高麗尺에 기초한 '地周 몇 步'로 測地하고(沙害漸村 地周 5,725步, 薩下知村 地周 12,830步), 農地·農作地域은 把·발·尋을 量田尺으로 한 '田畓 몇 結 몇 負 몇 束'으로 量田하고(沙害漸村 合畓 102結 2負 4束, 合田 62結 10負 5束, 合麻田 1結 9負) 있었는데, 高麗의 結負 量田制에서는, 步와 結負束으로 각각 별개로 量田하던 이 두 원칙을 하나로 통합하여, 다음에 보는 바와 같이, '方 33步 1結'의 원칙으로서 量田을 하는 가운데 結負가 算出되도록 하는 새로운 원칙, 새로운 量田方式을 마련하고 있었다.

    田一結 方三十三步[107]

───────────────
107) 註 110)의 原文 참조.
   高麗初期의 量田規程 量田法의 變動이 언제 어떠한 계기에서 마련되었는지, 그리고 그것이 이때 마련된 것인지 아니면 新羅統一期에 이미 그렇게 변동하였던 것인지, 이 시기의 史書에서는 그 정확한 경위를 기록하고 있지 않다. 그러므로 이곳에서는 이때의 變動을 우선은 자료에 보이는 그대로 이 시점에서의 사정으로 보고자 한다. 그리고 이때의 이러한 變動이 단순히 高麗가 新羅의 制度를 계승하는 연장선

이는 結負制라고 하는 대원칙은 그대로 유지하면서도, 종전의 結負制에서 '方 100把=10,000平方把=1結'로서 그 地積을 파악하던 원칙, 즉 把·발·尋의 量田尺으로 파악한 農地 實積이 곧 所出 稅額으로서의 結·負·束·把가 되게 하였던 원칙을 버리고, 이제는 일반 尺度(여기서는 周尺 — 註 108 참조)로서 造成한 量田尺과 그 '步'(길이)로서 파악한 '方 33步'(1,089平方步)의 農地 實積을 1結(대략 17,080坪이 된다)로 하고, 이로써 일정한 계산을 거치는 가운데 所出 稅額으로서의 結·負·束·把가 나오도록 하는 것이었다. 다시 말하면 이는 結負制라고 하는 대원칙 안에서, '把·발·尋' 단위 結負制, 所出 중심 結負制를 '步' 단위 結負制, 地積 중심 結負制로 전환시키려는 것이었으며, 따라서 그것은 종래의 量田制가 일정하게 변동하는 것이 아닐 수 없었다.

그러면 어찌하여 이같은 전환이 필요하였을까. 그것은 단적으로 이 시기의 租稅制度 改革과도 관련하여, 종전의 結負制를 가지고서는, 京畿道 北部, 江原道 北部, 黃海道地域 그리고 새로 통합하게 되는 渤海 영역의 平安道, 咸鏡道 南端 등 척박한 지역까지도 고려한 租稅制度의 改革이 되기 어렵다고 민딘한 데서였을 것으로 생각된다. 弓裔의 泰封이나 王建의 高麗는 모두 이같은 지역에서 일어나고 또 여기에 근거하고 있었으므로, 그 國初의 改革過程은 결국 그곳 중심으로 시행될 수밖에 없었는데, 이 지역들은 新羅의 중심지역인 慶尙道나 全羅道와는 달리 그 農地가 매우 척박하였으므로 — 韓末에도 南部지방과 北部지방의 結 實積은 근 2倍差나 되고 있었다(本稿 말미의 〈附表 2〉참조) — 아무래도 慶尙道·全羅道 중심으로 마련되었을 新羅의 종전 結負 量田制 그 '把·발·尋'의 量田尺으로서는, 이 지역의 農地를 공정하게 量田하기가 어려웠으리라 생각되는 것이다. 일정한 所出을 전제로 하고, 農地가 척박해서 結의 實積이 넓어지도록 量田하려면, 把 단위 量田尺이 길어져야만 하기 때문이었다. 더욱이 常耕田과 歲易田·代田까지도 모두 일괄해서 같은 結로서 파악하고자 할 때

상에서 있었던 변동이었는지, 아니면 高麗國家의 發祥地의 地理的 조건(泰封·震 지역, 渤海 南端의 接境지역)이나 그 高句麗 繼承意識과도 관련하여, 高句麗 渤海계통의 制度를 수용하는 데서 오는 변동이었는지도 분명하지 않다. 그러나 高麗國家의 이때의 政治制度가 新羅의 그것과는 名稱상으로 크게 차이가 나고 있었던 점을 고려하면, 이 시기 高麗의 渤海관계와도 관련하여, 高麗는 唐의 制度를 수용하면서도, 그것을 渤海의 制度와도 대비하는 가운데 수용하였던 것이 아닐까 유의하게 된다.

에는, 종전의 把 단위 量田尺에 의한 量田은 더욱 불편하지 않을 수 없었다.

高麗國家에서는 결국 이같은 문제를 해결하기 위하여, 이를 結負 量田制의 개혁문제로 보고 이에 관한 많은 연구를 하였으며, 그 결과 종래의 結負 量田 制를 앞에서와 같이 근원적으로 개혁하고, 획기적으로 전환시킬 발상을 하게 되었던 것으로 생각된다. 그리하여 國初에 太祖王建이 賦稅를 輕減하였던 政策理念에 따라, 종전의 結負制에서보다도 한편으로는 그 結 實積이 늘어나게 도 하고, 다른 한편으로는 이를 축소케도 하는 조정작업을 거치는 가운데, 마침내 '田 1結 方 33步'의 원칙을 마련하였던 것이라고 하겠다. 물론 이 경우 '方 33步=1,089平方步'의 農地가 1結이 된다고 한 것은, 아마도 朝鮮初期의 경우와 마찬가지로, 高麗가 건국하고 또 근거하고 있는 지역의 일정한 곳에서 1結의 所出과 稅額이 나올 수 있는 農地實積을 作況調査를 통해서 미리 확보해 놓고, 이를 開平하여 그 一邊이 33步가 되고 그 地積이 1,089平方步가 되게 하였을 것으로 사료된다. 그러나 그렇다 하더라도 왜 하필 '33'인가 하는 것은 의문일 수 있는데, 이것이 우연이 아니라면 이 시기는 佛敎時代였으므로 이는 혹 觀世音菩薩의 救度衆生의 思想 '33身'과 관계가 있지 않았을까 생각되기도 한다. 그리고 이 경우 '方 33步'의 步는 高麗에서는 墓域을 測地하는데 周尺을 이용하고 있었던 점으로 보아,[108] 뒤에서 언급하게 되는 바와 같이 周尺을 基準尺으로 한 특별한 尺度로서의 步였을 것으로 생각된다. 그러나 이같이 새로운 量田의 원칙이 마련되었다 하더라도 그것이 제도적으로 일시에 정착할 수 있는 것은 아니었으며, 따라서 高麗에서는 이 밖에도 이와 관련되는 여러 가지 量田規程을 마련하는 가운데, 量田을 國家的 大事業으로서 장기간에 걸쳐 지속적으로 수행해나가지 않으면 아니되었다.

(2) 量田尺

量田에 관한 규정으로서 다음으로 들 수 있는 것은, 이 시기의 結負 量田制

---

108) 『太宗實錄』 卷 7, 太宗 4年 3月 庚午, 1冊, p. 292에는 高麗 文宗朝의 "墳墓禁限步數"가 그대로 수록되어 있는데, 이때 이용되고 있는 尺度는 周尺이었다.
　　命禮曹 詳定各品及庶人墳墓禁限步數 一品墓地方九十步 四面各四十五步 二品方八十步 三品方七十步 四品方六十步 五品方五十步 六品方四十步 七品至九品方三十步 庶人方五步 已上步數竝用周尺 標內田柴火焚 一皆禁止 用前朝文王三十七年也

를 이해하는 데 관건이 될 수 있는 量田 '步尺'을 量田步數 '方 33步＝1結'의 원칙과 함께 마련하고 있는 일이었다. 이에 앞선 시기에는 結負 量田制가 '方 100把(발·尋)＝1結'의 원칙이었는데, 이 시기에 이르러서는 이같이 그 結을 파악하기 위한 방법, 즉 量田法에 적지 않은 변동이 오고 있는 것이었다. 이같은 변동은 기록상으로는 文宗 23년(1069)의 일로서, 이 기록에 따르는 한 이 制度, 이 規程은 이때에 비로소 마련되었던 것으로 이해할 수 있다. 그러나 이 경우 이같은 規程이 이때에 처음으로 마련되고 있는 것은 아니었으며, 國初부터도 이미 이 규정의 내용과 동일한 원칙으로 量田을 하고 結負를 파악하고 있었다. 그것은 光宗 6, 7년(955, 956)에 있었던 量田의 원칙이 이미 그러하였던 점에서 그와 같이 이해할 수 있다.[109] 그럼에도 불구하고 그 후 110여 年이 지난 文宗朝에 이르러서 이러한 규정이 다시 法으로 제정, 반포되고 있었음은 무엇 때문이었을까. 그것은 그 동안 官僚制度, 租稅制度 및 田柴科 功蔭田柴 등의 收租權 分給制度가 마련 정비되는 가운데, 量田에 관한 規程이 다시 한번 재정비될 필요가 있었던 까닭이라고 생각된다. 그 규정의 전문은 다음과 같거니와, 이곳에서는 우선 量田尺의 문제를 살피기로 하겠다.

　　文宗二十三年 定量田步數 田二(一의 誤)結方三十三步〈六寸爲一分 十分爲一尺 六尺爲一步〉 二結方四十七步 三結方五十七步三分 四結方六十六步 五結方七十三步 八分 六結方八十步八分 七結方八十七步四分 八結方九十步七分 九結方九十九步 十結方一百四步三分[110]

이 자료는 量田을 할 때, '1結은 方 33步로 한다'고 한 데서 알 수 있듯이, '步'의 길이로서 量田을 하고, 1結에서 10結에 이르는 田畓의 넓이를 '方 몇 步'의 步數로서 정해주되, 그 步의 길이가 분명해야 하였으므로, 〈　〉안의 細

---

109) 光宗 6, 7년에 量田이 있었음은 「若木郡淨兜寺石塔造成記」를 통해서 알 수 있다. 그 뿐만 아니라 여기에는 量田帳籍에서 2筆지의 田에 관한 기록이 발췌 수록되어 있어서, 이때의 量田方式도 이해할 수 있다. 이 文書 전체의 解讀은 다음의 논문에 소상하다.
　前間恭作, '若木郡石塔記의 解讀(『東洋學報』 15-3, 1926).
　武田幸男, '淨兜寺五層石塔形止記의 硏究(『朝鮮學報』 25, 1962).
110) 『高麗史』 卷 78, 食貨 1, 經理, p. 706.
　＊〈　〉안의 문장은 步를 설명하는 雙行의 細註이다.

註로서 步의 尺度를 규정하고 있는 것이었다. 그러므로 이 규정이 정확하여서
누구나가 이를 공통된 의견으로서 읽을 수 있다면, 우리나라의 이때의 結負制
는 여기에 비로소 그 길이가 분명한 尺度로 農地를 실측함으로써, 그 結 實積
이 밝혀지게 되는 것이었다고 하겠다. 그러나 이 경우 당시의 政府에서는 이
尺度의 규정을 누구나가 납득할 만큼 분명하게 표현하고 있는 것이 아니었다.
혹 당시로서는 만인이 이를 공통되게 이해할 수 있었는지 모르지만, 後代人의
입장에서 보면 분명치 않은 점이 한두 가지가 아니었다.[111] 사실 이때의 結은
이 步의 尺數를 어떻게 파악하느냐에 따라, 그 實積이 정확하게 드러날 수도
있고 그렇지 못할 수도 있으며, 또 그 實積의 넓고 좁음이 여러 가지로 다르게
드러날 수도 있는 것이었는데, 이 細註의 문장은 논자에 따라 步의 尺數를 얼
마든지 다르게 파악할 수 있도록 하는 바가 있었다. 뿐만 아니라 그 문장, 量
田步數를 정하기 위하여 마련한 이 尺度規程에는, 논리적으로 볼 때 불명확한
바도 있어서, 어느 부분엔가 誤字·誤植이 있거나 서술상에 착오가 있는 것으
로 이해되고도 있다. 그러므로 우리 학계에서는 아직 이때의 結의 實積에 관
하여 일치된 견해를 내놓지 못하고 있는 실정이라고 하겠다. 우리는 그러한
연구동향을 아래와 같이 첫째 說,[112] 둘째 說,[113] 셋째 說,[114] 넷째 說[115] 등 몇

---

111) 그러한 점은 여러 가지 들 수 있다. ① 맨 앞 '六寸爲一分'할 때의 6寸은 基準尺의
   6寸일 터인데, 그 基準尺이 周尺, 指尺, 唐大尺(營造尺), 高麗尺, 布帛尺, 量田尺 등
   여러 尺度 중에서 어떠한 尺度인지 분명치 않다. ② 맨 뒤 '六尺爲一步'할 때의 6尺이
   그 앞 '十分爲一尺'에서 말하는 尺의 6尺인지, 또는 맨 앞 '六寸爲一分'에서 말하는
   基準尺의 6尺인지 분명치 않다. ③ 分 單位의 용법이 尺度 일반에서의 單位서차가
   '尺 寸 分 釐'일 때의 分과 달라서, 여기서는 특정한 의미를 지닌 단위로 보아야 하겠
   으나, 그것이 분명하게 설명되고 있지 않아서 혼란을 일으키게 한다. ④ 步의 單位
   가 일반적인 尺度에서의 步, 이를테면 周尺 營造尺을 이용할 때, 周尺 6尺을 步로
   한다든가 營造尺 5尺을 步로 하는 것과 달라서, 여기서는 특정한 尺의 步일 것으로
   생각되나, 구체적인 설명이 없어서 혼란을 일으키게 한다.
112) 위 量田規程의 細註〈六寸爲一分 十分爲一尺 六尺爲一步〉에서, 자료상의 表現을
   그대로 인정하고, 여기에 어떤 不合理가 있다고는 생각하지 않으며(基準尺 6寸으로
   서 1分을 삼고, 그 10分으로서 量田할 때 쓸 量田尺 1尺을 삼으며, 이 量田尺 6尺으
   로서 1步가 되게 한다), 그 基準尺은 당시 國家 社會에서 일반적으로 이용하고 있었
   던 周尺으로 봄으로써, 步의 尺數와 結 實積을 파악하고 있는 견해이다. 이 경우 周
   尺을 약 20cm 정도로 보면 그 結 實積은 약 17,080坪이 된다.
   白南雲, 前揭書, pp. 153~154.
   李丙燾,『韓國史』中世篇, 1961, p. 162.

몇 견해로 정리할 수가 있다.

이같이 이 시기의 結負制에 관한 연구동향을 정리하고 보면, 그 結 實積 파

金容燮, '高麗時期의 量田制'(『東方學志』16, 1975 ; 本書 소수) 등 참조.

113) 위 規程의 細註에서 그 表現은 그대로 인정하지만, 基準尺을 周尺으로 볼 경우 그 結 實積이 너무 크다는 점에서, 그것을 길이 미상의 '高麗의 獨特한 尺度'일 것으로 추정하고, 그 結 實積은 『高麗圖經』의 數值를 통해서 파악하는 견해이다. 그럴 경우 그 結 實積은 6,800坪 이하로 내려가지 않는 것으로 본다.
　　姜晉哲, 『高麗土地制度史硏究』, pp. 370~373 참조.

114) 이때의 量田法은 高麗末年의 그것과 기본적으로 같다는 전제하에, 위의 細註〈六寸爲一分 十分爲一尺 六尺爲一步〉에서, 중간 句節 '十分爲一尺'에는 錯誤가 있는 것으로 보고, 이를 ①'十分爲六尺', 또는 ②'十分爲一步', 아니면 ③'十寸爲一尺'으로 고쳐 파악해야 하며, 이때 제3句節은 앞의 사항을 중복 설명하는 것으로 보는 견해이다. 그 基準尺은 논자에 따라 달라서 布帛尺(a, d 논문), 指尺·周尺(b, c 논문), 기타 등으로 보며, 따라서 步의 尺數와 結 實積이 각각 다르게 파악되는데, 이같이 보면 그 結 實積은 3,719~4,184坪(a 논문), 3,550±200坪(d 논문), 1,998.2~4,674.3坪(b, c 논문) 등등이 된다. 이때 이 b 논문에서는 文宗朝의 量田制에서도, 麗末의 量田制에서와 마찬가지로, 이미 隨等異尺制가 시행되고 있었던 것으로 추정하는 것이 특징이다. 이때 e 浜中昇 씨의 경우는 중간 句節을 ①과 같이 고쳐야 할 것으로 말하였으나, 그 基準尺의 종류가 어떠한 것인지는 언급하지 않았다. 이러한 경향의 연구와는 달리, 1等田을 중심으로 그 結 實積을 구함으로써, 우리나라의 結 實積은 新羅 高麗前期 高麗後期 朝鮮初期 朝鮮後期의 전시기에 걸쳐 모두 同 一하였던 것으로 보는 見解도 있다. 이 경우 그 結 實積은 38畝(약 2760坪 ─〈表 4〉참조) 내외가 된다고 한다(f 논문).
　　a. 朴時亨, 前揭論文, pp. 103~104, 117~118, p. 147.
　　b. 朴興秀, '新羅 및 高麗의 量田法에 關하여'(『度量衡과 國樂論叢』, 1980).
　　c. 宮嶋博史, '朝鮮農業史上에서의 15世紀'(『朝鮮史叢』3, 1980).
　　d. 兼若逸之, 『高麗史』「方三十三步」및 『高麗圖經』「每一百五十步」의 面積에 대하여'(『孫寶基博士停年紀念 韓國史學論叢』, 1988).
　　e. 浜中昇, '高麗前期의 量田制에 대하여'(『朝鮮古代의 經濟와 社會』, 1986).
　　f. 金載珍, '田結制 硏究'(『慶北大 論文集』2, 1958).

115) 위 細註의 문장〈六寸爲一分 十分爲一尺, 六尺爲一步〉에서, 字句上의 착오는 없으되, 제3句節은 제1, 2句節을 재설명하는 것으로 보며, 그 基準尺을 高麗尺(g 논문), 東魏尺, 唐大尺(h 논문) 등등으로 봄으로써, 步의 尺數와 結 實積을 파악하는 견해이다. 이 연구에서는 新羅·高麗時期의 度量衡制度 전반을 검토하는 가운데, 農地의 結負制와 관련되는 다른 자료들을 또한 면밀히 비교 검토함으로써, 그 結 實積을 1,500坪 내외(g 논문), 1,050~1,500坪 정도로(h 논문) 산출한다.
　　g. 呂恩暎, '高麗時代의 量田制'(『嶠南史學』2, 1986).
　　　金潤坤, '羅·麗 郡縣民 收取體系와 結負制度'(『民族文化論叢』9, 1988).
　　h. 李宇泰, '新羅時代의 結負制'(『泰東古典硏究』5, 1989).
　　　'新羅의 量田制'(『國史館論叢』37, 1992).

악에 관한 견해는 실로 다양한 바 있다고 하겠다. 그것은 우리나라의 結 實積
을 高麗初에서 高麗末, 朝鮮時期에 걸치면서 계속 大縮小, 小縮小의 과정을
거치는 것(첫째), 縮小·擴大의 과정을 거치는 것(둘째), 동일 實積의 持續 擴
大의 과정을 거치는 것(셋째), 小擴大·大擴大의 과정을 거치는 것(넷째) 등으
로 이해하는 것이었다고 하겠다. 그런 가운데 필자로서도 註 112)의 論文에
서 이때의 이 규정과 그 細註에 관하여 필자 나름의 견해를 피력한 바 있다.
필자는 여기에서 量地尺度는 時代를 따라 변동한다는 전제하에, 量田尺度에
관한 이 규정과 細註를 거기에 표현된 내용을 그대로 인정하고, 高麗時期에도
기본이 되는 尺度는 周尺이라고 보는 데서(註 108 참조), 이 細註에서의 基準
尺을 周尺으로 보는 가운데, 이 時期 結負制를 細註의 표현 그대로 이해하고
자 하는 첫째의 견해와 의견을 같이하였다. 필자의 생각으로는 설혹 거기에
문제가 있다 하더라도, 그러한 전제하에서 그 문제를 풀어나가야 할 것으로
보고 있다. 그것은 다음과 같은 몇 가지 이유에서이다.

　첫째는 量田의 方法 문제로서, 이 量田規程에 의거하여 量田을 한다고 할
때, 量田의 방법상 하등 불합리하다거나 부자연스러운 점이 없다는 점이다.
이 규정에서는 量田이 있을 때 동원되는 尺度로서 特殊尺인 '步'를 들고, 이것
을 만드는 방법으로서 규정의 細註에서 基準尺·量田尺 등을 언급하고 있는데,
量田事業을 기획하고 시행하기 위해서는 실제로 이같은 尺度가 필요하였다.
그것은 뒤에 상론하게 될 高麗後期의 量田規程(註 136의 A, 〈表 3〉A 참조)이
나 朝鮮初期의 量田事目을 통해서, 당시의 量田事業이 구체적으로 어떻게 진
행되었는지를 살핌으로써 확인할 수 있다. 高麗後期의 量田規程은 高麗前期
의 그것을 개혁하여 마련한 것이었으며, 따라서 그것은 前期의 것에 비하여
많은 변화가 있었음에도 불구하고, 步尺을 운용하여 量田을 하게 되는 방법에
는 기본적으로 변화가 없었다. 즉 基準尺(이때에는 指尺) 몇 尺으로서 量田尺
을 마련하고, 이 量田尺 몇 尺으로서 步尺을 마련하며, 실제로 量田을 할 때에
는 이 步尺을 가지고 '方 33步＝1結'이 되도록 하는 것이었다. 다만 이 경우
基準尺 몇 尺으로서 量田尺을 마련하였는가 하는 점이 다를 뿐이었다. 그리고
朝鮮初期 頃畝法에 의한 量田時의 量田事目에 따르면, 量田事業은 그에 앞서
基準尺(이때에는 周尺)으로서 量田尺을 만들고, 이 量田尺으로 高麗時期의 步

尺에 해당하는 일정한 규격의 '量繩'을 만들며, 들에서 실제로 量田을 할 때는 이 量繩을 이용하여 측량을 하고 있었다.[116]

量田의 실제를 이같이 살피면 그 방법은 高麗初期에도 마찬가지였을 것으로 생각한다. 高麗初期에도 量田을 할 때 尺度의 기본이 되는 것은 基準尺과 量田尺이지만, 실제로 넓은 田野에서 田畓을 측량할 때 활용하는 것은 한 발 (1把)밖에 되지 않는 量田尺이 아니라, 高麗後期의 步尺이나 朝鮮初期와 같이 '量繩'에 해당하는 긴 밧줄을 十等分 표시하여 만든 特殊尺(步)이었을 것으로 보아야 하겠다. 그리고 혹 작은 땅이나 자투리 땅, 즉 步外餘數가 있을 경우에 는 朝鮮初期와 마찬가지로 이를 量田尺으로 측량하였을 것이다. 다시 말하면 넓은 들에서의 田畓에 대한 실제의 量田은, 量田尺을 가지고 긴 밧줄(繩)을 일정한 길이로(量田尺의 10분의 6, 즉 6분이 特殊尺의 10분의 1, 즉 1分이 되 게) 재서 일정한 규격의 特殊尺(步)을 만들고, 이를 두 사람(步使令)이 양쪽 끝에서 잡고 당기는(引繩) 가운데 측량을 하였을 것으로 볼 수 있겠다. 이러한 量田방식은 오랜 전통에 의한 것으로 보아야 하겠으며, 따라서 그 후 朝鮮後 期끼지도 그대로 계속되고 있었다.[117] 그러한 점에서 文宗 23년의 이 규정에 서 '六尺爲一步'한다는 '步'는, 高麗後期의 步尺이나 朝鮮初期의 量繩에 해당하 는 것이었다고 하겠으며, 따라서 이때의 量田尺과 '步'에 관한 규정은 자연스 러운 것이었다고 하겠다. 다만 高麗初期의 '步'는 그 자체가 하나의 尺度의 단 위로서 量田에서는 이것이 主尺으로서 이용되고 있었으나, 朝鮮初期의 量繩 은 高麗時期의 結負制가 변동함에 따라 역시 변동하여, 量田尺 20, 30尺의 길

---

116) 『世宗實錄』卷 102, 世宗 25年 11月 乙丑, 4冊, p. 524.
　　이때에는 高麗時期의 結負 量田制를 근본적으로 改革하기 위한 정책으로서, 安山 郡을 量田할 때, 頃畝 量田制를 시행하기 위한 새로운 "量田事目"을 마련하고 있었는 데, 여기에서는 量繩에 관하여 '量田所用周尺計五步 木尺造作 面刻十分 量田時 步外 餘數量用 量繩 每步著小標 每十步著大標 一日內累次校正'이라고 하는 規程을 마련 하고 있었다. 이때의 量繩은 앞에서의 '步'尺과 그 기능이 같은 것이었다. 이때의 量 田法에 관해서는 뒤에 다시 상론하게 될 것이다.

117) 孝宗 4年 『遵守冊』(『田制詳定所遵守條畫』) 打量田地.
　　肅宗 43年 「量田事目」.
　　純祖 20年 「量田事目」 등 참조.
　　이 純祖 20년의 「量田事目」에서는 量繩의 길이를 行用의 편의를 위하여 量田尺으 로 30尺이 넘지 않도록 규정하고도 있었다(更關草 2).

이로 작성한 밧줄로서, 量田을 쉽게 하기 위한 補助用 尺度가 되고 있는 데 불과하였다. 그러한 점에서 高麗初期의 '步'는 '步尺'으로 부를 수 있는 것이었 다고도 하겠다.

다음은 量田規程의 제정과 관련되는 賦稅政策의 문제로서, 高麗初期(太祖~ 光宗)에 이 量田規程을 마련하지 않으면 아니되었던 사회적 배경을 생각해보 면, '田一結 方三十三步'의 원칙과 함께 그 細註 〈六寸爲一分 十分爲一尺 六尺 爲一步〉의 표현에 수긍이 간다는 점이다. 주지하는 바와 같이 이때는 王建이 弓裔의 폭정과 後三國의 난세를 수습하고 高麗國家를 건설하는 시기였으며, 따라서 高麗國家는 國家體制의 정착을 위해서 오랜 전란과 수탈에 시달린 백 성들을 안정시켜 民心을 얻지 않으면 아니되었다. 그리고 그 방법으로서 무엇 보다 먼저 취해진 조치는 賦稅를 輕減하는 일이었고, 그것도 限時的인 것이 아니라 항구적 제도적인 것이 되지 않으면 아니되었다.[118] 이곳에서 검토되는 量田法의 제정문제도 그 일환으로서 제기되는 것이었음은 말할 것도 없으며, 따라서 이 시기의 量田規程을 고찰할 때는, 이같은 배경을 염두에 두면서 고찰 하지 않으면 아니되는 것이라 하겠다. 그리고 그럴 경우 國家는 그러한 釐正事 業을 하기 위해서, 앞에서 이미 언급한 바와 같이, 이때 새로이 마련하는 量田 規程 새로운 원칙(方三十三步爲一結, 量田尺六尺爲一步)으로, 종래에 '把·발· 尋'의 量田尺을 기초로 하였던 結負制를 재조정, 改革함으로써, 앞으로 있을 結負制를 또한 종전보다 좀더 賦稅가 輕減하고 좀더 합리적인 제도가 되도록 釐正하였을 것이라 생각된다. 그뿐만 아니라 이 시기의 이같은 結負制의 조정 과 개혁은 渤海지역(平安道·咸鏡道)의 瘠薄地 통합이 진행되는 데 따라 더욱 필요하게 되었을 것이다. 그리하여 이같은 배경에서 이때의 量田規程이 마련 되고 結負制가 조정되었다면, 量田規程의 細註의 표현은 그대로 인정하고 그 러한 가운데 그 의미를 찾는 것이 자연스러울 것으로 생각된다. 그같은 사정은 量田規程의 尺度 實積을, 아래와 같이 所出을 전제로 한 結負制의 본래의 尺度 實積과도 아울러, 여러 견해와 비교해 보면 더욱 분명해진다고 하겠다.[119]

---

118) 註 85) 참조.
119) ① 結負制는 본시 所出을 전제로 발생한 것인데, 앞에서 언급한 바와 같이, 이때 그 기본단위는 稅總 1握이 나는 農地를 面積 1把라 하고, 이것을 한 '발'(·把·尋)의

셋째는 結負制의 발전과 結 實積의 伸縮原理에 관한 문제로서, 結은 그 자체가 갖는 본질 때문에 다음과 같은 두 가지 사정하에서 변동하게 마련이고, 따라서 이 시기의 量田規程도 그러한 한 표현으로 보아야 한다는 점이다. 그 하나는 結은 일정량의 穀物의 所出을 전제로 하는 地積이기 때문에, 社會가 발전하고 시대가 진전함에 따라 生産力이 증진하게 되면, 結負와 結 實積도 변동하게 마련이라는 것이다. 그리고 다른 하나는 結은 國家의 田結稅 收取를 위한 地積 단위이기 때문에, 政治狀況의 변동, 收奪의 강화에 따라서는 租稅量·結負가 증가하기도 하고, 結 實積이 축소되기도 한다는 것이다. 물론 結負制의 변동이 이같이 오는 것만은 아니며, 이같은 변동이 있다가도 그로 인한

길이를 量田尺으로 하여 量田尺 方 1尺＝1把가 되게 하며, 10把＝1束, 10束＝1負, 100負＝1結로 하는 것이었다. 즉, 量田尺 方 100尺(把·발·尋)＝10,000平方尺(把·발·尋)이 되며, 이것이 1結의 所出과 地積이 되는 것이었다. 그러므로 이 경우의 結 實積은 把·발·尋을 중심으로 산출하게 되는데, 그것은 앞에서 언급한 바와 같이, 대략 8,600여 坪을 중심으로 7,000여 坪에서 9,800여 坪 내지 10,300여 坪에 이르는 農地였다. 그리고 歲易田·代田 등의 1結의 實積은 그 배수인 17,200여 坪을 중심으로 14,000여 坪에서 19,600여 坪 내지 20,600여 坪에 이르고, 再易田의 경우는 그 實積이 더 넓어지는 신축성 있고 지역차가 있는 農地였다. 그러므로 高麗初期의 量田規程은, 農地를 '把·발·尋' 단위로 파악하는 가운데 이만한 結 實積을 지니던 結負制를, 農地를 中國式 頃畝法에서와 같이 '步尺'으로서 일괄 파악하는 가운데(同一實積), 上·中·下의 田品을 구분하여 結負·稅額을 새로이 책정함으로써 租稅를 輕減하고 또 그것을 합리적으로 운영하고자 하는 結負制, 즉 量田規程의 尺度가 보여주는 바와 같은 結負制로 개혁하고 전환시키고자 하는 조치였다고 하겠으며, 따라서 그 규정도 그같은 방향에서 이해되어야 하겠다.

② 量田規程의 結 實積은 그 細註를 보는 입장에 따라 견해차가 심하였다. 여기서 먼저 들어야 할 것은 細註에는 착오가 있거나 중복 설명이 있다고 보는 견해이다. 즉, 細註〈六寸爲一分 十分爲一尺 六尺爲一步〉의 3단계의 尺度가 각각 基準尺, 量田尺, '步尺'(量繩)을 설명하는 것이 아니고, 또 그렇게 본다 하더라도 細註의 중간 句節에 착오가 있는 것으로 보거나, 細註의 제3句節이 그 앞 사항을 재설명하는 것으로 보는 경우이다(앞에서 설명한 연구동향 셋째, 넷째의 경우). 이같이 보면 量田尺 1尺이 곧 '步尺'(量繩) 1步가 되는 것으로, 그 實積은 앞 ①의 종래 結負制에서 所出을 전제로 말할 때의 結 實積과 적지않이 차이가 난다. 그것은 이때의 量田規程에서 정하고 있는 '田一結 方三十三步'의 步를 量田尺의 尺으로 대치하여 그 값을 산출해 보면 분명해진다. 이렇게 할 경우, 그 값은 앞에서 이미 설명한 바와 같이, 많은 경우로서 보아도 4,184坪, 4,674坪, 적은 경우로서 보면 1,500坪 안팎이 된다. 結 實積이 이와 같았다면 이것은 이때의 賦稅制度 結負制의 改革이나 量田規程 調整의 취지와 맞지 않으며, 賦稅制度의 강화를 뜻하는 것이 된다고 생각된다.

모순이 심화되면, 그 다음 권력에 의해서는 수탈에 따른 모순을 타개하기 위하여 釐正事業을 수행하게 마련이고, 이같은 경우 結負制의 변동은 제도상으로 확연하게 드러나게 마련이다. 그러므로 이러한 結負制의 변동원리와 관련하여 생각하게 되는 것은, 이곳에서 검토하는 量田規程 結負制가 高麗初期의 것이기는 하지만, 우리는 이를 이 시기의 것으로만 국한해서 보아서는 아니되며, 그 후 朝鮮時期의 그것과도 비교하는 가운데 살펴야 한다는 점이다.

가령 文宗 23년의 量田規程에서 '六尺爲一步'하는 6尺을 量田尺 6尺으로 보기 어려운 주된 이유는, 그렇게 할 경우 結의 實積이 너무 넓어진다는 점이 되겠는데, 이러한 의문에 대하여 우리가 朝鮮時期의 結負制를 생각하면서 이 문제를 고찰하면, 그 의문은 훨씬 가벼워질 것이다. 朝鮮時期의 結 實積은 대단히 넓었으며, 특히 6等田은 후술하게 되는 바와 같이 그 實積이 4町步, 12,100坪이나 되고 있었다.[120] 그러나 그렇더라도 高麗初期의 結 實積은 너무 넓다고 지적되는데, 이는 이 시기에는 일반적으로 朝鮮時期보다 生産性이 낙후해 있고, 田品이 좋은 上等田은 극히 적었으며, 國家領域이 점점 확대되

---

③ 量田規程과 그 細註를 보는 관점으로서 다음으로 들 것은, 그 細註의 表現을 그대로 인정하고, 그 3단계 句節의 尺度를 각각 基準尺·量田尺 '步尺'(量繩)으로 보는 견해이다. 즉 量田尺 6尺을 1步로 하는 '田一結 方三十三步'의 규정을 그대로 인정하고 그 結 實積을 파악하고자 하는 견해이다. 이같은 관점에서 그 實積을 계산하면, 그것은 方 33步=量田尺 方 198尺=方 237.6m로서 그 結 實積은 17,080여 坪이나 된다. 高麗初期의 量田規程이 結 實積을 이같이 정하려 하였다면, 그것은 그 면적이 너무 넓고, ①의 不易常耕田의 結 實積과 비교해도 너무 넓다는 점에서, 납득하기 어려운 점이 없지 않아 있다. 그러나 結負制에는 본시 '方 100把(발·尋)=1結'의 算法이 있었음에도 불구하고, 새로 '方 33步=1結'의 量田原則을 마련하게 된 것은, 後三國의 난세와 賦稅收奪을 수습하고, 渤海 지역의 瘠薄地까지도 고려하며 量田을 해야 하는 것이 이 시기의 과제였던 조건하에서, 이러한 내용의 개혁은 있을 수 있는 조치였다고 생각된다. 남부지방 常耕田의 경우로서 보면 結 實積이 확대되었으나, 북부지방 歲易田 代田 등으로서 보면 확대된 것으로 볼 수 없고, 또 이 규정에서는 뒤에 언급한 바와 같이 田品을 정하고 稅額에 차등을 두고 있었으며, 그뿐만 아니라 남부지방에도 常耕田으로서의 上等田은 극히 소수였으므로, 전체의 量田規程에 불합리가 있다고는 생각되지 않는다. 말하자면 이때의 量田規程을, 북방지역에 위치하고 있는 高麗國家의 입장에서, 國家의 租稅政策을 賦稅制度를 釐正 輕減함으로써 백성을 안정시키고자 하였던 정책과 관련하여 이해하면, 무리가 없는 것이 아닐까 생각되는 것이다.

120) 本稿 餘言의 〈附表 1〉, 〈附表 2〉 참조.

는 가운데(渤海 지역), 農地의 대부분은 田品이 좋지 않은 下等田으로 되어 있었으므로,[121] '把·발·尋'을 量田尺으로 한 結負制에서 '步尺'을 量繩으로 하는 結負制로 전환하게 되었을 때, 그리고 賦稅輕減의 정책을 취하게 되었을 때, 國家의 量田策은 자연스럽게 下等田을 기준으로 하게 되었던 까닭이라고 하겠다.

(3) 量田步數

量田規程에서 量田尺의 문제와 아울러 검토해야 할 문제는, 1結에서 10結에 이르는 각 結의 量田步數를 算定함으로써, 量田할 때 結負의 計算을 용이하게 하고 있는 일이었다.[122] 이에 관해서는 이미 그 내용을 알아보기 쉽게 정리한 연구가 있으므로,[123] 이를 우리의 관점에서 재구성하여 인용하면 다음 〈表 1〉과 같이 된다.

그런데 이 量田步數에 관하여는 혹 그 用途문제를 위요하여 실효성에 의문이 제기되고도 있지만,[124] 그러나 이 量田步數의 算法은 量田事業을 하는 데 대단히 중요한 의미가 있었던 것으로 이해된다. 그것은 무엇보다도 量田事業을 할 때, 송전과 같이 把·발·尋 단위의 量田尺으로서 方 100尺=1結이 되도록 量田을 하면, 이같은 算法의 제시는 필요치 않았을 것이다. 結負制의 算法은 십진법이므로, 이 경우에는 方 100尺을 계산했을 때, 結 이하의 단위가 자동적으로 負·束·把를 표시하기 때문이다. 그러나 이때에 개정된 量田規程에서는, 量田尺을 把·발·尋 단위의 量田尺에서 步 단위의 步尺(量繩)으로 교체하여 量田을 하고, 1結을 方 33步=1,089平方步로 규정하고 있었으므로, 步의 단위로서 長·廣을 加減乘除하여 얻은 수치가 곧 結負가 될 수는 없었다.

---

121) 『世宗實錄』 卷 49, 世宗 12年 8月 戊寅, 3冊, p. 252의 다음과 같은 기록에서는 그러한 사정을 엿볼 수 있다.
　　摠制河演以爲 …… 我國家大山大川 相繆險阻 風氣所偏 寒燠各異 故四方之地 五穀之生 民生之不一 貧富之參差 職此之由 …… 自前朝 只以上中下三等定制 …… 且上等之田 惟慶尙全羅等道 於千結僅有一二結焉 中田於百結亦有一二結焉 其餘各道只有中田 亦於千結僅有一二結焉 是則大槩不分地之膏塉 皆以下等之田打量 有違於古制
122) 註 110)의 原文 참조.
123) 朴時亨, 前揭論文.
　　朴興秀, '李朝尺度에 관한 硏究'(『度量衡과 國樂論叢』, 1980).
124) 浜中昇, '高麗前期의 量田制에 대하여'(『朝鮮古代의 經濟와 社會』, 1986).

〈表 1〉　　　　　　　　　　結負와 量田步數

結 數	步 數(小數點을 이용한 步數)	地 積(平方步)	同上地積의 指數
1	方 33步　　（方33.0步）	1,089.00平方步	1.000
2	方 47步　　（方47.0步）	2,209.00平方步	2.028
3	方 57步 3分（方57.3步）	3,283.29平方步	3.014
4	方 66步　　（方66.0步）	4,356.00平方步	4.000
5	方 73步 8分（方73.8步）	5,446.44平方步	5.001
6	方 80步 8分（方80.8步）	6,528.64平方步	5.995
7	方 87步 4分（方87.4步）	7,638.76平方步	7.014
8*	方 93步 7分（方93.7步）	8,779.69平方步	8.062
9	方 99步　　（方99.0步）	9,801.00平方步	9.000
10	方 104步 3分（方104.3步）	10,878.49平方步	9.989

* 8 結의 原文은 '九十步七分'으로 되어 있지만, 1結에서 10結에 이르는 前後 結의 邊
의 길이와 地積의 계산을 통해서 볼 때, 이는 '九十三步七分'에서 '三'자가 脫字되었
음이 분명하므로 바로잡았다.

이때에는 이렇게 계산된 수치를 方 33步의 값(1,089平方步)으로 다시 한번
除算을 해야만 結負의 수치를 얻을 수 있었다. 1結에서 10結에 이르는 量田步
數의 算法을 計算指針으로서 제시한 것은 이 때문이었다. 이는 數結씩이나 되
는 넓은 農地를 측량할 때는 말할 것도 없고, 좁은 農地를 측량할 때에도 마찬
가지였다. 그리고 이 경우 이 규정이 方 33步로 되어 있다고 하여 正方形의
농지만을 量田하도록 하는 것은 아니었다. 直四角形·三角形 등 어떠한 형태의
농지라도 이 규정으로써 量田이 가능하였다. 1結 方 33步라고 규정한 것은,
1邊의 길이 33步에 의미가 있는 것이 아니라, 그 積 1,089平方步에 의미가
있었다. 이 算法의 제시로 算士들은 무수히 많은 農地의 實積을 계산하고 結
負를 산출하기가 대단히 편리하고 쉬웠을 것이다. 말하자면 이 量田步數의 算
法은 이때의 結負算出에서 指針이 될 수 있었던 것으로, 朝鮮時期의 '准定結
負'(解負法)에 해당하는 중요한 규정이었다고 하겠다.

　그것은 어떤 田畓을 量田할 때, 그 長·廣의 길이를 측정하고 地積을 계산한
다음, 結負를 산출하는 과정을 살피면 쉽게 납득이 간다. 가령 光宗 6·7년의
量田事業에서 파악한 若木郡淨兜寺의 田을 量案을 통해서 보면, '長 27步 方

20步'로서 그 承孔(地積)은 540平方步였는데, 量田을 담당한 算士들이 그 結負를 '49負 4束'으로 算出하고 있었음은 그 한 예가 되는 것이라고 하겠다. 여기서 우리에게 주목되는 것은, 地積 540平方步는 27步에 20步를 乘함으로써 얻어진 것이 분명하지만, 結負 49負 4束은 어떻게 산출한 것이었을까 하는 점이다. 그런데 이같은 경우 이것을 算出함에 있어서는 地積과 所出과의 관계가 고려되어야 하므로, 政府에서는 사전에 어떤 基準·指針을 量田事目으로서 주지 않으면 아니되었을 것이고, 算士들은 그 지시에 따라 結負를 간단하게 算出할 수 있었을 것으로 생각된다. 그리고 우리는 그 基準·指針으로서 주어진 것이 이곳에서 검토하고 있는 量田步數와 꼭 같은 事目이었을 것으로 생각되는 것이다. 그것은 量田步數에서 1結은 1,089平方步인데, 地積 540平方步의 農地가 있다면, 그 結負는 540平方步를 1,089平方步(100負)로 除함으로써(百分比를 구함으로써), 쉽사리 49負 4束을 算出할 수 있었을 것이기 때문이다.[125] 2結, 5結, 10結 이상의 農地에서 結負를 산출할 때도 그 방법은 마찬가지였을 것이다.[126] 그러므로 步 단위의 尺度, 方 33步의 原則으로 量田을 하던 高麗時期에는, 이 量田步數에 의한 結負算法은 필수불가결한 지침이 되지 않을 수 없었다고 하겠다.

  (4) 田 品

  量田規程에서 끝으로 살펴야 할 것은, 農地의 肥瘠문제를 어떻게 처리하였는가 하는 문제이다. 高麗國家에서는 그것을 農地에 田品等第를 정하고 그 등급에 따라 稅額을 다르게 부과하는 것으로써 해결하고 있었다. 結負制에 입각

---

125) 拙 稿, 註 112)의 논문 참조.
126) 여기서 '田 2結, 田 5結, 田 10結은 方 몇 步'씩이라고 한 데 대해서는, 어떻게 한 筆地의 農地가 그렇게 넓을 수 있을까 하는 의문이 제기될 수도 있지만, 그러나 여기서 5, 6結, 10結은 반드시 1筆地의 農地가 그와 같았음을 뜻하는 것은 아니라고 생각된다. 그런 경우가 전혀 없었던 것은 아니겠지만, 여기서는 한 사람이 한곳에 많은 農地를 集中的으로 連伏으로 소유하고 있을 경우, 그 전체를 하나로 묶어서 일괄적으로 量田할 수 있음을 말하는 것이라고 하겠다. 가령 근년에 새로 판독된 바 新羅時期 開仙寺石燈記의 大業渚畓 4結의 畦(畓의 1區·배미)가 15이고 奧畓의 畦가 8이었음은 그 예이다(魏恩淑, '나말여초 농업생산력 발전과 그 주도세력', 『釜大史學』 9, 1985). 그리고 朝鮮初期에 한 사람 農地의 '十結連伏處', '五結連伏處'에 대한 給災의 논의가 있었음은 그같은 사정을 반영하는 것이라 하겠다(註 175 참조).

하여 租稅制度를 운영한다는 것은, 동일한 所出에 대하여 동일한 稅를 부과할
것을 목표로 하는 것이므로, 순수 所出 중심의 租稅制度가 아니라, 所出과 地
積을 組合한 結負制에 있어서는 농지의 肥瘠을 반드시 고려하지 않으면 아니
되었다. 그러나 新羅에서는 所出과 地積을 적절히 組合한 把 단위 結負 量田
制를 정착시키고 있으면서도, 이 문제를 어떻게 처리하였는지 전반적으로는
불분명하였는데, 高麗에서는 이를 農地마다 田品等第를 정하는 것으로서 해
결하고 있었다. 그것은 앞에서와 같이 步 단위의 單一量田尺으로 한 계열로만
結 實積을 파악하고 보면, 이것만으로써 結負制 租稅制度의 원리를 살리기가
어려웠기 때문이었다. 즉 모든 租稅 운영의 기초에는 同一所出 同一收租의 原
理와 農地의 結 實積 파악이 있는데, 그 農地의 土性에는 肥·瘠의 차등이 있었
으므로, 동일한 實積의 農地라고 동일한 所出을 기대하기 어렵고, 따라서 동
일한 實積의 農地라고 동일한 租稅를 부과하기도 어려웠다. 그러므로 이런 경
우, 政府에서 結負制의 원리를 살리면서도 農地의 實積을 파악하여 租稅를 부
과하려면은, 그렇게 할 수 있는 방안을 강구하지 않으면 아니되었다. 그리하
여 여기에 마련된 것이 單一量田尺으로 파악한 結 實積에 대하여, 農地의 비
옥도를 분간하여 上·中·下의 田品等第를 정하고, 그 등급에 따라 동일한 實積
의 農地라 하더라도 稅額을 차등 있게 부과하는, 이른바 '同一實積 差等收租',
또는 '同積異稅'의 租稅原則을 정하는 것이었다. 이렇게 함으로써 兩班官僚層
에게 收租地를 분급할 경우, 그 收租地를 農地의 實積에 초점을 맞추는 것이
아니라 收租額에 초점을 맞춤으로써, 收租할 農地의 肥·瘠에서 오는 結 收租
額의 불균형을 막을 수가 있었을 것으로 생각된다.

    田品等第에 관한 規程은 세 계통으로 上·中·下의 등급을 마련하고 있었다.
① 일반인 소유의 常耕하는 民田으로서 국가에 租稅(什一稅)를 수납하는 平田·
正田 및 이에 부수하는 平地'甲田'(歲易田 代田)의 田品,[127] ② 國家 소유의 常耕

---

127) 常耕田의 田品規程은 자료상에 보이지 않는다. 그러나 이러한 農地에 대한 田品規
    程도, 成宗 11년의 '公田租四分取一'의 規程이나 文宗 8년의 山田의 田品規程과 함
    께, 그 이전부터 별도로 있었던 것으로 보아야 하겠다. 그것은 註 129)의 山田 原文
    에서 볼 수 있는 바와 같이, 山田의 田品이 平田의 田品을 전제로 그것과의 對比下
    에 규정되고 있는 데서 그와 같이 이해할 수 있다.
      李景植, '高麗前期의 平田과 山田'(『李元淳教授華甲紀念 史學論叢』, 1986) 참조.

하는 農地로서 國家에 地代로서 租(四分取一)를 수납하는 公田의 田品,[128] ③
山地의 歲易休閑하는 農地로서 경작하는 해, 경작하는 부분에 대해서 租稅(什
一稅 이하)의 수납을 하되, 그 歲易의 頻度만큼 배수로서 平田에 준하도록 하는
山田의 田品[129] 등등은 그것이었다. ①의 규정은 그 성립시점이 분명치 않지만,
光宗 6·7년의 「若木郡淨兜寺石塔造成記」에 '代下田'이라고 하여 代田(平地甲
田)의 田品을 기록하고 있는 점으로 보아,[130] 이미 國初부터 마련되어 있었던
것으로 볼 수 있겠다. ②의 규정도 國初 이래로 일정하게 마련된 바가 있었겠
으나, 그 후 여러 제도가 정비되는 가운데, 成宗 11년에 이르러 새로이 재조정,
재정비되고 있는 제도였다고 하겠다. 그리고 ③의 규정은 高麗前期의 긴 세월
속에서, 國初 이래로 있었던 山田에 관한 租稅수취의 불합리를 조정하고 개정
하기 위해서, 그리고 그 후 ①, ②의 規程에 규제되면서 收租權 分給制 및 地主
制가 발달하는 가운데, 일반 民의 農地開墾, 山田開發이 확대됨에 따라 文宗
8년에 이르러 새로이 재조정된 제도였다고 하겠다. 어느 경우나 그 내용은 그
農地의 田品을 上等·中等·下等 또는 上·中·下의 3등급으로 나누고, 같은 1結
이라 하더라도 그 租稅는 그 등급에 따라 차등을 두어 징수하도록 원칙을 정해
주는 것이었다.

그런데 이 세 계열의 田品規程 가운데에서도, 일반 民人의 國家 및 收租權

---

128) 『高麗史』卷 78, 食貨 1, 租稅條 成宗 11年判, 中, p. 726에 보이는 '公田租四分
　　取一' 規程의 原文 참조(本書, p. 63, 註 6 및 p. 110). 여기 보이는 '公田'의 해석에
　　관해서는, ① 일반 民田에 대한 國家의 租稅收取說과 ② 國有地에서의 國家의 地代
　　收取說이 있으나, 本稿에서는 ②說을 취하고 있다.
　　姜晉哲, '公田·私田의 差率收租의 問題'(『高麗土地制度史研究』, 1980).
　　李成茂, '高麗·朝鮮初期의 土地所有權에 대한 諸說의 檢討'(『省谷論叢』9, 1978).
　　　　　 '公田·私田·民田의 槪念'(『韓㳓劤博士停年紀念史學論叢』, 1981).
　　安秉佑, 『高麗前期 財政構造 研究』, 서울大 大學院, 1994.
　　拙 稿, 本書 제 I 편 및 제 II 편의 앞 두 논문 등 참조.
129) 『高麗史』卷 78, 食貨 1, 經理條, 文宗 8年 3月判, 中, p. 706에는 다음과 같은
　　山田에 관한 規程이 수록되어 있다.
　　凡田品 不易之地爲上 一易之地爲中 再易之地爲下, 其不易山田一結 準平田一結 一
　　易田二結 準平田一結 再易田三結 準平田一結
　　朴時亨, 前揭論文.
　　李景植, 註 127)의 논문 참조.
130) 李景植, 同上論文 참조.

者에 대한 租稅收納과 관련하여 이 시기 租稅制度로서 가장 중요한 것, 따라
서 이 시기의 租稅制度를 이해하는 데 핵심이 되는 것은 ①과 ③, 특히 ①의
규정이 중심이 되겠는데, 이 규정에 관해서는 田品等第에 관한 구체적인 자료
가 남아 있지 않다. 이에 관해서는 國初의 租稅制度가 막연하게 1結에 6石을
暴斂하던 租稅를 '天下通法', '舊法', '什一稅', '結稅三十斗'(1結 2石)로 개혁하
여 징수했다는 사실을 남겨주고 있을 뿐이다. 그러므로 이 시기의 租稅制度를
좀더 분명하게 이해하기 위해서는, 이 ①의 田品等第를 좀더 구체적으로 파악
할 필요가 있으며, 그러기 위해서는 ②의 田品等第를 적극 활용하는 시각에서
의 작업이 필요하다고 생각된다. 그것은 ②의 田品規程은 ①의 田品規程과 별
개의 기준으로 마련하였던 것이 아니라 이에 의거해서 마련하였던 것으로 보
아야 하겠으며, 또 ①의 田品자료에 비하여 그러한 等級規程이 비교적 소상하
게 기술되어 있기 때문이다. 물론 이 시기의 일반 租稅制度를 이해하는 데는,
이 ②의 規程을 직접 ①의 일반 租稅制度에 관한 규정으로 보는 견해가 진작
부터 있어 왔지만,[131] 그러나 高麗時期의 公田에는 三科公田, 즉 세 종류의 公
田이 있었음이 밝혀졌으므로 그것은 재검토될 필요가 있는 것이라고 하겠다.
그러므로 이 ②의 규정을 ①의 규정과 별개로 파악하는 가운데 이를 적절하게
활용한다면, ①의 田品規程을 복원할 수 있는 것은 말할 것도 없고, 나아가서
는 이 시기의 結負制에 기초한 일반 租稅制度를 이해하는 데 도움이 되리라
생각된다. 필자는 舊稿에서 이미 이같은 작업을 시도한 바 있었으므로,[132] 이

---

131) 白南雲, 朴時亨, 姜晉哲의 前揭書 및 前揭論文.

132) 필자는 오래 전에 그러한 시각에서 이 시기의 田品制의 문제를 구체적으로 검토한
    바 있었으며('高麗前期의 田品制', 『韓沽劤博士停年紀念 史學論叢』, 1981), 本書에
    서도 그것을 그대로 수록하였다. 그러므로 이제 이곳에서는 그것을 다시 재론할 필
    요가 없겠다. 그러나 本稿의 논지를 분명히 하기 위해서는, 그때 검토하였던 바 要
    旨를 최소한으로나마 언급해 두는 것이 필요하다고 생각되어, 그 핵심이 되는 田品
    等第에 관한 몇몇 表를 인용 재정리하였다.
      그때의 그같은 작업은 다음과 같은 몇 가지 관점을 전제로 하면서 작성한 것이었
    다. 첫째, 그 表들은 이 시기의 田品制는 일반적으로 上等·中等·下等의 3等田品으
    로 표현되지만, 그러나 이를 세심히 고찰하면, 그러한 3等田品이 그 내용을 달리하
    는 가운데, 최소한 上等地域(A), 中等地域(B), 下等地域(C) 등 세 地域에 각각 있
    어서, 이를 종합하면 '肥饒磽薄 九等之品'(李齊賢, 『益齋亂藁』 卷 9 下, 策問)으로
    파악되고 있었다는 것을 전제로 하였다. 둘째, 그 3等田品의 分等의 원리·방법은,

〈表 2〉　　　各 地域 田結의 田品과 租額, 所出　　　단위 : 斗(石)

地目	田品	上等地域 租額	上等地域 所出	中等地域 租額	中等地域 所出	下等地域 租額	下等地域 所出
水田	上等	31.5	315(21.0)	27.0	270(18.0)	22.5	225(15.0)
水田	中等	25.5	255(17.0)	21.0	210(14.0)	16.5	165(11.0)
水田	下等	19.5	195(13.0)	15.0	150(10.0)	10.5	105(7.0)
旱田	上等	15.75	157.5(10.5)	13.5	135(9.0)	11.25	112.5(7.5)
旱田	中等	12.75	127.5(8.5)	10.5	105(7.0)	8.25	82.5(5.5)
旱田	下等	9.75	97.5(6.5)	7.5	75(5.0)	〈5.25〉	52.5(3.5)

* 〈 〉내의 수치는 缺로 되어 있는 것을 계산하여 채운 것이다.

제 이곳에서는 다만 그것으로부터 몇몇 表를 인용 재정리함으로써, 일반 租稅制度의 田品等第를 그 윤곽이나마 파악하여 제시하고자 한다. 위의 〈表 2〉는 그것이다.

이 시기의 일반 租稅制度와 관련하여 그 田品等第를 이같이 정리하고 보면, 동일한 實積의 1結의 農地라 하더라도 그 所出은 上等·中等·下等의 地域, 그리고 그 地域 안에서의 上等·中等·下等의 田品에 따라 큰 차이가 있었고(水田 21~7石, 旱田 10.5~3.5石), 따라서 租稅도 什一稅를 목표로 하는 가운데 지역에 따라, 그리고 田品에 따라 커다란 차이가 있는(水田 31.5~10.5斗, 旱田 15.75~5.25斗) 差等收租를 하는 것이 확연하였다. 그러한 점에서 이 시기의 田品等第는 단순한 3等田品이 아니라, 지역차를 전제로 한 3等田品으로서, 이른바 '9等之品'(註 132 참조)도 되는 것이었다고 하겠다. 아마도 이같은 田品等第는, 國初에 太祖 王建이 1頃(結)에 6碩을 暴斂하는 租稅를 개혁하여, '舊法' '天下通法'으로, 즉 후대의 학자들이 말하는 什一制의 관행으로 돌아가도록 하였다는 王命이 반영된 것이라 하겠다. 그러나 高麗國家에서는 그 후

什一稅를 받는 일반 租稅制度에서의 田品分等의 원리·방법도 4分取1 하는 公田에서의 田品分等(上等·中等·下等)의 원리·방법과 같았을 것이라는 점을 전제로 하였다. 그리고 셋째는, 이 시기의 田結은 3等으로 分等되고, 따라서 租稅는 差率收租하는 것이 현실이었지만, 政府의 結收租의 이상은 結 所出의 10분의 1을 取하되, 上等田에서 1結 租 30斗를 收取할 것을 기준으로 하고 있었다는 점을 전제로 하였다는 점 등등이었다.

量田制를 개정하고 上·中·下의 田品制를 도입하게 되었으므로, 租稅를 什一
制를 기준으로 하여 수취하기는 하였으나, 이와 같이 同一實積 差等收租 또는
同積異稅가 되었던 것이라고 하겠다. 후대의 정치인들이 이때의 사정을 1結
에 租 30斗(2石)를 받도록 했다고 지적하는 것은, 여러 田品等第의 收租가 모
두 그러하였음을 뜻하는 것이 아니라(그러려면 結負制가 隨等異尺의 量田에 의
한 差等實積이어야 한다), 그 중에서도 특히 結租額의 상징성을 지니는 上等地
域, 上等田에서의 경우를 말하는 것으로 이해된다. 그리하여 이러한 조건을
전제로, 歲易田 등의 租稅도 그 歲易의 頻度만큼 배수로서 平田·正田의 租稅
에 준하도록 하였고, 따라서 歲易田의 地積이 常耕田의 그것과 같을 경우에
는, 그 빈도만큼 그 稅額·結負를 常耕田의 그것에서 반감해 주었음은 주지하
는 바와 같다.

  그러한 점에서, 이 시기의 農地 파악에서 비록 結負制의 명칭이 사용되기는
하였지만, 그러나 그것은 본래 그것이 발생하였을 때의 結負制와는 달리, 그
性格이 크게 변동하고 있는 것이었다고 하겠다. 이제 이 시기의 結負制는 結
의 所出만을 생각하는 것이 아니라, 이와 함께 結의 實積을 고려하지 않으면
아니되도록 되었음이 더욱 분명해졌으며, 그러한 중에서도 後者가 두드러지
게 강조되고 있는 듯한 인상이 짙었다. 그러므로 이 田品等第는 租稅制度를
公平하게 운영하기 위하여 마련하였다는 점에서, 그 立法 취지는 이해될 수
있지만, 그러나 이 制度가 실제로 운영단계에 들어간다고 할 때, 과연 結 所出
의 원리와 結 實積의 원리를 복합하여 구성하고 있는 이 제도를, 마찰 없이
공평하게 운영할 수 있었을까 하는 점에는 의문이 생기지 않을 수 없다. 그것
은 무엇보다도 兩班支配層에게 收租權을 分給하는 田柴科制度에서 특히 더
그러하였을 것으로 생각된다. 그것은 위에 언급한 바와 같은 田品等第를 전제
로 收租權을 分給할 경우, 그것이 收租額을 중심으로 收租權을 分給하는 것이
라면 큰 문제가 없겠지만, 그렇지 아니하고 結 實積으로서 收租權을 分給할
경우에는 結 收租額의 不均을 피하기 어려웠을 것이기 때문이다. 그러므로 이
때 政府가 田柴科制度를 원활하게 운영하기 위해서는, 結數와 差等收租의 괴
리를 조정할 수 있는 제도적 장치를 최소한이나마 마련, 보완하지 않으면 아
니되었을 것으로 생각된다. 그리고 그럴 경우 田丁制의 지역간 차이성이라든

가, 田丁制 내에서 足丁·半丁의 차이성을 적절히 참작 이용함으로써, 그같은 괴리 불평균은 다소나마 해소될 수 있었을 것으로 짐작된다.[133]

2) 高麗 結負制의 變動

高麗時期의 結負制는 高麗前期에 있었던 結負 量田制에 관한 일련의 改革過程과 調整作業을 거치면서 장기간 지속될 수 있을 것으로 기대되었다. 그러나 高麗前期의 그러한 結負制는 오래가지 못하고, 그 시점이 언제인지 분명치 않지만, 高麗後期 특히 그 말기에 이르러서는 크게 변동하고 있었다. 그것은 高麗前期의 '同一實積(單一量田尺에 의한 量田) 差等收租'의 방법에서 '差等實積(隨等異尺에 의한 量田) 同科收租'의 방법으로 변하면서 結 實積이 축소되고 있는 일이었다.

이는 우리나라 結負制의 발전과정에서 또 하나의 새로운 대전환을 뜻하는 것으로, 이 제도가 이렇게 변동하게 되는 구체적 사정은 크게 두 가지 이유에서 연유하는 것으로 이해된다.[134] 그 하나는 政府는 이 시기의 結을 한편으로 일정한 所出, 일정한 生産力을 지닌 것으로 전제하면서도, 다른 한편으로 그 結을 일정한 地積을 표시히는 섯으로 고집하고 있었는데, 이는 서로 모순되는 두 사실을 — 前者는 가변적, 後者는 고정적 — 결합시키려 하는 것으로, 그러한 원칙의 結負制는 한 시점 짧은 기간에서라면 모를까, 生産力이 점진적으로 발전히는 조건하에서는 장기간에 걸쳐 지속되기가 어려웠다는 점이다. 그리고 다른 하나는 高麗後期 특히 末期로 내려오면서는, 高麗前期의 結負制에 기초하였던 政治制度 政治勢力에 外勢侵入, 戰爭, 內亂 등 여러 가지 사정으로 대혼란, 대변동이 생기는 가운데, 國家와 權勢家의 수탈의 심화, 結負制 자체가 지닌 결함 등 여러 가지 요인으로 인하여, 田柴科·祿科田 등 收租權 分給制

---

133) 田丁·足丁·半丁 등에 관해서는 많은 연구가 있는 가운데, 특히 근년에는 그 실체를 밝혀주는 몇몇 주목할 만한 연구가 나왔다.
　　呂恩暎, '高麗時代의 田丁'(『嶠南史學』 3, 1987).
　　尹漢宅, '고려 전시과체제하에서의 농민신분'(『泰東古典研究』 5, 1989).
　　李景植, '高麗時期의 作丁制와 祖業田'(『李元淳教授停年紀念 歷史學論叢』, 1991).
　　金琪燮, 『高麗前期 田丁制 研究』, 釜山大 大學院, 1993.
134) 拙 稿, 註 112)의 논문.

度를 전 지배층에게 원활하고 공정하고 균형있는 分給으로 운영하기가 어려 웠다. 그러므로 兩班支配層 내부에는 불만과 갈등구조가 심화되고 있었으며, 따라서 政府가 이를 해소시키기 위해서는, 結負制를 크게 조정하여 結 實積을 축소함으로써 結數를 늘리지 않으면 아니되었던 것이라는 점이다.[135]

高麗時期의 結負制가 변동하고 있는 사정이 同時期의 史書에는 명백한 기 술로서 수록되어 있지 않다. 그것을 구체적으로 전하는 것은 高麗를 계승하여 등장하는 朝鮮王朝의 『世宗實錄』과 『龍飛御天歌』 등에서이다. 그 내용은 아 래 제시된 바와 같거니와,[136] 이같은 현상이 생긴 것은 아마도 高麗 중반 이후

---

135) 물론 앞에서 이미 언급한 바와 같이, 先行하는 연구에서는 高麗初期에서 高麗末期 에 이르는 사이의 結負制 結 實積에는 기본적으로 變動이 없었다고 보는 見解가 있 었다(朴時亨, 朴興秀, 前揭論文). 그러나 필자는 結負制는 그 原理上 기본적으로 時 代와 生産力의 발전을 따라, 그리고 政治상황의 변동에 따라 變動하는 것으로 보는 것이 사리에 맞는다고 이해하고 있다(拙稿, 同上論文). 그러한 사정은 무엇보다도 그 數值가 분명한 高麗後期의 結負制와 朝鮮時期의 結負制를 비교해 봄으로써 단적 으로 드러난다고 하겠다.

136) 우리는 이에 관하여 다음과 같은 세 가지 자료를 들 수 있을 것이다.
   A. 『世宗實錄』 卷 49, 世宗 12年 8月 戊寅, 3冊, p. 252.
     1. 摠制河演以爲 …… 自前朝 只以上中下三等定制 將農夫手二指計十爲上田尺 二指計五三指計五爲中田尺 三指計十爲下田尺 六尺爲一步 以三步三寸(尺*)四 方周廻爲一負 二(三*)十五步爲一結而打量
     2. 其收租則皆取三十斗 三等之田差等不遠
     3. 且上等之田 惟慶尙全羅等道 於千結僅有一二結焉 中田於百結亦有一二結焉 其 餘各道只有中田 亦於千結僅有一二結焉 是則大槩不分地之膏堉 皆以下等之田 打量 有違於古制
      * 표 부분은 다음 B 자료의 같은 내용의 記事를 통해 바로잡은 것이다.
   B. 『世宗實錄』 卷 42, 世宗 10年 10月 辛巳, 3冊, p. 147.
     1. 戶曹啓 前此已巳年(1389)以上量田時 三步三尺四方周回爲一負 三十三步四方 周回爲一結
     2. 乙酉年(1405)改量時 以爲三步三尺負數 於三十三步結數不准 而改以三步一尺 八寸爲一負 一結之數 減至十二負四束 因此 結負之數差重
     3. 請依已巳年例 三步三尺四方周回爲一負 令其負數相准三十五步 爲一結量之 從之
   C. 『龍飛御天歌』 第73章, p. 817(亞細亞文化社本).
     1. 舊制 田品只有上中下 所量之尺 三等各異 上田尺二十指 中田二十五指 下田三 十指 而皆以實積四十四尺一寸爲束 十束爲負 百負爲結
     2. 準諸中朝畝法 上田之結 二十五畝四分有奇 實積周尺十五萬二千五百六十八尺 (方 390.599尺-필자) 中田 三十九畝九分有奇 實積周尺二十三萬九千四百一十 四尺(方 489.299尺-필자) 下田 五十七畝六分有奇 實積周尺三十四萬五千七百 四十四尺(方 588.000尺-필자) 然八道地品不一 非三等所能盡 而差科不精

의 거듭되는 혼란 속에서 그에 관한 기록이 모두 인멸되었거나, 아니면 이 제
도가 高麗前期의 結負制와 비교하여, 크게 달라진 점이 있기는 하지만, 유사
한 점이 또한 너무나도 많았기 때문에, 政府는 그 改革의 중요성을 인식하지
못하는 가운데, 그 내용을 정확한 기록으로서 남기지 않은 탓이었는지도 모르
겠다. 이제 朝鮮初期의 그같은 두 기록을 통해서 이를 알기 쉽게 정리해 보면,
다음의 〈表 3〉과 같이 된다.

이제 이같은 몇몇 자료를 통해서 高麗末年의 結負制를 〈表 3〉과 같이 정리
하고 보면, 그것은 이때에도 田品이 上·中·下의 3等으로 구분되고, 量田의 방
법이 '方 33步＝1結'(33步 4方周回 爲1結)의 원칙이었다는 점에서, 기본적으
로는 高麗前期의 그것과 같았다고 하겠다. 그러나 그러면서도 위와 같이 정리
된 내용을 세심히 고찰하면, 이 시기 結負制에는 高麗前期의 그것과 비교해서
대단히 커다란 변화가 있었음을 발견하게 된다. 우리는 앞에서 그러한 변동을
한마디로 '同一實積 差等收租'의 원칙에서 '差等實積 同科收租'의 원칙으로 변
하는 것이라고 포괄적으로 말하였지만, 그러나 그같은 변동을 구체적으로 살
피면, 그 내부에 여러 가지 변동을 또한 수반하고 있어서, 그 변동의 폭은 넓
고, 따라서 그 변동의 의미는 단순한 것이 아니었다고 말할 수 있겠다. 이 시
기의 그러한 結負制의 변동을 우리는 몇 계통으로 살필 수 있을 것이다.

무엇보다 먼저 눈에 띄는 것은, 종래의 量田規程 중에서도 量田步數와 結負
와의 관계를 쉽게 파악하기 위하여 마련하였던 바, 結負算出 지침에서는 볼
수 없었던 사항이, 이번 새로 개정한 量田規程에서는 확실하게 하나의 규정으
로서 제시되고 있는 일이다. 즉, 종전의 量田規程에서는 量田의 단위를 '1結
方33步'에서 시작하여 '10結 方 104步 3分'에 이르기까지, 모두 結 단위 이상
의 대규모 農地의 量田에 관해서만 언급하고 있었는데, 이번에 개정한 量田規
程에서는 結 단위에 관하여 '33步 4方周回 爲1結'이라고 하고 있음은 말할 것
도 없고, 負 단위의 소규모 農地의 量田에 관해서도 '3步 3尺 4方周回 爲1負'
라고 하여 그 규정을 명백하게 제시하고 있었다. 이것은 종전에 미처 정하지
못하였던 사항을 이번에 새로 보충하게 된 것이라고도 볼 수 있어서, 생각하
기에 따라서는 심상하게 넘길 수도 있는 것이겠으나, 이것을 곰곰이 생각하면
그렇게 단순하게 넘길 문제가 아니라고 생각된다. 여기에는 이 規程을 마련하

<表 3>　　　高麗末年의 田品과 量田尺, 結 實積, 租額

田 品	上 田	中 田	下 田
A.　量田尺 1尺 (指尺)	2尺(20指)	2.5尺(25指)	3尺(30指)
周尺 ①	1.972尺(39.45cm)	2.471尺(49.42cm)	2.969尺(59.4cm)
周尺 ②	1.86尺(37.2cm)	2.33尺(46.6cm)	2.80尺(56.0cm)
步尺(量繩) 1步	量田尺 6尺	量田尺 6尺	量田尺 6尺
A.B.　負 實積 步(量田)尺	方 3步3尺(分)	方 3步3尺(分)	方 3步3尺(分)③
結 實積 步(量田)尺	方 33步(方198尺)	方 33步(方198尺)	方 33步(方198尺)
結 實積 步(量田)尺	方 35步(方210尺)	方 35步(方210尺)	方 35步(方210尺)
(坪	1,846.51坪	2,897.60坪	4,184.49坪
結 所出(皮穀)	600斗	600斗	600斗
結 收租(糙米-1/10稅)	30斗	30斗	30斗
C.　結 實積　周尺實積	152,568尺	239,414尺	345,744尺
周尺	方 390.599尺	方 489.299尺	方 588.000尺
頃畝	25畝 4分餘	39畝 9分餘	57畝 6分餘
(坪	1,846.51坪	2,897.60坪	4,184.49坪)

* A, B, C는 앞 註에서 든 자료의 분류기호이다. 여기서는 C의 기록을 전제로 하고, A, B의 기술을 통해서 表의 내용을 정리하였다.

① 量田尺 길이의 周尺 표시는, 자료 A 1의 1結 實積 量田尺 '方 35步', 자료 B 1의 '方33步'와 자료 C 2의 1結 實積 周尺方 390.599尺, 方489.299尺, 方588.000尺으로 표시된 것에서 開平산출한 것이다.

② 周尺의 길이는, (가) 현존 周尺의 실측길이가 19.3cm, 20cm, 20.3cm, 20.5cm이고, 『磻溪隨錄』의 諸本周尺의 길이를 산출한 바가 19.1cm, 19.6cm, 19.9cm(國立民俗博物館, 『한국의 도량형』, 제2부 자 <度>, 1997)인데, 연구의 결과는 (나) 原 黃鐘尺(中國)의 길이를 31.11cm로 보고(藪田嘉一郎, 『中國古尺集說』, p. 49, 58), 『經國大典』 卷 6, 工典 度量衡의 규정에 따라 환산할 경우의 18.85cm, (다) 鼎足山本『世宗實錄』의 禮志에 실려 있는 造禮器尺을 曲尺의 9寸으로 측정하고, 이를 『經國大典』의 도량형 규정을 통해 환산한 경우의 曲尺 6.6寸강, 19.998cm(朴時亨, 註 8의 논문, p. 111), (라) 『喪禮備要』 등 여러 자료를 근거로 周尺길이의 最短 最長을 파악한 경우의 18.8cm~20.6cm, 평균 19.7cm 및 19.392cm(世宗朝의 周尺길이)~20.604cm, 평균 19.998cm(田大熙, '朝鮮代 度量衡器의 實크기에 관한 研究', 『韓國海洋大學論文集』18, 1983 ; 高橋 正, 『度量衡衍義』, p. 54, 85, 1922), (마) 王室 소장의 黃鐘尺길이를 34.10cm로 보고 규정에 따라 환산할 경우의 20.66cm(全相運, 『韓國科學技術史』, 1994, p. 152), (바) 그리고 朝鮮 世宗시기에 만들어 사용한 黃鐘尺의 길이를 여러 예에서 실측을 통해 34.72cm로 파악하고, 역시 실측을 통해 확인할 수 있었던, 여러 尺度와의 換算率을통해 산출한 周尺의 길이가 20.81cm(朴興秀, 『度量衡과 國樂論叢』, 1980, p. 19, <표 14>)였던 점 등등 그 견해가 다양하다. 그러므로 여기서는 그 最短 길이와 最長 길이를 평균하여 19.805cm, 약 20cm로 보기로 하고 계산하였다.

③ '方 3步 3尺'과 '方 35步'는, 본시 高麗에서의 규정(己巳年·1389, 恭讓王元年以上量田)은 '方 3步3尺'과 '方 33步'였으나, 앞 註의 자료 B의 2에서 볼 수 있는 바와 같은 이유(結數不准)에서 乙酉量田(1405·太宗 5년)에서는 전자를 '方 3步1尺8寸'으로 고쳤는데, 이렇게 하면, 그것을 고치기 이전보다 結負數가 12負 4束이나 감소하게 되므로, 世宗 10년의 量田 논의에서는 '方 3步 3尺'(3.5步, 3步 5分)을 그대로 두고 '方 33步'를 '方 35步'로 고치게 된 데서 나온 것이다. 그러나 이러한 계산상의 혼선은, '方 3步 3尺'의 규정에서 그 숫자에 착오가 있는 것으로 본 데서 연유하였는데, 실제로 착오가 있었던 부분은 숫자가 아니라 尺度 단위인 '尺'자였다고 하겠다. 그것은 이때의 量田원칙은 1結은 '方33步'(方1,089平方步)이었기 때문이다. 1結이 1,089平方步이면, 1負는 그 100分의 1인 10.89平方步이고, 따라서 그것을 開平하면 1변의 길이는 3.3步. 즉 '3步3分'이 되는 것이다. 여기서 分은 步尺의 10分의 1로서의 分이다.

고 있었던 당시의 政治·經濟·社會의 변동사정이 모두 반영되고 있는 것으로
서, 이때에 이르러서 종전에 특별하게 유의하지 않았던 이같은 사항이 量田規
程의 일부로서 새로 추가되지 않으면 아니되었다는 사실은, 역사의 진전에 따
라 그럴만한 충분한 사정이 개재하게 된 데서 연유하는 것으로 보아야 하겠다.

  그러한 사정을 우리는 두 가지 측면에서 지적할 수 있겠다. 그 하나는 高麗
의 土地支配·農業運營의 중심세력에 관한 문제로서, 高麗初期에는 豪族·支配
層·大農 중심의 농업과 小農民 중심의 농업이 並存하면서도, 이때에는 後三國
이래의 혼란으로 인하여 상대적으로 前者가 後者에 비하여 우세하고, 따라서
高麗의 농업을 지배하는 代表者的 위치에 있는 것은 豪族·支配層·大農 등 大
土地所有者들이었고, 그러한 점에서 量田의 규정도 자연스럽게 大土地 중심
으로 마련되었던 것이라고 하겠다. 그러나 高麗後期로 넘어오는 과정에서는,
國家가 創業 이래로 표방하였던 바 民心安定정책과, 일반 農民層에 대한 新田
開發·山田開發·陳田開墾 등 小農民保護정책이 있고, 또 일정기간에 걸쳐 安
定期(文宗~仁宗)가 지속되는 가운데, 小農經營은 羅末麗初의 혼란기에 비하
여 상대적으로 어느 정도 안정될 수가 있었으며,[137] 따라서 이제 새로운 量田
規程에서는 그들의 土地所有 상황에 관하여 특별히 관심을 갖지 않을 수 없었
던 것이라고 하겠다.

  그리고 다른 하나는 이때에는 人口增加가 있는 가운데, 水利施設, 施肥法
등 농업기술의 발달이 있고, 歲易農法을 극복하는 常耕連作化, 回換農法, 根
耕農法, 間作農法 등의 점진적인 진전이 있었으며, 勞動力의 절약을 가능케
하는 移秧法의 보급이 있는 등 朝鮮初期 농업을 준비하는 農業集約化의 과정
이 장기간에 걸쳐 점진적으로 진행되고 있었다.[138] 그리고 이때에는 몽골침략

---

137) 姜晋哲, '公田의 經營形態 — 田柴科體制의 경우'(『高麗土地制度史研究』, 1980).
    金泰永, '朝鮮前期 小農民經營의 추이'(『朝鮮前期 土地制度史研究』, 1983).
    魏恩淑, '소농민경영의 존재형태'(『高麗後期 農業經營에 대한 研究』, 釜山大 大學院,
    1994).
138) 金相昊, '李朝前期의 水田農業研究 — 粗放的 農業에서 集約的 農業으로의 轉換'(『文
    敎部 1969年度 研究報告書』, 1969).
    '李朝前期의 旱田農業研究'(『文敎部 1974年度 研究報告書』, 1974).
    宮嶋博史, '朝鮮農業史上에서의 15世紀'(『朝鮮史叢』3, 1980).
    李泰鎭, '畦田考'(『韓國社會史研究』, 1986).

228 II. 結負·量田制

하의 혼란 속에서도 앞 시기에서와 마찬가지로 新田·山田·陳田 등의 開發이
활발하게 전개되고 있었다.[139] 그러므로 이같은 農業技術의 발달이나 農地開
發의 조건 아래에서, 農地는 그 개발지역의 지리적 조건이나 水田 平坦化의
기술적 필요성에서, 대규모 農地로 개발하는 것보다는 소규모 農地로 개발하
는 바가 많았을 것으로 생각된다.

그러므로 이같은 農業현실 속에서, 高麗國家는 그 後期로 넘어오면서 政變,
外勢侵略·戰爭 등 안팎의 政治事情으로 인하여 租稅源의 확대 강화가 절대적
으로 필요하게 되었을 때, 이같은 소규모 農地에 대한 量田規程을 보완함으로
써, 한편으로는 그들 小農層의 土地所有를 정확히 파악하여 支配層의 兼倂으
로부터 보호하고, 다른 한편으로는 그들을 國家의 收稅대상으로 장악함으로
써 租稅收取를 증대하게 되었던 것이라고 하겠다.

다음으로 유의하게 되는 것은, 종래의 單一量田尺과 步尺이 폐기되고, 上·
中·下의 田品에 따라, 上田尺·中田尺·下田尺 등 3개의 量田尺이 마련되고 있
는 일이었다. 그리고 이로써 각각의 田品을 量田하기 위한 量田尺 6尺 길이의
上田步尺·中田步尺·下田步尺 등 3개의 새로운 步尺(量繩)을 또한 마련하고
있는 일이었다(將農夫手二指計十爲上田尺 二指計五三指計五爲中田尺 三指計十
爲下田尺 六尺爲一步[140]). 물론 이 경우의 步尺은 朝鮮時期의 그것과 마찬가지
로 量田을 할 때 단순히 보조도구로서 이용하고 있는 밧줄이 아니라, 高麗前
期의 그것과 마찬가지로 실제로 量田을 할 때 하나의 尺度로서 이용하고 있는

'高麗後期의 인구증가 要因生成과 鄕藥醫術 발달'(『韓國史論』19, 1988).
金泰永, '科田法체제에서의 土地生産力과 量田'(前揭書).
魏恩淑, '농업기술의 발전과 상경화의 확대'(前揭書).
안병우, '고려후기 농업생산력의 발달과 농장'(『14세기 고려의 정치와 사회』, 1994).
139) 朴京安, '高麗後期의 陳田開墾과 賜田'(『學林』7, 1985).
李宗峯, '高麗後期 勸農政策과 土地開墾'(『釜大史學』15·16, 1992).
특히 몽골침략하의 戰爭期에 避亂地에서 農地를 얻기는 대단히 어려웠다.『東國李
相國集』卷 18, 古律詩(p. 196),『後集』卷 7, 古律詩(p. 515)에 보이는 '人皆新有
田 〈入新京 爭求田以耕 予獨未〉* 得雨拚不止 我無一畝地', '人皆務耕田 歲入幾許穀
我家無是事 天遣生稊穀'이라고 한 표현 등에서는 그러한 사정을 엿볼 수 있다고 하
겠다. 이러한 사정은 이 시기에 小農民에 의한 小規模經營의 農地 또한 다수 開發되
었을 것임을 짐작하게 한다. * 〈 〉는 細註.
140) 註 136)의 A 1, C 1 참조.

이른바 '줄자'였으며, '方 33步＝1結'이 되도록 하고 있는 量田用의 尺度였다 (三步三尺四方周回爲一負, 三十三步四方周回爲一結[141]). 그러므로 이 步尺의 규격은 계산이 정확해야 하였을 것이며, 따라서 이 步尺은 高麗前期의 步尺과 마찬가지로 步 단위 이하를 10等分하여(十進法) 結負算出을 편하게 하였을 것으로 생각된다. 그리고 그러한 점에서 앞의 表에서도 언급하였던 바 '方 3步 3尺'을 1負로 했다는 3尺도 애초에는 步의 3分(따라서 方 3.3步)이었을 것으로 추정되나, 어떤 사정에서 3尺으로 誤記되고 이어서는 계속 3尺으로 통하게 되었을 것으로 짐작된다.

그런데 이같은 量田尺과 步尺을 마련하는 데, 高麗政府는 종전의 量田尺과 步尺을 마련하였던 원칙(六寸爲一分 十分爲一尺 六尺爲一步)을, 이번에 마련하고자 하는 量田尺과 步尺의 원칙으로서 그대로 이용하고 있는 것이 아니었다. 步尺을 마련하는 데는 '六尺爲一步'로 해서 그 원칙을 그대로 따른 듯이 보이기도 하나, 量田尺에 대해서는 종전과 달리 '指尺 몇 尺'씩이 되게 함으로써 전혀 다른 길이의 量田尺을 마련하고, 따라서 이를 기초로 해서 마련되는 步尺도 자동적으로 다른 길이가 되게 하고 있었다. 즉, 指尺은 '一指之寬爲寸'[142] '中指中節爲寸'[143]하는 것이었으므로, 10指·10寸은 指尺 1尺(周尺과 기의 같은 18.6～19.725㎝ ─ 表의 A 참조)이 되는 것이었는데, 이때의 政府에서는 量田尺을 마련하는 데, '六寸爲一分 十分爲一尺'하는 것이 아니라, 아주 간단하게 上田 量田尺은 指尺 2尺, 中田 量田尺은 指尺 2.5尺, 下田 量田尺은 指尺 3尺의 길이로서 정하고 있었다. 종전의 量田尺이 基準尺(周尺)의 6寸을 1分으로 하는 10分, 즉 基準尺 6尺을 量田尺의 길이로 하는 것이었음에 대하여, 이때의 量田尺은 基準尺(指尺)의 2尺 2.5尺 3尺으로서 그 길이로 삼고 있는 것이었다. 이는 어느 田品의 量田尺이거나를 막론하고, 길이가 高麗前期의 單一量田尺의 길이에 비하여 2분의 1 이하로 짧아지고, 따라서 步尺의 길이 또한 그와 같이 짧아지고 있었음을 뜻하는 것이었다.

셋째로 들 수 있는 것은, 이같은 量田尺 길이의 축소는, 이와 관련하여 이때

141) 註 136)의 A 1, B 1 참조.
142) 『中文大辭典』 3冊, 寸部(禮記 投壺, 室中五扶注), p. 626.
143) 『世宗實錄』 卷 134, 五禮·凶禮序禮, 5冊, p. 368.

의 結 實積을 高麗前期의 그것에 비하여 4분의 1 이하로 축소케 하고 있는 일
이었다. 뿐만 아니라 上等田은 中等田보다 더 축소되고, 中等田은 下等田보다
더 축소되고 있었다(上田 약 1,846坪, 中田 약 2,897坪, 下田 약 4,184坪 ─〈表
3〉참조). 그리하여 이같이 각 田品의 實積을 정한 후에는, 그 各等田의 1結에
대하여 그 收租額을 糙米 30斗로 정함으로써, 收租法이 이른바 '差等實積 同科
收租'가 되게 하였다. 高麗前期의 '同一實積 差等收租'의 租稅制度 및 收租權
分給制가 이제 이같은 제도로 변동하게 되고, 田柴科·祿科田·科田法 등의 제
도가 이 규정에 의해서 운영케 된 것이었다. 高麗末年의 科田法에서 收租額이
各等田 모두 糙米 30斗였음이 바로 이 量田規程에 의거하는 것이었음은 말할
것도 없었다.[144] 물론 이 경우 이같은 田品規程은 외형상 제도상으로 그러하였
을 뿐, 이때 上等田은 말할 것도 없고 中等田도 극히 적었으므로, 실제로 量田
을 할 때는 田品을 구분하지 않고 대개 下等田(약 4,184坪)으로서 打量을 하는
것이 일반이었고(大槩不分地之膏堉 皆以下等之田打量[145]), 따라서 上等田·中等
田에 해당하는 農地일 경우에도 下等田의 경우만큼 축소되고 있는 것이 실정
이었다고 하겠다. 그러나 그렇다 하더라도 이 시기 結負 量田制가 單一量田尺
制에서 隨等異尺制에로 전환하고 있었음은, 結 實積을 축소시키고 結數·結摠
을 늘어나게 하고 있는 것, 따라서 土地所有者의 租稅收納을 增大케 하고 있는
것으로서, 이는 이 시기 結負 量田制의 커다란 특징이 되는 것이 아닐 수 없었
다. 그리하여 그 결과로서는 종래에 收租地 1結이었던 田畓이 이제는 3, 4結
이 되기도 하고, 收租權者 1畝 1主이었던 '私田'의 田主가 2~3명, 5~6명이
되기도 하였으며,[146] 종래에 10분의 1을 租稅로서 내던 農地에서 이제는 '租稅
居半'하거나, '收至八九'하는 형편이 되고도 있었다.[147]

    結負制의 이같은 개혁과 변동은, 한편으로는 高麗時期 全 기간에 걸쳐 農業
技術의 集約化, 農業生産力의 발전이 점진적으로 진전함으로써, 羅末麗初에

─────────────

144) 『高麗史』卷 78, 食貨 1, 祿科田, 中, p. 725.
145) 註 136)의 A 3 참조.
146) 『高麗史』卷 78, 食貨 1, 田制 祿科田, 中, p. 720, 728.
    『龍飛御天歌』卷 8, 第73章, pp. 810~811.
147) 『淡庵先生逸集』卷2 疏箚, 論時政箚子 論借貸.
    同 上, 『龍飛御天歌』.

비하여 小農經濟가 어느 정도 안정되게 된 상황을 배경으로 수행되는 것이었으며, 다른 한편으로는 高麗初期 이래로 거듭되는 외세침략과 정치혼란 속에서, 結負制가 안고 있는 불합리, 모순 및 收租權 分給制의 불균형을 시정하고, 國家財政을 충실히 하기 위해서, 즉 수탈을 강화하기 위해서 취해진 조치였다. 그러나 이때의 이러한 개혁과 변동은, 당시의 時代的 政治的 상황에 제약되어, 그 개혁·변동의 수준을 그것이 입각하고 있는 農業技術 農業發展의 수준을 훨씬 넘어서는, 過度한 것이 되지 않을 수 없도록 하고 있었다. 그리고 그 결과로서 역사의 진전은 國家가 기대하였던 방향으로 전개되지 않은 것은 말할 것도 없고, 두 가지 점에서 사회 내부에 새로운 커다란 모순구조와 위기 상황을 조성하게 되고 있었다.

그 하나는 지배층 내부의 문제로서 權勢家의 土地兼併(收租權·所有權)이 극성하는 가운데, 收租權 分給制의 不均 또한 심화되고 있어서, 그들 지배층 내에서의 이해관계의 대립·갈등이 절정에 달하게 되는 일이었으며,[148] 다른 하나는 국가와 지배층에 의한 結負制 改革을 매개로 한 租稅收奪의 상화로 農民層과 土地所有者層, 심지어는 戶長層까지도 加重되는 租額과 役의 증대를 감당키 어려워 몰락하고 流離四散하게 되었으며,[149] 農民抗爭을 전개하게까지되는 일이었다.[150] 그리하여 이 무렵의 農業生産은, 다시금 小農經濟가 극단으로 파탄 몰락하는 가운데, 지배층·관료층의 地主經營(幷作經營·農場經營) 및 富民層의 大農經營이 주도하게 되고, 나아가 몰락하는 農民層은 지배층·지주층의 農場에 招集되어 사회적 경제적으로 예속케 되지 않을 수 없도록 되고 있었다. 말하자면 이시기의 結負制 改革, 租稅收取의 강화를 둘러싸고서는, 그 矛盾構造가 이중 삼중으로 중첩되기에 이르고 있는 것이었다.

---

148) 李相佰, 『李朝建國의 研究』, 1949.
    金泰永, 『朝鮮前期 土地制度史 研究』, 1983.
    李景植, 『朝鮮前期土地制度研究』, 1986.
    朴京安, 『高麗後期 土地制度研究』, 1996.
149) 梁元錫, 「麗末의 流民問題」(『李丙燾博士華甲紀念論叢』, 1956).
    姜恩景, 『高麗後期 戶長層의 變動 研究』, 延世大 大學院, 1998.
150) 김석형, 『봉건 지배계급을 반대한 농민들의 투쟁 — 고려편』(열사람, 1989).
    朴宗基, 「12, 13세기 農民抗爭의 原因에 대한 考察」(『東方學志』 69, 1990).
    김순자, 「원간섭기 민의 동향」(『역사와 현실』 7, 1992).

이같은 矛盾構造는 결국 高麗國家의 위기상황 그것이었다. 高麗國家는 이
제 新羅末年의 경우와 마찬가지로 그 존립이 위태로워지고 있는 것이었으며,
따라서 이 무렵의 高麗國家에서는 다시금 그 結負制 租稅制度를 재조정, 개혁
함으로써 위기상황에서 탈출할 것이 요청되지 않을 수 없었다. 高麗後期의 역
대 國王과 重臣들은 그러한 事業을 再三 再四 현안으로서 政策에 반영하고 있
었다.[151] 그러나 그러한 시도는 이미 高麗國家를 위한 事業이 될 수 없었으며,
그것을 해결하려는 운동이 전개되었을 때, 그것은 새 國家를 건설하는 王朝革
命으로까지 이어지고 있었다.

5. 朝鮮時期의 結負制

朝鮮王朝는 高麗末年의 結負制를 위요한 租稅制度의 矛盾構造, 收租權 分
給制의 不合理한 운영을 시정하기 위하여 전개되고 있었던 일련의 改革運動
과정에서 수립된 國家였다(1392). 그것도 그 改革이 겨우 科田法 등을 제정한
(1391) 단계에서 革命的인 방법으로 수립된 國家였다. 이같이 제정된 科田法
은 물론 중요한 改革이기는 하였으나, 그러나 이것은 兩班支配層에게 分給되
는 收租權의 불균형을 조정할 수 있는 데 불과한 제도였으며, 結負制에 기초
한 이 시기 租稅制度의 矛盾構造를 근원적으로 해결할 수 있는 제도는 아니었
다. 그러므로 朝鮮王朝가 수립된 후에도 高麗末年의 結負制를 위요한 矛盾은
여전히 未解決의 문제로 남지 않을 수 없었고, 그뿐만 아니라 새 王朝에서도
그 高麗末年의 結負制를 그대로 쓰지 않으면 아니되기도 하였다. 高麗國家를
파탄시킨 結負制 租稅制度의 모순구조가 그대로 새 王朝로 移越되고 있는 것
이었으며, 따라서 새 王朝를 창건한 政治勢力들은 그들의 國家를 수립한 후에
도, 계속 結負制 租稅制度의 모순문제를 해결하기 위한 改革事業을 추진하지

---

151) 朴京安, 『高麗後期 土地制度硏究』, 1996.
　　　'高麗後期 土地問題와 "祖宗田制"(『韓國 古代·中世의 支配體制와 農民』,
　　　1997).
　　拙 稿, 註 112) 논문의 註 36) 참조.

않으면 아니되었다. 더욱이 이때의 개혁은 麗末의 結負制가 안고 있었던 모순 문제를 해결하려는 데 목표가 있는 것이기는 하였지만, 그러한 가운데서도 이 때에는 高麗時期 이래의 農業技術, 農業生産力의 발달을 배경으로, 平安道 咸 鏡道 江原道 黃海道 등의 지역에는 아직 歲易農法 代田農法이 많이 남아 있다 는 점과, 京畿·下三道에도 아직 歲易農法이 남아 있기는 하였으나,[152] 그러나 三南지방에는 農業의 대세가 이미 常耕化되고 集約化되고 있는 상황이 현저 하였으므로(『農事直說』의 農法),[153] 結負制 租稅制度에 대한 개혁은 단순한 개 혁이 아니라, 이같은 농업발전의 偏差를 포괄적으로 반영하는 가운데, 그 結

---

152) 『世祖實錄』 卷 9, 世祖 3年 10月 壬子, 7冊, p. 231.
     京畿·下三道豪俠之家 廣占良田 或互相陳荒
   『世祖實錄』 卷 32, 世祖 10年 2月 甲申, 7冊, p. 607.
     咸吉道 …… 本道則土田瘠薄 率皆歲易而耕
   『成宗實錄』 卷 12, 成宗 2年 11月 壬子, 8 冊, p. 610.
     黃海道地廣民少 凡耕田者 歲歲遞耕 以休地力
   『成宗實錄』 卷 72, 成宗 7年 10月 癸酉, 9冊, p. 383.
     江原道 …… 本道山田多而平田少 雖山上山腰之田 地勢不甚傾側 土品
     肥厚 累年耕治處 則打量續案施行 其餘年年換耕火田 則勿錄續案 每秋
     審覈 隨耕隨稅何如
   『成宗實錄』 卷 196, 成宗 17年 10月 己卯, 11冊, p. 147.
     平安道 …… 本道旱田多 而水田少 東北三面 皆高山大堅 江邊一路尤甚
     人耕山上 更歲迭休 而平疇正田 僅十分之一
   李景植, '朝鮮初期의 北方開拓과 農業開發(『朝鮮前期土地制度研究』 II, 1998).
   『磻溪隨錄』 卷 1, 田制 上, p. 8.
     嶺西峽邑等處 又多墝薄 或有鄕邑遍境皆瘠 不得歲耕之地 則倍給其頃
     使爲代田亦可
   『備邊司謄錄』 41, 肅宗 13년 10월 20일, 4冊, p. 80.
     或田有溝 廣於壟二三倍者 欲息土而代墾 此等甚多
   『與猶堂全書』 詩文集 9, 應旨論農政疏
     今觀畎畝之間 或尋丈空谿 或五六叢疊 …… 今貧民無田者 借人種豆之
     田 耕其溝而種之麥 名曰借谷
153) 『農事直說』을 중심으로 한 이 시기의 農法 農業技術에 관해서는 다음의 논고를 참조.
   金相昊, 前揭論文.
   宮嶋博史, '朝鮮農業史에서의 15世紀(『朝鮮史叢』 3, 1980).
   李泰鎭, '14·15세기 農業技術의 발달과 新興士族'(『韓國社會史研究』, 1986).
     '世宗代의 農業 技術政策'(『朝鮮儒敎社會史論』, 1989).
   李鎬澈, '조선 전기의 農法'(『朝鮮前期農業經濟史』, 1986).
   閔成基, 『朝鮮農業史研究』, 1988.
   拙 著, 『朝鮮後期 農學史研究』, 1988.

負制 租稅制度를 보다 합리적인 것으로 재창조하는 것이 되지 않으면 아니되
었다. 朝鮮初期에는 이같은 문제를 배려하는 가운데, 그리고 몇 단계에 걸치
는 改革過程을 거치는 가운데, 마침내 朝鮮時期 특유의 結負制를 성립시키기
에 이르고 있었다.[154]

1) 朝鮮 結負制의 成立過程

(1) 頃畝法의 試圖

朝鮮王朝가 건국한 직후 시급히 수행해야 할 事業은, 租稅制度를 再定立함
으로써 民心을 안정시키고 國家의 租稅收取와 科田法을 원활하게 운영하는
일이었다. 그리고 그러기 위해서는 당시 시행하고 있었던 踏驗損實의 租稅制
度를 釐正하고, 그것이 입각하고 있는 農地를 改量함으로써 그 農地를 정확하
고 공정하게 파악하지 않으면 아니되었다. 踏驗損實은 高麗朝 이래의 제도로
서 太祖代에 이를 한 번 釐正하였으나, 오랫동안 量田이 안 된 데서 農地 자
체가 租稅를 公平하게 부과할 수 있을 만큼 正確하게 파악되고 있지 않은 데
다(經界不正), 踏驗이 그 官吏들의 눈대중과 私情에 의해서 운영됨으로써 결
국 공정하게 판정될 수 없었던 것이 실정이었다.[155] 그 운영상의 폐단을 釐正
하기 위한 '救弊條件', '損實規畫'이 마련되기도 하였지만, 이로써 문제의 해결
을 기대하기는 어려웠다.[156] 그리고 이때에는 아직 새로운 結負 量田制를 수립

---

154) 이때의 結負 量田制 및 租稅制度의 제정과정에 관해서는 다음 論著들이 이를 소상
    하게 다루고 있으므로, 여기에서는 本稿의 취지와 관련하여 필요한 사항만을 논하기
    로 하겠다.
      朴時亨, '李朝田稅制度의 成立過程'(『震檀學報』 14, 1941) 및 註 8)의 논문.
      千寬宇, 『韓國土地制度史』 下(『韓國文化史大系』 Ⅱ, 1965).
      金泰永, 前揭書.
      朴興秀, '世宗朝의 科學思想', 3. 世宗朝의 租稅法을 위한 田制改革(『世宗朝文化
    研究』 Ⅰ, 1982).
155) 『世宗實錄』 卷 41, 世宗 10年 9月 癸丑, 3冊, p. 143. 率以眼量審之 頗有輕重之失
    『世宗實錄』 卷 49, 世宗 12年 8月 戊寅, 3冊, p. 251. 或挾私失中者 十常八九
    『世宗實錄』 卷 71, 世宗 18年 2月 戊午, 3冊, p. 666. 損實輕重 不能適中
    『世宗實錄』 卷 102, 世宗 25年 11月 癸丑, 4冊, p. 520. 出於官吏一時所見 輕重大失
    『世宗實錄』 卷 112, 世宗 28年 6月 甲寅, 4冊, p. 679. 踏驗之法 任情輕重
156) 『世宗實錄』 卷 49, 世宗 12年 8月 戊寅, 3冊, p. 251.
    『世宗實錄』 卷 71, 世宗 18年 2月 丁巳, 3冊, p. 666.

하고 있지 않아서, 朝鮮王朝에서는 世宗代에 이르기까지도 高麗末年의 結負
量田制, 즉 '1結 方 33步', '上·中·下 3等의 隨等異尺制'의 원칙으로서 量田을
하지 않으면 아니되었는데,[157] 그러한 高麗의 結負 量田制에는 근본적으로, 3
等 量田尺의 長短의 差分은 비록 均一하나 그 實積의 差는 크게 不均하고,[158]
그뿐만 아니라 그 田品等第는 단지 3等으로 구분되고 그 간격이 촉박하여서,
이로써는 肥瘠이 극단으로 벌어져 있는 우리나라 全國의 農地의 田品을 통일
적으로 공평하게 파악하기 어려운 한계가 있었다.[159]

　말하자면 이때의 租稅制度 개혁의 문제는 踏驗損實의 제도와 結負 量田制
를 하나의 문제로서 동시에 改革하는 것이 되지 않으면 아니되었다. 그러므로
이는 임시방편적인 미봉책으로서 해결될 문제가 아니었으며, 따라서 결국 이
때 政府에서는 踏驗損實의 제도는 定額制로서의 貢法의 제도로, 方 33步와 3
等量田尺의 結負 量田制는 貢法의 시행을 전제로 한 單一量田尺의 中國式 頃
畝 量田制로 전면 改革하는 정책전환을 과감하게 시도하지 않을 수 없었다.[160]

　그리하여 이러한 改革事業을 수행하기 위해서, 政府에서는 여러 차례의 貢
法 시행 可否에 관한 토론을 거치는 가운데,[161] 마침내 世宗 25년 11월에는

157)『世宗實錄』卷 41, 世宗 10年 8月 丁酉, 甲辰, 乙巳, 3冊, p. 141.
　　『世宗實錄』卷 41, 世宗 10年 9月 癸卯, 3冊, p. 145(江原, 全羅).
　　『世宗實錄』卷 42, 世宗 10年 12月 己亥, 3冊, p. 158.
　　『世宗實錄』卷 45, 世宗 11年 8月 癸卯, 3冊, p. 196(忠淸, 慶尙).
　　『世宗實錄』卷 46, 世宗 11年 10月 癸未, 3冊, p. 201.
　　『世宗實錄』卷 58, 世宗 14年 10月 壬子, 3冊, p. 423(京畿).
158)『世宗實錄』卷 102, 世宗 25年 11月 癸丑, 4冊, p. 520.
　　前此三等田尺長短 三等田方面 其差雖均 然實積之差不均
159) 앞의〈表 3〉및 註 136)의 A 2, C 2 참조. 이에 의하면, 이때 이 改革事業에 참여
　　하고 있는 朝鮮王朝의 政治人들은 高麗의 結負 量田制를 '三等之田 差等不遠'하고
　　'八道地品不一 非三等所能盡 而差科不精'한 것으로 파악하고 있었다.
160) 이때의 改革過程에 관해서는 註 148)의 논문 참조.
161)　討論은 貢法시행에 대한 A 2, C 2 賛反여부로부터 시작되었는데, 이 制度를 시행하려
　　는 것이 비록 世宗의 뜻이기는 하였지만, 朝廷에서는 참으로 여러 차례 격렬하게 可
　　否의 토론을 전개하고 있었다(①『世宗實錄』卷 49, 世宗 12年 8月 戊寅, 3冊, p.
　　250은 그 한 예). 이때 政府가 全國에 대하여 道別로 조사한 바에 의하면, 可가
　　98,657명 否가 74,149명으로 賛成하는 쪽의 수가 좀 많기는 하였지만, 그러나 여
　　기서 문제가 되어야 할 것은 그 수가 아니라 反對의견의 내용이라고 하겠다. 그것은
　　크게 세 가지 점으로 정리할 수 있겠다. 첫째는 貢法을 시행하면 試驗的으로 시행하

貢法制와 頃畝 量田制를 시행할 수 있는 제도적 장치, 즉 '分田品事目'과 '量田
事目'을 마련하고, 이같은 일련의 사업을 담당하게 될 主務機關인 田制詳定所
도 설치하게 되었다.[162] 그러므로 이 두 事目을 살피면 이때의 頃畝 量田制의
내용이 잘 드러난다고 하겠다. 그러한 원칙으로서 量田事業을 먼저 시행하고
자 한 곳은 京畿道 安山 지방이었다.[163]

分田品事目은 모두 7개항으로 되어 있는데, 그 중에서도 本稿의 주제와 관
련하여 특히 주목하게 되는 것은, 高麗時期의 結負 量田制의 3等田品을 朝鮮
時期의 頃畝 量田制의 5等田品으로 改正하기 위해서 일정한 원칙을 정하고
있는 일이었다(1, 2항).[164] 이에 관해서는 뒤에 다시 논하게 되겠지만, 여기에

고 있는 곳의 예로 보아 租稅가 종래보다 倍나 증가하는데, 종래의 下等田에서는 특
히 그러하다는 점이고(②『世宗實錄』卷 101, 世宗 25年 7月 癸亥, 4冊, p. 492),
다음은 土地가 肥沃한 下三道지역에서는 贊成이 많으나 土地가 瘠薄한 咸吉道 平安
道 黃海道 江原道 등지에서는 反對가 많다는 점이며(①과 同 ; ③『世宗實錄』卷 49,
世宗 12年 7月 癸卯, 3冊, p. 244 ; ④『世宗實錄』卷 82, 世宗 20年 7月 壬辰, 4
冊, p. 153), 셋째는 肥沃한 農地·良田을 많이 소유하고 있는 富民은 이 制度를 좋
아하나, 瘠薄한 農地를 소유하고 있는 貧民과 富民이라도 互相陳起하는 瘠田을 소유
하고 있는 사람들은 이를 反對한다는 점이었다(①, ④와 同).

그러므로 政府가 貢法을 시행하기 위해서는, 이때 이같은 反對輿論을 무마시킬 수
있는 방안을 마련하지 않으면 아니되었다. 첫째의 문제는 세율을 낮추면 될 수도 있
었겠지만, 그러나 이 세 가지 문제는 개별적으로 해결할 문제가 아니라, 하나의 制
度로서 해결하지 않으면 아니되었다. 그리고 그러기 위해서는 결국 高麗時期 이래의
3等田品을 더욱 細分해서, 그것으로서 肥瘠이 극단화되어 있는 全國의 農地에 대하
여, 租稅가 적절하게 부과되도록 하는 制度를 마련하는 것이 최선의 방안일 수밖에
없었다. 그리하여 여기에 貢法의 시행을 위해서는 田品等第을 9等級으로 細分해야
한다는 견해도 제기되었으나(①과 同, 3冊, p. 251, 252 ; ⑤『世宗實錄』卷 89, 世
宗 22年 6月 癸未, 4冊, p. 292), 이 단계에서는 踏驗損實의 租稅制度를 개혁하는
문제가 시급한데, 量田사업은 1, 2年으로서 끝낼 수 있는 일이 아니라는 데서 이 방
안은 채택되지 못하였으며, 우선은 舊田案에 의거하여 文書上으로 그 田畓 하나하나
의 田品을 5等級으로 細分하고, 그 結負束 把를 頃畝 步로 換算하도록 하는 방안
이 마련되었다(⑥『世宗實錄』卷 102, 世宗 25年 10月 戊申, 4冊, p. 519 ; ⑦『世
宗實錄』卷 102, 世宗 25年 11月 癸丑, 4冊, p. 520).

162)『世宗實錄』卷 102, 世宗 25年 11月 甲子, 4冊, p. 524.
163) 同上, 乙丑日, 4冊, p. 524.
164)『世宗實錄』卷 102, 世宗 25年 11月 丙辰, 4冊, p. 521.
    分田品事目
    1. 下三道水田 膏腴之地多 而瘠薄之地少 京畿黃海道水田 膏腴瘠薄相半 而江原咸
    吉平安道水田 瘠薄之地尤多 下三道旱田水田之曾定上中等者 則乃以勿論水旱 禾

서 우리가 지적하고 나가야 할 것은 舊田品에서의 中等田을 혹 陞等시키거나 降等시키기도 하고, 下等田과 山田의 田品을 대폭으로 上向 조정하는 가운데, 新田品에서는 1, 2等田이 늘어나게 되고 있는 점이었다.

　量田事目은 5개항으로 되어 있는데, 그 중에서도 우리가 이곳에서 주목하게 되는 것은 頃畝 量田에 관한 다음과 같은 두 항목이다.

> 1. 量田所用周尺計五步 木尺造作 面刻十分 量田時 步外餘數量用 量繩每步着小標 每十步着大標 一日內累次校正
> 2. 今量田 以方五尺 積二十五尺 爲一步 二百四十步爲一畝 百畝爲一頃 五頃爲一字 餘數不用[165]

　그런데 이같은 항목을 통해서 보면, 이때 시행하게 될 量田은 여러 가지 점에서 高麗末年의 그것과 크게 다른 바가 있었다. 그것을 우리는 다음과 같이 몇 가지 점으로 정리할 수 있다.

　첫째, 이때의 이 頃畝 量田에서는 農地의 肥瘠을 구분하는 田品等第를 量田事目上에 규정하고 있지 않았다. 이때에는 租稅制度에서의 貢法의 시행문제와 관련하여 그리고 田品을 규정하는 사안의 중요성에 비추어, 田品等第를 구분하고 규정하는 事業은 앞에서 언급한 바 分田品事目을 통해서 量田事業과는 별도의 分田品事業으로서 수행하고 있었으며,[166] 이번 頃畝 量田에서는 다만 모든 農地에 대하여 肥瘠의 구분 없이 그 廣挾 그 實積을 파악할 것을 목표로 하고 있었다. 이를 좀더 구체적으로 말하면 量田의 방법·목표가 高麗에서와 같이 '方 33步'를 측정함으로써 結負를 파악하려는 것이 아니라, 中國에서

　　穀茂盛者而分其等也
　2. 請以前上等旱水田 名爲第一等
　　中等旱水田 名爲第二等 其中曾分等不中者 或陞或降 務要得中
　　其前定下等水田內 雖無水源 若地品膏腴者 並於第一等第二等第三等 從宜改定
　　且地勢雖高 沙土相半 若引水灌漑 禾穀豊登者 亦當酌量定於二三等 又其次者 定
　　於第四等 其中沙石瘠薄 無異江原咸吉平安之最下水田 定於第五等 若川防灌漑處
　　不在第五等例
　3. 山田內 雖山腰山下之田 若土厚禾穀茂盛者 亦更酌量分等
165)『世宗實錄』卷 102, 世宗 25年 11月 乙丑, 4冊, p. 524.
166) 註 164) 참조.

와 같이 周尺 5尺을 1步로 하고, 每步마다 小標를 하고 10步마다 大標를 한 긴 量繩(밧줄·줄자)으로 地積을 측량함으로써, 단지 農地의 實積을 몇 步, 몇 畝, 몇 頃으로 파악하려는 것, 즉 中國式 頃畝法으로 파악하려는 것이었다. 그리하여 이같이 파악한 農地實積에 대하여, 稅를 부과하기 위해서는, 위에서 지적한 바 分田品의 원칙(이 단계에서는 5等田品으로 구분)을 마련하였다.[167] 그러므로 이번 量田에서는 量田尺이 隨等異尺으로서 마련되는 것이 아니라 單一量田尺으로서 마련되고 있었으며, 그것도 그 작성규정이 高麗末年과 같이 指尺을 基準尺으로 하는 것이 아니라, 頃畝法에 상응하는 周尺을 基準尺으로 하는 가운데 마련하고 있었다. 그리고 이 경우 그 量田尺은 곧 步였으며, 따라서 量繩을 정밀히 마련하기는 하였으되, 그것은 高麗時期 量田에서와 같이 步尺으로서의 尺度의 기능을 갖는 것이 아니라, 단지 量田尺을 편하게 운용하기 위한 보조도구로서의 역할을 하고 있을 뿐이었다.

둘째, 그러나 그러면서도 이번 量田事業에서 활용하고 있는 頃畝法은 中國의 頃畝法 그대로가 아니라, 나름대로 朝鮮 현실에 맞도록 朝鮮式으로 조정한 朝鮮式 頃畝法이었다. 中國에서는 100畝가 頃이 되는 것은 언제나 같았지만, 步는 시대에 따라 基準尺이 달라지고, 畝도 시대를 따라 步에 대한 倍數가 달라지는 가운데 그 實積을 달리하고, 따라서 頃의 地積 또한 달라지고 있었는데,[168] 朝鮮의 頃畝法은 中國의 그 어느 것과도 같지 않은, 朝鮮의 量田事目에

---

167) 同 上.
168) 그것을 時代別로 정리하면 다음과 같다. 그러므로 이를 통해 살피면, 中國에서는 頃畝法의 頃의 넓이가, 時代를 따라 넓어지는 방향으로 變動하고 있었음을 확인할 수 있다.
　　周以後　原周尺*　　方 6 尺爲步　步 100爲畝　畝 100爲頃　約　4,317坪
　　秦以後　秦漢尺**　方 6 尺爲步　步 240爲畝　畝 100爲頃　約 13,949坪
　　唐以後　唐大尺***　方 5 尺爲步　步 240爲畝　畝 100爲頃　約 16,338(17,446)坪
　　中國古代에 일반적으로 이용되는 尺度 中 基本이 되는 것은 周·秦漢尺 19.91～23.1㎝이었는데(註 31 참조), 여기서
　　* 周代 이후의 頃實積은 原周尺을 19.91㎝로 간주하고 계산하였다.
　　** 秦 이후의 頃實積은 다양한 길이의 秦漢尺(22.8～24.4㎝) 中, 標準尺을 23.1㎝로 보고 계산하였다.
　　*** 唐 이후의 頃實積은, 唐大尺(28～31.5㎝)이 그 후 宋布帛尺, 明·淸營造尺 등으로 계승되는 가운데, 조금씩 길어지는 경향이 있었으므로, 그 標準尺度를 약 30㎝로 볼 경우와 31㎝로 볼 경우를 계산하였다. 괄호 안의 수치는 후자의 경우이다.

서 보는 바와 같은 것이 되고 있었다. 그 특징은 量田尺을 周尺 5尺으로 하고, '積 25尺'을 1步가 되게 하며, 240步는 1畝(6,000平方周尺), 100畝=1頃으로 한 점이었다. 그리고 收稅와 관련하여서는, 朝鮮 頃畝法의 단위를 方 5尺=1 步, 24步=1分, 10分=1畝, 100畝=1頃, 5頃=1字丁으로 조정하고, 分 단위 에서 半分(12步) 이상을 1分으로 四捨五入할 것을 追補하고 있는 점이었 다.[169] 그럴 경우 周尺의 길이를 앞에서와 같이 약 20cm로 보면 1頃의 넓이는 지금의 약 7,262坪이 되고, 註 168)에서와 같이 19.91~23.1cm로 보면 1頃 의 넓이는 약 7,229~9,687여 坪이 될 수 있어서, 高麗末年의 下等田의 넓이 보다 훨씬 넓어지고 있음을 보게 된다. 이는 기술한 바 우리나라 古代의 結負 制에서 '方 100把=1結'의 結 實積과 거의 같은 넓이여서 흥미롭다. 아마도 이 때 이 제도를 마련하고 있었던 사람들은, 中國의 頃畝法을 표본으로 하면서도 中國의 그것과 다른 것을 만들고 있었는데, 이것은 한편으로는 외형상 가시적 으로 租稅를 수탈하지 못하도록 할 것을 고려하면서도, 다른 한편으로는 우리 의 古代의 結 實積을 염두에 두고 있었던 까닭이 아니었을까 생각된다.

셋째, 量案을 작성하는 방식도 結負制 量案에서 頃畝法 量案으로 내용이 크 게 달라지지 않을 수 없었다. 그뿐만 아니라 외형도 '一字五頃'의 원칙을 취하 게 됨으로써, 종래의 '一字五結'의 作丁 字號체계가 전부 무너지고, 이제는 頃 畝法에 의한 새로운 字號체계로 변동하지 않을 수 없게 되었다. 이는 이 시기 國家로서는 간단한 문제가 아니었다. 그것은 量案 작성상의 변동은, 단지 量 案이라고 하는 臺帳에 약간의 변동이 있게 됨을 뜻하는 것이 아니라, 이 시기 農地의 字號체계와 관련하여 운영되고 있었던 모든 農政上의 문제, 이를테면 租稅收納, 收租權 分給(科田), 出軍 賦役, 기타 등등 수많은 일들이, 모두 이 와 함께 변동하지 않으면 아니되기 때문이었다.[170] 結負法에서 頃畝法으로의

本 稿, 註 31), 47) 및 좀더 구체적으로는 다음 논문을 참조.

萬國鼎, '秦漢度量衡畝考'(『中國古代度量衡論文集』, 1990).

陳夢家, '畝制與里制'(同 上書).

胡戟, '唐代度量衡與畝里制度'(同 上書).

吳承洛, 『中國度量衡史』, p. 76, pp. 94~97.

前揭, 『中國古尺集說』, p. 6, 22, 41, 50, 60 등.

169) 『世宗實錄』 卷 103, 世宗 26年 正月 庚午, 4冊, p. 537.

전환은, 단지 土地測量에 관한 방법상의 전환이 아니라, 農政上의 대변동, 대
혼란을 수반하는 전환이 아닐 수 없었다. 그러한 점에서 이때의 변동, 개혁에
는 커다란 의미가 주어질 수도 있는 것이었다.

(2) 尺 단위 結負制로의 復歸

世宗 25년에 結負制를 貢法과 결합된 頃畝法으로 改革하려는 이같은 試圖
는 그대로 추진되지 못하고 있었다. 하나의 制度로서 정착되기 전에 커다란
반대에 봉착하게 된 까닭이었다. 그것은 貢法의 시행만도 어려운 문제였는데,
새로 제정한 頃畝法이 또한 문제점을 수반하고 있었기 때문이었다. 그것은 요
컨대 舊來 農地의 3等田品을 5等田品으로 재조정하는 과정에서, 하향조정된
田畓도 많았으나 상향조정된 것이 적지 않아서, 전체적으로 보면 田品分揀이
高重한 것으로 보인다는 점이었다. 1等田이 過多하고 1, 2等田이 종전의 上
等田에 비하여 많아지고 있는 것이었다. 膏腴한 農地를 많이 소유하고 있는
것은 富民들이었으므로, 그들은 貢法의 시행을 찬성하였던 것인데(註 161 참
조), 이제 田品이 高等으로 책정됨으로써 그들은 租稅를 많이 내게 되고 있었
다. 政府의 租稅, 科田, 出軍, 賦役 등 모든 行政體系가 結負制와 연계되어 있
는 것도 문제였다. 그리하여 官이건 民이건 이 낯선 制度에 익숙하지 못하여
경계하고 놀라워하고 있었으며, 이 때문에 세상은 시끄러워지고, 政府에서는
國王과 臣僚들이 여론을 토대로 하여 貢法시행의 便否문제와 頃畝 量田制의
문제점을 다시금 심각하게 再論하지 않을 수 없게 되었다. 그리고 이 토론에
서는 결국 貢法은 그대로 시행하되, 頃畝法은 이를 폐기하고 官民에게 익숙한
結負制로 복귀하며, 量田은 周尺을 基準尺으로 하고, 田品은 5等田에서 6等
田으로 확대 조정하며, 租稅는 그 實積이 다른 6개 等田에 대하여 同科收租함

170) 註 172)의 原文을 다음 자료와 함께 참조.
  『世宗實錄』卷 106, 世宗 26年 11月 戊子, 4冊, p. 594.
  六等田皆以五十七畝爲結 而依此收稅各異 則非惟節目煩碎 科田·出軍·賦役等事 計
  算甚難 當依前例 結卜廣狹各異分定 而同科收租
  이 자료는 직접 頃畝法에 관하여 언급하고 있는 것이 아니지만, 政府가 朝鮮時期의
  結負 量田制를 마련하면서(世宗 26年), 지금까지의 '差等實積 同科收租'의 結負制를
  頃畝法에 유사한 '同一實積 差等收租'의 制度로 改革할 경우, 발생하게 될 혼란을 지
  적한 것으로서, 頃畝法을 시행할 수 없었던 사정을 이해하는 데 도움이 된다.

으로써, 頃畝法 田品의 불합리에서 오는 폐단을 제거하자는 등의 새로운 절충안이 제기되기도 하였다.[171] 그리고 國王도 아쉬운 대로 이 절충안을 허락하지 않을 수 없었다.[172] 朝鮮政府로서는 頃畝 量田制로의 改革을 너무 安易하게 생각하고 착수한 것이었으며, 한번 시도한 개혁과정을 너무나도 간단하게 포기하고 있는 것이었다.

結負制에 입각한 貢法을 시행하기 위해서는, 그에 상응하는 몇 가지 규정을 조정함으로써 새로운 事目을 작성하지 않으면 아니되었다. 田制詳定所에서 그러한 사업을 수행한 것은 世宗 26년의 일이었는데, 그러기 위해서는 6等田의 結의 所出상황을 먼저 현지에서 조사하고, 이와 아울러서는 다른 자료도 참작하는 가운데 土田結卜, 田品等第, 年分高下를 분간해서 收稅하는 종합적인 結負制의 量田事目을 試案으로서나마 마련하지 않으면 아니되었다.[173] 그러므로 이 量田事目에는 世宗 26년의 結負 量田制의 특징이나, 이에 앞서 있었던 高麗末年의 結負制 및 頃畝 量田制와의 차이점이 잘 드러나 있다고 하겠다. 이 量田事目은 전 15개 項으로 되어 있는데, 그 중에서도 本稿에서 주목하게 되는 바를 늘면 다음과 같이 몇몇 항목으로 정리할 수 있다.

첫째, 結負制는 高麗의 3等田品, 頃畝 量田制의 5等田品을 더욱 세분하고 확대해서, 田品을 1等田에서 6等田에 이르는 6등급으로 구분하고, 田品에 따라, 즉, 각 等田에 따라 量田尺의 길이와 結 實積이 차이가 나도록 하였다(隨等異尺). 量田尺의 길이는 1等田尺을 周尺 4.775尺으로 하고 등급에 따라 점점 늘어나 6等田尺의 경우 周尺 9.55尺이 되게 함으로써 그간에 2배 차가 나도록

---

171) 『世宗實錄』 卷 103, 世宗 26年 正月 庚申, 4冊, p. 535.
　　『世宗實錄』 卷 104, 世宗 26年 5月 丁巳, 4冊, p. 555.
　　『世宗實錄』 卷 104, 世宗 26年 6月 甲申, 4冊, p. 561.
172) 『世宗實錄』 卷 104, 世宗 26年 6月 甲申, 4冊, pp. 561~562.
　　傳旨議政府六曹曰 田制所啓 或曰頃畝分雖曰古制 無大利害於民而駭於視聽 且田分五等年分九等摠計五十餘件 筆計煩冗 奸吏因緣爲盜 出軍·賦役等事 亦多節目 依舊結負之法 廣挾量宜詳定 同科收租 …… 上曰 改頃畝步法 仍舊爲結負束把 以五等之田一二等推移爲六等 其六等之田 皆用周尺量之 隨地廣挾 同科收稅何如 僉曰上敎允當
173) 『世宗實錄』 卷 106, 世宗 26年 11月 戊子, 4冊, p. 593. 그 명칭은 '土田結卜改定及田品等第年分高下分揀收稅之法'이라 하였으나, 간추려서 世宗 26年의「量田事目」이라 부르기로 한다.

하였으며, 結 實積은 1等田의 실적을 38畝로 하고 등급에 따라 점점 늘어나
6等田 실적이 152畝가 되게 함으로써 그 사이에 4배 차가 나도록 하였다. 田
品에 따라 이같이 結 實積을 다르게 한 것은, 그 각 等級의 農地는 肥瘠이 달라
서 그 1結에서 생산되는 所出을 같게 할 수 있으려면, 따라서 租稅를 貢法으로
서 동일하게 내도록 하려면, 그만한 農地面積의 넓이의 차이가 필요하였다(同
科收租). 이렇게 할 경우 周尺의 길이를 약 20㎝로 간주하면, 1等田은 지금의
면적으로서 약 2,759.53坪, 6等田은 약 11,038.12坪이나 되었다(表 4 참조).

둘째, 結負制의 내용을 이같이 함으로써 貢法을 시행하기 위해서는, 먼저
그 전제로서 일정 面積에서는 일정 所出이 난다는 사실이 파악되어야 하는데,
田制詳定所에서는 이를 57畝의 農地(高麗 結負制에서의 下等田의 實積)가 1等
田일 경우에는 그 所出이 80石(米 40石＝600斗), 6等田일 경우에는 20石(米
10石＝150斗)이 된다는 점을 기준으로 하고 있었다. 각 등급간에 12石씩의
차이를 두었으며, 그러한 所出을 年分九等, 二十分稅一로 1等田의 경우 米
30斗 징수할 것을 원칙으로 하였다. 그런데 여기서 所出을 파악하는 문제는,
단순한 가정이 아니라, 田制詳定所에서 政府의 文武官과 同所 別監의 의견을
듣고, 지방 各官으로 하여금 識理品官을 訪問하고 屯田의 5년간 耕種所收 상
황을 보고받으며, 政府三大臣이 忠淸道 淸安에서 실제의 農作상황을 親審해
서 정한 바 자료를 기초로 해서 이를 마련하였으며, 그 후에는 다시 忠淸道의
淸安·庇仁, 慶尙道의 咸安·高靈, 全羅道의 高山·光陽 등지에서 조사한 바를
기초로 하여 이를 보완하고 있었다.[174]

셋째, 田制詳定所에서는 이같이 57畝 1等田일 경우의 所出관계를 파악한
다음, 이를 실제로 그들이 정하고자 하는 바 朝鮮 結負制의 1等田에서 6等田
까지의 各等田의 租稅를 同科收租로 징수하기 위해, 그 所出을 전제로 한 57
畝의 農地를 아래위로 밀고 늘려서(推而演之) 1等田에서 6等田까지의 實積을

---

174) 『世宗實錄』卷 104, 世宗 26年 6月 辛丑, 4冊, p. 566.
　　　『世宗實錄』卷 105, 世宗 26年 7月 辛亥, 4冊, p. 567.
　　　『世宗實錄』卷 105, 世宗 26年 8月 丁未, 4冊, p. 580.
　　　『世宗實錄』卷 105, 世宗 26年 8月 庚午, 4冊, p. 582.
　　　『世宗實錄』卷 106, 世宗 26年 11月 戊子, 4冊, p. 593.

위에서와 같이 38畝(57畝의 2/3)에서 152畝(38畝의 4배)로 조정하였다. 그
리고 이에 따라서는 두 가지 문제를 재조정하였다. 그 하나는 量田尺을 정하
는 일인데, 이를 위해서는 계산의 편의를 위하여, 各等田의 實積(1等田 38
畝~6等田 152畝)을 開方하여 그 1邊을 100等分하고, 그 하나를 量田尺 1尺
이 되게 함으로써, 1等田에서 6等田에 이르는 量田尺이 각각 그 길이가 다른
6개의 隨等異尺이 되게 하였다. 다른 하나는 朝鮮 結負制의 1等田의 所出을
米 400斗, 租稅는 그 20분의 1인 米 20斗로 조정하였으며, 2等田에서 6等田
에 이르는 各等田의 租稅도 同科收租로 걷게 되는 것이므로 1等田과 同額이
되게 하였다. 그리고 이러한 稅額을 年分 9等의 원칙에 따라 1等田에서 6等田
에 이르기까지 모두 上上年 20斗, 下下年 4斗를 걷도록 하였다.

넷째, 災結에 대해서는 그 규제가 강하여서, 正田 내에서 경작할 수 있는
農地를 多執하고 互相陳荒하는 것은 모두 收稅하며, 災傷田은 片段의 災傷田
은 제외하고, 衆所共知의 連伏 10結 이상의 農地가 全損하였을 경우, 조사하
여 減租하도록 하였다. 이는 貢法制를 전제로 하는 것이기는 하였지만, 납득
하기 어려운 불합리한 규정으로서, 뒤에 많은 논란이 있게 되고 수정된다.[175]

(3) 朝鮮 結負制의 完成

世宗 26년의 量田事目을 이같이 정리하고 보면, 이것은 우리가 이해하고
있는 朝鮮王朝의 結負制에 거의 근접해 있음을 알게된다. 그러나 이것으로서
그 結負制가 완성된 것은 아니었으며, 이때에는 量田事目이 이렇게 마련되기
는 하였지만, 이것은 하나의 試案에 불과하였다. 그 후 貢法의 租稅制度를 정
착시키기 위해서는 量田事業을 전국적으로 시행하지 않으면 아니되었는데,
그러한 事業은 지지부진하여서 成宗朝에 이르기까지도 量田을 하고 貢法收稅

---

175) 『世宗實錄』卷 106, 世宗 26年 11月 戊子, 4冊, p. 594.
　　一, 災傷之田 除片段災傷外 衆所共知連伏十結以上全損之田 守令親審報監司 監司
　　啓聞後 分遣敬差官 災傷分數 啓聞取旨 減其租稅
　　『世宗實錄』卷 112, 世宗 28年 6月 甲寅, 4冊, p. 679.
　　一, 災傷連五結以上 方許免稅 大抵一人之田 連卜五結者寡 而間在他人之田者多矣
　　『世宗實錄』卷 113, 世宗 28年 7月 戊辰, 4冊, p. 684.
　　一, 初立貢法也 以連伏十結 一人所耕 皆全損然後 許令免稅 久遠陳田 并令納稅 此
　　其立法之未詳也

를 하는 지역은 京畿道와 下三道뿐이고, 江原·黃海·永安·平安道 등은 60여
년간 改量을 하지 못한 채 損實收稅를 하고 있었다.[176] 그리고 量田의 시행 貢
法의 정착을 위해서는, 政府에서 打量方式, 田品分等, 年分九等 등을 중심으
로 격렬한 토론이 있게 되는데, 이에 따라서는 이미 마련한 각종 事目이 조금
씩 조정되기도 하고 새로운 여러 가지 규정을 마련하게도 되고 있었다. 그러
므로 이같이 조정 변동된 여러 가지 事目과 규정을 종합하면, 朝鮮의 結負 量
田制의 내용이 거의 그 안에 담기게 된다고 하겠으며, 따라서 朝鮮王朝의 結
負制는 그러한 긴 기간에 걸쳐 완성을 보게 되는 것이라고 하겠다.[177] 당시에
는 그같은 朝鮮王朝의 結負 量田制를 "田制儀注"로서 제정할 것을 요청하고도
있었는데(註 177의 ⑩), 그 후 政府에서 편찬한 『遵守冊』(內題 : 『田制詳定所
遵守條畫』)은 이 요청을 수용하여 실현시킨 것이라 하겠으며, 이는 그간에 있
었던 여러 事目과 규정을 취사선택하고 종합 정리함으로써 완성한 것이었다
고 하겠다.[178] 그러한 점에서 朝鮮 結負制의 특질은 이 『遵守冊』에 그 전모가

---

176) 『成宗實錄』 卷 10, 成宗 2年 4月 辛未, 8冊, p. 568.
　　金泰永, '朝鮮前期 貢法의 성립과 그 전개'(『朝鮮前期 土地制度史研究』所收) 참조.
177) 世宗 26年을 전후한 시기에 볼 수 있는, 結負 量田制와 관련되는 改革의 推移 및
　　規程으로서, 중요하다고 생각되는 것을 들어보면 다음과 같다.
　　　①高麗 結負 量田制의 改革推移, 『龍飛御天歌』第73章, pp. 816~819.
　　　②世宗 12年 損實救弊條件, 『世宗實錄』 卷 49, 世宗 12年 8月 戊寅, 3冊, p. 251.
　　　③世宗 18年 損實規畫, 『世宗實錄』 卷 71, 世宗 18年 2月 丁巳, 3冊, p. 666.
　　　④世宗 18年 貢法節目(分各道爲三等), 『世宗實錄』卷 72, 世宗 18年 5月 丁亥, 3冊,
　　　　p. 677.
　　　⑤世宗 25年 量田便宜之策, 『世宗實錄』 卷 102, 世宗 25年 10月 辛亥, 4冊, p. 520.
　　　⑥世宗 25年 分田品事目, 『世宗實錄』 卷 102, 世宗 25年 11月 丙辰, 4冊, p. 521.
　　　⑦世宗 25年 量田事目, 『世宗實錄』 卷 102, 世宗 25年 11月 乙丑, 4冊, p. 524.
　　　⑧世宗 26年 量田事目, 『世宗實錄』 卷 106, 世宗 26年 11月 戊子, 4冊, p. 593.
　　　⑨世宗 28年 貢法可行節目 지시, 『世宗實錄』 卷 112, 世宗 28年 5月 辛未, 4冊, p. 671.
　　　⑩世祖 元年 田制儀注 제정을 요청, 『世祖實錄』 卷 1, 世祖 元年 7月 戊寅, 7冊, p. 68.
　　　⑪世祖 2年 量田規式, 『世祖實錄』 卷 4, 世祖 2年 7月 己丑, 7冊, p. 144.
　　　⑫世祖 9年 江原道量田諸事例, 『成宗實錄』 卷 58, 成宗 6年 8月 甲戌, 9冊, p. 250.
　　　⑬世祖~成宗 量田·收稅의 法, 『經國大典』 戶典, 量田 收稅條.
　　　⑭成宗 2年 量田節目 마련 지시, 『成宗實錄』 卷 11, 成宗 2年 7月 乙酉, 8冊, p. 589.
　　　⑮成宗 5年 貢法捄弊節目, 『成宗實錄』 卷 38, 成宗 5年 正月 辛亥, 9冊, p. 85.
178) 『遵守冊』은 ①序(田制의 成立過程), ②等第田品, ③打量田地, ④量田規式(제목
　　이 설정되어 있지는 않다), ⑤准定結負, ⑥該等規式, ⑦九九法, ⑧各樣尺見樣式
　　등으로 構成되었으며, 前註의 事目 規程 등을 중심으로 첨삭을 가하는 가운데 정세

담겨져 있는 것이라고 하겠다.

그러므로 이제 이『遵守冊』을 중심으로, 이를 편찬하는 데 기초가 된 여러 자료를 참작하는 가운데(註 177 참조), 朝鮮時期 結負 量田制의 핵심을 一覽할 수 있도록 일괄 정리해 보면 다음의〈表 4〉와 같이 된다.

『遵守冊』을 통해서 朝鮮時期 結負 量田制의 골격을 이와 같이 정리하고 보면, 앞에서 검토하였던 바 高麗時期의 그것 및 世宗 25년의 頃畝 量田制와 비교하여, 그 변동상황과 특징이 잘 드러난다고 하겠다. 우리는 그것을 다음과 같이 몇몇 계통으로 정리할 수 있을 것이다.

첫째는 前時期에 비하여 이때에는 結負 量田制에서의 田品等第가 좀더 세분화되고 있는 일이었으며, 그것은 世宗 25년의 分田品事目과 世宗 26년의

〈表 4〉　朝鮮前期의 田品과 量田尺, 結 實積, 所出, 租額

田品		1等田	2等田	3等田	4等田	5等田	6等田
量田尺① 周尺		4.775尺	5.179尺	5.703尺	6.434尺	7.550尺	9.550尺*
(m		95.50cm	103.58cm	114.06cm	128.68cm	151.0cm	191.0cm)*
把實積	量田尺①(面)	1尺	1尺	1尺	1尺	1尺	1尺
	(積)	1尺	1尺	1尺	1尺	1尺	1尺
	周尺 (積)	22.80尺	26.82尺	32.52尺	41.39尺	57.00尺	91.20尺
負實積	量田尺①(面)	10尺	10尺	10尺	10尺	10尺	10尺
	(積)	100尺	100尺	100尺	100尺	100尺	100尺
	周尺 (積)	2.280尺	2,682尺	3,252尺	4,139尺	5,700尺	9,120尺
結實積①	量田尺①(面)	100尺	100尺	100尺	100尺	100尺	100尺
	(積)	10,000尺	10,000尺	10,000尺	10,000尺	10,000尺	10,000尺
	周尺 (積)	228.006尺	268.220尺	325.242尺	413.963尺	570.025尺	912.025尺
	頃畝	38畝	44畝7分	54畝2分	69畝	95畝	152畝*
	(結當坪 約)	2,759.53	3,246.23	3,936.36	5,010.14	6,898.94	11,038.2)
	(畝當坪 約)	72.619	72.622	72.626	72.610	72.620	72.619)
結 所出(皮穀)		800斗	800斗	800斗	800斗	800斗	800斗
結 租額(米 - 1/20稅)		20斗	20斗	20斗	20斗	20斗	20斗

* 여기서 周尺의 길이는 約 20cm, 頃畝의 단위는 앞에서 이용했던 바와 같다.
* 量田尺 ①은 隨等異尺에서의 量田尺을 뜻한다.
* 結 實積 ①은 隨等異尺으로 量田할 때의 結 實積을 말한다.

하게 다듬고 종합정리한 冊子이다. 이 자료의 성립시기에 관해서는 다음 논문의 참조가 필요하다.

李榮薰,『田制詳定所遵守條劃』의 制定年度'(『古文書硏究』9·10, 1996).

量田事目을 거치면서 이를 종합해서 마련하고 있는 것이었다. 高麗時期에는
田品을 다만 上·中·下로 구분하되, '三等之田 差等不遠'[179] '差科不精'[180]하여서
田品을 구분하는 의미가 크지 않았고, 租稅의 합리적 賦課가 어려웠다. 그뿐
만 아니라 全國八道의 農地는 '地品不一'해서, 즉 지방에 따라 큰 차이가 있어
서, 上·中·下의 3등급만으로서는 '通計八道'하는 田品구분을 하기가 어려웠
고,[181] 따라서 高麗時期의 田品制는 지역 단위 道別로 마련하여 운영하는 실정
이 되지 않을 수 없었다.[182] 그리고 그럼으로 해서 그것은 전국의 農地에 대하
여 均一하게 하나의 체계로서 적용될 수 없는, 말하자면 전국적 규모의 제도
가 될 수 없는 불합리성이 있었다. 그러므로 頃畝 量田制에서는 이를 시정하
기 위하여 5等田品으로 구분하고 分田品事目을 마련하였던 것이고, 結負制로
복귀하면서는 그 分田品事目의 원칙을 그대로 살리면서, 5等田品을 6等田品
으로 확대하고 結負制의 量田事目을 마련하였었다.

그러므로 朝鮮 結負 量田制의 완성을 목표로 하는 田制詳定所에서는, 『遵守
冊』을 통해서 租稅운영의 불합리를 전국적 규모의 제도로서 均一하고 체계적
일 수 있도록 개혁하지 않으면 아니되었다.[183] 田制詳定所에서는 이같은 사업
을, ① 下三道 水田은 膏腴한 農地는 많고 척박한 農地는 적다. ② 京畿·黃海
道 水田은 膏腴한 農地와 척박한 農地가 반반이다. ③ 江原·平安·咸吉(鏡)道
水田은 척박한 農地가 많다는 전제 위에서,[184] 그 田品을 1等田에서 6等田까
지 6개 등급으로 세분하되, 그 田品간의 거리도 비교적 넓게 유지함으로써,
6等田 1結의 넓이(152畝·11,038.12坪)가 1等田 1結의 넓이(38畝·2,759.53

---

179) 『世宗實錄』 卷 49, 世宗 12年 8月 戊寅, 3冊, p. 252.
180) 『遵守冊』 序.
    『龍飛御天歌』 卷 8, 第73章, p. 817.
181) 『遵守冊』 序.
    『龍飛御天歌』 卷 8, 第73章, p. 817.
182) 『世宗實錄』 卷 106, 世宗 26年 11月 戊子, 4冊, p. 593.
    地之膏埖 南北不同 而其田品分等 不通計八道 只以一道分之 故三等田膏埖不同 納
    稅輕重頓異 富者益富 貧者益貧 深爲不可 若通考諸道田品 分爲六等 則庶幾田品得正
    收稅以均
183) 同 上.
184) 註 164) 世宗 25年의 分田品事目.
    『遵守冊』 等第田品.

結負制의 展開過程　　　　247

坪)의 4배가 되게 하고 있었다. 그리고 ④ 山田이라도 土地가 肥厚한 農地는
그에 상당하는 田品에 배당하도록 하였다. 더욱이 이때 이 田制詳定所에서는
田品을 이같이 6等으로 세분함에 있어서, 高麗時期의 田品을 토대로 新田品을
규정하기는 하되, 반드시 그 農地의 膏腴, 瘠薄의 정도, 水利의 조건 등을 실
제로 조사 참작함으로써,[185] 새로 정하는 6等田品의 정확을 기하고, 무리가 없
도록 하는 수순을 거치고 있었다. 그 내용은 아래 註에서 보는 바와 같다.[186]
이는 앞에서 지적한 바 '通考諸道田品'하는 문제와도 함께, 高麗時期의 3等田
品과 山田을 朝鮮時期의 6等田品으로 전환시키고 세분하는 田品調整에 관한
규정 또는 원칙이 되는 것이었다고 하겠다. 여기 제시한 이러한 규정은 특히
水田의 경우를 중심으로 한 것이지만, 旱田에도 6等田品이 모두 있었음은 말
할 것도 없었다.[187]

　이같이 朝鮮時期의 6等田品이 확정되는 가운데서도, 특히 주목되는 것은
下等田 재조정의 폭이 上等田이나 中等田의 그것에 비하여 대단히 넓었다는
사실이다. 예컨대 上等田은 반드시 1等田으로 하고, 中等田은 2等田으로 하

---

185) 註 186)을 참조.

186) 『遵守冊』 等第田品에서 그 田品調整에 관한 規程을 간추리면 다음과 같다. 이 원칙
　　은 世宗 25年의 分田品事目에서 이미 마련하고 있는 것이었으나, 그때에는 이 원칙
　　을 5等田品에 적용하도록 한 것이었는데, 『遵守冊』에서는 이를 6等田品으로 확대
　　적용하게 된 것이다.

高麗時期	朝鮮時期
① 下三道 ② 京畿, 黃海道	全國八道
上等田 ———————	1等田(上中田 則皆是水旱勿論 禾穀茂盛之地)
中等田 ———————	2等田(上中田 則皆是水旱勿論 禾穀茂盛之地)
	1, 3等田(分等不中之田 或陞或降)
下等田 ———————	1, 2, 3等田(雖無水根 往往水沉……地品膏腴之地 相當等第施行)
	2, 3等田(雖地勢居高 沙土相半 若引水灌漑 禾穀茂 盛水田)
	4等田(其次)
	5, 6等田(瘠薄沙石水田)
③ 江原, 平安, 咸吉道 ———	5, 6等田(最下水田無異者)
	* 若川防灌漑處 不在伍陸等例
④ 山田 ———————	相當等第施行(雖山腰山下田 土地肥厚禾穀茂盛田)

187) 註 164) 世宗 25年의 分田品事目 참조.

되, 혹 잘 맞지 않을 경우에는 1, 3等田으로 올리거나 내릴 수 있을 뿐이었다.
上·中等田은 水旱을 막론하고 禾穀이 무성할 수 있는 농지였기 때문이었
다.[188] 그러나 下等田의 경우는 그 조정이 그렇게 단순하지 않았다. 下等田도
中等田과 같은 조정방식을 따른다면, 下等田으로서의 정상적인 農地는 3等田
으로 하되, 혹 2, 4等田으로 昇降할 수도 있는 것이었다고 하겠다. 그러나 실
제로 下等田은 그렇게 되지 않았으며, 그 조정의 폭이 1等田에서 6等田에 이
르기까지 全等級에 걸쳐 있었다. 그리고 그러한 중에서도 지역에 따라서는 5,
6等田으로 규정되는 농지가 대단히 많았다. 가령 ① 下三道는 膏腴地가 많고
瘠薄地가 적었으며, ② 京畿·黃海道는 膏腴地와 瘠薄地가 相半인데, 이러한
지역들에서는 水根이 없거나 水沉을 당하더라도 膏腴한 農地는 1, 2, 3等田
에 적당히 배정하고, 地勢가 높거나 沙土相半한 農地라도 灌漑해서 禾穀이 무
성할 수 있는 農地는 2, 3等田으로 배정하며, 그 다음 정도의 普通畓은 4等田
으로 배정하며, 그 밖의 아주 척박하거나 沙石이 많은 農地는 모두 5, 6等田
으로 배정하도록 하고 있었다.[189] 그리고 ③ 江原·平安·咸吉(鏡)道의 경우는
膏腴地는 적고 瘠薄地가 대단히 많아서, 農地는 대개 最下水田에 다름없었는
데, 水根이 있을 경우를 예외로 하고 이를 모두 5, 6等田으로 규정하고 있었
다.[190] 그리고 이와는 반대로, ④ 山田으로서 土地肥厚하고 禾穀茂盛하는 農地
는 1等田에서 6等田에 이르는 사이의 상당한 田品에 배당하도록 하였다.[191]

　下等田의 조정과 관련되는 이러한 현상은, 앞에서 지적한 바와 같이, 본시
高麗末年의 量田에서는 上等田 中等田은 적고 下等田은 많았던 관계로, 上·中
等田도 대개 下等田尺으로 양전을 하게 되고, 따라서 下等田이 되고 있었는
데, 이때의 量田에서는 이같은 農地를 모두 사실에 입각하여 원 田品으로 환
원시키게 된 데서도 연유하고, 특히 山田의 경우는 農業技術이 발달하고 水利
施設이 늘어나는 가운데, 租稅源의 확대를 위하여 田品等第의 규정을 엄격히

188)『遵守冊』等第田品.
　　　世宗 25年의 分田品事目.
189)『遵守冊』等第田品.
190) 同 上書.
191) 同 上書.

하고 있었음에서 연유하는 것이라고 하겠다. 그런데 그러하였음에도 불구하
고 지역에 따라서는, 본래 下等田일 수밖에 없었고, 그래서 結의 實積이 高麗
末年의 下等田의 實積보다도 넓은 田品, 즉 4等田은 말할 것도 없고 5, 6等田
으로 조정된 農地가 또한 많았다. 이는 世宗 25년의 頃畝法 分田品事目에서
1, 2等田으로 조정된 農地가 많아서, 政府 내에서 강한 비판의 소리가 있었
고, 이에 따라서는 結負法의 6等田品制가 되면서, 1, 2等田으로 조정된 농지
가운데 많은 부분이 하향으로 재조정된 까닭이었다.[192]

둘째는 量田法이 달라지는 가운데, 田品等第에 따라 길이가 다른 6개의 量
田尺을 〈表 4〉의 量田尺 ①과 같이 새로운 기준으로 마련하고, 各等田의 結의
實積을 크게 조정하고 있는 일이었다. 이는 世宗 26년의 量田事目에서 정한
바 원칙을 그대로 따른 것이었다. 高麗末年의 量田에서는 結負를 파악하는 방
법으로서, 그 國初 이래의 量田法(方33步 爲1結)을 약간 조정하여, 指尺을 기
초로 한 步尺을 마련하고, '3步3尺(分) 4方周回 爲1負' '33(35)步 4方周回 爲1
結'하는 원칙을 세우고 있었는데, 朝鮮時期의 結負 量田制에서는 頃畝法의 試
圖를 거치는 가운데, 거기에서 벗어나 周尺을 기초로 한 各等田의 量田尺을
마련하고(隨等異尺), 結 實積을 파악하기 위해서는 各等 모두 그 量田尺으로
'以百尺爲面 萬尺爲積'[193]하는 원칙을 세우고(世宗 26년 量田事目), 實積 '百尺
爲負 萬尺爲一結'[194]하는 기준을 세우고 있었다. 高麗時期의 結負 量田制가 步
尺을 통해 地積을 파악하고, 그 수치를 매개로 結負를 산출하는 二段式 算法이
었다고 한다면, 朝鮮時期의 結負 量田制는 周尺을 기초로 해서 마련한 量田尺
으로 地積을 파악하되, 그 地積이 곧 結負가 되도록 하는 一段式 算法이었다고
하겠다.

朝鮮時期 量田法이 이같은 특징을 지닐 수 있었던 것은 量田尺의 제정방식
이 특이했던 까닭이었다. 그것은 앞에서 이미 언급한 바와 같이((2) 尺 단위
結負制로의 復歸항의 둘째, 셋째), 1等田 57畝 농지의 所出은 80石(米 40石)이

---

192) 註 172) 참조.
193) 『世宗實錄』 卷 106, 世宗 26年 11月 戊子, 4冊, p. 594.
194) 『遵守冊』 序.
　　　『龍飛御天歌』 卷 8, 第73章, p. 819.

라는 忠淸道 淸安地方에서의 現地調査를 전제로, 忠淸道 淸安·庇仁, 慶尙道
咸安·高靈, 全羅道 高山·光陽 등 6개 지방에서의 試驗을 거쳐, 〈表 4〉에서 보
는 바와 같이, 1等田에서 6等田에 이르기까지의 各等田의 所出이 동일하고(1
結 皮穀800斗) 租額이 동일하도록(1結 米20斗) 조정하고, 各等田의 實積(周
尺)을 일정하게 差異가 나도록 조정한 다음(表 참조), 그 各等田의 實積을 開
方하여 그 1邊의 周尺길이를 파악하고, 그것을 100등분하여 그 하나를 各等
田 量田尺의 길이로 삼는 것이었다.[195] 그러므로 이때의 量田尺 實積 1尺(1尺4
方)은 곧 所出로서의 結·負·束·把에서의 1把, 實積 10尺(長廣이 10尺×1尺 또
는 5尺×2尺의 直田)은 1束, 實積 100尺(10尺 4方)은 1負, 實積 10,000尺
(100尺 4方)은 1結이 되는 것으로, 量田尺은 곧 地積을 표시하면서 동시에 所
出도 표시하는 單位가 되도록 되어 있었다. 그리고 그럼으로 해서 이때의 量田
尺은 1等田에서 6等田에 이르기까지, 같은 1尺의 量田尺이면서도 그 田品等
第에 따라 그 길이가 각각 달랐고(隨等異尺), 따라서 그 量田尺으로 量田하여
파악한 結의 實積도 田品等第에 따라 차등이 나지 않을 수 없었다. 1等田에서
6等田에 이르면서, 量田尺의 길이는 每等田마다 늘어나, 6等田 量田尺의 길이
는 1等田 量田尺의 그것보다 2倍差, 結 實積의 넓이도 每等田마다 늘어나, 6
等田과 1等田의 1結의 實積은 4倍差가 나도록 제정되고 있었다. 이 시기의 收
租방식이 이른바 差等實積 同科收租가 되지 않을 수 없었던 까닭이었다.

셋째, 그러나 世宗 26년의 量田事目을 통해서 제시된 隨等異尺으로서의 6
개의 量田尺은 算學家들에 의해서 마련된 정밀한 것이었지만, 그 후 田制詳定
所에서는 量田事業을 진행하는 데 따라 거기에는 커다란 하자가 있음을 발견
하게 된다. 그것은 隨等異尺으로서 量田을 하면 煩雜하고, 착오가 생기기 쉬
우며, 引繩人(乤使令)의 폐단이 또한 적지 않다는 점이었다. 그러므로 田制詳
定所에서는 이 문제를 해결하지 않으면 아니되었는데, 그들은 그것을 6等田
品의 農地實積을 量田할 때 반드시 1等 量田尺(周尺 4.775尺)만의 量繩을 써
서 함으로써 해결하려 하였다. 6개 量田尺을 이용하던 隨等異尺制를 1개 量

---

195) 『世宗實錄』 卷 106, 世宗 26年 11月 戊子, 4冊, p. 594, 註 174)도 아울러 참조.
　　『遵守冊』 序.
　　『龍飛御天歌』 卷 8, 第73章, p. 818.

田尺만을 이용하는 單一量尺制로 전환시키려는 것이었다. 〈表 5〉에 제시한
量田尺 ②는 그것이다. 이렇게 할 경우에는 2等田 이하 6等田까지의 結負를
어떻게 계산할 것인가 하는 점이 문제되겠는데, 田制詳定所에서는 그것을 '准
定結負'의 表(1等田을 기준으로 한 各田品의 結負計算表)를 작성함으로써 해결
하고, 이를 '量田規式'으로 삼고 있었다.[196] 즉, 農地의 長·廣을 1等量田尺으로
測量하여 1束~1結이라고 하면, 그것이 2等田~6等田의 경우에는 각각 몇
負, 몇 束, 몇 把가 된다는 結負數를 미리 계산하여 일람표로 작성하고, 그것
을 量田시의 算士들에게 줌으로써, 그들이 측량한 各等田 農地의 結負計算을
이 准定結負表에 의거하여 편하게 하고 착오가 없도록 한 것이었다.[197] 이러한
量田規式은 그 후 量田할 때의 준칙이 되었고 法制化도 되었다.[198] 이제 그러

---

196) 『遵守冊』打量田地.
　　一 量田地 …… 各用六等田繩打量 則非惟煩雜 易致差錯 引繩之人亦多有弊 須將六
　　等田實積 以一等田繩 准計六等結負 以爲量田規式
　　여기서 '一等田繩'은 1等田을 量田할 때 쓰는 量繩(量田用 밧줄·줄자)이고, '准計
　六等結負'는 1等田의 結負를 기준으로 해서 마련한 '准定結負'의 表에 의거해서 6개
　等田의 結負를 계산한다는 뜻이 되겠다. 그리고 이렇게 하는 것을 '量田規式'으로 삼
　는다 하였으므로, 이 量田規式에는 '准定結負'도 포함되는 것이라고 하겠으며, 따라
　서 이 量田規式은 이 항목 하나만을 말하는 것이 아니라, 여러 사항을 포함하는 하
　나의 量田事目 量田規程이었다고 하겠다.
　　그런데 이 시기에는 註 177)에 열거한 바와 같이, 量田事業이 있을 때마다 필요한
　여러 事目 規程을 마련하고 있었으며, 그 중에는 世祖 2년의 量田事業과 관련하여
　量田官들에게 수여하고자 하였던 바 '量田規式'도 있었는데, 『遵守冊』에서 말하는
　'量田規式'은 바로 이것을 수록하였던 것으로 생각된다. 그러므로 隨等異尺制를 單
　一量尺制로 改定하는 시기, 朝鮮 結負制를 完成시키는 시기는 대략 이 '量田規式'을
　마련하여 量田을 하게 되는 것이 그 시점이 된다고 하겠다.
　　그러나 그러면서도 우리에게는, 이때의 政府官僚들이 어떻게 이같이 쉽게 高麗末年
　의 結負制를 世宗 25년의 頃畝法으로 개혁하고, 이것을 다시 世宗 26년의 6等田品
　隨等異尺의 結負制로 복귀시키며, 그뿐만 아니라 이것을 다시 單一量田尺 '准定結負'
　의 結負制로 전환시킬 수가 있었을까, 그리고 結 實積, 所出, 租稅를 하나의 結負制
　속에 組合시킬 수가 있었을까 하는 것이 궁금한데, 이것은 世宗朝에서 世祖朝에 걸치
　면서는, 李純之·金淡과 같은 土地와 관련된 算學家가 있고 集賢殿에 명하여는 歷代
　算學法을 연구하도록 하는 열의가 있어서, 수준 높은 전문적 算學이 발달하고 있었던
　까닭이라고 생각된다(『世宗實錄』卷 102, 世宗 25년 10月 丙午, 4冊, p. 519 ; 11
　月 戊辰, 4冊, p. 524 ;『世祖實錄』卷 25, 世祖 7年 8月 癸酉, 7冊, p. 478).
197) 『遵守冊』准定結負.
198) 『遵守冊』准定結負.
　　『續大典』卷 2, 戶典 量田條.

한 准定結負 ①을, 量田尺 ②의 길이 및 結 實積 ②와 함께, 그 요점을 정리해
보면 다음의 〈表 5〉와 같이 된다.

그런데『遵守冊』에 보이는 이 隨等異尺制의 單一量尺制로의 전환이, 정확
하게 언제 있었던 일인지 자료상으로는 명확하게 기록된 바가 없다. 이 변동
에 관한 규정이 田制詳定所『遵守冊』의 한 조항 한 항목으로서 수록되어 있는
것을 보면, 그것은 분명 田制詳定所가 설치되어 있었던 시기의 사정으로 보아
야 하겠는데,[199] 朝鮮後期의 政府記錄에서는 이를 朝鮮後期의 사정으로 보는
경우가 있었다. 가령 仁祖 甲戌量田에 관하여 後人이 평가한 자료와,[200] 政府

〈表 5〉　　　　　　　朝鮮前期의 田品과 准定結負(解負法)

田品	1等田	2等田	3等田	4等田	5等田	6等田
量田尺 ② (m	周尺4.775尺 95.50cm	4.775尺 95.50cm	4.775尺 95.50cm	4.775尺 95.50cm	4.775尺 95.50cm	4.775尺 95.50cm)
准　把	1束 …	8把 …	7把 …	5把 …	4把 …	2把 …
定	4束 …	3束4把 …	2束8把 …	2束2把 …	1束6把 …	1束 …
結　負	1負 …	8束5把 …	7束 …	5束5把 …	4束 …	2束5把 …
負	4負 …	3負4束 …	2負8束 …	2負2束 …	1負6束 …	1負 …
①* 結	1結 (實積 2,759.53坪)	85負01把 2,759.53坪	70負1束1把 2,759.53坪	55負07把 2,759.53坪	40負 2,759.53坪	25負 2,759.53坪)
結 實積 ②	2,759.53坪	3,246.12坪	3,936.00坪	5,010.94坪	6,898.82坪	11,038.12坪

* 여기서 量田尺 ②는 單一量田尺에서의 量田尺을 뜻한다.
* 准定結負 ①은『遵守冊』, 따라서 周尺 4.775尺의 單一量田尺을 쓸 때의 結負이다.
* 田品等第에 따르는 准定結負는, 各田品간의 遞減數가 1等田에서 6等田을 減한 數를 5等分한 數가 되
어야 하지만, 把 단위의 結負에서는 각 田品간의 遞減數가 均一하지 못한데, 이는 각 田品의 結負數
에서 소수점 이하를 버린 까닭이고, 結 단위의 2, 3, 4等田의 경우 그 結負數가 整數가 되지 못하고,
따라서 각 田品간의 遞減數가 均一하지 못한 것은, 애초에 그 量田尺의 길이를 정할 때 미세한 편차
가 있었던 까닭이다. 여기서 結實積은 各等田의 結負가 파악되었을 때, 그 實積은 얼마나 되는지를
표시한 것이다.
* 結 實積 ②는『遵守冊』의 單一量田尺으로 量田하고 准定結負로 산출하였을 때의 結의 實積이다.

---

199) 李榮薰, 前揭論文 참조. 이 연구에서는 그 時點을 世祖 7년경으로 추정하고 있다.
200)『增補文獻備考』卷 141, 田賦考 1, 經界 1, 中, p. 634.
　　　英廟(仁廟─필자) ① 甲戌以前 以六等尺量田 故田形大小不同 而收租出稅多寡無別
　　　矣 ② 自甲戌量田後 只用一等尺 故六等田形無濶狹之異 收租出稅有輕重之差 其法雖
　　　殊 其數則同.(①, ②의 번호는 필자)

편찬의 財政관계 資料가 孝宗朝의 『遵守冊』 개간과 관련하여 기술하고 있는 부분은 그것이다.[201] 政府편찬의 記錄이 이와 같았음에서 연구자들은 적지않이 당혹하게 되지만, 그러나 이것이 단순한 이해부족에서 온 착오라고는 생각되지 않으며, 거기에는 그럴 수 있는 충분한 이유가 있었던 것이 아닐까 생각된다. 그것은 아마도 『遵守冊』은 본시 田制詳定所의 내부용으로 編冊되어 있었던 未刊本 文書綴이었을 것으로 생각되는데, 이것을 孝宗 4년에 정리 開刊하게 됨에 따라서는, 當時人의 입장에서 그 文書 그 규정들의 文章과 表現에 적지 않은 첨삭과 윤색을 가함으로써, 우리가 지금 보는 바와 같은 잘 정리된 冊子가 되었던 것으로 생각되는 것이다. 이를테면 量田規式은 하나의 規程·事目이었던 것으로 생각되는데, 孝宗朝의 『遵守冊』에서는 이를 분해하여 그 일부를 打量田地 조항에 添補하였던 것으로 보이며, 仁祖 甲戌量田에서는 『遵守冊』을 참고하는 가운데 量田을 하면서도(註 209의 原文 참조), 뒤에 다시 언급하게 되는 바와 같이, 量田尺을 잘못 만들어 下送하고 있었던 점으로서 보면, 이때의 『遵守冊』에는 '各樣尺見樣式'이 첨부되어 있지 않았고, 이것을 첨부한 것은 孝宗朝 開刊本에서의 일이 아니었을까 생각되는 것이다. 이것은 한두 예이고 추정에 불과하지만, 만일에 開刊사정이 그러하였다면, 朝鮮後期의 사람들은 이 『遵守冊』의 내용을 당시의 사정으로 이해할 수도 있지 않았을까 생각되는 것이다.

그러면 結負 量田制의 이같은 변동, 隨等異尺制에서 單一量尺制에로의 이같은 변동은 역사적으로 어떠한 배경하에서 등장하고 어떠한 의미가 있는 것

---

201) 『度支志』外篇 卷 4, 版籍司 田制部 2, 量田式, p. 107에는 孝宗 4년의 『遵守冊』의 開刊사정이 다음과 같이 기술되어 있는데, 이는 單一量田尺의 제정이 마치 이때의 일이었던 것으로 받아들이게 한다.

至孝宗四年癸巳印頒遵守冊 罷舊制等尺各用之法 直以一等尺〈準周尺四尺七寸七分五釐 準布帛尺則二尺一寸二分六釐〉定爲新量之尺 毋論等之高下 以此通量各等 而叩籌該尺田積萬尺之地 一等則爲一結 二等則爲八十五負一把 三等則爲七十負一束一把 四等則爲五十五負七把 五等則爲四十負 六等則爲二十五負 此是遵守冊量田解負舊規也.〈 〉는 細註

이같은 내용은 『萬機要覽』 2, 田結, p. 198에도 그대로 기록되어 있다.

孝宗癸巳 罷舊制隨等異尺之法 直以周尺四尺七寸七分五里爲量尺 毋論等之高下通量解負 …… 計積萬尺之地 一等則爲一結 二等則爲八十五負 三等則爲七十負 四等則爲五十五負 五等則爲四十負 六等則爲二十五負 隨其田品差等收稅

일까. 우리는 이같은 변동을, 앞에서 언급한 바 6개 等級의 量田尺에 의한 量
田의 폐단을 제거하기 위하여 취한 조치임을 인정하지만, 그러나 근원적으로
는 그 배경에 朝鮮王朝의 政府가 世宗朝에 이미 頃畝法을 시행하려 하였던 경
험이 있었음과 관련이 있는 것으로 생각된다. 즉 이 시기 政府의 結負制 釐正
의 방향은, 현실적으로 頃畝法을 채택하지 못하고 結負制로 복귀하고는 있었
지만, 頃畝法이 갖는 貢法과 관련되는 量田法으로서의 의의를 인정하고, 그것
을 結負制와의 연계 속에서나마 그 방향으로 설정하고 또 추구하고 있었음과
관련이 있는 것으로 생각되는 것이다. 말하자면 이같은 변동은, 田制詳定所에
서『遵守冊』을 편찬할 때, 世宗 25년의 量田事目과 世宗 26년의 量田事目을
1等量田尺의 측면에서 單一量田尺으로 종합하고, 이를 통해서 모든 田品의
農地를 1等量田尺 하나만으로 量田을 하고 그 實積을 투명하게 드러냄으로
써, 世宗의 貢法 제정을 중심으로 한 農政理念을 계승하고자 하는 조치였다고
하겠다. 그리고 그러한 점에서 그 변동은 이 시기 歷史의 한 추세를 반영하는
것이었다고 하겠다.

農地의 實積을 투명하게 드러낼 것을 요구하고 있었음은 당시를 살고 있었
던 사람들의 사회적 요구였다고 하겠다. 그것을 우리는 當代人의 평가를 통해
서 살필 수 있다. 좀 후대의 기록이지만, 朝鮮後期의 기록에서는 그러한 사정
을 엿볼 수 있는데(註 200의 原文 참조), 이러한 사정은 田制詳定所 당시에도 그
러하였을 것으로 생각된다. 여기서 ①은 甲戌 이전의 量田을 말한 것이고 ②는
甲戌 이후의 量田을 그 이전과 비교해서 말한 것인데 ─ 우리의 입장에서 이를
더 정확하게 말하면 世祖朝의『遵守冊』편찬 이전의 6等量田尺에 의한 量田
과 그 편찬 이후의 1等田尺 하나만의 單一量田尺에 의한 量田을 비교해서 말
한 것이라 하겠는데, ─ 이에 의하면 甲戌量田 이전에는 길이가 다른 6개의 量
田尺으로 量田을 하였기 때문에, 그 결과는 田形의 大小가 같지 않고, 따라서
租稅收納에는 多寡의 구별이 없었는데(差等實積 同科收租), 甲戌量田 이후에
는 1等量田尺만을 써서 量田을 하였기 때문에, 6등급의 田形에 廣狹의 차이
가 없고,[202] 따라서 租稅收納에는 輕重의 차별이 있게 되었다는 것이었다(同一

─────────────────

202) 이 부분은 얼른 이해가 안 가는 점일 수 있는데, 그러나 이 문장 이 표현에 어떤
  착오가 있는 것은 아니라고 생각된다. 評者가 여기서 특히 주목하고 말하고자 하는

實積 差等收租). 이는 量田尺으로 農地를 측량하여 그 實積을 長·廣의 尺數로서 臺帳에 기록한 상태까지만을 말하는 것으로 그 관찰은 예리하였다고 하겠다(〈表 5〉 推定結負 ①의 結란 참조). 그는 이같이 量田法이 달라졌어도, 일정한 과정을 거쳐서 結數를 算出하기 때문에, 그 結數는 종전 量田에서의 그것과 같다는 것이었다. 그런데 우리가 여기에서 특히 주목하게 되는 것은, 評者의 甲戌量田에 대한 이해의 관점이, 農地의 實積을 頃畝法에서와 같이 투명하고 구체적으로 파악하는 것에 호감을 보이고 그것을 높이 평가하고 있었다는 점이다. 이는 바로 單一量田尺으로 量田을 하게 될 때의 의의가 여기에 있다는 사실을 반영하는 것이라고 하겠다.

넷째는 이렇게 해서 제정되는 世宗朝로부터 『遵守冊』에 이르는 시기의 結負 量田制에서, 우리가 끝으로 주목하게 되는 것은, 이때의 結의 實積과 租額이 高麗末年의 그것과 비교해서 큰 차이, 큰 변동을 보이고 있다는 사실이다. 우리는 그것을 〈表 3〉과 〈表 4〉의 비교를 통해서 살필 수 있다. 즉 高麗末年의 結은 上等田 1結은 그 實積이 25畝 4分(1,846.51坪), 下等田 1結은 57畝 6分(4,184.49坪)이었으며, 여기에 부과되는 租額은 結 所出 米 300斗를 전제로 그 10분의 1인 糙米 30斗를 받는 것이었는데, 世宗 26년 이후의 結은 1等田 1結은 그 實積이 38畝(2,759.53坪), 6等田 1結은 152畝(11,038.12坪)였으며, 여기에 부과되는 租額은 結 所出 皮穀 800斗(米 400斗)를 전제로 그 20분의 1인 米 20斗를 받는 것이었다. 얼른 보기에도 前者에서는 結의 實積이 좁은데 많은 租를 내고, 後者에서는 結의 實積이 넓어졌는데도 적은 租를 내고 있었음을 확연하게 알 수 있다.[203] 다시 말하면 高麗末年의 結負制는 世

것은, 量案에 기록되어 있는 農地의 實積을 長·廣의 尺數로서 표시하고 있는 부분이라고 사료된다. 즉 이때의 量案을 보면, 農地의 實積은, 田品等第와 관계없이 1等量田尺으로 측정하여 그 長·廣尺數로서 투명하고 구체적으로 기록하고 있었는데, 이것만을 보면 이때의 量田은 마치 頃畝法 量田과 같았던 것으로, 評者와 같은 표현이 나올 수 있었던 것이라고 하겠다.

203) 여기 제시한 兩時期의 結 實積, 結 所出, 結 租率은 모두 기준을 달리하고 있다. 그런데 기준을 달리하는 兩時期 사항을 직선적으로 비교하고자 하는 것은 방법상으로 적절해 보이지 않는다. 그러므로 兩時期 사항을 공통된 기반 위에서 비교할 수 있도록, 1畝당 所出 租額을 算出하여 정리해보면 다음과 같다. 이를 통해서 보면 兩時期의 畝當所出에는 큰 差異가 있어 보이지 않으나, 畝當租額에는 커다란 差異가

宗朝와『遵守冊』단계에 이르면서 크게 변동하여 結의 實積이 대단히 늘어나
지만, 租額과 租率은 오히려 크게 줄고 있었다는 것이다. 더욱이 後者에서의
이 20斗는 일정불변한 것이 아니었다. 世宗朝에는 貢法 제정의 일환으로서
結負 量田制를 개혁하는 문제와 함께 穀物의 作況에 따라 租稅를 부과하는 年
分九等法을 제정하고 있었으므로,[204] 結負에 부과되는 租稅는 年分九等法의
제약을 받게 되고, 따라서 租 20斗는 作況이 좋은 上上年의 경우에 한해서 받
을 수 있는 租額일 뿐이었다. 이 규정은 그 作況에 따라 各等마다 2斗씩의 차
이를 두고 있었으므로, 가령 평년작으로서의 中中年이면 租額 12斗, 凶作으
로서의 下下年이면 租額 4斗를 징수할 수 있는 데 불과하였다.[205] 이를 바꾸어
말하면, 朝鮮時期의 所出파악도 좀 과다하게 책정된 감이 있지만, 그래도 그
것을 農業生産의 실정을 그대로 반영한 것이라고 한다면, 高麗末年의 租稅는
結 實積이 축소되는 가운데 대단히 증가되고 있었음을 반영하는 것이었다고

있었음을 분명하게 확인할 수 있다.

兩時期의 畝當租額

高麗末年			世宗 26年			
田 品	畝當所出	畝當租額*	田 品	畝當所出	畝當租額	備 考*
上等田	11.811斗	1.1811斗	1等田	10.526斗	0.5263斗	1.0526斗
中等田	7.518	0.7518	2等田	8.948	0.4474	0.8948
下等田	5.208	0.5208	3等田	7.380	0.3690	0.7380
			4等田	5.797	0.2898	0.5797
			5等田	4.210	0.2105	0.4210
			6等田	2.631	0.1315	0.2631

* 所出租額은 모두 米穀이다.
* 備考는 世宗 26년의 租率을 10분의 1로 했을 경우의 租額이다.

204)『世宗實錄』卷 106, 世宗 26年 11月 戊子, 4冊, p. 593.
　　『經國大典』卷 2, 戶典 收稅.
　　『遵守冊』序.
　　年分分爲九等 十分爲率 全實爲上上年 九分實爲上中 八分實爲上下 七分實爲中上
　　六分實爲中中 五分實爲中下 四分實爲下上 三分實爲下中 二分實爲下下
205)『世宗實錄』卷 106, 世宗 26年 11月 戊子, 4冊, p. 594.
　　『經國大典』卷 2, 戶典 收稅.
　　『遵守冊』序.
　　上上年收稅二十斗 上中年收稅十八斗 上下年收稅十六斗 中上年收稅十四斗 中中年
　　收稅十二斗 中下年收稅十斗 下上年收稅八斗 下中年收稅六斗 下下年收稅四斗〔一分
　　之年免稅〕

하겠다.

이 시기 結負制 改革의 이같은 상황은, 科田을 지급받는 收租權支配層의 입장에서는 租稅收入이 結當 30斗에서 20斗 이하로 감소하는 것, 따라서 經濟基盤이 축소되는 것으로서 간단한 문제가 아니었다. 이들은 高麗時期 이래의 지배층으로서 당시의 새 王朝를 건설한 主體들이었고, 또 이때의 개혁사업에 참여하고 이를 수행하고 있는 당사자들이기도 하였는데, 그 개혁의 내용이 이같이 되고 있었다. 그러나 高麗末年에 收租權을 지급받지 못하는 사람이 많았던 것을 생각하면 불만을 말할 입장이 아니었다. 그뿐만 아니라 그들은 대부분 土地所有者層이었으므로, 이때의 이같은 개혁을 結稅만 가지고 말한다면, 收租權者로서의 수입은 줄었으나, 土地所有權者로서의 수입은 結稅의 감소로 늘어나고 있어서 반드시 불리하기만 한 것이 아니었다. 더욱이 國家의 앞으로의 政策方向은 臣權·收租權을 제약하고 科田·職田을 衰頹시킴으로써 王權·國家收租權을 강화하고자 하는 데 있었으므로, 지배층이 의거할 수 있는 經濟基盤은 土地의 私的 所有가 유일한 것이 될 수밖에 없었다. 그것은 앞으로 있을 그들의 土地集積 地主制 확대를 예고하는 것이기도 하였다. 그러한 관점에서 이때의 結負制 租稅制度의 改革을 고찰하면, 그것은 결국 國家權力·王權이 集權的 封建制하의 收租權者層을 일정하게 견제하고 土地所有權者를 보호함으로써, 國家經濟의 기반을 土地所有權者, 自營小農層에 두고자 하는 조치였다고 하겠다.[206] 물론 그러한 政策이 이때에 이르러서 돌연하게 제기되고 있는 것은 아니었으며, 麗末 이래의 私田改革運動, 王朝交替와 民心收拾, 그리고 그 후에 있게 되는 새 王朝의 集權體制 강화를 위한 장기간에 걸친 일련의 政策路線이, 兩班支配層과의 일정한 대립 갈등을 거치면서, 結負制 租稅制度의 개혁문제에까지도 연결됨으로써 표면화되고 있는 것이었다고 하겠다. 그러한 점에서 이때의 이 개혁은, 비록 麗末鮮初의 結負制를 둘러싼 불합리 矛盾構造를 해결하고자 하는 작은 조치에 불과하였지만, 이후 그것은 兩班支配層의 收

206) 韓永愚, '太宗·世宗朝의 對私田施策'(『朝鮮前期社會經濟史研究』, 1983).
　　金泰永, '朝鮮前期 小農民經營의 추이'(『朝鮮前期土地制度史研究』, 1983).
　　李景植, 『朝鮮前期土地制度研究』, 1986.
　　　　　『朝鮮前期土地制度研究』 Ⅱ, 1998.

租權을 매개로 한 農民支配를 쇠퇴케 하는 커다란 계기가 되었던 것이라고 하겠다.

2) 朝鮮後期 結負制上의 變動

朝鮮初期에 田制詳定所에서 마련하고 『遵守冊』에 수록된 바 結負 量田制는, 치밀하게 계산된 제도로서 그 改革主體들은 그것을 완벽한 것으로 만들고자 하였다. 그것은 논리적으로 볼 때, 結 實積, 所出, 稅額을 하나의 제도 속에 組合시키고, 그것을 單一量田尺으로 운영하고 있었다는 점에서, 지극히 合理的이고 수준 높은 제도일 수 있었다. 아마도 당시로서는 최고수준의 算學家들이 동원되었을 것으로 생각된다.[207] 그러나 그것을 그대로 운영하고 유지해 나가기에는 그 내용이 너무나도 논리적이라는 점에서, 도리어 그 규정대로 운영하는 것을 어렵게 하는 바가 되고도 있었다. 더욱이 16세기에 이르면서는 在地士族·地主層의 私權的 支配力이 증대하고 中央集權的 支配力이 약화되는 가운데, 量田을 하여 結數가 늘어남에도 불구하고, 國家의 租稅收入이 世宗朝에 비하여 도리어 激減하는 현상이 발생하고도 있었다.[208] 그뿐만 아니라 이같은 상황하에서 왜란과 호란이 있게 되고 朝鮮農業은 파탄에 직면하게 되었다.

그러므로 朝鮮後期로 넘어오면서 政府에서는 農業을 재건하고 租稅收入을 증대하지 않으면 아니되었다. 이는 國家存亡과 관련되는 중대사가 아닐 수 없었다. 그리고 그러기 위해서 우선 생각할 수 있는 것은 高麗時期와 마찬가지로 農業技術을 발전시키는 가운데, 結負 量田制에 대수술을 가하여 結摠을 늘림으로써 租稅收入을 증대시키는 방법이었다. 그러나 이 시기의 政府에서는 租稅收入의 증대를 위하여 이같은 방법을 취할 수는 없었으며, 世宗朝에 시도하였던 바 頃畝 量田法과 같은 새로운 量田制를 마련하고 있는 것도 아니었다. 政府에서는 朝鮮前期 이래의 結負 量田制를 그대로 유지하면서, 田制詳定所에서 마련하고 있었던 바 『遵守冊』의 기본정신을 준수하는 가운데 그 일을 성취하려 하고 있었다. 그러한 사정은 이 시기의 「量田事目」을 앞 시기의 『遵守冊』과 비교하면 잘 드러난다고 하겠다. 가령 政府가 仁祖 12년의 甲戌量田

---

207) 註 196) 참조.
208) 李載龒, '16세기의 量田과 陳田收稅'(『孫寶基博士停年紀念 韓國史學論叢』, 1988).

을 시행할 때, 당시의 조건에 맞는「量田事目」을 마련하여 시행하면서도, 量
田에 관한 중요한 사항을 판정할 때는『遵守冊』을 기준으로 하고 있었던
점,[209] 孝宗 4년에 京畿量田을 준비하면서는 그『遵守冊』(內題:『田制詳定所遵
守條畫』)을 새로 開刊 보급함으로써 그 算法을 미리 교육하고자 하였던 점,[210]
그리고 그 후 量田事業이 있을 때, 특히 量田尺과 관련하여서는 늘『遵守冊』
을 거론함으로써 그것을 지표로 삼고 있었던 일[211] 등등에서 그와 같이 이해할
수 있다.

그러나 그러면서도 朝鮮後期에는, 그 이전의 租稅制度 結負制와 긴밀하게
연결되고 있었던 政治的 經濟的 상황이 크게 달라지고 있었으므로, 그 結負
量田制의 내용이『遵守冊』의 그것과 꼭 같을 수는 없었다. 이때에는 이 시기
의 時代 상황과도 관련하여, 그 結負 量田制가 이 시기의 제반 제도와 횡으로
연계될 수 있는 제도로서 정착되지 않으면 아니 되었다. 그러한 점에서 이 시
기의 結負制는 朝鮮前期의 그것과 비교하여 그 外形은 크게 변하지 않았으나,
그 性格이나 意味는 적지않이 달라지고 있는 것이었다고 하겠다. 이제 그러한
전제하에서 마련되고 있었던 이 시기의 結負制를, 이 시기의 몇몇「量田事目」
과 朝鮮前期의『遵守冊』을 비교하는 가운데, 중요하다고 생각되는 몇 가지 차

---

209)『備邊司謄錄』4, 仁祖 12年 9月 25日, 1冊, p. 293.
　　啓曰 臣等會同各道量田使 商確量田事意 前日該曹啓下事目 詳察無餘 旣已頒布於各
　道 別無大段議定之事 就其量田使稟目中言之
　　其一 海堰畓已爲高等 而時有水患 則移錄續案事也 臣等之意 海堰乃是加耕之類 年
　久開墾已爲高等 則依遵守冊所載可屬正田者 宜稱正田 而如有水患難免之處 則或稱續
　田宜當
　　其一 伴倘一人 依遵守冊 給馬帶行事也 使臣(臣)累月在外 不可無親信下人 依遵守
　冊舊例 伴人一名 帶去宜當
210)『孝宗實錄』卷 11, 孝宗 4年 9月 甲午, 乙未, 辛亥, 35冊, p. 650, 654.
　　『備邊司謄錄』16, 孝宗 4年 9月 3, 20日, 2冊, p. 376, 379.
　　『遵守冊』의 刊記는 順治 10年(孝宗 4年) 9月 日로 되어 있는데, 이때에는 京畿道
　지역을 量田하도록 되어 있었고, 이는 앞서 있었던 三南지역에 대한 量田事業과는
　달리, 특히 地方守令으로 하여금 打量하고 都事로 하여금 覆審토록 하려는 것이었
　다. 그러므로 이때의 量田事業에서는 算學에 어두운 地方官吏들에게 미리 算學을 敎
　育할 필요가 있었고, 그 敎程으로서 택하게 된 것이『遵守冊』이었다. 그리고 그러기
　위해서는 이를 開刊하여 널리 보급할 필요가 있었다.
211) 註 216), 229) 참조.

이점을 중심으로 정리해보면 다음의 〈表 6〉과 같이 된다.

이같이 정리된 朝鮮後期의 結負制의 내용을 이 시기의「量田事目」과 관련하여 살피면, 그것은 朝鮮前期의 그것과 여러 가지 면에서 차이가 난다는 사실을 발견하게 된다.

첫째는 量田事業의 목표와 관련되는 문제로서, 朝鮮初期 및『遵守冊』에서는 農地에 대한 권리를 소유한 자가 收租權者(科田主·私田主)와 所有主가 있는 가운데, 量案 起主欄에 農地所有權者와 租稅收納者의 성명을 기입할 때 그 자격을 '主'로서 명기하는 바가 모호하고, 다만 '佃夫'로 칭하고 있었는데,[212] 朝鮮後期에는 收租權 分給制度가 소멸함으로써, 그 量案의 起主欄에 農地所有者와 納租者의 자격을 '主'로서 표시하는 바가 뚜렷해지는 일이었다.[213] 이는 역사적으로 土地의 所有權制度, 權利의 표시방법이 한층 더 발달하고 있는

〈表 6〉　　　　　朝鮮後期의 田品과 量田尺, 結 實積, 賦稅

田品	1等田	2等田	3等田	4等田	5等田	6等田
量田尺 ③	布帛尺 2.226尺 周尺 4.9996尺 (m 99.992cm)	2.226尺 4.9996尺 99.992cm	2.226尺 4.9996尺 99.992cm	2.226尺 4.9996尺 99.992cm	2.226尺 4.9996尺 99.992cm	2.226尺* 4.9996尺 99.992cm)
准定結負 ② 准定結負 ③	1結 1結	0.8501結 0.8500結	0.7011結 0.7000結	0.5507結 0.5500結	0.4000結 0.4000結	0.2500結* 0.2500結
結 實積 ② 結 實積 ③	3,025.71坪 3,025.71坪	3,559.25坪 3,559.66坪	4,315.67坪 4,322.45坪	5,494.31坪 5,501.30坪	7,564.29坪 7,564.29坪	12,102.87坪* 12,102.87坪
結當賦稅(米)	約 50斗	約 50斗	約 50斗	約 50斗	約 50斗	約 50斗*

* 여기서 量田尺 ③은 仁祖 甲戌量田에서 그 길이가 늘어난 量田尺을 말한다.
* 准定結負 ②는『遵守冊』의 原則을 따랐으나, 量田尺의 길이가 周尺 4.9996尺으로 늘어난 甲戌量田시의 것이고, 准定結負 ③은 肅宗 庚子量田(肅宗 43~46년)에서 准定結負의 原則을 조정했을 때의 것이다.
* 結 實積 ②는 准定結負 ②의 원칙으로서 산출한 것이고, 結 實積 ③은 准定結負 ③의 원칙으로서 산출한 것이다.
* 結當賦稅는 田稅·三手米·大同米·結錢,·기타 및 그 附加稅 등을 포함한 것이다.[214]

---

212)『遵守冊』等第田品, 打量田地.
213)『度支志』外篇, 卷 4, 版籍司 田制部 2, 量田, 顯宗 3年 9月, 京畿「量田事目」제 13항, pp. 110~111.
　　　註 216) 肅宗朝의「量田事目」제9, 16, 18항.
　　　『續大典』卷 2, 戶典 量田條.
214) 拙 著,『朝鮮後期農業史研究』Ⅰ, 증보판, 저작집본, pp. 190~192.

한 표현이었으며, 이와 관련해서는 地契로서의 私券(紅契), 契券을 발행하자는 논의가 제론되기도 하였다.[215] 이는 이를 통해서 租稅를 수취하려는 國家의 입장에서 볼 때, 中央集權的 租稅制度·財政制度의 확립이 한 차원 더 진전하게 되는 현상이었다고 하겠다.

즉, 朝鮮後期에는 兩班官僚層에게 科田·職田으로서 지급하던 收租權 分給制가 쇠퇴·소멸하고, 그들은 大土地이건 小土地이건 그들의 所有地에 의거해서 살아가고, 官僚가 된 사람은 그러한 土地所有 위에서 다만 祿俸만을 받는 官僚層이 되고 있었으므로, 그들이 收租權을 매개로 하여 農民層 租稅收納者를 지배하는 '封建'이 되기는 어려웠다. 그러므로 結負 量田制는 이제 그들에게 있어서 收租權者로서의 권리와 연결되는 것이 아니라 納租者로서의 義務와 연결되고 있을 뿐이었으며, 따라서 結負制는 이제 國家의 租稅收取만을 위한 제도로 변동하지 않을 수 없었다. 兩班支配層·官僚層은 과거와 같이 收租權者로서 國家와 입장을 같이하는 것이 아니라, 國家의 集權體制 官僚體制的 지배하에 있는 土地所有者·納租者로서, 租稅문제에 관한 한 國家에 종속적 입장에 놓이게 되었다. 그러나 그렇기 때문에 이 상황은 國家가 그 權限을 제대로 발휘하지 못할 경우, 土地所有者·納租者層의 저항에 직면하고 대립하지 않을 수 없는 구도였으며, 이 시기에는 왕왕 이같은 상황이 전개되고 있었다. 이같은 상황의 변동은 朝鮮前期의 租稅制度 結負制가, 불가불 中央集權的 財政制度의 방향으로 새롭게 변동하지 않을 수 없는 소지가 되는 것이 아닐 수 없었다. 단, 이 시기에는 兩班支配層에게 지급하던 收租權 分給制가 소멸하는 대신, 王室의 內需司나 各宮房에 收稅·收租를 할 수 있는 土地를 折受함으로써, 租稅制度 結負制가 政府財政만을 위한 제도로 전환하기 어려운 새로운 요인이 되고도 있었다. 그것이 無土 收稅地일 경우 그들은 結稅의 징수를 둘러싸고 土地所有者層과 대립하게 되고, 有土 免稅地일 경우 그것의 인정을 둘러싸고 政府와 대립하는 한편 地代의 징수를 둘러싸고 農民層과 대립관계에 있지 않을 수 없었다. 그러므로 이 시기에 租稅制度 結負制가 政府 중심의 中央集權的 財政制度로 전환하는 문제는 아직은 제한적일 수밖에 없었다.

215) 『丁茶山全書』, 『經世遺表』卷 23, 田制別考 2, 魚鱗圖說, 下, p. 169.
　　　『許傳全集』卷 2, 『性齋集』卷 9, 雜著 三政策, p. 34.

다음은 量田事業의 기술적인 문제로서, 世宗朝의 量田事業이나 그 후의『遵守冊』에서는 量田을 공정하고 철저하게 하기 위하여 分田品事業(秋收 前)과 打量事業(秋收 後)을 분리하여 별개의 사업으로서 진행하였는데, 朝鮮後期의 여러「量田事目」에서는 이 두 가지 사업을 하나의 量田事業 속에서 일괄 처리하도록 하고 있는 점이었다. 肅宗末年의 庚子量田에서도 그렇고,[216] 純祖 庚辰量田에서도 그러하였다.[217] 다만 다른 것은 그때그때 量田事業이 제기되는 정치적 사회적 조건에 따라 田品을 다루는 강도가 다를 뿐이었다.[218] 이같이 分田品事業을 量田事業에 통합해서 그 일환으로서 시행한다는 것은, 그만큼 分田品事業의 중요성이 輕視되고, 그 事業을 소극적으로 다루고 있는 것이었다고도 하겠는데, 이 시기의 量田事業에서는 이렇게 하는 것을 자연스럽게 생각하고 있었다. 아마도 당시로서는 이렇게 하는 것이 경제적이고, 또 그렇게 하는 것이 두 사업을 분리해서 행하는 것보다 못하지 않다고 판단했는지도 모르겠다. 그러나 이와 아울러, 量田事業 중에서 가장 어려운 일은 田品을 공정하게 분간하는 일이고, 따라서 이 일이 제대로 되지 않을 경우에는 民의 騷亂이 일어나게 마련이었으므로,[219] 政府당국으로서는 이 일을 수행은 하되, 탈 없이 수행하고 싶다는 생각이 더욱 크게 작용하였는지도 모르겠다.

그리하여 田品分揀의 사업이 이같이 輕視되고 消極化되는 데 따라서는, 이러한 자세가 실제로 量田事業에 그대로 반영되지 않을 수 없었다. 가령 肅宗 庚子量田의 경우 실로 오랜만의 量田事業인데도 불구하고, 舊量案의 田品等第를 부득이 고쳐야 할 경우 이외에는, 陞降 없이 그대로 新量案에 옮겨 쓰도록 하고도 있었다.[220] 그리고 지역이나 土地所有의 主體에 따라서는, 혹 水田

---

216)『新補受教輯錄』戶典 量田(『受教輯錄』, pp. 300~304) 및『度支志』外篇 卷 4, 版籍司 田制部 2, 量田式에 수록된 肅宗朝의「量田事目」참조.
　　이「量田事目」은 拙 著,『朝鮮後期農業史硏究』I, 증보판, 저작집본, 1995, p. 207 에도 정리 수록되어 있다.
217) 註 229) 純祖朝의「量田事目」참조.
218) 拙 著,『韓國近代農業史硏究』上, 증보판, pp. 332~333.
219)『量田謄錄』卷 3, 庚子慶尙左道均使量田私節目 제11항.
220) 註 216)의 肅宗朝의「量田事目」제3항.
　　이 시기의 田品制 운영의 실상에 관해서는 拙稿, '朝鮮後期의 賦稅制度 釐正策' 중의 4. 純祖朝의 量田計劃과 田政釐正 문제(『韓國近代農業史硏究』上, 증보판, 1984)를

을 '四等作首'하기도 하고 旱田을 '並置六等'하기도 하며, 또 혹 各樣位田이나
官屯田은 종전의 田品을 그대로 따르도록 하였으며,[221] 그뿐만 아니라 載寧餘
勿坪庄土의 경우 水利施設이 완벽하고 所出이 많아서 1, 2等田으로도 될 수
있는 王室庄土를 6等田으로 규정하고 있었다.[222] 말하자면 이 시기에는 田品
等第를 분간하는 사업을 소홀히 다루게 됨으로써, 전국 農地의 田品을 획일적
인 기준으로 분간해야 하는 엄격한 分田品事業을 제대로 수행할 수 없게 했으
며, 農地의 實積을 객관적으로 정확하게 파악하는 打量事業만을 量田事業의
중요한 목표로 삼게 되는 것이었다. 그러한 점에서 이때에는 그간 所出, 租稅,
地積을 일치시키고 있었던 結負制가 이제는 점차 균형을 잃고 사실상 분리되
는 추세 속에 있는 것이었다고도 하겠다. 그리고 이러한 사실이 이 시기에는
權力者, 有力者, 富民들에게 유리하였고, 따라서 그들은 이같은 추세를 그대
로 밀고 나가는 입장에 있었다.

셋째는 朝鮮後期의 結負制는 『遵守冊』의 규정을 준수한다는 것을 전제로
하고 있었지만, 量田事業과 관련해서는 〈表 6〉에 제시된 量田尺 ③과 같이 量
田尺의 길이가 늘어나고 있어서, 이 문제는 이 時期의 量田事業에서 그때마다
시끄럽게 논의되는 문제가 되고 있는 일이었다. 이같은 사정이 발생한 것은
仁祖 12년 甲戌量田에서의 일이었다. 甲戌量田을 하게 되는 시기는 壬亂으로
파괴된 農業生産을 복구하는 가운데, 經界不正하고 貢賦不均하며 豪猾의 兼
倂과 小民의 怨苦가 극에 달하고 있는 상황을 타개함으로써, 民의 均賦均稅를
기하고 國家의 租稅收入도 증대시킬 것이 절대적으로 요청되는 시기였다. 더
욱이 이때에는 大同法 등 租稅體系가 田結에 집중되는 큰 변동이 일어나고 있
었으므로, 이에 선행해서는 田結을 정확히 파악하기 위한 量田事業을 조속히
수행하지 않으면 아니되었다.[223] 그러므로 이때의 量田事業에서는 기술한 바
와 같이 『遵守冊』을 지침으로 하면서, 우선 國家財政의 府庫가 되고 있는 三

참조.
221) 『續大典』, 『大典會通』 卷 2, 戶典 量田條.
222) 拙 著, 『朝鮮後期農業史硏究』 I, 증보판, 저작집본, 1995, p. 451.
223) 『仁祖實錄』 卷 30, 仁祖 12年 8月 甲寅, 34冊, p. 559.
    『仁祖實錄』 卷 28, 仁祖 11年 12月 庚午, 34冊, p. 539.

南지방을 먼저 量田하게 되었다.

그런데 이때의 量田事業에서는 量田을 一等田尺만의 單一量田尺으로 하면서도, 그 一等田尺의 길이를 〈表 6〉에서 보는 바와 같이 종전보다 좀 길게 늘어나도록 하는 일이 발생하고 있었다. 즉 戶曹에서는 이때 새로운 量田尺 ③, 이른바 甲戌量田尺을 조성하여 分送하되, 그 길이를 布帛尺 1寸(周尺 2.246寸 ; 4.492㎝)만큼 더 길게 만들었으며, 따라서 甲戌量田尺은 周尺 4.9996尺(5尺),[224] 布帛尺 2.226尺(약 99.992㎝=1m)의 길이가 되고 있었다. 그러나 그러면서도 당시에는 그 量田尺을 周尺 4.775尺으로 표현했고, 따라서 그 周尺은 1尺당 4.703分씩 길어지지 않을 수 없었다. 그러므로 이 量田尺으로 量田을 하였을 때, 結 實積은 그만큼 더 늘어나고, 結摠은 그만큼 더 감소하지 않을 수 없었다.[225] 그것은 아주 분명하여서 量田尺의 길이가 이같이 됨으로써, 朝鮮後期의 結 實積은 表에서와 같이 三南지방의 경우 1等田은 약 3,025坪, 6等田은 약 12,100坪으로 되어,[226] 世宗朝의 그것에 비해 전반적으로 늘어나지 않을 수 없게 되었다. 이 일로 政府에서는 담당자를 처벌하는 등 소동이

---

224)「庚辰 量田事目」(純祖 20年) 更關草(2).
　　量尺段 舊制準周尺四尺七寸七分五厘 準布帛尺二尺一寸二分六厘 是謂遵守尺也 仁廟朝甲戌改量時 自戶曹新造尺樣 加布尺一寸 準以周尺則恰爲五尺 是謂甲戌尺也

225)『度支志』外篇 卷 4, 版籍司 田制部 2, 量田事實, p. 114.
　　(肅宗)四十六年(庚子) 全羅左道均田使金在魯上書曰 '甲戌量田時 湖南左道均田使朴潢 以該道造送新尺 差長於本道所在舊地尺 必有結負減縮之弊馳啓 則仁祖大王特教曰 旣已下送之後 嫌其稍長而不用 事理未安' 先祖受教便一令甲 而今欲追改地尺 豈非未安之甚乎 盖量尺一尺 準布帛尺二尺一寸二分六釐 而湖南舊尺 準布帛尺二尺二寸二分六釐 則所剩不過一寸 請令仍用甲戌舊尺 令曰依爲之
　　이 上書文은 肅宗末年의 量田事業에서 甲戌量田尺을 쓰는 것을 문제삼는 사람이 있게 되자, 全羅左道의 均田使로 내려가 있었던 金在魯가 그 부당함을 지적하고, 甲戌量田尺을 그대로 쓰도록 강조하고 있는 글이다. 문장 중의 ' ' 부분은 甲戌量田시의 사정이다.

226) 여기서는 世宗朝의 結의 實積과를 비교하기 위하여, 周尺의 길이를 약 20㎝로 간주하고 계산하였다. 그러나『經國大典』의 度量衡條에 의하면 周尺의 길이는 營造尺(曲尺) 길이의 6寸7分4釐이고, 孝宗 4년에 간행한『遵守冊』의 各樣尺見樣式에 의하면 周尺의 길이는 20㎝ 强, 營造尺(曲尺)의 길이는 30.2㎝ 정도로 測定되는데, 이를 통해서 周尺의 길이를 구하면 20.35㎝가 된다. 그러므로 周尺의 이 길이로서 甲戌年 量田尺의 길이를 구하고, 그 結 實積을 산출하면 1等田은 약 3,158坪, 6等田은 약 12,631坪이 된다.

벌어졌지만, 그러나 이미 分送한 새 量田尺을 회수할 수는 없었으며, 따라서 量田事業은 이 量田尺으로써 수행하지 않을 수 없었다.[227] 그리고 그 후에도 이것은 관례가 되어, 肅宗末年의 三南量田에서도 是是非非가 있기는 하였으나 이 길어진 量田尺·甲戌尺이 그대로 이용되었으며,[228] 純祖 20년 庚辰年의 전국적 量田을 위해서 先行하는 兩南量田에서도 이 量田尺이 그대로 쓰였다.[229]

甲戌量田시의 이같은 量田尺 新造는, 戰亂 이후 舊尺이 분실된 데서 발생한, 量田을 담당하는 戶曹의 단순한 사무상 착오(註 227 참조)에서 일어난 일이었지만, 그러나 이것이 간단한 문제일 수는 없었다. 그것은 周尺을 중심으로 한 尺度 일반에 혼란이 일어나게 되는 것은 말할 것도 없고,[230] 量田尺의 길이를 종전보다 좀 길게 늘림으로써 結 實積이 또한 종전보다 더 늘어나게 되고, 따라서 國家에게는 結負減縮으로 租稅收入이 줄고, 納租者들에게는 반대로 結 實積의 확대로 租稅收納이 그만큼 감소되기 때문이었다. 더욱이 三南 지방에서는 이같이 甲戌尺을 쓰고 있을 때, 그 밖의 지방에서는 여전히 遵守尺을 쓰고 있었으므로, 지역적 차별성이 심각하였음도 큰 문제였다. 그리고

---

227) 『仁祖實錄』卷 30, 仁祖 12年 10月 己酉, 壬子, 34冊, p. 575.
　　上下敎曰 戶曹旣無量田舊尺 則所當一從板刻 而不遵舊制 別生意見 使二百年流來舊規 一朝廢棄 事極非矣 判書推考 色郞廳罷職
　　以量田新舊尺 議于大臣 領議政尹昉以爲 新尺旣已下送 嫌其稍長而不用 事理未安 右議政金尙容以爲 旣有舊尺 則不可雜用新舊尺 不如取來各道時存舊尺 較其長短 一依遵守冊 造作新尺 分送各道 俾無長短不齊之患 上命依尹昉議施行

228) 『肅宗實錄』卷 62, 肅宗 44年 10月 甲寅, 41冊, p. 41.
　　『肅宗實錄』卷 64, 肅宗 45年 9月 壬午, 41冊, p. 82.
　　『度支志』外篇 卷 4, 版籍司 田制部 2, 量田事實, p. 114.

229) 「庚辰 量田事目」(純祖 20年) ① 更關草(1), ② 更關草 (2) 및 ③-1 改量事目別單과 ③-2 別單稟處秩 및 그에 대한 정부의 지시 ④ 狀啓回下輪關. ①, ②, ③, ④의 번호는 필자.
　　『備邊司謄錄』209, 純祖 20年 4月 6日, 21冊, p. 268의 慶尙監司의 量田方略.
　　『增補文獻備考』卷 142, 田賦考 2, 經界 2, 中, p. 644의 「量田事目」등 참조.
　　『純祖實錄』卷 23, 純祖 20年 3月 癸未, 48冊, p. 160에도 慶尙監司의 「量田事目」이 수록되어 있는데, 이는 「庚辰 量田事目」중에서 ③-1, ③-2의 두 문건을 정리하여 수록한 것으로, 政府의 결재를 받은 完成된 事目이 아니었다. 量田尺에 관해서 말한다면, ③-1, ③-2에서는 慶尙監司가 甲戌尺과 遵守尺 중 어느 것을 써야 할 것인지 정해줄 것을 政府·國王에게 품의하였는데, 그에 대한 答信으로서 甲戌尺을 쓰라는 지시는 ④의 문서와 ①, ②의 關草로서 내려가고 있었다.

230) 『磻溪隨錄』卷 2, 田制 下, 諸本周尺 附, p. 50 참조.

이같은 문제는 앞에서 언급한 바 所有權 문제와도 관련하여, 國家와 土地所有者層 그 중에서도 특히 國家와 土豪·大土地所有者層 사이의 收取構造 속에서, 작지만 後者에게 그 핵심이 되는 尺度를 유리하게 조정하고 있는 것으로, 이 구도는 이 시기 이후의 田政·租稅 운영에서 중대한 문제가 되지 않을 수 없었다. 國家와 土豪 大土地所有者層 사이에 租稅문제를 둘러싸고 대립·갈등이 발생하게 되는 것이었다. 그리하여 이러한 문제는 쉽게 해결될 일이 아니었지만, 政府에서는 어떻게든 尺度의 혼란을 釐正하지 않으면 아니되었다. 여기에 英祖朝에는 三陟府에 남아 있는 世宗朝의 布帛尺을 근거로, 『經國大典』의 尺度간 비율에 의거하여, 世宗시기의 尺度를 복원하려는 작업을 시도하기도 하였다.[231] 그러나 이 작업이 이 시기 尺度의 혼란을 바로잡지는 못하였으며, 따라서 尺度를 둘러싼 혼란, 社會的 葛藤은 그 후에도 여전히 계속되지 않을 수 없었다.

이러한 문제는 純祖 20년 庚辰年에 兩南지방에서 量田事業을 試行하게 되었을 때에 이르러서야 비로소 일단의 해결을 볼 수가 있었다. 이때의 量田事業은 田政 租稅制度를 바로잡고, 均賦均稅와 租稅收入의 증대를 기한다는 점에서 國家的으로 대단히 중요한 사업이었으므로, 國家는 반드시 尺度의 혼란을 수습하는 일을 先行하지 않으면 아니되었다. 政府에서는 그것을 甲戌時와는 달리, 甲戌量田尺의 길이, 즉 周尺 4.999尺(5尺)을 그대로 인정하고, 甲戌量田尺에서 이용한, 길이가 늘어난 周尺에서 2分씩 감소하는 조치를 취함으로써 문제를 수습하려 하였다.[232] 이는 甲戌量田尺에서 쓴 周尺의 길이는 줄지

231)『英祖實錄』卷 51, 英祖 16年 4月 乙亥, 42冊, p. 659.
　　『備邊司謄錄』106, 英祖 16年 4月 7日, 10冊, p. 898.
　　『增補文獻備考』卷 91, 樂考 2, 度量衡, 中, p. 137에는 이때 복원한 尺度의 相互比率이 기재되어 있으며, 朴興秀, 前揭書, '李朝尺度에 관한 硏究' 및 '度量衡', p. 25, 190에서는 이때 복원한 諸尺度의 길이를 다음과 같이 산출하였다.
　　黃鐘(律管)尺 31.25(31.20)cm, 周尺 20.83(20.80)cm, 營造尺 31.22(31.17)cm.
232)『六典條例』卷 3, 戶典 度量衡, 上, p. 304.
　　ㅇ 準黃鍾尺 則周尺爲六寸六釐 營造尺爲八寸九分九釐 禮器尺爲八寸二分三釐 布帛尺爲一尺三寸四分八釐
　　ㅇ 純祖庚辰 釐正周尺 比舊尺少二分 準黃鍾尺爲五寸九分五釐
　　ㅇ 量田尺一尺 準周尺四尺九寸九分九釐 準布帛尺二尺二寸二分六釐 比遵守尺加布帛尺一寸

만 그 周尺의 尺數를 4.775尺에서 4.999尺으로 늘림으로써 甲戌量田尺 자체
의 길이는 그대로 유지하려는 조치였으며,[233] 周尺 길이의 지역에 따른 혼선을
전국적으로 바로잡으려 하는 조치이기도 하였다. 그러나 이같은 조치가 있었
다 하더라도 이것이 당시의 조건하에서 地方民에게 쉽게 납득되기는 어려웠
으며, 따라서 이때의 量田事業은, 다음의 准定結負의 문제와도 함께, 在地 土
豪·有力者들과 國家 사이에 여러 가지 이해관계가 얽히는 가운데 실현되지 못
하고 마침내는 중단되지 않을 수 없었다.[234]

넷째는 위의 量田尺의 변동과도 관련되는 문제로서, 准定結負의 원칙에 중
요한 변화가 일어나고 있는 일이었다. 이 변동은 量田尺 ③의 단계에서 두 번
일어나는데, 〈表 6〉에서 보는 바와 같이, 한 번은 甲戌量田 때 있었던 准定結
負 ②이고, 다른 한 번은 肅宗 庚子量田(肅宗 43~46년)시에 있었던 准定結負
③이다. 准定結負 ②는 量田尺이 遵守尺(周尺 4.775尺)에서 甲戌尺(周尺
4.9996尺)으로 변동할 때 이에 수반해서 자동적으로 甲戌尺의 准定結負 ②로
변한 것이고(〈表 6〉의 주 참조), 准定結負 ③은 肅宗 庚子量田 때 甲戌尺과
짝이 되는 准定結負 ②를 재조정한 것이다. 전자는 1等田 量田尺이 본시 周尺
4.775尺(95.50cm)이고 그 結 實積이 2,759.53坪이었던 데서, 甲戌量田의 周
尺 4.9996尺(99.992cm), 그 結 實積 3,025.71坪으로 변동할 때 수반한 것으
로 큰 변동이었고, 후자는 甲戌量田의 准定結負 ② 該等規式(『遵守冊』解負舊
規歌訣)의 2, 3, 4等田의 結負가 정수가 아니었던 것을, 肅宗 庚子量田시의
44年에 추가된 「量田事目」에서 把束 단위의 '五捨六入'원칙에 따라,[235] 准定結

---

233) 前註에서 보는 바와 같이, 純祖 20年 庚辰量田의 해에 이르러서 戶曹에서는 量田
　　尺의 길이를 準周尺 4.999尺, 準布帛尺 2.226尺 하는 원칙을 그대로 두되, 周尺의
　　規格을 舊周尺(甲戌量田尺에서 쓴 周尺)에서 2分 減少한 길이로 釐正함으로써, 甲
　　戌量田尺의 길이를 그대로 인정하였다. 여기서 2分을 周尺의 2分으로 보면 減少되
　　는 부분이 늘어났던 부분의 반 정도가 되지만, 이 2分을 布帛尺의 2分으로 보면, 甲
　　戌尺을 造成할 때 '加布帛尺一寸' 하였던 길이를, 이제 4.999尺(5尺)의 周尺에 2分
　　씩 배분하여 減少하는 것이 되므로, 原 周尺(『遵守冊』의 周尺)의 길이를 완전히 되
　　찾을 수 있게 되는 것이라고 하겠다. 朴興秀, 『前揭書』, 度量衡, p. 191 참조.
234) 拙 稿, '純祖朝의 量田計劃과 田政釐正 문제'(『韓國近代農業史硏究』上, 증보판,
　　1984) 참조.
235) 註 216) 肅宗朝의 「量田事目」 제14항.

負 ②의 該等規式을 버리고,[236] 아래와 같은 規式, 즉 准定結負 ③과 같이 結
負數가 정수가 되도록 '每等 1負에 1束 5把씩 遞減' 조정한 작은 변동이었다.

田積 1 萬尺 解負則 1等田 1 結
                    2等田   85 負
                    3等田   70 負
                    4等田   55 負
                    5等田   40 負
                    6等田   25 負[237]

  그런데 전자는 큰 변동이었음에도 불구하고, 量田尺이 길어지는 데 수반한
것이므로, 政府에서는 量田尺의 문제만을 논하고 准定結負를 논하지 않았지
만, 후자는 작은 문제였음에도 불구하고 政府에서 贊反兩論이 있어서 결코
작은 문제로 처리되지 않았다. 英祖朝의 現行法典에서는 肅宗朝 庚子量田의
「量田事目」에서 규정한 解負式을 法典의 量田條에 그대로 수록하면서도, 1等
尺 滿 1結일 때, 2等田은 거기에 0.8501, 3等田은 0.7011, 4等田은 0.5507
을 곱해야 原典(准定結負 ②) 各等尺數에 부합한다는 점을 또한 정식조항으로
기재하고 있었다.[238] 政府로서는 언제든지 甲戌量田의 解負式에 이의를 제기
할 수 있는 근거를 마련해 두고 있는 것이었다. 이 解負式에 따르면 계산은
편할 수 있지만, 3, 4等田의 경우 1結의 實積이 約 6, 7坪씩 늘어나고, 그만
큼 政府가 收稅하게 되는 結負數는 줄어들기 때문이었다. 그러나 이러한 法典
의 規程에 대해서는, 量田尺을 遵守尺과 甲戌尺 가운데 어느 것을 쓸 것인가
하는 문제와 함께, 地方民의 抵抗이 적지않이 있었을 것으로 생각되고, 따라
서 그 규정이 그 후의 量田에 그대로 이용되기는 쉽지 않았을 것으로 사료된
다. 政府 내에서도 시시비비는 있었겠지만, 政府와 地方民 사이에는 적지 않
은 갈등이 있었을 것으로 생각된다. 純祖 庚辰量田의 「量田事目」에서 結負計

---

236)『度支志』外篇, 卷 4, 版籍司 田制部 2, 量田規式, p. 107.
237) 同 上『度支志』, p. 108.
    肅宗朝의 「量田事目」 제17항.
   『續大典』,『大典會通』卷 2, 戶典 量田條.
238)『續大典』,『大典會通』卷 2, 戶典 量田條.

算을 准定結負 ③으로서 행하도록 하고 있었음은 그러한 현상의 한 예라고 하겠다.[239]

다섯째는 結負制 그 자체는 아니지만, 世宗朝 이후에는 結負制가 이를 통해서 운영되도록 되어 있었던 年分九等法이 朝鮮後期에는 폐지되고, 이를 대신해서는 이른바 永定課率法과 定額課率法으로 알려져 있는 定額稅制가 제정되는 가운데, 이를 灾結比摠法과 연계함으로써 租稅制度 結負制를 운영하고 있는 일이었다.[240] 그리고 이 시기에는 田結에 부과되는 稅가 이에서 그치는 것이 아니라, 租稅制度가 전반적으로 변동하는 가운데 貢納制가 개혁되어 大同法으로서 田結에 부과되고, 軍役制가 개혁되는 가운데 종래의 軍役稅의 일부가 結錢으로서 田結에 부과되며, 새로 제정되는 三手米의 法이 또한 田結에 부과되는 등 제반 賦稅의 田稅化과정이 진행되고 있어서, 結에 부과되는 租稅가 附加稅까지 합하면 표에서 보는 바와 같이 米 약 50斗 이상이 되고 있었다.[241] 그뿐만 아니라 이때에는 시대를 아래로 내려오면서 地方에 따라 혹 都結, 結還, 役根田의 관행도 발생하고 있었다.[242] 이는 朝鮮前期의 租稅制度에 비하여 土地所有者層의 田結稅 부담이 그만큼 크게 늘어나고 있는 것이었으며, 그러한 점에서 이제는 結負制가 結에 부과되는 稅의 種類에 있어서나 稅의 액수에 있어서, 所出 地積 租稅가 組合하여 성립한다고 하는 結負制의 본래의 의미와 성격을 멀리 벗어나고 변동하고 있는 것이 아닐 수 없었다.

239) 「庚辰 量田事目」 更關草 (1)의 量田圖式.
240) 水田直昌, 『李朝時代의 財政』, 1968.
　　金玉根, 『朝鮮王朝財政史研究』, 1984.
241) 鄭亨愚, '大同法에 대한 一研究'(『史學研究』 2, 1958).
　　韓榮國, '湖西에 實施된 大同法'(『歷史學報』 13, 14, 1961).
　　　　'湖南에 實施된 大同法'(『歷史學報』 15·20·21·24, 1961~1964).
　　金潤坤, '大同法의 施行을 둘러싼 贊反兩論과 그 背景'(『大東文化研究』 8, 1971).
　　車文燮, '壬亂 이후의 良役과 均役法의 성립'(『朝鮮時代 軍事關係 研究』, 1996).
　　前註의 水田直昌, 金玉根 著書.
　　註 214)의 拙 著 참조.
242) 朴時亨, 『朝鮮土地制度史』 中, p. 381.
　　김선경, '1862년 농민항쟁의 都結혁파 요구에 관한 연구'(『李載龒博士還曆紀念 韓國史學論叢』, 1990).
　　宋讚燮, 『19세기 還穀制 改革의 推移』, 1992.
　　拙 著, 『韓國近代農業史研究』 上, 증보판, p. 84, 349, 456.

　　그러므로 이 시기에는 이같이 변동하는 租稅制度와 증대하는 賦稅를 감당
하는 문제를 놓고 몇 가지 방안이 제기케 되고 있었다. 그 하나는 증대하는
賦稅를 감당하고 租稅收入을 늘리기 위해서는 거기에 상응하는 結 所出·生産
力의 증대가 있어야만 하였으므로, 政府나 學者들에 의해서는 『農家集成』,
『山林經濟』 등 수많은 農書가 역사상 유례를 볼 수 없을 만큼 활발하게 편찬되
고 있는 일이었다.[243] 그리고 그 결과로서는 農法에 변동이 일어나고 施肥法과
水利施設이 발달하며, 農業經營상에 富農層의 經營擴大·廣作 현상이 일어나
는 가운데 生産力이 증대하고 農村社會의 분화가 촉진되기도 하였다.[244] 그리
고 다음으로 이 시기에는 農政 운영상에 여러 가지 不合理와 矛盾이 발생하고
있었는데, 이는 그 基層的 制度로서의 結負制에 근본적인 결함이 있는 까닭이
라고 보고, 따라서 이제 結負制는 改革해야 한다는 것이었다. 이러한 견해는
實學者들에 의해서 제기되고 있었는데, 그들은 그러한 문제를 結負制를 폐기
하고 頃畝法을 도입함으로써 해결할 수 있을 것으로 확신하고 있었다.[245] 그리
고 셋째는 혹 地方에 따라서는 그 官廳의 吏屬과 有力者들이 결탁 연계하는
가운데 政府上納을 위한 각종 부과에서 탈출할 것을 꾀하는 隱結, 漏結 현상
이 늘어나는 일이었다.[246] 그러한 점에서 이 시기의 結負制에는, 租稅 부과의

---

243) 李春寧, 『韓國農學史』, 1989.
　　　拙 著, 『朝鮮後期農學史硏究』, 1988.
244) 閔成基, 『朝鮮農業史硏究』, 1988.
　　　宮嶋博史, '李朝後期에 있어서의 朝鮮農法의 發展'(『朝鮮史硏究會論文集』 18,
　　　　　1981).
　　　　　'李朝後期의 農業水利─堤堰 灌漑를 중심으로'(『東洋史硏究』 41-4,
　　　　　1983).
　　　崔元奎, '朝鮮後期 水利기구와 經營문제'(『國史館論叢』 39, 1992).
　　　문중양, 『朝鮮後期의 水利學』, 서울대 대학원, 1995.
　　　宋贊植, '朝鮮後期農業에 있어서의 廣作運動'(『李海南博士華甲紀念史學論叢』, 1970).
　　　宮嶋博史, '李朝後期農書의 硏究 ─ 商業的農業의 發展과 農奴制的 小經營의 解體
　　　　를 중심하여'(『人文學報』 43, 1977).
　　　拙 著, 『朝鮮後期農業史硏究』 I, II, 증보판의 관련 논문 참조.
245) 拙 稿, '茶山과 楓石의 量田論'(『韓國近代農業史硏究』 上, 증보판, 1984).
246) 拙 稿, '朝鮮後期의 賦稅制度 釐正策'(『韓國近代農業史硏究』 上, 증보판, 1984),
　　　　　pp. 308~310, p. 334.
　　　　　'哲宗朝의 應旨三政疏와 「三政釐整策」'(同 上書), p. 452.

측면에서 볼 수 있는, 課稅者 즉 政府·地方官廳과 擔稅者 즉 大土地所有者·農民層간의 대립구도가 심각하게 내재하지 않을 수 없게 되었다.

朝鮮後期의 結負制를 이같이 정리하고 보면, 그것은 요컨대 우여곡절이 있기는 하였지만, 『遵守冊』으로 완성된 單一量田尺과 准定結負·解負法을 결합한 結負 量田制, 그리고 收租權에 입각한 '私田'的 土地支配의 권리를 소멸시키고 土地所有權者·農地所有主에 대한 政府의 租稅收取만을 목표로 하는, 中央集權的 租稅制度와 그 기반으로서의 結負 量田制를 광범하게 정착시키고자 하는 것이 그 특징이었다고 하겠다. 그러한 가운데 이 시기의 結負制에는 이 시기 結負制로서의 몇 가지 특징과 그에 따르는 모순구조가 형성되고 있었다. 우리는 그것을 다음과 같이 몇 가지로 들 수 있을 것이다.

즉 ① 이 시기에는 分田品事業이 경시되고 소홀하게 다루어짐으로써, 量田事業을 대대적으로 전개해도 結의 實積, 所出, 租稅의 組合관계가 일치하지 않게 되고, 따라서 이 시기의 量田事業은 地積을 파악하는 것이 중심이 되는 경향을 띠고 있었다. 그리고 그런 가운데 權力者나 有力者들은 上等田品의 農地, 地積이 넓고 所出이 많은 농지를 소유하고서도, 田品等第를 현실대로 파악하지 못하는 가운데, 結數가 적고 租稅부담이 적은 불합리가 생기고 있었다.

② 이 시기 支配層은 量田尺의 길이를 종전보다 좀 늘리고 准定結負의 수치를 또한 일부 조정하는 가운데, 土地所有者層이 소유하는 農地의 結 實積은 늘어나고 國家수입의 원천이 되는 結摠은 감소하도록 하고 있었으며, 따라서 이로 인해서는 土地所有者層과 國家가 租稅收取의 구조 속에서 葛藤 對立하지 않을 수 없도록 되고 있었다.

③ 이 시기에는 年分九等法이 폐기되고 災結比摠法과 연결된 定額制, 郡單位 摠額制·結摠制의 田稅制度가 확립되는 가운데, 貢納制와 軍役制의 일부 그리고 其他가 大同米·結錢·三手米 등의 이름으로 地稅化함으로써 田稅가 대폭 증가하게 되었으며, 이 밖에도 지방에 따라서는 혹 都結 結還을 시행하고 役根田도 시행하게 됨으로써, 結負制의 結은 이제 그 所出, 實積, 租稅를 조합하여 租庸調체제 아래에서의 租를 부과한다는 結負制 본래의 뜻에서 멀리 벗어나게 되고 있었다. 그리고 이에 따라서는 定額制의 구조 속에서, 地方의 吏屬 有力者들에 의한 隱結·漏結현상이 발생하는 등, 國家와 地方有力者 사이의 갈

등구조가 심화되기에 이르고 있었다.

6. 韓末 近代化過程에서의 結負制

朝鮮後期의 國家가 체제적으로 안정을 유지하려면, 다른 분야의 모순문제와
도 함께, 위에서 언급한 바 結負制 租稅制度상의 모순문제를 총괄적으로 해결
하지 않으면 아니되었다. 그리고 그러기 위해서는 結負制를 단지 복고의 방향
으로가 아니라, 이 시기 結負制상에서 볼 수 있는 새로운 추세와 모순문제를,
포괄적으로 해결할 수 있는 방향을 찾는 것이 필요하였다. 그러나 이 시기의
政府에서는 그같은 대책을 마련하지 못한 것은 말할 것도 없고, 結負制 租稅制
度의 운영이 더욱더 불합리하고 불공정해져서 마침내는 田政의 紊亂, 三政의
紊亂을 초래하고도 있었다. 그리고 그것은 결국 兩班·常賤民을 막론한 土地所
有者 租稅上納者層의 地方官廳과 政府에 대한 抗爭·抗稅運動을 유발하여 國
家를 안으로부터 위기상황으로 몰아가고 있었다. 租稅制度의 측면에서 볼 때
역사상 洪景來亂, 壬戌民亂, 東學亂으로 불리우는 農民運動은 바로 그러한 것
이었다. 더욱이 高宗朝로 내려오면 帝國主義 열강에 대한 門戶開放·通商貿易
으로 인하여 國家의 위기상황이 밖으로부터도 오고 있었다. 그러므로 이때에
이르러서는 朝鮮王朝는 이같은 안팎의 위기상황을 타개하기 위하여, 國家體制
전반을 개혁하고 近代化하는 특별한 대책을 세우지 않으면 아니되었다.

이같은 문제를 本稿의 주제와 관련하여 생각하면, 그것은 무엇보다도 租稅
制度 結負制의 개혁문제가 되지 않을 수 없었다. 그리하여 甲申政變에서는 地
租改正을 제기하고, 甲午改革에 이르면서는 그 원칙 위에서 度支部 중심으로
財政의 일원화를 추구하여, 宮庄土·驛土·屯土의 免稅地陞摠(免稅地·收稅地지
급 폐지)을 단행하고, 賦稅의 作錢納, 度量衡制度의 개혁원칙을 결정하였으
며, 量田論을 제기함으로써 光武量田의 길을 열기도 하였다.[247] 그리고 그 일

---

247) 田保橋潔, '近代朝鮮에서의 政治的 改革'(『近代朝鮮史研究』, 1944).
　　柳永益, 『甲午更張研究』, 1990.
　　裵英淳, '韓末 驛屯土調査에서의 所有權紛爭', 서울大 大學院, 1978.

환으로서는 결국 結負制의 개혁문제도 진지하게 검토하지 않으면 아니되게
하였다. 더욱이 이때 그 改革派 중심인물의 한 사람은 이미 日本·西洋에 유학
을 하고 있어서, 西歐 近代國家의 租稅理論 — 租稅金納化, 地價를 기준한 地
稅賦課 — 을 租稅制度 近代化의 지표로 제시하고 있는 터이기도 하였다.[248]
그리하여 이같은 기반 위에서 光武改革에 이르러서는 改革의 주체가 달라지
고 皇帝權이 강화되기는 하였지만, 그러한 개혁사업을 선별적으로 채택 계승
하면서, 이를 점진적으로 추구해나가는 원칙을 세우고 있었다. 그러한 사업
중에서도 本稿와 관련하여 특히 주목되는 것은 量田地契事業과 度量衡制度의
改正에 관한 사업이다. 그러므로 이 두 사업의 특징을 고찰하면, 앞에서 언급
한 바 朝鮮後期의 結負制가 그 후 近代化過程에서는 어떻게 변동하고 있었는
지, 그 推移를 핵심이나마 살필 수 있을 것으로 생각된다.

　光武年間의 量田地契事業은 大韓帝國의 光武 2년(1898)에서 光武 7년
(1903)에 이르는 사이에 계속되다가, 事業을 완결하지 못한 상태로 중단되었
다. 帝政러시아와 日本帝國 사이에 韓半島 쟁탈을 위한 전쟁(露日戰爭, 1904)
이 발생하고, 大韓帝國은 그 전쟁에 휘말려 日本軍의 전진기지가 되기에 이르
렀으므로, 그같은 사업은 더 이상 지속되기 어려웠다. 시시각각으로 달라지는
국제환경 속에서 改革의 원칙도 좀더 근본적인 것이 되지 않으면 아니되었다.
말하자면 이때의 量田地契事業은 그 事業目標를 달성하지 못한 채 중단이 된
未完의 事業이었다. 그리고 이 사업은 처음부터 하나의 목표만을 위한 작업으
로서 추진된 것이 아니라, 사업이 진행되고 改革의 필요성이 추가되는 데 따
라, 그 작업의 폭이 넓어져가고 있는 사업이었으며, 따라서 그 사업의 意味와
性格은 나타난 결과만 가지고 규정될 수 있는 것이 아니었다. 그러나 그러면

　　　　　『韓末·日帝初期의 土地調査와 地稅改正에 관한 硏究』, 서울大 大學院,
　　　　　1988.
　　　李榮昊, 『1894~1910년 地稅制度 연구』, 서울大 大學院, 1992.
　　　王賢鍾, '한말(1894~1904) 지세제도의 개혁과 성격'(『韓國史硏究』77, 1992).
　　　拙 稿, ① '甲申·甲午改革期 開化派의 農業論'
　　　　　② '光武年間의 量田·地契事業'(『韓國近代農業史硏究』下, 증보판, 1984).
248) 『兪吉濬全書』4, 政治經濟編 經濟改革論. 1, 西遊見聞.
　　　前註 拙 稿, ① 참조.

서도 이 사업은 이 시기의 結負制의 변동을 이해하는 데 대단히 중요한 의미
를 지닌다고 하겠다. 그것은 이때의 結負 量田制가 과거 結負制의 전통을 계
승하면서 시행되고, 앞으로 있게 될 結負制의 改革이 이때의 結負 量田制를
매개로 전개되고 있었기 때문이다. 이같은 量田地契事業에 관해서는 그 歷史
的 性格의 파악을 중심으로 몇몇 견해가 나와 있지만,[249] 그러나 이 事業을 보
는 시각은, 大韓帝國을 완성된 近代國家로서가 아니라 그러한 國家를 지향하
고 있는, 말하자면 近代化過程의 시발점에 있는 國家라는 점을 전제로 해야
할 것으로 생각된다.

　이때의 量田事業은 國朝舊典에 의거하여 수행하는 것을 대원칙으로 하되,
거기에 시의에 맞는 새로운 조항을 추가하여 事目을 작성하고, 이에 의거하여
수행할 것을 또한 규정하고 있었다.[250] 國朝舊典이란『遵守冊』,『續大典』,『六
典條例』등의 量田條項 및 그 關聯條項이 되겠으며, 따라서 이때의 量田은 舊
來의 量田原則과 純祖 20년에 조정된 甲戌量田尺(약 1m)으로서 수행되는 것
이었다고 하겠다. 그리고 시의에 맞는 조항으로서 추가한 중요한 사항, 따라
서 종전의 量田事業 量案作成의 원칙과 크게 달라진 점은 다음과 같은 몇 가
지 사실을 들 수 있을 것이다.

---

249) 拙 稿,'光武年間의 量田·地契事業'(『韓國近代農業史硏究』下, 증보판, 1984).
　　裵英淳,『韓末·日帝初期의 土地調査와 地稅改正에 관한 硏究』, 서울大 大學院, 1988.
　　李榮薰,'主戶-挾戶 關係의 土地所有와 經營'(『朝鮮後期社會經濟史』, 1988).
　　　　　'光武量田의 歷史的 性格'(『近代朝鮮의 經濟構造』, 1989).
　　　　　'光武量田에 있어서〈時主〉파악의 실상'(『대한제국기의 토지제도』,
　　　　　1990).
　　金鴻植,'大韓帝國期의 역사적 성격'(『대한제국기의 토지제도』, 1990).
　　李榮昊,'대한제국시기의 토지제도와 농민층분화의 양상'(『韓國史硏究』69, 1990).
　　宮嶋博史,'光武量案의 역사적 성격'(『대한제국기의 토지제도』, 1990).
　　　　　　'光武年間의 量田事業과 國有地問題'(『朝鮮土地調査事業史의 硏究』,
　　　　　　1991).
　　崔元奎,『韓末 日帝初期 土地調査와 土地法 硏究』, 연세대 대학원, 1994.
　　한국역사연구회 근대사분과 토지대장연구반(李永鶴·王賢鍾·李榮昊·崔元奎·李世
　　永·崔潤晤·朴珍泰·李鍾範의 공동연구),『대한제국의 토지조사사업』, 1995.
　　金鴻植·宮嶋博史·李榮薰·朴錫斗·趙錫坤·金載昊 공저,『조선토지조사사업의 연구』,
　　1997.
250)『增補文獻備考』卷 142, 田賦考 2, 經界 2, 中, p. 645.

그 첫째는 土地所有權者에게 地契를 발급한 점이었다. 이는 오래 전부터 있었던 논의의 전통과, 開港通商 후에는 실제로 열강에 대하여 地契를 발행하고 있었던 조건하에서, 구래의 土地所有權者들에게 그들이 지니고 있었던 土地所有權을 새로운 近代的인 土地所有權으로 전환시켜 줌으로써 國家가 그 所有權者를 분명히 파악하고, 이를 통해서는 外國人의 土地潛買를 방지하려는 조치였다.[251]

둘째는 量案의 起主欄에 田主의 성명과 함께 時作의 성명을 병기하도록 한 점이었는데, 이는 開港通商 이후 地主經營이 급속하게 발달하고 地主層의 時作農民 收奪이 심화되며 時作農民의 抗爭이 또한 고조되고 있는 가운데, 地主制를 유지하는 반면 時作農民에 대해서도 그 耕作權을 최소한으로나마 보호하려는 뜻에서 취해진 조치였다.[252] 이 조치는 그 후 光武 10년(1906)에 이르러서는 政府에서 時作農民의 賃借權登記制(일종의 小作法)를 不動産法所關法을 제정하는 가운데서 法制化하려 하였던 조치와 이어지게 된다.[253]

그리고 셋째는 量案에 農地實積을 표기하는 방법을 여러 가지 점에서 종전보다 좀더 분명하게 하고 있는 조치로서, 本稿의 主題와 관련하여 이곳에서 특히 주목하게 되는 것은 바로 이 부분이다. 가령 直四角形의 농지가 있을 경우, 종래에는 그 實積의 표시방법이 田品等第에 관계없이, '長 55尺 廣 40尺'으로 되어 있있고, 이를 곱한 數로서 가령 3等田이면 『准定結負』의 규정에 따라 '15負 4束'이라는 結負數를 산출하여 기재하도록 되어 있었다. 이런 과정을 통해서 보면 量田의 목표는 結負數 파악에 있고, 實積 파악은 結負 파악을

---

251) 拙 稿, '光武年間의 量田·地契事業', '高宗朝 王室의 均田收賭問題(『韓國近代農業 史研究』下, 증보판, 1984).

252) 拙 稿, '光武年間의 量田·地契事業'.
　　　이러한 대책은 물론 光武量田에서 비로소 시작되는 것이 아니라, 甲午農民戰爭 이전부터도 이미 地主·時作간의 對立構圖가 심화되고 있는 가운데 모색되고 있는 일이었다. 高宗 16년의 溫陽지방의 改量田事業에서 그 量案에 田主名과 時作名을 병기하고 있었음은 그 한 예이겠다.
　　　王賢鍾, 『甲午改革研究 — 改革官僚의 近代國家論과 制度改革을 중심으로』, 연세대 대학원, 1999 참조.

253) 金正明, 『日韓外交資料集成』 6의 上, pp. 342~345.
　　　崔元奎, 『韓末 日帝初期 土地調査와 土地法 研究』, pp. 153~154.

위한 경과과정에 불과한 인상이 짙었다. 그래도 당시 사람들은 이같은 實積
파악에 대해서조차도 앞에서 언급한 바와 같이 隨等異尺 때보다 그 實積의 표
시가 분명해진 것으로 말하고 있었다. 그런데 이때에는 이것을 '長 55尺 廣
40尺 積 2,200尺'으로 그 實積의 尺數까지도 산출하여 완결된 상태로 표시하
고 있었으며, 그 實積의 尺數에 의거하여 3等田 結負數 '15負 4束'도 표시하고
있었다.[254] 이때에는 量案 내에서 農地의 實積 파악과 結負數 파악이 사실상
대등하게 되고 있음은 말할 것도 없고, 量案작성의 시대적 추이에서 보면, 오
히려 實積 파악에 더 큰 비중이 두어지고 있었던 것 같은 인상을 받게도 된다.
이는 이때의 量田制가 앞시기 結負 量田制에서 볼 수 있었던 分田品事業의 경
시, 農地實積 打量事業의 중시경향과 추세를 적극적으로 받아들이고 있는 한
표현으로서, 이 시기 量田事業이 지니는 큰 특징이 아닐 수 없었다. 그뿐만
아니라 이때에는 이전 시기의 地籍圖에 준하는 魚鱗圖작성 논의의 전통에 따
라 그 農地의 地形圖까지도 그려 넣고 있었는데,[255] 이는 農地의 實狀과 實積
을 더욱 분명하게 파악하려는 量地당국의 의도를 잘 나타내는 것이라 하겠다.
   그리고 이때에는 水田과 旱田의 地積을 農村에서 慣行하는 斗落, 日耕 등으
로도 표시하고 있었는데, 이것도 農地所有者들에게 평소부터 친숙한 이같은
農地面積의 단위를 기재함으로써, 尺度로 파악한 農地實積이나 結負로 제시
한 稅額에 있을 수 있는 착오나 의문을, 頃畝法을 시행하지 못하는 조건하에
서, 頃畝法을 대신해서 보완하고자 하기도 하였다.[256]

---

254) 崔元奎, 同 上書, 〈附錄 1〉에서는 光武量案에서 볼 수 있는 農地實積의 표시 예를
    소상하게 제시하고 있다.
       宮嶋博史, 前揭 註 249)의 논문에서는 光武量田의 의의를 바로 이같은 實積표시에
    있는 것으로까지 보았으며, 그러한 점에서 光武年間의 量田事業을 日帝 土地調査事
    業의 前段階 事業이 되는 것으로 이해하였다.
255) 崔潤晤, '肅宗朝 方田法 시행의 역사적 성격'(『國史館論叢』 38, 1992).
       拙 稿, ① '茶山과 楓石의 量田論'(『韓國近代農業史硏究』 上, 증보판, 1984, pp.
    190~195).
       ② 前揭, '光武年間의 量田·地契事業'.
256) 斗落, 日耕 등이 量案에 기재케 되는 사정에 대해서는, 田畓의 圖形을 그려 넣게
    되는 사정과 함께, 이때 量田論을 제기함으로써 光武量田을 있게 한 海鶴 李沂의 見
    解, 『海鶴遺書』 卷 1, 田制妄言에 소상하게 기술되어 있으므로 참조할 필요가 있다
    (拙 稿, 同 上 ②의 논문에 상론).

光武年間의 量案을 이같이 살피면 이때 量地당국이 추구하고 있었던 바 목
표는, 그것이 國朝舊典의 틀 속에서 시행되는 것임에서 당연히 結負·稅額 파
악을 목표로 하는 것이 될 수밖에 없었지만, 그러나 그러면서도 그것은 이 시
기의 시대적 요청에 따라, 農地實積을 객관적으로 정확하게 파악할 것을 또한
量田事業의 큰 목표로 삼고 있었던 것이라 하겠다. 그러나 農地實積을 객관적
으로 정확하게 파악하는 문제가 중요한 사안으로서 제기되고 있는 이 시점에,
그것을 파악하려는 方法이 과거의 量田方式 그것이라면, 그 결과는 만족할 만
한 것이 되기 어려웠을 것이다. 그러한 사정은 政府에서도 충분히 인식하고
있었으며, 따라서 量田事業이 시작되었을 때, 전통적으로 늘 都市測量과 農地
測量을 區分하였듯이 보다 고도한 技術을 요하는 設洑引水, 道路橋梁, 建築砲
臺要隘處 등의 審察과 서울 등 都市의 土地測量은 美國人을 고빙하여 위촉하
고도 있었다.[257] 그러나 이러한 정도의 대책으로서 이 시기의 量田문제를 모두
해결할 수는 없는 일이었으며, 따라서 政府에서는 土地測量 量田을 위하여 무
엇인가 근본적인 대책을 세우지 않으면 아니되었다. 政府에서는 그것을 度量
衡制度들 새 時代에 부합하는 새로운 制度로 改革함으로써 해결하려 하였다.
사실 이 문제는 量田問題가 아니더라도, 國際的인 通商貿易과 관련하여 시급
한 문제로 되어 있었으므로,[258] 量田地契事業의 진행과 관련하여서는 더욱 적
극 추진되지 않을 수 없었다.

이 문제는 甲午改革시의 軍國機務處에서 度量衡改正에 관한 원칙을 세운
후,[259] 大韓帝國의 光武 6년에 平式院을 설치하고 度量衡規則을 마련함으로써

그의 近代國家 건설을 지향하는 政治思想에 관해서는 金度亨, '實學繼承論者의 활
동과 사상'(『大韓帝國期의 政治思想 硏究』, 1994)을 참조.

257) 拙 稿, '光武年間의 量田·地契事業'(『韓國近代農業史硏究』下, 증보판), p. 278.

258) 『舊韓國官報』光武 6年 10月 21日, 號外, 度量衡規則 前文(품의서), 11冊, p.
976.
『增補文獻備考』卷 91, 樂考 2, 度量衡, 中, p. 138.
韓末 度量衡의 전반적 사정이나 그에 관한 연구 동향은 다음의 著書와 論文에 소상
하다.
高橋正, 『度量衡衍義』, 1992.
鶴園 裕, '李朝末期의 度量衡'(『東洋文化硏究所紀要』99, 1986).

259) 軍國機務處, 『議案』, 7月 11日.
『舊韓國官報』開國 503年 7月 11日, 1冊, p. 293.

그 틀이 잡히고,[260] 그 후 약간의 수정을 거치면서 光武 9년에 이르러 法律 第
1號로서 度量衡法을 공포함으로써 제도로서 확정된 것이었다.[261] 그 基本 특
징은 종래의 度量衡制度에 새로운 '미터法'과 새로운 '尺'제를 도입하여 보완하
고 있는 점이었다. 미터法은 西洋에서 발생한 국제적인 度量衡制度이고, 尺제
는 日本에서 먼저 채택하고 있는 제도로서, 標線이 있는 白金棒을 攝氏溫度
0.15度時에 그 길이의 33분의 10을 尺으로 한 것이었다. 지금 우리가 일반적
으로 쓰고 있는 30.3㎝ 자가 이에 해당한다. 이는 종래의 尺度와는 달리 새로
운 기준으로 만든 尺度로서 대단히 생소하게 여겨질 수도 있었으나, 과거의
黃鐘尺이나 營造尺과 그 길이가 비슷하였으므로 무리한 것이 아니었다. 따라
서 政府에서는 이를 그 후의 尺度의 기본으로 삼게 되었다.[262] 그때까지 尺度
의 기본이 되고 있었던 周尺은 測地에서 並用하기로 하였다.[263] 여러 가지 내
용으로 된 이때의 度量衡 改正案 가운데 結負制와 관련되는 부분만을 추려 정
리하면 다음 〈表 7〉에 제시한 바와 같이 된다.

　여기서 ①은 새로 도입한 尺度의 단위와 그것을 尺(新基本尺)과 미터로 표시
했을 때의 길이이고, ②는 종전부터 있었던 周尺을 新基本尺의 100分의 66,
즉 6寸 6分, 20㎝로 재확인하고, 이 周尺으로서 測地할 때의 단위와 그 거리
를 周尺 및 미터로 표시한 것이다. 그리고 ③은 土地·農地의 實積을 측량하는
제도를 과거의 結負制를 더 세분해서 그대로 이용하되, 그 단위를 把(周尺 5尺
平方, 量田尺 1尺平方, 미터法에서의 1미터平方)의 倍數관계와 미터법의 아르
(are) 헥타르(hectare)로 표시한 것으로, 구래의 結負制가 새로운 結負制＝

---

260) 『舊韓國官報』 光武 6年 10月 21日, 號外, 11冊, p. 976.
　　　『增補文獻備考』 卷 91, 樂考 2, 度量衡, 中, p. 138.
261) 『舊韓國官報』 附錄, 光武 9年 3月 29日, 14冊, p. 307.
　　　『法規類編』 2, 規制門 度量衡法, p. 414.
262) 『增補文獻備考』 卷 91, 樂考 2, 度量衡, 中, p. 138.
　　　度原器白金棒　其棒面所記標線間　攝氏溫度0以上十五度時　其長三十三分之十爲尺
　　　尺爲基本
　　　『舊韓國官報』 光武 6年 10月 21日, 號外, 11冊, p. 976, 度量衡規則 第2條.
　　　度量의 原器난 白金製의 棒이니 其棒面에 記한바 標線間이 攝氏溫度 0.15度時에
　　　其長三十三分의 十을 尺으로 할 事
263) 『舊韓國官報』 號外, 光武 6年 10月 21日, 11冊, p. 977, 度量衡規則 第5條.

〈表 7〉　　　　　　　光武 度量衡法과 結負制

① 度 之 制	毫：尺의 1/10,000 ──	미터法	0.00003m
	釐：尺의 1/1,000		0.00030m
	分：尺의 1/100		0.00303m
	寸：尺의 1/10		0.03030m
	尺：(新基本尺)*		0.30303m
	丈：10尺		3.03030m
	里：1,386尺		420.0m
② 測地度距離	釐：周尺의 1/100 ──	미터法	0.002m
	分：周尺의 1/10		0.020m
	周尺：新基本尺의 66/100		0.200m
	步：6周尺		1.200m
	間：10周尺		2.000m
	鏈：100周尺(10間)		20.000m
	里：2,100周尺(350步)		420.000m
	息：63,000周尺(30里)		12,600.000m
③ 地 積	勺：把의 1/100 ──	미터法	0.0001a
	合：把의 1/10		0.0010a
	把：5周尺(1m)平方**		0.0100a
	束：10把		0.1000a
	負：100把(10束)		1.0000a(are - 100平方미터)
	結：10,000把(100負)		100.0000a(1hectare -ha)[264]

* 　註 262)의 原文 참조.
** 종래 量田에서의 量田尺 1尺(周尺 5尺)平方과 같다.

헥타르制로 변동하고 있는 사정을 보여주는 것이다. 1結 ＝ 1헥타르이었다.

　度量衡制度의 이같은 변동 가운데 本稿의 주제와 관련하여 특히 우리를 주목케 하는 것은, 구래의 結負制를 그대로 근대적 結負制로 재편성하고 그 명칭을 그대로 쓰고 있는 점이다. 結·負·束·把의 把 단위 밑에 合·勺의 단위가 더 설치되기는 하였지만, 종전의 結負制의 명칭으로써 地積을 파악하는 방법이, 새로운 度量衡制度의 이름으로 재정비되고 있는 것이었다. 이는 新·舊 結負制의 기능이 본래 地積파악이라는 점에서는 같고, 따라서 구래의 結負制를 地積을 파악하는 제도로서 앞으로 있을 土地測量·農地測量에서 그대로 이용해도

264) 『舊韓國官報』 光武 6年 10月 21日, 號外, 11冊, pp. 976~979.
　　『舊韓國官報』 光武 9年 3月 29日, 附錄, pp. 307~310.
　　『法規類編』 2, 度量衡法, pp. 414~422.
　　崔元奎, 前揭書, p. 94 참조.

불합리한 점이 없다고 보았기 때문이라고 생각된다. 三角測量을 하는 機器를 수입 이용하면 더욱 그러하였을 것이다. 그뿐만 아니라 종래의 結負制에서 이용하던 周尺과 새로운 미터법에서의 周尺(20㎝)은 그 길이가 거의 같고, 또 종래의 量田尺의 길이, 특히 甲戌量田尺·純祖量田尺의 길이는 새로운 미터법에서의 1미터의 길이와 거의 같았으며, 그 밖에 結負制의 단위는 10進法 또는 100進法으로 되어 있었는데, 西洋의 면적 단위 아르(are) 헥타르(hectare)도 100進法으로 되어 있어서, 舊來의 結負制를 近代의 結負制로 전환시키는 데 부자연스럽거나 장애요인이 되는 바가 없었다. 다만 이 경우 이때의 量田事業과 結負制의 改革은, 시간상으로 보아 그 事業의 先後가 바뀐 듯하여 기이하게 여겨지기도 하지만, 그러나 이는 당시의 政府當局이 구래 結負制의 地積파악 부분에 대하여 原理上의 합리성을 확신하는 데서, 그리고 地積파악과 관련하여 말한다면 新·舊 結負制의 내용이 결국은 같다고 보는 데서, 이미 先行하고 있는 量田事業에 대하여, 그 결과를 後發하는 새로운 結負制로서 追認해도 무방하다고 판단한 데서 연유하는 것으로 생각된다. 結의 實積에 차이가 나는 점은, 朝鮮初期의 貢法 제정과정에서와 같이, 추후 文書上으로 조정할 수 있었을 것이기 때문이다.

新·舊 結負制의 내용은 이같이 대단히 유사했지만, 그러면서도 이 度量衡制度에서 제시하고 있는 新 結負制를 세심히 고찰하면, 여기에는 舊來의 結負制와 근본적으로 다른 차이점이 있었다. 新 結負制에는 田品을 정하고 稅額으로서의 結負數를 정하는 문제가 전적으로 제외되고 있었다. 이는 度量衡制度의 新 結負制가 舊來의 結負制와 마찬가지로 같은 結負制의 명칭을 쓰고 있으면서도, 과거의 結負制에 비하여 그 기능이 축소되고 있었음을 뜻하는 것이라고 하겠다. 과거의 結負制에서는 地積파악과 함께 田品 結數파악·稅額부과의 문제가 그 제도의 주요 目標, 주요 기능으로 되어 있었는데, 이때의 新 結負制=헥타르制에서는 地積파악만을 그 소관사항으로 하고, 稅額부과의 문제는 租稅制度의 문제로서 結負制와는 별도의 제도로 운영하도록 제도를 개정하고 있었다. 이 단계의 그러한 租稅制度는 近代國家의 租稅金納, 地價를 기준으로 한 地稅賦課로 가는 과도적인 단계에 있었다. 말하자면 新 結負制는 頃畝法, 町步法, 미터법의 아르(are) 헥타르(hectare)制와 마찬가지로 단순한 測地

의 제도로 개혁되고 있는 것이었다. 이 시기에 이르러서는 앞에서 언급한 바
와 같이, 宮庄土·驛土·屯土 등에 免稅地를 지급하는 제도가 폐지되었으므로,
구래의 結負制를 전면적으로 개혁하는 조치를 취하더라도 이를 반대하는 세
력 여론이 클 수 없었으며, 따라서 개혁은 쉽게 추진될 수 있었다. 말하자면
구래의 結負制는 이 시기의 改革過程 속에서 地積을 파악하는 부분과 租稅·稅
額을 부과하는 부분의 두 분야, 두 制度로 분화되고 있는 것이었으며, 그 중에
서 地積을 파악하는 부분과 제도만이 시대의 추이 속에서 近代國家의 新 結負
制로 계승되고 있는 것이었다고 하겠다.

그러나 이 시기의 이같은 結負制의 改革은, 近代國家를 지향하는 大韓帝國
의 自主的 改革이고, 역사적 추이 속에서 자연스럽게 수행된 개혁이기는 하였
지만, 안정된 제도로 정착하여 장기간 지속되지는 못하고 있었다. 이때에는
國權이 日帝에 의해서 침탈되고 있었으므로, 土地制度·租稅制度·結負制도 온
전할 수가 없었다. 日帝는 統監府를 설치하고 大韓帝國의 國政을 統監하며 그
强占을 위한 기초작업을 하는 가운데, 韓國의 土地制度·租稅制度·財政制度
전반을 財政整理의 이름으로 개혁해나가고 있었으며, 그 일환으로서는 租稅
制度의 기초인 結負制를 또한 폐기하게 되고 있었다.[265] 光武年間의 度量衡制
度를 다시 개정하여 日本의 度量衡制度에 종속시키는 작업을 하고 있었음은
그것으로서 이는 隆熙 3년(1909) 9월 法律 26號로 반포된 度量衡法으로 표

---

265) 田中愼一, '韓國財政整理에서의 徵稅制度改革에 대하여'(『社會經濟史學』 39-4,
　　 1974).
　　　　　'韓國財政整理에서의 「徵稅臺帳」 整理에 대하여'(『土地制度史學』 63,
　　 1974).
　　李潤相, '日帝에 의한 植民地財政의 形成過程'(『韓國史論』 14, 1986) 등 참조.
　　당시, 이러한 문제와 관련하여 日帝의 官邊측에서 結負制의 廢棄를 적극 제기하고
　　있었던 것은, 大邱財務監督局長 川上常郎이었다. 그는 '結及斗落等에 就하여'(『財務
　　週報』 1, 1907年 3月)라는 글에서 現行 度量衡法(光武 6, 9년)의 結(面積, 〈表 7〉
　　참조)이, 종래 結의 內容及觀念(所出·稅額 포함)과 相反됨에서 온당치 않음을 지적
　　하고, 적당한 稱號의 單位로서 改正할 必要가 있음을 말했으며, 『土地調査綱要』
　　(1909年 2月)에서는 課稅法으로서의 結負制를 抛棄하고 地價에 의한 課稅를 標目으
　　로 삼을 것을 제언했다. 두 글에서의 발언은 서로 모순되는데, 요컨대 朝鮮의 結負制
　　를 廢棄하자는 것이었다.
　　宮嶋博史, 『朝鮮土地調査事業史』, pp. 394~395 참조.

현되고 있었다.[266] 그것을 本稿와 관련해서만 본다면, 度와 測地度를 종합하
는 가운데 光武度量衡法에서 이미 도입하고 있는 新 基本尺을 基本尺으로 하
면서, 그 단위로서 町을 도입하고 間의 길이(6尺)를 조정하며, 地積의 단위를
전면 改定하는 가운데 日本式 町步法을 마련하는 것이었다. 이 제도에서는 地
稅制度는 이와는 별도로 日本의 地價制를 도입할 것을 전제로 하고 있었다.
이제 그같은 度量衡法의 地積에 관한 규정을 정리하면 다음 〈表 8〉과 같다.

이는 결국 結負制의 폐지를 뜻하는 것인데, 이러한 동향에 대하여 日本人이
라고 모두가 찬동하는 것은 아니었다. 혹 논자에 따라서는 개인적 의견이라는
전제하에, 結負制의 地稅制度로서의 원리상의 장점·합리성을 인정하고, '이러
한 結負法이 韓國에서 발명된 것은 한글의 발명과 더불어 韓國文明史上의 자
랑거리'라고까지 찬양하는 가운데, 그 운영상의 불합리만을 제거하고 그 生産
力 課稅標準으로서의 結負制의 존속을 제언하는 사람도 있었다.[267] 그러나 이
러한 의견이 당시 侵略路線이 추구하는 바 結負制廢止論를 밀어낼 수는 없었
다. 韓國侵略을 목표로 하는 日帝에게는 韓國의 度量衡制度가 日本의 그것에
종속될 필요가 있었다. 그리하여 역사상 우리나라 前近代社會의 地積制度·租
稅制度의 단위로서 오랜 세월에 걸쳐 발전하여 온 結負制, 그리고 近代化過程
이 진행되면서는 結負制 내의 두 기능 租稅制度와 地積制度를 분리하는 가운
데, 그 地積制度를 新 結負制=헥타르制로 개혁 전환시키고 있었던 結負制가,
이제 國權의 상실과 더불어서는 消滅되기에 이르렀으며, 따라서 이때부터는

〈表 8〉   隆熙 度量衡法의 地積單位

町	3,000步·坪
段	300步·坪
畝	30步·坪
步·坪	6尺平方 ─ 尺은 新基本尺(30.303cm)
合	步·坪의 1/10
勺	步·坪의 1/100

266) 『現行韓國法典』 第8編, 第5章 度量衡, 度量衡法(隆熙 3年 9月 21日, 法律 第26
    號), 1910, p. 1732.
267) 河合弘民, '結負의 意義及沿革'(1910, 『朝鮮及滿洲之硏究』, 1914).

地積의 단위가 大韓帝國의 새로운 結負制=헥타르制로서가 아니라 日本의 町步法으로서 표시되기에 이르렀다.

7. 結　語

이상에서 우리는 우리나라 前近代社會에서 結負制가 發生, 發展, 消滅하게 되는 사정을 단계적으로 살폈다. 그같은 結負制의 結·負·束·把는 數量개념으로서, 結負制는 所出, 租稅, 地積을 하나로 組合하여 農地를 파악하고자 한, 우리나라 특유의 複合的 개념의 土地制度, 土地파악을 위한 기층적 단위였다. 그러나 이는 전 역사과정에 걸쳐 等質의 제도로서 지속되는 것이 아니라, 각 時代의 農業技術과 農業生産力의 발전 정도에 따라, 그리고 租稅收取를 필요로 하는 國家의 政治的 軍事的 상황과도 관련하여, 그 結 實積은 변동되고 이를 통해서 租稅收取 또한 조정되는, 말하자면 위 3자의 組合에는 그 構成比重에 강약의 차이가 있고, 따라서 質的인 變化가 있는 제도이었다. 우리는 그러한 結負制의 발전과정을, 權力·國家의 발생과 더불어 시작되데, 中世國家의 단계에서 齊民的 統治의 이념과도 관련하여 典型的으로 확립되나 時代를 따라 質的인 變動·發展이 있었던 것으로 이해하였다. 그리고 이 시기 즉 三國時期 중반에서 韓末에 이르는 사이에는, 新羅의 비옥한 農地의 경우라면 그 所出이 대략 2.84배, 高麗初의 척박한 農地의 경우라면 그 所出이 대략 1.41배 늘어나고, 따라서 結 實積은 반대로 그만큼 축소되는 것으로 추정하였으며, 그 사이 각 시기의 國家의 租稅收取政策 여하에 따라서는 그 제도의 내용에 많은 우여곡절이 있었던 것으로 이해하였다. 이곳에서는 그러한 발전과정의 요점을 정리하고, 本論에서 언급할 기회가 없었던 문제를 餘言으로 附記함으로써 稿를 맺고자 한다.

1. 古代 ― 結負制는 애초에 數量개념을 뜻하는 용어로서, 古代社會에서는 所出 중심의 租稅制度로서 古代國家의 성립과 더불어 발생하였으나, 그 國家의 성립사정이 복잡하고 느슨하였으므로, 그 제도도 이와 밀접하게 관련되면서 장기간에 걸쳐 점진적으로 성립하였던 것으로 추정하였다. 그것은 新石器

時代 말기·靑銅器時代 초기의 農業共同體社會, 靑銅器時代 중기 이후 邑落社
會에서의 農村共同體社會의 農業慣行 등, 각 지역의 지역차가 있는 農業慣習·
農業傳統을 다분히 그대로 계승하면서, 邑制國家·小國 단계에서는 주로 地域
差가 있는 所出 중심의 租稅制度로서 성립하였으며, 그 國家가 王朝國家나 聯
盟國家로 성장 발전하면서는, 그러한 地域差를 없앨 수는 없었으나 되도록 이
를 조정하는 가운데, 所出 중심의 結負制 租稅制度를 확립하였던 것으로 이해
하였다. 國家가 小國 단계에서 强大한 大國으로 성장하면 租稅는 그만큼 더
무거워지고, 征服戰爭이나 대대적인 土木工事가 있을 경우에는 賦稅는 暴斂
으로 化하는 것이 일반이었다. 孟子(紀元前 4~3세기)가 말한 바 租稅制度에
서의 貉道, 堯舜之道, 桀道는 이 시기의 그러한 사정을 표현한 것으로 이해할
수 있을 것이다.

2. 中世 — 이 시기에는 農業技術이 발달하고, 政治的 狀況이 변동하고, 官
僚層에게 收租權을 分給해야 하는 문제와도 관련하여, 結負制의 所出, 租稅,
地積을 組合시키려는 정책이 거듭 추구되는 가운데, 우리나라 특유의 結負制
에 입각한 租稅制度가 정립되고, 그것이 여러 단계에 걸쳐 우여곡절을 거치면
서 변동 발전하였다.

① 高句麗·百濟·新羅 등 三國時期 중반의 三國의 鼎立 抗爭期에는 그 國家
들이 國力의 강화를 위하여, 郡縣制的인 統治體制의 확립과 백성들에 대한 齊
民的 統治를 추구하는 가운데(中世國家로의 전환), 그리고 兩班支配層에 대한
收租權 分給制(新羅의 경우 前期祿邑)와도 관련하여, 結負制에서 所出과 結 實
積을 組合함으로써 租稅制度를 합리적으로 운영하려 하였다. 물론 그러면서
도 이때의 所出과 地積의 組合은 대등한 비중으로서가 아니라, 結負制의 전체
발전과정에서 볼 때, 아직 所出에 비중을 더 두는, 所出 중심의 組合이었다.
이때 結 實積을 파악하기 위하여 수행한 量田事業에서는, '把·발·尋' 단위의
量田尺(1.53~1.848m)을 이용하고, 方 100把=10,000平方 把=1結의 원칙
을 적용하며, 이럴 경우 平田의 結 實積은 8,600여 坪을 중심으로 7,000~
10,300여 坪, 代田의 結 實積은 17,200여 坪을 중심으로 14,000~20,600
여 坪이 되는 것으로 추정하였다. 가야에서 王后寺에 '平田 10結'의 位田을 '審
量'해 주었던 일은(5世紀) 이때의 사정을 반영한 것으로 이해하였다. 그리고

이러한 원칙의 結負 量田制는 新羅統一期까지도 그대로 유지되었던 것으로 이해하였다. 이때에는 '始給百姓丁田'하는 事業이 있었으므로, 여기에는 量田事業이 수반되었을 것인데, 이 量田事業은 바로 그러한 結負 量田制의 원칙으로서 시행되고, 「新羅帳籍」에서 보여주는 農地의 結負표시는 바로 이 量田事業의 결과로서 얻어진 것으로 파악하였다.

② 그러나 이러한 把 단위 結負 量田制는 그 結 所出과 結 實積을 일치시키려는 점에서 반드시 성공적인 것이 되기 어려웠으며, 따라서 租稅收取상에 不合理·暴斂(所出의 10분의 3)이 있게 되고, 그것은 마침내 新羅末年 後三國의 난세·대혼란을 초래하게 되고 있었다. 그 불합리의 핵심은 요컨대 所出과 地積의 組合이 제대로 되지 못한 점, 즉 農地의 肥瘠이 量田상에 제대로 반영될 수 없었던 점이었다. 그것은 方 100把＝1結로 하는 量田制의 본질상 불가피하였다. 그러므로 난세를 평정한 高麗王朝에 이르러서는 이같은 結負 量田制를 전면적으로 재검토하고 대대적으로 改革하지 않으면 아니되었다. 그리하여 高麗國家에서는 結負制 내에서 所出과 地積을 組合하는 원칙을, 앞 시기에서와는 달리, 地積 중심이 되도록 획기적으로 전환하고, 이 원칙에 부합하도록 그 量田規程의 내용을 대대적으로 개혁하게 되었다. 方 33步＝1,089平方步＝1結이 되도록 하고, 農地의 肥瘠에 따라 田品을 上·中·下의 3等으로 구분하며, 租稅는 田品에 따라 差等收租하는 것 등은 그 주 내용이었다. 이 경우 그 改革에서 특히 유의한 것은, 高麗國家는 北部지방에 위치한 國家였으므로, 北部지방의 척박한 農地의 租稅를 기준으로 하였을 것이며, 따라서 結 實積은 前時期에 비하여 넓어지고, 租稅는 肥瘠·田品에 따라 징수함으로써 대폭 輕減되도록 하는 점이었다. 그러한 점에서 이때의 개혁은 거기에 비록 結負의 명칭이 들어 있고 一定所出을 기준으로 하기는 하였지만, 그러나 이는 所出보다는 地積에 더 중점을 두고 조정한 結負制였다고 하겠다.

③ 高麗初期의 이같은 개혁은 賦稅輕減(所出의 10분의 1)의 정책과 관련하여 수행된 것이므로, 그러한 점에서는 큰 성과가 있을 수 있었다. 그러나 이러한 租稅制度로서는 外勢侵略下의 國家財政을 해결하기가 어려웠고, 그뿐만 아니라 兩班官僚層에게 균형있게 收租權(私田)을 분급하는 문제도 어렵지 않을 수 없었다. 그러므로 高麗後期로 넘어오면서는 다시 國初의 結負 量田制를

改革하여, 結 所出과 結 實積을 대등하게 組合하는 가운데, 方 33步＝1結과
田品 3等의 원칙은 그대로 두되, 量田尺을 國初 量田尺의 半 이하, 結 實積은
그 4분의 1 이하가 되도록 축소함으로써 結摠을 늘리고, 租稅는 同科收租로
均一하게 糙米 30斗(10분의 1稅 표방)를 징수하도록 하였다. 그러나 이는 外
勢侵略下의 부득이한 조치였다 하더라도 너무나 큰 租稅收奪이었다. 그러므
로 이로 인해서는 社會混亂이 있게 되었고, 따라서 朝野에서는 이를 釐正하기
위한 운동을 전개하지 않으면 아니되었다. 그렇지만 이 운동은, 高麗國家가
이를 통해서 문제를 제대로 해결하지 못하는 가운데, 王朝交替의 革命으로까
지 이어지게 되고 있었으며, 따라서 朝鮮王朝에서는 高麗末年의 結負 量田制
를 다시 調整하고 改革하지 않으면 아니되었다.

④ 朝鮮王朝에서 이같은 結負 量田制를 근본적으로 개혁하게 되는 것은 世
宗朝에 시작되고 世祖朝에 완성되는데, 처음 시도한 것은 中國式의 頃畝法과
이에 의거한 貢法(定額制)의 租稅制度를 정착시키려는 것이었으나 반대여론
에 밀려 좌절하고, 그 취지를 살리는 가운데 朝鮮式의 結負 量田制를 마련하
게 되었다. 그 내용은 일정한 所出을 전제로 한 結 實積을 파악하여 結 所出과
結 實積을 대등하게 組合하되, 田品을 1等田에서 6等田까지 6等級으로 늘리
고, 量田尺(隨等異尺)의 길이를 각 등전의 結 實積에 맞도록 늘림으로써(1等
田 — 周尺 4.775尺…… 6等田 —周尺 9.55尺), 結 實積이 高麗末年의 그것에
비해 數倍나 늘어나도록 하였으며(租稅輕減), 租稅는 6개 等田에 대하여 同科
收租로 均一하게 米 20斗(20분의 1稅 표방)를 징수하도록 하였다. 그리고 곧
이어서는 隨等異尺의 量尺制를 1等田 量田尺을 기준으로 한 單一量尺制로 개
정하고, 結負計算은 准定結負의 表를 통해서 파악하도록 하였다. 그리하여 여
기에 所出·租稅·地積이 무리 없이 組合되어 이루어지는 우리나라 특유의 結
負制의 전형이 이루어지게 되었다.

⑤ 그렇지만 이때의 이 結負制는 國家가 農地의 所出·肥瘠·田品을 항상 정
확히 파악할 때 그 結負制로서의 기능이 발휘될 수 있는 것이었다. 農地는 자
연재해에 따라 上等田品이 下等田品으로 변동될 수도 있고, 耕作者의 人工(水
利施設, 施肥, 農法改良)의 유무에 따라 下等田이 極上田으로 바뀔 수도 있기
때문이었다. 그러므로 이 結負制를 제정하게 되었을 때, 政府에서는 20년마

다 한 번씩 정기적으로 農地의 地積(長·廣의 尺度)과 함께 그 所出·肥瘠·田品
을 확인하기 위한 改量田을 시행할 것을 法으로서 규정하고 있었다. 그러나
朝鮮王朝에서는 그 후 그같은 改量田을 法대로 시행하지 못하였으며, 혹 7,
80년 또는 100여 년이 지나 租稅制度의 불합리가 극에 달하였을 때, 그 지역
을 중심으로 量田을 하게 되는 것이 일반이었다. 이는 이 시기의 結負制가,
그 중요한 構成要素의 하나인 農地의 所出·肥瘠·田品을 사실대로 파악하는
문제를 소홀히 하고, 그 農地의 地積파악만을 중요시하는 경향에 있었음을 반
영하는 것이었다. 그뿐만 아니라 朝鮮後期에는 量田을 할 경우에도 權力쪽 농
지의 田品은 변동시키지 못하도록 하고, 일반인 농지의 田品도 그것을 변동해
야 할 경우에는 이런저런 절차를 거치는 신중을 기하도록 하고 있었으며, 그
러한 위에서 量田이 單一 量田尺(甲戌尺＝周尺 4.9996尺＝約 1m)으로 수행되
는 가운데, 이 尺度로서 그 農地의 地積·크기(長·廣의 길이)를 표시하고, 이로
써 田品에 따르는 結負를 산출하고 있었다. 그 結 實積은 1~6等田이 약
3,025~12,100坪이 되는 것이었다. 이는 이 시기의 結負 量田制가 所出과
地積을 組合시킬 것을 표방하면서도, 실제로는 所出 田品을 무시하거나 예전
에 정해진 田品을 그대로 따르는 가운데, 사실상 地積의 파악에만 치중하는
것이 아닐 수 없었다.

   3. 近代 ― 이같은 結負 量田制로서 租稅制度를 운영할 경우, 그것이 합리적
이고 공정한 것이 되기는 어려웠다. 그것은 다른 여러 조건과 더불어 租稅制
度의 모순구조를 형성하고 三政紊亂을 초래하였으며, 이는 마침내 그러한 賦
稅를 감당해야 하는 民의 항쟁, 즉 農民抗爭, 나아가서는 農民戰爭으로까지
이어졌다. 이는 朝鮮王朝의 위기국면이었고, 따라서 國家에서는 近代化를 위
한 제반 改革政策의 일환으로서 이때의 租稅制度와 結負 量田制도 재검토하
고 改革하지 않으면 아니되었다.

   ① 그 改革의 方向은 처음에는 명쾌하게 제시되지 못하였으나, 결국은 結負
制에서 地積을 파악하는 문제와 그것에 기초하여 租稅를 부과하는 문제를 분리
하여, 그것을 각각의 문제로서 近代的인 제도로 개혁하도록 하고 있었다. 이
경우 租稅制度의 改革은 진작부터 그 理論이 제시되고 있어서, 우여곡절이 있
었지만 구래의 三政의 제도를 점진적으로 釐正하는 가운데 西歐式 租稅制度와

金納化로 가는 방향이 세워져 있었으며, 따라서 結負制에는 이제 地積을 파악하는 문제만이 남게 되었는데, 이것을 改革하는 작업은 두 단계에 걸쳐 진행되고 있었다. 그 첫 단계는 光武量田에서 있었던 일로서, 이때에는 위에 언급한 바 구래의 量田尺을 이용하여 量田을 하고 그 地積표시를 하되, 그것을 종전보다 좀더 구체적으로 "農地의 長·廣의 尺數와 그 積"을 명기하고, 이로써 結負를 산출 제시하고 있는 일이었다. 이는 구래의 地積 중심의 전통을 계승해서, 結負制 내에서 地積파악의 중요성을 좀더 강조하고 있는 표현이었다. 그리고 다음 단계는 量田事業과는 별도로 度量衡制度를 近代的인 制度로 改革하는 事業과 관련하여 일어나고 있는 일이었는데, 이 度量衡法 改革의 사업도 이미 甲午改革에서 그 방향이 세워져 있었으나, 그것이 法制化된 것은 光武 度量衡法의 공포에서부터였다. 結負制에 오늘날 우리가 쓰고 있는 西洋의 '미터'法을 도입하여, 1m=5周尺으로 하고, 1把=1平方m=0.01아르(are), 1束=0.1아르, 1負=1아르, 1結=100아르=1헥타르(hectare)가 되도록 한 것, 즉 '아르'와 '헥타르'의 우리식 명칭을 負와 結로 하는 것이었다. 이 시기의 量田尺은 본래 거의 1m 길이였고, 結負制의 단위는 십진법이었으므로, 西洋 '미터'法의 'are, hectare'의 단위를 도입하였을 때, 그것은 자연스럽게 結負制의 단위와 일치될 수가 있었다.

   ② 그러나 이때에는 모든 제도가 그러하였듯이, 이렇게 改革된 地積 단위로서의 結負制도 그 후 오랫동안 우리나라 近代國家의 제도로서 정착하고 발전할 수가 없었다. 그것은 이 제도가 그렇게 정착되기에 앞서 國家가 전체적으로 日帝의 침략을 받게 된 까닭이었다. 즉 그러한 과정에서는 統監府가 설치되고 韓國政府에 日本人 官吏가 임명되었으며, 그들 주도하의 이른바 財政整理작업이 진행되었는데, 여기서는 구래의 財政制度를 새로운 財政制度로 개편하고 있었던 까닭이었다. 그리고 그 일환으로서는 光武 度量衡法의 結負制가, 日本의 町步法을 수용한 隆熙 度量衡法의 町步法으로서 대체되지 않을 수 없도록 되었다. 日本式 町步法의 채택에 의한 結負制의 폐기인 것이었다.

   그리하여 古代社會의 邑落社會 邑制國家·小國들의 성립과정과 더불어, 지역에 따라 이런저런 형태로 발생한 所出 중심의 다양한 租稅制度가 古代의 여러 王朝國家에 의해서 지역별로 통합되고, 中世國家로 넘어오면서는 三國鼎

立期 三國抗爭期의 財政擴大와 齊民的 統治 및 兩班官僚層에 대한 收租權 分給의 필요성에서, 몇 단계에 걸치면서 所出·租稅·地積을 組合하는 가운데 創出된 우리나라 특유의 結負制, 그리고 그 末期에 이르러서는 中世國家를 近代國家로 전환시켜야 하는 필요성에서, 租稅收取와 地積파악을 분리하여 地積파악만을 목표로 하는 近代的인 제도로 改革되었던 結負制, 다시 말하면 수천 년에 걸쳐 우리의 歷史發展과 더불어 발생 발전하여 온 結負制가 이제는 日帝의 國家侵奪 속에서 消滅되기에 이르렀다.

餘 言 ― 韓末 結負制의 全國的 實態

우리가 지금까지 고찰한 바 結負制의 기본 골격은 대략 이상과 같다. 우리는 이제 끝으로 구래의 結負制를 좀더 포괄적으로 이해하기 위하여, 지금까지의 고찰에서 언급하지 못했던 문제, 즉 韓末 시점에서의 일이기는 하지만, 結負制의 全國的 實態가 구체적으로 어떠하였는지를 餘言으로서나마 附記해 두는 것이 필요하리라고 생각된다. 일반적으로 結負制를 대할 때는 이 制度에 대한 다음과 같은 점이 궁금한 문제가 되기 때문이다.

첫째, 1等田에서 6等田에 이르는 구래의 六等田品은 전국적으로 어떻게 분포되어 있었을까? 따라서 農地의 肥沃度에는 地域的으로 어떠한 차이가 있었을까?
둘째, 1等田에서 6等田에 이르는 田結의 實積을 全國에 걸쳐 隆熙 度量衡法의 새로운 町步法(坪)으로 換算하면 얼마나 될까?
셋째, 그리고 그같이 町步法으로 파악한 結 實積을 通算하여 地域別, 等級別로 結當 平均坪數를 算出하면 얼마씩이나 될까?

그런데 이러한 문제는 日帝의 韓國 財政整理, 徵稅制度의 개혁이 추진되는 시기에, 이와 관련하여 大韓帝國의 度支部에서 調査整理한 바 자료가 있으므로, 우리의 관심사는 비교적 용이하게 해명될 수가 있다. 度支部의 財務監督局에서는 그같은 문제를 '等級別結數表', '等級別結數換算坪數表', '等級別結數

換算段別表' 등으로 정리하고 있었기 때문이다.[268] 그러므로 우리는 이들 表를
통해서, 朝鮮 結負制에 관한 우리의 관심사를 압축 정리할 수가 있으며, 그것
을 表로써 제시하면 다음의 〈附表 1〉과 같이 된다.

〈附表 1〉 全國各道 等級別 結數 百分比 및 結當坪數(1909年 1月 1日 現在)

地域	1等田	2等田	3等田	4等田	5等田	6等田	等 外	百分比	總結數	結當坪數	指數
全國結數	43,326	83,596	144,177	149,995	170,825	384,214	11,006			987,141	8,004	
百 分 比 全南	10.42	18.12	24.99	19.73	13.76	12.88	0.10	100	129,381	5,732	100
全北	7.94	12.61	26.43	24.295	18.815	9.79	0.12	100	104,538	5,784	101
慶南	6.47	12.20	19.70	24.57	21.27	15.79	—	100	104,137	6,352	111
慶北	3.08	9.05	16.81	23.70	26.03	21.33	—	100	129,377	6,994	122
忠南	6.51	14.34	24.68	17.86	17.19	10.38	9.04	100	88,775	5,995	105
忠北	3.09	7.38	17.04	20.47	21.83	28.27	1.92	100	48,091	7,435	130
京畿	2.28	5.78	10.02	14.05	25.63	41.54	0.70	100	72,219	8,498	148
江原	5.07	2.92	5.98	5.47	8.86	66.36	5.34	100	22,734	9,920	173
黃海	0.49	0.45	1.34	4.35	27.06	66.31	—	100	80,331	10,399	181
平南	—	—	—	0.77	8.65	90.47	0.11	100	66,022	11,651	203
平北	0.92	2.77	5.55	4.44	9.26	77.06	—	100	38,946	10,635	186
咸南	—	—	—	—	—	100.00	—	100	59,393	12,100	211
咸北	0.002	—	—	0.026	0.460	99.512	—	100	43,191	12,077	211
比 合計	4.39	8.47	14.61	15.19	17.31	38.92	1.11	100			
結當坪數	3,025	3,559	4,321	5,500	7,563	12,100	7,563				8,004[269]

* 結數는 結 단위까지 기록했으나, 그 百分比는 負 단위까지로서 계산하였다.
* 結當坪數는 〈附表 2〉에서 總坪數를 總結數로 나눈 것이다.
* 指數는 各道의 結當坪數에서 全南의 結當坪數를 100으로 한 것이다.
* 等外의 農地는 여러 종류가 있겠는데 度支部의 자료에서는 이를 5等田에 해당하는 實積
  으로 일괄 파악한 것이다.
* 본 表와 관련되는 보다 더 자세한 사항은 〈附表 2〉를 참고하기 바란다.

―――――――――――

268) 度支部,『韓國財務經過報告』第5回, 1910, pp. 72~75.
    이는 朝鮮總督府 度支部長官 荒井賢太郎이 당시의 朝鮮總督 寺內正毅에게 그들의
    이른바 財政整理에 관한 경과과정을 보고한 報告書인데, 위에 언급한 表들은 여기에
    수록되어 있다. 이곳에서 우리가 제시하게 되는 〈附表 1〉과 〈附表 2〉는 이들 表를
    기초로 하여 본고에서 필요로 하는 바를 재정리한 것이다. 그리고 우리가 이 附表를
    작성하는 이유는, 農地의 等級別結數와 結의 平均坪數가 南에서 北으로 北上하면서
    크게 差異가 나는 점을 확인하고자 하는 것임에서, 原文의 各道의 배열순서를 北上
    순으로 재조정하여 표시하였다.
269) 여기서 1等田~6等田의 結當坪數를 3,025~12,100坪으로 算出한 것은, 이때의
    結 實積이 光武 度量衡法의 量田尺 把(周尺 5尺)나 甲戌量田尺으로 量田한 것임을

이 表는 全國의 農地 987,141結 67負 3束에 관하여 그 地域別, 等級別 分
布狀況을 百分比로 표시하고, 그 結數를 坪數로 換算하여 結當坪數를 제시한
것이므로, 이를 통해서는 結負制의 실상과 관련하여 앞에서 들었던 바 몇 가지
궁금한 문제가 해명된다고 하겠다.

첫 번째 문제, 즉 1等田에서 6等田에 이르는 各等級 農地의 분포상황은 地
域別, 等級別로 그 수치가 확연하였으며, 이에 의하면 그 地域別, 等級別 분포
상황에는 큰 차이가 있었다고 말할 수 있다. 이를테면 全南지방에는 1, 2等田
28.54퍼센트, 3, 4等田 44.72퍼센트, 5, 6等田은 26.64퍼센트여서, 보통 中
等의 農地가 중심이 되는 가운데, 上等에 해당하는 1, 2等田이 下等에 해당하
는 5, 6等田보다도 오히려 많은 편이었는데, 京畿지방에는 1, 2等田 8.06퍼센
트, 3, 4等田 24.07퍼센트, 5, 6等田 67.17퍼센트여서, 약 3분의 2나 되는
農地가 下等에 해당하였다. 北部지방으로 올라가면 이러한 차이는 더욱 심하
여서, 黃海道는 5, 6等田이 93.37퍼센트, 平南·咸北지방은 6等田이 90퍼센
트 이상이나 되고, 咸南지방은 農地의 전부가 6等田이었다. 이는 요컨대 農政
策의 地域的 차별성에서도 연유하지만, 그러나 주로는 우리나라 農地는 南北
에 따라, 그리고 지역에 따라서 그 肥沃度에 큰 차이가 있었음에서 연유하는
것이었다고 하겠다.

두 번째 문제는 各等田品의 結當實積(表의 等級別 結當坪數 참조)이 이미 주
어져 있는 가운데, 위에서와 같이 지역적으로 각 田品의 結數가 확인됨으로
써, 結 實積을 町步法(坪)으로 환산하는 문제는 손쉽게 해결될 수 있었다. 各
道의 農地結數가 坪數로 환산되고, 全國의 農地面積도 7,900,669,594坪,
2,633,556.5町으로 집계되었다(〈附表 2〉 참조). 단, 이때의 이러한 農地面
積은 換算에 의한 파악으로서 정확한 것이 아니었으며, 실제로 측량을 하게
되었을 때에는 많은 면적의 증가가 있었다.[270]

뜻한다.

270) 이와 비슷한 시기에 驛屯土에 관해서 그 面積(町步)을 調査한 바에 의하면, 종래의
結負를 文書를 통해서 推算하였을 때와 實地測量을 통해서 파악하였을 때 사이에는,
주로 隱結의 발견에서 연유하지만 그 面積상에 2割 2步의 增加가 있었으며(朝鮮總督
府, 『驛屯土實地調査槪要報告』, 1911, p. 6), 日帝下의 土地調査事業이 끝났을 때
(1918)에는, 隱結·新開墾地 등이 포함되기도 하였지만, 그 農地面積이 4,871,071

　세 번째 문제는 두 번째의 문제가 해결됨으로써 더욱 손쉽게 산출되었다. 지역별로도 結當坪數가 산출되고, 全國的으로도 그 平均坪數가 산출되었다. 이러한 계산에 의하면 全國의 結當坪數는 8,004坪이었으며, 지역별 結當坪數는 全南이 5,732坪으로 가장 적고, 北으로 올라갈수록 점점 많아져서 咸鏡南北道는 12,000坪이 넘고 있었다(表의 地域別 結當坪數 및 指數 참조). 이는 첫 번째 田品等第의 문제에서 이미 언급한 바이지만, 우리나라 農地 비옥도의 남북간 지역간 편차를 반영하는 것이었다.

　이같은 조사는 그 정확성 여부는 따로 논의되어야 하겠지만, 結負制의 원리를 이해하는 데 중요한 의미를 제공해주는 것으로 생각된다. 아마도 度支部에서는 政府가 소장하고 있는 중요한 資料를 총동원하여, 그러한 사실을 어느 정도 객관적으로 파악하고자 노력하였을 것으로 생각된다. 그리고 그러한 점에서 이 조사에 나타난 사실은, 조사 당사자들의 조사목적과 관계없이, 역사상의 結負制를 이해하는 데 중요한 근거가 되는 것이라고 하겠다.

〔新 稿, 1998〕

　町步나 되어(朝鮮總督府,『朝鮮土地調査事業報告書』, p. 672), 1909년에 結數를 町步로 換算한 面積 2,633,556町步(本稿〈附表 2〉)보다 85퍼센트나 더 증가하고 있었다(愼鏞廈,『"朝鮮土地調査事業"研究』, 1979, pp. 95~97).

道		1等	2等	3等	4等	5等	6等	等外	道計	百分比
南	總結數	13,481.257	23,445.508	32,333.717	25,523.440	17,799.500	16,660.261	138.057	129,381.740	9.4
	總坪數	40,780.802	83,437.873	139,726.924	140,376.367	134,608.718	201,589.158	1,044.056	741,563.898	
	結當坪數	3.025	3.559	4.321	5.500	7.563	12.100	7.563	5,732	
	結百分比	10.42	18.12	24.99	19.73	13.76	12.88	0.10	100.00	
	坪百分比	5.50	11.25	18.84	18.93	18.15	27.19	0.14	100.00	
北	總結數	8,298.818	13,181.732	27,629.185	25,396.638	19,668.090	10,236.245	127.354	104,538.064	7.8
	總坪數	25,103.926	46,911.150	119,396.763	139,678.969	148,739.931	123,858.565	963.115	604,652.419	
	結當坪數	3.025	3.559	4.321	5.500	7.563	12.100	7.563	5,784	
	結百分比	7.94	12.61	26.43	24.295	18.815	9.79	0.12	100.00	
	坪百分比	4.15	7.76	19.75	23.10	24.60	20.48	0.16	100.00	
南	總結數	6,735.065	12,701.930	20,515.630	25,589.785	22,148.945	16,446.553	−	104,137.908	8.4
	總坪數	20,373.572	45,203.628	88,656.243	140,741.259	167,501.397	199,003.291	−	661,479.390	
	結當坪數	3.025	3.559	4.321	5.500	7.563	12.100		6,352	
	結百分比	6.47	12.20	19.70	24.57	21.27	15.79		100.00	
	坪百分比	3.08	6.83	13.40	21.28	25.32	30.09		100.00	
北	總結數	3,989.884	11,704.835	21,754.705	30,658.733	33,672.366	27,597.100	−	129,377.623	11.4
	總坪數	12,069.399	41,655.167	94,010.782	168,619.966	254,647.268	333,924.910	−	904,927.492	
	結當坪數	3.025	3.559	4.321	5.500	7.563	12.100		6,994	
	結百分比	3.08	9.05	16.81	23.70	26.03	21.33		100.00	
	坪百分比	1.33	4.60	10.39	18.63	28.14	36.90		100.00	
南	總結數	5,779.359	12,734.687	21,911.100	15,852.473	15,261.800	9,211.391	8,024.928	88,775.738	6.7
	總坪數	17,482.561	45,320.204	94,686.628	87,187.016	115,417.363	111,457.831	60,688.518	532,240.121	
	結當坪數	3.025	3.559	4.321	5.500	7.563	12.100	7.563	5,995	
	結百分比	6.51	14.34	24.68	17.86	17.19	10.38	9.04	100.00	
	坪百分比	3.28	8.52	17.79	16.38	21.69	20.94	11.40	100.00	
北	總結數	1,485.742	3,548.351	8,194.922	9,846.719	10,499.932	13,595.013	921.250	48,091.929	4.5
	總坪數	4,494.377	12,627.872	35,413.536	54,155.970	79,405.736	164,499.657	6,966.953	357,564.101	
	結當坪數	3.025	3.559	4.321	5.500	7.563	12.100	7.563	7,435	
	結百分比	3.09	7.38	17.04	20.47	21.83	28.27	1.92	100.00	
	坪百分比	1.26	3.53	9.90	15.15	22.21	46.00	1.95	100.00	
畿	總結數	1,650.015	4,174.442	7,237.333	10,143.820	18,509.219	29,998.390	506.069	72,219.288	7.8
	總坪數	4,991.295	14,856.004	31,275.413	55,789.996	139,975.969	362,980.519	3,827.147	613,696.343	
	結當坪數	3.025	3.559	4.321	5.500	7.563	12.100	7.563	8,498	
	結百分比	2.28	5.78	10.02	14.05	25.63	41.54	0.70	100.00	
	坪百分比	0.81	2.42	5.10	9.09	22.81	59.15	0.62	100.00	
原	總結數	1,152.068	664.662	1,358.264	1,243.922	2,015.159	15,086.365	1,213.840	22,734.272	2.8
	總坪數	3,485.007	2,365.366	5,869.604	6,841.448	15,239.640	182,545.021	9,179.665	225,525.751	
	結當坪數	3.025	3.559	4.321	5.500	7.563	12.100	7.563	9,920	
	結百分比	5.07	2.92	5.98	5.47	8.86	66.36	5.34	100.00	
	坪百分比	1.55	1.05	2.60	3.03	6.76	80.94	4.07	100.00	
海	總結數	392.992	359.904	1,081.232	3,491.363	21,735.100	53,270.521	−	80,331.112	10.6
	總坪數	1,188.801	1,280.826	4,672.436	19,202.147	164,371.694	644,573.315	−	835,289.219	
	結當坪數	3.025	3.559	4.321	5.500	7.563	12.100		10,398	
	結百分比	0.49	0.45	1.34	4.35	27.06	66.31		100.00	
	坪百分比	0.14	0.15	0.56	2.30	19.68	77.17		100.00	
南	總結數	−	−	−	509.436	5,710.084	59,728.270	75.027	66,022.817	9.7
	總坪數	−	−	−	2,801.847	43,182.510	722,712.067	567.392	769,263.816	
	結當坪數				5.500	7.563	12.100	7.563	11,651	
	結百分比				0.77	8.65	90.47	0.11	100.00	
	坪百分比				0.37	5.61	93.95	0.07	100.00	
北	總結數	360.000	1,080.000	2,161.179	1,728.038	3,607.028	30,010.501	−	38,946.746	5.2
	總坪數	1,089.000	3,843.504	9,339.319	9,504.036	27,278.153	363,127.062	−	414,181.074	
	結當坪數	3.025	3.559	4.321	5.500	7.563	12.100		10,635	
	結百分比	0.92	2.77	5.55	4.44	9.26	77.06		100.00	
	坪百分比	0.26	0.93	2.26	2.29	6.59	87.67		100.00	
南	總結數	−	−	−	−	−	59,393.403		59,393.403	9.1
	總坪數	−	−	−	−	−	718,660.176		718,660.176	
	結當坪數						12.100		12,100	
	結百分比						100.00		100.00	
	坪百分比						100.00		100.00	
北	總結數	1.061	−	−	11.400	198.524	42,980.046	−	43,191.031	7.6
	總坪數	3.210	−	−	62.699	1,501.338	520,058.557	−	521,625.804	
	結當坪數	3.025			5.500	7.563	12.100		12,077	
	結百分比	0.0023			0.0264	0.4596	99.5115		100.00	
	坪百分比	0.0006			0.0120	0.2878	99.6995		100.00	
計	總結數	43,326.262	83,596.042	144,177.268	149,995.767	170,825.747	384,214.060	11,006.525	987,141.673	100.0
	總坪數	131,061.942	297,501.596	623,047.648	824,961.718	1,291,869.715	4,648,990.130	83,236.845	7,900,669.594	
	總町步	43,687.3	99,167.1	207,682.5	274,987.2	430,623.2	1,549,663.3	27,745.6	2,633,556.5	
	結當坪數	3.025	3.559	4.321	5.500	7.563	12.100	7.563	8,004	
	結百分比	4.39	8.47	14.61	15.19	17.31	38.92	1.11	100.00	
	坪百分比	1.66	3.77	7.89	10.44	16.35	58.84	1.05	100.00	

Ⅲ. 農業開發政策

朝鮮初期의 勸農政策

世宗朝의 農業技術

【附論】高麗刻本『元朝正本農桑輯
　　要』를 통해서 본『農桑輯要』의
　　撰者와 資料

朝鮮初期의 勸農政策

1. 序　言

　　朝鮮初期에는 새로운 國家건설과도 관련하여 農業生産力을 발전시키는 문제가 중요한 과제로 되고 있었다. 國家건설에는 많은 財政收入이 필요했고 그것은 주로 租稅收入에 의존하는 수밖에 없었기 때문이었다. 이같은 문제를 해결하기 위해서는 土地制度(科田), 田稅制度 등에 대한 調整과 改革이 있기도 했지만, 그러나 國家의 財政收入을 늘리는 문제는 이러한 조치만으로는 불충분하였다. 이를 위해서는 보다 근원적인 대책이 필요하였다. 그것은 農業의 生産性을 향상시키고 租稅源을 확대시키는 일이었다. 이같은 시책은 農業國家·農業社會에서는 항상적으로 요청되는 일이지만, 새로운 國家를 건설하려는 이 시기에 있어서는 더욱 절실한 문제가 되지 않을 수 없었다. 그리하여 朝鮮初期에는 이같은 목적을 달성하기 위한 일련의 農業政策이 취해졌다. 農業을 開發하고 권장하는 勸農政策이었다. 그것은 國初의 일이었던 만큼 의욕적으로 추진되었고 그만큼 성과도 컸다. 그러나 勸農政策은 역사상 늘 있는 것이지만, 이 시기의 勸農政策이 그 以前 高麗時期의 그것과 동일한 것일 수는 없었다. 거기에는 段階的 差異性이 있었다.

　　朝鮮王朝의 建設을 土地制度史의 측면에서 보면 그것은 대단히 커다란 歷史的 變動을 의미하는 것이었다. 우리나라의 中世國家·中世社會는 몇 단계에 걸치면서 발전하였는데, 이 시기의 변동은 그러한 여러 단계 중에서도 대단히 커다란 段階性을 보여주는 것이기 때문이었다. 다시 말하면 그것은 앞 章까지의 논문 여러 곳에서 지적하였듯이, 우리나라 中世의 封建的 經濟制度·土地制度는 所有權에 입각한 自營小農制와 地主佃戶制 및 收租權에 입각한 田主佃客制가 並存하고 複合하는 가운데, 封建支配層은 어느 경우를 통해서도 일반

농민층을 經濟的으로 지배하도록 되어 있었는데, 朝鮮王朝의 建設과 그 初期
의 改革政策은 이같은 複合的인 經濟制度를, 점진적으로 所有權에 입각한 單
一의 經濟制度로 커다랗게 變革하고 있었기 때문이었다. 그리하여 이같은 변
동을 거치는 가운데, 朝鮮王朝는 이제 所有權에 입각한 單一의 經濟制度·土地
制度에 기초하는 國家로 전환하게 되었으며, 그러한 위에서 國王權이 강화되
고 中央集權的 官僚體制가 한층 더 강화되는 集權的 封建國家가 재건될 수 있
었다. 이 시기의 勸農政策은 바로 그같은 國家體制의 확립을 진행하는 가운데
그것과 표리관계로서 취해지는 정책이었다.

그러므로 이 시기의 勸農政策을 구체적으로 이해하는 일은, 이 시기의 農業
史 연구에서 매우 긴요한 작업이 된다. 이를 통해서는 農業 측면에서 朝鮮王
朝의 體制的 性格을 이해하는 데 도움이 될 뿐만 아니라, 麗·鮮交替期의 社會
轉換이나 時代的 性格을 이해하는 데도 도움이 되기 때문이다. 이같은 勸農政
策은 크게 農業技術의 開發문제와 農地開發·新田開發의 문제로 구성되는데,
전자를 통해서는 農業生産의 기술수준을, 후자를 통해서는 그 身分階級的 성
격을 이해할 수 있는 것이다. 그러나 이 경우 이 兩者가 별개의 문제로서 개별
적으로 전개되는 것은 아니었으며, 이들은 상호 긴밀한 관계에 있으면서, 전
자는 후자적 政策의 기반 위에서 전개되고 있었다. 말하자면 이 시기의 勸農
政策은 단순한 農業技術상의 문제에 그치는 것이 아니라, 朝鮮王朝의 生産기
반이나 그 體制的 성격과도 긴밀하게 관련되고 있었다. 그러므로 이같은 문제
를 이해하기 위해서도, 이 시기의 勸農政策에 대해서는 세심한 검토가 요청되
는 것이라고 하겠다.

2. 勸農機構와 그 運營

朝鮮王朝에서는 農業生産力을 발전시키기 위해서, 안으로는 이를 관장하는
官司를 설치하고, 밖으로는 이를 효율적으로 수행하기 위한 勸農機構를 두고
있었다. 鄭道傳이 '國家 內而司農 外而勸農'[1]이라고 한 것이 그것으로서, 여기
서 司農하는 官司는 戶曹 版籍司[2]이고 일선에서 勸農하는 기구는 地方行政기

관이었다. 勸農의 기본원칙은 中央에서 國王 결재하에 정해졌고, 이것은 勸農
敎·敎·農書 등으로 마련되어 공표되었다. 그리고 勸農의 模範을 보이기 위해
서는 籍田을 설치하고 운영했으며, 따라서 籍田은 '勸農之本'[3]이 되는 것으로
이해되었다. 이를 관장하는 것은 典農寺였다. 그러므로 이 시기의 勸農機構는
두 계통으로 되어 있는 셈이었다. 이는 高麗朝 이래로 취해지고 있는 勸農制
度였으며,[4] 그런 점에서 이 시기의 勸農政策은 前朝 이래의 그것을 계승 발전
시키고 있는 것이었다.

　　勸農을 위한 地方行政기관은 郡縣이 중심이 되고 있었다. 이 시기에는 地方
統治를 위해서 道·郡縣·面·里의 地方制度가 설치되고 있었지만, 國家가 地方
行政의 기본단위로 삼고 있는 것은 郡縣이었다. 鄕村支配·農民支配를 위한 모
든 조치는 郡縣을 단위로 취해졌다. 道는 그 上級官廳이자 監督官廳이었고,
面·里는 그 집행을 위한 하부조직이기는 하나 아직 集權官僚體制 내의 行政機
構 官僚組織으로서 편제되고 있는 것이 아니었다. 그리하여 中央에서 官吏가
파견되는 것은 郡縣까지였으며, 그 이하에는 그곳 地方民 가운데서 吏屬과 그
책임자가 임명되었다. 鄕村社會는 그곳 地方民들에 의해서 自治的으로 운영
되는 바가 컸으며, 鄕權을 장악하는 地方有力者들의 힘은 컸고, 中央의 權力
으로서도 이를 완전히 제어할 수가 없었다. 그러므로 中世의 地方行政에서는,
中央權力이 그의 官吏로서 鄕村社會·鄕村民 하나 하나를 직접 지배하는 것이
아니라, 그곳 地方有力者를 매개로 간접 장악하고 지배하게 되는 것이 어쩔
수 없는 일이었다고 하겠다.

　　地方行政機構 내에는 守令 지휘하에 많은 吏屬 鄕任이 있어서 그 일에 종사
하였다. 勸農은 地方行政 중에서도 중요한 일이었으므로 守令은 모두 '勸農之

---

1) 『三峯集』 卷 7, 『朝鮮經國典』 上, 農桑, p. 215.
2) 『太宗實錄』 卷 9, 太宗 5年 3月 丙申, 1冊, p. 319.
　　『經國大典』 吏典, 京官職 六曹.
3) 『三峯集』 卷 7, 『朝鮮經國典』 上, 籍田, p. 224.
　　韓永愚, 『鄭道傳思想의 硏究』, pp. 158~166에는 鄭道傳의 勸農論이 요약되어
　　있다.
4) 『高麗史』 卷 76, 百官志, 百官 1, 典農寺, 中, p. 675.
　　白南雲, 『朝鮮封建社會經濟史』 上, 第13, 25, 65章.

職'⁵⁾을 兼帶하고 있었다. 그러나 이 일은 守令의 힘만으로는 제대로 수행하기
어려웠다. 그러므로 이 일을 위해서는 守令 휘하에 이를 전담하는 官이 별도
로 더 임명되기도 하였다. 각 面에서 勸農을 담당하게 되는 勸農官은 그것이
었다.⁶⁾ 勸農官의 위치는 중요했다. 각 지방에서의 勸農은 실제로는 이 勸農官
에 의존하는 수밖에 없었다. 勸農官은 그곳 지역민으로서 임명하되, 廉幹한
閑良品官이나 居鄕有官職者 중에서 擇定하고 있었다.⁷⁾ 그들은 兩班支配層이
고 地方有力者들이었다. 그리고 그 밑에는 監考, 里正, 方外(別)監 등이 差定
되어⁸⁾ 勸農의 일에 종사하였다. 地方에 따라서는 이 밖에도 여러 가지 명칭의
勸農職이 있었을 것이다. 이같은 勸農職 體系는 그 후『經國大典』체제가 정착
됨에 따라 점차 이정되었다. 行政職 체계와 혼선을 피하기 위해서였다. 그리
하여 地方行政에서 勸農職은 守令, 勸農官, 里正, 統主로 정리되고⁹⁾ 이들이
그 일을 담당하게 되었다.

　각 지방에서 守令 책임하에 수행되는 勸農은 守令의 임무 가운데에서도 중
요한 것이었다. 勸農政策은 農業生産과 租稅收入의 기초가 되는 것이기 때문
이었다. 守令의 임무는 이른바 守令七事로 알려져 있는데, 勸農의 문제는 그
중에서도 제1항으로 기재되고 있었다.

　守令七事……農桑盛 戶口增 學校興 軍政修 賦役均 詞訟簡 姦猾息¹⁰⁾

5)『太祖實錄』卷 8, 太祖 4年 7月 辛酉, 1冊, p. 81.
　　『世宗實錄』卷 25, 世宗 6年 7月 辛卯, 2冊, p. 614.
　　『經國大典』戶典, 務農.
6)『經國大典』戶典, 戶籍 務農.
　　『成宗實錄』卷 2, 成宗 元年 正月 己亥, 8冊, p. 459.
7)『太祖實錄』卷 8, 太祖 4年 7月 辛酉, 1冊, p. 81.
　　『世祖實錄』卷 2, 世祖 元年 9月 丁亥, 7冊, p. 88.
8)『太宗實錄』卷 12, 太宗 6年 閏 7月 癸亥, 1冊, p. 366.
　　『世祖實錄』卷 12, 世祖 4年 4月 乙亥, 7冊, p. 264.
　　『成宗實錄』卷 2, 成宗 元年 正月 己亥, 8冊, p. 459.
9)『世祖實錄』卷 7, 世祖 3年 3月 甲申, 7冊, p. 187.
　　『成宗實錄』卷 98, 成宗 9年 11月 戊寅, 9冊, p. 665.
　　『成宗實錄』卷 245, 成宗 21年 閏 9月 甲申, 11冊, p. 647.
　　『經國大典』戶典, 戶籍.
　　李存熙, ´朝鮮初期의 守令制度(『歷史敎育』30·31, 1982).

이라고 한 것이 그것으로서, 이는 그만큼 勸農의 중요성이 강조되고 있음을
반영하는 것이었다. 勸農의 중요성은 다른 각도로도 강조되고 있었다. 國初의
政府에서 地方行政을 말하되 '興學校以養人才 課農桑以厚民生'[11]할 것을 건의
하고 있었던 것, 辭陛하는 守令에게 守令의 임무를 말하되 '守令之任 專在務農
恤民', '守令之任 務農鍊兵', '守令七事 如興學校 勸農桑等事' 등으로[12] 말하였
던 것은 그 예이다. 守令이 할 일은 많은데 어느 경우나 勸農·務農문제는 지적
되고 있었다. 國王이 辭陛하는 守令에게 勸課農桑·興農業 또는 이와 관련되는
일을 당부하는 것은 관례로 되고 있었다. 國王이 農節을 연구하여 勸農方法을
諭示하기도 하였다.[13] 勸農의 중요성을 강조함이었다.

　勸農의 내용은 크게 세 계통의 문제로 구성되고 있었다. 첫째는 農作物의
재배와 관련해서이고, 둘째는 水利문제였으며, 셋째는 養蠶에 관해서였다. 예
컨대 辭陛守令에게 주는 國王의 말이나 觀察使에게 내리는 諭示에서 勸農勸
課에 힘쓸 것을 지시하되, 그 내용을 '堤堰川防 農桑之務 盡心措置', '其堤堰耕
種 盡心勸課', '宜勸耕桑 使不失時 修堤堰以興水利'라든가[14] 또는 '貯水糞田 早
晚穀播種節候 尤不可失其時'[15]라고 하였던 것은 그것이다.

　첫째의 문제는 農地의 起耕에서 收穫에 이르는 農作業의 전과정이 대상으
로 되는 것이지만, 그 중에서도 특히 중심이 되는 것은 耕種 耡治의 문제였다.
農時를 失期해서는 안되었다.[16] 穀種에는 早·晚種이 있었는데 節候에도 早晚
이 있었으므로 守令들은 農時를 맞추는 것이 쉽지 않았다. 독촉을 하면 農民

---

10) 『經國大典』 吏典, 考課.
　　『成宗實錄』 卷 158, 成宗 14年 9月 乙未, 10冊, p. 510.
11) 『太祖實錄』 卷 2, 太祖 元年 9月 壬寅, 1冊, p. 31.
12) 『文宗實錄』 卷 8, 文宗 元年 7月 己酉, 丙辰, 6冊, p. 410, 412.
　　『成宗實錄』 卷 2, 成宗 元年 正月 乙巳, 8冊, p. 460.
13) 『文宗實錄』 卷 6, 文宗 元年 2月 甲午, 6冊, p. 362.
14) 『文宗實錄』 卷 5, 文宗 卽位年 12月 乙酉, 6冊, p. 328.
　　『文宗實錄』 卷 5, 文宗 元年 正月 乙卯, 6冊, p. 346.
　　『文宗實錄』 卷 6, 文宗 元年 7月 乙卯, 6冊, p. 412.
15) 『世祖實錄』 卷 6, 世祖 3年 正月 甲戌, 7冊, p. 165.
16) 『經國大典』 戶典, 務農.
　　『世祖實錄』 卷 3, 世祖 2年 3月 癸酉, 7冊, p. 118.

들의 騷擾와 불성실한 농사를 초래하기 쉬웠고,[17] 曆書의 계절을 따르면 늦어지기도 했다.[18] 播種은 '不可太早 亦不可晩 須令得時'[19]할 것이 요청되었다. 政府에서는 農時를 맞추도록 거듭 강조하고 지시를 하기 마련이었다. 이같은 과정에서 정책적으로 중요시되는 것은 官이 農民의 農時를 뺏지 않도록 하는 일이었다. 이른바 農時勿奪이었다. 이를 위해서는 여러 가지 문제가 배려되었다. 농번기에는 農民들을 徭役노동에 동원하지 않도록 했다.[20] 民事관계의 訴訟·推罪도 農時에는 이를 연기하고,[21] 守令遞代도 農月은 피하도록 했다.[22] 그리고 農時絶糧에 대해서도 적절한 대책을 세우려 했다. 助不給, 즉 義倉·還上 등의 운영은 그것이었다.[23] 救荒策을 모르면 守令으로 임명하는 것을 취소하기도 하였다.[24] 그리하여 이러한 여러 가지 배려를 통해서 政府는 農民들이 전심전력으로 農作에 종사하고 失農陳荒하는 일이 없기를 바랐다.

둘째의 문제는 堤堰, 海澤, 防川(川防), 塞浦 등에 관한 문제였으며,[25] 그

---

17) 『世宗實錄』 卷 90, 世宗 22年 8月 乙酉, 4冊, p. 312.
    『文宗實錄』 卷 6, 文宗 元年 2月 甲午, 6冊, p. 362.
    『世祖實錄』 卷 3, 世祖 2年 3月 癸酉, 7冊, p. 118.
    『世祖實錄』 卷 16, 世祖 5年 4月 丙辰, 7冊, p. 319.
18) 『世祖實錄』 卷 6, 世祖 3年 正月 甲戌, 7冊, p. 165.
    『世祖實錄』 卷 12, 世祖 4年 4月 乙卯, 7冊, p. 264.
19) 『文宗實錄』 卷 8, 文宗 元年 7月 己酉, 丙辰, 6冊, p. 410, 412.
20) 『太祖實錄』 卷 9, 太祖 5年 2月 丙辰, 1冊, p. 90.
    『太宗實錄』 卷 23, 太宗 12年 3月 辛卯, 1冊, p. 627.
    『世宗實錄』 卷 45, 世宗 11年 8月 戊寅, 3冊, p. 193.
    『世祖實錄』 卷 6, 世祖 3年 正月 甲戌, 7冊, p. 165.
    『經國大典』 戶典, 務農.
21) 『太祖實錄』 卷 5, 太祖 3年 4月 庚辰, 1冊, p. 61.
    『世宗實錄』 卷 43, 世宗 11年 2月 辛丑, 3冊, p. 169.
    『世宗實錄』 卷 76, 世宗 19年 3月 丙午, 4冊, p. 60.
22) 『世宗實錄』 卷 10, 世宗 2年 11月 己巳, 2冊, p. 414.
    『經國大典』 吏典, 外官職.
23) 『世宗實錄』 卷 19, 世宗 5年 2月 庚戌, 2冊, p. 523.
    『文宗實錄』 卷 5, 文宗 卽位年 12月 壬申, 6冊, p. 323.
    『世祖實錄』 卷 4, 世祖 2年 5月 庚辰, 7冊, p. 132.
    『經國大典』 戶典, 務農.
24) 『成宗實錄』 卷 6, 成宗 元年 7月 甲辰, 8冊, p. 520.
25) 『世祖實錄』 卷 36, 世祖 11年 6月 丁丑, 7冊, p. 688.

중에서도 중심이 되는 것은 堤堰과 川防의 管理, 修築, 新築 등에 관한 일이었
다. 이 때의 政府에서는 水利의 필요성을 '川防堤堰 所以備旱潦利農功'[26]이라
고 보고 있었으며, 水利의 不備에서 오는 결과를 '失農尤甚之處 率皆水利不興
而然'[27]이라고 파악하고 있었다. 農業生産에서 水利의 價値는 절대적이어서
'堤堰川防 農事之根本', '川防堤堰 耕作之本', '堤堰 切於農功'[28]이라고도 강조
했으며, 그러기 때문에 '勸農之要 在築堤堰'[29]이라고 단언하기도 하였다. 그리
하여 이 시기에는 한때 堤堰만을 전담하는 堤堰司가 설치되기도 했었다.[30] 그
리고 辭陛하는 守令에게 川防, 堤堰의 管理 修補에 관하여 당부하는 것은 관
례가 되었으며, 특히 秋冬交替期에는 勸農官으로 하여금 修築堤堰할 것이 지
시되었다.[31] 守令은 매년 春秋로 觀察使에게 이 문제를 보고하고, 이를 修築
해야 한다는 것이 法으로 규정되었다.[32]

　셋째의 문제는 種桑 일반과 蠶室운영을 중심으로 한 문제였으며, 그 중에서
도 國家가 중요시하고 있는 것은 후자의 문제였다. 國家의 養蠶정책은 후자를
통해서 蠶桑의 모범을 보이고 전자를 발전시킬 것을 꾀하고 있었다. '設公桑蠶
室之法 示萬世無窮之理'라든가 '國家設公桑蠶室 其示民養蠶之方' '蠶室之設 欲
民取法 以興養蠶'이라고 한 것은[33] 그러한 사정을 말하는 것이었다. 蠶室은 國
家기구의 일환으로 중앙 各司와 각 지방의 宜桑處 有桑木郡에 설치되었다.[34]

26) 『世祖實錄』 卷 2, 世祖 元年 9月 丁亥, 7冊, p. 88.
27) 『太宗實錄』 卷 30, 太宗 15年 11月 戊申, 2冊, p. 91.
28) 『成宗實錄』 卷 21, 成宗 3年 8月 壬午, 8冊, p. 681.
　　『文宗實錄』 卷 5, 文宗 卽位年 12月 乙未, 6冊, p. 333.
　　『文宗實錄』 卷 8, 文宗 元年 7月 己酉, 6冊, p. 410.
29) 『太祖實錄』 卷 8, 太祖 4年 7月 辛酉, 1冊, p. 81.
30) 『成宗實錄』 卷 21, 成宗 3年 8月 壬午, 8冊, p. 681.
　　『成宗實錄』 卷 150, 成宗 14年 正月 乙巳, 10冊, p. 426.
31) 『太祖實錄』 卷 8, 太祖 4年 7月 辛酉, 1冊, p. 81.
　　『文宗實錄』 卷 9, 文宗 元年 8月 丁丑, 6冊, p. 421.
　　『世祖實錄』 卷 2, 世祖 元年 9月 丁亥, 7冊, p. 88.
32) 『經國大典』 戶典, 田宅.
33) 『太宗實錄』 卷 31, 太宗 16年 2月 丁亥, 2冊, p. 103.
　　『太宗實錄』 卷 36, 太宗 18年 7月 庚戌, 2冊, p. 238.
　　『世宗實錄』 卷 51, 世宗 13年 3月 乙酉, 3冊, p. 304.
34) 『世祖實錄』 卷 16, 世祖 5年 6月 戊寅, 7冊, p. 335.

太宗朝에 처음 설치할 때는 桑柘에 대한 준비가 없는 가운데 各道에 한 두 곳씩 설치했으나, 점차 公桑을 재배하는 가운데 그 수를 늘려나갔으며, 成宗朝에 이르러서는 '諸邑皆置蠶室'[35]한다고까지 운위되었다. 蠶室의 설치에는 公桑의 재배가 필수적이었으며 民戶에 대해서도 種桑이 요구되었다.[36] 그 운영을 위해서는 曉事人, 有職勤謹者, 品官中勤謹者로 養蠶官 監考를 임명했으며,[37] 蠶母나 採桑人은 公賤을 구사하는 것이 규정이었다.[38] 그리하여 守令은 이 모든 것을 籍으로 작성해서 관리 운영하고, 마지막으로는 絲繭을 수취하여 上納하는 것이 그 임무로 되어 있었다.[39]

勸農行政은 守令에게 勸農사항을 지시하고 일임하는 것으로 그치지 않고 감독과 처벌을 수반하고 있었다. 기술한 바와 같은 제 규정을 잘 이행하지 않음으로써 農業生產, 絲繭수취에 큰 손실을 초래했을 경우였다. 監督은 평상시 中央에서는 所管官司가, 地方에서는 觀察使가 이를 담당하고 있었지만, 경우에 따라서는 巡察使, 體察使, 敬差官 등의 特使가 파견되기도 하였다. 觀察使는 감독자의 입장에 있었으나, 그 감독소홀로 守令의 失農을 초래했을 경우, 그도 문책 처벌의 대상이 되었다.[40] 勸農과 관련하여 있게 되는 守令처벌은

『經國大典』 戶典, 蠶室.
35) 『太宗實錄』 卷 32, 太宗 16年 8月 甲子, 2冊, p. 130.
　　『成宗實錄』 卷 8, 成宗 元年 11月 己亥, 8冊, p. 538.
36) 『太宗實錄』 卷 32, 太宗 16年 8月 甲子, 2冊, p. 130.
　　『太宗實錄』 卷 36, 太宗 18年 7月 庚戌, 2冊, p. 238.
　　『文宗實錄』 卷 6, 文宗 元年 3月 丙辰, 6冊, p. 367.
　　『世祖實錄』 卷 16, 世祖 5年 6月 戊寅, 7冊, p. 335.
　　『成宗實錄』 卷 15, 成宗 3年 2月 戊寅, 8冊, p. 636.
　　『經國大典』 工典, 栽植.
37) 『太宗實錄』 卷 32, 太宗 16年 8月 甲子, 2冊, p. 131.
　　『世祖實錄』 卷 16, 世祖 5年 6月 戊寅, 7冊, p. 335.
　　『經國大典』 戶典, 蠶室.
38) 『太宗實錄』 卷 31, 太宗 16年 2月 丁亥, 2冊, p. 103.
　　『世祖實錄』 卷 16, 世祖 5年 6月 戊寅, 7冊, p. 335.
39) 『經國大典』 戶典, 蠶室.
40) 張炳仁, '朝鮮初期의 觀察使'(『韓國史論』 4, 1978).
　　『世宗實錄』 卷 68, 世宗 17年 4月 癸亥, 3冊, p. 625.
　　『世宗實錄』 卷 104, 世宗 26年 5月 甲寅, 4冊, p. 554.

守令褒貶 守令考課의 일환으로 행해졌으며, 그 평가의 기준이 되는 것은 '守令
七事'였다.[41] 그러므로 勸農문제와 관련한 守令처벌은 항상적으로 있도록 되
어 있었다. 그러한 처벌은 耕種문제를 중심으로 해서도 행해지고, 水利문제를
둘러싸고서도 행해지도록 되어 있었다.[42] 그것은 勸農의 중요 안건으로 되어
있었기 때문이었다. 전자에서는 墾荒의 多少, 農時失期, 給穀失期에 의한 陳
荒 등을 참작하여 黜陟, 推鞫, 不得辭 등의 처벌을 내렸고,[43] 후자에서는 堤堰
의 管理 修補상황 破毀여부를 보아 黜陟 기타의 律로 治罪하였다.[44] 蠶桑을
중심으로 해서도 그러하였다. 種桑과 그 관리가 不實하거나, 養蠶이 잘 안될
경우 守令은 論罪를 면할 수가 없었다.[45]

　勸農機構의 다른 하나는 앞에서 언급한 바와 같이 籍田을 운영하는 典農寺
였다. 이는 본시는 司農寺로서 高麗의 제도를 그대로 계승한 것이었으며, 太
祖 원년에 새로운 政府機構로서 재편성한 것이었다. 이 때에는 文武百官의 官
制가 새로 제정되고 있었는데, 그 일환으로는 이 官司도 마련되고 있었다.[46]

41) 『太宗實錄』 卷 12, 太宗 6年 12月 乙巳, 1冊, p. 380.
　　『世宗實錄』 卷 73, 世宗 18年 閏 6月 戊辰, 4冊, pp. 1~2.
　　『文宗實錄』 卷 4, 文宗 卽位年 10月 癸酉, 6冊, p. 293.
　　『經國大典』 吏典, 考課.
42) 『太宗實錄』 卷 28, 太宗 14年 12月 乙亥, 2冊, p. 46.
　　『世祖實錄』 卷 28, 世祖 8年 4月 壬午, 7冊, p. 529.
43) 『太祖實錄』 卷 2, 太祖 元年 9月 壬寅, 1冊, p. 31.
　　『太宗實錄』 卷 27, 太宗 14年 2月 庚戌, 2冊, p. 5.
　　『世宗實錄』 卷 68, 世宗 17年 5月 乙未, 3冊, p. 630.
　　『世祖實錄』 卷 12, 世祖 4年 3月 辛亥, 7冊, p. 263.
　　『世祖實錄』 卷 16, 世祖 5年 4月 戊寅, 7冊, p. 324.
44) 『太宗實錄』 卷 30, 太宗 15年 11月 庚戌, 2冊, p. 92.
　　『太宗實錄』 卷 35, 太宗 18年 正月 甲子, 2冊, p. 200.
　　『文宗實錄』 卷 9, 文宗 元年 8月 丁丑, 6冊, p. 421.
　　『世祖實錄』 卷 2, 世祖 元年 9月 丁亥, 7冊, p. 88.
　　『成宗實錄』 卷 10, 成宗 2年 4月 乙卯, 8冊, p. 565.
45) 『太宗實錄』 卷 31, 太宗 16年 2月 丁亥, 2冊, p. 103.
　　『世祖實錄』 卷 16, 世祖 5年 6月 戊寅, 7冊, p. 335.
　　『成宗實錄』 卷 15, 成宗 3年 2月 丁丑, 8冊, p. 636.
　　『經國大典』 工典, 栽植.
46) 『太祖實錄』 卷 1, 太祖 元年 7月 丁未, 1冊, p. 24.

司農寺는 그 후 太宗시에는 典農寺로의 명칭개정과 기구개편[47]이 있었으며, 世祖 때에는 다시 機構개편과 司瞻寺로의 개칭이 있었다.[48] 그런 가운데 이 官司의 기능이 확정되는 것은 太宗시의 일이었다. 太祖 때에는 籍田의 경영과 祭需를 마련하는 것이 司農寺의 소관사항이었으나,[49] 太宗시에는 機構개편과 관련하여 祭祀기능이 典祀寺로 분화되는 가운데, 典農寺의 기능은 다만 '嘗耕籍田 以供粢盛秬鬯之備 兼掌勸農屯田等事'[50]로 압축 조정되고 있었다. 籍田을 경영해서 祭需 마련을 위한 비용이나 물자를 조달하는 일과 勸農을 위한 屯田의 일을 맡는다는 것이다. 典農寺의 기능은 이것이 主이지만, 그러나 그 소관사항이 이에 그치는 것은 아니었다. 典農寺는 寺社奴婢를 또한 관장하고 있어서 그들에 대한 收貢, 使役의 기능도 겸하고 있었다.[51] 典農寺는 말하자면 寺社奴婢를 지배하고 籍田을 경영하는 가운데 勸農의 일을 담당하고 있는 것이었다.[52]

典農寺의 籍田경영이 勸農의 뜻을 지니는 것은 두 가지 점에서였다. 그 하나는 國王이 親耕籍田함으로써 重農 勸農의 뜻을 보인다는 理念的 의미에서였다. 大臣들이 國王의 親耕을 건의하는 가운데 '耕籍之禮 所以敬神明 而重農業也'[53]라고 한 것이라든가, '親耕籍田 以勸農事'[54]라고 한 것, 그리고 '天子躬耕籍田 后妃親蠶公桑 所以示下民勸農桑也'[55]라고 한 것 등은 그 몇 가지 예이

---

47) 『太宗實錄』卷 2, 太宗 元年 7月 庚子, 1冊, p. 208.
　　『太宗實錄』卷 18, 太宗 9年 12月 甲寅, 1冊, p. 520.
48) 『世祖實錄』卷 20, 世祖 6年 5月 丁酉, 辛丑, 7冊, p. 396, 400.
49) 註 46)과 同.
50) 『太宗實錄』卷 18, 太宗 9年 12月 甲寅, 1冊, p. 520.
51) 同 上.
　　『太宗實錄』卷 11, 太宗 6年 4月 辛酉, 1冊, p. 353.
　　『世宗實錄』卷 122, 世宗 30年 12月 庚戌, 5冊, p. 106.
　　『太宗實錄』卷 31, 太宗 16年 5月 辛亥, 2冊, p. 115.
　　『世宗實錄』卷 11, 世宗 3年 2月 戊戌, 2冊, p. 423.
　　『世宗實錄』卷 54, 世宗 13年 10月 辛酉, 3冊, p. 352.
52) 朴定子, '李朝初期의 籍田考'(『淑大史學』5, 1970).
53) 『太宗實錄』卷 3, 太宗 元年 12月 乙亥, 1冊, p. 221.
54) 『文宗實錄』卷 7, 文宗 元年 5月 癸卯, 6冊, p. 385.
55) 『成宗實錄』卷 15, 成宗 3年 2月 戊辰, 8冊, p. 629.

다. 그리하여 이를 위해서는 籍田儀注 또는 親耕籍田儀注 및 이에 따르는 應
行節目이 마련되기도 했으며,[56] 실제로 이에 따라 國王이 籍田에 나아가 親
耕, 즉 犁의 始推를 행하기도 하였다. 물론 이는 籍田儀禮의 절차상 國王이
밭에 나와 犁柄을 잡고 밭을 몇 推에 걸쳐 갈아 볼 뿐이지 國王이 농사를 짓는
것은 아니었다. 그같은 籍田을 실제로 경작하는 것은 番上耕作으로 동원되는
典農寺 소속의 外方革去寺社奴婢와 徭役으로 동원되는 일반 農民이었다.[57] 그
뿐만 아니라 親耕이 늘 계속되고 있는 것도 아니었다. 그것은 상징적 의미가
있는 데 불과하였다.

이와 유사한 행사로서는 國王이 교외에 나가 觀稼를 하는 일도 있었는데,
이것도 그 뜻은 마찬가지였다.[58] 觀稼는 교외에서뿐만 아니라 後苑에서 하기
도 했다. 後苑에다 소규모의 田畓을 일구어 種粟 種稻를 하고 이를 관찰하는
것이었다.[59] 이는 農民들이 國王의 뜻에 감격해서 農事에 열중할 것을 기대하
는 데서였다.[60] 그리고 이를 통해서는 守令에 대한 勸農지시를 효과적으로 할
수도 있었다.[61]

다른 하나는 籍田에서 農事試驗을 함으로써 品種을 改良해나가려고 한 점
이었다. 地方官이나 農民들이 좋은 穀種을 진헌하는 바가 있으면, 이를 典農
寺에 내려 籍田에서 試驗재배함으로써 이를 전국에다 보급시키려는 것이었
다. 이러한 노력은 특히 世宗 때에 많았다. 이 때에는 秬黍, 唐白黍, 一歲再熟

56) 註 53), 54)와 同.
57) 『成宗實錄』 卷 51, 成宗 6年 正月 甲子, 己巳, 9冊, p. 179, 182.
　　『太宗實錄』 卷 31, 太宗 16年 5月 辛亥, 2冊, p. 115.
　　『世宗實錄』 卷 109, 世宗 27年 9月 癸酉, 4冊, p. 636.
　　『經國大典』 戶典, 籍田.
　　朴定子, 前揭 論文.
58) 『世宗實錄』 卷 4, 世宗 元年 7月 辛未, 2冊, p. 328.
　　『世宗實錄』 卷 78, 世宗 19年 7月 辛丑, 4冊, p. 90.
　　『成宗實錄』 卷 229, 成宗 20年 6月 辛卯, 11冊, p. 480.
59) 『世宗實錄』 卷 78, 世宗 19年 9月 乙未, 4冊, p. 104.
　　『世宗實錄』 卷 85, 世宗 21年 6月 庚子, 4冊, p. 220.
　　『世祖實錄』 卷 16, 世祖 5年 4月 癸酉, 7冊, pp. 323~324.
60) 『成宗實錄』 卷 15, 成宗 3年 2月 戊辰, 8冊, p. 629.
61) 『世宗實錄』 卷 86, 世宗 21年 8月 甲戌, 4冊, p. 229.
　　『世宗實錄』 卷 88, 世宗 22年 3月 己未, 4冊, p. 275.

黍, 耐風耐寒한 鬼麥의 시험재배와 보급이 있었고,[62] 陳麥의 結實 여부, 一莖
多穗粟의 시험재배 등이 있었다.[63] 이러한 실험은 籍田 가운데에서도 勸農을
위한 屯田 부분에서 행해지지 않았을까 생각된다. 이것이 어느 정도 성과를
보았는지는 알 수 없지만, 勸農의 방법으로는 효과적일 수 있는 것이었다고
하겠다.

3. 農業開發과 그 普及

勸農政策은 農業生産力을 발전시키기 위해서 취해지고 있었으며, 이를 위
해서는 몇 가지 면에서 開發原則이 세워지고 있었다. 農法 農事技術을 중심으
로 한 開發政策은 그 하나였다. 이에서는 여러 가지 문제가 다루어지고 있었
지만, 특히 이 시기 勸農政策에서 커다란 과제가 되고 있었던 것은 세 가지
문제였다. 첫째는 水田을 開發하여 水稻作을 발전 보급시키는 일이고, 둘째는
農業技術의 개발을 전제로 歲易田을 不易常耕田으로 전환 확대시키는 일이었
으며, 셋째는 이와 관련하여 先進지역의 새로운 農作物이나 農業技術을 널리
後進지역으로 보급시켜 나가는 일이었다.

水田開發은 두 계통으로 행해지고 있었다. 하나는 水利시설을 함으로써 海
澤地를 개발하고(뒤에 상론), 沮濕한 閑地, 陳地 및 종래의 旱田을 水田으로
개발하는 것이며,[64] 다른 하나는 水利시설을 함으로써 天水에만 의존하던 劣

---

62) 『世宗實錄』 卷 21, 世宗 5年 7月 壬寅, 2冊, p. 550.
　　『世宗實錄』 卷 25, 世宗 6年 8月 戊辰, 2冊, p. 619.
　　『世宗實錄』 卷 27, 世宗 7年 2月 己巳, 2冊, p. 658.
　　『世宗實錄』 卷 53, 世宗 13年 9月 壬申, 3冊, p. 341.
　　『世宗實錄』 卷 77, 世宗 19年 5月 辛亥, 4冊, p. 77.
　　『世宗實錄』 卷 95, 世宗 24年 正月 丁卯, 4冊, p. 390.
63) 『世宗實錄』 卷 86, 世宗 21年 7月 壬戌, 4冊, p. 226.
　　『世宗實錄』 卷 78, 世宗 19年 7月 辛亥, 4冊, p. 93.
64) 『太宗實錄』 卷 31, 太宗 16年 5月 辛亥, 2冊, p. 116.
　　『太宗實錄』 卷 35, 太宗 18年 正月 甲子, 2冊, p. 200.
　　『文宗實錄』 卷 13, 文宗 2年 5月 丙午, 6冊, p. 494.
　　『端宗實錄』 卷 1, 端宗 卽位年 5月 癸丑, 6冊, p. 505.

惡田을 灌漑가 가능한 良田으로 만드는 것이었다.[65] 전자는 水利 적정지역이면 어디서나 행해졌는데, 특히 旱田지대인 兩界 兩西지방에서 적극 추진되었으며, 후자는 기왕의 水田지대에서 추진되었다. 이 경우 水田지대에서 水利시설을 하는 것은 당연한 일이었으며, 따라서 이 시기의 水田開發策에서 특히 주목되는 것은, 旱田지대에서 水田을 개발하는 일과 水田지대에서도 水田이 될 수 없었던 閑地를 水田으로 개발하는 일이었다. 이같이 旱田지대나 水田이 될 수 없었던 閑地에서 水田을 개발하고 水稻作을 발전시키게 되는 것은, 이 시기에는 農業에 대한 인식이 '農事以水田爲主'[66]라고 한 데서 볼 수 있듯이, 水田農業을 農業의 중심으로 보았기 때문이었다. 그리고 좀더 구체적으로는 水利作畓하는 것이 여러 가지로 有利하다고 보는 데서이기도 하였다.

水利作畓하는 것이 有利하다는 사실은 여러 가지로 지적되고 있었다. 무엇보다도 중요한 것은 閑陳田을 作畓함으로써 收入을 늘릴 수 있다는 점이었다. 堤堰을 축조할 경우, 水沒지역이 있다 하더라도 蒙利畓은 더 많았고, 따라서 國家收入은 늘게 마련이었다.[67] 더욱이 國家의 財用은 大米가 중심이 되고 있어서 國家財政上으로 이는 유리한 것이었다.[68] 農民의 입장으로서도 旱田보다는 水田이 유리하다고 政府는 판단했다. 그리하여 水田開發을 추진하는 가운데 '水田之利', '堤堰灌漑 利益甚多'하다는 사실이 자주 지적되었다.[69] 그리고 水旱에 대비해서도 水田이 유리하다는 점이 강조되고 있었다.[70]

兩界 兩西지방에서의 水田開發은 國初 이래로 권장되는 일이었지만, 이를

65)『太宗實錄』卷 27, 太宗 14年 6月 庚戌, 2冊, p. 21.
66)『文宗實錄』卷 10, 文宗 元年 11月 乙巳, 6冊, p. 452.
　　金相昊,「李朝前期의 水田農業研究」(『1969年度 文敎部學術研究助成費에 의한 研究報告書』, 1969).
67)『太宗實錄』卷 33, 太宗 17年 4月 庚申, 2冊, p. 155.
　　『太宗實錄』卷 35, 太宗 18年 正月 甲子, 2冊, p. 200.
　　上覽之 問於朴習曰 碧骨堤卿爲觀察時所築也 所利幾許 習對曰 堤上之田 所沒雖多 堤下所利 幾至三倍
68)『世宗實錄』卷 49, 世宗 12年 9月 己酉, 3冊, p. 259.
69)『世宗實錄』卷 88, 世宗 22年 3月 丁未, 4冊, p. 273.
　　『世宗實錄』卷 106, 世宗 26年 9月 丙戌, 4冊, p. 584.
　　『世宗實錄』卷 106, 世宗 26年 10月 丙申, 4冊, p. 588.
70)『文宗實錄』卷 10, 文宗 元年 11月 乙巳, 壬子, 6冊, p. 452, 454.

성취하는 것은 쉬운 일이 아니었다. 이 지역 住民들은 旱田을 專治하는 가운
데 水田農業에는 익숙하지 않았다. 그들은 '本道(咸鏡道)地寒早霜 風氣異於南
方 不宜水田'[71]이라고 생각하고 있었다. 그러나 政府에서는 鏡城, 吉州 등의
四鎭屯田에서, 이미 引水灌漑하여 水田을 경영하고 있었으므로, 水田開發은
가능하다고 확신하고 있었다.[72] 政府에서는 이 지방 農民들을 '兩界之民 慣耕
旱田 而憚於水田之勞'[73]한다거나, '咸吉道……風俗惰於農 且憚水田沾體塗足
之勞'[74]하는 것으로 보고 있었다. 政府에서는 그들을 계몽하는 가운데 水田을
개발해 나가려 하였다. 觀察使와 守令에게는 기회 있을 때마다 이것을 勸農策
으로서 성실히 수행하도록 지시하였다.[75] 그리고 咸鏡道 吉州 이북의 守令들
에게는 勸農起耕하는 水田의 면적에 따라 施賞할 것을 약속하기도 했다.[76] 그
리하여 이같은 분위기 속에서 北道지방에서도 점차 水田을 開墾하는 바가 늘
어나고 있었으며, 下三道 入居人(徙民)들이 多作水田하여 利益甚多함을 보게
되면서는 이를 모방하는 사람도 있게 되었다.[77]

　水田開發을 위해서는 先行해야 할 문제가 있었다. 水利施設을 갖추는 일이
었다. 閑陳田의 개발을 위해서는 말할 것도 없고, 기존의 水田을 改良하기 위
해서도 水利시설은 절대로 필요하였다. 그러한 시설로서는 堤堰, 防川이 主였
다. 많은 사람들이 이의 修築이나 新築을 제언했다. 그것은 國初로부터의 일
이었다. 鄭芬은 堤堰을 수축함으로써 雪水를 저류할 것을 건의했고,[78] 李殷과
禹希烈은 備旱을 위해 堤堰築造가 필요함을 역설하였다.[79] 太宗은 평소 水利

---

71) 『世宗實錄』卷 69, 世宗 17年 9月 庚辰, 3冊, p. 651.
72) 『世宗實錄』卷 106, 世宗 26年 10月 丙申, 4冊, pp. 588~589.
73) 『文宗實錄』卷 10, 文宗 元年 11月 乙巳, 6冊, p. 452.
74) 註 72)와 同.
75) 註 73).
　　『文宗實錄』卷 4, 文宗 卽位年 11月 壬戌, 6冊. p. 319.
　　『文宗實錄』卷 13, 文宗 2年 5月 丙午, 6冊. p. 494.
　　『端宗實錄』卷 1, 端宗 卽位年 5月 癸丑, 6冊. p. 505.
76) 『世宗實錄』卷 88, 世宗 22年 3月 丁未, 4冊. p. 273.
77) 『世宗實錄』卷 69, 世宗 17年 9月 庚辰, 3冊, p. 651.
　　『世宗實錄』卷 106, 世宗 26年 10月 丙申, 4冊, p. 589.
78) 『太祖實錄』卷 8, 太祖 4年 7月 辛酉, 1冊, p. 81.
79) 『太宗實錄』卷 17, 太宗 9年 正月 辛未, 1冊, p. 472.

문제에 관심이 많았던 이들 李殷, 禹希烈 그리고 韓雍 등을 지방에 파견하여
水利시설을 순찰하게 하는 한편,[80] 各道에는 堤堰築造令을 내리기도 하였다.
不修 不築하는 地方官은 論罪한다는 罰則이 따르는 令이었다.[81] 堤堰을 축조
함으로써 水沒이 되는 農地에 대하여는 堤下의 陳地 起耕田으로 換給해 주기
마련이었다.[82] 이러한 과정에서는 碧骨堤와 訥堤의 축조와 修築이 있기도 하
였다.[83] 2만여 名 혹은 1만여 名씩 많은 民丁을 징발 사역함으로써 陳田개발
도 겸한 政府차원의 開發사업이었다.[84] 그리하여 그 후 때때로 그 사업이 침체
하는 시기가 있기도 했으나, 水利政策은 궤도에 오르고, 守令七事의 節目에서
도 중요한 문제로 재확인되었다.[85]

　水利施設로서는 水車를 사용하는 문제가 또한 크게 논의되고 있었다. 水車
는 中國과 日本에서 널리 이용되고 있었는데, 그곳에 使臣으로 다녀온 사람들
이 이의 사용을 건의하게 된 까닭이었다. 世宗 때의 朴瑞生은 그 한 예이었
다.[86] 당시는 水利政策이 적극적으로 추진되던 때였으므로 이는 쉽게 정책상
에 반영되었다. 政府에서는 各道에 水車를 제주하여 반급하거나,[87] 그 제조법
을 아는 匠人으로 하여금 造車를 지도함으로써 이를 보급시키려 하였다.[88] 敬

『太宗實錄』 卷 17, 太宗 9年 3月 乙丑, 1冊, p. 478.
　『太宗實錄』 卷 27, 太宗 14年 6月 壬子, 2冊, pp. 21~22.
80)『太宗實錄』 卷 28, 太宗 14年 12月 乙亥, 2冊, pp. 46~47.
81)『太宗實錄』 卷 29, 太宗 15年 正月 庚申, 2冊, p. 51.
　『太宗實錄』 卷 30, 太宗 15年 11月 庚戌, 2冊, pp. 91~92.
82)『太宗實錄』 卷 31, 太宗 16年 5月 辛亥, 2冊, p. 116.
83)『太宗實錄』 卷 30, 太宗 15年 8月 乙丑, 2冊, p. 78.
　『太宗實錄』 卷 30, 太宗 15年 10月 戊寅, 2冊, p. 86.
　『世宗實錄』 卷 1, 世宗 卽位年 9月 癸酉, 2冊, p. 270.
84)『世宗實錄』 卷 3, 世宗 元年 2月 庚子, 2冊, p. 303.
　『世宗實錄』 卷 11, 世宗 3年 正月 戊寅, 2冊, p. 421.
　『太宗實錄』 卷 35, 太宗 18年 正月 甲子, 2冊, p. 200.
85)『文宗實錄』 卷 4, 文宗 卽位年 10月 癸酉, 6冊, p. 293.
86)『世宗實錄』 卷 52, 世宗 13年 6月 乙未, 3冊, p. 322.
87)『世宗實錄』 卷 49, 世宗 12年 9月 乙丑, 3冊, p. 262.
　『世宗實錄』 卷 60, 世宗 15年 4月 辛卯, 3冊, pp. 464~465.
88)『世宗實錄』 卷 54, 世宗 13年 11月 己卯, 3冊, p. 358.
　『世宗實錄』 卷 54, 世宗 13年 12月 丙辰, 3冊, p. 364.

差官을 파견하여 그것을 독려하기도 했다.[89] 그러나 水車보급은 뜻한 바와 같이는 되지 않았다. 우리나라의 土性이 水車를 灌漑用으로 이용하기에는 적당치 않다는 사실이 판명된 까닭이었다. 그것은 實驗을 통해서 밝혀지고 있었다. 金宗瑞는 太宗 때의 그와 같은 사정을,

　　前此 禹希烈多作水車 行之數年 竟不見其利而罷之……本國土性麤疎 泉水汚下 雖百倍其功 一日所灌 不過一畝 而功輟則滲漏 臣親見其狀[90]

이라고 말했다. 世宗 때에도 사정은 마찬가지였다. 世宗은 水車보급에 큰 관심이 있었으므로 이를 여러 차례 시도했지만 결과는 마찬가지였다. 우리나라 土性은 滲漏가 심해서, 水車는 所要人力에 비해 灌漑效果가 너무나 미미한 것으로 나타났다.[91] 그러므로 이같은 水車의 보급을 강행할 수는 없었으며, 따라서 그 설치를 自願하는 경우이거나 自激水車 이외의 人力水車 보급정책은 철회하지 않을 수 없었다.[92] 그리고 그 결과 水利시설은 堤堰, 防川이 유일한 것일 수밖에 없었고, 따라서 그 水利시설로서의 비중도 그만큼 더 커졌다.[93]

　　堤堰, 防川 등의 水利시설은 水田을 개발함으로써 그 生産力을 증대시키려는 것이었다. 그러므로 國家의 입장에서는 이를 항상 적극적으로 장려하고 추진하지 않으면 안되었다. 그러나 이 문제는 그렇게 쉬운 일이 아니었다. 在地有力者 地主層의 경제적 이해관계가 여기에 얽혀있기 때문이었다. 水利문제에는 社會的 葛藤관계가 따르고 있었다. 그것은 여러 가지 면으로 드러나고 있었다. 在地有力者들은 堤堰의 축조가 그들에게 불리하면 그 축조 수보를 방

---

89)『世宗實錄』卷 52, 世宗 13年 5月 庚辰, 3冊, p. 317.
　　『世宗實錄』卷 60, 世宗 15年 4月 辛卯, 3冊, p. 465.
90)『世宗實錄』卷 60, 世宗 15年 4月 辛卯, 3冊, p. 464.
91) 註 88).
　　『世宗實錄』卷 68, 世宗 17年 6月 丁未, 3冊, p. 632.
　　『世宗實錄』卷 116, 世宗 29年 5月 辛卯, 5冊, p. 20.
92)『世宗實錄』卷 60, 世宗 15年 4月 辛卯, 3冊, p. 465.
　　『世宗實錄』卷 68, 世宗 17年 6月 丁未, 3冊, p. 633.
93)『世宗實錄』卷 125, 世宗 31年 7月 丁未, 5冊, p. 140.
　　『文宗實錄』卷 4, 文宗 即位年 10月 癸酉, 6冊, p. 293.
　　『文宗實錄』卷 10, 文宗 元年 11月 壬子, 6冊, p. 454.

해하기도 하고,[94] 축조의 선정대상이 되지 않기 위해 적절한 지역임에도 불구하고 隱匿 不告하기도 하였다.[95] 반면 築堤의 결과로 土地分給이 있게 될 경우에는, 有力者들에게 일반 農民들에 비하여 더 많은 土地가 先給되었다.[96] 그리고 築堤가 된 후의 灌漑水利의 혜택도 그들에 의해서 주로 專有되는 바가 많았다.[97] 그뿐이 아니었다. 그들은 堤堰을 冒占하고 旁近民田을 침탈하기도 하고[98] 堤內를 盜耕하기도 하며, 堤防을 헐어버리거나 洩水시키기도 하였다.[99] 水利시설이 地方 단위로 행해지는 것이면 으레 그러하였다. 水利시설은 在地有力者들의 협력하에서 이루어질 수 있는 것이었으며, 따라서 그것이 시설된 후에는 주로 그들에게 유리하게 機能하지 않을 수 없었다. 川防은 특히 그러하였다. 이는 在地有力者를 중심으로 시설되는 바가 많았다.[100]

歲易田의 不易常耕化 문제는 中世農業 최대과제의 하나였다. 이 시기의 農業은 農地를 보다 효율적으로 이용함으로써 生産力을 발전시키지 않으면 안되었다. 農民의 所得이 이로써 늘어날 것임은 말할 것도 없지만, 國家稅收도 이를 통해서 증대될 수 있는 것이었다. 더욱이 無田農民이나 田少農民의 문제도 해결하지 않으면 안되었다. 그리하여 國家의 勸農政策은 일찍부터 歲易田의 不易常耕化를 꾀하고 이를 권장했으며, 農民들은 그 所得증대를 위해서 이를 추진해 나갔다. 이같은 전환은 中世初期부터 점진적으로 이루어졌으며, 高麗中期에 이르러서는 급속도로 광범하게 전개되었다. 지역차가 있는 가운데 선진지역에서는 보다 일찍이, 그리고 후진지역이나 民少地廣한 지역에서는

94) 『太宗實錄』 卷 33, 太宗 17年 4月 庚申, 2冊, p. 155.
　　『世祖實錄』 卷 10, 世祖 3年 12月 丁未, 7冊, p. 245.
95) 『世祖實錄』 卷 9, 世祖 3年 9月 乙酉, 7冊, p. 223.
96) 『世祖實錄』 卷 38, 世祖 12年 正月 乙巳, 8冊, p. 1.
97) 『世祖實錄』 卷 7, 世祖 3年 3月 甲申, 7冊, p. 187.
　　『成宗實錄』 卷 15, 成宗 3年 2月 戊辰, 8冊, p. 629.
98) 『成宗實錄』 卷 13, 成宗 2年 11月 庚申, 8冊, p. 612.
99) 『文宗實錄』 卷 9, 文宗 元年 8月 丁丑, 6冊, p. 421.
　　『成宗實錄』 卷 21, 成宗 3年 8月 壬午, 8冊, p. 681.
　　『世祖實錄』 卷 10, 世祖 3年 12月 丁未, 7冊, p. 245.
100) 李泰鎭, '16세기의 川防(洑)灌漑의 발달'(『韓㳓劤博士停年紀念史學論叢』, 1981).
　　朴宗基, '14~15세기 越境地에 대한 再檢討'(『韓國史硏究』 36, 1982).

보다 늦게 그러한 전환이 이루어져 나갔다. 그러나 이러한 전환이 완결된 것
은 아니었으며 歲易農法은 朝鮮初期까지도 아직 계속되고 있었다. 그러므로
朝鮮王朝에 있어서도 歲易田의 連作常耕田으로의 전환은 그 農政상의 과제가
되지 않을 수 없었다.[101]

歲易田을 常耕化시키려는 國家의 政策은 두 계통으로 취해졌다. 하나는 그
農地의 常耕化를 전제로 勸農政策을 펴고 休耕·息土하는 農地에다 매년 稅를
부과하는 것이었으며, 다른 하나는 그 農地의 常耕化가 가능하도록 農法을 계
몽하는 일이었다. 전자는 國家가 稅收의 增大를 위해서 이를 權力으로서 강행
하는 것이었으며, 후자는 農書를 편찬하여 보급시키는 것이었다. 그러나 이
후자는 歲易田 문제만을 위해서 취해지는 것이 아니라 農業 전반의 향상을 위
해서 취해지는 것이었다. 그러므로 歲易田의 常耕化政策에서 주목되는 것은
國家의 强行原則이 되겠다.

朝鮮時期에 歲易田을 常耕化시키려는 원칙은 國初부터 정해지고 있었다.
太祖 3년의 都評議使司에서는 郡縣守令의 勸農이 잘 안되고 있음을 지적하고,
두 가지 사항을 결정 지시했는데, 그 가운데 하나는 다음과 같은 것이었다.

　　竊聞 州縣守令 不爲用心勸農 以致公私俱乏 乞令各道都觀察使以時考察……其多占
田地 互相陳荒 禁他人耕作者 十負笞一十 每十負加一等 罪止杖八十 許於無田及田少
者給耕……守令殿最 以墾田多少 分爲三等 以憑黜陟[102]

즉, 農地를 多占하여 이를 歲易(互相陳荒)하는 가운데 他人의 耕作을 不許
하는 田主는 처벌하고, 그 農地는 無田者나 田少者에게 耕作케 한다는 것이
며, 이와 관련하여서는 守令殿最도 墾田의 多少로서 한다는 것이었다. 여기서
多占田地하는 자는 말할 것도 없이 在地有力者들이었다. 이들 有力者는 많은
農地를 소유하고 地力消耗를 보완하기 위해 農地를 歲易休閑시키고 있는 것

101) 歲易農法의 전환에 관해서는 다음 諸論考가 참고된다.
　　金相昊, 前揭 論文.
　　李泰鎭, '畦田考 — 統一新羅·高麗時代 水稻作法의 類推'(『韓國學報』10, 1978).
　　宮嶋博史, '朝鮮農業史上에서의 15世紀'(『朝鮮史叢』3, 1980).
　　拙 稿, '高麗時期의 量田制'(『東方學志』16, 1975 ; 本書 所收).
102)『太祖實錄』卷 5, 太祖 3年 4月 庚辰, 1冊, p. 61.

이었다. 太祖 3년의 지시는 이같은 農地를 해마다 連作常耕化시키기 위해서
내린 조치였다. 그러나 歲易農法의 지양이 이같은 지시만으로써 그렇게 간단
하게 달성되기는 어려웠다. 그러한 현상은 그 후에도 각 지방에 많이 잔존했
다. 世祖年間의 京畿 下三道에서는 豪俠之家들이 '廣占良田 或互相陳荒 或代
人佃作'[103]하고 있어서 國家에 의한 借耕이 촉구되기도 했으며, 成宗年間의 黃
海道에서는 地廣民少한 탓으로 '凡耕田者 歲歲遞耕 以休地力'[104]하고 있었는데
不分陳墾하고 稅가 부과되기도 했었다. 土質이 척박한 山田地帶에서는 歲易
은 특히 더 심하였다.[105] 政府에서는 이같은 현상을 합리적으로 극복하지 않으
면 안되었으며, 農地는 正田, 續田으로 정리되고 貢法稅制는 강행되었다. 그
리고 農業生産者인 農民들은 이에 대응하는 農業生産을 하지 않으면 안되었
다.[106] 그리고 政府에서는 이러한 변동을 위해서 農業常耕化에 적합한 農業技
術을 여러 가지로 계몽하지 않으면 안되었다.

　새로운 農作物이나 農業技術을 보급시키는 문제는, 요컨대 農業敎育인 것
으로서, 이는 農書의 보급으로 집약되고 있었다. 農書보급은 두 계통으로 행
해졌다. 하나는 中國農書의 지식을 보급하는 것이고, 다른 하나는 우리 農書
를 編纂 보급하는 것이었다. 처음에는 전자가 중심이었으나 나중에는 후자가
중심이 되었다.

　中國農書의 지식을 참고하고 이를 보급시키는 일은 그 전통이 오래였다. 참
고하는 것은 말할 것도 없고 경우에 따라서는 이를 重刊하기도 하였다. 高麗
末年의 『農桑輯要』간행과 宣祖年間의 『四時纂要』간행은 그 한두 예이었다.
그만큼 이들 農書의 필요성은 절실하였다. 그것은 農地의 秋耕,[107] 早種,[108] 陳
麥·蕎麥耕,[109] 虫蝗대책,[110] 養蠶方,[111] 家畜養飼[112] 등 모든 農作에 걸치는 것

---

103) 『世祖實錄』 卷 9, 世祖 3年 10月 壬子, 7冊, p. 231.
104) 『成宗實錄』 卷 13, 成宗 2年 11月 壬子, 8冊, p. 610.
105) 『世祖實錄』 卷 28, 世祖 8年 3月 甲辰, 7冊, p. 525.
　　　『世祖實錄』 卷 32, 世祖 10年 2月 甲申, 7冊, p. 607.
　　　『世宗實錄』 卷 123, 世宗 31年 2月 庚申, 5冊, p. 117.
106) 金泰永, 『朝鮮前期土地制度史研究』 제4, 6장 참조.
107) 『世宗實錄』 卷 77, 世宗 19年 6月 辛未, 4冊, p. 81.
108) 『世宗實錄』 卷 82, 世宗 20年 7月 丁亥, 4冊, p. 152.

이었다. 政府가 地方官에게 勸農을 독려할 때 기준으로 삼는 것도 왕왕 이들
農書였고, 地方守令이 農事를 지도할 때 표준으로 삼는 것도 이들 農書가 되
기 마련이었다. 그 중에서도『農桑輯要』는 특히 이 시기 中國農書의 중심이었
다. 이 때의 政府에서는 '農桑輯要 有益於民'한 것으로 파악하고 있었다.[113] 그
技術수준은 古代의 農法에서 元代의 農法에 이르기까지 그 기본흐름을 다양
하게 수록하고 있었다. 우리 農業 최대과제의 하나인 歲易農法을 극복하는 데
도움이 되는 것이었음은 말할 것도 없었다. 그리하여 그 기술내용의 보급은
우리의 農業生産에 적지 않은 영향을 미칠 수가 있었다.

『農桑輯要』는 그 原本으로서만 이를 이용하는 것이 아니었다. 農民들에게
까지 그 지식을 보급하기 위해서는 이를 알기 쉽게 풀이할 필요가 있었다. 그
리하여 太宗 때에는 이를 '譯以本國俚語'(附註鄕言)하여 刊行하기도 하고,[114]
世宗 때에는『農事直說』이 나오기 전에 이를 1천 부씩이나 찍어서 보급하기
도 하였다.[115]

이같이『農桑輯要』를 이용하는 것이 이 시기 우리 農業에 필요한 것이기는
하였지만,『農桑輯要』는 이 시점에서 우리 農業을 전적으로 거기에만 의존해
도 좋을 만큼 적절한 農書는 아니었다. 이 農書를 이 시기 朝鮮農業에 이용하
는 데는 커다란 한계가 있었다. 당시의 爲政者들은 이를 잘 알고 있었다. 그것

109)『世宗實錄』卷 17, 世宗 4年 8月 乙巳, 2冊, p. 492.
　　　『世宗實錄』卷 20, 世宗 5年 6月 庚戌, 2冊, p. 543.
110)『世宗實錄』卷 78, 世宗 19年 7月 辛亥, 4冊, p. 93.
111)『太宗實錄』卷 33, 太宗 17年 5月 己酉, 2冊, p. 162.
112)『太宗實錄』卷 31, 太宗 16年 5月 戊戌, 2冊, p. 113.
113)『太宗實錄』卷 28, 太宗 14年 12月 乙亥, 2冊, p. 47.
114) 同 上.
　　　『太宗實錄』卷 33, 太宗 17年 5月 己酉, 2冊, p. 162.
　　　『世宗實錄』卷 44, 世宗 11年 5月 辛酉, 3冊, p. 181.
115)『世宗實錄』卷 40, 世宗 10年 閏 4月 甲午, 3冊, p. 129.
　　　『世宗實錄』卷 43, 世宗 11年 2月 壬午, 3冊, p. 166.
　　　『中宗實錄』卷 32, 中宗 13年 4月 己巳, 15冊, p. 414.
　　　등에서 '且農書一千部 以國庫米豆 換紙印進', '賜政府六曹堂上 農書各一秩', '如農書·
　　　蠶書乃衣食之大政 故世宗朝 翻以俚語 開刊八道'라고 한 農書는 바로 그것으로 생각
　　　된다.

은 한마디로 中國과 우리나라는 風土가 같지 않다는 점으로 요약되고 있었
다.[116] 특히『農桑輯要』는 中國 華北地方의 旱田農業을 중심으로 체계화한 것
인데, 이 시기의 우리 農業은 앞에서 언급했듯이 水田農業을 지향하고 있었으
며, 이같은 입장에서 勸農政策을 펴나가고 있었다. 그러므로 이 시기의 勸農
政策에서는, 水田農業의 새로운 農業技術을 보급시키는 데, 그 기술을『農桑
輯要』에만 의존할 수가 없었다. 우리 農業에 적합한 農書가 필요하였다. 그러
한 農書가 없으면 이를 편찬해서라도 이용해야만 하였다.『農事直說』이 편찬
케 된 소이었다.

각 지방의 風土에 맞는 農書가 필요하다는 발상은 太宗 때부터 나오고 있었
다. 이때 政府에서는 國內 各道의 郡縣간 문제로서 이를 제언했던 것이지만,
地域간에 風土가 같지 않은 데 대처하여, 거기에 적합한 農書가 편찬되어야
할 것임을 건의하고 있었다.[117] 國內의 지역간 문제로서도 그 필요성이 그만큼
절실했던 것이었다. 그러나 이때에는 이 문제가 정책상에 반영되지 못했으며,
『農桑輯要』를 鄕言으로 譯註하여 책으로 刊行하는 것이 고작이었다. 中國 農
書에 의한 勸農이 적극 추진된 것이었다. 그리고 그 결과로서는 風土不同의
문제가 국제문제로도 확대되었으며, 이제는 우리 風土에 맞는 農書의 필요성
이 절실하게 요청되었다. 그리하여 이 문제는 世宗朝에 이르러 國家의 勸農政
策에 반영되지 않을 수 없도록 되었다.

우리 農書의 편찬을 계획하고 추진하게 된 것은 世宗 10년의 일이었다. 이
때에는 '以五方風土不同 樹藝之法 各有其宜 不可盡同古書'[118]라는 판단으로,
우리 風土에 맞는 農業技術을 자료로서 수집하여 農書를 편찬함으로써, 農業
後進地域에 이를 보급시키기로 결정하게 되었다.

傳旨慶尙道監司 咸吉平安兩道 地品好 而無知之民 泥於舊習 農事鹵莽 未盡地力 欲
採可行良法 使其傳習 道內耕種耘種之法 五穀土性所宜 及雜穀交種之方 訪之老農 撮
要成書以進[119]

---

116)『世宗實錄』卷 44, 世宗 11年 5月 辛酉, 3冊, p. 181.
117)『太宗實錄』卷 27, 太宗 14年 2月 乙巳, 2冊, p. 4.
118) 註 116)과 同 ;『農事直說』序.
119)『世宗實錄』卷 40, 世宗 10年 閏 4月 甲午, 3冊, p. 129.

이라고 하였음은 그것이었다. 이에 이어서는 곧 全羅道, 忠淸道에도 같은 내
용의 傳旨가 내려갔다.[120] 下三道의 耕種耘穫의 法, 五穀의 土性所宜, 雜穀交
種의 방법 등을 수집하여 책으로 만듦으로써 咸鏡道, 平安道 등 지역에 이 農
業기술을 전습시키겠다는 것이었다. 그 중에서도 慶尙道지방의 農業기술은
그 기준이 되었다. 이 시기의 爲政者들은 이 지방의 農業기술, 農業관행을 가
장 模範的인 것으로 생각하고 있었다.[121] 이같이 下三道 지역에서 관행하는 農
法을 수집한 후에는, 이를 기초로 하고 中國農書를 참고하는 가운데 鄭招, 卞
孝文 등으로 하여금 새로운 農書를 편찬케 하였다.[122] 『農事直說』이었다. 그
리하여 그 후 政府에서는 이를 각도에 널리 보급하는 가운데, 先進지역의 農
業技術을 後進지역으로 보급시켜 나갔다.[123] 그리고 그것은 世宗의 勸農敎書
와 더불어 勸農의 기준 지침이 되었다.[124]

  그러나 農法을 보급시키는 데 『農事直說』이 전적으로 만족할 만한 敎科書
가 될 수는 없었다. 그것은 이 책이 種麻, 種胡麻, 油麻 등을 제외하면 주로
穀物재배만을 다루고 있으며, 그 밖의 農作物이나 農業技術은 수록하고 있지
않기 때문이었다. 그러므로 『農事直說』이 나온 후에도 中國農書는 여전히
필요했으며, 특정 作物의 재배를 위해서는 별도의 農法교육이 필요하였다. 이
시기의 그같은 作物로서 주목되는 것은 木綿이었다. 이는 人民의 生活에서 필
수불가결한 衣料産業이라는 점에서 권장이 없어도 보급될 수 있는 것이었지
만, 風土가 다른 北道지방에 대해서는 특별한 勸農政策이 있어야만 하였다.
이 시기의 政府에서는 그 방법으로서, 種子를 보내어 官家에서 먼저 재배하여

---

120) 『世宗實錄』卷 41, 世宗 10年 7月 癸巳, 3冊, p. 138.
121) 『世宗實錄』卷 40, 世宗 10年 閏 4月 壬辰, 3冊, p. 128.
    『世宗實錄』卷 105, 世宗 26年 8月 戊午, 4冊, p. 581.
    『世祖實錄』卷 14, 世祖 4年 10月 癸亥, 7冊, p. 298.
    『成宗實錄』卷 4, 成宗 元年 4月 戊午, 8冊, p. 486.
    『成宗實錄』卷 21, 成宗 3年 8月 丁亥, 8冊, p. 682.
122) 註 116)과 同.
123) 『世宗實錄』卷 76, 世宗 19年 2月 乙亥, 4冊, p. 55.
    『世宗實錄』卷 78, 世宗 19年 7月 辛亥, 4冊, p. 93.
124) 『世宗實錄』卷 105, 世宗 26年 閏 7月 壬寅, 4冊, p. 579.
    『世宗實錄』卷 111, 世宗 28年 2月 甲子, 4冊, p. 656.
    『中宗實錄』卷 27, 中宗 12年 2月 壬申, 15冊, p. 260.

模範을 보이되, '耕治之法'대로 할 것과, 이를 위해서 木綿의 '種植之法'을 기술
해 보내기도 하였다.[125] 그리고 이와 별도로 綿作에 경험이 있는 下三道 入居
人들에게서 그 재배에 관한 經驗方을 수집하여 이로써 元居民에 대한 木綿 種
植을 교육하기도 하였다.[126] 北道지방에 대한 木綿 보급정책은 水田 개발정책
과 더불어 중요한 문제였으며, 따라서 그 재배의 보급정책은 그 후에도 계속
되었다.[127] 그러나 이 지역에서는 風土관계로 木綿재배의 보급이 下三道에서
와 같이 왕성하고 성공적일 수가 없었다.

4. 農地開發과 그 配分

土地는 農業經營에서 基本要素의 하나가 되며, 土地를 빼놓고 農業生産을
할 수는 없다. 그러므로 農業生産을 발전시키려는 勸農政策에서는 農地開發
을 적극 추진하지 않으면 안되었다. 이같은 農地開發의 문제는 中世國家가 그
租稅收入을 늘리기 위해서 항상적으로 취해 오는 政策이었지만, 이 시기에는
그것을 특히 적극적으로 추진하지 않으면 아니되었다. 이 시기에는 麗末에 있
었던 紅巾賊, 倭寇 등의 침입으로 인하여 발생한 혼란이 그대로 지속되는 가
운데, 農地가 荒遠田으로 化하는 바가 많았고, 따라서 6道墾田이 겨우 50만
結에도 미달하는 형편이 되고 있었다.[128] 그리고 農民들은 이 시기 政府 支配
層의 收奪構造 속에서 몰락하여 無田農民으로 전락하는 바가 절정에 달하고
있었다. 그러므로 新王朝로서는 이에 대한 대책을 세우는 일이 또한 절실하였
다. 그리하여 政府의 農地開發政策은 租稅減免, 閑陳田給與, 科田支給, 徙民
政策, 屯田設置 등 여러 가지 방법으로 제기되고 추진되었으며, 이를 통해서
朝鮮王朝의 農業은 점차 정착될 수가 있었다.

---

125) 『世宗實錄』 卷 69, 世宗 17年 9月 庚辰, 3冊, p. 651.
    『世宗實錄』 卷 71, 世宗 18年 正月 壬申, 3冊, p. 663.
126) 『世宗實錄』 卷 113, 世宗 28年 8月 壬寅, 4冊, p. 697.
127) 澤村東平, 『朝鮮綿作綿業의 生成과 發展』, 1941.
    高承濟, 『近代韓國産業史研究』 제1장, 1959 참조.
128) 『高麗史』 卷 78, 食貨 1, 祿科田 趙浚上疏.

荒遠田·新田開發을 위해서 政府가 그 장려책으로서 먼저 생각한 것은 새로
이 개간하는 農地에 대하여 一定期間 동안 免稅조치를 취하는 일이었다. 물론
개간되는 農地는 해마다 정확히 파악되지(踏驗作丁) 않으면 안되었다.[129] 이러
한 장려책은 國初부터 法制化되고 있었다. 가령 '乞依六典初墾收租之法 初年
全除 次年減半 三年三分之一 四年四分之一 至五年全收'[130]라든가, 또는 '我太
祖創業之初 慮民食之不裕 許令新墾之地 初年全除 二年半收 三年全收 載諸六
典 實爲良法'[131]이라고 하였음은 바로 그것이었다. 이 시책은 그 후 『經國大
典』에도 그대로 이어졌다.[132] 이는 그 뜻이 '元典所載 新墾田收租之法 所以勸
民開墾'[133]이라고 한 데서 알 수 있듯이 勸民墾耕하는 데 있었다. 그러므로 免
租年限은 農地開墾의 필요성이 절실해짐에 따라 연장되기도 하였다. 혹은 '二
年蠲稅 三年減半 四年全收' 또는 '限三年免租'하기도 하고,[134] 혹은 '初年二年
全免其稅 三年四年半納其租 五年之後 乃收其全租'하거나[135] '限五年勿收租'[136]
하기도 하였다. 그리고 邊境守禦에 관련되는 특수지역에 대해서는 '限十年復
戶免租'[137]도 생각했다. 그리하여 新田개발은 政府에 의해서 장려되는 가운데
광범하게 추진되었다. 종래에는 倭寇 때문에 버려졌던 極邊지역에도 開拓民
이 들어갔다. 아직도 倭寇의 염려가 있는 곳에는 軍을 배치하거나 農民이 무
장을 함으로써 자체방어를 하게도 하였다.[138]

---

129) 『太宗實錄』 卷 34, 太宗 17年 10月 己酉, 2冊, p. 191.
130) 『太宗實錄』 卷 34, 太宗 17年 9月 丁丑, 2冊, p. 188.
131) 『太宗實錄』 卷 36, 太宗 18年 7月 庚戌, 2冊, p. 238.
   『世宗實錄』 卷 35, 世宗 9年 3月 丙戌, 3冊, p. 64.
   『世宗實錄』 卷 65, 世宗 16年 7月 戊子, 3冊, p. 580.
132) 『經國大典』 戶典, 收稅.
133) 『世宗實錄』 卷 65, 世宗 16年 7月 戊子, 3冊, p. 580.
134) 『世宗實錄』 卷 50, 世宗 12年 12月 丙戌, 3冊, p. 279.
   『世宗實錄』 卷 39, 世宗 10年 2月 乙丑, 3冊, p. 115.
135) 『文宗實錄』 卷 10, 文宗 元年 11月 壬子, 6冊, p. 454.
136) 『世祖實錄』 卷 10, 世祖 3年 11月 甲子, 7冊, p. 233.
   『世祖實錄』 卷 14, 世祖 4年 9月 癸卯, 7冊, p. 295.
137) 『世宗實錄』 卷 45, 世宗 11年 8月 乙未, 3冊, p. 195.
138) 『世宗實錄』 卷 7, 世宗 2年 閏 正月 丙申, 2冊, p. 371.
   『世宗實錄』 卷 60, 世宗 15年 6月 戊申, 3冊, p. 486.
   『世宗實錄』 卷 91, 世宗 22年 11月 乙丑, 4冊, p. 325.

그러나 農地開發은 이 규정만으로써 원활하게 전개될 수 없었다. 개간이 가
능한 空閑地는 有力者들이 占有하고 있기 마련이었다. 그러므로 政府에서는
農地개간과 관련하여서는 그 개간이 가능한 閑地를 官權으로 配分하는 문제
를 생각하지 않을 수 없었다. 그리하여 政府에서는 그 방안으로서 地方官으로
하여금 土地 없는 貧窮無告者나 白丁, 奴婢 등에게 閑田을 급여하여 이를 개
간하고 安業케 하였다.[139] 向化人에 대해서도 같은 조치가 취해졌다.[140] 그뿐
만 아니라 이때 政府의 農地開發정책은 적극적이어서 有主의 陳田에 대해서
도 이를 방치하지 않았다. 즉 政府의 農政策은 歲易田을 常耕化하려는 것이었
으므로, 有力者들이 多占田地하고 互相陳荒(歲易)하는 바가 있으면 이를 官權
으로서 開墾 耕作하게 하였다. 無田農民에게 그 農地를 分給함으로써 農地도
개간하고 農民경제도 안정시키는 방법이 택해졌다.[141] 그리고 국가적인 사업
으로 水利施設을 하여 陳田의 墾田化가 이루어질 경우에는 이를 無田農民들
에게 均給하기도 하였다. 古阜 訥堤를 축조한 후 그 堤下 1만여 結의 新墾地
에서 井田之法을 시행하였음은 그 예이었다.[142]

그러나 그러한 조치에도 불구하고 閑地나 海澤地를 多占하고 이를 개간해
나가는 주체는 말할 것도 없이 富裕한 豪勢家들이었다. 그들은 그 富力으로
많은 流移民과 無田農民을 모아 廣大한 農地를 開墾하고 이를 地主佃戶制로
써 경영해 나갔다.[143] 閑地도 그러하지만 海澤地를 개간하는 데는 막대한 財力

139) 『世宗實錄』卷 52, 世宗 13年 4月 庚子, 3冊, p. 309.
　　　『世宗實錄』卷 89, 世宗 22年 6月 甲戌, 4冊, p. 290.
　　　『世宗實錄』卷 69, 世宗 17年 8月 丙寅, 3冊, p. 649.
　　　『世祖實錄』卷 7, 世祖 3年 5月 戊寅, 7冊, p. 198.
140) 『世宗實錄』卷 44, 世宗 11年 6月 丙戌, 3冊, p. 185.
　　　『世宗實錄』卷 70, 世宗 17年 12月 庚戌, 3冊, p. 661.
　　　『世宗實錄』卷 111, 世宗 28年 3月 丁酉, 4冊, p. 662.
141) 『世宗實錄』卷 22, 世宗 5年 10月 乙卯, 2冊, p. 559.
　　　『世宗實錄』卷 23, 世宗 6年 3月 辛丑, 2冊, p. 590.
　　　『世宗實錄』卷 103, 世宗 26年 2月 丁丑, 4冊, p. 539.
　　　『文宗實錄』卷 8, 文宗 元年 7月 壬子, 6冊, p. 411.
142) 『太宗實錄』卷 35, 太宗 18年 正月 甲子, 2冊, p. 200.
　　　『世宗實錄』卷 3, 世宗 元年 2月 乙未, 2冊, p. 303.
　　　『世宗實錄』卷 11, 世宗 3年 正月 己卯, 2冊, p. 421.
143) 『世宗實錄』卷 4, 世宗 元年 7月 丙辰, 2冊, p. 325.

이 소요되기 때문이었다.[144] 더욱이 서울 근교의 可耕地는 科田이 아니더라도
支配層이나 官權과 관련있는 자가 차지하기 마련이었다.[145]

農地開發은 科田의 지급을 통해서도 행해졌다. 科田은 農地개발과도 깊은
관련이 있었다. 科田은 封建支配層에게 君臣관계를 기초로 하여 世祿의 뜻으
로서 주어지는 것이며, 우리나라 中世土地制度와 經濟制度의 한 특징이었다.
그런데 科田은 收租權을 주는 것으로서, 일반적으로는 墾田 實田을 지급하는
것이 보통이지만, 이와 더불어서는 그 일부를 空閑田으로도 지급하고 있었다.
科田法 規定에서

京畿荒遠之田 開墾之田 有職事從仕者 告官作丁科受[146]

라고 한 것이라든가, 科田 지급의 절차에서

各其名下 書前受田數 且以空閑之田 受點折給[147]

이라고 하였음은 그것이었다. 荒遠田, 空閑田은 이미 개간된 農地가 아니라
개간할 수 있는 農地였다. 이는 支配層에게 지급할 墾田이 부족한 데서 연유
하는 것이지만, 新田을 개발하려는 農政策의 뜻과도 관련이 있었다. 支配層이
科田으로서 空閑田을 받으면 개간을 해서 收租를 하는 수밖에 없는 것이었다.
이러한 정책의도는 前朝 이래의 일이었다. 高麗末葉에는 諸王宰樞, 扈從臣僚,
宮院寺社 등 封建支配層에게 閑田을 賜牌田으로서 지급하고, 그들은 이를 통
해서 農場을 확대시켜 나가고 있었는데, 國家는 이를 '亦以務農重穀之意 賜

『世祖實錄』卷 2, 世祖 元年 10月 乙卯, 7冊, p. 90.

144) 『世宗實錄』卷 88, 世宗 22年 3月 乙丑, 4冊, p. 277.
　　『世宗實錄』卷 92, 世宗 23年 正月 乙丑, 4冊, p. 333.
　　李泰鎭, '16세기 沿海地域의 堰田개발'(『金哲埈博士華甲紀念史學論叢』, 1983).

145) 『世宗實錄』卷 13, 世宗 3年 8月 乙巳, 2冊, p. 446.
　　『世宗實錄』卷 27, 世宗 7年 2月 己巳, 2冊, pp. 658~659.

146) 『高麗史』卷 78, 食貨 1, 田制 祿科田, 中, p. 724.

147) 『世宗實錄』卷 49, 世宗 12年 9月 甲寅, 乙丑, 3冊, p. 260, 262.
　　『世宗實錄』卷 88, 世宗 22年 正月 乙卯, 4冊, p. 262.

牌'[148]하는 것으로 말하고 있었다. 國家로서는 農地開發의 主體가 누구인가는 크게 문제되지 않았으며, 墾田이 늘어나는 것이 우선 당면한 급무이었다. 科田法에서도 그러하였다.

農地開發을 위한 政府의 政策으로서 특히 注目해야 할 것으로는 徙民政策이 있었다. 이는 특정한 사정으로 인해서 어떤 地域民을 다른 地域으로 이주시키는 것이었는데, 이에는 農地開發이 따르고 있었다. 그러한 사정은 中部나 南部지방에서도 여러 가지로 있을 수 있었다.[149] 그러나 그러한 가운데서도 이 시기의 國家政策으로서 주목되는 것은, 全國家의 農業開發政策의 차원에서 民多地少한 下三道지역의 民을 民少地多한 北方諸道로 이동시킴으로써, 그 지역을 開發하려 한 대규모의 徙民政策이었다. 徙民은 農政史上 큰 의미가 있는 것이었다.

徙民은 民心의 이탈을 초래할 수도 있는 것이므로 어려운 일이었지만, 郡縣制의 재정비 및 集權體制의 강화과정과도 관련하여 역대 國王들에 의해서 계속적으로 추진되었다. 徙民의 역사는 오래였지만 특히 世宗朝에서 世祖朝에 걸치면서는 적극적으로 추진되었다. 그것은 두 가지 방법으로 행하여졌다. 하나는 自願制이고 다른 하나는 抄定制였다. 그러한 가운데서도 처음에는 北道內의 南部지방에서 北邊으로 徙民하는 정책을 취하였으나, 점차 下三道民이 그 徙民의 대상이 되었다. 流移民이 推刷되는 것은 말할 것도 없고 定着民도 강제로 징발되었다. 身分的으로 常民層이나 賤民層이 대상이 되었음은 쉽게 이해되는 일이지만, 鄕村社會의 有力者, 즉 鄕吏層이나 鄕村兩班層도 대상이 되었다.[150]

---

148) 『高麗史』卷 78, 食貨 1, 田制 經理, 中, pp. 706~707.

149) 예컨대 黃原牧場을 珍島로 옮기고 珍島民을 黃原으로 이주시켜 農地를 개간한 일(『文宗實錄』卷 7, 文宗 元年 5月 庚戌, 6冊, p. 387 ; 『世祖實錄』卷 26, 世祖 7年 10月 庚午, 7冊, pp. 490~491)이라든가, 江華牧場에 徙民을 移來移去시킨 일(『世宗實錄』卷 32, 世宗 8年 5月 丙辰, 3冊, p. 29 ; 同上書 卷 35, 世宗 9年 3月 丙戌, 3冊, p. 64), 그리고 古阜訥堤下의 陳田개간에 慶尙道의 革去寺社奴子의 移置가 건의되고 있는 일(『太宗實錄』卷 35, 太宗 18年 正月 甲子, 2冊, p. 200) 등은 그것이다.

150) 徙民政策 및 徙民의 農政史的 의미에 관해서는 이미 여러 연구가 있어서 그 내용이 비교적 소상하게 밝혀져 있다.
　　李仁榮, 『韓國滿洲關係史의 硏究』제6장, 世祖 때의 北方移民政策, 1954.

徙民政策은 본시 北邊防禦의 軍事的 목적에서 시작된 것이었다. 이러한 北 邊防禦는 北道地方 전체의 民戶의 충실을 전제로 해서만 성취될 수 있는 일이 기 때문이었다. 그러나 民戶가 충실해지기 위해서는 반드시 農業生産의 발전 을 전제로서 수반하지 않으면 안되었다. 産業의 발전이 없는 곳에 民戶만 과 다하게 있을 수는 없는 일이었다. 그러므로 徙民政策은 곧 農業政策이 되지 않을 수 없었으며, 따라서 農業政策의 입장에서는 徙民을 北邊防禦에 先行하 는 農地開發·農業開發 정책으로서 추진하지 않을 수 없도록 되는 것이었다. 그리고 그렇게 하기 위해서는 農業이 발달하고 民多地少한 지역의 民을 農業 이 부진하고 民少地廣한 지역으로 徙民할 것을 생각하지 않을 수 없었다. 이 는 民多地少한 지역에서의 無田農民의 문제를 해결하는 방안이 되는 것이기 도 하였다. 世宗이 徙民을 구상하게 된 동기를 말하여,

> 下三道地窄民稠 耕三結之家 有子三人 若分其田 則一人只耕一結 民生焉得裕乎 平 安道地曠且沃 予欲刷富戶 入實閑曠之地[151]

라고 한 것이라든가, 世祖가 北道를 개발하려고 하는 뜻을 말하여,

> 今聞黃海平安道之地 有平衍膏腴延亘州郡 而居民鮮少 農力不裕 不能開墾 遂使莫 大之利 置之無用 予甚慮焉[152]

> 國家以八道一家 而平安黃海江原三道 人物凋殘……予欲募民入居三道 若有能應募 者 良職賤良十年復戶優給土田 撫育倍他[153]

라고 하였음은 그것이었다. 南部지방은 勞動力은 많은데 土地는 적고 北部지 방은 土地는 많은데 勞動力이 절대 부족했으므로, 南部의 勞動力을 北部로 移

深谷敏鐵, '朝鮮世宗朝의 東北邊疆에의 徙民入居에 대하여'(『朝鮮學報』 9·14·19· 21·22, 1956~1961).
宋炳基, '世宗朝의 平安道移民에 대하여'(『史叢』 8, 1963).
澤村東平, 前揭 論文.
151)『世宗實錄』 卷 94, 世宗 23年 12月 己酉, 4冊, p. 388.
152)『世祖實錄』 卷 7, 世祖 3年 5月 辛卯, 7冊, p. 200.
153)『世祖實錄』 卷 18, 世祖 5年 12月 丙寅, 7冊, p. 359.

動시켜 백성과 나라를 부유케 하자는 것이었다. 世祖는 西北지방의 開發政策(富實化)을 試策으로 물을 정도로 이 문제에 대해서는 관심이 많았다.[154] 사실 北方諸道의 産業이 개발되고 民戶가 충실해지는 것은 北邊防禦를 위한 첩경이 아닐 수 없었다. 徙民政策은 강행될 수밖에 없었다. 이같은 徙民策은 먼저 咸鏡道에 대해 시행되고 그 후에는 兩西지방과 江原道지방에 대하여 추진되었다.

그러나 徙民政策이 自願이면 몰라도 勒令으로 행하는 것이 쉬울 수는 없었다. 시행착오는 거듭되었다. 그러므로 政府에서는 徙民政策에 응하는 자에게는 큰 惠澤을 줌으로써 그 의도하는 바를 성취하려 하였다. 自願의 경우도 그러했지만, 抄定의 경우에는 특히 더 그러하였다. 앞의 世祖의 말에서 良職賤良 云云한 것은 그것이었다. 이때 良人에게는 資品을 올려주고 土官職을 주기도 했으며, 鄕吏에게는 免役과 仕路에 나갈 수 있는 자격이 주어졌다. 그리고 賤人에게도 免賤永良과 通仕路를 약속했다. 파격적인 免租復戶(10여 년)의 조치가 취해지고, 農糧, 農牛, 農具를 지원해주었다.[155] 단, 그러한 가운데 徙民은 3丁 이상의 富實戶 有財産者로서 선발할 것이 요구되었다.[156] 처음에는 '田地數少人'으로 抄出하고 있었으나[157] 뒤에는 곧 多丁有實人으로 변동되었다.[158] 새로운 지역에 정착해서 荒蕪地를 개간하고 産業을 발전시키려면 경제적으로 안정된 農家일 것이 필요하였다.[159] 그리하여 世祖 때에는 그들에게 壯丁의 수, 즉 勞動力의 多寡에 따라 閑田을 50結, 40結, 30結씩 급여했다.[160]

---

154) 『世祖實錄』 卷 22, 世祖 6年 10月 戊午, 7冊, p. 427.
155) 『世祖實錄』 卷 18, 世祖 5年 12月 丙寅, 7冊, p. 359.
　　『世祖實錄』 卷 20, 世祖 6年 4月 己巳, 7冊, p. 390.
　　『世祖實錄』 卷 22, 世祖 6年 11月 辛巳, 7冊, p. 432.
156) 『世祖實錄』 卷 22, 世祖 6年 11月 辛巳, 7冊, p. 432.
　　『世祖實錄』 卷 22, 世祖 6年 閏 11月 甲辰, 7冊, p. 434.
157) 『世宗實錄』 卷 62, 世宗 15年 12月 辛酉, 3冊, p. 531.
158) 『世宗實錄』 卷 63, 世宗 16年 正月 甲申, 2月 壬戌, 3冊, p. 535, 543.
　　『世宗實錄』 卷 81, 世宗 20年 5月 壬辰, 4冊, p. 144.
　　『世宗實錄』 卷 95, 世宗 24年 2月 丁酉, 4冊, p. 397.
159) 『世祖實錄』 卷 22, 世祖 6年 12月 癸未, 7冊, p. 439.
160) 『世祖實錄』 卷 18, 世祖 5年 12月 丙寅, 7冊, p. 359.
　　『世祖實錄』 卷 20, 世祖 6年 4月 己巳, 7冊, p. 390.

大土地를 소유하는 가운데 만족하게 하려는 것이었다. 그들은 10戶 또는 10
여 戶씩으로 조직되어 村落을 이루었으며, 徙民數가 적을 경우에는 元居 富戶
의 근처에 定着하도록 하였다. 그리고 有無相資하는 가운데 農地를 개간하고
農業을 개발토록 하였다.[161]

　徙民政策과 관련하여서는 宗親을 비롯한 全 兩班支配層으로 하여금 그들의
奴僕을 北方諸道에 入送시켜 農地를 개간하도록 하는 조치도 취해졌다.[162] 이
는 거국적인 農地開發政策의 일환으로 취해지는 조치이기는 했으나, 한편 徙
民으로 징발된 民의 불만을 해소시키려는 뜻도 있는 것이었다. 그 實績을 보
아서는 施賞이 있을 것도 약속되었다. 이 시책도 거듭 독려되었다.[163] 大君에
서 三品堂上官에 이르기까지 40結에서 10結에 이르는 農地가 차등있게 '勒令
折給'되고 그 개간이 요구되었다.[164] 그리하여 兩班支配層은 奴僕을 파견하여
農地개간에 열을 올렸고 進階 超資의 賞을 받기도 하였다.[165] 農地개간에 적지
않은 效果가 있는 셈이었다.

　農地開發의 방법으로서 끝으로 들 수 있는 것은 屯田의 설치였다. 屯田은
邊境防戍軍을 위한 軍資조달을 목적으로 설치되는 것으로서, 그들 戍兵으로
하여금 스스로 屯田農地를 경작하여 그들 자신의 軍糧을 스스로 마련케 하는
農場이었다. 옛부터 農地개간의 한 방법으로서 널리 이용되는 정책이었다. 新
羅時期에도 그러했고 高麗時期에도 그러하였음은 말할 것도 없었다. 朝鮮王
朝에 있어서도 屯田은 國初부터 설치되고 있었다. 北邊防禦 내지 北進은 이
때의 중대문제이기 때문이었다. 그러나 이 때에는 屯田이 비단 防戍軍을 위한

---

161) 註 159).
　　『世祖實錄』卷 23, 世祖 7年 2月 甲戌, 7冊, p. 446.
162) 『世祖實錄』卷 18, 世祖 5年 12月 辛巳, 丙子, 7冊, pp. 359~360.
　　『世祖實錄』卷 22, 世祖 6年 11月 癸酉, 7冊, p. 429.
163) 『世祖實錄』卷 22, 世祖 6年 11月 甲申, 7冊, p. 432.
　　『世祖實錄』卷 28, 世祖 8年 5月 丙辰, 7冊, p. 537.
164) 『世祖實錄』卷 18, 世祖 5年 12月 丙子, 7冊, p. 360.
　　『世祖實錄』卷 32, 世祖 10年 2月 丙戌, 7冊, p. 607.
165) 『世祖實錄』卷 33, 世祖 10年 7月 丙辰, 7冊, p. 634.
　　『世祖實錄』卷 35, 世祖 11年 正月 癸丑, 7冊, p. 666.
　　『世祖實錄』卷 40, 世祖 12年 10月 辛亥, 8冊, p. 43.
　　『成宗實錄』卷 20, 成宗 3年 7月 辛亥, 8冊, p. 672.

軍糧조달을 위해서만 설치되는 것은 아니었다. 각급 官廳의 財源확보를 위해
서도 설치되고 있었다. 그뿐만 아니라 이 시기에는 후자적 의미에서의 屯田설
치가 더욱더 늘어나고 있었다. 그것을 이 시기에는 '屯田之置 所以倡民勸農'[166]
이라고 표방하는 가운데 강행해 나갔다. 이같은 屯田은 中央의 政府가 주관하
는 가운데 설치되기도 하고, 地方의 각급 官廳에서 설치하기도 하였다. 이는
國屯田과 官屯田으로 불리었다.[167]

  國屯田이나 官屯田을 설치하는 데는 이미 개간한 熟田이 이용되기도 하였지
만, 일반적으로는 개간되지 않은 閑曠地를 개간해서 설치하는 것이 상례였다.
'國家擇閑曠可耕之地 定爲屯田'[168]이라고 한 것이라든가, '州郡……許於其境
擇陳荒可耕處 無弊耕種 以補不足'[169]이라고 한 것은 그 한두 예이다. 전자는
國屯田 후자는 官屯田에 관하여 언급한 것이다. 屯田의 개간은 防戍軍이나 官
奴婢 및 農民의 賦役勞動에 의해서 이루어졌으며, 그 규모는 數結에 불과한
작은 것에서부터 수백 結, 천여 結에 이르는 큰 것이 있어서 다양하였다. 開墾
후의 農地의 所有權은 國有地, 官有地로서 國과 官에 각각 귀속되었다. 그리고
그 耕作은 개간시와 마찬가지로 軍의 勞動(且耕且戰), 奴婢勞動, 農民의 賦役
勞動 등으로 행해졌으나, 점차 그 矛盾이 드러남에 따라 地主佃戶制로 개편되
었다.[170] 그리하여 國初의 國, 官에서는 屯田을 통한 많은 收入이 있는 가운데
屯田설치에 열을 올렸고, 따라서 이를 통해서도 新田開發은 확대되어 나갔다.

  農地開發에는 많은 勞動力이 필요하였다. 그것은 人力만으로서는 부족하고
畜力의 이용이 절대 不可缺하였다. 그러므로 政府의 農地개간 정책에는 農牛
官給의 지원이 수반되지 않으면 안되었다. 특히 零細民의 경우는 더욱 그러하
였다. 政府에서는 官牛를 마련하여 이를 지급하기도 하고,[171] 없으면 소를 사

166)『太宗實錄』卷 33, 太宗 17年 5月 辛巳, 2冊, p. 170.
167) 李鍾英, '鮮初의 屯田制에 대하여'(『史學會誌』 7, 1964).
    李載龒, '朝鮮初期 屯田考'(『歷史學報』 29, 1965).
    李景植, '朝鮮初期 屯田의 設置와 經營'(『韓國史硏究』 21·22, 1978).
168)『世祖實錄』卷 36, 世祖 11年 7月 辛未, 7冊, p. 696.
169)『太祖實錄』卷 12, 太祖 6年 7月 癸亥, 1冊, p. 366.
170) 李景植, '16세기 屯田經營의 變動'(『韓國史硏究』 24, 1979).
171)『世祖實錄』卷 8, 世祖 3年 6月 丙午, 7冊, p. 204.
    『世祖實錄』卷 17, 世祖 5年 7月 戊申, 7冊, p. 339.

서 지원하기도 하였다.[172] 그리고 그것도 안될 경우에는 元居人의 소를 이용하
게도 하였다.[173] 그러므로 이 시기의 農政策에서는 農牛를 확보하는 문제가 중
요한 과제가 되지 않을 수 없었으며, 따라서 이를 위해서는 여러 가지 조치가
취해졌다. 勸農政策으로서의 農牛策이었다.

政府가 農牛策에서 먼저 생각한 것은 牛馬를 함부로 宰殺하는 행위를 禁하
는 조치였다. 이는 '宰殺牛馬之禁 載在六典'[174]이라고 하여 國初부터 法으로서
규정하고 있었다. '農非牛無以耕'이었으므로 이 法에 의해서는 宰牛를 단속하
는 令이 수시로 내려졌으며[175], 이를 어길 경우 엄한 벌이 내려지기도 했다.[176]
그뿐만 아니라 或者는 軍法을 적용해서 '處絞'할 것을 건의하기도 하였다.[177]
그리고 이러한 禁令과 관련하여서는 濟州島의 경우 貢馬, 貢牛를 받는 가운데
牛馬籍을 마련하기도 하였다.[178] 이 시기에는 明이 萬頭 단위의 牛隻貿易을 거
듭 강요함으로써 수많은 農牛가 遼東지방으로 流出되고,[179] 그 결과로서는 '牛
少馬多'[180]현상이 한층 더 심화되고 있었으므로, 政府의 農牛정책은 엄격하지

『世祖實錄』 卷 18, 世祖 5年 12月 丙寅, 7冊, p. 359.
172) 『世宗實錄』 卷 90, 世宗 22年 8月 癸酉, 4冊, p. 309.
『世祖實錄』 卷 1, 世祖 元年 7月 乙未, 7冊, p. 73.
『世祖實錄』 卷 20, 世祖 6年 4月 己巳, 7冊, p. 390.
『世祖實錄』 卷 20, 世祖 6年 6月 戊午, 7冊, p. 402.
173) 『世祖實錄』 卷 22, 世祖 6年 12月 己巳, 7冊, p. 439.
174) 『世宗實錄』 卷 74, 世宗 18年 7月 丙午, 4冊, p. 22.
延世大 國學研究院, 『經濟六典輯錄』, p. 338.
175) 『世祖實錄』 卷 36, 世祖 11年 5月 丙子, 7冊, p. 688.
『世宗實錄』 卷 38, 世宗 9年 10月 庚午, 3冊, p. 98.
『世宗實錄』 卷 38, 世宗 9年 11月 辛亥, 3冊, p. 103.
『世宗實錄』 卷 70, 世宗 17年 12月 庚戌, 3冊, p. 661.
『世宗實錄』 卷 78, 世宗 19年 7月 乙卯, 4冊, p. 94.
176) 『世祖實錄』 卷 7, 世祖 3年 5月 癸酉, 7冊, p. 198.
177) 『世祖實錄』 卷 36, 世祖 11年 6月 丁丑, 7冊, p. 688.
178) 『太祖實錄』 卷 13, 太祖 7年 3月 甲子, 己巳, 1冊, p. 118.
179) 『太宗實錄』 卷 7, 太宗 4年 4月 戊子~6月 乙酉, 1冊, pp. 293~300.
『世宗實錄』 卷 51, 世宗 13年 正月 癸巳, 3冊, pp. 292~293.
『世宗實錄』 卷 56, 世宗 14年 5月 辛未, 3冊, p. 392.
『世宗實錄』 卷 56, 世宗 14年 6月 庚寅, 3冊, p. 395.
『世宗實錄』 卷 57, 世宗 14年 7月 丁卯, 3冊, p. 401.
180) 『世祖實錄』 卷 9, 世祖 3年 9月 丁丑, 7冊, p. 221.

않을 수 없었다. 그러나 이러한 禁令만으로서 문제가 해결될 수는 없었다. 이
와 아울러서는 農牛정책을 수립함에 있어서 적극적인 農牛喂養과 增殖策도
강구하지 않으면 안되었다. 이는 勸農政策에 반영되었으며, 地方守令들은 農
牛喂養에 소홀하지 않을 것이 요구되었다.[181] 그리고 造弓用 자료의 확보문제
와도 관련하여[182], 六畜孶息條件을 마련함으로써 牛馬를 喂養케 하려는 방안
이 나오기도 하였다. 大·中·小戶에 따라 규정된 수 이상의 牛, 馬, 猪를 기르
면 復戶를 시켜주는 장려책이기도 하고, 不畜者에 대해서는 論罪를 하는 强制
策이기도 하였다.[183] 獸醫書는 진작 마련되고 있었다.[184]

農地開發에 관한 이상과 같은 여러 시책은 많은 新田을 개발할 수 있게 하
였다. 그 개간의 주체는 개인일 수도 있고 國家일 수도 있었으며, 가난한 小農
民일 수도 있고 부유한 兩班支配層일 수도 있었다. 그러나 그러한 가운데서도
農地개간에서 중심이 되었던 것은 富民과 國家였다. 國家는 그러한 입장에서
農地개간의 정책을 추진해 나갔다. 이는 이 시점에서는 貧農이나 小農 중심으
로 할 수 있는 일이 아니라고 판단되었다. 新田을 개발하는 데는 막대한 자금
이 소요되기 때문이었다. 많은 閑曠地를 지급받아 이를 개간함으로써 大土地
所有者가 될 수 있었던 것은 부유한 兩班支配層이나 國家 자신이었다. 이들은
애초에도 封建的인 地主였지만 새로 개간한 農地 또한 地主制로 경영해 나갔
다. 이 시기의 國家의 農地開墾정책은 주로 地主制的인 기반 위에서 추진되는
것이었다고 하겠다.

5. 結 語

위에서 우리는 朝鮮初期에 수행되었던 勸農政策을 살폈다. 이 시기의 朝鮮
王朝는 高麗時期의 所有權·收租權에 입각한 복합적인 經濟制度·土地制度를

181)『世祖實錄』卷 6, 世祖 3年 正月 甲戌, 7冊, p. 165.
182)『世祖實錄』卷 28, 世祖 8年 5月 壬戌, 7冊, p. 538.
183)『世祖實錄』卷 28, 世祖 8年 6月 丙寅, 7冊, p. 538.
184) 權仲和 等撰,『新編牛醫方』定宗 元年(1399), 序 房士良.
　　趙浚 等撰,『新編集成馬醫方』定宗 元年(1399), 序 房士良.

개혁함으로써, 所有權에 기초한 단일의 經濟制度·土地制度를 제정해 나가는
과정에 있었다. 그것은 강력한 國王權을 확립함으로써 中央集權的 官僚體制의
國家를 건설하고, 그러면서도 그것을 集權的 封建制의 國家로 재편성하고자
하는 것이었는데, 이 시기의 勸農政策은 그같은 國家의 財政基盤 확립을 위해
서 취해지는 것이었다. 그리하여 朝鮮王朝는 農業國家였던 만큼 그것을 全 地
方의 行政力을 동원해서 수행하고 있었으며, 中央에서는 典農寺를 두고 籍田
을 운영하는 가운데 農業生産에 모범을 보여주기도 하였다. 이같은 勸農政策·
勸農機構는 高麗時期의 그것과 그 基本이 같았으나, 그것이 추구하고 지향하
는 목표에는 歷史的 段階性의 차이가 있었다. 그것은 한마디로 강력한 集權的
封建國家의 勸農政策 그것이었으며, 따라서 그것은 중앙에서는 國王과 政府가
주체가 되고, 지방에서는 全 地方行政力을 동원하여 수행하는 사업이었다.

　이같은 勸農機構의 운영을 통해서 볼 때, 이 시기의 勸農政策·農政上에서는
크게 두 가지 문제를 해결할 것이 과제로 되고 있었다. 그 최대 과제의 하나가
되는 것은 全 國家的 차원에서 여하히 農業開發政策을 수행함으로써 그 農業
生産力을 증진시킬 것인가 하는 문제였다. 이를 위해서는 몇 가지 방향으로
政策이 수립되고 추진되었다. 그 첫째는 水田農業을 발전시키려는 것으로서
이를 위해서는 水利施設의 보급이 촉구되었다. 이는 守令七事에도 포함되어
있는 것으로서 行政力으로 그 보급을 강요하는 것이었다. 다음은 아직도 남아
있는 歲易田을 連作常耕田으로 전환시키려는 것으로서 이를 위해서는 모든
農業技術의 향상이 촉구되지 않을 수 없었다. 그리고 셋째는 이같은 문제들을
해결하는 방법으로서 좋은 農書를 보급시켜 나가려는 것이었다. 農書는 처음
에는 주로 中國農書에 의존했으나 風土不同으로 인하여 우리 農書를 편찬 이
용하게 되었다. 그 기초자료가 된 것은 下三道, 특히 慶尙道지방의 農業慣行
이었다. 말하자면 이 시기의 農業政策은 中國이나 우리나라 下三道 등 農業
선진지역의 農業기술을, 農業 후진지역으로 보급시킴으로써 全國의 農業生産
力을 한 단계 높은 차원으로 끌어올리려는 것이었다고 하겠다.

　農政에서 최대 과제의 다른 하나는 여하히 農地開發政策을 수행함으로써
農耕地를 늘리고 租稅源을 확대할 것인가 하는 문제였다. 이를 위해서는 閑曠
地의 開墾이 여러 가지 방법으로 추진되었으며, 이같은 新田開發에는 租稅減

免과 復戶의 특혜가 주어졌다. 누구든지 農地開墾의 주체가 될 수 있었으며, 零細民에게는 개간할 수 있는 閑陳地가 分給되기도 하고, 兩班支配層에게는 科田의 일부로서 그것이 支給되기도 하였다. 더욱이 北道지방에 대하여는 徙民政策을 취함으로써 農地開墾을 邊地防戍 國土開發의 차원에서 추진하기도 하였다. 이에는 주로 下三道의 富實戶가 抄定의 대상이 되었으며, 朝鮮王朝의 기간 支配層인 兩班層 宗親에게도 직접 入居하거나 奴僕을 入送시켜 개간에 종사할 것이 요구되었다. 그뿐만 아니라 政府에서는 中央이나 地方의 각급 官廳으로 하여금, 전국의 각 지방에서 閑曠地에다 屯田을 설치하고 이를 개간하게도 하였다. 이 시기의 農地開發事業은 말하자면 擧國的인 사업으로서 수행되고 있는 것이었으며, 그러한 위에서 선진지역의 農業技術을 보급하고 農業生産力을 발전시키고자 하는 것이었다.

이같은 勸農政策으로서 수행되는 新田開發에는 自意건 他意건 어떠한 身分階級도 참여할 수 있어서, 그 政策의 결과는 小農經濟의 안정과 自營小農民層의 확대 성장에 적지않이 기여하였을 것으로 생각된다. 그리고 그러한 점에서 그것은 朝鮮王朝가 王權강화를 기반으로 한 集權的 封建國家로서 발전하는 데 기반이 되었던 것이라고도 하겠다. 그러나 이같은 開發事業에서 그것을 더욱 효과적으로 이용하고 수행할 수 있었던 것은 富裕한 農民層이나 富強한 兩班支配層 및 國家 자신이었다. 더욱이 16세기경으로 접어들면서는 科田·職田體制가 쇠퇴함으로써, 土地賣買에 가해졌던 제약이 풀리게 되고, 이로 인해서는 土地兼倂이 賣買를 통해서도 성행하게 되고 있었다.[185] 그들은 이같은 土地를 奴婢노동에 의한 家作이나, 奴婢 및 作人노동에 의한 農場制, 또는 竝作半收를 중심한 地主佃戶制로서 운영해 나갔다. 그러므로 이 시기의 이러한 農業開發政策은 小農經濟의 안정과 성장을 동반하기는 하였지만, 보다 근본적으로는 富裕層이나 封建支配層 및 國家 자신의 성장 발전에 기여하는 바가 더 컸다고 하겠다. 그러한 점에서 이 시기에는 이러한 정책이 진행되는 것과 병행하여, 벌써 土地兼倂을 제한하고자 하는 限田論·土地改革論이 제기되고도 있었다.[186] 그러한 점에서 朝鮮初期의 勸農政策 農業開發事業은 종전과는 차

---

185) 李在洙, '16世紀 田畓賣買의 實態 — 慶北地方 田畓賣買 明文을 중심으로'(『歷史教育論集』 9, 1986).

별성이 있는 것이기는 하였지만, 역시 커다란 의미에서는 中世封建的 經濟制度의 재편성이 되는 그것이었다고 하겠다. 이 시기 勸農政策이 지니는 歷史的 性格은 바로 여기에 있는 것이었으며, 農業生産力의 발전도 이같은 기반 위에서 전개되는 것이었다고 하겠다.

〔『東方學志』 42, 1984. 揭載. 1998. 補〕

---

186) 李景植, '朝鮮前期의 土地改革論議'(『韓國史硏究』 61·62, 1988).

世宗朝의 農業技術

1. 序 言

高麗國家는 그 末年에 이르면서 여러 가지 사정으로 政治, 經濟, 社會, 思想 등 모든 면에서 構造的 矛盾이 심화되고, 그 身分階級的 또는 支配層내 構成員 상호간의 갈등 대립이 격렬하게 전개되는 가운데, 國家體制의 유지가 어려워지고 있었다. 그리고 그것은 農業問題로 집약 표출되고 있었다. 그러므로 高麗國家가 그 體制를 유지하기 위해서는 그것을 어렵게 하는 矛盾構造 農業問題를 打開하지 않으면 아니되었으며, 따라서 이같은 改革의 문제는 國家와 政治人들에 의해서 여러 가지 면으로 추구되지 않을 수 없었다. 그같은 문제는 政治 經濟 社會 思想 등 國家體制의 上部構造·制度의 문제에 그치지 않고, 國家財政의 기초가 되는 農業技術 農業生產의 문제에까지도 이르는 광범한 것이었다. 그러나 이같은 改革의 문제는 결국 그 政治的 입장에 따라 利害關係를 달리하지 않을 수 없는 것이었고, 그것은 마침내 政治勢力간의 격돌을 초래하지 않을 수 없었다. 그리하여 그 改革이 적절하고 신속하게 추진되지 못하고 그들 政治勢力간에 힘의 우열이 생기게 되었을 때, 그 改革運動은 高麗國家를 中興시키는 방향으로가 아니라, 그 改革을 완수하기도 전에, 새로운 朝鮮王朝를 건설하는 革命運動의 방향으로 몰아가게 하였다.

그러므로 朝鮮王朝는 高麗末年에 전개되고 있었던 政治·經濟改革을 둘러싼 격동 속에서 수립되었지만, 정작 그 國家가 수립되었을 때, 그것을 그대로 이용할 수 있는 새로 改革된 制度는 별로 없었다. 國初의 당분간은 高麗國家의 制度를 따라 國政을 운영하지 않으면 아니되었고, 따라서 그 國初에는 高麗末年에 그 社會가 안고 있었던 여러 가지 矛盾의 문제를 改革하는 가운데 新王朝의 制度를 정착시키지 않으면 아니되었다. 經濟 租稅制度와 관련하여 취해

져야 할 여러 문제도, 收租權 分給제도를 科田法으로 개정한 것 이외에는, 기
본적인 문제들이 麗末의 상태 그대로 남겨져 있었다. 그뿐만 아니라 易姓革命
의 혼란 속에서 그 國初에는 國家體制의 전체적인 틀이 마련되지 않은 가운데
개별적인 문제에 관한 改革을 산발적으로 수행할 수도 없었다. 그러한 문제들
은 國家體制의 基本骨格, 틀의 확립과 긴밀하게 관련되면서 점진적으로 마련
될 문제였다.[1] 農業問題 전반이나 農業技術의 문제도 그러한 전반적인 추이
에서 예외일 수 없었다. 世宗朝 나아가서는 朝鮮初期의 國家가 수행하고 있었
던 農業政策은 麗末 이래의 그같은 문제를 해결하기 위한 조치이었고, 특히
農業技術의 改良을 위한 여러 가지 정책은 바로 高麗末年이래로 해결되지 못
하고 있었던 그같은 난제들을 農業生産면에서 打開하고자 하는 조치이었다.

  本稿에서 다루게 되는 農業技術문제는, 稅源을 擴充하는 문제 그 가운데에
서도 農地開發문제와 함께, 國家財政 확립의 기반이 되는 문제였으며, 租稅制
度를 改革하는 문제와는 표리관계에 있는 문제였다. 國家의 財政收入을 증대
하고 民의 經濟生活도 안정시키기 위해서는, 한편으로 가혹한 租稅制度를 개
혁하면서, 다른 한편으로는 반드시 農業技術을 발전 보급시킴으로써 그 生産
力을 증진시키지 않으면 아니될 것으로 이해되는 문제였다. 다시 말하면 이
시기에 특히 農業技術을 발전시키고자 하는 목표는 朝鮮王朝의 國家體制, 經
濟體制를 안정적으로 정착시킬 수 있는 生産力 기반을 확립하고자 하는 것이
었다. 그러므로 朝鮮王朝 初期의 역대 國王들은 모두 이 문제에 대하여 각별
한 관심을 갖지 않을 수 없었으며, 특히 世宗朝에 이르러서는 朝鮮王朝의 國

---

1) 그러한 사정은 國家를 운영하는 法典의 편찬과정에서 잘 드러난다고 하겠다. 朝鮮
  王朝 法典의 기본은 『經國大典』인데, 그 체계는 다음과 같은 기초자료와 임시적인
  법전의 편찬과정을 거쳐, 그것을 기초로 하면서 成宗朝에 이르러서야 비로소 완성되
  고 있었다.
    ① 太祖 3年(1394) ― 鄭道傳 『朝鮮經國典』
    ② 太祖 5年(1396) ―『經濟文鑑』
    ③ 太祖 6年(1397) ― 河崙『經濟六典』
    ④ 太祖 6年(1397) ― 鄭道傳『經濟文鑑別集』
    ⑤ 成宗 16年(1485) ―『經國大典』完成
    韓沽劤, 『經國大典』解題(『譯註 經國大典』, 1986).
    內藤吉之助, '經國大典의 難産'(『朝鮮社會法制史研究』, 1937) 참조.

家理念·農政理念의 확립과도 관련하여 거기에 상응하는 農業技術論을 정착시키는 가운데, 이에 의거하여 先進 지역의 農業技術을 전국적으로 보급 발전시키고자 하였다. 그러나 그렇게 하기 위해서는 地域에 따라 농업관행에 차이가 나는 風土不同의 문제를 극복하지 않으면 아니되었다. 이곳에서는 世宗朝의 그같은 農業技術論을 高麗末年과 朝鮮初期에 간행된 農書冊子를 중심으로 비교 고찰함으로써, 麗末과 鮮初라고 하는 두 時期의 農學이 지향하는 바 農業技術의 차이와 특징이 각각 어떠한 것이었는지, 따라서 世宗朝의 農學이 理論的으로 정착시키고자 하였던 바 우리나라 農業技術의 특징은 어떠한 것이었는지를 살피게 되겠다.

2. 高麗末年의 農業事情과 『農桑輯要』의 農業技術

1) 高麗末年의 農業事情

朝鮮王朝의 성립사정이 위에서 언급한 바와 같다면, 朝鮮初期의 農政의 課題, 改革의 對象이 되는 문제는 결국 高麗末年의 高麗國家의 農業問題 그것이 아닐 수 없었다. 그러므로 世宗朝 나아가서는 朝鮮初期의 農業技術에 관한 政策이나 그 性格을 바로 이해하기 위해서는, 그 배경이 되는 高麗時期의 農業事情과 農業技術 문제를 그 핵심만이라도 먼저 검토해 두는 것이 필요하리라고 생각된다.

(1) 收取體系의 强化

高麗後期 또는 그 末年의 農業事情은 國家의 입장에서도 그렇고 農業生産者 農民의 입장에서도 그러하였지만 대단히 어려운 상황이었다. 이때의 농업사정이 그렇게 될 수밖에 없었던 연유를 우리는 두 계통으로 이해할 수 있겠는데, 그 하나는 內外의 여러 가지 사정으로 國家財政이 절대적으로 부족하게 된 데서 租稅收取를 강화하게 되고, 租稅收取가 강화되는 데 따라서는 農業生産者 農民層이 광범위하게 沒落하게 되고 있는 일이었다.

이같은 사태를 재래하고 있는 外的인 사정은 요컨대 30, 40년이라고 하는 오랜 세월에 걸친 몽골과의 전쟁으로 國家財政이 궁핍해진 데다, 그 후에는

몽골간섭기의 收奪과 그 日本征伐을 지원해야 하는 경제적 부담이 있었으며,[2]
그뿐만 아니라 그 침략 아래에서도 紅巾賊 및 倭寇의 침입과 掠奪을 당하고
그것을 몰아내기 위한 軍事활동이 계속되는 가운데, 전국의 農業生産은 파괴
되고 國家財政은 고갈되며 農村社會는 피폐하게 되고 있는 일이었다.[3] 더욱
이 그 最末年에는 遼東征伐이 추진되는 등 계속되는 軍事활동으로 經濟事情
이 더욱 어려워지고 있었다.

  그리고 內的인 사정은 그러한 가운데서도 元에 의존하고 있는 中央의 權勢
家 부패한 執權勢力 및 在地 土豪層의 高利貸적인 방법에 의한 財富蓄積과 土
地兼併(收租地·所有地·賜田開發) 및 農民收奪이 자행되는 가운데 田法弊久하
여 國賈民貧하게 되고, 豪强兼幷으로 國用乏竭하는 가운데 일반 官僚層에게
는 규정대로 分給해야 할 收租權(私田)을 제대로 분급하지 못함으로써, 收租
權의 수수문제를 둘러싸고서는 新舊 政治勢力 사이에 심각한 葛藤構造가 조

---

2) 『高麗史』卷 25, 世家 25, 元宗 4年 4月 甲寅(上, p. 516). 高麗의 元宗이 몽골과
   의 전쟁 이후 疲弊한 農村의 상황을 元에 통보하고 있는 바에 의하면, 饑饉도 겹쳐
   서, 民口의 살아남은 자가 100에 2, 3명이고, 農作物의 거둘 수 있는 바가 10에 8,
   9는 없어지고 있었다(又出師輸糧等事 干戈以後 饑饉相仍 民口之存者 百不二三 土
   毛之斂者 十無八九). 그리고 『高麗史』卷 78, 食貨志 1, 田制 租稅(中, p. 727),
   忠肅王 5年 5月의 下敎에 의하면, 州縣의 稅額은 날로 줄고, 民生은 날로 衰殘해 지
   고 있었으며(州縣稅額日減 民生日殘), 同上書 貢賦(中, p. 729), 忠烈王 22年의 洪
   子藩의 上書에 의하면, 農地에는 役主가 없고 亡丁이 많으며, 民은 恒心이 없고 逃
   戶가 많았다(田無役主 亡丁多矣 民無恒心 逃戶衆矣).

3) 紅巾賊의 침입은 恭愍王 8年에서 12年에 걸치는 짧은 기간이었지만, 그 人命의 살
   생은 말할 것도 없고, 農業生産에 미치는 피해 또한 적지 않았다. 恭愍王의 敎書에
   서는 그것을 다음과 같이 기술하고 있었다. '近因師旅 民不安業 大小朝官 避難在外'
   (『高麗史』卷 40, 世家 40, 恭愍王 12年 4月 丙午, 上, p. 802), '畿甸之民 因亂流離
   田野多荒 若非寬恤 何以招來'(『高麗史節要』卷 27, 恭愍王 12年 5月敎, p. 706).
     倭寇의 침입과 擄掠은 高麗後期에서 朝鮮初期까지 이어지는 장기간의 일이어서 農
   業生産에 미치는 영향이 지대하였다. 政府에서는 그들이 침입할 때 海邊가 30里 지
   경내의 民은 入保(城으로 疎開)할 것을 지시하고 있었지만, 그러나 倭寇는 海邊가에
   서 왕왕 6, 70里까지도 침입하여 약탈을 하므로, 入保가 만전일 수 없었으며(入保
   之令 是則限以一息程途 今賊之所至 往往過六七十里 以是較之 雖百里 亦無益也), 그
   들을 구축하는 防禦戰도 주지하는 바와 같이 효율적으로 전개되고 있지 못하였다.
   그러므로 이러한 海邊가의 지역은 內陸의 지역에 비하여 農地가 비교적 비옥하였음
   에도, 農作을 제대로 할 수 없는 것이 실정이었다(『高麗史』卷 112, 列傳 25, 偰長
   壽上書, 下, p. 457).

성되기에 이르고 있는 일이었다. 이른바 私田問題이었다.[4] 그리고 이와 병행
하여서는 租稅를 苛酷하게 倍增하고 收奪하는 가운데 生民의 衰殘, 農業生産
者 農民層의 沒落이 더욱더 가속화되기에 이르고 있었으며,[5] 그뿐만 아니라
이 시기의 農村社會는 亂世의 流通經濟의 지배하에 있음으로써, 民人은 逐末
風潮에 물들고 農村社會는 안정성을 상실하게 되고 있었다. 그리고 위의 權勢
家와 執權勢力 등 特權層은 商權 流通經濟도 장악하는 가운데, 商人層과 연대
하여 農村社會에 지배력을 발휘하고, 農民層 納租者에 대하여 反同의 방법을
통한 勒賣抑買를 강요하고 있어서, 農業生産者 農民層의 몰락은 구조적으로
심화되지 않을 수 없었다.[6]

그러므로 당시의 高麗國家는 어떻게 하던 이같은 財政문제 經濟문제를 해
결함으로써, 政治的 葛藤構造도 미연에 해소하고 農民沒落의 확대도 저지하
지 않으면 아니되었다. 그러나 高麗國家는 그같은 문제를 모두 동시에 해결할
수는 없었으며, 따라서 결국은 우선순위를 두고서 문제를 해결하는 수밖에 없
었다. 그리하여 農業生産者 農民層을 희생하는 가운데 租稅收取를 확대 강화
함으로써 國家財政의 위기와 政治의 위기상황은 해결하되, 몰락하는 農民층
을 위해서는 별로 큰 실효를 거두지 못하였던 바, 田政의 紊亂과 流通經濟 商
業상의 폐단을 釐整하는 것으로서 책임을 면하고자 하고 있었다. 물론 이 경
우 國家가 農業生産者 農民層에 대하여 租稅收取를 크게 강화한다는 것은, 農
民으로부터 租稅收取의 양을 원칙 없이 무작정 증가하여 수탈함을 뜻하는 것
은 아니었다. 高麗國家에서는 그 財政運營 收取體制를 계속적으로 재정비함

---

4) 『高麗史』 卷 78, 食貨志 1, 田制 經理, 恭愍王 12年 5月教, 中, p. 707.
　　姜晉哲, '高麗의 農場에 대한 一研究—民田의 奪占에 의해 形成된 權力型 農場의
　　實體追究'(『韓國中世土地所有研究』, 1989).
　　朴京安, 『高麗後期土地制度研究』, 1996.
　　李相佰, 『李朝建國의 研究—李朝建國과 田制改革問題』, 1949.
　　李景植, '高麗末期의 私田問題(『朝鮮前期土地制度研究』, 1986).
5) 『高麗史』 卷 78, 食貨志 1, 田制 祿科田, 李行等上疏, 中, p. 718.
　　이 무렵에 있었던 趙俊, 黃順常, 趙仁玉, 權近 등의 上疏, 그리고 李穡 등의 上疏도
　　그 핵심은 이와 같은 것이었다. 註 10), 11) 참조.
6) 金東哲, '고려말의 流通構造와 상인'(『釜大史學』 9, 1985).
　　蔡雄錫, '高麗前期 貨幣流通의 基盤'(『韓國文化』 9, 1988).
　　朴平植, '高麗末年의 商業問題와 捄弊論議(『歷史教育』 68, 1998).

으로써 그 收入을 늘리고 있었으며,[7] 그런 가운데 租稅收取의 단위인 結負制
의 實積을 조정함으로써, 國家 전체의 租稅收取의 양이 종전보다 늘어나도 制
度上 하자가 없도록 하는 방법을 취하고 있었다. 이것은 우리나라 結負制 租
稅制度가 지니는 운영상의 큰 특징이었다.[8]

이에 관해서는 좀더 구체적으로 언급해 둘 필요가 있겠다. 우리나라의 結負
制는 본시 단순한 地積의 단위가 아니라, 一定量의 穀物의 所出(麗末의 경우라
면 米 300斗)을 전제로 한 所出, 地積, 稅額을 組合한 단위였으며, 어떤 農地에
대하여 그 一定量의 所出이 있다고 판정하면 結의 實積에 관계없이 1結이 될
수 있었고, 따라서 一定한 넓이의 農地도 그 結實積을 줄여서 量田을 하면 그
농지의 田結數는 늘어나고, 반대로 結實積을 늘려서 量田을 하면 그 농지의
田結數는 줄게 마련이었다. 高麗國家의 後期에는 이같은 結負制를 結 實積이
縮小되는 방향으로 조정함으로써 田結數를 늘리고 이로서 財政문제, 收租權
分給문제를 해결하고자 하고 있었다. 물론 結負制를 처음 제정할 때의 취지는
結 實積과 穀物所出의 양이 항상 상응하도록 하는 것이었으나, 高麗後期의 國
家의 財政형편은 結 實積 변동의 폭을 穀物所出의 양에 상응하도록 할 수가
없었으며, 農業生産의 技術수준이나 穀物所出의 양을 훨씬 넘어서는 대단히
축소된 結 實積을 마련하고 있었다. 그 내용은 대략 다음의 〈表 1〉과 같았다.[9]

高麗後期의 結 實積이 축소되고 있었다는 사실은, 高麗初期의 結 實積이 대
략 17,000여 坪이 되었던 것으로 보는 데서 推定되는 것이지만, 이를 結에
관한 수치가 정확하게 남아 있는 朝鮮初期의 結 實積과 비교해 보면 더욱 분
명하여진다. 다음 章에서 보는 바와 같이 朝鮮初期에는 高麗末年의 結負制를
改正하여 그 結 實積이 1等田에서 6等田까지 2,759.5坪에서 11,038.1坪(朝

---

7) 이혜옥, '고려후기 수취체제의 변화'(『14세기 고려의 정치와 사회』, 1994).
   박종진, '고려후기 재정 운영의 변화'(同 上書).

8) 拙 稿, '結負制의 展開過程'(本書 所收) 참조. 단, 그것이 어느 시점부터의 일이었
   겠는지는 분명치 않다. 혹 江華島政府의 對몽골 전쟁시절 國家財政이 절대적으로 부
   족하게 되었을 때부터 그렇게 되었고, 그것이 그 후 忠肅王 元年(甲寅, 1314)의 五
   道巡訪計定使의 量田制賦를 통해서 制度的으로 확정되었던 것이 아닐까 생각되기도
   하나 추정일 뿐이다.

9) 同 上.

〈表 1〉 高麗末年의 結實積과 租額

田品	上 田		中 田	下 田
量田尺	指尺	20指	25指	30指
	周尺	1.86尺	2.33尺	2.80尺
結實積	頃畝	25畝 4分	39畝 9分	57畝 6分
		1,846.5坪	2,897.6坪	4,184.5坪
租額(糙米)	30斗		30斗	30斗

* 단, 이때에는 제도상 田品을 上·中·下等으로 구분하기는 하였지만, 현실적으로는 전체 농지를 下等田으로서 量田하고 있었다.
* 租額 ; 1/10稅

鮮後期에는 3,025坪에서 12,100坪)까지 되도록 조정하고 있었다. 高麗後期의 結負制는 당시의 農業生産力 수준이나 所出에 비추어 그 度를 넘어서는 부당한 것이라고 보는 데서 改革하고 있는 것이었다. 그런데 高麗後期의 이러한 結實積의 변동은 가령 종전에 1結이었던 農地이면 이제는 3, 4結 또는 그 이상이 되기도 하고,[10] 종전에 收租權者(私田主)가 1畝 1主이었던 農地이면 이제는 2, 3명 또는 5, 6명 또는 7, 8명이 되기도 하며, 종전에 所出전체의 10분의 1을 租稅로서 내던 어떤 農地에서는 이제 租稅를 근 10分의 5, 6 심하면 10分의 8, 9씩이나 부담하게 되는 것임을 뜻하는 것이었다.[11] 그리고 結實積

---

10) 『龍飛御天歌』卷 8, 第73章, pp. 810~811.
一畝之主 過於五六 一年之租 收至八九 …… 以一結之田 爲三四結
11) 同 上.
『高麗史』卷 78, 食貨志 1, 祿科田, 禑王 14年 7月, 趙仁玉等上疏, 中, p. 720.
『譯註 高麗史 食貨志』, p.173에는 이와 유사한 자료를 다음과 같이 정리하고 있다.
① '差人徵取 一畝之徵 乃至二三'(『高麗史』卷 78, 食貨 1, 田制 田柴科, 明宗 18年 3月, 下制, 中, p. 712)
② '一田三兩其主 各徵其租'(『高麗史』卷 78, 食貨 1, 租稅, 禑王 9年 2月, 權近等上書, 中, p. 728)
③ '一畝之主過於五六 一年之租收至八九'(『高麗史』卷 78, 食貨 1, 祿科田, 禑王 14年 7月, 趙俊等上書, 中, p. 716)
④ '若其田之主一則幸矣 或有三四家者 或有七八家者'(『高麗史』卷 115, 列傳, 李穡, 下, p. 522)
⑤ '勢力之家 互相兼并 一人所耕之田 其主或至於七八'(『朝鮮經國典』上, 賦典 經理, 『三峯集』, p. 215)

이 이같이 축소된다는 것은 國家의 입장에서는 結摠이 늘어나는 것이므로, 結을 통해서 租稅를 징수하는 國家에게는 租稅收入이 늘어나고, 그뿐만 아니라 兩班支配層에게 分給할 收租地의 부족도 이를 통해서 어느 정도 해결할 수가 있는 것이었다. 그러므로 國家로서는 이같은 조치를 통해서 당시 高麗國家가 당면하고 있었던 政治的 위기상황을 일시적으로나마 어느 정도 미봉할 수 있었다고 하겠다.

그러나 이때의 이같은 結 實積의 변동은 農業生産者 農民層의 擔稅능력을 초과하는 과도한 것이었으며, 따라서 結負制 租稅制度의 변동을 위요한 이같은 사정은 참으로 중대한 문제가 되지 않을 수 없었다. 이같이 변동된 租稅를 일반 農民들이 감당하기에는 너무나 과중한 것이었으며, 따라서 그 결과는 앞에서 언급한 外勢의 侵略과도 관련하여, 결국 農業生産者 農民層을 광범위하게 쇠잔 몰락으로 몰아가지 않을 수 없었기 때문이었다. 그들 중에는 生活의 근거지를 떠나 流亡하는 농민,[12] 權勢家의 農場에 수용되어 佃戶農民이 되거나 傭作農民으로서 떠돌이 하는 농민 등등이 늘어났으며,[13] 심지어는 權勢家에 壓良당하거나 投托하여 奴婢로 전락하는 농민도 늘어나고 있었다.[14] 高麗

이같은 사실들 가운데에는 그 앞뒤의 표현으로 보아, ①과 같이 혹 權勢家들에 의한 단순한 挾雜 兼倂에서 오는 현상도 있었을 것이다. 그러나 후대로 내려오면서 볼 수 있는 사실들은, 전반적으로는 結負制의 변동이 배경이 되는 데서 발생한 현상이었을 것으로 생각된다. 拙 稿, '結負制의 展開過程' 참조.

12) 梁元錫, '麗末의 流民問題'(『李丙燾博士華甲紀念論叢』, 1956).
    김순자, '원 간섭기 민의 동향'(『14세기 고려의 정치와 사회』, 1994).
13) 周藤吉之, '麗末鮮初에 있어서의 農莊에 대하여'(『靑丘學叢』 17, 1934).
    宋炳基, '高麗時代의 農場 — 12世紀以後를 中心으로'(『韓國史研究』 3, 1969).
14) 周藤吉之, '高麗末期에서 朝鮮初期에 이르는 奴婢의 硏究'(『歷史學硏究』 9-1·2·3·4, 1939).
    宋炳基, 同 上 論文
    林英正, '麗末 農莊人口에 대한 一考察'(『東國史學』 13, 1976).
    李載龒, '朝鮮前期의 農莊'(『國史館論叢』 6, 1989).
    金建泰, 『16~18世紀 兩班地主層의 農業經營과 農民層의 動向』, 成均館大 大學院, 1997.
    李景植, '朝鮮前期 兩班의 土地所有와 農莊'(『朝鮮前期土地制度硏究』 Ⅱ, 1998).
    農場制에 대한 전반적 研究動向에 관해서는 다음 논문을 참고할 수 있다.
    李景植, '朝鮮前期 農莊硏究論'(『國史館論叢』 32, 1992).
    李鎬澈, '농장제에서 병작제로의 이행'(『農業經濟研究』 38의 2, 1997).

末年의 結負制의 조정은, 國家財政을 살리고 兩班支配層에 대한 收租權 分給
制도 제대로 운영하기 위한 조치였지만, 그러나 그것은 결국 農業生産者 農民
層을 희생으로 하고서 얻어지는 것에 불과하였다. 그뿐만 아니라 이같은 상황
아래에서도 앞에서 지적한 바와 같이, 중앙의 特權層 및 이들과 연결된 商人
層은 流通經濟를 통하여 農民收奪을 자행하고, 政府 地方官廳의 租稅制度를
통한 不合理한 田政運營은 지속되고 있어서 農業生産者 農民層의 몰락은 계
속되지 않을 수 없었다.

　그러므로 이 시기에는 이같은 不合理한 結負制와 그것에 기초한 田政運營
및 流通經濟와 逐末風潮의 폐단을 재검토하고 釐正하지 않으면 아니되었다.
그것은 國家의 存亡과도 관련되는 중대한 문제가 아닐 수 없었다. 그리하여
政府에서는 그같은 收奪행위와 田政運營에 대하여 지속적으로 田政의 釐正事
業을 시도하기도 하고, 새로 祿科田制를 실시 조정하기도 하며,[15] 또 流通經
濟와 逐末風潮에 대하여는 그 釐正과 重農抑末의 勸農政策을 추진하는 가운
데 農村經濟를 안정시키고자 하고도 있었다.[16] 그러한 가운데서도 昌王에서
시작하여 恭讓王 元年(1389)에 완결된 己巳量田,[17] 그것에 기초한 구래 私田
(收租地)文籍의 폐기, 科田法의 제정 등은 田政의 문란 收租權 중첩을 제거하
는 데 일정한 효과가 있었다.[18] 그러나 그럼에도 이때에는 이 시기 農業事情을

15) 권영국, '14세기 전반 개혁정치의 내용과 그 성격'(『14세기 고려의 정치와 사회』,
　　1994).
　　김기덕, '14세기 후반 개혁정치의 내용과 그 성격'(同 上書).
　　深谷敏鐵, '高麗朝祿科田考'(『朝鮮學報』 48, 1968).
　　閔賢九, '高麗의 祿科田'(『歷史學報』 53·54, 1971).
　　오일순, '고려후기 토지분급제의 변동과 祿科田'(『14세기 고려의 정치와 사회』,
　　1994).
16) 권영국, 김기덕 앞의 논문.
　　朴平植, '高麗末期의 商業問題와 捄弊論議'(『歷史敎育』 68, 1998).
17) 『高麗史節要』 卷 33, 辛昌 卽位年(1388) 8月, p. 834.
　　『高麗史』 卷 137, 列傳 50, 辛禑 昌, 下, p. 961.
　　『高麗史節要』 卷 34, 恭讓王 元年(1389) 12月, 憲府上疏 論田制, p. 865.
　　『高麗史』 卷 78, 食貨 1, 田制 祿科田, 恭讓王卽位, 大司憲趙浚等上疏, p. 722.
18) 金泰永, '科田法의 성립과 그 성격'(『朝鮮前期土地制度史研究』, 1983).
　　韓永愚, '朝鮮建國의 政治·經濟 基盤'(『朝鮮前期社會經濟研究』, 1983).
　　李景植, '高麗末期의 私田問題', '高麗末의 私田捄弊策과 科田法'(『朝鮮前期土地制

打開하는 데 더 중요한 근거가 되는 制度, 즉 租稅收取의 기반이 되는 結負制
에 관해서는 이를 근본적으로 재검토할 여유를 갖지 못하고 있었다. 그러므로
이같은 조건하에서는 그 收奪행위와 그 田政運營 流通經濟에 대하여 釐正事
業을 전개한다 하더라도, 이 시기의 農業事情이 획기적으로 호전되고 農村社
會가 기대하는 만큼 안정되기는 어려웠다.

(2) 農業技術 發展의 社會的 要請

高麗末年의 農業事情이 안고 있는 다른 또 하나의 문제는 農業技術 農業生
産力 發展의 限界性 문제이다. 즉, 이때에는 뒤에서 언급하게 되는 바와 같이,
農業生産者 農民層에 대하여 계속적으로 勸農政策을 폄으로써 農業生産力을
증진시키고자 하였지만,[19] 그 農業技術의 수준에는 일정한 한계가 있었다는
점이다. 이같은 생각을 하게 되는 것은 당시와 같이 租稅收取가 강화되고 있는
상황 아래에서도, 農業生産의 수준이 전반적으로 높고 農業技術이 전국적으로
크게 발달해 있었다면, 農民層의 租稅부담이 그렇게 어려운 것이 아니었을 것
으로 생각되기 때문이다.

우리는 이같은 문제와 관련하여 당시 先進地域(三南地方)에서는, 뒤에 『農
事直說』의 農業技術에서 볼 수 있는 바와 같은 높은 수준의 耕種法이, 이미
오래 전부터 마련되어 오고 있었던 것으로 이해하고 있다. 즉 우리는 그것이
高麗時期 이래로 新田開發이 활발하게 전개되는 가운데, 水利, 施肥, 品種, 耕
種法 등 여러 계통으로 農業技術이 발달하고, 生産力이 증진하고 있었던 산물
인 것으로 이해하는 것이다.[20] 그러나 그것은 農地가 비옥한 지역의 지극히
발달한 사정을 중심으로 한 것이었고, 일반적 전국적으로는 農業生産 農業技
術의 수준이 그렇지 못하였던 것은 말할 것도 없고, 自然環境의 조건[風土]과
도 관련하여 아직도 南北간 東西간의 지역차가 있는 가운데, 粗放의인 農業을
하고 있는 지역이 많았음을 말할 수 있을 것이다. 전국적으로 볼 때 不易田(常

度硏究』, 1986).
　　姜晉哲, '高麗末期의 私田改革과 그 成果'(『韓國中世土地所有硏究』, 1989).
19) 註 27) 참조.
20) 魏恩淑, '12세기 농업기술의 발전'(『釜大史學』 12, 1988).
　　안병우, '고려후기 농업생산력의 발달과 농장'(『14세기 고려의 정치와 사회』,
　　1994).

耕田·正田)이라 하더라도 肥膏한 不易田은 극히 적었고,[21] 따라서 그 農地의 田品을 제도상 上中下의 3等으로 구분하고는 있었지만, 그러나 실제 量田은 모두 下等田으로서 행하고 있었으며,[22] 中部地方 이북의 지역에서는 朝鮮初期 까지도 歲易을 해야 하는 瘠薄한 農地가 지극히 많았다.[23] 先進地域의 大農場 의 農業技術은 그 기술수준이 대단히 높았으나, 일반적으로 농민들은 農業生 産의 이치, 農業技術에 어두워서 農家에서는 하늘에만 의존하는 낙후한 상태 에 있었음이 지적되고 있었다.[24] 民의 衣生活에서 없을 수 없는 木綿의 재배도 高麗 最末期에 이르러서야 겨우 도입되는 단계에 있었다.[25]

그러므로 이때의 農業事情 아래에서는, 앞에서 언급한 바 수탈적인 結負制 와 田政運營 및 流通經濟의 폐단, 逐末風潮 등을 재조정하고 釐正할 것이 課 題가 되지 않을 수 없었지만, 그러나 그러한 조정만으로써 문제가 해결될 수 있는 것은 아니었다고 하겠다. 이와 아울러서는 農業生産 農業技術 전반을 한 층 더 발전시키고, 따라서 結所出을 실질적으로 증대시켜 나갈 수 있는 農業 技術의 政策이 수반되지 않으면 아니되는 것이있다고 하겠다. 逐末風潮를 쇄 신하는 문제도 農業生産力의 증진, 農民所得의 증대가 실질적으로 보장되지 않으면 기대하기 어려있다.

그러나 이같이 農業生産 農業技術 전반을 발전시키고자 할 때 무엇보다도 문제가 되는 것은, 그같은 발전에 상응하는 農作物 栽培技術을 어떻게 開發하 여 농민들에게 효율적으로 교육시킬 것인가 하는 점이었다. 그런데 이같은 문 제에 대하여 高麗國家에서는 본시 國家의 農政理念을 반포함과 아울러,[26] 각 지방의 地方官으로 하여금 그 임무의 하나로서 그 지방의 勸農使의 임무도 겸

---

21)『高麗史』卷 2, 世家 2, 景宗, 李齊賢贊, 上, p. 65.
　　三韓之地…… 民生所仰 只在地力 而鴨綠以南 大抵皆山 肥膏不易之田 絶無而僅有也
22)『世宗實錄』卷 49, 世宗 12年 8月 戊寅, 3冊, p. 252.
　　且上等之田 惟慶尙全羅等道 於千結僅有一二結焉 中田於百結亦有一二結焉 其餘各 道只有中田 亦於千結僅有一二結焉 是則大槩不分地之膏堉 皆以下等之田打量 有違於 古制
23) 拙 稿, '結負制의 展開過程', 註 152) 참조.
24) 高麗刻本『元朝正本農桑輯要』 李穡의 農桑輯要後序.
25) 註 30) 참조.
26) 註 51), 54) 참조.

하도록 하고 있었으며, 또 政府에서는 地方官으로 하여금 수시로 농민들에게
勸課農桑할 것을 독려하고도 있었으므로,[27] 어찌보면 그같은 사업은 이미 진
행되고 있는 것이었다고 하겠다. 그리고 그러므로 해서 地方官·勸農使들은 그
러한 勸課農桑의 방법과 대상을 이미 잘 알고 있었을 것으로도 생각된다. 아
마도 地方官들은 水利 施肥 品種 耕種法 등에 유의하며, 각 地方의 農業慣行
에 따라 농민들이 농사일에 성의를 다하도록 지시하기도 하고, 農繁期에 농민
들을 徭役노동에 동원해서는 안 된다는 '農時勿奪'의 勸農原則을 지키기에 최
선을 다했을 것이다. 그리고 高麗時期에는 각종 中國農法이 여러 종류의 書冊
을 통해서 잘 알려져 있었으므로,[28] 學識 있는 地方官들 중에는 뒤에 언급되는
姜蓍와 같이 그 農法을 관내의 농민들에게 보급시키려 하는 사람도 있었을 것
이고, 아마도 農業生産에 식견이 있는 地方官은 적지 않은 성과를 올리기도
하였을 것이다.[29] 그리고 이와 아울러서는 일반 官僚層 중에도 文益漸과 같이

27)『高麗史』卷 79, 食貨志 2, 農桑, 成宗 5年 5月教, 中, p. 733.
　　『高麗史』卷 79, 食貨志 2, 農桑, 文宗 20年 4月制, 中, p. 734.
　　地方官으로 하여금 勸農使의 자격으로서 農桑을 장려토록 하는 것은 이 시기의 制
　　度로서, 이를 잘 수행토록 하기 위한 國王의 지시는 그 후에도 高麗末年까지 계속되
　　고 있었다.
　　邊太燮,『高麗政治制度史研究』, 1971.
　　金南奎, '勸農使와 그 機能(『高麗兩界地方史研究』, 1989) 참조.
28) 高麗에서는 儒教思想으로서 科擧시험을 보고 官吏를 선발하며 國家經營을 위한 모
　　든 統治體制를 확립하고 있었으므로, 儒教經典과 中國의 史書가 知識人社會에 널리
　　보급되고 있었는데, 이같은 書冊들 중에는 단편적이지만 中國고대의 여러 가지 農業
　　技術에 관한 사실이 기록되어 있어서, 이것이 勸課農桑하는 데 하나의 지침과 자료
　　가 될 수 있었다. 그리고 이와 아울러 이 시기에는 각종의 수많은 書冊들이 購入되
　　고 있어서, 仁宗朝 宮殿 안의 臨川閣에는 그 장서가 數萬卷이나 되었으며(『高麗圖
　　經』卷 6, 宮殿 2), 그래서 宋代에는 中國에서 이미 亡佚된 古典을 高麗에 求書하는
　　일도 있었는데(『高麗史』卷 10, 世家 10, 宣宗 8年 6月 丙午, 上, p. 210 ; 金庠基,
　　'宋代에 있어서의 高麗本의 流通에 대하여',『東方史論叢』, 1974). 그러한 宋의 求書
　　目錄에는『氾勝之書』와 같은 漢代의 農書도 있었다. 高麗時期에는 이같이 北宋 및
　　南宋과 文化交流가 활발하였으므로, 아마도 北宋 南宋代에 板刻 印行되고 있었던
　　『齊民要術』도 수입되고 있었을 것으로 사료된다. 그러므로 高麗國家의 政府에서는
　　이같은 資料들을 참작하는 가운데 地方官·勸農使로 하여금 勸農政策을 펴나가도록
　　독려하였을 것으로 생각된다.
29)『高麗史』卷 79, 食貨志 2, 農桑, 文宗 元年 2月, 同 13年 3月, 12月, 中, p. 734.
　　여기에는 그러한 예로서 文宗朝의 連州 防禦副使 蘇顯, 交州 防禦判官 李惟伯, 永
　　興鎭將 丁作鹽 등의 勸課農桑과 그 성과를 기술하고 있다. 地方官·勸農使로서 이러

아주 유용한 새로운 농작물 ─ 木綿을 몽골제국 元으로부터 가져와서 시험 재배하는 사람,[30] 白文寶와 같이 中國이나 日本에서 볼 수 있는 水車를 제조 이용할 것을 건의하는 사람 등 농업발전에 노력하는 사람들이 있었다.[31]

그렇지만 이때의 農業事情 아래에서는 이런 정도의 개별적이고 산발적인 勸農政策으로서 農業生産을 증진하고, 이를 통해서 과중한 租稅負擔을 상쇄하며, 이로써 몰락하는 農民層을 구제하고 逐末風潮도 막기는 어려웠을 것으로 생각된다. 이 시기의 農業生産을 더 획기적으로 발전시키기 위해서는 거기에 상응하는 더 계획적 통일적인 방법이 사회적으로 요청되지 않을 수 없었다. 그것은 당시의 시점에서는 전국의 農民들에게 農業技術과 農法을 구체적으로 교육하고, 農本主義의 農政理念도 아울러 펴나갈 수 있는 좋은 農書를 刊行 보급하는 일이 아닐 수 없었다. 紅巾賊의 侵入으로 宮闕 안의 書庫에 소장하고 있었던 각종 農書와 典籍이 모두 蕩盡된 후에는 특히 더 그러하였으리라 생각된다.[32]

2) 中國農書『農桑輯要』의 複刻과 그 農業技術

(1)『農桑輯要』의 複刻 경위와 그 農政理念

高麗末年의 이같은 時代的 社會的 요청에 따라 高麗 知識人社會에 등장하게 된 것은『農桑輯要』(全 7卷)였다. 이는 몽골帝國의 元나라 皇帝 世祖의 農政策의 산물로서, 그가 그 大司農司에 명하여 편찬토록 한 農書였다(1273).[33] 世祖는 즉위한 후 여러 가지 農政策을 취하는 가운데 결국 大司農司를 설치하고, 거기에 그 책임자 大司農卿과 그 휘하에 巡行勸農使 및 巡行勸農副使를 각각 4명씩 배치하고 전국의 農業生産을 독려토록 하였는데, 그들은 그같은

한 성과를 올린 예는 아마도 이에서 그치지 않았을 것이다.
30)『高麗史』卷 11, 列傳 24, 文益漸, 下, p. 443.
31)『高麗史』卷 79, 食貨志 2, 農桑, 忠烈王 11年, 白文寶上箚, 中, p. 736.
32) 紅巾賊의 侵入 아래에서는(恭愍王 10年, 1361), 京城(開京)이 함락되는 가운데, 政府가 소장하고 있었던 農書를 포함한 典籍들이 모두 '蕩盡'되고 있었다. 뒤에 언급되는 偰長壽의 書農桑輯要後(註 49, 50) 참조.
33) 殿本『農桑輯要』王磐 序.
    高麗刻本『元朝正本農桑輯要』孟祺 後序.

勸農事業을 수행하는 과정에서, 그 事業의 수행을 위해서는 그 방법상 農書의
편찬 보급이 필요하다는 점을 인식하게 되고, 따라서 그들이 그러한 사정을
皇帝에 건의하게 됨으로서 취해진 조치였다. 그리고 그 여러 명의 勸農使와
勸農副使 중에서 주로 그 農書의 편찬사업을 전담하였던 것은 山東東西道 巡
行勸農副使인 孟祺였으며, 그는 그것을『齊民要術』을 기본으로 하면서 그때
까지의 여러 中國農書, 특히 최신의 農書를 참작하는 가운데 편찬하고 있었
다.[34] 이는 元나라가 아직 南宋과 대치하고 있는 가운데 있었던 일이었고, 따
라서 中國 華北地方의 農業을 중심으로 한 것이었으나, 元나라는 그 후 전 中
國을 정복하고 아시아적 東洋的 世界帝國을 건설한 후에도, 이를 통해서 전
中國의 農業生産을 발전시키고 農民經濟도 안정시키는 가운데 國家의 租稅收
入을 증대시키고자 한 農書였다. 몽골帝國 元나라로서는 말하자면 東洋的 世
界秩序의 확립과 관련하여 편찬한 農書인 것이었다.

　　그러한 목적을 달성하기 위해서 元나라에서는 中央과 地方에서 이를 여러
차례에 걸쳐 板刻하고 印行하였으며, 中央의 政治人과 勸農을 담당하는 地方
官들에게 이를 頒給함으로써 소기의 목적을 달성하고자 하였다.[35] 그리고 그
러한 점에서 이 農書는, 그때까지의 中國의 다른 農書들이 대체로 個人차원에
서 편찬한 個人農書였음과는 달리, 國家차원에서 편찬하고 國家行政力으로써
보급시키고 있는 國定의 표준적 農書였으며, 따라서 그 영향력 파급효과는 다
른 個人農書와 달리 지대한 바 있었다.[36]

----

34) 同 上 孟祺 後序.
　　拙 稿, '高麗刻本『元朝正本農桑輯要』를 통해서 본『農桑輯要』의 撰者와 資料'(『東
　　方學志』65, 1990 ; 本書 所收).
35)『農桑輯要』의 刊行 普及에 관해서는 다음의 여러 논고를 참고할 수 있다.
　　石聲漢,『農桑輯要校注』附錄 1, 武寧殿聚珍本『農桑輯要』提要, 附錄 2, 校注後記,
　　1965(1982刊).
　　天野元之助,『中國古農書考』, 1975, p. 130.
　　上海圖書館,『農桑輯要』(元刻 大字本), 影印『農桑輯要』說明, 1979.
　　胡道靜, '述上海圖書館所藏元刊大字本『農桑輯要』'(『農書·農史論集』, 1985).
　　繆啓愉,『元刻農桑輯要校釋』附錄,『農桑輯要』的作者 版本和它的咨文, 1988, p.
　　541.
　　拙 稿, 註 34)의 논문.
36) 同 上.

이같은 『農桑輯要』가 高麗에 들어오게 된 것은, 元과 高麗와의 政治·文化
의 관계로 보아,[37] 그리고 元나라는 高麗에 대해서도 그 국가가 철저한 勸農政
策을 취함으로써 農業生産을 증진할 것을 독려하고 있었으므로,[38] 자연스러운
일이었으나, 高麗末年에 農業事情이 점점 더 어려워지면서는 그 재래의 필요
성이 더욱 절실해지고 있었다. 이때에는 高麗의 知識人들이 農業生産力을 적
극 발전시키지 않으면 아니 될 것으로 판단하고, 그 방안을 여러 가지로 강구
하고 있는 때이기도 하였다. 이러한 知識人들의 동향 속에서 이 農書를 들여
오게 되는 것은 아마도 여러 사람 있었겠지만, 그 중에는 후에 門下侍中까지
지낸 바 있는 杏村 李嵒도 있었으며, 그는 이를 기초로 하여 그의 著述로서의

37) 高柄翊, '高麗와 元과의 關係'(『東洋學』7, 1977).
　　주채혁, '몽골 고려사 연구의 재검토 — 몽골 고려사의 성격문제'(『국사관논총』8, 1989).
　　高柄翊, '蒙古·高麗의 兄弟盟約의 性格'(『東亞交涉史의 研究』, 1970).
　　　　　'麗代 征東行省의 研究'(同 上).
　　　　　'高麗忠宣王의 元武宗 擁立'(同 上).
　　張東翼, '征東行省의 研究'(『東方學志』67, 1990).
　　北村秀人, '高麗에서의 征東行省에 대하여'(『朝鮮學報』32, 1964).
　　김혜원, '원 간섭기 立省論과 그 성격'(『14세기 고려의 정치와 사회』, 1994).
　　金庠基, '李益齋의 在元 生涯에 對하여'(『東方史論叢』, 1974).
　　金時鄴, '麗元間 文學交流에 대하여 — 高麗後期 士大夫文學의 形成과 對元關係'(『韓國漢文學研究』5, 1981).
　　鄭玉子, '麗末 朱子性理學의 導入에 대한 試考 — 李齊賢을 중심으로'(『震檀學報』51, 1981).
　　文喆永, '麗末 新興士大夫들의 新儒學 수용과 그 특징'(『韓國文化』3, 1982).
　　周采赫, '元 萬卷堂의 設置와 高麗 儒者'(『孫寶基博士停年紀念 韓國史學論叢』, 1987).
38) 가령 元宗朝의 사정으로서, 元宗 元年에 元 世祖가 卽位하고 高麗의 元宗에게 詔를 내려 '勸課農桑'할 것을 지시한 일(『高麗史』卷 25, 世家 25, 元宗 1, 元宗 元年 4月 辛酉, 上, p. 508. 世祖는 이때 中國에서도 農桑을 장려하는 重農政策으로서 漢族을 통치할 것을 결정하고 勸農機構·十路宣撫司를 설치했으며, 그 연장선상에서 大司農司가 설치되고 『農桑輯要』도 편찬케 된다 — 註 34의 拙稿 참조), 元宗 12年에 鳳州등지에 經略司를 설치하고 屯田 경영에 소요되는 農牛를 勒買하고 農器, 種子, 蒭秣, 軍糧 등을 공급케 하였던 일(『高麗史』卷 27, 世家 27, 元宗 12年 3月 丙寅, 癸酉, 4月 丙申, 上, pp. 542~544), 그리고 元宗 15年에 使臣을 보내어 '勸課農桑'할 것과 '儲峙軍糧'할 것을 지시하고, 洪茶丘에게 명하여 農事를 점검하도록 한 일(『高麗史』卷 27, 世家 27, 元宗 15年 5月 庚子, 上, p. 562) 등등은 그 몇몇 예이다. 몽골帝國의 勸農은 말하자면 收奪을 위한 권농이었다.

農書를 편찬한 것으로 전해지고도 있었다.[39] 그리고 그는 그가 들여온 『農桑輯要』를 그의 外甥 判事 禹確에게 줌으로써, 다음 세대들에 의해서는 이것이 複刻 刊行되기에까지 이르렀다.[40]

그런데 당시 元에서 刊行된 『農桑輯要』에는 여러 가지 板本이 있었는데, 李嵒은 그 가운데서도 특히 王磐과 蔡文淵의 序가 있고 孟祺의 後序가 있어서 자료로서 가치가 있는, 辰州路總管府(지금의 湖南省沅陵·辰溪지역)의 大字 重刊本(至元 2年, 1336)을 입수하고 있었다.[41] 호화판의 善本이었다. 따라서 高麗에서 複刻한 『農桑輯要』는 이를 底本으로 하는 것이었으며, 이를 大字本 그

---

39) 杏村 李嵒의 人的 사항은 李穡의 『牧隱集』 文藁 卷 17, 鐵城府院君李文貞公墓地銘幷序 및 『高麗史』 卷 111, 列傳 24, 李嵒傳에 비교적 소상하다. 그러나 여기에는 農書와 관련되는 언급이 없다. 그러한 문제가 다소나마 관련될 수 있는 것은, 그 後孫의 『靑坡李先生文集』 卷 2, 劇談 記實에 보이는 李嵒의 農村生活과 관련해서이겠는데, 여기에도 그같은 사실은 기술되어 있지 않다. 杏村 李嵒의 행적에 관해서는 여러 자료를 통해서 근년에 李氏門中에서 작성한 「杏村李嵒先生年譜」(『杏村會報』 創刊號, 1988)가 구체적이며, 여기서는 農書(『農桑輯要』)의 편찬에 관해서도 언급하고 있다. 그러나 그 전거가 분명하지 않다. 이밖에 杏村 李嵒에 대해서는 근자에 韓永愚 교수에 의해서 학문적으로도 검토되고 있는데('杏村李嵒과 『檀君世紀』, 『韓國學報』 96, 1999 ; 『杏村會報』 6, 1999), 『農桑輯要』 편찬설은 부정적이다.

　　그러나 그가 農書를 편찬하였다는 사실은, 韓末의 政府에서 편찬한 『增補文獻備考』에, '『農桑編輯』 一卷 文貞公李嵒撰 凡衣食貲財及種蒔孳息之法 莫不分門類聚 李穡作序'(『增補文獻備考』 卷 246, 藝文考 5, 農家類, 下, p. 895)라고 기술하고 있었던 점으로 보아 분명한 듯하다. 다만 그때까지는 사람들이 그의 農書를 『農桑編輯』(1卷)으로 이해하고 있었던 것으로 보인다. 단, 이 農書에도 '李穡作序' 云云하고 있는 점으로서 보면 의문스러운 바가 없지 않으며, 더욱이 근년에 이르러서 新丘文化社의 『韓國人名大事典』, 1967, p. 674 李嵒항에서는 그의 著書를 『農桑集說』로 명기하고 있어서, 그 農書의 書名이 구체적으로 무엇이었는지 확실하지가 않다. 이같은 書名을 지닌 農書의 현존여부도 아직은 미상이다.

　　이와는 달리 東洋文庫叢刊 11, 前間恭作 編, 『古鮮冊譜』 第 3卷(p. 1584)에서는, 『東文選』이나 李穡文集에 수록되어 있는 '農桑輯要後序'를 근거로 『農桑輯要』를 李嵒 著로 보았고, 앞의 『增補文獻備考』 藝文考에서 든 『農桑編輯』의 '編輯'을 '輯要'의 誤라고까지 하였는데, 이 경우의 李穡의 '農桑輯要後序'는 元나라 『農桑輯要』의 複刻本에 대한 後序였으므로(三木 榮, 『朝鮮醫書誌』, 1973, p. 268 ; 拙稿, 註 34의 논문), 李穡의 後序를 근거로 李嵒의 農書를 『農桑輯要』라고 하는 것은 근거가 되지 못한다.

40) 高麗刻本 『元朝正本農桑輯要』 李穡 農桑輯要後序.

41) 高麗刻本 『元朝正本農桑輯要』 辰州路總管府 重刊後序(至元 2年, 1336).
　　그 原文은 拙稿, 註 34)의 논문 附錄 참조.

대로 複刻하는 것이 아니라, 小字本으로 축소하여『元朝正本農桑輯要』의 이름
으로 板刻 刊行하는 것이었다. 이같은 事業을 추진한 것은 知陜州事 姜蓍였으
며, 慶尙道按廉使 金湊, 晋州牧使 偰長壽, 藝文館大提學 李穡, 學僧·王師 木菴
등의 도움을 받아 협동작업으로서 그 일을 완수하고 있었다.[42) 그들은 이렇게
해서 간행되는『農桑輯要』를 통해서는 農業生産이 증진되고, 이를 통해서는
'制民産 興王道',[43) 즉 民이 經濟的으로 안정되고 國家가 中興할 수 있을 것으
로 기대하였다. 물론 이때의 이 事業은 複刻을 하는 것이었으므로, 農書의 內
容을 우리 실정에 맞도록 選別的으로 취사선택하는 것이 아니라, 難解한 文字
에 音義를 다는 정도의 注釋을 붙임으로써 그대로 이용하려는 것이었다.

　이같이 해서 편찬 간행된『農桑輯要』는 몽골族이 中國을 정복하고 漢族을
農業生産면에서 지배하기 위하여 편찬한 冊子였지만, 그러나 그 農書가 지향
하는 理念은 漢族의 農業을 몽골族 본래의 業인 遊牧民의 業으로 전환시키려
는 것이 아니었다. 漢族 본래의 農業과 農政理念을 그대로 계승 발전시켜 나
가고자 하는 것이었다. 漢族의 中國은 본시 農業國家로서 그 역사가 오래고,
따라서 역대의 王朝國家들은 儒敎의 農本主義 重農思想으로서 勸農을 하고
農業生産을 증진시킴으로써, 國家財政을 공고히 하고 農民經濟를 안정시킬
것을 지향하고 있었다. 그것은 東아시아 儒敎文明圈의 여러 나라에서 공통적
으로 볼 수 있는 하나의 普遍的 原理이기도 하였다. 그런데 몽골族이 이 지역
에 침입한 것은 物産과 財貨가 풍부한 이 지역을 점령하고 수탈하여 富强한
나라가 되고자 하는 데 목표가 있었으므로, 그들이 中國영토 내에서 漢族政權
을 몰아내고 元나라를 세우게 되었을 때, 이 고장에 본래 있었던 그같은 農業
과 農政理念을 버릴 필요가 없었다. 그것을 그대로 따르는 것이 통치기술상
자연스러웠고, 그렇게 하는 것이 몽골族에게 더 유리하기 때문이었다. 그리고
그럼으로 해서 世祖의 명으로 편찬된『農桑輯要』가 그같은 農政理念을 지니
게 되는 것 또한 자연스러운 일이 아닐 수 없었다.

　『農桑輯要』의 그같은 農本主義 農政理念은 그 冊子의 내용에 잘 담겨져 있

---

42) 高麗刻本『元朝正本農桑輯要』李穡 農桑輯要後序, 偰長壽 書農桑輯要後, 木菴誌.
　　拙 稿, 註 34)의 논문 참조.
43) 同 上, 李穡의 農桑輯要後序.

다. 가령 王磐과 蔡文淵이 각각 그들이 쓴 序에서,

　　大哉 農桑之業 眞斯民衣食之源 有國者富强之本 王者所以興敎化·厚風俗·敦孝悌·
崇禮讓·致太平 躋斯民於仁壽 未有不權興於此矣[44]

　　農爲天下之大本 有國家者所當先務 蓋宗廟之粢盛 軍國之經用 生民之衣食 皆於是
乎出[45]

이라고 한 것은 그 한두 예이다. 이는 儒敎의 農本主義 勸農思想을 단적으로
표현한 것으로서, 표현은 조금씩 다르지만 요컨대 農桑의 業·農業은 民의 衣
食의 根源이 되고, 國家의 富强의 根本이 되며, 따라서 天下의 大本이 되는
것이므로, 國家는 무엇보다도 이 農事하는 일, 즉 農業을 발전시켜 나가는 데
힘써야 한다는 것이며, 이『農桑輯要』는 바로 그러한 취지에서 聖旨를 받들어
편찬하고 반포하게 되었다는 것이었다. 이 農書를 편찬한 孟祺도 後序를 썼는
데, 그는 이를 좀 다른 각도에서 표현하여 다음과 같이 기술하고 있었다.

　　農桑之有書尙矣 神農后稷而下 其敎列於九流 數千百年之間 世變風移 弃本逐末之
敎興 農家者流 浸不爲世所重 篇帙亡散 此道或幾乎息矣 主上龍飛 勵精民事 …… 有旨
耕蠶種蒔之說 載在方冊者 其擇以授民[46]

中國의 學問은 神農 后稷 이후 9개 流로 분화되고(農家流는 그 중의 하나),
數千年이 지나는 사이에 世態가 변하여 弃本逐末하는 가르침이 일어나(商工
業 발전), 農學은 점차 世上에서 所重한 것으로 받아들여지지 않게 되고 書冊
도 散佚하게 되어 이제 이 學問은 거의 命을 다하는가 하였는데, 그런 가운데
世祖가 즉위하여 民의 農事일에 마음을 쓰고(農桑의 重要性, 重農政策의 필요
성을 인식하고) 農桑書를 편찬하여 民에게 가르칠 것을 명함으로써, 이 農書를
편찬하게 되었다는 것이었다. 이 農書는 말하자면 元 世祖의 農本主義 重農政
策의 산물이고, 棄本逐末의 風潮로 인해서 쇠퇴하게 되었던 農業에 대한 再建

---

44) 殿本『農桑輯要』王磐 序.
45) 元刻本『農桑輯要』蔡文淵 序(『元文類』卷 36 收錄).
46) 高麗刻本『元朝正本農桑輯要』孟祺 後序.

政策의 산물인 셈이었다. 그러므로 후대의 中國의 史家들은 이때의 이 農書의
편찬의의를 다음과 같이 기술하고도 있었다.

世祖卽位之初 首詔天下 國以民爲本 民以衣食爲本 衣食以農桑爲本 於是頒『農桑輯
要』之書于民 俾民崇本抑末[47]

즉, 世祖는 卽位 초에 먼저 天下에 詔를 내려, 國家는 民으로서 本을 삼고,
民은 衣食으로서 本을 삼으며, 衣食은 農桑으로서 本을 삼는다 하였으며, 여
기에 『農桑輯要』를 반포함으로써 民으로 하여금 崇本抑末을 알고 실천케 하
였다는 것이었다.
　『農桑輯要』의 農政理念은 그 本文에도 구체적으로 기술되어 있다. 卷 1의
典訓(農功起本 蠶絲起本 經史法言 先賢務農)은 그것으로서,[48] 여기서는 中國歷
史에서 農本思想 重農政策으로서 典範이 될 수 있는 사실을 敎訓으로서 제시
하고 있다. 그 내용은 아주 옛날에 神農 后稷이 農事를 시작함으로써 사회를
변화시킬 때의 사정, 經典과 史書에 기록되어 있는 農事관계 기술로서 農業生
産에 관하여 크게 참고할 만한 사실, 그리고 歷史에서 볼 수 있는 先賢들의
勸農활동, 務農활동으로서 당시의 農業에 큰 영향을 미쳤던 사실 등으로 되어
있다. 후대의 地方官들이 이같은 사실들을 통해서 그들의 勸農활동에서 본받
게 하고자 함이었으며, 이를 통해서 地方官 勸農官으로 하여금 農本主義의 勸
農政策에 힘쓰고, 農業生産者 農民層으로 하여금 重農抑末의 農業生産에 힘
쓰도록 유도하고자 하는 것이었다. 農政理念이나 敎訓의 문제를 農書에다 기
술하는 것이 『農桑輯要』에서 비롯되는 것은 아니었다. 그에 앞서서도 이같은
서술방식은 이미 賈思勰의 『齊民要術』에서 시작되고 있었다. 그러나 賈思勰
은 그것을 『齊民要術』의 그 자신의 序에서 언급하고 있었는데, 孟祺는 이를
독립된 한 篇(典訓)으로 재정리하고, 그뿐만 아니라 그 典訓篇을 冊 전체의 首

47)『元史』卷 93, 食貨志 1, 農桑, p. 2354.
48) 元刻本『農桑輯要』卷 1, 典訓.
　　殿本『農桑輯要』卷 1, 典訓.
　　이 두 版本은 그 編冊상에 차이가 있는데, 그 차이에 관해서는 註 67)을 참조.

卷(卷 1)으로 수록하고 있었다. 이는 그가 편찬하는『農桑輯要』에서 農本主義의 農政理念을 특히 강조하고자 함이었다고 하겠다.

여기에서 우리에게는『農桑輯要』를 高麗에서 板刻하여 刊行한 사람들의 생각은 어떠하였을까 하는 점이 궁금한데, 그들이 생각하는 바도 元나라에서 이를 刊行하였던 사람들의 그것과 마찬가지였다. 知陝州事 姜蓍와 晋州牧使 偰長壽가 이 冊子의 刊行과 관련하여 주고받은 글 속에는 다음과 같은 문답이 들어 있다.

　　農桑輯要一書 實生民衣食大本 而有國家者之先務 且在吾守令猶爲切要事也 嚮偶得其的本 因謀諸按部金公湊 於本州鋟梓以廣其傳 庶期小補於萬一者 子盍爲我 識其事以爲將來之考証乎[49]

　　蓋國以民爲本 民以食爲本 食以農爲本 未有無農而有食 無食而有民 無民而有國者也 …… 本朝課責守令 必首先以農爲務 然而播植耕耨之詳 蠶桑畜牧之法 未有成書以行于世 況典籍之在京師者 亦皆蕩盡於辛丑寇中 今使君乃能擧遺善 以重興之 募工鋟梓 廣布其傳 …… 可謂上不負國家撫育黎元之心 下能盡守令承流宣化之任[50]

전자는 姜蓍가 偰長壽에게 이 冊子를 간행하게 되는 경위를 설명하고, 이 冊子 간행의 사실·의미 등을 장래의 考據를 위하여 後記로서 써줄 수 없겠는지 부탁하는 말이며, 후자는 偰長壽가 이를 승낙하고 그 의미를 그가 생각하는 바에 따라 기술하고 있는 한 부분이다. 그런데 여기서 그들은 國家의 農政理念을 '나라는 民으로서 本을 삼고 民은 食으로서 本을 삼으며, 食은 農을 本으로 한다'거나, 또는『農桑輯要』를 '生民의 衣食의 大本을 담은 것 따라서 國家가 무엇보다 먼저 힘써야 할 일'이라고 하여, 農業生産의 문제를 儒敎的 農本主義의 重農思想으로서 인식하고, 地方守令의 임무가 그것을 수행하기 위한 勸農事業에 있는 것으로 강조하고 있는 것이다. 그리고 그러한 점에서 偰長壽는 地方守令들이 그 임무수행에서 이용하게 될 이 農書의 간행에 큰 의미

---

49) 高麗刻本『元朝正本農桑輯要』偰長壽의 書農桑輯要後.
　　이 부분은 姜蓍의 부탁의 말인데, 偰長壽가『元朝正本農桑輯要』의 後記를 쓰면서, 그 안에서 그가 이 後記를 쓰게 된 연유를 설명하기 위하여 인용하고 있는 구절이다.
50) 同 上.

를 부여하고, 지금까지 國定의 農書가 없었던 상황에서 그리고 農書를 포함한
여러 典籍이 모두 蕩盡된 상황 아래에서, 그러한 기능을 담당하게 될 姜蓍의
이 農書의 간행사업을 극구 찬양하고 있는 것이었다.

　姜蓍나 偰長壽에게서 볼 수 있는 農政理念이 이와 같았다는 사실은 어떤 의
미에서는 당연하였다. 그들은 高麗國家의 地方守令이었는데, 그 지방수령의
임무는 앞에서 지적한 바와 같이 國家의 農政理念에 따라 勸農政策을 펴고 農
業生産을 증진시키는 것이기 때문이었다. 그리고 그들에게 指針으로서 주어지
는 국가의 農政理念은 바로 儒教的 農本主義의 重農思想 나아가서는 重農抑末
의 思想이기 때문이었다. 그것은 高麗國家가 그 국초부터 세우고 있는 방향이
고 통치이념이었다. 太祖가 즉위 초에 다음과 같은 農政의 原則을 전제로,

　　農桑衣食之本 王政所先[51]

百姓들에게 3年의 田租를 면제해 주고 農桑에 힘쓰도록 한 일,[52] 만년의 '訓要
十條'에서 農時, 賦役, 租稅 및 國王의 자세와 관련하여 儒敎的 農政理念으로
서의 지침을 제시하고 있었던 일,[53] 成宗朝에 이르러서 農政의 理念을 다음과
같이 명시하고,

　　國以民爲本 民以食爲天 若欲懷萬姓之心 惟不奪三農之務[54]

地方官(12牧諸州鎭使)으로 하여금 勸農의 임무를 맡도록 한 일,[55] 그리고 籍
田의 제도를 마련하여 國王親耕의 모범을 보이고 神農 后稷을 配享 제사지내
도록 한 일,[56] 社稷의 제도를 제정하고 社·稷의 神을 제사지내도록 한 일,[57]

---

51)『高麗史』卷 79, 食貨志 2, 農桑, 太祖 卽位初, 中, p. 733.
52) 同 上.
53)『高麗史』卷 2, 世家 2, 太祖 26年 4月, 上, p. 55, 56, 訓要 7, 10條.
54)『高麗史』卷 79, 食貨志 33, 農桑, 成宗 5年 5月敎, 中, p. 733.
55) 註 27) 참조.
56)『高麗史』卷 3, 世家 3, 成宗 2年 正月 乙亥, 上, p. 66.
　　『高麗史』卷 62, 禮志 4, 籍田, 上, p. 381, 386.
57)『高麗史』卷 3, 世家 3, 成宗 10年 閏2月, 上, p. 76.

그밖에 農政에 관한 儀禮를 儒敎經典의 가르침을 따라 행하도록 한 일[58] 등등은 그 단적인 표현이었다. 그리고 顯宗朝에는 이같은 理念이 더욱 강화되어, 실제로 重農抑末의 조치를 취하고도 있었다.

> 洪範八政 以食爲先 此誠富國强兵之道也 比者人習浮靡 弃本逐末 不知稼穡 …… 令抽減以就農業[59]

국가가 富國强兵하는 길은 農業인데, 근자에는 세상의 習俗이 부박하고 화려해져서 棄本逐末하고 農事의 중요성을 모르는 자들이 늘고 있으니, 이들 末業에 종사하는 자를 감축해서 本業·農業에 종사시키도록 하라는 것이었다.[60] 역대의 國王들에 의해서 下敎되는 高麗國家의 農政理念은 이때로서 그치는 것이 아니었다. 高麗는 農業國家이고 農業의 발전은 계속 필요하였기 때문에, 國家의 勸農政策은 계속되고 그 農政理念을 담은 國王의 下敎는 그 후에도 계속되었다. 그러므로 姜蓍 등이 『農桑輯要』를 板刻하고 印行하여 보급하고자 한 의도는, 말하자면 高麗國家의 이같은 儒敎的 農本主義 重農思想으로서 농업생산을 증진하고, 따라서 쇠미해가고 있는 國家의 中興을 기도하는 것이었다고 하겠다.

(2) 『農桑輯要』의 自然環境과 農業技術

『農桑輯要』는 全 7卷으로 편성되는 가운데, 農業技術의 구체적인 내용은 卷 2로부터 기술되고 있었다. 그러나 이 農書에서 다루는 農業은 狹義의 農業만이 아니라 廣義의 農業, 즉 農産業 전체를 다루는 것이었으며, 따라서 이 農書는 단순한 糧食作物의 栽培法만을 교육하려는 것이 아니라, 農産業 전체를 지도하고자 하는 이른바 綜合農書로 되어 있었다.[61] 그리고 그러한 가운데

『高麗史』 卷 59, 禮志 1, 社稷, 中, p. 332.

58) 『高麗史』 卷 3, 世家 3, 成宗 7年 2月, 上, p. 72, 李陽 封事에 대한 敎.

59) 『高麗史』 卷 79, 食貨志 2, 農桑, 顯宗 3年 3月, 中, p. 733.

60) 朴平植, '高麗末期의 商業問題와 抹弊論議(『歷史敎育』 68, 1998).

61) 元刻本 『農桑輯要』의 篇目.

　　卷 1, 典訓

　　卷 2, 耕墾(耕地) 播種(收九穀種 種穀 〈代田포함〉 大小麥 水稻 旱稻 黍穄 粱秫 大豆 小豆 豌豆 蜀黍 蕎麥 胡麻 麻子 麻 苧麻 木綿 區田)

서도 특히 중심적으로 다룬 것은 糧食作物과 蠶桑이었으며, 그것을 要點정리
의 방식, 간결한 내용으로서 편찬하고 있었다. 그래서 그 서명이『農桑輯要』
이었다. 그러므로『農桑輯要』의 農業技術을 살피고자 한다면, 그 전 분야의
기술을 고찰하지 않으면 아니되는 것이라 하겠다. 그러나 그같은 여러 분야의
기술을 고찰하는 것은 필자의 능력밖의 일이며, 또 本稿에서 이 農書의 農業
技術을 검토하는 이유는, 그것을 朝鮮王朝 世宗朝의 그것 — 구체적으로는
『農事直說』의 農業技術(糧食作物 중심)과 比較하려는 데 목표가 있는 것이므
로, 이곳에서는 그같은 여러 분야의 農業技術 중에서도 本稿의 목표와 관련되
는 卷 2의 糧食作物과 纖維作物을 중심으로 검토하고자 한다.

　〔1〕自然環境

　앞에서 지적한 바와 같이『農桑輯要』는 中國의 黃河流域 華北지방의 農業
을 중심으로 그 栽培技術을 정리한 것이었다. 中國 古代 이래의 이 지역의 農
業에 관한 여러 資料와 그것을 기초로 해서 체계화한『齊民要術』, 그리고 그
후 새로 수집한 資料 및 새로 편찬된 여러 農書들이 자료가 되고 있었다.[62]

　그러므로『農桑輯要』의 農業技術을 이해하기 위해서는, 먼저 이 黃河流域
의 自然環境, 즉 그 風土의 特性을 파악해 두는 것이 필요하다. 이에 관해서는
일반적으로 두 가지 점이 지적되고 있는데, 그 하나는 氣象條件으로서 이 지
역은 年中 降雨量이 적어서 黃河 上流 지역에서 下流 지역에 이르면서 300~
700mm 내외인데 불과하였다는 점이다. 이를 알아보기 쉽게 黃河 유역과 長
江 유역의 年降水量을 비교 정리하면 다음의 〈表 2〉와 같이 된다.[63]

　이를 통해서 보면 長江流域의 降水量은 대략 우리나라의 비가 많이 오는 지
역의 그것과 비슷하나, 黃河流域의 降水量은 우리나라의 비가 적게 오는 지역

　　　附論, 論九穀風土時月及苧麻木綿(九穀風土及種蒔時月 苧麻木綿)
　　卷 3. 栽桑
　　卷 4. 養蠶 蠶事預備 修治蠶室等法 變色生蟻下蟻等法 涼煖飼養分擡等法 養四眠蠶
　　蠶事雜錄 簇蠶 繰絲等法 夏秋蠶法
　　卷 5. 瓜菜 果實
　　卷 6. 竹木 藥草
　　卷 7. 孳畜 禽魚 歲用雜事
　62) 註 35)의 諸論文 참조.
　63)『中華人民共和國地圖集』(1996), 11. 中國氣候(二).

〈表 2〉   黃河流域과 長江流域의 降水量   (단위 : ㎜)

黃河流域	蘭州	西安	太原	鄭州	石家庄	濟南	北京	青島
	327.7	580.2	459.5	640.9	549.9	685.0	644.2	775.6
長江流域	成都	重慶	武漢	長沙	南京	南昌	上海	抗州
	947.0	1,151.5	1,204.5	1,396.1	1,031.3	1,596.4	1,123.7	1,398.9

의 그것보다도 훨씬 적음을 알 수 있다.[64] 그것도 그 降水는 春夏之際에는 乾
旱多風하고 夏秋之際에는 常有暴雨한 것이 특징이었다.[65] 그러므로 이 지역의
農業에서는 다른 降水量이 풍부한 지역에 비하여 天時를 어떻게 신속하게 잘
이용할 것인가 하는 것이 중요한 課題가 되지 않을 수 없었다.

그리고 다른 하나는 土壤條件으로서 이 지역은 장기간의 乾旱조건으로 인
하여 광범하게 黃土層이 형성되고 있었으며, 그런 가운데 山林과 低濕地, 高
田과 下田, 强土와 弱土·輕土 및 半乾旱의 광대한 原野가 전개되고 있는 것이
특징이었다. 黃土層의 土壤은 잘 다스리면 부드럽고 肥沃해서 적정한 雨水를
얻을 경우 고래로 農業生産의 最適地가 될 수 있었다. 그러나 이 黃土層에는
그 堆積된 토양의 柱狀構造로 인해서, 무수히 많은 柱形紋理·毛細管이 垂直으
로 형성되고 있어서 토양 속의 水分을 증발시키는 작용이 활발하였으며, 따라
서 農業生産에서 이를 방지하지 못할 경우 그 해의 農事는 기대할 수 없게 되
는 것 또한 현실이었다.[66] 그러므로 이 지역의 農業에서는, 農業生産의 주체
인 人間이 氣象條件과도 관련하여 이같은 土壤條件을 어떻게 功力을 들여 잘
처리함으로써, 地利를 살릴 것인가 하는 것이 과제가 되지 않을 수 없었다.
中國農業에서 天·地·人 三才의 自然觀, 農業觀이 일찍부터 형성된 소이였다.

〔2〕農業技術

그러면 이같은 自然環境, 風土의 特性을 전제로 하면서 형성된 黃河流域의

---

64) 本稿 4장 2)의 〈表 14〉를 참조.
65) 梁家勉 主編, 『中國農業科學技術史稿』, 1989, p. 45.
66) 同 上書.
    何炳棣, 『黃土與中國農業的起源』, 1969, p. 18.
    Thorp ; Geography of the Soils of China, 1936(伊藤隆吉 外譯, 『支那土壤
    地理學』, 1940, p. 98).

農業技術의 특징은 구체적으로 어떠한 것이었는가. 우리는 그것을 우리나라
農業技術과의 比較를 염두에 두면서, 『農桑輯要』의 耕墾篇(耕地)과 播種篇[67]
을 축조 검토하고 같은 시기 王禎의 『農書』도 참작함으로써, 그 핵심을 農地
의 整地法과 作物의 播種法 및 作物에 대한 施肥法 그리고 風土論의 克服과
經濟作物 등에서 찾을 수 있을 것이다.

　農地의 整地法 — 이에 관해서는 주로 『農桑輯要』卷 2 耕墾篇의 耕地에 그
요점이 기술되고, 播種篇에서도 그것이 부분적으로 기술되고 있다. 그런데 그
러한 기술 중에는 中國農業의 特徵으로서 들 수 있는 문제가 여러 가지 지적
되는 가운데, 가장 큰 特徵으로서 우리에게 특히 관심을 갖게 하는 것은, 農地
의 整地作業에서는 반드시 '耕-擺-勞'의 作業과정을 거치지 않으면 아니되
도록 되어 있다는 점이겠다.[68]

　여기서 1 耕地의 ①은 後魏 賈思勰의 『齊民要術』에서 인용한 방법으로서
두 번 犁耕하고 두 번 勞한다는 것이었다.[69] 『齊民要術』에서는 이밖에도 荒地

---

67) 『農桑輯要』에서는 版本에 따라 이 耕墾篇(耕地)과 播種篇의 編冊방식에 차이가 있
　　었다. 元刻本에서는 이를 모두 註 61)에서와 같이 卷 2에 編冊하고 있었는데, 후대
　　의 武寧殿聚珍版本(殿本)에서는 그 耕墾篇을 卷 1로 옮기고, 그 耕墾篇에다 卷 2의
　　播種篇 種穀에 들어 있던 代田과 播種篇의 區田을 옮겨 추가함으로써, 그 卷 1이 典
　　訓篇(農功起本 蠶事起本 經史法言 先賢務農)과 耕墾篇(耕地 代田 區田)으로서 구성
　　되도록 하였다.
　　　武寧殿聚珍版本이 이같이 耕墾篇을 卷 1로 옮겨 典訓篇과 함께 한 冊이 되도록 한
　　데 대하여는, 原本의 編冊원칙을 훼손하였다는 점에서 여러 가지로 論難이 있지만,
　　冊 전체의 내용을 體系化한다는 점에서는 그만한 이유가 있었던 것이 아닐까 생각된
　　다. 즉 耕墾篇을 作物재배의 基本原則이 되는 것, 技術的인 면에서 典範이 되는 것
　　이라고 보면, 이것을 典訓篇과 함께 한 冊으로 묶을 수 있을 것이며, 趙過의 代田과
　　伊尹의 區田은 이미 典訓篇의 先賢務農에서 언급하고 있었으므로, 그 技術내용을 耕
　　墾篇에서 詳述하는 것은 응당 있을 수 있는 일이라고 생각되기 때문이다. 더욱이 이
　　武寧殿聚珍版本은 明나라의 『永樂大典』에서 聚集한 것인데, 이 明나라는 黃河流域
　　과는 風土가 다른 江南地方에서 기신하였고, 거기에는 山岳지대가 광범하게 전개되
　　고 있었으므로, 農作物 재배에 관한 技術的인 면에서의 典範이 특히 필요하지 않았
　　을가 생각되는 것이다.
68) 天野元之助, '後魏의 賈思勰 「齊民要術」의 硏究'(『中國의 科學과 科學者』, 1978)에
　　서는, 『齊民要術』에서 볼 수 있는 이같은 문제를 播種法 其他의 문제와도 함께, 그리
　　고 그 연구동향도 검토하는 가운데, 포괄적으로 정리하고 있어서 특히 참고된다.
69) 『齊民要術』卷 1, 耕田.
　　元刻本 『農桑輯要』卷 2, 耕墾 耕地.

〈表 3〉 　　　　　　『農桑輯要』의 整地法

1. 耕地	① 犁耕 ② 犁耕 ③ 犁耕	勞(耰 平摩 蓋磨) 擺(耙) 鐵齒擺(方耙 人字耙) 撈 擺	
2. 種穀	① 同上 1의 ③ ② 耦犁		畎 畝
3. 大小麥	耕三徧	謹摩平(耙)	
4. 旱稻	耕	把(耙) 勞	
5. 麻	① 耕縱橫七徧已上 ② 耕五六徧 倍蓋之		
6. 木棉(綿)	耕三徧	擺蓋調熟	作成畦畛
7. 水稻	① 秋耕 ② 燒而耕之	放水 轆軸十徧 下水 木斫(耰)平之	

를 개간할 경우 犁耕한 후 鐵齒鋃榛에 의한 擺와 勞를 각각 두 번씩 할 것도
지시하고 있었으며,[70] 亢旱 후에는 밭을 犁耕하는 대로 蓋磨(勞)하고, 一段의
農地를 모두 轉耕하면 橫으로 한차례 蓋磨하며, 正 2月에 다시 轉耕하고 (蓋
磨한다). 그리고 밭에 出糞한 農地는 다시 5, 6徧 犁耕하되, 每 1耕마다 蓋磨
2徧씩을 하고, 마지막 犁耕에서는 蓋磨 3徧을 하며 또 縱橫으로 蓋磨를 한다
는 것이었으나,[71] 『農桑輯要』에서는 이 부분은 생략하고 일반 熟田의 경우만
을 들고 있었다. 1의 ②는 元初 姚樞의 『種蒔直說』에서 인용한 방법으로서,
여기서는 古農法에 따라 犁耕을 한차례 하면 方耙 人字耙에 의한 擺작업을 6
번하도록 하고 있었다.[72] 그리고 1의 ③은 元初 農正韓公의 『韓氏直說』에서
인용한 방법으로서, 麥田 이외에는 모두 秋耕을 하되 먼저 鐵齒擺(이 경우는

　　凡秋耕欲深 春夏欲淺 犁欲廉 勞欲再 秋耕掩靑者爲上 初耕欲深 轉地欲淺 〈挾註省略〉
70) 『齊民要術』 卷 第 1, 耕田.
　　凡開荒山澤田……耕荒畢 以鐵齒鋃榛 再徧擺之 漫擲黍穄 勞亦再徧 明年 乃中爲穀田
71) 『齊民要術』 卷頭 雜說.
　　自地亢後 但所耕地 隨餉蓋之 待一段總轉了 卽橫蓋一徧 計正月二月兩箇月 又轉一
　　徧……然後轉所糞得地 耕五六徧 每耕一徧 蓋兩徧 最後蓋三徧 還縱橫蓋之……
72) 元刻本 『農桑輯要』 卷 2, 耕墾 耕地, 種蒔直說.
　　古農法 犁一擺六 今人只知犁深爲功 不知擺細爲全功 擺功不到 土麤不實

方杷 人字杷)로서 擺하며, 그 다음 犁로 細耕하고 起耕하는 대로 撈(勞)하되 墢土된 흙이 白色이 되면 다시 兩徧 擺하고, 봄이 되면 다시 4, 5차례 擺하라는 것이었다.[73] 整地法은 農地에 따라 그리고 時代에 따라 약간의 偏差가 있기는 하였으나, 中國農業에서는 이것을 대단히 精細하게 다루고 있었다.

2의 種穀에는 整地의 방법이 ①과 ②의 두 가지가 있었는데, 그 중심이 되는 것은 ①의 整地法이었다. 이것은 耕地條에서 元代 초기의 사정을 ③으로 제시한 그것으로서, 種麥을 하는 農地를 제외하고 모든 農地는 秋耕으로 하되 이와 같이 擺·勞(杷·勞 〈撈〉)를 하라는 것이었다. 그런데 中國 華北지방에서 穀物 가운데 중심이 되는 것은 粟(穀)이었고, 따라서 그 모든 農地의 중심이 되는 것은 種粟을 하는 田이 되는 것이었는데,『農桑輯要』에서는 그러한 種粟 田을 이같이 耕·擺·勞로서 整地하도록 지시하는 것이었다.

3의 大小麥은『齊民要術』에서 인용한 것인데, 이『齊民要術』에서는 5, 6월에 三徧 犁耕하고 '謹摩平'할 것을 지시하고 있었으나,[74]『農桑輯要』에서는 어찌된 일인지 大小麥의 이 整地法을 '菑麥田'(播種篇 大小麥)이라고만 하였을 뿐 그 구체적인 내용을 결하고 있었다. 이 整地法은 元代에도 살아 있어서 王禎『農書』에서도 이를 구체적으로 기술하여 '耕三徧……倍蓋之'하라 지시하고 있었으며,[75] 오늘날의『農桑輯要』의 暵地에 대한 註釋에서도 여러 자료를 참작하는 가운데 이를 다시 '夏耕晒墢 晒後再耕杷'하는 것으로 설명하고 있었는데,[76]『農桑輯要』에서는 이러한 중요한 구절이 누락되고 있었다. 이밖에 당시의 江南지방에서는, 그곳 특유의 種麥法과 그것을 위한 整地法이 墾種, 畦種의 이름으로 진작부터 개발되고 있었으나,『農桑輯要』에서는 이에 대하여도

---

73) 元刻本『農桑輯要』卷 2, 耕墾 耕地, 韓氏直說.
　　凡地 除種麥外 並宜秋耕 先以鐵齒擺縱橫擺之 然後挿犁細耕 隨耕隨㭪 至地大白背時 更擺兩徧 至來春 地氣透時 待日高 復擺四五徧 其地爽潤 上有油土四指許 春雖無雨 時至便可下種.
　　이 경우의 鐵齒擺는 畜力으로 끄는 方杷 人字杷를 뜻한다(繆啓愉,『元刻農桑輯要校釋』, p. 48, 注 三十).

74)『齊民要術』卷 1, 耕田.
　　凡麥田 常以五月耕 六月再耕 七月勿耕 謹摩平以待種時

75) 王禎,『農書』農桑通訣 2, 杷勞篇.

76) 繆啓愉,『元刻農桑輯要校釋』, 1988, p. 80, 注 一.

언급하고 있지 않았다.[77]

4의 旱稻도『齊民要術』에서 인용한 것인데, 下田이거나 高田이거나를 막론하고 '速耕 - 把(杷) - 勞'를 하도록 하고 있었다. 이 점은 江南地方에서도 마찬가지였다.[78]

5의 麻도 ①은『齊民要術』에서 온 것인데, 7차례나 縱橫으로 犁耕을 함으로서 그 田이 잘 熟治되도록 하였다. ②는 王禎의『農書』에 보이는 것인데, 이것을 '種麻地耕五六徧 倍蓋之'라고 지시하고 있었다. 그만큼 麻田의 起耕摩平과정은 중요하였다.[79]

6의 木棉(綿)은『農桑輯要』에서 新添한 것인데, 그 整地法은 兩和(沙土相半)의 不下濕 肥地를 택하여 深耕 3徧하고 擺蓋 調熟한 연후에, 일정한 규격(長 8步 闊 1步, 內 半步 畦面 半步 畦背)의 畦畛을 작성하고 畦上에 播種處를 두 번 深䥫하고 그 바닥을 杷로써 평평하게 고르는 것이었다.[80]

7 水稻의 整地法도 모두『齊民要術』에서 인용한 것으로, ①은 華北지방의 일반적 水田, ②는 특히 그 北土高原지대의 水田의 整地法을 말한 것인데, 전자는 秋耕한 논에 '放水 - 轆軸十徧'의 방법으로, 후자는 '燒而耕之(烤田) - 下水 - 木斫平之'의 방법으로 整地를 하도록 하고 있었다. 이는 아주 오래된 耕

---

77) 徐光啓 撰, 石聲漢 校注,『農政全書校注』中, 1979, pp. 656~657.
78) 元刻本『農桑輯要』卷 2, 播種 旱稻.
   王禎,『農書』農桑通訣 2, 擺勞.
   南方水田 轉畢則杷 杷畢則耖 故不用勞. 其耕種陸地者 犁而杷之 欲其土細 再犁再杷 後用勞 乃無遺功也
79) 王禎,『農書』農桑通訣 2, 擺勞.
80) 元刻本『農桑輯要』卷 2, 耕墾 播種, 木綿. 栽木綿法을 예시하면 다음과 같다.
   擇兩和不下濕肥地 於正月地氣透時 深耕三徧 擺蓋調熟 然後作成畦畛 每畦長八步 闊一步 內半步作畦面 半步作畦背 深䥫二徧 用杷樓平 起出覆土 於畦背上堆積
   至穀雨前後 揀好天氣日下種 先一日 將已成畦畛 連澆三水 用水淘過子粒 堆於濕地上 瓦盆覆一夜 次日 取出 用小灰搓得伶俐 看稀稠 撒於澆過畦內 將元起出覆土 覆厚一指
   待六日 苗出齊時 旱則澆漑 鋤治常要潔淨 稹則移栽 稀則不須 每步只留兩苗 稠則不結實 苗長高二尺之上 打去衝天心 旁條長尺半 亦打去心 葉葉不空開花結實
   앞에서 深䥫二徧하고 用杷樓平하는 것이 어떠한 작업을 하는 것인지 분명치 않지만, 이곳에서는 이것을 畦畛상에 괭이로 播種處로서의 구덩이(穴)를 파고 그 바닥을 작은 고무레(杷)로 평평하게 고르는 것으로 보았다. '䥫'의 뜻으로 보아 그렇고, 곧 뒤따라 '每步只留二苗'라고 한 것으로서도 그와 같이 이해된다.

種法이므로 그 사이에는 적지 않은 변화가 있었을 것이나 언급이 없었으며, 특히 이때의 江南지방에서는 移秧法이 발달하고 있어서, 水田과 秧田의 整地 作業이 '犁耕 – 耙 – 耖'[81]로써 행해지고 있었는데, 『農桑輯要』에서는 이에 관해서도 언급하는 바가 없었다.

지금까지 살핀 바 이같은 擺·勞작업은, 農地를 犁耕한 후 畜力(牛)으로 鐵齒擺·鐵齒鎘榛·擺(方杷 人字杷)를 끎으로써, 塒土된 흙을 碎土 摩平하여 種子를 耬犁·耬構으로 播種할 수 있도록 田面을 平面整地로 하는 작업이었다. 그러한 위에서 특수 作物로서의 木棉은 한가지 作業이 더 추가되어 畦畛을 작성하도록 하는 것이었다. 그런데 위에 제시된 바를 보면, 이같은 擺勞작업에서 혹 어떤 지역에서는 勞만을 하고, 다른 어떤 지역에서는 擺만을 하며, 또 다른 어떤 지역에서는 兩者를 다 하고 있었다. 아마도 지방에 따라서는 그곳 農民들의 農業慣行에 차이가 있고, 또 農地의 土質에도 차이가 있었으므로 이같은 地域差가 있게 되었던 것으로 생각된다.[82] 그러나 擺 勞는 어느 것이나 碎土 摩平하는 기능이 있었으므로, 어느 한쪽 農具만으로서도 최소한의 목석은 날할 수 있었겠지만, 그러나 擺(耙)는 주로 '渠疏'의 뜻이 있고, 勞는 '蓋磨'의 기능이 있었으므로, 田面의 碎土 摩平을 철저하게 하기 위해서는 이 두 가지 작업을 다 거치는 것이 필요하였다.[83] 그러므로 元代의 『農桑輯要』에서는 農民들에게 바로 이같은 두 작업을 모두 수행하도록 요구하고 있는 것이었으며, 당시의 사람들은 그렇게 하는 것을 '牛欺地'하는 것(畜力이 農地가 좋아지도록 그 土性을 변동케 하는 것), '人欺苗'하는 것(人功이 作物의 苗가 잘 자라도록 地力을 증진케 하는 것)이라고 하여, 農事하는 이치의 基本(大綱)이 여기에 있는 것이라고까지 하였다.[84] 그리고 그렇게 하는 가운데 農地를 廣占하고 粗放的

---

81) 王禎, 『農書』 農桑通訣 2, 擺勞.
82) 王禎, 『農書』 農桑通訣 2, 耙勞篇.
　　至於北方 遠近之間 亦有不同 有用耙而不知用勞 有用勞而不知用耙 亦有不知用達者 今並載之 使南北通知 隨宜而用 使無偏廢 然後治田之法 可得論其全功也
83) 王禎, 『農書』 農桑通訣 2, 耙勞.
　　凡治田之法 犁耕旣畢 則有耙勞 耙有渠疏之義 勞有蓋磨之功 今人呼耙曰渠疏 勞曰蓋磨 皆因其用以名之 所以散撥 去芟 平土壤也 …… 耙勞之功不至 而望禾稼之秀茂實 栗 難矣
84) 元刻本 『農桑輯要』 卷 2, 耕墾 耕地, 韓氏直說.

으로 經營하는 것보다, 自己 능력에 맞는 小規模의 農地를 集約的으로 經營하는 것이 좋다는 점을 강조하고 있었다.[85]

물론 이같은 華北지방의 整地法이 中國農業에서도 그 처음부터 그러하였던 것은 아니었다.『齊民要術』의 표현을 그대로 따른다면, 2의 種穀 ②에서 보는 바와 같이, 后稷단계에서 趙過의 代田法단계까지는 農地가 畎·畝로써 整地되고 있었으며, 그것도 후대에 보게 되는 바와 같은 全面耕이 아니라 播種處, 즉 畎이 될 부분만을 起耕하고 나머지는 息土하는 것이었다.[86] 그것이 全面耕과 擺·勞작업을 통해 점차 平土壤으로 전환하게 되는 것은 그 후의 일이었으며,『齊民要術』단계에 이르러서는 그것이 자료상으로도 확실해지고, 元代의『農桑輯要』단계에 이르러서는 일반화되기에까지 이르는 것이었다고 하겠다. 그러나 그렇다 하더라도 이 代田法을『農桑輯要』에 그대로 수록하고 있는 것을 보면, 지역에 따라서는(後進地域) 아직도 이 낙후한 農法이 그대로 남아 있었던 것으로 보아야 하겠다. 이밖에 中國에서는 大旱의 해에는 區田을 작성하기도 하였으나, 이는 특수한 경우의 특수한 整地法이었다.[87]

그런데 이같은 農地의 整地作業에서, 특히 旱田의 경우 우리가 주목하게 되는 것은, 그같은 擺(杷)·勞의 작업을 畜力(牛)을 통해서 縱橫으로 하고 있었다는 점이다. 犁耕으로 堼土된 밭고랑(畎)과 밭이랑(壟畝)을 살리는 것이 아니라, 그 고랑과 이랑을 方杷 人字杷를 牛에 메워 縱橫으로 끎으로써 擺하고,

---

　　爲農大綱 一則牛欺地 二則人欺苗 牛欺地則 所種不失其時 人欺苗則 省力易辦 反是
　　則徒勞無益矣
85) 元刻本『農桑輯要』卷 2, 耕墾 耕地 ; 齊民要術 雜說.
　　凡人家營田 須量己力 寧可少好 不可多惡
86)『齊民要術』卷 1, 耕田, 種穀.
　　元刻本『農桑輯要』卷 2, 播種 種穀.
　　① 趙過爲搜粟都尉 過能爲代田 一畝三甽 歲代處 故曰代田 古法也 ② 后稷始甽田
　　以二耜爲耦 廣尺深尺曰甽 長終畝 一畝三畎 一夫三百畎 而播種於甽中 苗生葉以上 稍
　　耨壟草 因隤其土 以附苗根 比盛暑 壟盡而根深 能風與寒 ③ 其耕耘下種田器 皆有便
　　巧 …… 用耦犁二牛三人 一歲之收 常過縵田畝一斛以上. ④ 趙過 …… 教民耕殖 其法
　　三犁共一牛 一人將之 下種挽樓皆取備焉 日種一頃 至今三輔猶賴其利〈挾註省略〉
　　여기서 ① ③ ④는 趙過의 代田法을 설명한 것이고, ②는 그 代田法이 본받은 古法
　　(后稷)을 설명한 것인데, 그 整地法은 모두 畎畝制로 되어 있다.
87)『齊民要術』卷 1, 種穀 氾勝之書.
　　元刻本『農桑輯要』卷 2, 播種 區田.

또 牛로 하여금 勞도 縱橫으로 끌고 蓋磨함으로써 田面을 平土壤, 즉 平面整地가 되게 하고 있는 것이었다. 아마도 黃河 유역이라고 하는 특수한 氣象條件과 黃土層이라고 하는 특수한 土壤條件을 극복하고 되도록 장시간 土壤 중에 水分을 유지하기(保墒) 위해서, 그리고 地主層의 大土地經營이나 富農層의 大農經營하에서는 많은 畜力이 이용되고 있었다는 점에서, 이같은 平土壤 平面整地의 農法은 개발되고 정착될 수 있었던 것으로 생각된다.

農作物의 播種法 — 이에 관해서는 作物의 재배법을 기술한『農桑輯要』卷 2의 播種篇을 통해서 살필 수 있다. 그런데 이 문제에 관해서도 이 農書에서는 많은 特徵을 기술하고 있는 가운데, 우리의 農業과 比較하여 우리로 하여금 큰 관심을 갖게 하는 것은, 여러 가지 播種法이 있는 가운데서도 특히 耬種法을 발달시키고 있는 점이었다.[88] 그리고 그 여러 播種法을 種子의 특성과도 관련하여 順天時 量地利의 문제와 連繫하여 행할 것을 강조하고 있는 점이었다(種穀條). 이제 몇몇 作物에 관하여 그 播種法을 정리해 보면 다음과 같이 된다.

1 收九穀種은 播種할 九穀(黍·稷·稗·稻·麻·大麥·小麥·大豆·小豆)의 種子를 미리 마련해 두는 방법을『齊民要術』『氾勝之書』에서 인용한 것이다. 그 내용은 여러 가지였지만 그 중에서도 중심이 되는 것은 다음의 세 가지였다. 選種은 好穗를 別收하여 浥하지 않고 雜하지 않게 보관하였다가 水洮(淘淨)하고 잘 말리어 播種한다. 馬骨을 부수어 일정한 비율의 물에 넣어 끓이고, 거기에 附子를 담갔다 꺼낸 汁에 蠶矢·羊矢를 섞어서 저은 후, 거기에다 種子를 溲種하여 乾燥하기를 여러 차례 한 후 파종한다(馬骨이 없으면 雪汁을 써도 된다). 來歲의 所宜穀을 알아보기 위해서는, 일정량의 穀物種子를 자루에 넣어 음지에 묻었다가 50일 후에 꺼내어 되어 보되, 가장 많이 늘어난 것이 그 해 所宜穀이라는 것 등등이 그것이었다.[89]

2 種穀(粟)은『齊民要術』및 元代의『種蒔直說』『韓氏直說』에서 인용한 것

---

88) 中國 古代의 耬犁 耬種法에 관해서는 趙過 代田法의 耦犁 三犁共一牛의 기록과 함께 學者들간에 여러 견해가 있다. 그 연구동향에 관해서는 天野元之助, 前揭論文 ; 閔成基, '東아시아 古農法上의 耬犁考'(『朝鮮農業史硏究』, 1988) ; 崔德卿, 『中國古代 鐵製農具와 農業生産力의 발달』, 建國大 大學院, 1991 등에 잘 정리되어 있다.

89) 元刻本『農桑輯要』卷 2, 耕墾 播種, 收九穀種.

〈表 4〉   『農桑輯要』의 播種法과 中耕除草

1. 收九穀種				
2.a 種穀	菉豆…底	種無期 因地爲時 ① 牛 耬種　　　足踊 撻 ② 三犁共一牛 ③ 二人挽耬		鋤, 후치(耬鋤 剗子)
b 黍穄	新開荒爲上	3~5月 播種		
3. 大小麥	5, 6月 嘆地	白露秋分節 播種 ① 逐犁掩種, 漫種 耬種 ② 撒種	砘車, 杷勞	勞 鋤, 鋒 鋤
4. 旱稻		2~4月 播種 ① 耬耩掩種 擲種	勞 踐壅背	杷勞而鋤之 鋒, 拔而栽之
5. 麻	良田, 不用故墟 田欲歲易	夏至節 播種 ② 耬耩漫擲	曳勞曳撻	驅雀 鋤
6. 木棉(綿)	兩和不下濕肥地	穀雨節 撒種畦內	覆厚一指 澆漑	鋤治潔淨 櫬則移栽
7. 水稻	稻無所緣 歲易	① 擲種 ② 擲種 拔而栽之	令人驅鳥	芟 薅 曝根

으로, 여러 作物의 播種法 중에서도 『農桑輯要』가 가장 상세하게 공을 들여 기술하고 있는 부분이었다. 이는 糧食作物 중에서 가장 중심이 되는 것, 穀物을 대표할 수 있는 것은 粟이기 때문이었을 것이다. 播種의 시기에 관해서는 구체적인 언급이 없이, a에 그 시기를 일정하게 정하지 않고 地方에 따라 적절히 할 것을(種無期 因地爲時) 지시했으나 基準은 3月이었으며(三月楡莢時雨), b에 播種시기를 3~5月로 말하고 있으므로 대략 같은 시기로 볼 수 있겠다. 파종의 방법은 ①은 賈思勰이 『齊民要術』에서 설명하고 있는 것, 그리고 『農桑輯要』단계에서도 널리 관행하고 있었던 바를 인용한 것인데, 이에 의하면 그 播種法은 牛로 하여금 耬車·耬犁·耬耩을 천천히 끄는 가운데 下種을 하고 覆種을 하는 耬種法이었다.[90] 穀田은 菉豆, 小豆, 其他 등전의 '底'를 택하

---

90) 王禎, 『農書』 農器圖譜 2, 耒耜門 耬車. 徐光啓, 『農政全書』 卷 21, 農器 圖譜 1, 耬車에서는 耬車·耬犁·耬耩이 精巧한 下種器임을 잘 설명하고 있다. 그런데 이들은 後漢代의 인물 服虔이 그의 『通俗文』에서 '覆種曰 耬'라고 하여, 耬車가 본시는 覆種

는 輪作의 방법이었으며, 種子는 五種(穀) 및 早晩穀을 相雜하는 雜種의 방식을 권하되, 下種시에는 耬車를 뒤따라가며 발로 壟底를 밟아줌으로써(足躡) 鎭壓을 하였다. 이럴 경우에는 다시 曳撻을 하지 않아도 되었다.[91] 中耕除草(鋤)는『種蒔直說』에서 인용한 것인데, 기본적으로 1次 撮苗(鏃鋤), 2次 布, 3次 擁, 4次 復의 네 차례를 하되, 撮苗를 한 후에는 牛가 끄는 耬鋤나 劐子로 두 차례 후치를 하여 穀根을 培土하고 있었다.[92] 中耕除草과정에서 이렇게 후치를 하게 되면, 처음 播種할 때의 畎(播種處)은 점차 메워져서 平面이나 또는 낮은 壟이 되고 그 옆의 犁畖 또는 耬耩으로 생겼던 낮은 壟은 반대로 점차 隤土되어 平面 또는 이에 가까운 畎(고랑)이 되게 마련이었다.

器로서 이용되었을 것임도 지적하고 있다. 뒤에 다시 언급되는 前漢 趙過의 下種器는 그러한 것이었을 것이다. 그렇다면『齊民要術』단계는 말할 것도 없고,『農桑輯要』단계의 耬車도 전적으로 정교하게 제조된 作畎하고 下種하는 耬車만은 아니었을 것이며, 地域에 따라서는 單純하고 素朴하게 마련된 재래식 下種器와 覆種器의 기능을 겸하는 耬車일 경우가 많았을 것으로 생각된다. 王禎이나 徐光啓가 말하는 발달된 耬車는 그 제법이 정교해서 일반적으로는 '恐難成造'하였으며, 따라서 그들의 시대에도 '中土'에서는 모두 이를 쓰지만 '他方'에서는 이를 이용하지 못하고 있었기 때문이다. 그러므로 재래식 耬車로 下種을 할 경우에는, 먼저 犁로 밭고랑(畎)을 가른(畖) 위를 耬車가 전진하면서 犁道(畎)에 落種하면, 耬車의 兩脚(鑱)은 앞에서 犁畖로 垡土된 흙의 위에 着地하고 전진하면서 그 흙을 일부 다시 가르게(畖) 되며, 그렇게 되면 그 흙이 犁道로 흘러 들어가 覆種을 하게 되었을 것으로 추정된다. 그리하여 약간의 흙이 覆種을 하게 되면, 그 위를 足躡을 하거나 曳撻을 하여 鎭壓을 하고, 元代에는 砘車가 등장하여 이 일을 담당하기도 하였던 것이라 하겠다.

91)『齊民要術』卷 1, 種穀.

元刻本『農桑輯要』卷 2, 播種 種穀.

凡穀田 菉豆小豆底爲上 麻黍胡麻次之 蕪菁大豆爲下 …… 凡田欲早晩相雜 …… 種穀必雜五種 以避灾害 …… 凡種 欲牛遲緩行 種人令促步以足躡壟底 〈牛遲則子匀 足躡則苗茂 足跡相接者 亦不煩撻也〉 …… 苗生如馬耳則鏃鋤 …… 稀豁之處 鋤而補之 凡五穀 唯小鋤爲良 …… 苗出壟則深鋤 鋤不厭數 周而復始 勿以無草爲暫停 〈鋤者 非止除草 乃地熟而實多 糠薄米息 鋤得十徧 便得八米也〉. 〈 〉는 挾註

氾勝之書曰 種無期 因地爲時 三月柳莢時雨 高地强土可種禾

92) 元刻本『農桑輯要』卷 2, 播種 種穀, 種蒔直說.

王禎,『農書』農桑通訣 3, 鋤治篇.

芸苗之法 其凡有四 第一次曰撮苗(鏃) 第二次曰布(平壟) 第三次曰擁(培根) 第四次曰復(添功) …… 一功不至 則稂莠之害 秕稗之雜入之矣

今之器以鋤 營州之東以鏟 爰有一器 出自海壖 號曰耬鋤 …… 撮苗後 一驢帶籠觜挽之 初用一人牽 慣熟不用人 止一人輕扶 入土二三寸 其深痛過鋤力三倍 …… 今燕趙多用之 名曰劐子 劐子之制 又少異於此

그런데 이같은 種穀法에서 주목되는 것은, 『齊民要術』과 『農桑輯要』의 種
穀法사이에는 커다란 차이가 있었다는 점이다. 즉 『齊民要術』에서는 選種을
위해서 좋은 種子를 별도의 田圃에다 '別種'으로 재배하고 있었는데, 『農桑輯
要』에서는 일반 田圃에서 好穗를 선별해서 '別收'를 할뿐 別種하는 것을 생략
하고 있었으며, [93] 전자에서는 穀田(粟田)은 '必須歲易', 즉 穀 자체의 連作재배
를 하지 않도록 하고 있었는데(換田), 후자에서는 이 規程을 생략하고 있었다.
穀田에서도 穀種을 歲易하는 가운데 이를 통한 連作·輪作을 하는 것이 이미
하나의 栽培原則으로 되어 있는 탓이기도 하고, 施肥法·輪作法의 발달은 換田
하는 歲易을 점차 극복하고 있었던 까닭이었을 것으로 짐작된다. [94] 그리고 전
자에서는 播種 後의 鋤(中耕除草)를 10차례나 할 수 있을 것으로 말하였는데,
후자에서는 이를 금하지 않았으나 방법을 달리한 4차례를 요구하고 있었으
며, [95] 그뿐만 아니라 전자에서는 中耕除草과정에서 鐵齒鋸榛(方杷 人字杷)로
杷·勞하고, 中耕除草를 위한 耩이 있기는 하였으나 鋤로 대체할 것을 말하고
적극 권하지 않고 있었는데, [96] 후자에서는 이 亂暴한 除草방식을 대신하여 앞

---

93) 『齊民要術』 卷 1, 收種.
   元刻本 『農桑輯要』 卷 2, 收九穀種.
94) 『齊民要術』 卷 1, 種穀.
   元刻本 『農桑輯要』 卷 2, 播種 種穀.
   繆啓愉, 『齊民要術校釋』 卷 1, 種穀, p. 67, 註 一四.
   歲易田 歲易은 ① 본시 播種할 農地를 易田·換田·換地하는 것을 뜻하는 것이었지
   만(石聲漢, 『齊民要術校釋』, 1957), ② 農業技術이 발달하는 데 따라서는 播種할
   穀物의 種子를 歲易하는 것, 즉 易種·換種·輪作하는 것임을 뜻하는 것으로 이해하게
   되었다. 이같은 새로운 견해를 제기한 학자는 繆啓愉 씨로서, 씨는 이를 『齊民要術
   校釋』, 1982 ; 『齊民要術導讀』, 1988 ; 『元刻農桑輯要校釋』, 1988 등에서 거듭
   강조하였다. 물론 歲易의 뜻하는 바가 이같이 時代를 따라 달라진다 하더라도, 그
   것이 一時에 全面的으로 易田에서 易種으로 변하는 것은 아닐 것이며, ③ 그렇게
   변해가는 긴 세월의 과정에서는, 地域에 따라 그리고 農地의 條件에 따라서는 易
   田·換田·換地하는 歲易이 그대로 남아 있었을 것으로 생각된다.
95) 註 91), 92) 참조.
96) 『齊民要術』 卷 1, 種穀.
   苗旣出壟 每一經雨 白背時 輒以鐵齒鋸榛 縱橫杷而勞之 〈把法 令人坐上 數以手斷
   去草 草塞齒 則傷苗 如此令地熟軟 易鋤省力 中鋒止〉
   苗高一尺 鋒之 耩者 非不壅本苗深殺草益實 然令地堅硬 乏澤難耕 鋤得五徧以上 不
   煩耩 〈挾註省略〉

에서 언급한 바 耬鋤나 劐子에 의한 후치法을 발전시키고 있었다(註 92). 이러한 여러 變化는 앞에서 이미 언급하였던 바 小土地經營의 확대와 관련한 集約的 農業經營의 발전에서 연유하는 것으로 이해된다.

이같은 耕種法에서 耬車·耬犁·耬耩으로 播種하는 방법은 時代에 따라 地域에 따라 差異가 있었다. 위에서 2의 ②는 漢代 三輔지역에서 개발되었던 趙過의 耬種法으로, 전체 耕種작업이 '用耦犁二牛三人'으로 진행되는 가운데(註 86), '三犁共一牛 一人將之'의 방법, 즉 한 사람이 牛 1 匹에 耬車를 메워 끌게 함으로서 下種을 하는 것이었으며,[97] ③도 漢代 遼東지방의 耬種法이었는데, 겨리소(2牛 3人)로 犁耕을 하면, 그 뒤를 2人이 耬車를 끌고(挽耬) 따라가며 1人이 이를 조종함으로써 下種하는 것이었다.[98] 지역에 따라서는 元代에도 이같은 방법들이 ①의 방법과 함께 널리 관행하였을 것으로 생각된다. 그리고 이같이 耬種을 할 경우 耬車는 獨脚耬, 兩脚耬, 三脚耬, 四脚耬 등 지방에 따라 다양하게 제조 활용되고 있었다.[99]

3 人小麥의 播種은 白露 秋分節에 히는데, 그 播種法은 整地法의 경우와 마찬가지로 全文이 누락되어 있다. 『農桑輯要』를 편찬한 인물은 孟祺였고, 그는

---

97) 趙過의 代田法에서는, 註 86)에서 볼 수 있었던 바와 같이, ③ 그 耕耘·下種田器가 모두 便巧해서 거기에 소요되는 農器具, 畜力, 勞動力이 '耦犁 二牛 三人'이었으며, 그러한 가운데서도 ④ 下種을 하는 데는 '三犁(三脚耬·耬車)共一牛 一人將之'하는 것이었다. 그러므로 代田法에서는 犁耕과 下種의 作業을 두 組으로 나누어 진행하되, 犁耕을 하는 데는 一犁 一牛 二人이 소요되고, 下種을 하는 데는 一犁(三脚耬車) 一牛 一人이 소요되는 셈이었다. 여기서 耦犁는 2牛가 나란히 가는 것을 뜻하므로, 犁耕을 하는 組(1人挽牛 - 1人扶犁)가 밭을 갈면서 전진하면, 下種을 하는 組(1牛挽耬 - 1人將之)는 前者가 이미 갈아 놓은 옆의 밭고랑(畎)으로 그 뒤를 따라가면서 下種을 하였을 것으로 생각된다. 이 경우 挽耬하며 뒤따라오는 牛에 대해서는 挽牛하는 사람에 대한 설명이 없어서 궁금한데, 아마도 犁耕組의 挽牛者가 긴 고삐로 下種組의 牛도 동시에 挽牛하거나, 아니면 앞에서 犁耕을 하며 전진하는 扶犁者가 옆 밭고랑으로 挽耬하고 뒤따라오는 下種組의 牛의 고삐를 잡고 조정을 했을 것으로도 생각된다. 또 그렇지도 않으면 註 92)에서와 같이 牛나 人이 犁耕이거나 下種에 숙달되면 挽牛者 없이도 犁耕 下種작업을 할 수 있었던 것이 아닐까 생각되기도 한다.

98)『齊民要術』卷 1, 耕田, 種穀.
　　元刻本『農桑輯要』卷 2, 播種 種穀.
　　今遼東耕犁 轅長四尺 廻轉相妨 旣用兩牛 兩人牽之 一人將耕 一人下種 二人挽耬 凡用兩牛六人 一日縴種二十五畝

99) 王禎,『農書』農器圖譜 2, 耒耜門 耬車.

이 農書를 편찬한 후 跋文까지 썼으므로 확실히 이 農書의 편찬과정은 완결되었던 것으로 생각되는데, 大小麥에 관해서는 가장 중요한 부분이라고 할 수 있는 整地法과 播種法이 누락되어 있는 것이다. 아마도 어떤 사정에서 板刻과정에서 빠졌거나, 아니면 杜撰의 탓이 아닐까 생각된다. 그러므로 여기서는 위로 『齊民要術』을 참고하고, 아래로 王禎 『農書』와 徐光啓 『農政全書』를 참작하면서, 『農桑輯要』 단계의 種麥法을 위와 같이 구성하여 보았다.

여기서 ①은 『齊民要術』에 제시된 華北지방의 種麥法인데, 그 방법에는 세 가지가 있었다. 첫째는 먼저 犁로 밭고랑(畎)을 가르고(先犁) 그 犁道를 따라가며 掩種(打穴點播[100] : 구덩이를 파고 點種을 하는 것)을 하는 경우이고, 둘째는 그 밭고랑에 漫種(擲種)을 하는 경우인데 이 방법은 耐旱의 면에서 전자만 못하였으며(不如作掩耐旱), 셋째는 山田이나 剛强한 밭에는 耬種을 하는 경우였다. 中耕除草의 작업으로서는 正二月에 勞를 끌고 鋤를 하며 3~4월에 다시 鋒·鋤를 행하는 것이었다.[101] 그런데 이같은 세 가지 播種法을 王禎은 元代의 사정을 말하면서 다음과 같이 두 가지 방법, 즉 첫째 파종은 반드시 耬犁下種을 하고 砘車를 끌어 播種處를 鎭壓하며, 둘째 밭고랑에 漫種(擲種)을 하고 耙·勞를 써서 覆種을 한다는 두 방법으로 節略하고 있었다.[102] 王禎은 機動性이 있는 播種法만으로 정리하고 있음이 주목된다.

『齊民要術』과 『農書』의 時代를 달리한 이같은 播種法 중에서, 孟祺가 『農桑輯要』에서 채택하였을 種麥法이 어느 것이었는지는 미상이다. 그러나 黃河유역에서는 掩種法이 漫種法보다 耐旱상(아마도 耐寒의 면에서도) 유리하였으므로, 地域에 따라서 그리고 農民들의 經濟事情과도 관련하여서는 현실적으로 이 掩種法이 결코 소멸되지 않았을 것으로 생각되고, 또 기술한 바와 같이 『農桑輯要』의 經營觀이 小土地所有와 그 集約的 農業經營에 크게 유의하는 것이었음을 고려하면, 그 撰者가 '逐犁掩種'하는 방법을 자의적으로 버리지도 않았을 것으로 생각된다. 그리고 ②는 南方지역의 種麥法인데, 이 지역은 늘 水災를 입는 지역이었으므로, 農民들이 麥을 播種할 경우 水濕을 피하여 作壠

---

100) 繆啓愉, 『齊民要術導讀』, 1988. p. 65. 229 참조.
101) 『齊民要術』 卷 2, 大小麥.
102) 王禎, 『農書』 百穀譜 1, 穀屬 大小麥.

作畦를 한 후 그 위에 播種處(穴科)를 마련하고 거기에다 撮種(點種)을 하는 것이 특징이었다.[103]

　4 旱稻의 耕種法은 全文을 『齊民要術』에서 인용하였는데, 그 播種法은 2~4월 사이에 樓로 耩하고 掩種하는 것이었다. 擲種으로도 하였으나 種子를 절약하고 포기(科)를 크게 하는 데는 掩種이 유리하였다. 播種 후에는 두 번 勞하고, 黑土堅强한 곳에서 싹이 트기 전에 가물면 牛·羊·人으로 하여금 밟게(踐)하며, 싹이 트면 壟背를 밟아주도록 하였다. 中耕除草는 苗가 3寸만큼 자라면 杷·勞·鋤를 하고, 雨가 있을 때마다 杷·勞를 하며, 苗가 1尺정도 자라면 鋒·耬를 하도록 하였다. 포기가 크고 배면 5, 6월 霖雨시에 拔而栽之하였다.[104]

　5 麻의 耕種法도 『齊民要術』에서 인용한 것인데, 그 播種法은 良田에 歲易해서 輪作으로 하였으며 故墟(廢墟地)에는 심지 않도록 하였다. 樓耩하고 漫擲하거나 樓頭下種하도록 하였다. 그리고 數日間은 驅雀을 하고 잎이 퍼지면 두 번 鋤를 하였다.[105]

　6 木棉(綿)은 『農桑輯要』에서 新添한 것으로 中國에서도 이때 이래로 널리 재배케 된 作物이었다. 그 播種의 방법은 앞에서 언급한 바와 같이, 整地한 밭에, 穀雨節 전후의 날씨가 좋은 날을 택하여 下種하는데, 하루 전에 그에 앞서 이미 마련하였던 바 畦畛 위에 세 차례 물을 뿌리고, 또 물에 일은(淘淨) 종자를 濕地 위에 수북히 쌓고 그것을 항아리로 덮어 하룻밤을 지낸 후, 그 種子를 小灰에 버무려서 畦內(구덩이)에 撒種하며, 整地시 畦上에 播種處로서 구덩이를 팔 때 出土하였던 흙으로 覆種을 하되 좀 두텁게 하도록 하는 것이었다. 파종 후 6, 7일이 지나면 苗가 가지런히 올라오는데 이때 날씨가 가물면 물을 뿌리며, 김매기는 木棉밭이 항상 정결하도록 해야 하고, 苗가 배면 移栽를 하되, 每步에 兩苗만을 남기도록 하였다(註 80 참조).

　7 水稻의 耕種法도 『齊民要術』에서 인용한 것인데, 그 播種法은 華北지방

---

103) 『農政全書』 卷 26, 樹藝 穀部 下, 麥.
　　　王禎, 『農書』 農桑通訣 2, 播種篇, 百穀譜 1, 穀屬 大小麥.
104) 『齊民要術』 卷 2, 旱稻.
　　　元刻本 『農桑輯要』 卷 2, 播種 旱稻.
105) 『齊民要術』 卷 2, 種麻.
　　　元刻本 『農桑輯要』 卷 2, 播種 麻.

의 중심부와 北土高原지대의 그것에 차이가 있었다. 전자에서는 '稻無所緣'하여 歲易(: 不重茬 …… 繆啓愉)을 하고 3, 4월간에 直播(擲種)를 하였으며, 후자에서는 連作을 하되 2월에 얼음이 풀리면(氷解) '燒而耕之'하고 治田을 한 후 全面에 直播를 하였다가 立苗의 疎密을 살펴 '拔而栽之'하는 것이었다. 어느 쪽이나 除草(薅)의 문제를 해결하기 위한 耕種의 방법이었다. 種子를 漬種 下種하고 除草 決水曝根하는 방법은 같았다.[106] 『農桑輯要』단계의 江南지방에서는 移秧法이 발달하고 있었는데 이에 대해서는 언급이 없었다. 그런데 이같은 水稻의 耕種法을 앞에서 살핀 바 種穀(粟)法과 비교하여 보면, 양자 사이에는 큰 차이가 있어서, 種粟의 耕種法이 지극히 集約的이었던 데 比하여 種水稻의 耕種法은 상대적으로 적지않이 粗放的이었다고 할 수 있겠다. 水稻作은 華北지방의 중심 作物이 아니기 때문이었을 것이다.

農作物의 播種法을 이같이 정리하고 보면, 『農桑輯要』의 旱田作物에서 공통적으로 볼 수 있는 中國農業 특유의 播種法은 여러 가지가 있는 가운데, 木棉의 播種法을 예외로 한다면, 耬種法 즉 畜力(牛)으로 그리고 예외적으로는 人力으로 耬車·耬犁·耬構를 끄는 가운데 下種을 하는 방법이었다고 하겠다. 앞에서 살핀 바 整地法이 犁耕－擺·耙－勞의 과정을 거쳐서 田面을 平土壤하는 것, 즉 平面整地하는 것이었음과 앞뒤로 연계되는 播種法이었다. 黃河 유역에서는 旱田作物의 耕種法이 이같이 되지 않으면 아니되었다. 그것은 이 지역에서는 그 氣象조건과 土壤조건이 그 농업생산에 결코 좋지만은 않은 것이었으며, 따라서 그같은 불리한 條件들을 극복하기 위해서는, 整地·播種·覆土·鎭壓의 과정을 신속하게 처리할 수 있는 방법, 즉 畜力利用을 통한 機動性 있는 耕種法의 개발이 필요하였기 때문이었다. 그리고 그렇게 하기 위해서는 많은 畜力을 확보하고, 거기에 상응하는 각종의 農器具가 개발되지 않으면 아니되었던 것이라고 하겠다.

農作物에 대한 施肥法 ── 이 점에 관해서는 『農桑輯要』卷 2, 耕墾의 耕地篇과 播種篇을 통해서 살필 수 있는데, 이는 주로 『齊民要術』과 기타 몇몇 農書의 施肥法을 인용함으로써 이루어지고 있었다. 그 내용을 살피면 이때의 施

---

106) 『齊民要術』卷 2, 水稻.
    元刻本 『農桑輯要』卷 2, 播種 水稻.

〈表 5〉	『農桑輯要』의 施肥法
1. 耕地	① 掩靑 ② 苗糞 ③ 蠶矢 ④ 熟糞 ⑤ 糞地(堆肥) ⑥ 燒田 ⑦ 暵地
2. 播種	⑧ 糞種 ⑨ 溲種, 漬種 ⑩ 底種 ⑪ 新開荒田 ⑫ 追肥 ⑬ 糞蓋

肥法은 〈表 5〉에서 보는 바와 같이 지극히 다양하였는데, 이 農書의 찬자는 이같은 施肥에 관하여 다음과 같은 원칙을 세우고 있었다. 즉, 무릇 農地 중에는 薄田이 있으므로 이같은 農地에는 반드시 施肥를 해야 하며,[107] 이같은 施肥는 전 農業生産의 과정에서 몇몇 勞動과정과 더불어 반드시 힘써야 하는 과정이라는 것이었다.[108]

1의 ① ② ③ ④ ⑤는 그 전부가 耕地篇에서 農地를 기름지게 하는 방법을 말한 것인데, 그 중 ①은 秋耕할 때는 그 밭에 자라고 있는 雜草를 갈아엎는 것이 좋다는 것이었다(掩靑).[109] 이 점은 播種篇의 蕎麥에서도 거듭 언급하고 있었다. ②는 5, 6월에 綠豆 小豆 胡麻를 파종하였다가 7, 8월에 그것을 갈아엎으라는 것(苗糞),[110] ③은 蠶矢를 거름으로서 밭에 펴라는 것,[111] ④는 熟糞을 그렇게 펴라는 것이다.[112] 예컨대 播種篇의 麻에서는 麻田이 척박하면 이 熟糞을 펴고 整地할 것을 지시하고 있었다.[113] ⑤는 牛馬廐間에 穀穰을 폈다가 걷어내서 마련한 堆肥를 田間에 펴라는 것이다.[114] 그리고 ⑥은 播種篇의 水稻

---

107) 元刻本『農桑輯要』卷 2, 耕墾 耕地.
　　　凡地有薄者 卽須加糞糞之

108) 元刻本『農桑輯要』卷 2, 耕墾 耕地.
　　　凡耕之本 在於趣時和土 務糞澤 早鋤 早穫

109) 元刻本『農桑輯要』卷 2, 耕墾 耕地.
　　　凡秋耕欲深 春夏欲淺 犁欲廉 勞欲再 秋耕掩靑者爲上 初耕欲深 轉地欲淺

110) 元刻本『農桑輯要』卷 2, 耕墾 耕地.
　　　凡美田之法 綠豆爲上 小豆胡麻次之 悉皆五六月中穊種(穊種 …… 繆啓愉) 七月八月
　　　掩殺之 爲春穀田 則畝收十石 …… 其美與蠶矢熟糞同

111) 同 上.

112) 同 上.

113) 元刻本『農桑輯要』卷 2, 耕墾 播種, 麻.
　　　麻欲得良田 不用故墟 …… 地薄者糞之〈糞宜熟 無熟者 用小豆底亦得〉……

에서 北土高原지대의 예를 든 것인데, 2월에 解氷이 되면 논의 田面을 불사르
고 起耕한다는 것이고(燒田),[115] ⑦은 同篇의 大小麥에서 秋麥을 파종하기 위
해서는 5, 6월에 미리 起耕을 하고 曝曬를 하라는 것이었다(暵地).[116]

2에서 ⑧ ⑨는 播種篇의 收九穀種에서 기술하고 있는 것인데, ⑧은 薄田에
糞을 施肥하지 못하였을 때는 種子를 蠶矢와 섞어서 파종하면(糞種) 蟲害를
방지할 수 있고, ⑨는 馬骨을 분쇄해서 끓인 汁에 種子를 일정 절차를 따라
담갔다가 파종하면(溲種) 蝗蟲의 害를 막을 수 있으며, 馬骨이 없을 때 雪汁으
로서 溲種을 하면 耐旱이 된다는 것이었다. 이같은 방법은 同篇의 大小麥에서
도 말하고 있었는데, 酢漿이나 蠶矢에 漬種하여 파종하면, 酢漿의 경우 耐旱
의 효과가 있고 蠶矢의 경우 忍寒의 효과가 있음을 지적하고 있었다.[117]

2에서 ⑩ ⑪은 播種篇 種穀의 몇몇 作物에서 地力을 효과적으로 흡수하기
위한 방법을 말한 것인데, ⑩은 穀(粟)은 前作이 綠豆 小豆인 底에, 黍穄는 大
豆底에, 小豆는 麥底에 輪作으로 파종하는 것이 좋고,[118] ⑪은 黍穄의 경우는
특히 新開荒田에 파종하는 것이 좋다는 점을 강조하고 있었다.[119]

『農桑輯要』의 施肥法을 이같이 정리하고 보면, 이 農書의 施肥法은 대단히
발달한 듯이 보이지만, 그러나 이를 자세히 살피면 몇 가지 점에 대하여 疑問
을 갖지 않을 수 없게 된다. 첫째 이 農書에서는 그 施肥法을 耕地할 때와 播種
할 때 原論的인 설명을 하고 있을 뿐, 모든 作物에 대하여는 그 施肥法을 구체
적으로 지시하고 있지 않은 점이다. 둘째 이 農書에서 이용하고 있는 施肥法은
모두 6세기의 『齊民要術』등 古農書에서 인용한 것일 뿐, 그 후 13세기의 『農

114) 元刻本 『農桑輯要』 卷 2, 耕墾 耕地.
    其踏糞法 秋收治田後 場上所有穀穰等 並須收貯一處 每日布牛脚下 三寸厚 …… 每
    平旦收聚堆積之 遝依前布之 經宿卽堆聚 至十二月 正月之間 卽載糞糞地
115) 元刻本 『農桑輯要』 卷 2, 播種 水稻.
116) 元刻本 『農桑輯要』 卷 2, 播種 大小麥.
117) 元刻本 『農桑輯要』 卷 2, 耕墾 播種, 收九穀種.
118) 元刻本 『農桑輯要』 卷 2, 播種 種穀, 黍穄, 小豆.
    凡穀田 菉豆小豆底爲上 麻黍胡麻次之 蕪菁大豆爲下
    凡黍穄田 新開荒爲上 大豆底爲次 穀底爲下
    小豆 大率用麥底 然恐小晚 有地者 常須兼留去歲穀下 以擬之
119) 同 上.

桑輯要』에 이르기까지의 사이에 개발되었을 새로운 施肥法에 대해서는 언급
이 없는 점이다. 셋째 이 農書에서 주로 糧食作物에 대하여 기술한 施肥法은
基肥·種肥가 대부분이고, 播種 후의 追肥에 대해서는 언급이 없는 점이다.[120]
그러므로 이 農書에서 지시하는 바에 따라 農民들이 그들의 農地에 施肥를 하
고자 할 때는, 적지 않은 혼란이 있을 수 있고, 또 그나마도 古代의 施肥法을
基肥와 種肥만으로서 행한다는 한계를 지니게 되었을 것으로 생각된다.

風土論의 克服과 經濟作物 — 끝으로 우리는 『農桑輯要』의 農業技術의 특
징으로서, 그 撰者가 風土論을 극복하고 새로운 經濟作物 苧麻, 木綿 등의 재
배를 보급시키며 養蠶業을 대대적으로 장려 육성하며, 나아가서는 市販性이
있는 商品作物을 재배하도록 여러 곳에서 勸하고 있었음을 들 수 있다.

첫째는 苧麻와 木綿의 재배문제인데, 이 農書의 撰者 孟祺는 이 作物을 黃
河 유역은 물론이고 이를 全 中國에 보급시키고자 하고 있었다. 이때 苧麻는
南方지역의 作物이고 木綿은 西域지방의 産物이어서, 中原지역에서는 아직
재배되지 않고 있었는데, 孟祺는 이를 氣候風土가 크게 다른 黃河 유역 및 全
中國에다 보급시키고자 하는 것이었다. 그렇게 하기 위해서는, 苧麻와 木綿의
재배법을 새로 편찬하는 『農桑輯要』의 播種篇에다 "新添"으로서 麻와 함께 수
록하는 것이 방법상으로 좋았으며, 실제로 그렇게 하고 있었다.[121] 整地 播種
移栽의 방법을 정성스럽게 정리하여 수록하였다.[122] 孟祺는 苧麻는 이미 河南
지역에서 재배되는 예가 있고 木綿은 陝右지역에서 재배되는 예가 있는데, 잘
자라기를 本土와 다를 바 없으며, 따라서 이 지역의 民들은 經濟的 惠澤을 누
리는 바가 크다는 점을 확인하고 있었다.[123] 그러므로 그는 苧麻나 木綿의 전
중국에서의 재배 可能性을 확신하는 것이었으며, 처음에는 自給自足하는 것

---

120) 물론 施肥法에서 追肥의 방법 자체가 없었던 것은 아니다. 麻子(實)를 취하기 위한
　　 재배에서는 追肥를 하고, 苧麻의 재배에서는 移栽 후에 牛驢馬의 生糞을 덮어주고
　　 있었다(元刻本『農桑輯要』卷 2, 播種, 麻子 苧麻). 그러므로 시대의 흐름에 따라서
　　 는 조만간 糧食作物에도 이 追肥法이 도입되었을 것으로 예상된다.
121) 元刻本『農桑輯要』卷 2, 播種 苧麻"新添", 木綿"新添".
122) 그가 新添한 "栽木綿法"은 註 80)을 참조.
123) 元刻本『農桑輯要』卷 2, 卷外 附錄 論九穀風土時月及苧麻木綿(九穀風土及種蒔時
　　 月, 苧麻木綿) 孟祺.

이 되겠으나 점차 經濟作物로서 크게 기여하게 될 것임을 전망하는 것이었다. 苧麻는 麻보다 값이(價高) 數倍나 되고, 木綿은 織布를 위한 紡績絲·毛絲를 타고, 衣服에 솜을 두어 輕暖한 옷, 따라서 값비싼 옷을 마련할 수 있을 것임을 특히 지적하고 있었다.[124]

그러나 이때의 社會의 일반적 분위기는 이 두 作物의 原産地는 南方지역과 西域지방이고, 그 지역들은 黃河流域 및 中國의 다른 지역과 風土가 다르다는 점에서, 이른바 風土不同論을 내세워, 그 中原지역에서의 재배는 어렵다고 보는 바가 강하였다. 苧麻 木綿의 中原재배를 반대하는 여론이었다. 大司農司 내에서도 勸農使나 勸農副使들간에 그 의견이 갈리었던 것으로 생각된다. 그러므로 孟祺는 이들을 설득하지 않으면 아니되었고, 또 그렇게 하기 위해서는 그가 책임을 진다는 점도 확실히 하지 않으면 아니되었을 것으로 생각된다. 그것은 苧麻와 木綿條를 이미 卷 2의 播種篇에다 수록하였음에도 불구하고, 卷外에다 다시 附錄으로서 이 두 作物을 중심으로 한 風土論의 克服이 가능하다는 점을 극구 강조하는 論說을 記載하고, 거기에다 '孟祺'라고 서명을 하고 있는 것으로서 그와 같이 이해할 수 있다.[125] 이는 만일에 苧麻와 木綿을 中原지역에서 재배하는 데 실패하여 皇帝의 問責이 있을 경우, 모든 책임은 孟祺가 진다는 것을 農司諸公에게 약속하는 誓約이었을 것으로 생각된다.

다음은 종전부터 있었던 農作物의 생산에서 經濟性이 있는 商品作物의 재배를 장려하고 있는 점이었다. 絹織物 생산의 기초가 되는 栽桑과 養蠶을 다른 農書와는 달리 크게 다루고 있었음은 그 한 예이었다. 가령 『齊民要術』에서는 養蠶을 種桑柘의 附錄으로서 약간 언급하는 데 불과하였으나, 『農桑輯要』에서는 이를 크게 확대하여 栽桑 한 篇(卷 3), 養蠶 한 篇(卷 4)으로 편찬하고 있었다. 이는 元代에는 商業이 國內外에서 대단히 발달하고 있는 가운데, 養蠶業 따라서 絹織物은 특히 國家的으로 중요한 賦稅源, 財源, 貨幣의 수

---

124) 註 121) 참조.
125) 註 123) 참조.
　　殿本『農桑輯要』卷 2, 論九穀風土及種蒔時月, 論苧麻木綿. 여기서는 이 論說을 卷內에다 편입시켜 당연한 것으로 처리하고 孟祺의 서명을 삭제하고 있었다. 이때에는 이 作物들의 재배는 이미 널리 보급되고 있었으므로, 그 論說부분에만 孟祺의 이름을 기록하는 것은 編冊의 체제상 부자연스러웠기 때문이었을 것이다.

단이 되고, 貴族들을 위한 高級 織物이 되며, 國際間에는 貿易品의 지불수단
이 되고도 있었으므로,[126] 『農桑輯要』의 撰者는 養蠶業 나아가서는 絹織物생
산을 하나의 經濟활동으로서 크게 발달시키고자 하는 것이었다. 『農桑輯要』
의 撰者는 이밖에도 도처에서 값이 좋은 商品作物의 재배를 公開的으로 권장
하고 있었다.[127] 이는 『齊民要術』의 편찬방침이 기본적으로 '商賈之事 闕而不
錄'하는 것이었음과는 그 자세가 크게 다른 것이었다.[128] 물론 앞에서 언급한
바와 같이 『農桑輯要』의 農政理念은 農本主義였으므로, 이같이 商品作物의
재배가 권장되고 있었다 하더라도 그것이 捨本逐末할 것을 권하는 것은 아니
었다. 그것은 農本主義 農政策 아래에서의 商品作物 생산의 장려, 다시 말하
면 時代를 따라 商業 및 流通經濟가 현저하게 발달하고 있는 상황에서, 거기
에 상응하는 農業生産의 방식을 능동적 적극적으로 제시하고 있는 것이었다
고 하겠다.

　이상에서 살핀 바와 같이, 姜蓍 등이 『農桑輯要』를 板刻하여 많은 부수의
農書를 刊行한 것은 恭愍王 21年(1372)의 일이었거니와, 그들이 이 같은 事
業을 전개한 것은 이 農書를 보급시킴으로써 그 農業技術을 통해 農業生産을
획기적으로 증진 발전시키고, 이를 통해서 쇠퇴하고 있는 高麗國家를 富强한
나라로 中興시키고자 하는 데 목표가 있었다. 그러나 이 農書를 刊行한 후의
高麗國家의 실정은 그러한 목표를 달성하기 어렵게 하고 있었다. 그같은 事業
은 몇몇 地方官의 힘으로 될 수 있는 일이 아니었지만, 그나마 그들마저도 이

---

126) 石聲漢, 『中國古代農書評介』(渡部武 譯, 『中國農書가 말하는 2100年』), 『農桑輯
　　要』, 1984.
　　　『高麗史』卷 27, 元宗 12年 3月 癸酉, 上, p. 543에는 '鳳州經略司 以絹一萬二千
　　三百五十匹 來市農牛'의 기록이 보인다.
127) 元刻本 『農桑輯要』卷 2, 播種篇의 黍穄 豌豆 蜀黍條 등 참조.
128) 『齊民要術』序.
　　　그러나 『齊民要術』의 찬자 賈思勰의 이러한 표현이 그가 商賈를 輕視하거나 商業
　　은 農業과 無關하다고 보는 데서 연유하는 것은 아니었다. 그것은 옛부터 '捨本逐末
　　賢哲所非'라고 보는 데서, 그는 士大夫官僚이기 때문에, 다만 말하지 않고 기록하지
　　않을 뿐이라는 것이었다. 그는 農業生産을 전 經濟機構와 연계된 하나의 理財, 治産
　　활동으로 이해하고 있었으며, 따라서 그는 『齊民要術』卷 7에서는 理財문제의 原論
　　이 되는 貨殖篇을 마련하고도 있었다.

미 地方官에서 떠나 있었다. 더욱이 그것은 國家權力이 안정된 상태에서 그
사업을 지속적으로 전개할 때 그 成果를 기대할 수 있는 것인데, 당시의 高麗
國家의 內外事情은 王朝末期적인 혼란 속에서 그 같은 사업을 수행할 형편이
되지 못하고 있었다. 이때에는 해마다 수시로 있게 되는 倭寇의 침입이 절정
에 달하는 가운데, 李成桂는 이를 討伐하는 元帥가 됨으로써 그 政治的 위상
이 높아지고 있었으며, 威化島回軍 이후에는 사실상 政治實權을 완전히 장악
하는 가운데 新王朝를 지향하는 政治勢力을 결집시키게까지 되고 있었다. 부
패한 政治勢力과 反改革的인 政治勢力이 차례로 제거되었다. 그뿐만 아니라
恭愍王은 奸臣들에 의해서 弑害되고, 禑王과 昌王은 李成桂勢力에 의해서 廢
位되며, 마침내는 李成桂가 國王으로 추대될 것이 예정된 가운데 恭讓王도 폐
위되고 高麗王朝는 멸망으로 이어지고 있었다. 그러므로 이같은 政治的 혼란
속에서 高麗國家의 中興을 기도하는 臣僚들이 農業技術의 改良정책을 적극
전개한다는 것은 기대하기 어려운 일이었다.

3. 朝鮮初期의 農政改革과 農業開發政策

農業生産의 측면에서 볼 때 高麗國家는 그 末年에 발생한 農業問題-農業
상의 危機를 극복하지 못함으로써 멸망하고 있었다. 그러므로 朝鮮王朝는 新
國家로서 출발은 하였지만, 그가 타도한 國家가 해결하지 못한 農業問題를 그
대로 자기의 문제로서 떠맡지 않을 수 없었다. 그리고 그럼으로 해서 朝鮮王
朝를 건설한 政治人들에게는, 이제는 그같은 문제가, 그들이 세운 新國家의
體制를 건설하고 정비하기 위해서 반드시 해결하지 않으면 아니되는 課題로
되었다. 그러한 課題는 요컨대 農村社會를 피폐케 하고 農業生産者 農民層을
몰락시키며 國家財政을 위축케 하는 要因을 제거하고 制度를 改革함으로써
安定된 收取基盤으로서의 農村社會를 건설하는 일이었다. 그들은 그것을 두
계통으로 추진하되, 반드시 하나의 문제로서 추진하지 않으면 아니되었다. 그
하나는 農政의 收奪性, 租稅制度의 不合理를 제거함으로써 國家와 生産者 사
이에 개재하는 부당한 中間收奪을 차단하는 것이며, 다른 하나는 農業技術을

개량하고 農業生産을 증진함으로써 農業生産者 農民層의 擔稅能力을 키우고 租稅收入을 안정적으로 확보하는 문제였다. 이 양자는 어느 한쪽만을 수행하는 것으로서도 일정한 효과를 얻을 수 있었겠지만, 그러나 이 시기의 사정은 그 양자의 동시 수행을 요구하고 있었으며, 그렇지 않을 경우 國家財政과 農民經濟의 안정을 동시에 기대하기 어려운 바 있었다.

1) 結負 租稅制度의 改革

農政의 不合理를 제거하는 문제는 요컨대 農民부담의 租稅制度를 改革하기 위한 작업으로서 몇몇 계통으로 시도되었다. 이같은 문제는 본고와는 별개의 주제로서 별도로 크게 다루어져야 하겠지만, 이곳에서는 本稿에서 다루게 될 農業技術의 문제가 제기되는 배경을 이해하기 위하여, 그 핵심만이라도 언급해 두고자 한다.

이 시기의 租稅制度를 田政과 관련하여 말한다면 正經界하고 定租稅(稅額)하며 明損實할 때 稅斂은 薄(公正)하고 民生은 厚할 수 있으며,[129] 이와 같을 때 그 농촌경제와 國家財政도 안정될 수 있는 것이었다. 量田은 바르게 시행하고, 結負(稅額)는 공정하고 합리적으로 책정하며, 踏驗損實은 투명하게 시행되어야 한다는 것이었다. 이는 租稅制度 운영에서의 기초조건이 되는 것으로서, 高麗國家도 그렇고 朝鮮王朝도 그러하였지만, 農村經濟 國家財政을 안정시키기 위해서는 이같은 기초조건이 합리적인 규정으로서 마련되지 않으면 아니되었다. 그러나 高麗末年의 이같은 제도는 앞에서도 언급한 바와 같이 모두 不公正하고 不合理하였으며, 따라서 國家의 租稅收入과 農村經濟는 결코 안정될 수 있는 것이 아니었다. 그 최말기에는 이를 釐正하기 위하여 量田事業(己巳量田, 1389)을 전개하기도 하였지만, 그러나 이것이 量田事業만으로서 해결될 문제는 아니었으며, 그 量田規程 자체도 不公正하고 不合理하였으므로 문제를 근원적으로 해결할 수 있는 것이 아니었다. 그런데 朝鮮王朝로 넘어와서도 그 國初에는 高麗國家의 그같은 不合理한 量田制 結負制 踏驗損實의 制度를 그대로 이용하지 않으면 아니되었다. 그리고 그럼으로 해서 그것

---

129) 『太宗實錄』 卷 6, 太宗 3年 8月 丙午, 1冊, p. 272.
　　　『太宗實錄』 卷 17, 太宗 9年 3月 壬戌, 1冊, p. 477.

을 施行하면서는 高麗末年의 경우와 마찬가지로 田政운영상에 대단한 混亂이
발생하지 않을 수 없었으며, 따라서 朝鮮初期에는 그같은 문제를 해결하는 것
이 農政의 課題가 되지 않을 수 없었다. 이때에는 그같은 課題를 해결하기 위
한 作業을 여러 차례의 試行錯誤를 거치면서, 그리고 몇 단계에 걸치면서 수
행하고 있었으며, 그 결과로서 世宗朝에 이르러서는 마침내 高麗王朝 租稅制
度의 기반을 획기적으로 改革하는 朝鮮王朝 특유의 結負 量田制를 마련할 수
있었다.

이같은 農政상의 課題 중에서 政府와 政治人들이 먼저 생각한 것은, 量田事
業을 하여 農地의 실태를 정확히 파악함으로써 租稅源을 확대하고, 租稅부과
의 기반을 公正하게 하며, 동시에 凶歉의 해에는 農作物의 損實 作況을 공평
하게 踏驗함으로써 租稅의 부과에 不均이 없도록 하는 일이었다. 그러한 量田
事業과 踏驗의 방침은 太祖朝부터 이미 시작되고 있었다.[130] 그리고 그러한 가
운데서도 租稅收取의 성격상 政府에서 늘 하게 되는 것은, 敬差官 朝官을 파
견하거나 地方官으로 하여금 수행케 하는 踏驗損實이었다. 그리고 그것은 租
稅收取의 公平을 위해서 公正하게 수행될 것이 요구되고, 不公踏驗이 심할 경
우에는 처벌을 받게 되는 엄격한 것이었다.[131] 그러나 王朝交替의 혼란 속에서
公田이거나 私田이거나를 막론하고 踏驗損實이 공정하게 운영되기를 기대하
는 것은 어려웠다.[132] 뒤에 貢法制(定額制)가 재론되는 이유가 여기에 있었다.
설사 공정하게 운영된다 하더라도, 租稅를 공평하게 부과하기 위해서는 農地
의 實積, 田品 등을 정확히 파악하는 量田事業을 동시에 수행하지 않으면 아
니되었다. 그뿐만 아니라 궁극적으로는 高麗時期의 結負制도 근본적으로 재
검토하지 않으면 아니되었다. 그같은 量田事業은 몇 단계에 걸치면서 추진되
고 있었다.

---

130) 『太祖實錄』 卷 5, 太祖 3年 9月 丙辰, 1冊, p. 70.
　　 『太祖實錄』 卷 14, 太祖 7年 7月 己亥, 1冊, p. 129.
131) 『太宗實錄』 卷 10, 太宗 5年(乙酉) 9月 壬寅, 1冊, p. 336.
　　 『太宗實錄』 卷 21, 太宗 11年 正月 丁卯, 1冊, p. 573.
　　 『太宗實錄』 卷 30, 太宗 15年 8月 乙丑, 2冊, p. 79.
　　 『世宗實錄』 卷 70, 世宗 17年 12月 丙辰, 3冊, p. 661.
132) 金泰永, '科田法上의 踏驗損實과 收租'(『朝鮮前期土地制度史硏究』, 1983).

그 첫단계는 高麗末年의 量田에서와 마찬가지로 指尺을 基本尺으로 한 '方
33步 1結'의 원칙으로서 量田을 하기도 하고, 이것이 結數不准한데서 '方 35
步 1結'로 조정하여 量田을 하기도 하였다.[133] 太祖朝에도 그러하였고,[134] 太宗
朝에도 그러하였으며,[135] 世宗朝에도 처음에는 그러하였다.[136] 高麗末年의 己
巳量田은 私田革罷의 문제와도 관련하여 京畿와 五道(三南, 江原, 黃海)에 대
해서만 量田을 하였을 뿐, 東北面과 西北面은 이를 하지 못하였는데, 그같은
量田마저도 여러 가지 限界조건을 지니고 있었다. 量田을 한 道에서도 田品等
第를 규정대로 하지 못하고 下等田으로서 일괄 양전을 한 점, 時限에 쫓겨 量
田을 정밀하게 하지 못하고 遺漏한 바도 많았던 점, 沿海州郡의 農地는 倭寇
의 침입을 피하여 이를 陳荒의 상태로 방치하고 있었던 점 등은 그 두드러진
점이었다.[137] 東北面과 西北面은 結負로서 租稅를 부과하는 것이 아니라 戶等
과 日耕을 기준으로 부과하고 있었다.[138] 그러므로 國初에는 國家財政을 위하
여 全國의 農地를 高麗의 量田制를 통해서라도 정확히 파악하고, 租稅를 結負

133) 『世宗實錄』 卷 42, 世宗 10年 10月 辛巳, 3 冊, p. 147.
　　　拙 稿, '結負制의 展開過程', 註 136) 참조.
134) 太祖 2年 8月 己丑, 新都京畿田地改量(『太祖實錄』 卷 4, 1冊, p. 48).
　　　太祖 7年 7月 己亥, 己巳未量遺漏地踏驗作丁(『太祖實錄』 卷 14, 1冊, p. 129).
135) 太宗 元年 7月 庚戌, 東西兩界量田, 沿海州郡新墾田量田(『太宗實錄』 卷 2, 1冊, p. 210).
　　　太宗 5年 9月 丁酉, 忠淸慶尙全羅道改量田(『太宗實錄』 卷 10, 1冊, p. 335).
　　　太宗 6年 9月 甲子, 京畿豊海江原道改量田(『太宗實錄』 卷 12, 1冊, p. 376).
　　　太宗 13年 正月 丁亥, 東西兩界量田(『太宗實錄』 卷 25, 1冊, p. 659).
136) 世宗 元年 9月 丁未, 濟州量田(『世宗實錄』 卷 5, 2冊, p. 336).
　　　世宗 10年(戊申) 8月 丙戌, 京畿江原忠淸全羅道量田(『世宗實錄』 卷 41, 3 冊, p. 140).
　　　世宗 10年 9月 癸酉, 江原全羅道先量(『世宗實錄』 卷 41, 3冊, p. 145).
　　　世宗 11年(己酉) 8月 癸卯, 忠淸慶尙道量田(『世宗實錄』 卷 45, 3冊, p. 196).
　　　世宗 14年(壬子) 10月 壬子, 京畿量田(『世宗實錄』 卷 58, 3冊, p. 423).
137) 『世宗實錄』 卷 49, 世宗 12年 8月 戊寅, 3冊, p. 252.
　　　『太祖實錄』 卷 14, 太祖 7年 7月 己亥, 1冊, p. 129.
　　　『太宗實錄』 卷 10, 太宗 5年 9月 壬寅, 1冊, p. 336.
　　　『太宗實錄』 卷 11, 太宗 6年 5月 壬寅, 1冊, p. 356.
138) 『太祖實錄』 卷 6, 太祖 3年 9月 丙辰, 1冊, p. 70.
　　　『太宗實錄』 卷 2, 太宗 元年 7月 庚戌, 甲寅, 1冊, p. 210.
　　　『太宗實錄』 卷 26, 太宗 13年 11月 壬寅, 1冊, p. 698.

制로서 획일적으로 부과하며, 踏驗損實도 투명하게 하는 가운데 租稅制度를 공정하게 운영할 것이 우선 급한 문제로 되지 않을 수 없었다. 그리하여 이 시기의 量田事業은 이같은 목표를 전제로 계속 추진되었다. 그러나 그같은 목표가 그렇게 간단하게 성취되기는 어려웠다. 高麗의 結負 量田制는 所出, 地積, 稅額 그 자체를 組合시키지 못하고 있는 不合理가 있었고, 踏驗損實의 운영에는 항상 不公正 私情이 따르고 있었기 때문이었다.[139] 그러한 한에서는 量田과 踏驗損實을 아무리 여러 차례 시행한다 하더라도, 엄격한 의미에서의 租稅의 공평한 부과를 기대하기는 어려웠다.

다음 단계는 이같은 문제점을 일괄 극복하는 방법으로서, 結負 量田制를 中國式의 頃畝 量田制로 개혁하고 踏驗損實을 통한 租稅운영을 貢法制(定額制)로 개혁하는 가운데 量田을 하고자 한 시기였다.[140] 世宗 10년 이래로 여러 차례의 討論이 있는 가운데, 反對與論도 적지 않았으나,[141] 試行을 거쳐 25년에는 이를 실시하게 되는 단계에 이르고 있었다. 國王 世宗은 貢法을 中間收奪을 제거할 수 있는 제도라는 점에서 비상한 관심을 보이고 있었으며, 이 法은 거의 國王 世宗의 주도하에 제정 실시케 되고 있는 면이 있었다.[142] 이를 위해서는 이같은 문제들을 담당 연구할 田制詳定所가 설치되고,[143] 上·中·下 3等

139) 金泰永, 註 132)의 논문.
　　　 拙 稿, '結負制의 展開過程' 참조.
140) 朴時亨, '李朝 田稅制度의 成立過程'(『震檀學報』 14, 1941).
　　　 金泰永, '朝鮮前期 貢法의 성립과 그 전개'(『朝鮮前期土地制度史研究』, 1983).
　　　 이 단계에 대한 좀더 구체적인 기술은 拙 稿, '結負制의 展開過程' 참조.
141) 『世宗實錄』 卷 49, 世宗 12年 7月 癸卯, 3冊, p. 244.
　　　 『世宗實錄』 卷 49, 世宗 12年 8月 戊寅, 3冊, p. 250.
　　　 『世宗實錄』 卷 78, 世宗 19年 8月 乙酉, 4冊, p. 102.
　　　 『世宗實錄』 卷 82, 世宗 20年 7月 壬辰, 4冊, p. 154.
　　　 『世宗實錄』 卷 85, 世宗 21年 5月 辛亥, 4冊, p. 211.
　　　 『世宗實錄』 卷 86, 世宗 21年 7月 丁卯, 9月 癸亥, 4冊, p. 228, 238.
　　　 『世宗實錄』 卷 90, 世宗 22年 7月 癸丑, 4冊, p. 301.
　　　 『世宗實錄』 卷 101, 世宗 25年 8月 丁亥, 4冊, p. 500.
142) 『世宗實錄』 卷 39, 世宗 10年 正月 己亥, 3冊, p. 108.
　　　 『世宗實錄』 卷 46, 世宗 11年 11月 戊午, 3冊, p. 205.
　　　 『世宗實錄』 卷 71, 世宗 18年 2月 丁巳, 3冊, p. 666.
　　　 『世宗實錄』 卷 75, 世宗 18年 10月 丁卯, 4冊, p. 33.
　　　 『世宗實錄』 卷 78, 世宗 19年 7月 丁酉, 4冊, p. 87.

의 量田尺(指尺 20 ·25·30指) 6尺＝1步의 원칙을 單一量田尺 周尺 5尺＝1步
의 원칙으로, 面積 方 33步 1結의 원칙을 方 1步(方 5周尺 ＝ 積 25周尺)＝
1步(넓이), 240步＝1畝, 100畝＝1頃의 원칙으로, 上·中·下의 3等田品의 원
칙을 1·2·3·4·5의 5等田品의 원칙으로 개정하였다. 이렇게 해서 파악되는 1
頃의 面積은, 周尺을 약 20㎝로 보면 약 7,262坪, 약 19.91〜23.1㎝로 보면
약 7,229〜9,687평이 된다. 단, 이때에는 이같은 원칙으로서 실제로 量田을
한 것이 아니라, 처음에는 종래의 結負 量田制로서 파악한 量案상의 結負 숫자
를 頃畝 숫자로 換算함으로써 새로운 量案을 작성하도록 하는 것이었으며, 실
제의 頃畝量田은 安山郡의 量田에서부터 시행되도록 되어 있었다.[144] 그리하
여 이때의 政府에서는 이같은 文書상의 換算量田 및 실제 量田을 통해서 農地
를 파악하고 貢法制를 시행하면, 종래의 租稅制度에서 볼 수 있었던 不公平이
해소될 것으로 기대하였다.

　셋째 단계는 이같은 과정을 거치면서 頃畝 量田制를 기초로 한 貢法制를 포
기하고, 새로운 朝鮮王朝이 結負 量田制와 이를 기초로 한 貢法制를 연구 확
립하게 되는 시기였다.[145] 世宗 26年에 정부에서는 頃畝 量田制의 문제점을
다시 집중적으로 토론하였는데,[146] 이를 통해서 그 改革의 방향이 전환 조정케
된 것이었다. 頃畝 量田制는 장점이 있는 것이기는 하였지만, 이때의 試行에
서는 田品等第의 分揀이 上等으로 치우치고, 全損이라야 免租가 되며, 국가가
收取하는 稅額이 늘어남으로써, 이 사업은 마치 국가가 租稅收取를 강화하기
위하여 수행한 것으로 반영되었다. 이는 國王의 뜻이 아니었고, 많은 臣僚들
은 이같은 貢法의 시행에는 반대이었다. 農政운영을 위한 文書를 모두 頃畝단
위로 再作成해야 하는 번거로움도 지적되었다. 그리하여 정부의 大小 臣僚들
은 이 문제를 집중 토론하고, 田品을 下等으로 확대 재조정하는 가운데 結負
量田制를 통해서 문제를 해결할 것을 제언하게 되고, 국왕도 이를 허락하지

---

143) 『世宗實錄』 卷 102, 世宗 25年 11月 甲子, 4冊, p. 524.
144) 『世宗實錄』 卷 102, 世宗 25年 11月 乙丑, 4冊, p. 524.
145) 註 140)의 논문 참조.
146) 『世宗實錄』 卷 104, 世宗 26年 5月 丁巳, 4冊, p. 555.
　　　『世宗實錄』 卷 104, 世宗 26年 6月 甲申, 4冊, p. 561.

않을 수 없었다. 그러나 이러한 전환이 貢法制를 완전히 포기하고 踏驗損實法
으로 되돌아갈 것을 뜻하는 것은 아니었다. 국왕은 頃畝 量田制를 기초로 해
서 제정한 貢法制의 원칙을 그대로 유지하면서, 結負制로 되돌아간다 하더라
도 高麗末年의 그것으로 회귀하는 것이 아니라, 새로운 結負 量田制를 확립하
고, 이를 기초로 해서 그 貢法制를 운영해야 할 것으로 구상하고 있었으며,
따라서 이를 農政의 과제로서 지시하게 되었다.[147] 그리하여 여기에 頃畝量田
및 貢法의 시행과 관련하여 설치되었던 田制詳定所[148]가 중심이 되어, 오랫동
안의 연구와 조사과정을 거침으로써, 世祖朝와 成宗朝에 이르면서는『田制詳
定所遵守條畫』(遵守冊)에 표현된 바와 같은 朝鮮王朝의 結負 量田制가 마련되
기에 이르렀다.[149] 그 내용을 여기서 상론할 여유는 없지만 그 요점을 정리하
면 대략 다음의 〈表 6〉과 같다.[150]

〈表 6〉   朝鮮初期의 結實積과 租額

田品	1等田	2等田	3等田	4等田	5等田	6等田
量田尺 周尺	4.775尺	5.179尺	5.703尺	6.434尺	7.550尺	9.550尺
結實積 頃畝 坪	38畝 2,759.5坪	44畝7分 3,246.2坪	54畝2分 3,936.4坪	69畝 5,010.1坪	95畝 6,898.9坪	152畝 11,038.1坪
所出(皮穀)	800斗	800斗	800斗	800斗	800斗	800斗
租額(米)	20斗	20斗	20斗	20斗	20斗	20斗*

* 租額；1/20稅

위의 정리에서 보는 바와 같이, 이때 제정된 結負 量田制는 高麗末年의 그
것과 크게 다른 바가 있었다. 量田尺의 길이가 일정한 所出을 전제한 地積을
開平하는 가운데 마련되고, 그 基準尺을 指尺에서 周尺으로 교체하는 가운데
길어지고 있었으며, 따라서 結負의 實積이 高麗末年의 그것에 비하여 1.5 倍
내지 2.6倍나 넓어지고 있었다. 田品等第는 上·中·下의 3等田品에서 1, 2, 3,

147)『世宗實錄』卷 104, 世宗 26年 6月 甲申, 4冊, p. 561.
148)『世宗實錄』卷 102, 世宗 25年 11月 甲子, 4冊, p. 524.
149) 李榮薰, '田制詳定所遵守條劃의 制定年度'(『古文書研究』9·10, 1996).
150) 拙 稿, '結負制의 展開過程' 참조.

4, 5, 6等의 6等田品으로 세분되고, 租稅는 1結 糙米 30斗에서 米 20斗로 輕減되고 있었다. 結의 面積은 넓어졌는데도 租額은 減少되고 있는 것이었으며, 田品을 6個等級으로 나누고 1等田과 6等田간의 面積差를 4倍差가 나도록 조정함으로써, 農地의 肥瘠에 따르는 租稅의 부과에 不均의 폭이 되도록 좁혀지도록 하였다. 量田尺은 처음에는 隨等異尺制로서 田品等第에 따라 각각 길이를 달리하는 것을 이용하였으나, 나중에는 量田시의 폐단을 없애기 위하여, 頃畝量田에서와 같이 1等田尺만을 이용하는 單一量田尺制로 개정하였으며, 各等田의 結負수는 국가에서 미리 마련한 准定結負(解負法)의 표를 통해서 환산을 하도록 하였다.

이 경우 1結 米 20斗의 租稅는, 水田 57畝(대략 高麗末年의 下等田 1結의 면적)의 所出을 上上年 1等田일 경우 皮穀 80石·1200 斗(米 40石·600斗), 6等田일 경우 皮穀 20石(米 10石)이 되는 것으로 조사를 통해서 전제하고, 그것을 朝鮮 結負制의 위 아래로 推而演之해서 1等田 38畝(57畝의 3分의 2)에서 6等田 152畝에 이르기까지 各等田의 所出을 皮穀 800斗(米 400斗)로 사정하고, 그 20分의 1을 同科收租의 租稅額으로 정한 것이었다. 이같은 田品과 所出의 관계는 忠淸道 淸安·庇仁, 慶尙道 咸安·高靈, 全羅道 高山·光陽 등지에서의 조사 실험과 여러 참고자료를 기초로 하여 마련되었으며, 그 후에는 이를 基準으로 하여 양전을 하게 되었다. 물론 이것이 貢法制로서 운영되는 것이라 하더라도 이같은 租稅額이 고정적인 것은 아니었으며, 이때에는 上上年에서 下下年에까지 이르는 年分九等의 法이 또한 제정되고 있어서, 災年에는 그 災害의 정도에 따라 每等마다 2斗씩의 차등을 두고 4斗까지 그 稅를 蠲減할 수 있었다.

말하자면 이때 改革한 結負 量田制를 高麗時期의 그것과 비교하면, 그것은 結實積의 면에서나 租額의 면에서 農業生産者 農民層의 租稅부담을 크게 경감하게 되는 것이었다고 하겠다. 그리고 이같은 改革과 變動이 있음으로 해서 앞에서 살핀 바와 같은 高麗末年의 어려운 農業事情은 다소나마 완화될 수가 있었던 것이라고 하겠다. 그러나 高麗末年의 農業事情을 최악의 상태로까지 몰아가고 있었던 원인은 여러 가지가 있었으므로, 結負 量田制의 이같은 변동만으로서 그 農業事情이 전면적으로 호전되기를 기대할 수는 없었다. 더욱이 그 結負 量田制가 반드시 公正하게 운영되고 있는 것도 아니었다. 그것은 世宗 11年의 上·中·下 3等田制의 量田에서도 그렇고, 世宗 26年 이후의 6等田制의 量田에서도 그러하였다. 量田의 성패는 量田尺의 운용과 더불어 田品을 정확하게 파악하는 것이 관건인데, 이때의 量田에서는 田品等第의 분간이 정확하지 못한 것은 말할 것도 없고, 開墾田 正田과 陳荒田 閑地를 구분하지 않고 量田을 함으로서 租稅를 무리하게 부과하고 있었던 것이 실정이었다.[151] 그뿐만 아니라 이 시기의 量田에서는 국가가 租稅를 부과하게 될 墾田結數가 高麗末年의 경우보다 2, 3배나 더 증대하고 있었으며(〈表 9〉와 註 175를 참조), 이를 기초로 해서 운영되는 世宗 26年이후의 貢法制 또한, 正田내 陳田의 수세문제 및 災傷田으로서 連伏十結 이상 또는 連伏五結 이상 全損이라야 方許免稅하고 있었던 문제 등과도 관련하여, 결코 公平할 수 있는 것이 아니었다.[152] 그러므로 高麗末年의 어려운 農業事情을 전면적으로 전환시키는 문제는, 그 후 이같은 新制度의 不合理한 점을 어떻게 釐正해 나갈 것인가, 그리고 그 農業事情을 어렵게 하였던 바 여러 가지 조건들을 앞으로 어떻게 더 적극적으로 改革해 나갈 것인가 하는 점에 달려 있었다고 하겠다.

---

151) 『世宗實錄』 卷 86, 世宗 21年 7月 丁卯, 4冊, p. 228.
　　司諫院上訴曰 …… 歲在己酉量田(世宗 11 年)之時 有司或不得人 膏塉失宜 高下失中 且以墾田之傍 瘠薄閑地 稱爲可耕之田 並皆打量 係以結卜 以期後日之耕 民皆有不均之歎
　　『成宗實錄』 卷 8, 成宗 元年 12月 壬子, 8冊, p. 540.
　　忠淸左右道災傷敬差官書啓曰 道內久荒田 去壬午年(世祖 8年)量田時 指以爲可耕 皆以正田施行 雖山郡薄田 草木茂密之地 並令收稅
　　李載龒, '16세기의 量田과 陳田收稅(『孫寶基博士停年紀念 韓國史學論叢』, 1988) 참조.
152) 『世宗實錄』 卷 106, 世宗 26年 11月 戊子, 4冊, p. 594.
　　一 正田內陳荒之田 皆每年可耕之地 而人或多執 互相陳荒 或惰懶不耕 由是田多陳荒 甚爲不可 內陳及全陳 並宜收稅
　　一 災傷之田 除片段災傷外 衆所共知連伏十結以上全損之田 守令親審報監司 監司啓聞後 分遣敬差官 災傷分數 啓聞取旨 減其租稅
　　『世宗實錄』 卷 112, 世宗 28年 6月 甲寅, 4冊, pp. 679~680.
　　『世宗實錄』 卷 122, 世宗 30年 10月 辛酉, 5冊, p. 101.
　　『文宗實錄』 卷 3, 文宗 卽位年 9月 壬戌, 6冊, p. 286.
　　『文宗實錄』 卷 4, 文宗 卽位年 10月 丁丑, 6冊, p. 295.
　　『成宗實錄』 卷 4, 成宗 元年 3月 乙未, 8冊, p. 480.

2) 農業開發을 위한 調査와 政策

農政의 과제로서 다음으로 우리가 살펴야 할 문제는, 이 시기의 朝鮮王朝는 어떻게 農業技術을 개량하고 農業開發政策을 추진함으로써 農業生産을 증진하고 있었을까 하는 점이다. 앞에서 우리는 高麗時期의 農業技術이 先進지역에서는 적지않이 발달해 있었지만 後進지역에서는 대단히 낙후해 있었음을 지적하였거니와, 그같은 사정은 朝鮮時期로 넘어와서도 전반적으로는 대체로 마찬가지였다고 하겠다. 朝鮮王朝는 建國 후에 그 國家體制의 확립과 유지를 위해서 막대한 財政이 소요되었고, 따라서 국가에서는 國家財政을 충분히 확보하고 民의 經濟生活도 안정시키기 위해서, 農業生産을 증진하고 租稅源을 확대하지 않으면 아니되었는데, 그러나 그 기반으로서의 農業技術 農業生産의 수준은 地域差가 있기는 하였지만 낙후한 상태에 있는 곳이 많았다. 그뿐만 아니라 이 시기에는 高麗末年 이래의 대단히 많은 陳荒田, 荒遠田이 그대로 계승되고 있었다. 그러므로 이 시기 朝鮮王朝의 農業開發 農業技術의 정책은, 무엇보다도 麗末 이래의 어려운 農業事情을 극복하고 新國家의 財政을 안정적으로 확보하기 위하여, 後進地域의 낙후한 農業技術을 先進地域의 발전한 農業技術의 수준으로 끌어올리고, 陳田, 荒遠田 그리고 新田을 開發하는 가운데 그 農業生産의 技術수준 또한 先進지역의 수준으로 향상시키지 않으면 아니되었다.

그러기 위해서는 정부에서 그 사업을 두 계통으로 추진하지 않으면 아니되었다. 그 하나는 全國土의 農業開發을 위하여, 그 農業生産의 실태에 관하여 基礎調查를 하는 일이었고, 다른 하나는 그와 병행하여 국가가 구상하는 農業生産, 農業發展을 위하여, 실제로 農業開發을 위한 政策을 다각적으로 적극 추진해나가는 일이었다.

(1) 農業生産에 관한 基礎調查

朝鮮王朝의 國土는 南北으로 길게 펼쳐져 있는 가운데, 각 지역마다 그 지역의 農業環境에 합당한 農作物 農業慣習 農業生産상의 特徵이 형성되어 있었다. 太宗朝의 議政府에서는 그러한 사정을

諸道州縣 風土不同 所種之穀 本自異宜 耕種之候 亦有早晚[153]

이라고 표현하고 있었다. 지방마다 풍토가 다르므로 土宜之穀 耕種節候가 다
르다는 것이었다. 中國農業과 朝鮮農業을 비교하면 風土不同에 따르는 農業
慣行의 차이는 더 크지 않을 수 없었다. 그러므로 이 시기의 정부에서는 이같
은 農業事情에 대한 基礎調査를 하고 이를 기초로 農業政策을 펴나가는 것이
필요하였다. 朝鮮時期 地方官의 임무는 이른바 守令七事로 표현되고 있었는
데, 그 중에는 '勸農桑'하는 것이 중요한 임무로 되어 있었으므로,[154] 정부에서
地方官을 파견하기 위해서는 그들이 그 지방의 農業事情을 이해하도록 최소
한의 예비지식을 줄 필요도 있었다. 그런데 정부 내의 관료들 중에는 특히 그
같은 지방사정에 익숙한 사람, 故老가 적지 않았을 것이므로, 그들이 다수 재
임하고 있는 동안에는 그들의 의견을 듣고 이를 종합하여 정책수립에 반영하
도록 할 수도 있었겠지만, 그러나 政府 안에 그러한 官僚 故老가 적어지면 그
것은 어려웠다. 그럴 경우에 대비하여 政府에서는 각지방의 農業生産을 위하
여 基礎調査를 함으로써 資料集을 편찬하는 것이 필요하였다.

정부에서는 그같은 사업을 地理志의 편찬과 관련하여 시도하고 있었다. 그
것은 世宗 6年부터의 일로서, 이 해에 국왕 世宗은 전국의 農業事情을 일정한
規程에 의하여 통일적으로 파악하도록 지시하고, 정부에서는 이를 각지방 監
司守令의 行政力을 통해서 조사하게 되었다.[155] 그리고 그 결과로서는 그 취지
의 핵심을 살리는 가운데, 각 지방에서 『慶尙道地理志』(世宗 7年)를 비롯한
各道 地理志가 편찬되고,[156] 이를 기초로 하여서는 중앙에서 『新撰八道地理

---

153) 『太宗實錄』卷 27, 太宗 14年 2月 乙巳, 2冊, p. 4.
　　　다음 章의 註 204) 참조.
154) 拙 稿, '朝鮮初期의 勸農政策'(『東方學志』42, 1984 ; 本書 所收).
155) 『世宗實錄』卷 26, 世宗 6年 11月 丙戌, 2冊, p. 637.
　　　召大提學卞季良曰 故老漸稀 不可無文籍 本國地志及州府郡縣古今沿革 俾撰以觀 然
　　　今春秋館事劇 地志則不可爲也 姑撰州府郡縣沿革而觀之 且周公豳風之詩 無逸之書
　　　亦可以鑑 然本土之俗 異於中國 欲民間稼穡艱難 徭役疾苦 逐月作圖 仍述警戒之語 以
　　　便觀覽 庶傳不朽 卞季良啓曰 地志及州郡沿革一體事也 使兼春秋館一人掌之 臣與卓
　　　愼尹淮共議撰之 月令之文 臣當任之 上曰 月令之文姑徐之 地志及州郡沿革 卿今撰進
156) 『慶尙道地理志』序. 여기서는 朝鮮總督府中樞院 刊本을 이용하였다.

志』(世宗 14年)가 편찬되었으며,[157] 이는 그 후 좀더 보완되어『世宗實錄地理
志』(端宗 2年)로 종합 정리되기에 이르렀다.[158] 그리고 睿宗 元年에 이르러서
는 各道로 하여금 前志의 闕略을 보완하여 續撰地理誌를 편찬토록 하였다. 현
존하는『慶尙道續撰地理誌』가 남게 된 소이였다.[159]

　이같은 地理志와 續撰地理誌의 편찬을 위해서는 일정한 規式(事目)이 마련
되고 있었다. 이들 자료집은 各道로 하여금 각각 그 지방의 사정을 편찬토록
하는 것이지만, 그것을 모두 모을 경우 그 체제가 통일된 全國의 地理志와 續
撰地理誌가 되어야 하기 때문이었다. 그러한 規式은 地理志(誌)의 편찬에 필
요한 여러 가지 내용과 항목으로 되어 있었지만, 그 가운데는 그 편찬동기와
도 관련하여 특히 農業技術 農業生產과 관련되는 기본사항을 담고 있었다. 그
것은 戶口, 墾田結數, 貢賦, 土產貢物, 堤堰(大堤), 土宜耕種과 더불어 各郡縣
의 風氣寒暖, 土地肥瘠, 民俗所尙 등이 핵심을 이루고 있었다.[160] 그리하여 각
지방에서는 이같은 規式의 항목에 의거하여, 그 지방 農業生產을 위한 基礎調
査를 하고, 이를 기초로 하여서는 그 지방의 地理志를 편찬하게 되었다. 다만
各道에서 편찬하는 地理志(誌)는 거기에 수록될 모든 사항을 일시에 조사하여
수록한 것이 아니라, 각각 그들이 가지고 있던 작성시기를 달리하는 여러 종
류의 자료를 정리하여 편찬하는 것이었으며, 또 各道는 각각 그 편찬자를 달
리하는 가운데 그것을 편찬하고 있었다. 그러므로 이같은 제 規式에 의거하여
그 地理志(誌)를 기술하면서도 그 표현에 조금씩 출입이 있었으며, 따라서 이
를 종합하여 중앙에서 편찬하게 되는『世宗實錄地理志』도 各道의 그것과 그
기술방식에서 차이가 나지 않을 수 없었다. 이제 그같은『世宗實錄地理志』에
서, 그 規式에 의거하여 기술한 바 여러 지역의 農業生產을 위한 기초조사 중,
특히 本稿의 주제와 관련되는 風氣(氣象), 戶口, 墾田(農地), 土宜(作物), 堤
堰 등 몇몇 사항을 정리하여 보면 다음과 같다.[161]

157)『世宗實錄』卷 55, 世宗 14年 正月 己卯, 3冊, p. 369.
158)『世宗實錄』卷 148~155,「地理志」, 5冊, pp. 613~701.
159)『慶尙道續撰地理誌』序, 여기서는 朝鮮總督府中樞院 刊本을 이용하였다.
160)『慶尙道地理志』河演 序.
　　慶尙道 第 10·13項.
　　各郡縣의 戶口 貢賦 土產貢物 土宜耕種 大堤 項

風 氣(氣象) ― 農業生産에서는 氣象의 조건이 대단히 중요하였으므로, 이
때의 基礎調査에서는 이 문제를 대단히 주목하였다. 그러나 이 조사에서는 氣
象과 관련되는 모든 문제를 거론할 수 없었으므로, 그것을 특히 寒暖, 즉 氣溫
의 高低·季節의 早晩으로 압축하여 이를 郡縣단위로 조사함으로써, 전국의 상
황을 파악하고자 하였다. 물론 한 지역(道) 내의 모든 郡縣이 寒暖의 문자만으
로서 그 기후를 표기하는 것은, 그 기준이 모호하기도 하고 또 이는 무의미하
기도 한 것이었으므로, 혹 郡縣에 따라서는 이를 일일이 기록하지 않은 곳도
적지 않았다. 그러나 그러한 가운데서도 그 고장 기후의 특징을 寒暖으로나마
표기할 필요가 있는 곳에서는 그렇게 기록하고 있었다. 이제 그같이 기록된
바에 따라 地域別 寒暖의 상황을 살피면 대략 다음의 〈表 7〉과 같이 정리할
수 있을 것이다.

이같이 정리하고 보면 전국적인 寒暖·季節早晩의 構圖는, 오늘날의 그것과
도 비교하여, 거의 정확하게 파악되고 있었던 것이라고 하겠다. 三南지방은
山間地域을 제외하면 모두 暖地帶이었고, 그 山間地域은 寒한 郡縣이 많았으
나, 그렇더라도 그것은 暖地帶 속에서의 寒地였다. 中部지방은 車嶺山脈 이북
으로부터는 寒하나 漢江 이남선까지는 早暖하고, 江原道 嶺西山間지역은 寒
多寒하였으나 嶺東地域은 暖하였다. 北部지방은 黃海道 남단에서 京畿道 북
부(漢江이북)로 이어지는 선으로부터 早寒하여, 黃海道 중부지역 이북이 되면
早霜하고, 그 이북의 平安道 咸吉道 지역은 早寒早霜하는 데다 鴨綠江, 豆滿

---

161) 『世宗實錄地理志』의 기술을 중심으로 하여 이 시기의 社會 經濟 農業技術을 파악
　　하고자 하는 작업은 아래에서 제시한 여러 연구에서 이미 시도되었다. 특히 李鎬澈
　　교수는 이 자료를 여러 면으로 활용하는 가운데 씨의 大著를 완성하였다. 이곳에서
　　는 『世宗實錄地理志』의 이 부분에 대한 기술을, 이 시기 政府의 農業生産을 위한 基
　　礎調査로 이해하고 분석 정리하는 것이다. 이 地理志는 朝鮮總督府中樞院에서 刊行
　　한 活字本이 있어서 참고에 편하나 몇몇 곳에 誤植이 있다.
　　　麻生武龜, 『朝鮮田制考』, 1940. pp. 283~299.
　　　李鎬澈, 『朝鮮初期農業經濟史』, 1986.
　　　李載龒, 前揭 논문.
　　　李俊善, '韓國 水田農業의 地域的 展開過程'(『地理敎育論集』 22. 1989).
　　　李泰鎭, '朝鮮初期의 水利政策과 水利施設'(『李基白先生古稀紀念 韓國史學論叢』
　　　下, 1994).
　　　魏恩淑, 『高麗後期 農業經營에 대한 硏究』, 釜山大 大學院. 1994.

〈表 7〉　『世宗實錄地理志』의 地域別 寒暖構圖

慶尙道	暖 — 東海岸, 南海岸, 落東江沿岸 平野地의 諸郡縣 寒 — 內陸지방, 太白山脈 山間奧地 및 小白山脈 동쪽 山間의 郡縣
全羅道	暖 — 南海岸과 平野地 및 島嶼의 郡縣 寒 — 小白山脈과 蘆嶺山脈이 인접 並行하는 山間의 郡縣
忠淸道	暖 — 錦江유역 및 平野地의 郡縣 寒 — 小白山脈 山間의 郡縣 및 車嶺山脈과 거기에 直線으로 이어지는 지역의 郡縣
京畿	暖 — 早暖 — 江華, 海豊, 金浦, 富平선 이남의 郡縣 寒 — 早寒 — 楊根, 加平, 抱川, 積城, 長湍, 喬桐선 이북의 郡縣
江原道	暖 — 嶺東 東海岸지역의 郡縣 寒·多寒 — 嶺西 太白山脈 山間지역의 郡縣
黃海道	暖 — 寒 — 早寒 — 全道 多寒 — 彦眞山脈 馬息嶺山脈간의 郡縣 早霜 — 兎山, 平山, 黃州, 文化, 松禾선 이북
平安道	暖 — 寒 — 早寒 多寒 — 全道(道內風氣倣此) 甚寒 多寒 早霜 — 北部지역의 山間지대, 水田早霜不實(渭原), 7月始寒 4月始暖(碧潼)
咸吉道	暖 — 寒 — 早寒 — 全道(道內州郡率皆若此) 苦寒 最寒 — 北部 山間지역

* 江原道의 嶺東지역에서 襄陽 江陵은 寒暖표시가 없고 杆城은 寒으로 되어 있으나,
杆城 북쪽의 高城, 通川, 歙谷이 모두 暖으로 되어 있고, 江陵 남쪽의 三陟, 平海
및 그 남쪽 慶尙道沿岸지역의 郡縣이 또한 暖으로 되어 있으므로, 襄陽 江陵은 暖
에 가깝고, 杆城은 東海岸에서는 그 地理的 조건이 다른 지역에 비해 특별한 데서
寒하였던 것으로 이해된다.
　서울대학교의 金鐘旭 교수와 安希洙 교수의 설명에 의하면, 이 지역의 地理的 조
건은, 杆城은 太白山脈의 珍富嶺과 동해안의 杆城 사이에 형성된 溪谷으로 인해서
교차되는 山谷風과 海陸風의 영향을 많이 받고, 또 그 앞 바다에는 寒流가 흐르고
있어서, 他地域에 비해 실제로 또는 體感溫度상으로 寒할 수 있을 것이라고 한다.

江선으로 北上할수록 多寒, 甚寒, 苦寒, 最寒하여서 水田農業은 어려운 것으
로 파악되었다. 말하자면 『農事直說』과 관련되는 三南지방은 中部지방 北部
지방과 비교하여 溫暖한 氣候地帶에 속하고, 따라서 水田農業 暖帶作物이 발

달할 수 있는 地域으로 파악되고 있는 것이었다.

정부의 農業開發정책은 이같은 구도를 전제로 당해 지방에 합당한 農作物
을 適宜 재배하거나, 아니면 이같은 自然條件을 극복하고 필요한 作物의 재배
를 적극 추진하지 않으면 아니되었다. 그리고 이때의 朝鮮王朝 政府에서는 특
히 중요한 作物에 관하여는 이 후자적인 방법으로 정책을 추진해나가고 있었
다. 이 경우 風氣(氣象)에 관한 조사에서는, 天文 氣象과 관련되는 여러 가지
문제의 조사가 또한 필요하였을 터인데, 이 地理志에서는 그렇게 하고 있지
않았다. 이는 주지하는 바와 같이 이 地理志를 통한 基礎調査와는 별도로, 政
府에서 天文學, 氣象學, 曆書에 관한 연구를 하고, 測雨器 등 여러 가지 器機
를 제조 설치함으로써 農政策수립의 기저로 삼고 있었기 때문이었다.[162] 그리
고 授時 月令의 문제는 이 地理志의 편찬 원칙에서 제외하고 있었는데(註 155
참조), 이는 그같은 문제를 다루게 될 農書(『農事直說』)가 별도로 계획하고 있
었기 때문이었다. 이같은 風氣·氣象의 문제는 다음 장의 『農事直說』의 農業技
術에서 다시 더 언급되겠다.

戶 口 ― 이 資料에서는 農業生産의 주체인 民人 戶口數를 郡縣단위의 郡摠
戶口와 道단위의 道摠戶口로서 기록하고 있었는데, 양자의 수는 그 자료의 편
찬사정과도 관련하여 반드시 일치하지는 않는다. 그런 가운데서도 각 지역의
사정을 구체적으로 보여주는 것은 郡摠戶口이므로, 그것을 각 郡摠의 戶口를
중심으로 道단위로 集計하면 다음의 〈表 8〉과 같이 된다. 이러한 集計에 의하
면 전국의 戶數는 226,291, 口數는 805,711, 戶當 平均은 3.560口가 된다.

여기서 戶數는 自然戶가 아니라 編戶의 數이며,[163] 口數는 전 家族의 數가
아니라 國役을 질 수 있는 男口를 뜻한다. 그것은 『世宗實錄地理志』와 『慶尙

---

162) 洪以燮, 『朝鮮科學史』, 第4編 李朝封建社會의 科學과 技術, 1946.
　　　全相運, 『韓國科學技術史』, 第1章 天文學, 第2章 氣象學, 1節 農業氣象學의 成立,
　　　1994.
　　　李泰鎭, ‘世宗代의 農業技術政策’(『世宗朝文化研究』Ⅱ, 1984).
　　　朴興秀, ‘世宗朝의 科學思想’(『世宗朝文化研究』Ⅰ, 1982).
　　　朴星來, ‘世宗代의 天文學 발달’(『世宗朝文化研究』Ⅱ, 1984).
　　　이은희, 『칠정산 내편의 연구』, 연세대 대학원, 1997.
163) 金錫亨, ‘李朝初期 國役編成의 基柢’(『震檀學報』 14, 1941).

〈表 8〉   『世宗實錄地理志』의 戶口數(郡計摠)

地域	戶	口	戶當平均
慶尙道	42,227	172,759	4.091
全羅道	24,073	95,247	3.956
忠淸道	24,161	100,790	4.171
京都漢城府 五部	17,015	(55,087	3.237)
城底	1,779	(4,285	2.409)
舊都開城留後司	5,663	10,393	1.835
京畿道	20,892	50,348	2.409
江原道	11,083	29,037	2.619
黃海道	23,512	71,899	3.057
平安道	37,175	111,541	3.000
咸鏡道	18,711	104,325	5.575
合計	226,291	805,711	3.560

* 京都漢城府의 戶口에서는 戶摠만 있고 口摠을 결하고 있는데, 世宗 10年度의 五
部의 式年戶摠은 16,921, 口摠은 103,328이었으므로(『戶口總數』第1冊), 端宗
2年의 『世宗實錄地理志』까지는 戶摠이 약 11.069% 증가하며, 이로써 口摠을 산
출하면 약 114,765가 된다. 단 이 口數는 우대의 戶口數로 보아 男口만이 아니라
女口까지도 합한 전 人口數로 사료되며, 그 가운데 男口는, 후대의 京都의 男女의
구성과 마찬가지로(『戶口總數』第1冊) 전 口數의 약 48% 정도로 보면, 그 口數
는 55,087이 된다. 城底의 口數는 京畿의 戶當平均 口數를 통해서 역으로 추산하
였다.
　　咸吉道 慶源都護府의 사정은 先代와 後代의 것이 모두 기록되어 있는데, 本稿
에서 검토하게 되는 여러 문제는 先代의 기록을 통해서 고찰하였다.

道地理志』의 戶口의 기술을 비교함으로써 분명하게 파악할 수 있다. 전자에서
의 口는 후자에서의 男口이었다.[164] 그러므로 이때의 女口는 男口의 數보다 좀
많을 것을 감안하더라도, 全國의 人口數는 170萬 내외에 불과한 것이 되겠다.
그러나 이 數를 이때의 全 人口數로 보기는 어렵겠으며, 이는 國初의 戶口調
査가 그 實數를 정확하게 파악하지 못하고 있었던 데서 연유하는 것으로 보아
야 하겠다. 그것은 高麗時期의 人口가 男女 210萬口로 파악되고,[165] 朝鮮後期
肅宗年代에 이르면 그것이 600萬口를 넘어서고 있었던 흐름에서 그와 같이
이해할 수 있다.[166] 이때의 戶口파악은 말하자면 정확하지 못한 셈이었다. 이

---

164) 몇 지역에 관하여 예를 들면 다음과 같다.

때의 戶口파악이 이와 같이 정확하지 못했던 사정을 이 地理志의 찬자는 다음
과 같이 기술하고 있었다.

本朝人口之法不明 錄于籍者 僅十之一二 國家每欲正之 重失民心 因循至今 故各道
各官人口之數止此 他道皆然[167]

이 기술에 의하면 戶口파악을 제대로 하지 못하였던 이유는, 그것을 반대하
는 地方勢力의 民心을 잃을까 염려하는 데서, 그 철저한 파악을 강행하지 못
하였던 까닭이었다. 그러한 勢力은 아마도 土地를 많이 소유하고 民戶를 은닉
지배하고 있었던 中央의 權勢家와 地方의 豪勢家 土豪層이었을 것이다.[168] 그

	『世宗實錄地理志』		『慶尙道地理志』			
	戶	口	戶	男	女	合
大邱本郡	436	1,329	436	1,329	1,224	2,553
安東本府	847	3,320	847	3,320	3,539	6,859
尙州本州	1,845	3,132	1,845	3,132	3,265	6,397
慶州本府	1,552	5,894	1,552	5,894	6,326	12,220
蔚山郡	1,058	4,161	1,058	4,161	4,182	8,343
晋州本州	1,628	5,906	1,628	5,906	6,039	11,945

165)『宋史』卷 487, 列傳 246, 外國 3, 高麗, p. 14053.
166)『戶口總數』第 1冊, 肅宗 43 年 丁酉式年의 戶口總計에서는 京中八道의 口數를
    6,788,789로 제시하고,『增補文獻備考』卷 161, 戶口考 1, 肅宗 43年 丁酉式京外
    戶口의 總計에서는 全國의 口數를 6,846,568로 제시하고 있다.
167)『世宗實錄地理志』京畿都觀察.
168)『太宗實錄』卷 12, 太宗 6年 11月 己卯, 1冊, p. 379.
    左政丞河崙等上社民弊數條 …… 品官鄕吏廣占土田 招納流亡 並作半收 其弊甚於私
    田 私田一結 豊年只收二石 並作一結 多取十餘石 流移者托此避役 影占者托此容隱 賦
    役不均 專在於此
    『世宗實錄』卷 23, 世宗 6年 3月 丁亥, 2冊, p. 586.
    刑曹啓 牙山戶長全謹 廣占田地 多置農場 影蔽良民 官婢作妾 瑞山戶長柳訥 並畜三
    妾 田地民戶 多占狹漏 貽弊民間
    『世宗實錄』卷 48, 世宗 12年 4月 甲申, 3 冊, p. 230.
    大司憲李繩直等亦上疏曰 …… 趙末生本以寒微 過蒙上恩 位至宰輔 久居權要 ……
    因緣假托 縱肆己欲 私通書狀 密收船價 土田臧獲 公然受贈 賣官鬻爵 壓良爲賤 靡所
    不爲

래도 그 戶口數파악은 太祖 太宗朝 이래로 集權官僚體制가 확립되어감에 따라 점차 늘어나고 있었지만,[169] 그러나 端宗 2年에 이 地理志가 간행될 때까지는, 아직 戶口파악이 제대로 되지 못하고 있었던 것이 실정이었다고 하겠다. 그러므로 이때의 실제의 戶口數는 이보다 훨씬 많았을 것이며,[170] 따라서 국가의 農政策과 守令七事에서는 國家가 役을 부과할 수 있는 '戶口增'의 문제가 중요한 과제가 되지 않을 수 없었다.[171]

墾 田(農地) ― 이에 관해서는 墾田(耕作地)의 結數, 旱田水田의 構成, 土地의 肥瘠 등이 다루어졌으며, 이곳에서 먼저 검토하게 되는 것은 墾田結數이다. 이 자료에서의 墾田結數도 郡단위의 結摠으로 기록된 것과 道단위의 結摠으로 기록된 바가 있는데, 郡計摠과 道結摠의 수치는 일치하지 않으며,[172] 그런 가운데 각 지방의 사정을 구체적으로 파악할 수 있도록 하는 것은 郡計摠으로 파악한 結摠이다. 그러므로 여기에서도 이 郡計摠을 중심으로 墾田結數를 道단위로 정리하면, 〈表 9〉에서 볼 수 있는 바와 같이 된다. 全國의 結數

---

169) 『戶口總數』 第 1冊, 太祖朝, 太宗朝.

    『世宗實錄』 卷 46, 世宗 11年 11月 戊午, 3冊, p. 205.

    受朝參是事 …… 年前議行貢法 迄今未定 我國生齒漸繁 土地日窄 衣食不裕 可謂於悒 若立此法 則必優於百姓 而略於公家矣

    『文宗實錄』 卷 5, 文宗 元年 正月 庚戌, 6冊, p. 344.

    戶曹啓 下三道生齒日繁 民居稠密 加以山嶺之地 並皆耕墾 禽獸不得繁息

170) 朝鮮初期의 人口數가 이 地理志에 기록된 數보다 많았을 것이라는 점은, 이미 여러 논자들에 의해서 지적되고 있는데, 그 推定値는 혹은 400萬 내외, 혹은 500萬餘, 혹은 그 以上(750萬)이었을 것으로 보는 見解로 갈리고 있다. 이같은 문제에 관해서는 다음의 제 논고를 참고할 수 있다.

    李樹健, '朝鮮初期 戶口研究'(『嶺南大論文集』 人文科學篇 5, 1971).

    韓永愚, '朝鮮前期 戶口總數에 대하여'(『인구와 생활환경』, 서울大, 1977).

    權泰煥·慎鏞廈, '朝鮮王朝時代 人口推定에 關한 一試論'(『東亞文化』 14).

    李永九·李鎬澈, '朝鮮時代의 人口規模推計(1)'(『경영사학』 2, 1987).

    이호철, '조선시대의 인구규모 추계'(『농업경제사연구』, 1992).

    朴龍雲, '開京의 戶口'(『고려시대 開京 연구』, 1996).

171) 『經國大典』 吏典, 考課.

    拙 稿, '朝鮮初期의 勸農政策' 참조.

172) 몇몇 道에서는 郡計摠과 道結摠의 수치가 비슷하나, 慶尙道, 黃海道, 咸吉道의 경우는 郡計摠과 道結摠 사이에 상당한 차이 ― 慶尙道 261,438結과 301,147結, 黃海道 223,880結과 104,772結, 咸吉道 149,306結과 130,413結 ― 가 있었다. 道結摠에 착오가 있었던 것으로 보인다.

는 總 1,713,726結, 戶當 平均結數는 道에 따라 차이가 컸지만 全國的으로는 7.573結이었다.

 그런데 이 墾田結數는 이 地理志가 편찬될 무렵에 일시에 全國的으로 量田을 하여 파악한 것이 아니라, 麗末 이래로 몇 단계에 걸치면서 地域別로 量田한 바를 기초로 종합 정리한 것이었다. 그러므로 여기 제시된 墾田結數는 朝鮮王朝 世宗 26년의 6等田品의 新量田法으로 파악한 結數가 아니라, 高麗末年의 上中下 3等田品의 量田法으로 파악한 것이 대부분이었다.[173] 그리고 당시의 量田이 田品等第, 陳起, 墾荒 등을 중심으로 하여 公正하지 못하였던 점을 고려하면,[174] 여기 제시된 墾田結數도 반드시 耕作하고 있는 農地(墾田)를 公正하고 정확하게 파악한 것은 아니었을 것으로 생각된다. 더욱이 이 墾田結數는 麗末 이래로 파악되고 있는 것이 아니라, 麗末의 己巳量田 이후 朝鮮王朝에 들어와서 일련의 農業開發정책 租稅源의 확대와 관련하여 얻어진 것이었으며, 그것도 불과 50년 내지 60년 사이에 麗末의 田結數, 즉 ‘6道墾田 不滿 50萬結’의 2,3배나 되게 확대되고 있는 것이었다.[175] 그러므로 이렇게 많은 墾田結數를 그렇게 짧은 기간 안에 확보하였다면, 그 田結數 파악에는 많은

---

173) 그것은 이 『世宗實錄地理志』의 편찬에 앞서 世宗 26年의 新量田法으로 田品을 정하고 量田을 하여 量案을 작성하도록 한 것은 全羅道가 있을 뿐이고(『世宗實錄』卷 121, 世宗 30年 7月 戊戌, 5冊, p. 79 ; 『世宗實錄』卷 127, 世宗 32年 2月 乙酉, 5冊, p. 172 ; 『端宗實錄』卷 6, 端宗 元年 4月 丙申, 6 冊, p. 579), 여기 제시된 墾田結數는 慶尙道의 경우 『慶尙道地理志』(世宗 7年)의 田結數를 그대로 수록하고 있는 점, 그리고 이때의 各道 田結數의 구성이 후대의 그것과 크게 차이가 나는 점으로 보아 그와 같이 이해할 수 있다.

174) 註 151) 참조.

175) 結數가 확대되는 과정을 들어보면 다음과 같다.

恭讓王 元年(1389) 己巳量田　6道墾田 不滿 50萬結(『高麗史』卷 78, 食貨 1, 祿科田 趙浚上疏)
太宗　　2年(1402)　　　　　全國 不過 80萬餘結(『太宗實錄』卷 3, 太宗 2年 2月 戊午, 1冊, p.225)
　　　　　　　　　　　　　　其中京畿 149,300餘結(同上).
太宗　　4年(1404)　　　　　5道兩界 782,535結(『太宗實錄』卷 7, 太宗 4年 4月 乙未, 1冊, p.294)
　　　　　　　　　　　　　　5道 772,616結
　　　　　　　　　　　　　　兩界 9,919結
太宗　　5年(1405) 乙酉量田　6道原田 凡 96萬餘結(『太宗實錄』卷 11, 太宗 6年 5月 壬寅, 1冊, p.356)
　　　　　　　　　　　　　　改量得剩田 30餘萬結(同上)
端宗　　2年(1454) 調査整理　6道墾田 1,252,650結(『世宗實錄地理志』)
　　　　　　　　　　　　　　兩界 461,076結(同上)
　　　　　　　　　　　　　　全國 1,713,726結(同上)

무리가 따르지 않을 수 없었을 것으로 사료된다.

이같은 墾田結數 가운데서도 이 시기의 農業政策과 관련하여 특히 관심을 갖게 하는 것은 旱田과 水田의 構成比率과 水田의 分布상황이다. 여기서 郡計摠을 중심으로 道別로 집계한 바 墾田結數 및 旱田 水田의 結數와 그 構成比率을 정리하면 다음의 〈表 9〉와 같이 된다.

이에 의하면 이때에는 地域에 따라 水田農業과 旱田農業의 地域的 偏差가 대단히 컸다. 이를 통해서 보면 朝鮮의 農業은 전반적으로 旱田農業이 중심인 가운데 — 旱田이 전체의 약 72%, 그래도 水田農業이 발달하고 있는 지역과, 전적으로 旱田農業이 발달하고 있는 지역으로 갈리고 있었다. 慶尙道 全羅道 忠淸道는 朝鮮의 水田地帶라 할 수 있고 — 전체의 약 40% 내외 또는 그 이상, 京畿道는 이에 준하며 — 전체의 37% 내외, 江原道, 黃海道, 平安道, 咸吉道는 旱田地帶에 속한다고 하겠다 — 旱田이 전체의 84%에서 95%. 물론 慶尙道에도 가령 眞寶 靑松과 같은 곳은 水田이 10분의 1도 안되고, 全羅道에

〈表 9〉　『世宗實錄地理志』의 墾田數와 旱田水田比率(郡計摠)

地域	墾田結數(戶當平均)(結)	旱田(結)	水田(結)	同上 百分比(%) 旱田	水田
慶尙道	261,438(6.191)	158,597	102,841	60.66	39.34
全羅道	264,268(10.977)	141,946	122,322	53.71	46.29
忠淸道	236,114(9.772)	140,925	95,189	59.69	40.31
京 畿	201,042(7.095)	124,938	76,104	62.15	37.85
江原道	65,908(5.946)	57,480	8,428	87.21	12.79
黃海道	223,880(9.521)	188,593	35,287	84.24	15.76
平安道	311,770(8.386)	279,526	32,244	89.66	10.34
咸吉道	149,306(7.979)	142,244	7,062	95.27	4.73
合計	1,713,726(7.573)	1,234,249	479,477	72.02	27.98

* 墾田結數에서 水田의 표시가 없는 곳, 이를테면 京都城底와 全羅道의 長水·旌義縣은 旱田으로 간주하고 계산하였다. 단, 京都 城底와 全羅道 長水縣은 그 墾田의 상당부분이 水田이었을 것으로 생각된다. 長水縣의 土宜에는 稻가 들어 있다.

京畿의 戶當平均 墾田結數는 京都의 5部를 제외하고, 그 城底, 開城留後司, 京畿 各 郡縣 戶數의 합계(28,334戶 - 앞의 戶口表 참조)로서 산출하였다.

도 珍山은 水田이 10분의 1, 濟州는 그것이 極少하며, 忠淸道에도 延豊은 水田이 9분의 1, 永春은 거의 없는 것이나 마찬가지였으나, 그러나 道 전체로서 보면 이 三南지역에는 水田이 40% 내외나 개발 분포되고 있었다. 이에 비하면 北部지역은 水田이 없는 郡縣이 적지 않은 가운데 — 平安道 9곳, 咸吉道 3곳,[176] 전반적으로 旱田이 극히 많아서, 어느 지역을 막론하고 水田은 전 농지의 5% 미만에서 16% 정도, 그리고 旱田은 전체의 84%에서 95% 이상을 점하고 있었다. 그런데 이 시기에는 水田農業이 전 農業生産 중에서도 '農事以水田爲主'라 하여 중심이 되고 있었으며,[177] 國家財政도 大米를 중심으로 운영되고 있었다.[178] 그러므로 이때의 政府의 農業政策에서는, 이같은 旱田·水田 구성의 지역적 偏差를 어떻게 조정하는 가운데, 水田農業을 발전시킬 것인가 하는 것이 중요한 과제가 되지 않을 수 없었다.

農地에 관한 조사에서는 郡단위로 그 고장 토지의 肥瘠을 또한 세심하게 조사하고 있었다. 農業生産의 발전은 농지의 肥沃度와 깊은 관련이 있으므로, 瘠薄한 농지에 대하여는 糞壤 施肥를 함으로써, 그것이 肥沃한 농지가 되도록 대책을 세우지 않으면 아니되었기 때문이었다. 그것을 이 資料集의 찬자들은 郡縣별로 肥, 肥多瘠少, 肥瘠相半, 肥少瘠多, 瘠 등의 5等級으로 구분하여 기술하고 있었다. 이제 전국의 郡縣에 관하여 그 농지의 肥瘠상황을 개관하기 위하여, 그것을 道別로 일괄 정리하면 다음의 〈表 10〉과 같이 된다. 물론 이 경우 이러한 조사는 地域(道) 단위로 행하여졌으므로, 地域 내의 郡縣간 比較 파악은 비교적 정확하였을 것이나, 地域間 또는 地域外의 郡縣間의 비교는 十分 정확하기 어려울 것이다. 그러므로 이곳에서는 그러한 사정을 전제로 하면서 전국 농지의 肥沃度를 개관할 수 있을 뿐이다.

農地肥瘠의 상황을 이같이 정리하고 보면, 이 시기 전국의 郡縣은 農地가 肥沃한 곳보다 瘠薄한 곳이 많았다. ③을 肥瘠이 半半인 곳으로서 보통의 郡

176) 이 兩地域의 無水田의 郡縣은 다음과 같다.
　　平安道 — 德川 孟山 朔州 昌城 碧潼 熙川 慈城 茂昌 虞芮
　　咸吉道 — 甲山 富寧 三水
177) 『文宗實錄』 卷 10, 文宗 元年 11月 乙巳, 6冊, p. 452.
178) 『世宗實錄』 卷 49, 世宗 12年 9月 己酉, 3冊, p. 259.

〈表 10〉   『世宗實錄地理志』의 郡縣別 農地의 肥瘠

地域	郡縣數	① 肥	② 肥多瘠少	③ 肥瘠相半	④ 肥少瘠多	⑤ 瘠	⑥ 未詳
慶尙道	66	26		27		13	
全羅道	56	11	2	13	10	20	
忠淸道	55	1		26	9	19	
京 畿	41	3		20	3	14	1*
江原道	24			2	5	17	
黃海道	24	1		2	4	17	
平安道	47	3		15	18	11	
咸吉道	21	4	1			13	3
合計	334	49	3	105	62	114	1
百分比	100.0	14.67	0.89	31.43	18.56	34.13	0.3

* 京畿에서 未詳은 肥瘠을 기록하지 않은 陽智縣이다. 이밖에 全羅道 濟州牧은 肥瘠
을 기록하지 않았으나 그 瘠薄(土壤浮虛)함이 잘 알려져 있으므로(『世宗實錄』卷
5, 世宗 元年 9月 癸丑, 2冊, p. 336 및 『世宗實錄』卷 64, 世宗 16年 6月 甲子,
3冊, p. 573) 瘠으로 처리하였으며, 黃海道 谷山郡과 咸吉道의 慶興都護府는 肥瘠
의 표현 대신 '山高地險' '沮洳浮虛'라 하였는데 모두 瘠에 포함시켰다.

縣이라고 한다면 그러한 곳은 전 郡縣의 약 31.43%가 되고, ① ②를 통틀어
肥沃한 郡縣이라고 한다면 그러한 곳은 전체의 15.56%에 불과하며, ④ ⑤를
합해서 瘠薄한 郡縣이라고 한다면 그러한 곳은 전체의 52.69%나 되었다. 道
別로는 農地가 비옥한 郡縣이 많은 곳은 兩南지역이었으며, 그러한 가운데에
도 慶尙道에는 보통의 郡縣도 많고 瘠薄한 郡縣도 적지 않은 가운데 비옥한
郡縣이 瘠薄한 郡縣보다 많았고, 全羅道에는 반대로 慶尙道에 비해 보통의 郡
縣도 좀 적은 가운데 瘠薄한 郡縣이 비옥한 郡縣보다 월등히 많았다. 忠淸道
와 京畿道는 肥瘠相半의 보통 郡縣이 발달해 있는 가운데 비옥한 郡縣은 소수
이고 척박한 郡縣은 많았다. 江原道와 黃海道는 보통의 郡縣도 극소수이고 비
옥한 郡縣은 黃海道에만 한곳 있는 가운데 어느 곳이나 아주 척박한 郡縣이
많았다. 平安道와 咸吉道는 兩界의 지역으로, 전자에는 보통의 郡縣이 적지
않은 가운데 비옥한 郡縣도 있었으나 주로 척박한 郡縣이 발달해 있었으며,
후자에는 肥瘠相半의 보통 郡縣이 보이지 않는 가운데 6鎭지역 — 옛 沃沮지
역의 비옥한 郡縣과 그밖의 척박한 郡縣으로 갈리고 있는 것이 특징이었다.

그러므로 朝鮮王朝에서 農業開發을 위한 政策을 추진하게 될 때에는, 반드시
이같은 지역차를 고려에 넣는 가운데 施肥政策을 철저하게 취하지 않으면 아
니되었을 것으로 생각된다.

土 宜(作物) ― 이는 각지방의 郡縣에서, 그 지방에서 재배하고 있는 여러
農作物 중 그곳 農地의 土性·토양에 잘 맞는 農作物은 어떠한 것인지 조사 보
고한 것이다. 이 경우 실제로는 어떤 작물이 대량으로 재배되고 있었다 하더
라도, 地宜에 맞는 것이 아니라고 판단하거나 확신이 안 서면, 이를 土宜作物
에서 제외하고 있었다.[179] 그러므로 이 항목에는 이 시기 각지방의 郡縣民이
그들 지방의 土宜에 적합하다고 생각하면서 즐겨 재배하고 있었던 糧食作物
과 纖維作物 및 其他 등등의 作物이 기록되어 있는 것이라 하겠다. 정부에서
는 그러한 당시의 현황을 파악한 위에서 農業技術 발전을 위한 정책을 펴고자
하는 것이었다. 사실 그러한 작물이 구체적으로 어떠한 것이었는지 統治者로
서는 궁금한 일이 아닐 수 없었을 것이다. 그것을 이곳에서는 다만 糧食作物
과 纖維作物을 중심으로, 作物別로 道別郡縣數를 파악함으로써, 그러한 작물
의 재배가 이 시기에 전국적으로 어떻게 分布되고 있었는지 확인하게 되겠다.
다음의 〈表 11〉은 그러한 사정을 정리한 것이다.

이같이 정리하고 보면 이 시기의 土宜에 맞는 農作物은, 오늘날에도 韓半島
에서 널리 재배되고 있어서, 우리가 잘 알고 있는 作物이었다고 하겠다. 그것

---

179) 가령 稻의 경우에서 예를 들어보면, 水田이 없는 곳은 말할 것도 없지만, 水田이
있고 水稻를 재배하고 있는 곳이라 하더라도, 이것이 土性에 맞는 것이 아니라고 판
단하는 곳에서는, 이를 土宜항에서 제외하고 있었다. 다음은 그러한 郡縣을 열거한
것이다. ( ) 안은 水田이 없는 郡縣이다.
　　全羅道 ― 濟州 大靜, (旌義)
　　忠淸道 ― 丹陽 淸風 延豊 永春 永同 懷仁 大興
　　江原道 ― 旌善 平昌 寧越 淮陽 金城 平康 伊川 狼川 楊口 麟蹄
　　黃海道 ― 瑞興 遂安 谷山 新恩 牛峯 兎山
　　平安道 ― 平壤 三登 江東 順川 价川 義州 麟山 定寧 雲山 博川 江界 理山 閭延 渭
　　　　　　　原, (德川 孟山 朔州 昌城 碧潼 熙川 慈城 茂昌 虞芮)
　　咸吉道 ― 咸興 鏡城 穩城 慶興, (甲山 富寧 三水)
　　木綿의 경우도 이와 유사한 바가 있었다. 全羅道의 泰仁, 羅州, 順天 등 郡縣에서
　　는 土宜항에는 木綿이 보이지 않았지만, 土貢항에서는 木綿을 貢納하는 것으로 기록
　　하고 있었다.

〈表 11〉 　　『世宗實錄地理志』의 地方別 土宜作物과 郡縣數

作物	慶尙道 (66)	全羅道 (56)	忠淸道 (55)	京畿 (41)	江原道 (24)	黃海道 (24)	平安道 (47)	咸吉道 (21)	計 (334)
① 稻	66	53	48	41	14	18	24	14	278
② 黍	44	54	50	41	22	22	33(+11)	17	283(+11)
③ 稷	18	56	45	39	24	23	34(+11)	21	260(+11)
④ 菽	34	55	52	41	24	24	32(+11)	19	281(+11)
⑤ 麥	38	56	43	38	23	24	32(+11)	12	266(+11)
⑥ 粟	58	2	41	38(+2)	10	20	5(+11)	10	184(+13)
⑦ 唐黍				8(+2)		12	2		22(+2)
⑧ 山稻	1	3				1			5
⑨ 小豆	1	2	28	38(+2)		24	1	2	96(+2)
⑩ 菉豆			3	11(+2)		5			19(+2)
⑪ 蕎麥	8	3	26	31(+2)	1	24	2	5	100(+2)
⑫ 唐麥						1			1
⑬ 鬼麥								2	2
⑭ 胡麻			10	19(+2)		7	(+11)		36(ㅣ13)
⑮ 薏苡			2						2
⑯ 桑	25	41	22	36	24	5	43	8	204
⑰ 麻	31	49	8	36	24	11	43	14	216
⑱ 苧	1	14	10		2	2			29
⑲ 木綿	13	27	3						43

* 京畿道의 廣州·安城의 2郡은 5穀 외의 作物명을 雜穀으로만 기록하였는데, 여기서는 이것을 京畿에서 실제로 재배되고 있었던 6종의 作物(唐黍·粟·小豆·菉豆·蕎麥·胡麻)에 그 수를 더하는 것으로서(+2) 파악하였다. 단, 그렇더라도 그 作物을 모두 재배했겠는지 두세 개썩만 재배했겠는지는 미상이다.

　　平安道의 麟山, 定寧, 朔州, 昌城, 碧潼, 雲山, 博川, 理山, 慈城, 虞芮郡 등지에서는 土宜항을 田穀·雜穀으로만 표현하고 있었으며, 茂昌郡은 土宜항을 缺하고 있었으나, 이곳은 水田이 없는 곳이었으므로, 그 作物도 田穀·雜穀만이 되겠는데, 平安道의 代表的인 田作物은 黍 稷 粟 菽 麥 胡麻 등등이었으므로(『世宗實錄地理志』平安道總論), 이 지방의 土宜作物은 이같은 作物에 위의 11개 郡縣의 수를 더해서(+11) 파악하였다. 이 경우도 그러한 田作物을 모두 재배했겠는지 수 개썩만 재배했겠는지는 미상이다.

을 이 地理志에서는 대별하여 糧食作物(①-⑮)과 養蠶을 위한 作物 및 纖維作
物(⑯-⑲)로 구분하고, 糧食作物을 五穀(①-⑤)과 일반 雜穀(⑥-⑮)으로 구분
하고 있었다. 五穀은 顔師古와 朱子의 '黍·稷·菽·麥·稻'의 說을 따른 것으
로,[180] 黍는 기장, 菽은 豆太로서 콩, 麥은 大小麥 春秋麰로서 보리·밀, 稻는
水稻로서의 각종 벼였으나, 稷은 일반 상식과는 달리 좀 特異하였다. 辭典적
인 지식으로서는 稷은 일반적으로 기장으로 이해되고, 中國古史에서는 이를
粟,[181] 또는 高粱·수수로 이해하고 있어서 歷史的으로 혼란이 일어나는 穀物
이었는데,[182] 朝鮮에서의 稷은 그 어느 것도 아닌 '피·稗'이었다. 그것은 이 地
理志에서는 위의 表에서 보는 바와 같이 五穀과 그 중에서의 黍를 말하면서
粟과 唐黍(高粱·수수)를 따로 들고 있었으며, 또 이 시기보다 약간 후대의 農
書인 『衿陽雜錄』에서는 黍는 기장, 粟은 조, 唐黍는 수수, 稷은 피로 명기하고
있는 것으로서 알 수 있다.[183]

   이같이 朝鮮初期의 기록들이 '피·稗'를 稷으로 표기하게 된 것은, 혹 稷을
잘못 이해한 데서 연유하는 것이 아닌가 하는 의문도 있었으나,[184] 아마도 朝
鮮의 '피·稗'는 피이기는 하되 그 중에는 거의 稷에 가까운 우량한 피가 있기도
하고,[185] 또 麗末鮮初의 시기에는 이 시기의 어려운 상황과도 관련하여, 피·稗
를 稷으로 보아도 좋을 만큼, 가난한 農民들이 水旱의 災害에 강한 이 作物을
대량으로 재배하고 있었던 까닭이라고 생각된다.[186] 그리고 한 穀物이 여러 문
자로 표기될 때의 혼란을 피하기 위해서는, 한 곡물의 명칭은 하나의 文字로

---

180) 『世宗實錄地理志』京畿 廣州牧, 土宜항.
      『孟子集註大全』卷 5, 滕文公章句 上, 『經書』孟子, 1968, p. 553.
181) 『齊民要術』卷 1, 種穀.
182) 『說文解字注』7篇 上, 禾部.
183) 『衿陽雜錄』農家 1, 穀品.
184) 徐有榘, 『杏蒲志』卷 4, 穀名攷 陸種類, 稷, 『農書』36, p. 237.
      『林園經濟志』本利志 卷 7, 穀名攷 陸種類, 稷, 1冊, p. 160.
185) 同 上書의 稗항에서 徐有榘는 '찰피'를 들고 있었다.
186) 그것은 위의 表에서 보는 바와 같이, 『世宗實錄地理志』의 農作物 조사가 피·稗, 즉
      稷의 재배를 대단히 광범하게 전개되고 있었던 것으로 파악하고 있는 것으로서 알
      수 있지만, 당시의 農書인 『農事直說』과 『衿陽雜錄』이 당시의 여러 農作物의 栽培法
      에 대한 설명에서, 稷의 栽培法을 적지 않은 분량으로 기술하고 있는 것으로서도 그
      와 같이 이해할 수 있겠다.

표기하는 것이 좋다고 판단한 까닭이었을 것으로 사료된다. 물론 피를 나타내는 한자로는 中國農書에 분명히 稗자가 있었으므로,[187] 朝鮮에서 피가 많이 재배되고 있었다면 당연히 稷자를 쓰지 말고 稗자를 써야 할 것이나, 그렇게 하지 않은 것은 五穀(黍·稷·菽·麥·稻)이라고 하는 고유명사, 그것도 朱子가 經典 속에서 인정한 五穀을 운위하면서, 그 속에서 稷(粟·조)자를 빼고 稗(피)자를 넣을 수는 없었던 까닭이라고 생각된다.

그리고 이같은 경우에는 五穀 중의 稷을 '피·稗'로도 이해할 수 있어야 하겠는데, 실제로 그럴 수 있는 근거는 中國의 資料를 보더라도 충분히 있었던 것으로 보인다. 中國의 古典的 農書인『齊民要術』에서는 '穀 稷 粟'을 같은 작물이었던 것으로 기술하면서, 그 안에서 稗를 附出하고, 그 이유를 '稗爲粟類故'라고 기술하고 있었다.[188] 稗는 粟類 따라서 稷類의 하나라는 것이었다. 그러므로 '피·稗'를 稷으로 표현하는 것이 전적으로 부당한 것은 아니었다고 하겠다. 더욱이 稗는 凶歲에 대비할 수 있는 대단히 유용한 穀物이었음에도 불구하고,[189] 그 穀品이 五穀의 美味에 미치지 못한다는 점에서 中國에서는 이를 옛날부터 천시하고 있었으므로,[190] 朝鮮에서의 穀物分類에서는 이 문자의 사용을, 피·稗의 生産을 장려하려는 정책적 의미와도 관련하여, 의식적으로 피하였던 것이 아닐까 생각되기도 한다.[191] 말하자면 이때 中國의 五穀 중의 稷

---

187)『齊民要術』卷 1, 種穀 3, 稗 附出.
　　『農桑輯要』卷 2, 耕墾 播種, 收九穀, 黍穄 稗附.
188)『齊民要術』卷 1, 種穀 3, 稗 附出.
189)『齊民要術』卷 1, 種穀 3, 稗 附出.
　　元刻本『農桑輯要』卷 2, 耕墾 播種, 黍穄 稗附.
　　稗 旣堪水旱 種無不熟之時 又特滋茂 宜種之 備凶年
　　『農政全書校注』卷 25, 樹藝 穀部 上, 附稗, p. 630.
　　稗多收 能水旱 可救儉歲 …… 稗旣能水旱 又下地不遇異常客水 必收 亦十歲可致七八稔也
　　『杏蒲志』卷 4, 穀名攷 陸種類, 稗,『農書』36, p. 248.
　　『林園經濟志』本利志 卷 7, 穀名攷 陸種類, 稗, p. 162.
　　稗 …… 其熟早於稻粟 舂十斗 可得三斗米 儉年可幷稗糠磨作粥 誠救災荒之嘉穀也
190)『孟子集註大全』卷 11, 告子章句 上,『經書』, p. 686.
　　孟子曰 五穀者 種之美者也 苟爲不熟 不如荑稗
191) 徐有榘는 前註의 문장에 이어 그러한 사정을 다음과 같이 기술함으로써, 그 名實이 부합하지 않음을 지적하고 있었다.

을 피·稗로 인정한 五穀은, 朝鮮의 농업현실과 朝鮮식 穀物분류에 의한 朝鮮의 五穀이었다고 하겠다.

이 시기 각 지방의 主穀作物을 土宜라는 관점에서 보면, 水田作物이거나 旱田作物이거나를 막론하고, 그 郡縣들은 그 作物들을 그 지방의 토양조건에 맞는 것으로 이해하면서 재배하고 있었다. 그러한 郡縣이 水稻의 경우 278郡縣이나 되어서 다음의 〈表 12〉에서 보는 바와 같이 전체 334郡縣의 83%나 되고 있었으며, 五穀 가운데 田穀의 경우도 이와 비슷해서, 黍는 전 郡縣 중 84~88%, 稷은 77~81%, 菽은 84~87%, 麥은 79~82%나 되고 있었다. 이밖에 粟은 55~58%, 蕎麥은 29~30%의 郡縣에서 土宜에 맞는 작물로 이해하는 가운데 이를 재배하고 있었다.

그러나 그러면서도 土宜에 맞는 作物의 재배에는 地域的 偏差가 적지 않았다. 가령 稻의 경우 전국적으로 보면 83%의 郡縣이 이를 地宜에 맞는 作物로

〈表 12〉　　　同上 主穀作物 및 纖維作物 郡縣數의 百分比(%)

作物	慶尙道 (66)	全羅道 (56)	忠淸道 (55)	京畿 (41)	江原道 (24)	黃海道 (24)	平安道 (47)	咸吉道 (21)	計 (334)
① 稻	100.0	94.64	87.27	100.0	58.33	75.0	51.06	66.66	83.23
② 黍	66.66	96.42	90.90	100.0	91.66	91.66	70~93	80.95	84~88
③ 稷	27.27	100.0	81.81	95.12	100.0	95.83	72~95	100.0	77~81
④ 菽	51.51	98.21	94.54	100.0	100.0	100.0	68~91	90.47	84~87
⑤ 麥	57.57	100.0	78.18	92.68	95.83	100.0	68~91	57.14	79~82
⑥ 粟	87.87	3.57	74.54	92~97	41.66	83.33	10~34	47.61	55~58
⑪ 蕎麥	12.12	5.35	47.27	75~80	4.16	100.0	4.25	23.80	29~30
⑯ 桑	37.87	73.21	40.00	87.80	100.0	20.83	91.48	38.09	61.07
⑰ 麻	46.96	87.50	14.54	87.80	100.0	45.83	91.48	66.66	64.67
⑱ 苧	1.51	25.00	18.18		8.33	8.33			8.68
⑲ 木綿	19.69	48.21	5.45						12.87

* ( ) 속에 수를 더했을 경우의 比率은 소수점 이하를 버리고 '몇 ~ 몇'으로 표시하였다.

───────────────

東人認稗爲稷 種蓺尤盛 儼然與黍粟同列 以之備荒 則未始不 可而以之充五穀之長 供籩簋之實 則無乃名實之太不相侔耶

서 재배하고 있었는데, 慶尙, 全羅, 忠淸, 京畿 4道의 郡縣에서는 이 平均比率을 훨씬 넘어서는 栽培率을 보이고 있었으나, 江原, 黃海, 平安, 咸吉 4道의 郡縣에서는 그 栽培率이 이에 훨씬 미치지 못하고 있었다. 北部지방의 郡縣民들은 水稻가 作物로서 그들의 고장에서는 맞지 않는다고 생각하는 바가 많은 것이었다. 이러한 점은 혹 郡縣에 따라서는 南部지방에서도 볼 수 있었는데, 全羅道의 濟州島 내 3郡縣은 그 土壤조건으로 인해서 사실상 水稻作이 어려웠고, 忠淸道의 경우에도 丹陽, 淸風, 延豊, 永春, 永同, 懷仁, 大興 등 7개 郡縣에서는 그 風氣寒, 土埇 등의 조건으로 인해서, 水稻를 그 고장의 地宜에 맞는 作物이라고는 보지 않게 되고 있었다. 그러므로 政府에서 水田農業의 발전을 이 시기 農業政策으로서 추진하기 위해서는, 地方民의 이같은 인식구조를 어떻게 극복할 것인가 하는 문제가 중요한 과제가 되지 않을 수 없었다.

黍, 稷, 菽, 麥, 粟, 蕎麥 등 田穀에서도 土宜에 맞는 작물을 재배하는 데는 지역적 차이가 있었다. 전반적으로는 모든 지방에서 이들 작물을 고루 재배하는 편이었으나, 지방에 따라 地方民의 作物 선호도에 따라서는 적지 않은 차이를 보이고 있었다. 慶尙道에서는 他道에 비하여 田穀의 土宜를 인정하는 바가 엄격하여서 그 比率이 전반적으로 낮았는데, 그런 가운데서도 특히 피, 즉 稷과 凶年 代替作物로서의 蕎麥은 他穀 및 他道의 그것에 비하여 낮았으며, 粟은 그와 반대로 다른 어느 穀보다도 土宜에 맞는 곡물로서의 比率이 높았다. 全羅道에서는 다른 곡물은 다 土宜에 맞아서 널리 재배되고 있었으나, 粟과 蕎麥은 맞지 않아서 그 보급비율이 아주 낮았다. 忠淸, 京畿道에서는 모든 곡물이 土宜에 맞아 널리 재배되고, 江原, 黃海道에서는 黍, 稷, 菽, 麥의 보급비율은 비슷했으나, 粟과 蕎麥의 그것은 대조적이어서, 전자에서는 粟의 보급비율이 낮고 蕎麥의 그것은 아주 낮았는 데 비하여, 후자에서는 양자의 보급비율이 모두 높았다. 平安·咸吉道에서도 黍, 稷, 菽, 麥은 어느 쪽이나 비교적 널리 보급되고 있었으나, 粟과 蕎麥의 재배비율은 전자가 후자보다 좀 저조한 편이었다.

纖維作物에서는 土宜에 따르는 作物재배의 地域的 偏差가 특히 두드러진 바 있었다. 그래도 桑과 麻는 오랜 전통에 다라 그 재식 재배가 널리 보급되고 있었지만, 苧와 木綿은 그렇지 못하였다. 苧는 총 29개 郡縣(전체의 8.68%)

이 土宜에 맞는 것으로 보고되었는데, 그 대부분은 三南지방에 편재하고 江原
道 黃海道의 일부 郡縣이 또한 適地로서 이를 재배하고 있었으며, 木綿은 총
43개 郡縣(전체의 12.87%)이 土宜에 맞는 것으로 보고되었는데, 그 모두는
三南지방에 편재하고 있었다. 그리고 그러한 가운데서도 그 대부분은(27郡
縣)은 全羅道에 속해 있었다. 이 시기에는 木綿이 民의 衣생활과 국가의 財政
문제와도 관련하여 대단히 중요한 작물이었음에도 불구하고, 그 재배지역은
지극히 한정되어 있는 것이었다. 그러므로 이 시기 정부의 農業政策에서는,
이같은 木綿의 재배를 어떻게 확대 보급시켜 나갈 것인가 하는 문제가 중요한
과제로 되지 않을 수 없었다.

    堤 堰 ─ 農業生産을 위한 기초조사에서는 水利施設, 특히 堤堰을 또한 파
악하지 않으면 아니되었다. 그러나 『世宗實錄地理志』단계에서는 이 항목에
대한 조사는 지극히 불충분하였다. 이에 관해서는 각 지방의 大堤를 제시하는
데 그치고 있었다.[192] 아마도 이는 이 資料集을 편찬하면서 기본 資料가 되었
던 『慶尙道地理志』를 비롯한 『新撰八道地理志』가 그러하였던 데서 연유하는
것으로 생각된다. 그런데 이러한 정도의 조사라면 각 지방의 實情을 기초로
하면서 정부가 農政策을 수립하고 추진하려 할 때 도움이 될 수가 없었다. 그
러므로 睿宗朝에 이르러 政府가 續撰地理誌를 편찬함에 있어서는, 각 지방의
堤堰을 大小에 관계없이, '堤堰池澤 某處 灌漑幾結'의 원칙으로 그 전부를 조
사하도록 지시하게 되고,[193] 이렇게 조사된 사항은 새로 편찬되는 續撰地理誌
에 수록하게 되고 있었다. 그러므로 그 후 정부에서는 이를 통해서 전국의 堤
堰의 실태를 소상하게 파악할 수 있게 되거니와, 그러나 이렇게 해서 편찬된
이때의 續撰地理誌도 지금은 그 전부가 남아 있지 않으며 겨우 『慶尙道續撰地

---

192) 그 數는 다음과 같다.

地 域	堤堰數	地 域	堤堰數
慶尙道	20	黃海道	3
全羅道	5	平安道	·
忠淸道	13	咸鏡道	·
京 畿	3		
江原道	·	合計	44

193) 『慶尙道續撰地理誌』, 地理誌續撰事目 第 6項.

理誌』만이 남아 있어서, 우리로 하여금 겨우 이 지역의 水利施設의 실태만을 파악할 수 있게 할 뿐이다.[194]

그런데『世宗實錄地理志』慶尙道의 郡縣수는 총 66개소이고 (뒤에는 順興이 謀亂사건으로 한때 혁파되어 65개소가 된다),[195]『慶尙道續撰地理誌』의 그것은 郡縣制의 개편에 따라 그 수가 총 67개소로 늘어나는 데다, 그 堤堰관계 기술이 金海(熊川부분), 珍城(丹城), 漆原 등 3개 郡縣의 경우 크게 훼손되어 그 정확한 수가 확인되지 않는다.[196] 그러므로 여기서는 우선『世宗實錄地理志』의 66개 郡縣을 중심으로 하고,『慶尙道續撰地理誌』의 자료가 훼손되지 않은 부분, 즉『世宗實錄地理誌』의 63개 郡縣에 해당하는 堤堰기술을 이용함으로써, 이때의 조사상황을 정리하는 것이 편리할 것으로 생각된다. 훼손된 郡縣의 堤堰은 뒤에 종합적인 검토를 하게 될 때 다시 언급하게 되겠다. 이같은 정리를 통해서 보면, 慶尙道 지역의 堤堰에 관하여 우리는 다음과 같은 몇 가지 사실을 지적할 수 있을 것이다.

첫째는 堤堰의 설치 정도, 보급 정도의 문제인데, 郡縣단위로 볼 때, 이 지역에서는 水田農業이 발달하고 있었으므로 郡縣마다 堤堰을 활발히 설치하고는 있었지만, 그러나 모든 郡縣이 그러한 것은 아니었으며, 堤堰을 설치하지 못하고 있는 郡縣도 적지 않았다는 점이다. 慶尙道에는 총 66개 郡縣이 있었는데, 堤堰을 설치하지 못한 無堤堰의 郡縣은 機張, 長鬐, 禮安, 奉化, 知禮,

---

194) 李鎬澈,『朝鮮前期農業史硏究』第9章 農具 및 水利施設, 1986.
　　　李泰鎭, 註 161)의 논문.
195)『慶尙道續撰地理誌』安東道, 榮川郡, 豊基郡.
196) 金海의 熊川은 원래 金海에 속해 있던 3지역이 독립하여 하나의 縣이 되었는데, 熊川이 分縣된 후의 金海는『慶尙道續撰地理誌』의 晋州道 앞부분에 편책되어 있어서 堤堰기술이 온전하나, 熊川과 珍城(丹城), 漆原 등 3개 縣은『慶尙道續撰地理誌』의 맨 뒷부분에 편책되는 가운데, 크게 훼손되고 있어서 堤堰기술이 온전하지 않다. 分縣된 후의 熊川과 珍城의 경우는 堤堰의 존재를 확인할 수 없고, 分縣된 후의 金海에는 14개의 堤堰名과 그 灌漑結數를 확인할 수 있으며, 漆原의 경우는 여러 堤堰 중에서 灌漑結數까지 기록한 2개의 堤堰과 灌漑結數는 결락하고 堤堰名만을 남기고 있는 1개 등 도합 3개의 堤堰을 확인할 수 있을 뿐이다. 그러므로『世宗實錄地理志』의 金海(熊川 포함) 珍城, 漆原의 3개 郡縣에서 灌漑結數가 확인되는 堤堰은 도합 16개소가 되는 셈이며, 따라서 慶尙道 전체에서 灌漑結數가 확인되는 堤堰의 數는 총 713개소가 된다.

咸陽, 巨濟, 居昌, 鎭海 등 9곳이나 되었으며, 郡縣이 혁파되어 다른 郡縣에
屬縣으로 분속된 順興(이곳에는 堤堰이 없었던 것으로 보인다)을 포함하면 10
곳이나 되었다. 郡縣 전체의 약 15%는 堤堰이 없는 것이었다. 이들은 주로
內陸지방의 山間지역, 沿海岸의 窮僻한 지역, 바다로 격리된 島嶼지역 등의
군현으로 堤堰의 설치가 쉽지 않은 지역이었다. 물론 이들 지역에도 水田이
적지 않았고, 따라서 水利施設이 절대적으로 필요하였을 것이므로, 政府에 정
식으로 보고는 하지 않았다 하더라도 아주 작은 규모의 洑시설을 이용하는 경
우가 없지 않았을 것이며, 그렇지도 못한 곳에서는 天水에 의존함으로써 農事
를 지었을 것이다.

　다음은 堤堰을 설치하고 있는 郡縣이라 하더라도, 그 설치한 堤堰의 規模와
數는 다양하였다는 점이다. 이에 관해서는 堤堰자료가 훼손된 3개 郡縣 및 堤
堰이 설치되어 있지 않은 10개 郡縣을 제외한, 즉 기록상으로도 堤堰에 관한
기술이 확실하게 남아 있는 나머지 53개 郡縣에서 그 실상을 소상하게 살필
수 있다. 그것을 〈圖 1〉로써 정리하면 그 分布상황은 다음과 같이 된다.

　이에 의하면, 慶尙道의 53개 郡縣에는 총 697개의 堤堰이 설치되고 있었는
데(확인이 잘 안 되는 金海, 珍城, 漆原까지 합하면 총 713개 - 앞의 註), 그 대부
분은 소규모의 堤堰이었다. 즉, 이 자료에서는 堤堰의 규모를 그곳에 潴水된
물로서 灌漑할 경우의 농지의 結數로서 표시하고 있었는데, 그러한 堤堰은 그
灌漑結數가 최하 30負인 것에서(永川郡) 최고 346結 86負 5束인 것에(星州
牧) 이르기까지 다양하였다. 그러므로 가령 100結 이상 관개할 수 있는 것을
大堤堰, 30結 이상에서 100結 미만 관개할 수 있는 것은 中堤堰, 5結 이상에
서 30結 미만 관개할 수 있는 것은 小堤堰, 5結 이하를 관개할 수 있는 것은
殘堤堰(零細堤堰)으로 구분한다면, 大堤堰은 25, 中堤堰은 168, 小堤堰은
422, 殘堤堰은 82개소가 되어서, 대부분의 堤堰은(약 72%) 小堤堰 이하에
속해 있었음을 알 수 있다. 이같은 堤堰을 어떤 郡縣에서는 그 수가 적게 또
어떤 郡縣에서는 많게 설치하고 있었다. 梁山, 榮川, 聞慶, 安陰 등지에는 堤
堰이 1개소뿐이었고, 慶州에는 117개소나 설치하고 있었다. 그리고 다음에
다시 언급되겠지만 山間지역의 郡縣에서는 地形상의 관계로 주로 소규모의
堤堰을 설치하고, 平野地의 郡縣에서는 대규모의 제언을 설치하고 있었다. 말

〈圖 1〉 堤堰의 灌漑規模別 分布

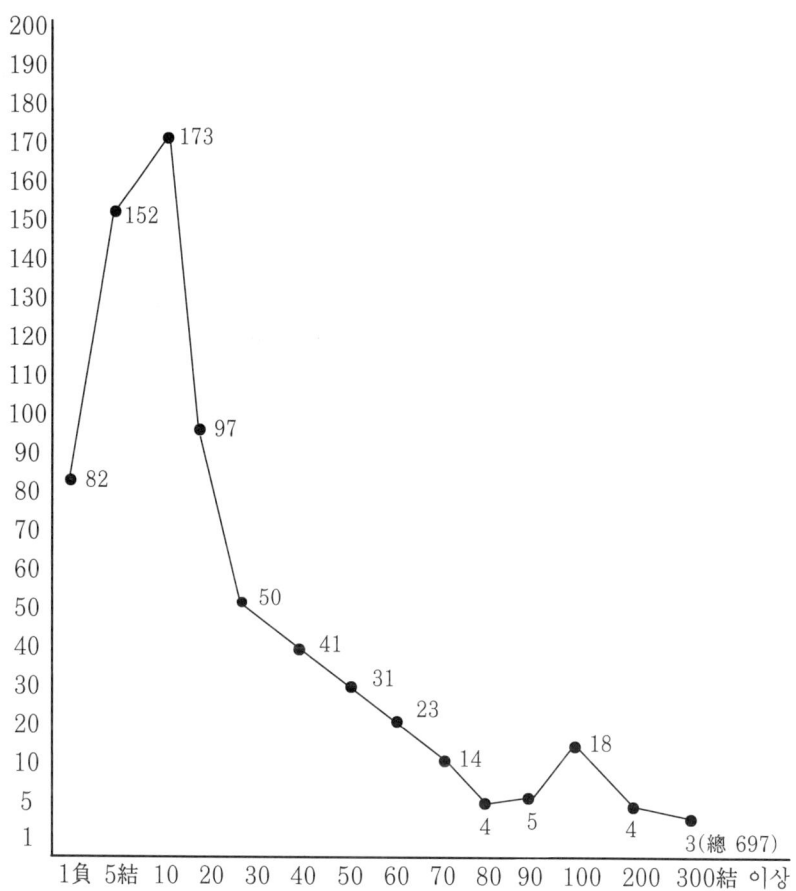

하자면 이 시기 우리나라의 水利問題는 地形 또는 技術上의 조건과도 관련하
여, 그리고 地方官의 民의 動員능력이나 地方民의 財力과도 관련하여, 많은
경우 중소규모의 堤堰을 축조함으로서 해결하는 것이 특징이었다고 하겠다.
　　셋째는 各郡縣에 설치된 堤堰의 水利효과, 水田農業에 대한 堤堰의 기여도
는 어느 정도였을까 하는 문제인데, 이는 아주 단순하고 좀 막연하지만, 堤堰
에 의한 灌漑結數의 그 郡縣 水田結數에 대한 비율로서 그 대략을 파악할 수

있을 것으로 생각된다. 다음의 〈表 13〉은 그같은 사정을『世宗實錄地理志』의
慶尙道지역 4개 界首官의 管轄地區 — 慶州府(慶州道) 所領郡縣 16, 安東大都
護府(安東道) 所領郡縣 17, 尙州牧(尙州道) 所領郡縣 12, 晋州牧(晋州道) 所
領郡縣 17 — 를 중심으로,[197]『慶尙道續撰地理誌』에서 보충한 바 堤堰관계 기
술을 이용 정리한 것이다.

    이 表에서 ⑴ 地區는 洛東江 좌안의 慶尙道 중심부에서 그 남단에 이르는
지역으로서, 그 領域은 界首官으로서의 慶州府(慶州道)와 그 所領을 합해서
총 17개 郡縣으로 구성되며, 그 墾田은 총 74,009結, 그 중 水田은 그
37.06%인 27,427.7結이었다. 堤堰은 총 271개로서 그 灌漑結數는 총
5,648.12結, 堤堰當 灌漑結數는 20.841結, 堤堰에 의한 灌漑結數는 水田 전
체의 20.59%이었다. 堤堰의 수가 많기는 하였으나, 中小堤堰, 零細堤堰이
대부분인데다 그것마저도 충분하지 않았고, 그것이 설치되고 있지 않은 郡縣
(機張·長鬐)도 있었으므로, 灌漑結數의 比率은 大丘와 같이 30%를 넘는 곳
도 있었으나 그것이 低率인 곳이 많았고, 따라서 전체적으로는 그 比率이 이
같이 낮아지고 있었다.

    ⑵ 地區는 慶尙道내륙 오지 洛東江 좌안의 山間지역이 중심이 되는 지역으
로서, 그 領內에는 界首官인 安東大都護府를 비롯하여 18개의 郡縣이 있었으
며, 그 墾田은 총 59,476結이고, 그 중 水田은 그 30.39%인 18,074.72結이
었다. 堤堰은 총 161개이고 그 灌漑結數는 3,507.386結, 堰當 灌漑結數는
21.785結, 그 灌漑結數의 水田 전체에 대한 比率은 19.40%이었다. 이 地區
의 比安에는 특히 堤堰의 설치가 발달해서 그 灌漑結數의 比率이 122.79%나
되고 있었지만(아마도 이곳의 이같은 잉여 潴水는 이웃 郡縣의 水田에 관개되기
도 하고, 比安의 墾田을 水田化하는 가운데 활용되기도 하였을 것이다), 그러나
이 地區에도 그 많은 부분은 小堤堰인데다 그같은 堤堰의 설치마저도 충분하
지 않았고, 그러한 堤堰마저도 설치되지 않은 곳이 있었으므로(禮安, 奉化, 順
興), 灌漑結數의 比率은 安東의 3.17%와 같이 아주 低率인 곳이 많았고, 따

---

197)『世宗實錄地理志』慶尙道, 慶州府 安東大都護府 尙州牧 晋州牧條.
    ( ) 안은『慶尙道地理志』및『慶尙道續撰地理誌』의 行政區域 명칭이다.
    界首官에 관해서는 李存熙,『朝鮮時代地方行政制度硏究』, 1990을 참조.

〈表 13〉　　　　『慶尙道續撰地理誌』의 堤堰과 灌漑結數

郡縣	墾田結數	水田結數	堤堰數	灌漑結數	堰當灌漑結數	水田結數에 대한 灌漑結數의 比(%)
(1) 慶州	19,733	7,399	117	1,594.52	13.628	21.55
大丘	6,543	1,963	22	606.00	27.545	30.87
蔚山	6,482	2,881	27	466.28	17.269	16.18
彦陽	1,518	759	5	48.30	9.66	6.36
梁山	2,030	903	1	15.00	15.00	1.66
計	74,009	27,427.7	271	5,648.12	20.841	20.59
(2) 安東	11,283	3,223.71	7	102.267	14.609	3.17
醴泉	7,298	2,737	21	220.89	10.518	8.07
靑松	1,315	115	2	21.985	10.992	19.11
義城	5,068	1,013	21	362.82	17.277	35.81
比安	2,675	803	20	986.07	49.303	122.79
計	59,476	18,074.72	161	3,507.386	21.785	19.40
(3) 尙州	15,360	6,144	47	1,676.55	35.671	27.28
善山	9,170	6,113	37	2,555.62	69.070	41.80
金山	4,673	1,752.3	8	125.40	15.675	7.15
星州	15,555	5,833.12	34	1,591.865	46.819	27.29
陝川	2,975	1,190.0	6	91.20	15.20	7.66
計	69,923	28,675.61	182	7,349.288	40.380	25.62
(4) 晋州	12,730	6,365	34	868.411	25.541	13.64
三嘉	1,913	956	5	88.360	17.672	9.24
河東	1,272	848	5	100.350	20.07	11.83
咸安	3,976	1,325.33	6	348.85	58.141	26.32
固城	3,941	1,971	5	129.900	25.980	6.59
計 ①	46,652	23,304.18	83	2,384.636	28.730	10.23
②	58,030	28,663.18	99	3,314.042	33.475	11.56
慶尙道摠 ①	250,060.0	97,482.21	697	18,889.430	27.101	19.37
②	261,438.0	102,841.21	713	19,818.836	27.796	19.27

* 行政區域 (4)計의 ①은 堤堰의 數와 그 灌漑結數가 불확실한 3개 郡縣을 제외하고 산출한 경우이고, ②는 이 3개 郡縣을 모두 포함해서 산출했을 경우이다. 慶尙道摠 ① ②도 마찬가지이다. 이때 이 3개 郡縣에서 熊川(훼손되어 있다)을 제외한 金海는 堤堰 14, 灌漑結數 918結 13負 6束, 珍城은 堤堰 2, 灌漑結數 11結 27負가 확인된다(『慶尙道續撰地理誌』).

라서 전체의 비율도 이같이 낮아진 것이었다.

⑶ 地區는 洛東江 우안에 길게 펼쳐진 平野地와 小白山脈 동쪽의 山間지역이 중심이 되는 지역으로서, 그 領內에는 界首官인 尙州牧을 중심으로 13개의 郡縣이 위치하고 있었다. 그 墾田은 총 69,923結이고, 그 중 水田은 그 41.01%인 28,675.61結이었다. 堤堰의 수는 182개이고 그 灌漑結數는 7,349.288結, 堰當 灌漑結數는 40.380結, 水田 전체에 대한 그 灌漑結數의 비율은 25.62%가 되었다. 이 地區는 慶尙道내 4개 地區 중에서는 水田이 가장 발달하고, 堤堰의 규모도 평균으로 中堤堰이 발달하는 가운데, 그 灌漑結數도 가장 넓었으며, 따라서 水田 전체에 대한 그 比率도 가장 높았다. 그러나 그러면서도 이 地區에도 堤堰이 없는 곳(知禮)이 있고, 小堤堰, 零細堤堰 또한 충분하지 않아서, 善山과 같이 그 灌漑結數의 비율이 높은 곳도 있었으나, 陜川이나 聞慶과 같이 낮은 곳도 있었다. 聞慶은 그 比率이 1.95%이었다.

⑷ 地區는 洛東江 우안의 小白山脈·智異山 동쪽 山間지역과 南海沿岸에 위치한 지역으로서, 그 領內에는 界首官인 晋州牧을 중심으로 18개 郡縣이 위치하고 있었다. 그 墾田結數는 金海 등 3개 郡縣을 제외한 ①의 경우 총 46,652結이고, 그 중 水田은 그 49.95%인 23,304.18結이었다. 堤堰의 수는 83개이고 그 灌漑結數는 2,384.636結, 堰當 灌漑結數는 28.73結, 水田 전체에 대한 灌漑結數의 百分比는 10.23%이었다. 이를 同上 3개 郡縣을 포함한 ②의 경우로서 보면 그 墾田結數는 총 58,030結이고, 그 중 水田은 그 49.39%인 28,663.18結이었다. 堤堰의 수는 99개이고 그 灌漑結數는 3,314.042結, 堰當 灌漑結數는 33.475結, 水田전체에 대한 灌漑結數의 百分比는 11.56%이었다. 이 地區는 他地區에 비하여 水田이 발달해 있었으나 상대적으로 堤堰의 설치가 적었고, 따라서 그것에 의한 灌漑結數의 比率 또한 他地區에 비하여 낙후해 있었다. 단, 이 地區는 자료의 훼손으로 몇몇 郡縣에서는 堤堰관개 사실이 정확하게 파악되지 못하고 있었으므로, 이것이 정확히 파악될 경우에는 그 수치에 다소의 변동이 있을 것으로 사료된다.

끝으로 우리는 이같은 4개 地區를 종합한 慶尙道지역 전체를 살피는 것이 필요할 것이다. 이에 관해서도 먼저 ①의 경우로서 살펴보면, 墾田은 총 250,060結, 水田은 그 38.98%인 97,482.21結이었고, 堤堰은 총 697개소,

그 灌漑結數는 18,889.43結이었다. 그러므로 堤堰當 灌漑結數는 27.101結
이고, 灌漑結數의 水田전체에 대한 比率은 19.37%가 되고 있었다. 이를 ②의
경우로서 보면, 墾田은 총 261,438結, 水田은 그 39.34%인 102,841.21結
이었고, 堤堰은 총 713개소, 그 灌漑結數는 19,818.836結이었다. 그러므로
堤堰當 灌漑結數는 27.796結, 灌漑結數의 水田 전체에 대한 比率은 19.27%
이어서 전자와 유사하였다. 慶尙道 내 4개 지구의 水利 灌漑사정을 이같이 종
합 정리하고 보면, 그것은 地區에 따라 적지 않은 편차가 있었지만, 그러나
전체로서 보면 이 지역에서도 堤堰의 설치가 충분하지 못한 가운데 灌漑結數
水利安全畓이 대단히 적었다고 하겠다. 그것은 水田 전체의 5분의 1에 불과
한 형편이었다.

이곳에서는 水利問題 灌漑結數를 자료의 성격상 慶尙道의 경우로 국한하여
언급하였지만, 그같은 사정 그같은 비율은 다른 지역에서도 대동소이하였을
것으로 생각된다. 그리고 이같은 堤堰시설은 고정적 항구적인 것이 아니라 수
시로 훼파될 수도 있고 새로이 설치될 수도 있는 것이므로, 灌漑結數의 水田
전체에 대한 比率은 가변석이었다고 하겠다.[198] 그리고 그러한 점에서 이 시기
의 정부에서는 水利施設의 문제를, 어느 선에서 멈출 수 있는 것이 아니라,
農業政策上의 중요한 과제로서 계속적으로 강조하지 않으면 아니되는 것이었
다고 하겠다.

(2) 農業開發政策의 諸局面

이 시기의 政府에서는 農業開發事業에 확신을 가지고 전개하기 위하여, 농

---

198) 『世宗實錄』卷 1, 世宗 卽位年 9月 甲戌, 2冊, p. 271에는 京畿의 堤堰에 관하여
　　아래와 같은 기록이 있는데, 이를 통해서는 그러한 사정을 분명하게 엿볼 수 있다.
　　　判淸州牧事禹希烈啓曰 …… 臣之所築京畿堤堰 灌漑之數 凡一萬九千八百餘結 今年
　　春到廣州 更考各官灌漑之數 縮至六千餘結 決毀之後 不用心修築必矣 令監司隨決隨
　　築 以備旱潦
　　　즉, 이에 의하면 京畿에는 堤堰에 의한 灌漑結數가 한때 19,800餘結이나 되었는
　　데, 이것이 管理疏忽로 후에는 6,000餘結로 減縮되었다는 것이었다. 이때의 京畿의
　　水田을 가령 『世宗實錄地理志』의 76,104結로 본다면, 그 灌漑結數 19,800餘結은
　　水田 전체의 26.01%가 되어서 慶尙道의 ⑶地區보다도 오히려 그 比率이 높았는데,
　　그것이 6,000餘結로 줄었을 때에는 그 灌漑結數의 水田結數에 대한 比率은 7.88%
　　로 저하되고 있어서, 慶尙道 중에서도 灌漑施設이 잘 안되어 있는 郡縣의 그것과 비
　　슷한 것으로 되고 있는 것이었다.

업생산을 위한 經濟地理상의 全國的인 기초조사를 하고 또 天文氣象에 대한 학문적인 연구와 器機의 제조 이용을 추진하고 있었거니와, 政府는 이제 이와 병행하여 구체적으로 농업개발을 위한 정책을 펴나가지 않으면 아니되었다. 朝鮮初期의 政府에서는 그것을 한편으로는 農業技術의 개발 보급과 관련하여, 그리고 다른 한편으로는 農地開發과 관련하여 추진하되, 이 양자를 별개의 문제로서가 아니라 하나의 문제로서 추진하고 있었다. 이같은 문제에 관해서는 이미 別稿에서 이를 상론한 바 있으므로,[199] 여기서는 이를 다시 중복 설명할 필요가 없겠다. 그러나 본고의 論旨 전개와 관련하여서는, 그 핵심만이라도 지적해 두는 것이 필요하리라고 생각되므로, 여기서 그 요점을 정리하면 다음과 같다.

農業技術의 開發 보급과 관련하여서는 다음과 같은 사항이 특히 중요한 과제로서 강조되고 추진되었다. ① 水田農業 水稻作을 이 시기 농업의 중심으로 간주하고, 따라서 水稻作을 발전 보급시키기에 열중하였으며, 따라서 水利施設을 확충하는 문제가 늘 강조되었다. ② 旱田農業에서는 歲易農法을 극복하고 이를 常耕農法으로 전환시키기 위하여 여러 가지 방략이 동원되었다. ③ 이 시기에는 이 시기 최대의 經濟作物인 木綿이 새로 도입되었는데, 정부에서는 이것을 재배 보급시키는 문제를 農政상의 중요한 과제로 삼고 있었다. ④ 農作物의 생산성을 높이기 위해서는 농업기술이 개량되어야 하였으므로, 좋은 農書의 간행 보급을 국가사업으로서 추진하였다. ⑤ 그리고 작물의 재배에 대한 확신이 서지 않을 경우에는, 이를 여러 가지 방법으로 實驗재배를 하여 보급하기도 하였다.

荒遠田이나 新田의 開發 등 農地開發과 관련하여서는, 정부는 다음과 같은 사항들에 득히 유의히면서 그 정책을 추진하고 있었다. ① 荒遠田, 新田의 開發이나 陳田開墾에는 일정기간 租稅를 免除해주는 특별한 혜택을 주었다. ② 豪勢家들이 閑曠地를 多占하는 가운데 이를 互相陳荒(歲易農耕)하는 것을 금지하고, 農地賣買를 일정기간 일정조건하에 통제함으로써 土地集積, 土地兼倂을 억제하며, 無田農民들에게는 空閑地를 支給함으로써 土地改革을 통한

---

199) 拙 稿, '朝鮮初期의 勸農政策'(本書 所收) 참조.

農地分配에 대신하고 있었다. ③ 徙民政策을 취함으로써 선진지역과 후진지역의 戶口의 균등한 배치와 국가차원의 農地開發政策을 적극 추진하고 있었다. ④ 후진지역을 개발하면서는 그곳에 屯田을 설치 경영함으로써 선진지역의 농업기술을 보급시키고도 있었다. ⑤ 陳荒田이나 新田開發 및 農業生産 전반과 관련하여서는 農牛의 대여와 農牛飼育이 강조되고, 이와 관련하여서는 屠牛禁止, 農牛喂養策, 牛馬醫書[200] 편찬 등 여러 가지 조치를 취하고 있었다.

4. 世宗朝의 『農事直說』 刊行과 그 農業技術

앞에서 언급한 바와 같이 朝鮮初期의 農政 및 農業開發의 정책방향은 여러 계통으로 세워지고 의욕적으로 추진되고 있었다. 그 企劃의 규모는 크고 범위는 넓어서 이 일은 새로운 국가건설을 지향하는 정부의 정책에 걸맞은 것이었다. 그리고 高麗時期 이래로 극도로 쇠잔하고 몰락하여 재기불능한 상태로 전락해 있는 농민을 구제할 수 있는 최소한의 조치가 되는 것이었다고도 하겠다. 그러한 가운데서도 本稿의 주제와 관련하여 추진되고 있었던 농업기술에 관한 정책은, 이 시기 朝鮮農業의 성격을 규정할 수 있는 중요한 요인이 되고 있었다. 그것은 農政理念의 면에서도 그렇고 농업기술의 면에서도 그러하였지만, 이때에는 국가가 그러한 목표를 달성하기 위하여 거기에 상응하는 農書를 편찬 보급하고 있는 것에 잘 드러나고 있었다.

주지하는 바와 같이 麗末鮮初의 전환기에는 高麗國家나 朝鮮王朝의 어느 경우에도 미찬가지였지만, 모두 그 농업기술을 개량하고 개발함으로써 농업생산을 증진시켜야 하는 것이 국가적인 과제로 되어 있었다. 그리고 그같은 과제의 달성을 위해서는 어떠한 좋은 農書를 편찬 간행함으로서, 농민들에게 그것을 교육할 것이냐 하는 점이 관건이 되지 않을 수 없었다. 그런데 이 시기에는 그같은 農書를 高麗末年에는 元나라의 『農桑輯要』를 複刻 간행함으로써 (1372) 이를 활용하려 하였으며, 朝鮮初期의 世宗朝에는 『農事直說』과 그밖

---

200) 權仲和 等撰, 『新編牛醫方』 定宗 元年(1399), 序 房士良.
　　趙浚 等撰, 『新編集成馬醫方』 定宗 元年(1399), 序 房士良.

의 몇몇 文獻을 편찬 보급함으로써 그 성과를 기대하고 있었다. 그같은『農桑輯要』와『農事直說』은 그 농업기술의 내용과 농업생산의 방법에 적지 않은 차이가 있는 것이었다. 말하자면 동일한 목표를 달성하기 위하여, 麗末鮮初의 두 국가와 관료들이 택한 방법과 선택한 農書에는 차이가 있는 것이었다. 그러므로 이곳에서는 朝鮮王朝初期 世宗朝의 농업기술의 성격을 파악하기 위하여, 앞에서 검토한 바『農桑輯要』의 농업기술을 염두에 두면서,『農事直說』의 농업기술과 그 성격·農政理念이 어떠한 것이었는지를 살피게 되겠다.

1)『農事直說』의 刊行 經緯와 그 農政理念

『農事直說』은 世宗 11년(1429)에 편찬 간행되고, 同 12년부터는 이를 頒賜하고 보급하게 된 農書였다.[201] 그러나 이 農書가 이때 이같이 편찬 간행된 것은, 이 시점에서 갑작스럽게 이루어진 것이 아니었다. 그간에는 麗末 이래의『農桑輯要』의 농업기술을 그대로 수용하여 이 시기의 과제를 해결하고자 하는 思想의 흐름과 政策노선이 여전히 지속되는 가운데,[202] 朝鮮農業에서는 朝鮮의 風土상의 실정을 고려하는 가운데, 이에 맞는 농업기술을 개발함으로써 농업생산을 증진시켜야 한다는 새로운 견해가 제기되고 있어서,『農事直說』은 이 양 노선의 견해가 대립하는 가운데 後者의 견해에 의해서 탄생하게 된 것이었다. 그것은 太宗 14년(1414)부터의 일로서, 15년간에 걸친 긴 기간 동안 양 노선의 一進一退의 경과과정을 거친 후 있게 되는 산물이었다.[203]

그같은 새로운 農業振興論은 太宗 14년의 2월에 제기되고 있었다. 이때에는 정부에서 勸農의 방법을 논의하고 이어서는 勸農의 令을 내린 바 있었는

---

201)『農事直說』鄭招 序.
　　『世宗實錄』卷 44, 世宗 11年 5月 辛酉, 3冊, p. 181.『農事直說』序.
　　『世宗實錄』卷 47, 世宗 12年 2月 乙酉, 3冊, p. 216.
202) 高麗末年에『農桑輯要』를 復刻하는데 참여한 인물들은 當代의 일급 학자들이었고, 특히 李穡의 學界에서의 지위는 鄭夢周와 더불어 그 정상이었다. 그 학문적 업적은 지대한 바 있어서, 朝鮮王朝 건국에 참여한 인물들도 그의 문하에서 교육을 받았거나 그 영향하에서 성장한 인물들이 많았다. 그뿐만 아니라 아직은 지식인들이 모두 新王朝에 협조하는 분위기도 아니었다.
203) 이 같은 사정에 대한 구체적인 언급은, 拙 稿, '『農事直說』의 編纂과 그 農業技術' (『朝鮮後期農學史硏究』, 1988)을 참조.

데, 이때 議政府에서는 새로운 勸農의 방법으로서 다음과 같은 案을 건의하게
되고 있었다.

　　議政府啓曰 小民當以務農急務 守令專以勸課爲任 諸道州縣 風土不同 所種之穀 本
　自異宜 耕種之候 亦有早晩 願以宜土之穀 播種之節 備書布告 令守令 知勸課之方 授
　之以時 庶乎民不失時矣[204]

이라고 하였음은 그것인데, 이는 요컨대 농민들은 務農하는 것을 急務로 삼고
守令들은 勸農하는 것을 임무로 삼는데, 그러나 諸道州縣은 '風土不同'하여
서, 지방마다 심는 穀食의 마땅함이(宜土) 다르고 耕種의 節候에 早晩이 또한
있어서 일률적으로 農作을 督勵하기 어려운 바 있으니, 각 지방마다 합당한
土宜作物과 耕種節候를 기록한 農書를 마련하고 이를 널리 알림으로써, 守令
들로 하여금 勸農桑의 방법을 알고 농민들에게 農時를 지시(授時)하게 되면,
農民들은 農時를 잃지 않게 되리라는 것이었다. 이것 자체는 아주 간단한 제
언이었지만, 그러나 이를 뒤에 『農事直說』을 간행하게 되는 사성과 관련하여
생각하면, 아주 중요한 뜻을 지닌다고 하겠다. 여기서는 『農桑輯要』의 農業技
術을 그대로 수용하려는 구래의 農業振興策을 비판은 하지 않았지만, 그러나
이는 정부가 우리 풍토에 맞는 농업의 실정을 파악해야 할 것임을 강조하는
것으로서, 비판 이상의 강한 주장을 내세우는 것이 아닐 수 없었다. 그리고
그러한 점에서 이때의 이 제언은 風土不同을 전제로 하고 마련되는 『農事直
說』의 편찬에서 중요한 계기가 되는 것이었다고 하겠다.

　　그러나 議政府의 이같은 제언에 대하여, 國王 太宗은 그같은 사실은 老農들
이 잘 알고 있다는 점에서 숙고하려 하지 않았으며, 따라서 그 의견은 수용되
지 못하였다.[205] 그리고 그 해 12월에는 이와는 다른 각도에서의 勸農방안, 즉
종전의 『農桑輯要』의 農業技術을 그대로 원용하려던 견해를 다소 변형하고 완

---

204) 『太宗實錄』 卷 27, 太宗 14年 2月 乙巳, 2冊, p. 4.
205) 同上書.
　　上曰 予嘗觀一野之田 一般之穀 其成熟 有先後 豈地與穀種之罪也 是人力勤不勤如
　何耳 故曾命政府曰 令守令勤於勸課 及其未霜 無不熟之禾 政府何不知寡人之意乎 穀
　名及播種時候 老農所知 不必布告

화한 방안으로서, 이를 알기 쉽게 번역하여 농민들에게 주지시키자는 견해가
제기되었는데, 국왕은 이 방안에 호의적이었으며 이를 수용하여 鄕言(吏讀)으
로 번역 간행하도록 지시하고 있었다.[206] 그리고 그것은 거듭 다듬어져서 『農
書』와 『蠶書』로 정리되고 있었다. 말하자면 이 시점까지의 정부의 農業振興策
에서는, 『農桑輯要』의 농업기술을 중심으로 농업생산을 증진시키고자 하는 정
책노선이, 風土를 고려한 정책노선보다 우세한 입장에 있었다고 하겠다.

그러나 議政府에서 提論한 바 지방에 따르는 風土不同의 문제, 土宜作物의
문제, 耕種節候 早晩의 문제, 이와 관련되는 農書編纂의 문제 등은, 농업생산
을 기획하고 勸農政策을 펴나가는 정부의 입장에서는 이를 그대로 넘겨서는
아니될 문제였다. 설사 이때에는 租稅問題, 量田事業 등 다른 시급한 일로 이
문제에 대하여 충분히 검토할 여유를 갖지 못하였다 하더라도, 농업생산을 전
국가적 차원에서 증진시키고자 할진대, 언젠가는 이 문제가 진지하게 검토되
고 조사되지 않으면 아니되는 문제였다. 그같은 사회적 요청이 오랫동안 도외
시 될 수는 없었다. 그 후 국왕이 교체되어 世宗이 國政을 주재하게 되었을
때, 그것은 앞장에서 살핀 바와 같이, 世宗 6년부터는 다른 項目도 더 첨가하
여 농업생산을 위한 기초조사로서 본격적으로 수행되고, 그 결과는 『新撰八道
地理志』 『世宗實錄地理志』 및 그 후에 있게 되는 續撰地理誌 등에 수록되게
되었다. 그리고 이같은 기초조사를 참작하면서 이와 병행하여서는, 中國農業
에 대하여 風土不同을 전제로 하고 있는, 『農事直說』을 편찬하기 위한 사업도
본격적으로 추진하게 되었다. 그러기 위해서는 관행하는 농업기술과 農法도
조사하지 않으면 아니되었다.

『農事直說』을 편찬하기 위해서, 慣行하는 농업기술을 조사한 것은 慶尙道
와 忠淸道, 全羅道 등 三南지방의 農業事情이었다. 世宗 10년의 일이었다. 이
農書를 편찬하는 것은 전국의 농업생산을 증진시키고자 하는 데 목적이 있는
것이었고, 그러기 위해서는 농업 선진지역의 농업기술을 농업 후진지역으로
전파하여 배우게 함으로써, 목적을 달할 수 있을 것으로 생각한 까닭이었다.
그러한 사정은 이때 국왕이 慶尙監司에게 지시하여, 그곳에서 관행하는 농업

---

206) 『太宗實錄』 卷 28, 太宗 14年 12月 乙亥, 2冊, p. 47.

기술을 조사해서 보고하도록 한 傳旨에 잘 드러나 있다.

傳旨慶尙道監司 咸吉平安兩道 地品好 而無知之民 泥於舊習 農事齟齬 未盡地力 欲採可行良法 使其傳習 道內耕種耘穫之法 五穀土性所宜 及雜穀交種之方 訪之老農 撮要成書以進[207]

이에 의하면 世宗과 政府官僚들은 咸吉道 平安道는 地品은 좋은데, 民이 無知하고 舊習에 젖어 있어서 農事를 理致에 맞게 하지 못하고 地力을 다하지 못한다고 보고 있었다. 이 지역은 농업 후진지역인 것이었다. 그러므로 世宗은 慶尙, 忠淸, 全羅道 등 농업 선진지역에서 좋은 農事法을 채취하여, 이를 咸吉道, 平安道 등지에 전파하여 그곳 民으로 하여금 이를 習得케 하면 그곳 農業도 발달하리라 생각하는 것이었다. 그래서 世宗은 慶尙·忠淸 全羅監司로 하여금 그곳 老農들을 방문하여, 그 地方民들이 그 지방에서 이미 시행하고 있는 바(因地已試之驗[208])整地·播種·耘耔·收穫의 방법, 五穀의 土性所宜(土宜), 雜穀의 交種 방법 등을 물어서, 그 要點을 冊子로 정리하여(撮要成書) 보고하도록 지시하는 것이었다.

정부에서는 이렇게 해서 올라온 보고서(撮要成書)를 기초로 해서 『農事直說』을 편찬하게 되었다. 그 일을 맡도록 命을 받은 것은 左軍都摠制府同知摠制 鄭招와 宗簿少尹 卞孝文이었고, 그들은 이 일을 世宗 11년 5월까지는 완료하고 있었다.[209] 農書로서의 體系를 세움에 있어서는 儒敎文明圈 선진국의 농서 『農桑輯要』가 참고되었으나, 그 농업기술의 내용과 農法은 朝鮮의 전래의 것이 되고 있었다. 『農事直說』은 말하자면 朝鮮의 風土 위에 형성된 朝鮮 고유의 農業技術과 農法을, 儒敎사상의 農學, 中國 農學에서 세운 체계를 원용하여 학문적으로 정리한 朝鮮農書요 朝鮮農學인 셈이었다. 그리하여 이같이 편찬 간행된 『農事直說』은 世宗 12년부터 전국의 監司 守令 및 중앙의 2품 이상의

---

207) 『世宗實錄』 卷 40, 世宗 10年 閏4月 甲午, 3冊, p. 129.
      이때 곧 이어서 忠淸·全羅道監司에게 지시한 傳旨의 내용도 이와 같았다. 『世宗實錄』 卷 41, 世宗 10年 7月 癸巳(亥), 3冊, p. 138 참조.
208) 『農事直說』 鄭招 序에서는 이 구절 이 표현을 특히 강조하고 있다.
209) 『農事直說』 鄭招 序.

時·散官 등에게 頒賜되어 國定의 農書, 國定의 勸農指針書로 이용되었다.[210]

『農事直說』을 國定의 勸農指針書라고 할 때, 그것은 두 계통으로 그같은 의
미를 지니는 것이었다. 그 하나는 朝鮮王朝의 農政理念을 명시하는 것이고,
다른 하나는 朝鮮의 자연환경(風土) 속에서 형성되어 온 선진지역의 농업기술
을 더욱 확대 발전시켜 나가려는 것이었다. 이 기술문제는 뒤에 상론하게 될
것이므로, 이곳에서는 우선 農政理念의 문제를 검토하기로 하겠다.

이때의 朝鮮王朝의 農政理念은 鄭招의 『農事直說』序에 잘 요약되어 있으
며, 이를 좀더 확대하여서는 世宗 26年의 「勸農敎文」으로 상술되고 있었
다.[211] 이 두 글을 통해서 그 農政理念을 압축 정리하면 그것은 몇 가지 특징을
지니는 것으로 말할 수 있겠다.

첫째, 朝鮮王朝는 儒敎思想의 이른바 農本主義 국가임을 분명히 하고, 따라
서 정부에서는 儒敎的인 農政理念으로서 국가와 農政을 운영해 나간다는 것
이었다. 그것을 이들 序와 敎文에서는 다음과 같이 기술하고 있었다.

> 農者天下國家之大本也 自古聖王莫不以是爲務焉[212]

> 國以民爲本 民以食爲天 農者衣食之源 而王政之所先也 惟其關民生之大命 是以服
> 天下之至勞 不有上之人誠心迪率 安能使民勤力趨本 以遂其生生之樂耶[213]

이에 의하면, 농업은 天下國家가 그 국가를 유지하는 데 大本이 되는 것이
며, 따라서 자고로 聖王들은 農政에 힘쓰지 않은 바 없다는 것이었다. 그리고
국가는 民을 本으로 삼고 民은 食을 天으로 삼는데, 농업은 衣食을 공급하는
원천이니, 王政은 무엇보다도 農政을 우선해야 하는 것이다. 다만 그것은 民

---

210) 『世宗實錄』 卷 47, 世宗 12年 2月 乙酉, 3冊, p. 216.
211) 『世宗實錄』 卷 105, 世宗 26年 閏7月 壬寅, 4冊, p. 579. 이 敎文은 河緯地가 代
　　作한 것이었다. 여기서는 이를 下敎라고만 하였는데, 후에 『農家集成』에서 이를 수
　　록하면서는 「勸農敎文」이라 하였고, 『東文選』에서 이를 수록하여서는 河緯地의 이
　　름을 밝히고 「勸農敎書」라 하였다.
212) 『農事直說』 鄭招 序.
213) 『世宗實錄』 卷 105, 世宗 26年 閏7月 壬寅, 4冊, p. 579.
　　世宗의 「勸農敎文」.

生의 天命에 관계되는 것이므로, 천하의 지극한 勞苦로서 이를 수행해야 하는 것이니, 官에서 이를 성심껏 敎導하지 아니하면, 어찌 民으로 하여금 힘써 본업에 종사하고 生生의 樂을 누릴 수 있게 하겠느냐는 것이었다.

이는 儒敎的 農業國家이면 의례히 표방할 수 있는 政治理念으로서, 앞에서 살핀 바 高麗國家에서도 그 農政理念은 이와 같았다. 그러므로 高麗國家가 朝鮮王朝로 교체된 후에도 그 農政理念은 그렇게 될 수밖에 없었으며, 따라서 그같은 農政理念은 太祖 3년(1394)에 편찬된 『朝鮮經國典』에 이미 그와 같이 제시되고 있었다. 『朝鮮經國典』은 王朝革命이 있은 후 앞으로 있어야 할 新國家의 治國의 指針을 鄭道傳으로 하여금 정리 편찬토록 한 것이었는데, 이같은 新國家의 國政 指針書에 農政理念이 그와 같이 제시되고 있는 것이었다.[214] 즉

　農者 萬事之本也 籍者 勸農之本也[215]

　農者 衣食之本 王政之所先也[216]

라고 한 것은 그것인데, 朝鮮王朝는 그 建國 초기에 國政의 방향을 설정하되, 농업은 萬事의 기본이 되는 것이고, 衣食의 기본이 되는 것이므로, 국가의 정치에서는 무엇보다도 먼저 이 農政을 우선적으로 행해야 한다는 것이었다. 이에서 보면 世宗朝의 『農事直說』序와 「勸農敎文」에 보이는 世宗의 農政理念은, 이같은 지침에 의거해서 이를 더욱 보완하고 다듬어서 공표하게 된, 말하자면 朝鮮王朝 農政理念의 완성편이었다고 하겠다.

둘째, 이같은 理念으로서 農政을 수행하고 新國家를 건설하고자 하면서, 朝鮮王朝의 정치인들은 그들이 본받을 수 있는 農政에 관한 典範을 역사상에서 두 계통으로 찾고 있었다. 이는 儒敎經典, 中國史書 및 기타 등의 자료에서 제시되는 것이었는데, 이를 指針으로 하고 모범으로 하면서 그들의 農政을 수행해 나가고자 하는 것이었다. 그 하나는 통치권자 국왕이 본받아야 할 典範

---

214) 申奭鎬, 『三峯集』(『韓國史料叢書』 第13) 解說, 1961.
　　韓永愚, 『鄭道傳思想의 研究』, 1973.
215) 『三峯集』 卷 7, 「朝鮮經國典」 上, 籍田, p. 224.
216) 同 上書, 「朝鮮經國典」 上, 農桑, p. 215.

으로서, 이에 관해서는 神農 이래의 聖君들의 農政을 들었으며, 그 중에서도
특히 周나라가 農事로서 開國하고 8백여 년의 長治久安의 業을 이루었음에
대해서는 많은 관심을 보이고 있었다. 그리고 조선왕조 世宗의 農政을 周나라
의 后稷이나 成王의 그것에 비유하기도 하였다. 그렇게 되기를 기대하는 것이
었다. 가령 鄭招와 河緯地가

　　　至于周家 以農事開國 豳風之詩 無逸之書 無非拳拳於稼穡之艱難 以成長治久安之
　　業 盛矣哉[217]

　　　周家以農事爲國 歷八百餘年之久 今我殿下 惠養斯民 爲國長慮 豈不與后稷成王 同
　　一揆範乎[218]

라고 하였음은 그 예이었다. 그리고 다른 하나는 地方官들이 勸農에서 본받아
야 할 典範으로서, 中國 역대 王朝의 地方官으로서 특히 勸農에 힘쓰고 성과
를 올렸던 바 인물들을 들고 있었다. 중국에는 그러한 인물들이 역사상 많았
는데,[219] 世宗의 「勸農敎文」에서는 특히 漢代의 龔遂 召信臣,[220] 後漢代의 任
延,[221] 後魏의 辛纂[222] 등을 들고, 이밖에 南宋代의 朱子[223]를 추가하여 들고

217)『世宗實錄』卷 105, 世宗 26年 閏7月 壬寅, 4冊, p. 579.
　　　世宗의 「勸農敎文」.
218)『農事直說』序.
219) 元刻本『農桑輯要』卷 1, 典訓 先賢務農. 여기서는 地方官과 그밖의 人物로서 務農
　　에 힘쓴 사람을 30명이나 들고 있었다.
220)『世宗實錄』卷 105, 世宗 26年 閏7月 壬寅, 4冊, p. 579.
　　　世宗의 「勸農敎文」.
　　　龔遂爲渤海 務勸農桑 民有帶持刀劍者 使買牛犢 春勸趨田 冬課收斂 民皆富貴
　　　召信臣爲南陽 好爲民興利 躬勸耕農 出入阡陌 稀有安居 行視水泉 開通溝瀆 以廣灌
　　漑 民得其利 莫不力田
221) 同 上書.
　　　任延爲九眞 其俗以射獵爲業 不知牛耕 每致困乏 乃令鑄作田器 敎之墾闢 歲歲開廣
　　百姓充給
222) 同 上書.
　　　辛纂爲河內 督勸農桑 親自檢視 勤者賞以帛物 惰者加罪
223) 同 上書.
　　　朱文公之爲南康也 印榜勸民 自犁翻糞種芟草之節 至種麻豆修陂塘之事 莫不開具 諄
　　諄曉諭 時親巡野 罰不如敎

있었다. 朱子는 新儒學을 체계화한 인물이고, 그 학문은 朝鮮王朝의 國定의 教學이 되고 있었는데, 이때의 「勸農教文」에서는 그를 모범적인 勸農官으로서도 이해하고 있는 것이었다. 地方官으로 재임하고 있는 동안의 朱子는 단순히 관념적인 性理學者, 哲學者에 그치는 것이 아니라, 사실상 南宋의 地方官으로서 열심히 民을 教化하고 農學에도 一家見이 있어서 農耕을 지도하는 성실한 勸農官이 되고 있었다. 국왕 世宗은 조선의 地方官들도 朱子에게서 이같은 地方官·勸農官으로서의 자세를 본받아 주기 바라는 것이었다고 하겠다.

셋째, 儒教文明은 우리 歷史 文化의 基幹이었고, 朝鮮王朝는 儒教의 政治·經濟思想을 바탕으로 그 체제를 형성하고 있었으며, 그리고 앞으로도 계속 儒教文明圈 속에서 살아갈 것을 목표로 하고 있었다. 그러므로 그 農政理念의 기본을 위에서와 같이 세우게 되는 것은 자연스러운 일이었다. 그러나 그 이념으로서 다스리게 되는 農政의 對象은, 그 이념을 발생 형성시킨 儒教文明의 중심부인 중국의 농업이 아니라, 거기에서 멀리 벗어나 있어서 자연환경에 적지 않은 차이가 있는 朝鮮半島의 농업이었다. 그러므로 조선의 農政理念이 儒教文明의 그것이라 하더라도 中國의 그것과 꼭 같을 수는 없었으며, 그 이념을 적용하는 방법에는 차이가 있지 않으면 아니되었다. 이 시기의 국왕과 政治人들은 그것을 風土不同論으로서 이해하고 있었으며, 따라서 농업기술, 그 것을 체계화한 農書마저도 중국의 그것을 그대로 이용해서는 아니된다고 판단하였다. 조선의 儒教的 農政理念은 조선의 농업기술, 조선의 農書를 통해서 운영되고 수행되지 않으면 아니 될 것으로 생각하는 것이었다. 그것은 學理上으로 당연하였으며 그 주장은 강하였다.

　我主上殿下 …… 尤留意於民事 以五方風土不同 樹藝之法 各有其宜 不可盡同古書 乃命諸道監司 逮訪州縣老農 因地已試之驗具聞[224]

　寡予(世宗)承緒 …… 且令逮訪州縣 因地已試之驗 輯爲農事直說[225]

224)『農事直說』鄭招 序.
225)『世宗實錄』卷 105, 世宗 26年 閏7月 壬寅, 4冊, p. 579.
　　 世宗의 「勸農教文」.

이라고 하였음은 그것으로서, 여기에 世宗은 諸道(三南)監司로 하여금 州縣의 老農을 방문하여, 조선의 풍토·자연환경 속에서 오랜 세월에 걸쳐 형성되고 慣行하게 된 농업기술과 농법을 수집 정리하게 하고, 이것을 기초로 하여서는 앞에서도 언급한 바와 같이 『農事直說』을 편찬하게 되었다. 『農事直說』의 農業技術은 말하자면 이 시기 農政理念의 확립과 관련하여 정리된 조선 농업기술과 농법의 結晶體이고 核인 셈이었으며, 그러한 점에서 『農事直說』은 학문적으로 朝鮮農學 成立의 한 표현이기도 하였다.[226]

넷째, 風土論을 문자 그대로 해석하면, 그것은 農事를 氣象·氣候條件과 土性·土宜條件에 맞추어 하려는 것으로서, 그것은 農業生産의 방법 자세로서는 자연조건에 순응하고 조화하려는 保守的인 思想이 아닐 수 없었다. 그러나 世宗朝의 農政理念에서 내세우고 있었던 風土論은 그렇게 단순한 것이 아니었다. 이때에는 農作物의 재배에 관하여 일반적으로 인식되고 있는 氣象條件과 土宜條件을, 앞에서 살핀 바 『世宗實錄地理志』에 조사 수록하고 있었지만, 그러나 農政을 주재하는 국왕의 입장에서는 農作物의 재배에 가해지는 그러한 조건들이 고정 불변한 것이 아니라, 변통되고 克服될 수 있는 것으로 이해하는 진취적인 것이었다. 농업생산은 天·地·人이 組合作用하여 이루어지는 것인데, 風土로서의 天·地의 조건에 비록 제약조건과 한계가 있다 하더라도, 人이 농업기술을 개발하고 農政을 잘 운영해나간다면 그러한 제약조건은 극복될 수 있다고 생각하는 것이었다. 世宗은 그것을 실험을 통해서 확신하고 있었다.

  輯爲農事直說 務使田野之民 曉然易知 儻可以利於農者 靡不悉心究擧 期於人盡其力 地無遺利[227]

  大抵田家之事 趨時早者所得亦早 用力多者所收亦多 故農政所重 惟在不違其時 不奪其力而已 …… 苟人事旣盡 則雖天運之不齊 亦可禦也[228]

---

226) 宮嶋博史, '朝鮮農業上에서의 十五世紀'(『朝鮮史學』 3, 1980).
227) 『世宗實錄』 卷 105, 世宗 26年 閏7月 壬寅, 4冊, p. 579.
     世宗의 「勸農敎文」.
228) 同 上書.

이라고 하였음은 그 단적인 표현이었다. 世宗은 三南지방의 농업기술과 농법을 기초로 『農事直說』을 편찬하고 그 농업기술과 농법을 북방지역에 보급시키려 하였으며, 특히 남방지역의 水稻作과 木綿栽培法을 風土와 農業慣習이 달라서 이를 기피하는 북방지역으로 전파시키려 하고 있었다. 이는 당시로서는 일반적 통념을 넘어서는 風土論의 克服運動이었다. 그리하여 농민들이 농업생산에서 人力과 人功을 다하고, 地利를 남기지 않도록 農地를 철저하게 이용하면, 농업생산은 증진되고 農民經濟는 여유가 있게 될 것으로 기대하는 것이었다.

물론 世宗은 이같은 목표가 달성되기 위해서는, 地方官·勸農官들이 農業生産에서 다른 또 하나의 요인이 되는 天時(農時), 즉 農事季節을 잘 이해하고 농민들에게 이를 잘 지도해야 할 것임을 거듭 강조하고 있었다. 그래서 農政에서 소중한 것은 農時를 적절하게 잘 지키는 일이라 지적하고, 그것을 芒種을 기준으로 '毋太早 毋太晚'하게 그러나 어느 편인가 하면 '大率欲早'한 편으로 수행하되,[229] 그렇게 하기 위헤서는 官에서 農時勿奪해야 한다는 사실을 특히 강조하고 있었다. 그리하여 이같은 여러 면에서 사람이 행할 수 있는 모든 일(人事)을 다하게 되면, 비록 天의 運行이 고르지 못하여 커다란 災害가 있게 된다 하더라도 이를 능히 막을 수 있다고 생각하였다. 伊尹의 區田이나 趙過의 代田은 그 예이고, 丁巳年(世宗 19年)에 王宮의 後苑에서 '試治田 極人力' 함으로써 旱災를 막을 수 있었던 것도 그 한 예라고 생각하였다.[230] 그래서 世宗은

是則偶爾天災 其以人力而可救也 審矣[231]

라고까지 말하여, 人力·人功에 의한 天災 자연조건의 극복이 가능한 것임을 분명하게 말하고 있었다. 이는 이 시기에 다른 天文 科學技術도 함께 개발 발전시키고 있었던 世宗의 自然觀이기도 하였다.[232]

---

229) 同 上書.
230) 同 上書.
231) 同 上書.

2) 『農事直說』의 自然環境과 農業技術

『農事直說』은 單卷의 조그마한 책자였다. 그 구성은 1 備穀種, 2 耕地, 3 種麻, 4 種稻 附旱稻, 5 種黍粟, 6 種稷, 7 種大豆·小豆·菉豆, 8 種大小麥, 9 種胡麻, 10 種蕎麥 등의 순으로, 纖維作物의 일부와 전 糧食作物의 耕種法을 기술한 것이었다. 여기서 얼른 눈에 띄는 것은 糧食作物은 그 대부분의 재·배법을 수록하고 있으나, 纖維作物은 麻의 재배법만을 수록하고 있을 뿐, 이보다 더 중요한 작물이라고 할 수 있는 木綿의 재배법을 제외하고 있는 점이다. 이는 이 農書에 수록하게 되는 작물을 9穀을 중심으로 구성한 탓이기도 하지만, 9穀 이외에 胡麻, 蕎麥이 들어 있는 점으로서 보아, 더 중요하게는 이때까지는 아직 木綿의 栽培가 널리 보급되지 못하고, 따라서 朝鮮木綿의 대표성을 갖는 재배법이 확실하게 정착되지 못하고 있었던 까닭이라고 생각된다. 그것은 앞에서 살핀 바 3장의 土宜항에서, 木綿을 자기 고을의 土宜作物로 생각하는 곳이 慶尙道 13개 郡縣(전체의 19.69%), 全羅道 27개 郡縣(전체의 48.21%), 忠淸道 3개 郡縣(전체의 5.45%), 三南지방 전체 43개 郡縣(전체의 24.29%)에 불과하였던 점,[233] 정부가 木綿의 재배법을 北部지방으로 전파시키고자 하면서도 『農事直說』에 대비될 수 있는 확고한 재배법을 제시하지 못하고 있었던 점 등으로서,[234] 그와 같이 이해할 수 있다. 이곳에서는 이같은 『農事直說』의 농업기술이 중국 『農桑輯要』의 그것과 비교해서 어떠한 특징을 갖는지 검토하게 되겠다.

(1) 自然環境

그런데 이같은 『農事直說』의 農業技術의 특징을 고찰하기 위해서는, 『農桑輯要』의 고찰에서 그러하였던 것과 마찬가지로, 먼저 『農事直說』의 농업기술을 성립케 한 韓半島, 특히 三南地方의 風土상의 특성을, 그 연중 강수량과 토양조건을 중심으로 살펴두는 것이 필요하리라고 생각된다. 寒暖 및 季節早晚의 문제는 이미 앞장에서 살핀 바와 같이, 이 지방에도 內陸 山間地域에는

---

232) 全相運, 前揭 『韓國科學技術史』 참조.
233) 本稿의 〈表 11〉, 〈表 12〉 참조.
234) 拙 稿, '朝鮮初期의 勸農政策'(『東方學志』 42, 1984 ; 本書 所收).

寒한 郡縣이 적지않이 있었지만 그것은 暖한 지방 내에서의 일이었고, 전반적
으로는 中部地方이북에 비하여 훨씬 따듯한 溫暖地帶에 속하고 있었음이 확
인되고 있었다. 그러므로 이곳에서는 그 문제에 대한 중복설명은 피하기로 하
겠다.

韓半島 각 지역의 降水量에 관해서는 이미 여러 조사가 있고, 이를 정리한
연구가 있어서 그 대체적인 경향을 어렵지 않게 파악할 수 있다.[235] 이곳에서
는 이러한 여러 연구에 의거하면서, 本稿에서 필요로 하는 강수량을, 韓半島
를 횡단하는 緯度상의 몇몇 線을 기준으로 5개 圈域·지역으로 구획하고, 그
안에서의 연중 강수량으로 재정리하여 보았다.[236] 물론 이 경우 한 권역 안에
서도 지형조건에 따라서는 지방마다 강수량에 차이가 있었지만, 본고는 그 대
체적인 경향을 파악하려는데 목표가 있는 것임으로, 이를 권역 내의 지방적
특성으로서 간주하였다. 다음의 〈表 14〉는 그같은 5개 권역의 降水사정을 정
리한 것이다.

이러한 구획에 의하면, I 권역은 北緯 42度線(白頭山에서 富寧 남쪽을 거처
東海岸 龍渚洞으로 이어지는 선) 이북에서 豆滿江 河口에까지 이르는 지역으
로, 행정구역상으로는 咸鏡北道 豆滿江 하류의 茂山, 會寧, 富寧, 羅津, 先鋒,
穩城 기타 등등의 여러 市郡이 이에 해당한다. 이 지역에는 강수량이 전국적

---

235) 日本農商務省, 『韓國土地農産調査報告』(전5책), 氣候, 1906.
　　朝鮮總督府觀測所, 『朝鮮古代觀測記錄調査報告』, 1917.
　　久間健一, 『朝鮮農業經營地帶의 硏究』第 3章 朝鮮에 關한 地域劃定의 諸說, 第 2項
　　氣候學的地域劃定, 1950. 여기서는 1. W. Kappen의 氣候地帶區分, 2. Shannon
　　McCune의 氣候地帶區分, 3. 福井榮一郎의 氣候地帶區分, 4. 窪田技師의 氣候地帶
　　區分 등을 총괄적으로 정리 소개하였다.
　　大韓民國中央觀象所, 『氣象50年報』, 1904~1954, 1956.
　　李燦·黃載璣, 『最新世界地圖集』, 1982.
　　金光植, 「農業氣象」(『農業大事典』農業篇, 農園社, 1985).
　　金光植 外, 『增補 農業氣象學』, 1995, p. 168.
236) 이곳에서는 앞 註의 여러 연구에 보이는 降水量測定 및 氣候地帶區分 중에서도, 특
　　히 朝鮮總督府觀測所의 서울의 降水量에 대한 역사적 고찰, Shannon McCune과
　　福井榮一郎의 降水量조사, 大韓民國中央觀象臺의 道別平均年雨量(p. 17), 平均降
　　水量(pp. 62~70), 李燦·黃載璣, 『最新世界地圖集』의 都市 중심의 降水量 파악 및
　　金光植 외, 『增補 農業氣象學』, p. 168의 '강수량도' 및 金光植, 「農業氣象」, p. 203
　　의 '한국의 기후 구분' 등을 종합하여, 緯度상의 구분에 따라 재정리하였다.

〈表 14〉 圈域別 年中降水量 (단위 : mm)

圈域	調査者	西海岸	中央地帶	東海岸
I (42-度)	福井			
	매끈			502.92
	觀象所			519.0~767.8
	李·黃			508.7~767.8
	金光植			600 이하 ~700
II (40-42)	福井		600 이하~1,000	600~700
	매끈		947.42	723.9
	觀象所	700~1,100	900~1,300, 500~600	600~1,000
	李·黃	802.5~1,050.0	935.4~1,225.5	567.1~707.6
	金光植	900~1,000	900~700	600 이하~700
III (38-40)	福井	700~1,000	1,000~1,400	1,000~1,400
	매끈	922.02 / 762	1,366.52	1,447
	觀象所	700~1,200	1,000~1,400	1,000~1,400
	李·黃	701.6~1,089.8	1,014.9~1,366.3	804.7~1,307.7
	金光植	700~1,100	1,000~1,400	800~1,400
IV (36-38)	觀測所	1,033~1,162(1,554.3)*		
	福井	700~1,200	1,000~1,400	
	매끈		863.6~1,371.6	1,290.32
	觀象所	900~1,200	1,200~1,400, 900~1,000	800~1,300
	李·黃	703.2~1,180.6	999.7~1,336.2	839.5~1,282.1
	金光植	800~1,300	1,000~1,400	900~1,300
V (34-36)	福井	900~1,300	1,000~1,400	
	매끈	南部 1,500~2,000 이하 / 西部 1,506.22 ~ 東部 894.08 / 南部 1,524.00		
	觀象所	1,000~1,300	1,100~1,400, 900~1,000	800~900 / 南部 1,300~1,600
	李·黃	868.5~1,222.8	1,065.6~1,347.9	979.3~1,217.7 / 南部 1,308.4~1,521.5
	金光植	西部 1,000~1,300 ~ 東部 1,300~900 / 南部 1,300~1,500 이상		

* 여기 제시된 數値는 前註의 『朝鮮古代觀測記錄調査報告』, p. 40에서 서울의 降水量을 인용한 것이다. 앞의 1,033mm는 1908년 이후 7년간의 年平均 降水量의 平均値이고, 다음의 1,162mm는 1770년에서 1907년에 이르는 138년간의 各年의 年平均降水量을 古觀測記錄에서 산출하여 總平均한 것이며, ( )내의 1,554.3mm는 舊式觀測은 新式觀測에 비해 3割정도 감소하는 것으로 보고 改算한 수치이다.

으로 가장 적어서 表에서 보는 바와 같이 502.92~767.8mm에 불과하였다.

II 권역은 北緯 40度線(新義州 남쪽에서 咸興 북쪽으로 이어지는 선)에서 北緯 42度線에 이르는 사이의 지역으로, 행정구역상 咸北의 南半과 咸南의 北半部 그리고 平北의 대부분이 이에 해당한다. 이 지역의 강수량은 중앙의 蓋馬高原 서쪽 北境지대(平北지역)는 700~1,100mm, 서쪽 내륙지역은 900~1,300mm, 그 동쪽 지역(咸鏡道지역)은 600mm 이하로 조사되고, 東海岸지역은 600 이하~700mm대(많은 경우 1,000mm)로 조사되었다.

III 권역은 北緯 38度線(海州 남쪽에서 開城 북쪽을 거쳐 襄陽 남쪽으로 이어지는 선)에서 北緯 40度線에 이르는 사이의 韓半島의 허리에 해당하는 지역으로, 행정구역상으로는 平北南端 平南 전체, 黃海道 전체, 京畿道 北端, 咸南 南端, 江原道 北半部가 이에 속한다. 이 지역의 강수량은 西海岸지역은 700~1,200mm, 내륙지역은 1,000~1,400mm, 東海岸지역은 800~1,400mm 또는 1,447mm로 조사되었다.

IV 권역은 北緯 36度線(群山에서 茂朱 倭館을 거쳐 浦項으로 이어지는 선)에서 北緯 38度線에 이르는 사이의 지역으로, 行政區域上으로는 京畿道 대부분, 忠淸南·北道 전체, 全北 北端 일부, 江原道 남반부, 慶尙北道 대부분이 이에 속한다. 이 지역의 강수량은 서해안 지역은 700~1,300mm, 내륙지역은 1,000~1,400mm, 동해안지역은 800~1,300mm, 또는 서해안과 내륙을 구분하지 않고 863.6 내지 1,371.6mm, 동해안 지역은 1,290.32mm로 파악되었다.

V 권역은 北緯 34度線(小黑山島 남쪽에서 楸子群島를 거쳐 對馬島 남쪽으로 이어지는 선)에서 北緯 36度線에 이르는 지역으로, 행정구역상 全北 대부분, 全南 전체, 慶北 남단, 慶南 전체, 남해안의 여러 島嶼 등이 이에 속한다. 이 지역의 강수량은 서해안지역 900~1,300mm, 내륙지역 1,000~1,400mm, 동부지역 800~900mm(많은 경우 1,300mm), 남부지역 1,300~1,600mm, 또는 서부지역 1,506.22mm, 동부지역 894.08mm, 남부지역 1,524mm 등으로 파악되고 있었다.

지역에 따르는 강수량을 이같이 정리하고 보면, 한반도에서는 I 권역과 II 권역의 동부지방 그리고 III 권역의 서해안 지방에서는 農事를 하기 위한 강

수량이 충분하지 않았지만, 그 밖의 다른 권역에서는 대체로 충분하였다고 할
수 있겠다. 물론 이는 이같은 연평균 강수량이 農節에 따라 고루 내리고 또
이를 적절하게 활용할 수 있다는 것을 전제로 할 경우이고, 農繁期에 旱魃이
장기간 계속되거나 반대로 그것이 다른 시점에서 단시일내에 豪雨 暴雨가 되
어 대량으로 내릴 경우에는, 이같은 강수량이 전적으로 農作에 만족스러울 수
있는 것이 아니었다. 그러므로 이 시기에는 이같은 降水를 瀦水하였다가 활용
하는 水利施設의 설치문제가 중요한 과제가 되지 않을 수 없었다.

  그런데 한반도에서의 이같은 강수량을 중국의 그것과 비교하면, I·II 권역
의 강수량과 서해안 지역의 강수량이 적을 때(700mm)의 상황은 黃河유역의
그것과 유사하나, 기타 대부분의 지역, 즉 III·IV·V 권역에 내리는 강수량은,
본고 제2장의『農桑輯要』의 경우에서 이미 살핀 바와 같이, 長江유역 江南 지
방의 그것과 흡사하였다고 하겠다. 다만 이 세 권역은 그 강수량의 면에서는
큰 차이가 없으나, 그 寒暖 을 중심으로 한 氣候의 면에서는 III 권역과 IV·V
권역간에 커다란 차이가 있었으며, 이 IV 권역도 그 북반부와 남반부간에는
적지 않은 차이가 있었으므로, 한반도에서 寒暖의 氣溫까지도 고려한 降水量
이 中國 江南지방의 그것과 비슷한 지방은 IV 권역의 남반부와 V 지역이었다
고 하겠다. 그러므로 우리는 여기에서, 중국에서『農桑輯要』의 농업기술을 성
립시킨 기초는 黃河유역의 강수량이었는데 대하여, 조선에서『農事直說』의 農
業技術을 성립시키게 되는 기초는, 中國의 長江유역 및 江南지방의 강수량과
비교될 수 있는, 조선의 IV 권역 남반부와 V 권역(三南지방)의 강수량이었던
것이라고 말할 수 있겠으며, 따라서『農桑輯要』와『農事直說』의 두 農書는 그
성립기반에서 自然環境상의 커다란 차이가 있었다는 점을 지적할 수 있겠다.

  한반도에서는 그 농지의 토양조건도 중국 黃河유역의 토양조건(黃土
loess)과 많이 달랐다. 이곳의 토양은 대륙의 沙漠에서 沙塵이 바람에 실려
날아와 堆積된 것이 아니라, 오랜 세월에 걸쳐 溫熱·空氣·물(水)·生物 등의
작용에 의하여, 여러 종류의 岩石으로부터 風化되어 조성된 보통 농지의 토양
이었다.[237] 한반도에는 중국과 같이 黃土層으로 된 農耕地帶는 없었다. 그러

---

237) 前揭,『韓國土地農産調査報告』地質 及 土性, 1906.
    康榮熹·申榮五,『土壤學』, 1976.

한 토양을 조성시킨 母岩은 花崗岩系, 花崗片麻岩系, 結晶片岩系, 玄武岩, 砂岩, 石灰岩, 기타 등등 여러 가지였으며, 그 중에도 濟州道와 咸鏡道 일부 지역의 玄武岩을 제외하면, 花崗岩과 花崗片麻岩이 우리나라 전면적의 2/3나 차지하고 있었다. 그런데 이 두 암석은 酸性岩의 대표이었다.[238] 그러므로 이같은 암석들로부터 조성된 토양은 沖積土壤, 花崗岩土壤, 片麻岩土壤, 기타의 암석토양, 泥炭土壤, 극히 적지만 火山灰土(火山 분출물의 재와 浮石으로 생긴 토양) 기타 등등 여러 가지를 이루게 되지만, 그러나 그 토양의 많은 부분은 花崗岩系와 花崗片麻岩系의 풍화에 의해서 조성되었으므로, 그 토양의 理化學的 성분은 그 母岩의 이화학적 성분에 규제되어 많은 경우 酸性土壤의 성분이 되지 않을 수 없었다. 그리고 그러한 가운데 그 土壤의 土性은, 그 土壤의 성질이 다른 세 가지 粒子의 구성비에 따라 砂土, 壤土, 埴土 그리고 그것이 복합된 여러 종류의 土性으로 분류되고 있었다.[239]

한반도에서는 토양의 조성사정이 이와 같았으므로, 그 농지의 성분은 많은 경우 일정한 유사성을 지니지만, 그 土性은 지방에 따라 다양하지 않을 수 없었다. 그것은 현대의 土壤學에 의해서 정밀하게 조사된 바에 의해서 쉽게 이해될 수 있다.[240] 그리고 그것은 본래 그러하였던 것으로서, 世宗朝의 각 지방

趙伯顯 감수, 趙成鎭 外, 『土壤學』, 1977.
郭判洲·趙伯顯, '토양과 그 침식(浸蝕)'(『農業大事典』 農業篇, 1985).

238) 趙伯顯 감수, 趙成鎭 외, 『土壤學』, pp. 97~98.
239) 그 예를 들면 다음과 같다.
   예 1 ; 1. 砂土 2. 壤質砂土 3. 砂壤土 4. 壤土 5. 微砂質壤土 6. 微砂土 7. 砂質埴壤土 8. 砂質埴土 9. 微砂質埴壤土 10. 微砂質埴土 11. 埴壤土 12. 埴土 (미국농무성 분류법)
   예 2 ; 1. 重埴土 2. 輕埴土 3. 埴壤土 4. 壤土 5. 微砂質埴壤土 6. 微砂質壤土 7. 微砂質壤土 8. 砂質埴土 9. 砂質埴壤土 10. 砂質壤土 11. 砂壤土 12. 砂土 (국제토양학회 분류법)
   예 3 ; 1. 砂土 2. 砂壤土 3. 壤土 4. 埴壤土 5. 埴土 (일본농학회 분류법)
   林善旭, 『土壤學 通論』, 1986 ; 康榮熙·申榮五, 『土壤學』 ; 郭判洲·趙伯顯, '토양과 그 침식(浸蝕)' 참조.
240) 農村振興廳, 『精密土壤圖(시·군별)』, 1970~1977.
   『한국개략토양도(시·도별)』, 1971.
   康榮熙·申榮五, 『土壤學』 제10장에서는 이에 의거하여, 우리나라 '토양의 분류와 토양조사'를 정리하고 있다.

에서는『世宗實錄地理志』의 土宜항에서 살핀 바와 같이, 그들이 재배하게 되
는 농작물을 그곳 寒暖(氣溫) 降水量의 문제와도 관련하여, 각각 그 지방의 土
性에 맞는 것으로서 선정하고 있었다. 각 지방에서는 토양에 대한 理化學的
분석 실험은 없었지만, 오랜 세월에 걸친 경험을 통해서 그 지방의 土性을 이
해하고, 그 土性에 적합한 농작물을 재배하게 된 것이었다. 이는 역사적으로
각 지방에는 그 지방의 風土觀이 형성되어 있고, 그곳 농민들은 그들의 농작
물을 이에 따라 耕種, 栽培하고 있었음을 뜻하는 것이었다고 하겠다. 우리가
이곳에서 살피게 되는『農事直說』의 농업기술은, 그러한 여러 지방의 風土觀
가운데서도, 三南地方에 형성되고 있었던 風土觀을 기초로 하면서 이루어진
산물이었다.

(2) 農業技術 — 備穀種과 耕地

그러면 이같은 자연환경, 풍토상의 특성을 전제로 하면서 형성된 世宗朝 三
南地方의 農業技術,『農事直說』의 농업기술과 그 특징은 구체적으로 어떠한
것이었는가. 우리는 그것을『農事直說』의 서술체계에 따라 總論격이 되는 備
穀種과 耕地, 중심 작물인 稻作農業, 그리고 그밖의 旱田作物인 田作農業으로
나누어 고찰하되,『農桑輯要』의 농업기술과 대비할 것을 염두에 두면서, 이들
여러 농작물의 농업기술을 특히 농지의 整地法, 종자의 播種法, 中耕除草의
방법, 토양조건과 施肥法 등에 초점을 맞추어 살필 수 있을 것이다. 그리고
이와 아울러서는 당시 통용되었을 木綿栽培法도 함께 보충설명될 수 있을 것
이다. 그런데 이같은 문제에 대해서도, 필자는 오래 전에 부분적으로는 비교
적 구체적으로 검토한 바 있으므로, 이곳에서는 각 작물의 농업기술에 관하여
그 요점만을 약술하게 되겠다.[241]

備穀種 — 이는『農事直說』의 제1조항으로서, 여기서는 각 농가에서 明年에
재배하게 될 작물의 종자를 마련하는 방법을 기술하였다. 즉 ① 九穀種을 選種
하는 방식,[242] ② 來歲所宜穀을 알아보는 방법,[243] 그리고 ③ 播種時에 이르러

---

241) 拙 稿, 註 203)의 논문.
242)『農事直說』備穀種.
　　收九穀種 取堅實不雜不浥者 簸揚去秕後 沈水去浮者 漉出曬乾 以十分無濕氣爲度
　　堅藏蒿篅之類

종자를 雪汁 牛馬廐池尿에 漬種하는 방법 등을 제시하였음은 그것이었다.[244]

①은 九穀[245]의 종자를 거두기 위해서는 堅實하고 不雜하고 不浥한 것을 선취하되, 키질하여 쭉정이를 제거하고 물에 담가 뜨는 것을 버린 다음 걸러내어 햇볕에 말리는데, 충분히 濕氣가 없어지도록 한 연후에 蒿篅과 같은 용기에 넣어 잘 간직한다는 것이었다. 얼마 전까지만 하더라도 농촌에서 쉽게 볼 수 있는 방법이었다. ②는 來歲에 적합한 곡물을 알아보기 위해서는 九穀種子를 한 되(升)씩 자루에 담아서 움속에 묻어두었다가, 50일 후에 꺼내어 되어 보되 분량이 가장 많이 불어난 것이 그 해에 적합한 작물이라는 것이며, 이 경우 地氣는 지방에 따라 다르므로 洞里마다 각각 시험하는 것이 좋다는 것이었다. ③은 동짓달에 항아리나 구유를 땅에 묻되 얼지 않게 하고, 섣달에 雪汁을 많이 받아 가득 채우고 섬(飛介)으로 두텁게 덮었다가, 播種時에 이르러 종자를 그 雪汁에 漬種하고 걸러내어(漉出) 말리기(曬乾)를 3차례 한다는 것이었다. 혹 이 작업을 雪汁대신 牛馬廐池尿를 써서 漬種, 漉出, 曬乾을 하기도 하는데, 이 경우도 역시 반드시 3차례 하여야만 하였다.

『農事直說』의 이같은 備穀種의 방법은 『農桑輯要』의 그것과 대체로 동일하였다. 다만 다른 점이 있다면, 漬種을 할 때 『農桑輯要』에서는 雪汁 외에 일정량의 馬骨을 부수어 일정량의 물에 넣고 삶은 汁에 附子 몇 枚를 3, 4일간 넣었다 꺼내고, 거기에 蠶矢 羊矢를 등분으로 넣어서 잘 저은 汁에 종자를 溲種

---

243) 『農事直說』 備穀種.
　　　欲知來歲所宜 以九穀種各一升 各盛布囊 埋於土宇中 後五十日 發取量之 息最多者
　　　其歲所宜也 土氣隨地異宜 宜令各村里試之

244) 『農事直說』 備穀種.
　　　冬月以瓮或槽 埋地中 要令不凍 至臘月 多收雪汁 盛貯 苫薦厚盖 至種時 漬種其中
　　　漉出曬乾 如此三度. 或用木槽 盛牛馬廐池尿 漬種其中 漉出曬乾 亦須三度. 〈挾註〉
　　　省略

245) 여기서 九穀은 中國古代의 九穀, 즉 黍 稷(粟), 秫, 稻, 麻(삼), 大麥, 小麥, 大豆, 小豆가 아니라, 『農事直說』이 元刻本 『農桑輯要』 卷 2, 耕墾 播種篇, 收九穀種에 註로서 기록되고 있는 九穀, 즉 黍, 稷(粟), 稗, 稻, 麻, 大麥, 小麥, 大豆, 小豆說을 그대로 따른 것이었다(殿本도 同). 앞의 秫이 뒤에서는 稗로 변동하고 있는 것이었다. 朝鮮에서는 稗를 稷으로 표기하고 五穀의 하나로도 간주하고 있었으므로, 이 稗가 九穀에 포함되는 것은 당연하였다. 물론 『農桑輯要』에서도 그렇고 『農事直說』에서도 그러하였지만, 이들 두 農書가 다루고 있는 作物이 九穀에 그치는 것은 아니었으며, 이밖에도 몇몇 중요한 作物이 더 있었다.

하도록 하는 것이었으나,²⁴⁶⁾ 『農事直說』에서는 이를 牛馬廐池尿에 하도록 하고 있는 점뿐이었다.

　耕地 — 이는 『農事直說』의 제2의 조항으로서, 여기서는 농지를 起耕하고 整地할 때 유의해야 할 두 가지 사항, 즉 ① 起耕의 원칙과 ② 농지개량, 토양개량의 방법을 기술하였다.

　①은 농지의 起耕은 서서히 해야 하는데, 그렇게 하면 堅土된 흙은 부드러워지고 소는 피곤하지 않는다. 春夏耕은 淺耕을 하고 秋耕은 深耕을 해야 한다. 春耕을 할 때는 밭을 가는 대로 治田을 하고 秋耕을 할 때는 堅土된 흙이 白色이 되기를 기다려 治田한다는 것이었다.²⁴⁷⁾ ②는 농지를 起耕할 때는 여러 가지 방법으로 施肥가 되게 함으로써 塉地를 良田이 되도록(農地改良) 하였다. 즉 旱田은 初耕을 한 후 그 위에 잡초를 펴고 불을 지르며(布草燒之) 그리고 다시 起耕하면 그 밭이 美田이 된다(火糞). 薄田에 菉豆를 耕種하고 그것이 무성하기를 기다려 갈아엎으면(掩耕·苗糞) 그 밭이 不莠하고 不虫하며 變塉爲良한다. 荒地는 7, 8월간에 起耕하여 掩草하고(草糞) 다음해 얼음이 풀릴 때 다시 起耕하고 下種하는데, 初耕은 深耕으로 하고 再耕은 淺耕으로 하는 것이 좋다. 그렇게 해야 生地가 일지 않고 堅土된 흙이 부드럽게 된다는 것 등등이었다.²⁴⁸⁾ 『農事直說』에서는 이 荒地開墾을 이 시기의 농지개발정책과도 관련하여 특히 유의하고 있었으며, 그러한 점에서 이곳에서는 그 荒地의 地品을 변별하기 위한 荒地辨試之法도 첨부하고 있었다.²⁴⁹⁾

　『農事直說』의 이같은 耕地의 방법도 『農桑輯要』의 그것과 그 기본원리에서

246) 元刻本 『農桑輯要』 卷 2, 耕墾 播種, 收九穀種.
247) 『農事直說』 耕地.
　　耕地宜徐 徐則土軟牛不疲困 春夏耕宜淺 秋耕宜深 春耕則隨耕隨治 秋耕則待土色乾
　　白乃治
248) 『農事直說』 耕地.
　　a. 旱田 初耕後 布草燒之 又耕則其田自美
　　b. 薄田 耕菉豆 待其茂盛掩耕 則不莠不虫 變塉爲良
　　c. 荒地 七八月間 耕之掩草 明年氷釋 又耕後下種 大抵 荒地開墾 初耕宜深 再耕宜
　　　淺〈初深後淺 則生地不起令土軟熟〉. 〈 〉는 夾註
249) 『農事直說』 耕地.
　　荒地辨試之法 劚土一尺深 嘗其味 甛者爲上 不甛不醎者次之 醎者爲下

는 같았으나, 그러나 그 耕地가 특히 旱田의 경우 어떠한 상태의 농지로 整地
하려는 것이었는가 하는 점에서는 크게 다른 바가 있었다. 전자에서는 麻田을
제외하고, 농지를 모두 畝와 畝間으로 整地할 것을 전제로 하고 있었으나, 후
자에서는 모든 농지에 대하여 耕·擺·撈의 작업을 함으로서 그 農地를 平面整
地할 것을 전제로 하고 있었다.[250] 이는 朝鮮農業과 中國 華北地方農業간의 큰
差異點이 되는 것이었다.

(3) 農業技術 ─ 稻作

『農事直說』의 種稻 조항에서는 稻作農業(벼농사) 전반을 다루고 있었는데,
그 耕種法에는 水耕(水沙彌)을 하는 경우도 있고, 乾耕(乾沙彌)을 하는 경우도
있었으며, 또 揷種(苗種·移秧)을 하는 경우도 있었다. 그리고 그 耕種法을 더
욱 크게 대별하여서는, 水田(논)에서 재배하는 稻作과 旱田(밭)에서 재배하는
稻作으로 구분하고도 있었다. 전자를 水稻作이라고 한다면, 후자는 旱稻作·
山稻作이 되는 것으로서, 그 벼(稻)는 완전히 田作物로서의 旱稻·山稻(밭벼)
가 되는 것이었다. 그런데 『農事直說』에서는, 水田과 旱田에서 각각 다르게
재배되는, 이 두 계통의 水稻와 旱稻를 하나의 種稻 조항에서 다루고 있었다.
그것을 水田과 旱田이라는 농지와 거기에서 재배되는 곡물이라는 관점에서
보면 水稻와 旱稻를 동일시할 수 없지만, 그러나 이 農書의 찬자들은, 그 水稻
와 旱稻를 동일계의 植物 穀種이라는 관점에서, 다른 田作穀物과 비교하는 가
운데, 양자를 구분하는 것이 아니라 동일한 穀種으로 분류하고 있는 것이었
다.[251] 그렇게 분류하는 것이 타당하다고 판단하는 것이었다. 이는 조선왕조
의 稻作技術 전반과 『農事直說』의 稻作에 대한 학문적 체계가 갖는 특징으로
서, 아마도 당시의 우리나라 稻作農業의 현실과 그것의 오랜 역사적 전통에서
연유하는 것으로 이해된다. 그리고 그러한 점에서 이는 『農事直說』의 農學과
『農桑輯要』의 農學사이에 있게 되는 稻作에 대한 認識體系도 적지않이 차이
가 있었음을 보여주는 것이라고 하겠다.

稻의 耕種法 ─ 이같은 『農事直說』의 種稻항에서 여러 종류의 벼(稻) 품종

---

250) 元刻本 『農桑輯要』 卷 2, 耕墾 耕地.
251) 『農事直說』 種稻 附旱稻.
　　稻種甚多 大抵皆同 別有一種 曰旱稻〈鄕名 山稻〉

의 재배법을 살피기 위하여, 먼저 그 찬자들이 그 벼 품종의 耕種法에 관하여
기술하고 있는 바 자료에서 그 요점을 摘記하면 다음의 〈表 15〉와 같이 된다.

표에 열거한 여러 종류의 稻의 耕種法에서 중심이 되는 것은 ① 水稻 가운
데서도 水耕의 경우였다. 이것은 물이 있는 논에 水耕을 하되 直播(付種法)로
서 하는 稻의 耕種法을 말한 것인데, 그 중 a는 早稻, b는 晩稻의 耕種法을
摘記한 것이다. 그 내용을 풀이하면 다음과 같다.

a 早稻의 耕種法은 秋收 後에 水源에 이어지는 肥膏한 水田을 택해서 起耕
을 하고(秋耕), 冬月에 거름을 내며(入糞, 단 正月耕을 하고 入糞入新土를 해도
된다), 2월 상순에 再耕을(이때 물을 댄다) 한 다음, 木斫(所訖羅·써레)으로 縱
橫摩平하고 鐵齒擺로 土塊를 타파하여 水田面을 熟治한다. 그리고 이에 앞서
미리 마련하였던 稻種을 3일간 漬水하였다가 걸러내어 蒿篅(空石)에 넣어 따
뜻한 곳에 둠으로서 싹이 트게 한 다음(2分 크기) 水田中에 均撒하고 板撈(飜
地)나 把撈(推介)로 覆種하고 灌水한다. 苗가 2葉 자라면 물을 빼고(去水) 손
으로 김매기(手耘)를 함으로써 苗간의 細草를 제거하고 다시 灌水를 한다. 만
일에 그 水田이 川水에 이어지고 있어서 가뭄이 있어도 마르지 않으면, 김매
기 할 때마다 去水하고 2일간 曝根을 한 다음 灌水를 한다(이같이 하면 耐風,
耐旱의 효과가 있다). 苗가 半尺 정도 자라면 다시 호미(鋤)로써 김매기를 하는
데, 이때 다른 한 손으로는 苗 사이의 흙을 주무르고 문질러서 土面을 부드럽
게 한다. 김매기는 3, 4차례 한다. 벼가 거지반 익으면(熟) 去水를 하는데, 早
稻는 잘 떨어지므로 익는 대로 곧 벼베기를 해야 한다.

b 晩稻의 耕種法은 정월에 얼음이 풀리면 起耕(正月耕)을 하고 入糞入土를
하는데, 그 방법은 早稻의 방법과 같다. 논이 泥濘하거나 虛浮하거나 水冷하
면 新土나 莎土만을 넣으며, 瘠薄하면 牛馬糞·連枝杼葉을 펴되 人糞·鼇沙를
펴도 좋다. 3월 상순에서 芒種節(5월)에 다시 再耕을 하는데, 漬種 下種 覆種
灌水 耘法은 모두 早稻의 방법과 같다.

이러한 水稻의 耕種法은 直播라는 점을 빼면, 산업화정책으로 농촌이 크게
달라지기 전까지, 우리나라 농촌에서 관행하고 있었던 水稻의 耕種法과 근본
적으로 다르지 않았다. 이는 三南지방이라고 하는 선진지역의 농업기술을 기
술한 것에 불과하지만, 역으로 말하면, 당시의 선진 농업기술은 오늘날의 농

〈표 15〉 『農事直說』의 稻 耕種法

稻品種	整地와 施肥의 方法	播種의 方法	中耕除草
① 水稻 水耕 a	秋耕·正月耕 入糞入土 2月耕 縱橫摩平	漬種 均撒 覆種	手耘鋤耘 3,4度 去水曝根灌水
b	春耕(正月) 入糞入土 3月至5月芒種節 又耕(縱橫摩平)	漬種 下種 覆種	灌水 耘法同上
② 水稻 乾耕	春耕(正月) 春旱 不可水耕 乾耕 縱橫摩平 * 作尿灰法 牛廐外作池貯尿 以穀結及糠粃之類	和熟糞尿足種 燒爲稻灰 用所貯池灰拌均	苗成長後灌水 雜草生則鋤耘
③ 水稻 苗耕 a	秋耕·正月耕 2,3月耕 如法熟治 施肥足踏曝土灌水	下種 覆種 每科4,5苗	苗長 1握以上 可移栽之 苗根未着土 灌水不可令深
b	春耕(正月) 施肥 又耕 如法熟治極軟	移栽 每科4,5苗	苗根着土 灌水不可令深
④ 旱稻	春耕(2月) 3月又耕之 地瘠薄	足種 踏歐背令堅 和熟糞尿灰 足種 旱稻擾小豆 雜種	鋤耘時 去苗間土 勿攤地
附. 回換農法			
⑤ 開墾 a	新墾地 火而耕之		明年可用耒 3年則可用牛耕
b	3,4月 荒地輪木 杉栳殺草 土面融熱	下晚稻種 以牛覆種	

업기술과 비교하더라도 다르지 않은 지극히 발달한 것이었음을 뜻하는 것이
라고 하겠다.

② 水稻 중의 乾耕은 봄철에 가물어서(春旱) 水耕을 할 수 없을 때, 旱田에
田作物을 재배하는 것과 마찬가지로, 乾畓에다 벼 종자를 乾播로서 하는 耕種
法이었다. 이럴 경우에는 晚稻만을 심어야 했다. 그 방법은 再耕을 乾耕으로
한 다음 檑木으로 土塊를 타파하고 木斫으로 田面을 縱橫摩平하여 熟治한 후,
稻種 1斗를 熟糞 또는 尿灰 1石 비율로 섞어서 足種을 하고 새를 쫓는 것이었
다. 이를 위해서는 作尿灰法(表의 * 표 자료)을 제시하고도 있었으며, 苗가 성
장하기 전에는 灌水하지 말아야 하며, 雜草가 나면 날씨가 가물고 苗가 마르
더라도 김매기를 멈추지 말아야 했다. 이 耕種法은 이같이 乾耕을 하더라도,
苗가 자란 다음 비가 와서 그 田面에 물이 고이면, 그 마른논이 水耕을 한 물
논과 같이 되게 마련이었다. 이 농법은 水利施設이 발달하지 못하고 있는 조
선왕조의 조건하에서는 그 후 오랫동안 계속될 수밖에 없었다. 특히 강수량이
적은 서북 지방에서는 그 후 이 乾耕法을 더욱 새로운 乾播技術로 개발 발전
시키는 가운데, 그 水稻 乾播技術을 旱地農法으로서는 그 技術水準이 절정에
달하게까지 하였다.[252] 그러한 점에서 水稻의 이 乾耕農法은 『農事直說』의 水
稻作農法 나아가서는 우리나라 水稻作農法의 큰 특징이 아닐 수 없었다.

③ 水稻 중의 苗種法은 곧 移秧法을 말하는 것인데, 그 a는 養苗處(苗板·秧
基)를 작성하고 파종하는 방법을 기술한 것이다. 2월 하순에서 3월 상순에 걸
쳐 水田마다 10분의 1이 되는 면적을 養苗處로 하고 10분의 9가 되는 넓이를
苗種處로 하고서 耕種하였다. 먼저 養苗處를 水耕하고 如法(早稻法) 熟治한

---

252) 拙稿, 『農政要志』의 水稻 乾播技術(『孫寶基博士停年紀念 韓國史學論叢』, 1988 ;
     『朝鮮後期農學史研究』, 1988).
     朝鮮總督府平安北道, 『平安北道에 있어서의 乾畓의 調査』(『平安北道種苗場彙報』
     2, 1923).
     朝鮮總督府勸業模範場, 『平安南道에 있어서의 乾畓』, 1928.
     武田總七郎, '學理上에서 본 乾畓栽培法'(『朝鮮彙報』5의 4, 1916 ; 『朝鮮農會報』
     11의 5, 1937).
     '平安南北道에 있어서의 乾稻栽培法'(『實驗麥作新說』附錄, 1929).
     宮嶋博史, '李朝後期에 있어서의 朝鮮農法의 發展'(『朝鮮史研究會論文集』 18,
     1981).

다음, 去水하고, 그 위에 柳枝軟梢를 썰어서 두텁게 펴고 그것을 발로 밟아 흙 속에 밀어 넣으며(足踏), 曝土하여 田面이 마르게 한 다음 灌水하였다. 그리고 이에 앞서 稻種을 3일간 漬種하였다가 걸러내어 蒿篇에 넣어 하루를 지낸 다음 下種하고 板撈로 복종하도록 하였다.

b는 移栽·移苗·移秧의 방법을 기술한 것인데, 苗가 한줌(1握) 이상 자라면 移栽할 수 있었다. 그러기 위해서는 먼저 苗種處를 起耕(春耕)하고 杼葉이나 牛馬糞을 펴며, 移栽시에 再耕하고 如法(早稻法) 熟治함으로써 田面의 흙을 부드럽게 하지 않으면 아니되었다. 苗를 移栽할 때는 한 포기(1科)의 苗가 4, 5根을 넘지 않도록 하였으며, 苗根이 着土하기 전에는 灌水를 깊게 하지 않도록 해야만 하였다. 이 농법은 除草에 편해서 널리 보급될 수 있는 추세였으나, 그러나 이 農法은 移秧期에 가물어서 물의 공급이 안될 경우에는 失農을 하게 될 염려가 있어서,[253] 정부에서는 이를 國初부터 법으로서 금지하고 있었다.[254] 이같은 苗種法, 移秧法의 기술수준도 앞에서 언급한 水耕 直播法의 기술수준과 마찬가지로, 산입와 전까지의 우리나라 이잉법의 그것과 기본직으로 다르지 않았으며, 그러한 점에서 당시의 이 농법은 대단히 발달해 있는 것이었다고 하겠다.

④ 旱稻는 앞에서 언급한 바와 같이 田作物로서의 밭벼이지만, 『農事直說』에서는 이를 일반 벼 품종의 특별한 一種으로 보고, 다른 水稻品種과 함께 種稻항에서 다루고 있었다. 그 耕種法은 다음과 같았다. 그 土性은 너무 乾燥하지 않은 高地나 水冷處의 밭(旱田)이 적합하며, 2월 상순에 1次耕을 하고 3월 상순에서 중순에 이르는 사이에 再耕을 함으로써 이랑을 작성하고(作畝) 播種을 하였다. 播種은 足種으로 하고 이것이 끝나면 畝背를 밟아서 단단하게 다져주며, 김매기할 때는 苗 사이의 흙을 제거함으로써 그 흙이 그 포기에 흘러 들어가지 않도록 하였다. 이 경우 밭이 척박하면 종자를 熟糞이나 尿灰에 섞

253) 『農事直說』種稻 附 旱稻.
　　此法便於除草 萬一大旱 則失手 農家之危事也
254) 『世宗實錄』卷 68, 世宗 17年 4月 丁巳, 3冊, p. 624.
　　연세대학교 국학연구원, 『經濟六典輯錄』戶典, 雜令 2, p. 120.
　　禁慶尙江原人民苗種之法 載在六典

어서 파종(足種)하였으며, 水旱의 凶災에 대비하여서는 종자를 旱稻 2分, 稷 2分, 小豆 1分의 비율로 섞어서 雜種을 하기도 하였다.[255] 그리고 水耕을 하는 벼 품종을 乾播를 할 수 있었듯이, 밭작물로서의 이 旱稻도 水田에 耕種할 수 있었는데, 이같이 하면 作農에 대단히 유리하였다.[256]

附의 回換農法은『農書輯要』에서『農桑輯要』水稻條의 歲易農法을 우리식 농업기술로 번역하는 가운데 밝혀진 耕種法이었다.[257] 그러므로 이 耕種法은 『農事直說』에 기록된 것은 아니지만, 조선 초기의 稻作農業의 다양성과 특징을 이해하기 위해서는, 이를 부언해 두는 것이 필요하리라고 생각된다.

그 내용은 요컨대『農桑輯要』에서 '稻無所緣 唯歲易爲良' 이라고 한 歲易해야 하는 水田을,『農書輯要』에서는 田作物과 畓作物을 回換 輪作하는 歲易田 畓으로 번역하고 있는 점이었다. 물론 중국에도 歲易에는 본시 농지를 耕作하고 休耕 換田하는 歲易이 있고, 작물을 連作하지 않고 매년 換茬(不重茬) 輪作하는 歲易이 있었으므로,[258]『農桑輯要』의 稻田의 歲易이 혹 후자적인 歲易일 수도 있었겠다. 그러나 同書에 수록된 기록상의 내용을 자세히 검토하면 그렇게 볼 수 있는 근거는 희박하다고 하겠다. 그럼에도 불구하고『農書輯要』에서는 그같은『農桑輯要』의 歲易을 作物을 回換 輪作하는 歲易으로 번역하고 있

255)『農事直說』種稻.
　　　大抵雜種之術 以歲有水旱 九穀隨歲異宜 故交種 則不至全失
256)『厚生錄』卷 下, 附錄.
　　　田稻種畓 畓稻種田 大利
257)『農書輯要』는 근년에 새로이 발굴된 農書로서, 그 水稻條에 보이는 回換의 의미를
　　　위요하여서는 여러 가지 견해가 있으나, 필자는 이를 田作物과 畓作物의 回換 輪作
　　　으로 이해하였다. 이 農書에 관해서는 다음과 같은 여러 연구가 있다.
　　　拙 稿,『農書輯要의 農業技術』(『세종학연구』2, 1987 ;『朝鮮後期農學史硏究』,
　　　1988).
　　　吳仁澤,「農書輯要』의 耕種法 硏究」, 釜山大 大學院, 1988.
　　　李鎬澈, '『農書輯要』의 農法과 그 역사적 성격'(『經濟史學』14, 1990).
　　　李承宰, '『農書輯要』의 吏讀'(『震檀學報』74, 1992).
　　　廉定燮,「15-16세기 水田農業의 전개」, 서울大 大學院, 1993.
　　　金基興, '신라의 "水陸兼種" 농업에 대한 고찰'(『韓國史硏究』94, 1996).
258) 石聲漢,『齊民要術今釋』卷 1, 2, 種穀 水稻, 第 1分冊, p. 31, 116.
　　　繆啓愉,『齊民要術校釋』卷 1, 種穀 3, p. 67, 注 14.
　　　　　　　　　　　卷 2, 水稻 11, p. 104, 注 3.
　　　『元刻農桑輯要校釋』卷 2, 播種 水稻, p. 88, 注 一.

었다. 이는 15세기 조선의 稻作農業이 우리나라의 풍토상의 조건과도 관련하
여, 換田하는 歲易農法을 극복하고 그 常耕化를 추진해 나가는 과정에서, 田
作에서 볼 수 있는 바와 같은 輪作農法을 稻作農業에도 도입 개발하고 있었음
에서 연유하는 것이었다고 하겠다. 이 耕種法은 除草를 용이하게 할 수 있다
는 점에서 유리하였지만,[259] 농지를 최대한으로 變通 활용함으로써(常耕化)
地利를 남기지 않게 된다는 점에서도 또한 유리하였다.[260] 그러므로 이 農法은
조선농업의 한 특징으로서 지방에 따라서는, 關北地方에서와 같이, 그후 오랜
세월에 걸치면서 더욱 새로운 農法으로 개량 발전해나가고 있었다.[261]

　⑤ 開墾은 황무지를 新墾하여 水田을 만들고 파종하는 방법을 말한 것이다.
그 중 a는 草木茂密處를 水田으로 만들고자 할 때는, 그 숲을 火而耕之하고
3, 4年 후에 그 土性을 살펴 거름(糞)을 쓰라는 것이며, b는 沮濕荒地를 水田
으로 만들고자 할 때는, 3, 4월간에 水草가 많이 자랐을 때 輪木(롤러)과 栲栳
(도리깨)로 그 水草를 殺草하고 土面이 부드러워지면 晩稻를 下種하며, 柴木
두세 가지를 결박하여 소에 끌게 함으로써 覆種하라는 것이었다. 이같이 하면
그 다음 해에는 耒(地寶·따비)를 쓸 수 있고, 3년 후에는 牛耕을 할 수 있다는
것이었다. 이 시기에는 新田開發政策이 적극 추진되고 있었으므로, 정부에서
는 개발을 위한 방법까지도 農書에다 수록하지 않으면 아니되었다.

　稻作農業의 특징 ─『農事直說』즉 三南地方의 稻作農業에서 끝으로 우리
가 관심을 갖게 되는 것은, 이같은 농업은 중국의『農桑輯要』, 즉 黃河流域
華北地方의 그것과 비교하여 어떠한 특징 어떠한 차이성을 갖는 것이었는가
하는 점이다. 이에 관해서 우리는 다음과 같은 점을 지적할 수 있을 것이다.
즉, 稻作農業의 기본원리는 양 農書와 양 지역의 그것이 같았으나, 그것이 존

---

259)『農書輯要』水稻. 北土高原의 稻田에서는 回換耕作을 못하고 '拔而栽之'하는 農法
　　을 발전시키고 있었는데,『農書輯要』에서는 이를 다음과 같이 번역하고 있었다.
　　　畜庫乙 每年 回換耕作不得爲在如中 雜草茂盛爲臥乎等用良 移栽爲良沙 易亦除草
　　回換耕作, 즉 田作과 水稻作을 輪作하게 되면 雜草의 무성함을 억제할 수 있고, 따
　　라서 除草가 쉬워지는 장점이 있는 셈이었다.
260)『農圃問答』卷 2, (『農書』7), p. 218.
　　稻田之種麥 麥田之種稻者 互相變通 不息地利也
261) 池泳鱗, '咸鏡北道 吉州地方의 輪畓에 關한 調査'(『朝鮮農會報』9의 9, 1935).

재하였던 시간적 공간적 그리고 풍토상의 차이로 인해서, 양 農書와 양 지역의 稻作農業에는 커다란 특징과 차이점이 있었다는 사실이다.

첫째, 『農事直說』에서는 전 농업에서 차지하는 稻作農業 水田農業의 비중이 압도적으로 커서, 전 농작물 중에서 중심이 되고 있었으며,[262] 따라서 정부에서는 그 農法과 그 농업기술의 발전을 위해서 특히 노력하는 바가 현저하였으나, 中國 元나라 초기의 『農桑輯要』에서는 그렇지가 않았다. 『農桑輯要』에서는 稻作農業이 그러한 비중을 점하고 그러한 위치에 있는 것이 아니라, 田作農業 그 중에서도 穀作(粟作)이 그 비중 그 위치에 있었으며, 그 다음은 麥作이었다.[263] 그러므로 政府가 水田農業의 발전을 위해서 政策的으로 투입하는 노력도 상대적으로 적었을 것임을 추지할 수 있겠다. 朝鮮의 三南地方은 水田地帶이고 中國의 華北地方은 旱田地帶였으므로, 그 稻作農業과 田作農業의 비중이 그같이 되고, 國家의 農業政策이 또한 그렇게 되는 것은 자연스러운 일이었다.

둘째, 조선의 三南地方과 중국의 華北地方의 차이는 단순히 水田地帶와 旱田地帶의 차이가 아니었다. 거기에는 農業地帶를 그와 같이 형성시키고 있는 風土上의 차이가 있어서, 조선의 三南地方은 비교적 온난하고 강수량이 풍부하였으나, 중국의 黃河유역 華北地方은 한반도의 중부 이북 북부지방에 해당하는 지역으로서 비교적 한랭하고 강수량이 절대적으로 부족하였다. 그러한 조건으로 인해서, 전자에서는 2월에 파종하는 早稻가 肥膏하고 水源에 이어지는 水田에 할당되는 등 강조되고 3월 종자는 晩稻였으나, 후자에서는 3월에 파종하는 것을 上時, 4월 상순 中時, 4월 중순 下時로 삼고 있었다. 『農事直說』과 『農桑輯要』의 農事季節에는 早晩의 차이가 있는 것이었다.

셋째, 『農事直說』의 稻作農法은 14, 5세기 三南地方의 발달한 農法을 표본으로 한 것이었으나, 『農桑輯要』의 그것은 5, 6세기 華北지방의 農法(『濟民要術』)을 13세기 단계의 農書에 그대로 수록하고 있는 낙후한 것이어서, 양 農

---

262) 『農事直說』에서는 여러 農作物의 耕種法을 기술하였으나, 그 중에서도 稻의 耕種法에 대한 설명은 압도적으로 많았다.
263) 元刻本 『農桑輯要』 卷 2, 耕墾 播種, 種穀.
    董仲舒曰 春秋他穀不書 至於麥禾不成則書之 以此見 聖人於五穀最重麥禾也

書의 農法의 발달수준에는 현저한 차이가 있었다. 예컨대 전자에서는 直播農
法 이외에 移秧法(揷秧法·苗種法)이 발달하고 있었으나 후자에는 그렇지 못하
였고, 전자에서는 水田의 整地를 위해서 農器具로써 써레(所訖羅·杷·耖)가 이
용되고 있었으나 후자에서는 轆軸(롤러)과 木斫(木椎)을 이용하고 있었으며,
그리고 전자에서는 除草·施肥의 과정이 精細하였으나 후자에서는 대단히 소
략하였던 점 등이 그것이다. 이 시기의 중국의 水田農業이 조선 三南地方의
그것과 같은 것은, 華北地方의 水田農業이 아니라 江南地方의 그것이었다.[264]

　넷째,『農事直說』에서는 三南地方의 자연환경과도 관련하여 稻作農業을 水
稻作으로서만 발달시키는 것이 아니라, 春旱으로 水稻 耕種이 어려워질 경우,
그 水稻種子(晚稻)를 乾畓을 정지하고 乾畓에다 파종하는 乾耕法을 또한 발전
시키고 있었으며, 그뿐만 아니라 稻田의 '歲易'을 극복하고 除草문제를 해결하
기 위한 방법으로서, 水稻와 田作物을 互相變通하여 輪作으로 재배하는 回換
農法을 또한 개발 발전시키고 있었다. 그러나『農桑輯要』의 水稻作에서는 그
러한 耕種法이 언급되고 있지 않았으며, 水田에서는 水稻作을 重茬하지 않아
야 할 것임을 강조하고 있을 뿐이었다. 중국에서도 水田作物과 田作物을 互相
變通하고 輪作으로 재배하는 경우가 없었던 것은 아니지만, 그것은 그 후 江南
地方에서 특수 작물로서의 木棉 및 蔬菜 등의 작물을 재배하는 경우이었다.[265]

　(4) 農業技術 ― 田作

　田作物의 耕種法 ―『農事直說』에서 그 耕種法을 기술하고 있는 田作物은,
種稻 항을 제외한, 種麻, 種黍粟, 種稷, 種大小豆, 種大小麥, 種胡麻, 種蕎麥
조항 등이 그 전부였다. 이제 이 여러 농작물의 재배법을 살피기 위해서, 앞에
서 언급한 바 농지의 整地法, 종자의 파종법, 中耕除草의 방법, 토양조건과 施
肥法 등에 초점을 맞추어, 자료상에 보이는 그 耕種法의 요점을 摘記하면 다
음의〈表 16〉과 같이 된다.

---

264)『農書』百穀譜 1, 穀屬 水稻.
　　『農書』農器圖譜 2, 耒耜門.
265)『農政全書』卷 35, 蠶桑廣類, 木棉.
　　拙 著,『朝鮮後期農學史硏究』, 1988, p. 28, 註 60) 참조.
　　天野元之助,『中國農業史硏究』第二編 第一章, 水稻作技術의 展開, 1962.

〈表 16〉　　　　　　　　　『農事直說』의 田作物 耕種法

作物		整地와 施肥의 方法	播種의 方法	中耕除草
1. 種麻	①	良田 田多則歲易 正月 耕之縱三橫三 布牛馬糞 2月更耕之 熟治使平 足踏均密	撒種 須均須密 曳撈覆種	又布牛馬糞 不過1鋤
	②	晩種 夏至前後 耕種		
2. 種黍粟	①	良田 細沙黑土相半者爲良 秋耕 小豆播撒後耕之 作畝	3.4月 逐畝 左右足踵交踏 以水荏子 相和下種(足種)	苗間 鋤3度 以土壅根
		* 待禾成長 兩畝間 雜草茂盛 用1牛網其口 徐驅耕之 勿致損禾〈畝間無穢 土壅禾根〉		
		瘠薄田	用熟糞尿灰(黍粟2,3升 和熟 糞·尿灰1石爲度) 種之	
	②	土厚久陳地 伐草火之	灰未冷時 撒擲 起土覆種	鋤草省力
	③	間種 (麥田) 淺耕兩畝間	同大豆間種法	
	④	菉黍(唐黍) 宜下濕地 不宜高燥	2月早種	鋤不至再而收多
3. 種稷	①	下濕地 春耕 熟治 耕種(作畝)	3.4月 種法與黍粟同(足種) 或撒擲亦得	
		田若堉薄 先布雜草於畝間	用糞灰(熟糞與尿灰) 後耕種	鋤至2度
	②	根耕 晩種 麥底可種		
4. 種大小豆	①	春耕 治田不可過熟(作畝) 田若瘠薄	3.4月 下種(科種 3.4箇) 用糞灰 (足種)	收訖耕之(秋耕)
	②	大豆根耕(麥田) 治田(作畝) 同早種 小豆根耕 同大豆根耕	下種(科種 4,5箇) 但 撒種於麥田 覆耕之	鋤1次
	③	田少者 間種(麥田) 淺耕兩畝間	種大豆收麥訖耕麥根覆豆根	
		* 用網口牛 耕兩畝間 與黍粟田同 雜草邊茂 則再耕之		
	④	菉豆 堉薄田 荒地可種	稀種	1鋤
5. 種大小麥	①	麥根耕 夏耕曝陽摩平 又耕之(作畝)	白露秋分節 下種 覆種宜厚	明年 3月間 1鋤之
	②	黍粟木麥根田 不耕 布草田上火焚	擲種 耕之覆種	
		薄田 倍加布草火焚 如未及刈草	用糞灰 如大小麥法	
	③	先種菉豆胡麻 夏間掩耕 下種時又耕	種之如前法(①)	
	④	間種 (大豆田) 淺耕兩畝間	同大豆間種法(種大小豆條)	
		* 春夏間 剉細柳枝 布牛馬廐 每5,6日 取出積之爲糞 甚宜於麥		
	⑤	春麰 2月間 可耕	種法耘法 同秋麥	
6. 種胡麻	①	眞荏子 荒地白壤土 耕地(作畝) 熟田·麥根田 耕地(作畝)	4月撒種 用榪木 破塊覆土 和糞灰 稀種	鋤不過再
	②	白胡麻 耕地 作畝	小豆·菉豆相和 均撒 覆土	
	③	油麻 路邊·田畔	作科 科種	
7. 種蕎麥	①	荒地 5月耕之 草爛又耕 又耕之(作畝)	立秋節 用糞灰(漬種) 下種	
		* 漬種法 燒牛馬糞爲灰 以廁池尿中 漬蕎麥種半日漉出 投灰中 令灰粘着種子		
	②	山林肥厚地 火耕(火而耕之-作畝)	撒種	
附. 種木綿	①	沙土相半田 秋耕 枯薪燒火 入莎土 3反耕 熟治作畝	綿種尿水漬種 和糞灰 足種 每科4,5箇 立夏節 耕種	除草6,7度

表에서, 1 麻의 耕種法은 다음과 같았다. ① 早種은 먼저 정월에 얼음이 풀리면 良田을 택하여(田이 많으면 歲易·換田한다) 縱橫으로 3번씩 起耕하고 牛馬糞을 펴며, 2월 상순에 다시 起耕하고 木斫과 鐵齒擺로 田面을 熟治하여 平面이 되게 整地하였다. 아마도 배수로를 겸한 통로가 적당한 간격으로 마련되었을 것이다. 그 田面에다 발자국(足踏)을 均密하게 치고, 손으로 撒種을 하되 이도 반드시 均密하게 하였으며, 撈(曳介)를 끌어서 覆種을 하도록 하였다. 그리고 그 위에다 다시 牛馬糞을 펴 施肥를 하고, 苗가 3寸가량 자란 후 잡초가 생기면 1차 김매기를 하였다. ② 晚種은 夏至 전후에 경종하였다. 이 耕種法은 오늘날의 삼 재배법으로 보아 아마도 좋은 섬유질의 삼(麻)을 얻기 위한 모범적인 재배의 예이었을 것으로 생각된다.

2 黍·粟의 耕種法은 ① 일반 黍·粟(早種·晚種)의 경우가 중심이었다. 그 整地法은 秋耕過冬한 高燥地 良田(細沙·黑土相半田)에 3월이 되어 霜氣가 없을 때(晚黍·粟은 3월 중순에서 4월 상순까지), 먼저 小豆를 성글게 뿌린 후 起耕作畝하고, 그 이랑 양쪽을 따라가며(逐畝) 좌우 발뒤꿈치(足踵)로 번갈아 밟아 자죽을 진 후, 水荏子를 黍·粟에 섞어서(水荏子 1分 黍·粟 3分) 下種(足種·點種)하되, 좌우의 발을 交運할 때 자연히 覆種도 되도록 운용하였다. 苗사이에 雜草가 생기고 苗포기(科)가 배면 호미(鋤)로 김매기를 하고 솎아버리며 흙으로 포기에 북을 주는데(以土壅根), 김매기는 3차례 하되, 雜草가 없다고 김매기를 멈추어서는 아니되었다. 禾가 크게 자란 후 畝間에 雜草가 茂盛하면 1牛에 網口를 하고 그 고랑을 훑이되(耕之·후치질), 이 경우 잡초가 없더라도 고랑의 흙을 훑이어 그 뿌리에 북을 주어야만 하였다(畝間無穢 土壅禾根). 田이 堉薄하면 熟糞이나 尿灰를 일정한 비율로 섞어서 下種하였다. ② 晚種早熟하는 粟은 土厚久陳地에 5월에 伐草하여 그것이 마른 다음 불을 지르고, 灰가 식기 전에 粟種을 撒擲하고 鐵齒擺로 起土 覆種함으로써 그 禾가 畝上에 자라도록 하였다. 이 耕種法은 김매기에 힘이 덜 들고 所出도 많았다. ③ 이밖에 粟은 麥田의 畝間을 淺耕하고 그 畝上에 間種을 할 수 있었는데, 大豆나 秋麥의 間種法과 같았다. ④ 蜀黍(수수)는 下濕地에 2월에 早種하고 김매기는 2회에 미치지 않는데 수확은 많았다.

3 稷(피)은 이때 조선에서는 五穀에도 들어가는 중요한 작물로서[266] 下濕地

에 적합하였다. ① 일반적으로 2월 중순에 耕地하고 木斫으로 熟治하며 3, 4월에 파종할 수 있었는데, 그 耕種法은 黍粟의 耕種法과 같았다(作畝 足種). 撒擲을 해도 되었다. 이 경우 田이 埼薄하면 糞灰를 쓰거나 畝間에 잡초를 펴고 갈아엎은 후 파종하였다. 김매기는 2차에 그쳤다. ② 晚種早熟하는 姜稷은 兩麥底에 6월 상순에 경종할 수 있었다.

4 大豆·小豆의 耕種法은 ① 早種은 春耕으로 하는데, 3, 4월에 파종할 수 있었다. 이랑(畝)의 治田을 過熟하게 해서는 안되었으며 下種은 每科에 3, 4개를 넘지 말아야 했다. 埼薄田에는 糞灰를 쓰되 적은 것이 좋았다. 콩밭의 김매기는 再鋤를 넘기지 말아야 했다. ② 晚種은 根耕(刈兩麥旋耕其根)으로 하는데, 大豆의 경우 그 耕種法은 早種·春耕의 그것과 같았으며, 下種은 每科에 4,5개씩 하였다. 小豆의 根耕도 大豆根耕과 같았으나, 다만 麥根에 撒種을 하고 耕覆하여 이랑을 이루고 김매기는 1차로 그쳤다. ③ 이밖에 田少者들은 麥田에 間種을 하였는데, 그 耕種法은 大小麥의 이삭이 패기 전에, 麥田의 畝間을 淺耕하여 作畝하고 그 畝上에 大豆를 下種하였으며, 麥을 수확한 후 그 麥根을 起耕하여 豆根에 북을 주는 것이었다. 이같은 耕種法에서 大小豆田의 畝間에 잡초가 무성하면, 網口牛로 兩畝間을 훑이는데(후치질) 그 작업은 黍粟田에서와 같았으며, 잡초가 다시 무성하면 재차 훑이었다. ④ 菉豆는 埼薄田이나 荒地에 경종할 수 있었으며, 稀種하고 1鋤로 그쳤다.

5 大小麥은 농가에서 新舊간을 接食시키는 곡물이 되므로 대단히 중요하였다. 그 耕種法은 薄田, 中田, 美田 등 地品에 따라 白露節, 秋分時, 그 후 10일에 경종할 수 있었는데, 그 耕種法에는 다음과 같이 몇 가지가 있었다. ① 麥根田의 경우 먼저 5, 6월 사이에 起耕하여 曝陽하고 木斫으로 摩平하며, 下種시에 다시 起耕하고 下種하되, 下種이 끝나면 鐵齒擺나 木斫背로 覆種을 하는데 두껍게 하였다. 김매기는 다음해의 3월 사이에 1차 하도록 하였다. ② 黍·豆·粟·木麥根田의 경우는 미리 잡초를 베어 田畔에 쌓아두었다가, 收穀이 끝난 다음 그 草를 田上에 厚布한 후 불을 지르고(火焚) 擲種을 하며, 그 灰가 흩어지기 전에 前穀의 穀根을 갈아엎어서 麥苗가 畝上에서 자라도록 하였다.

---

266) 본 論文 제3장의 土宜항 참조.

이 경우 薄田은 잡초를 더 펴도록 하고, 刈草를 못하였으면 大小豆에서와 같이 糞灰를 쓰도록 하였다. 그리고 ③ 이밖에 먼저 其田(黍·豆·粟·木麥根田)의 畝間에 菉豆나 胡麻를 파종한 후 5, 6월간에 그 苗와 雜草를 갈아엎고(掩耕), 그것이 腐蝕하여 施肥가 되게 한 다음(苗糞), 下種할 때 앞 ①에서와 같은 방법으로 다시 耕種하기도 하였다. 『農事直說』에서는 아무 언급이 없었지만 이는 바로 種大豆 조항에서 언급한 바 間種法이었다.[267] 그런데 이 秋麥의 間種은 이같이 여러 종류의 작물을 재배하고 있는 田에서 행하여졌지만, 그 중심이 되는 것은 '大豆田間 種秋麥'하는 것이었다. 그 耕種法은 '麥田間 種大豆'하는 방법이나 '麥田間 種粟'하는 방법과 같았다. ④ 春麥은 2월에 耕種하는데, 그 種法, 耘法, 收法은 秋麥의 그것과 같았다.

6 胡麻는 ① 荒地 白壤土에 재배하는 것이 특히 좋았는데, 그 耕種法은 4월 사이에 비가 온 후 起耕하고 畝上에다 撒種하되 櫩木으로 흙덩이를 부수어 覆種하였다. 김매기는 2차를 넘기지 않도록 하였다. 만일 熟田에 파종할 경우에는 4월 상순에, 그리고 麥根田에 파종할 경우에는 刈麥 후에 종자를 糞灰에 섞어서 稀種하였다. ② 또 한 가지 방법은 白胡麻 3分과 晚小豆 1分의 비율로 섞어서 심거나, 菉豆 2分과 胡麻 1分의 비율로 섞어서 심어도 되었는데(雜種), 밭을 起耕하여 作畝한 다음 糞灰에 섞은 종자를 均撒하고 覆土하였다. ③ 油麻(水荏子)는 路邊이나 田畔에 심는 것이 좋았는데, 매 포기(科)간의 거리는 1尺 정도 떨어지도록 하였다.

7 蕎麥은 播種시기를 맞추지 못하여 遇霜하면 收穫을 기대할 수 없으므로 農時를 잘 맞추는 것이 중요하였다. 그 耕種의 時期는 立秋가 6월달에 들어 있으면 節前 3일에, 7월달에 들어 있으면 節後 3일 내가 그 시기였다. ① 荒地가 土性으로서 잘 맞는데, 5월에 起耕하여 잡초를 갈아엎고, 그 잡초가 腐蝕하기를 기다려 6월에 다시 起耕하며, 立秋節 下種시에 또다시 起耕한 다음 畝上에다 蕎麥種子 1斗에 糞灰 1石 비율로 섞어서 下種(點種)하였다. 이 경우 糞灰가 적으면 漬種(種子를 牛馬廐池尿에 넣었다가 漉出해서 牛馬糞을 태운 灰中에 던져 종자에 그 灰를 粘着시키는 作業)을 해도 되었으며, 그래서 이곳에서

267) 拙稿, '朝鮮後期의 麥作技術'(增補版 『朝鮮後期農業史研究』 II, 1990) 참조.

는 漬種法을 제시하고도 있었다(表의 * 표 자료 참조). 그리고 田이 堉薄한 경
우라 하더라도 糞灰가 많으면 수확이 가능하였다. ② 山林으로서 肥厚한 땅에
는 火耕하고 撒種하여도 수확이 많았다.

　附의 木綿 耕種法은 昌平刻本의 『農事直說』에 增補된 것을 발췌한 것이
다.[268] 조선전기에는 지역에 따라 木綿의 耕種法이 여러 가지 개발되고 있었을
것으로 생각되나, 당시 木綿이 가장 널리 재배되고 또 발달하고 있었던 것은
湖南地方이었으므로,[269] 이곳에서는 이를 예로서 택하였다. 그런데 이에 의하
면, 그 耕種法은 沙·土相半의 田에 歲前에 1次反耕(秋耕)을 하고, 解凍 후에
乾草木을 펴고 火焚하거나 沙土를 넣고 再反耕을 하며, 다시 糞壤을 넣고 3反
耕을 한 후 熟治하여 作畝를 한 다음 立夏節에 下種을 하도록 하고 있었다.
下種의 방법은 綿種子를 尿水에 넣어서 沾濕케 하고, 그것을 糞灰에 섞어서
그 糞灰가 종자에 충분히 粘着토록 한 다음(漬種), 畝上에다 발자국을 치고 足
種으로서 행하는 것이었다. 이 경우 그 畝의 크기는 6포기(科)를 심을 수 있을
정도로 하고, 每科에 下種하는 종자는 4,5개를 넘지 않도록 하고 있었으나, 그
러나 畝의 크기에는 융통성을 두고 있었다. 김매기는 6,7차례 하도록 하였다.

　田作農業의 特徵 ― 그러면 『農事直說』의 이같은 田作技術·朝鮮農業의 田
作技術은, 『農桑輯要』의 田作技術·中國 華北地方農業의 田作技術과 비교하
여, 어떠한 특징을 갖는 것이었을까. 그것은 전자의 후자에 대한 특징인 동시
에 차이점도 될 것이다. 우리는 그것을 田作農業의 기본원리 ― 起耕의 시기
와 방법·深淺, 파종을 위한 選種法 토양조건 고려 및 輪作, 中耕除草의 원리
와 施肥法 ― 는 대체로 같았으나, 두 農書·두 지역간에는 풍토상의 차이로 인
해서, 그 耕種法에 적지 않은 차이가 있었음을 몇몇 계통으로 지적할 수 있을
것이다.

　첫째, 두 農書간에는 田作物의 재배를 위한 整地法에 큰 차이가 있었다. 즉
『農事直說』에서는 旱田을 起耕할 때 '畝·畝間'으로 治田하고 整地하는 것이 특
징이었는데, 『農桑輯要』에서는 '平面整地'를 하는 것이 원칙이었다. 물론 『農

---

268) 拙稿, 『農事直說』과 『四時纂要』의 木綿耕種法 增補(『朝鮮後期農學史硏究』, 1988),
　　 p. 106 참조.
269) 본 論文의 제3장, 土宜항의 〈表 11〉, 〈表 12〉 참조.

事直說』에서도 麻는 田面을 '熟治使平'하고 있어서 『農桑輯要』의 平面整地의 원칙과 같고, 『農桑輯要』에서는 木綿田을 '作成畦畛'하고 있어서 『農事直說』의 畝·畝間의 원칙과 같아서, 두 農書의 整地法 사이에 공통되는 점도 있었다. 그러나 田作物의 중심을 이루는 糧食作物의 整地法은, 전자에서는 畝·畝間으로 후자에서는 平面整地로 하는 것이 일반이었다. 朝鮮 三南地方은 강수량이 많고 土壤條件도 좋아서 田面을 畝·畝間으로 整地하는 것이 필요하였고, 中國 華北地方은 강수량이 적은데다 토양조건은 黃土層이었으므로 水分의 증발을 최대한으로 막고 되도록 장시간 토양 내에 수분을 유지하기(保墒) 위해서는 平面整地로 하는 것이 필요하였다. 그리고 그렇게 하기 위해서는 起耕墢土된 흙을 畜力으로 끄는 擺(方杷 人字杷)와 撈를 씀으로써 기동성 있게 처리하지 않으면 아니되었다.

둘째, 두 農書는 整地法 및 施肥法과도 관련되는 火耕農法에서도 차이가 있었다. 이 農法은 荒地의 草木을 소각하고 開墾하거나, 熟田이라도 施肥를 위하여(火糞) '火而耕之'하는 農法이었다. 전자는 이른바 원시농법으로서의 火田경영의 방법을 그대로 이용하여 荒地 林野를 新田으로 개발하고 있는 것이었으며, 후자는 그러한 農法을 熟田의 耕種체계에 도입하여 유용하게 활용하고 있는 것이었다. 이 農法은 그 草木灰를 흙 속에 融化시키게 됨으로써 토양 중의 가리 含有量을 증가시키고, 그 熱度로 인하여 토양 중의 용해되기 어려운 가리·燐酸 등의 영양분을 일부 可溶性으로 변하게 하며, 그중 重粘의 토양은 그 粘性을 경감시키는 효과가 있는 유용한 農法이었다.[270] 그러므로 『農事直說』에서는 이같은 火耕農法을 대단히 유용한 農法으로 인식하고, 이를 荒地 林野를 新田으로 開發할 때 이용할 뿐만 아니라(種稻, 種黍粟, 種蕎麥), 熟田을 整地하면서도 앞에서 언급한 바와 같이(耕地,[271] 種大小麥) 하나의 과정으로서 활용하고 있었으나, 『農桑輯要』의 旱田 糧食作物 재배에서는 이를 이용하고 있지 않았다. 『齊民要術』이래의 北土高原지대의 水田, 그것도 水田을 燒而耕之한 후 곧 下水(引水)가 가능한 곳에서만 관행으로서 이를 활용하고 있었

---

270) 天野元之助, '後魏의 賈思勰 『齊民要術』의 研究'(『中國의 科學과 科學者』, 1978).
271) 註 248) a 참조.

다.[272] 이는 黃河流域의 旱田은 강수량이 적은 지대라는 점에서 그리고 그 黃
土層의 土性상 토양 중의 水分을 유지하는 것이(保墒) 중요하였으므로, 旱田
에서는 그 田面에 布草하고 이를 燒却하는, 따라서 그 토양을 건조시키는 작
업을 해서는 아니되는 까닭이었다.

  셋째, 『農事直說』과 『農桑輯要』는 播種法에서도 커다란 차이점을 보이고
있었다. 그것은 전자에서는 起耕한 농지를 畝와 畝間으로 整地하고 종자를 手
播로서 畝上에다 파종하거나 발뒤꿈치(足踵)를 이용한 足種으로서 하는 것이
었는데, 후자에서는 犁耕한 농지를 方杷 人字杷를 畜力으로 끌어 종횡으로 摩
平하고(平面整地), 그 田面에 다시 畜力으로 耬犁·耬構을 끎으로써 耬播를 하
거나 그 골(畎)에 手播를 하는 것이었다. 自然條件에 따라 整地法이 달랐기
때문에 파종법도 거기에 상응하게 마련된 것이었다. 『農事直說』과 『農桑輯
要』의 두 農書에서 播種法이 상당히 유사한 작물은 木綿이었는데, 이 경우에
도 전자에서는 下種을 足種의 방법으로 하고 있었으나, 후자에서는 괭이 등으
로 구덩이를 深劚하고 그 바닥을 고른 후 撒種을 하고 있었다. 風土상의 차이
는 農業習慣 農法을 각각 다르게 발전시키고 있는 것이었다.

  『農事直說』과 『農桑輯要』 등 두 農書에 보이는 파종법의 차이는 이에서 그
치는 것이 아니었다. 『農事直說』에서는 田作穀物을 間種으로서 재배하는 특이
한 農法을 개발 보급시키고, 이것이 朝鮮農業에서는 특히 田少者를 중심으로
일반화되고 있었는데, 『農桑輯要』의 耕種法에는 이같은 農法이 없었다. 즉 이
農法은 어떤 田作穀物을 이미 심어서 잘 자라고 있는 穀列의 行間에 다른 또
하나의 田作穀物을 間種하는 것, 이를테면 麥田에는 大豆와 粟을 간종하고 黍
粟, 豆, 木麥田에는 麥을 간종하는 것이 일반이었는데, 이러한 穀物 栽培法이
朝鮮에는 있고 中國에는 없는 것이었다. 우리나라에서는 歲易農法이 본시 中
國의 그것과 달라서 田 자체를 전체로 교대하며 地力을 회복하는 경우(換地·
換田)와, 穀物을 耕種할 때 田地를 畝와 畝間으로 整地하되 그 畝間을 넓게
확보함으로써 息土而代墾하는(朝鮮의 代田) 두 종류가 있었으므로, 間種法이
이 후자적인 歲易農法을 극복하는 과정에서 새로운 農法으로서 자연스럽게

---

272) 繆啓愉, 『齊民要術校釋』 卷 2, 水稻.
  元刻本 『農桑輯要』 卷 2, 耕墾 播種, 水稻.

발생할 수 있었으나, 中國에서는 歲易田이 換田의 방법으로 발달하는 가운데, 自然環境의 조건과도 관련하여 整地와 播種이 畜力에 의한 耬犁 耬構으로 행해지고 있었으므로, 이같은 間種農法을 필요로 하지 않았고, 따라서 그 農法이 발생할 수 있는 기회가 없었던 것이라고 하겠다.

(5) 農業技術 ─ 土性 土壤條件

『農事直說』의 농업기술에 관하여 우리가 끝으로 살펴야 할 것은, 이 農書에서는 농지의 土性·토양조건을 어떻게 기술하고, 따라서 어떻게 농민들이 適地適種을 하도록 지도하고 있었는가 하는 점이다. 앞의 제3장에서 우리는 정부가 전국 各郡縣의 농업생산에 관한 기초조사를 하면서, 농지의 土性을 肥瘠(肥, 肥多瘠少, 肥瘠相半, 肥少瘠多, 瘠)으로만 파악하고 있었음을 보았지만, 그것은 정부가 전국적인 농업개발사업을 企劃하기 위한 기초자료로서 정리한 것이었다. 그러므로 정부에서는 이제 農業生産者 農民層에게 농업기술과 농업생산을 지도하기 위하여, 농지의 土性·토양조건을 좀더 구체적으로 파악하고, 이를 통해서 농작물의 재배를 지도할 수 있는 指針書를 마련하지 않으면 아니되었디. 징부에서 이같은 목표를 달성하기 위해서 편찬하게 된 것이『農事直說』이었음은 말할 것도 없었다.『農事直說』에서는 그것을 몇몇 계통으로 조사 정리하고 이를 통해서 농작물 재배를 지도 지시하고 있었다. 그것은 다음과 같았다.

첫째, 농지의 土性·토양조건을 肥(良·美)·瘠(薄)으로 파악하고, 거기에 합당한 작물을 재배하도록 지시하며, 그러기 위해서는 거기에 상응하는 施肥를 하도록 강조하였다. 비옥한 농지를 種稻條에서는 早稻는 '肥膏'水田에 파종하라 하고, 種麻條와 種黍粟條에서는 '良田'을 택하라고 하고 있었는데, 이 작물들은 다른 농작물에 비하여 地力을 소모하는 바가 많았으므로, 이같이 비옥한 농지가 절대적으로 필요하였다. 그러나 稻와 黍粟의 경우 그것을 모두 이같은 肥膏水田이나 良田에만 경종할 수는 없었다. 보통의 田畓이나 瘠薄한 農地는 비옥한 농지보다 더 많았으므로,[273] 稻 중에서의 晩稻나 많은 경우의 黍粟은 일반적으로는 이같은 보통의 田畓이나 瘠薄한 농지에서 재배하는 경우가 더

273) 제3장〈表 10〉참조.

많았다. 그럴 경우에는 비옥한 농지에서보다 그 작물에 합당한 糞壤을 더 많이 施肥해야만 하였다.[274] 種大小麥에서는 농지의 肥堉을 薄田·中田·美田이라는 용어로서 표현하고, 그 비척에 따라 下種시기를 달리하되, 그 地力을 참작하여서는 麥作에 특히 施肥효과가 있는 糞壤을 제조하여 시용하고 있었다(〈表 16〉5. 種大小麥의 * 표 자료 참조).

둘째, 농지 중에서도 토양조건이 좋지 않은 곳에 대해서는 그 농지에 합당한 특정 작물을 지정하고 이를 재배하도록 하였다. 가령 농지의 토양조건을 高燥地와 下濕地로 나눌 경우, 전자에는 黍粟·旱稻를 재배하는 것이 좋고,[275] 후자에는 薥黍와 稷을 재배하는 것이 좋다고 한 것,[276] 농지 중에서도 그 토양조건이 泥潭 虛浮하거나 水冷한 水田에는 晚稻를 재배하며,[277] 그 중에서도 水冷한 旱田에는 旱稻가 좋다고 한 것 등은 그것이었다.[278] 그리고 荒地와 같이 버려졌던 堉薄한 땅을 새로이 농지로 개발하여 농작물을 재배할 경우, 거기에는 胡麻와 蕎麥을 재배하는 것이 좋다는 점을 특히 지적하고 있었음도 그 예이었다.[279] 물론 山林의 肥厚한 곳이나 土厚한 久陳地를 개발하였을 경우에는, 이러한 곳은 地力이 왕성하므로, 더 귀중한 작물로서의 黍粟을 재배하라 하였고,[280] 이러한 新開發地에 蕎麥을 火耕撒種하면 수확이 많다는 점을 말하기도 하였다.[281] 沮濕한 荒地를 水田으로 개발할 경우에는 晚稻를 심어야만 하

---

274)『農事直說』種稻.
　　早稻：秋收後 擇連水源肥膏水田 …… 耕之 冬月入糞〈正月氷解 耕之入糞 或入新
　　　　土亦得〉
　　晚稻：水耕 正月氷解耕之 入糞入土 與早稻法同
　　　　其地 …… 堉薄 則布牛馬糞及連枝杼葉〈鄉名加乙草〉人糞蘯沙亦佳
　　『農事直說』種黍粟.
　　三月 霜氣頓無 …… 擇良田 …… 先用小豆稀疎播撒後耕之 逐畝左右足踵交踏 以水
　　荏子與黍或粟相和 …… 下種 田若堉薄 用熟糞或尿灰 種之
275)『農事直說』種黍粟. 種稻 早稻.
276)『農事直說』種黍粟 薥黍. 種稷.
277)『農事直說』種稻.
278)『農事直說』種稻 早稻.
279)『農事直說』種胡麻. 種蕎麥.
280)『農事直說』種黍粟.
281)『農事直說』種蕎麥.

였다.[282]

셋째, 농지의 土性·토양조건을 말하고자 할 때, 그 토지의 肥沃度, 즉 肥堉
만으로 표현하는 것은 정확하지 못하다. 이럴 경우에는 앞에서 살핀 바 近代
土壤學에서의 土性의 원리와 같은 방법으로 土性을 분류 파악하고 이로써 표
현하는 것이 정확하다. 그런데『農事直說』과『世宗實錄』에서는 농지의 土性
토양조건을 그러한 방법으로서 파악하고 거기에 합당한 農作物의 재배법을
언급하고 있었다. 이를테면

　　①擇良田〈細沙黑土相半者 爲良〉[283]
　　②其地 或泥濘 或虛浮 或水冷 則專入新土 或莎土[284]
　　③性宜荒地〈白壤尤良〉[285]
　　④本縣 土性粘而堅强 耕種之後 如遇旱乾 後雖得雨 土塊堅强 禾苗不長 雜草盆盛
　　　肆 擇有水處 預養苗種 …… 待四月移種 其來已久[286]

이라고 하였음은 그 몇몇 예이었다. ①은 黍粟을 파종하기 위해서는 良田을
擇해야 하는데, 그러한 良田으로서는 細沙와 黑土가 半半씩 섞여 있는 토양이
좋다는 것이었다. 여기서 細沙는 砂土보다도 더 고운 모래가 많은 흙이고, 黑
土는 植物이 腐蝕하여 형성된 검은색 有機物質의 肥沃한 土地이기도 하고, 剛
土 埴土이기도 한데, 이것이 半半씩 섞인 토양이면 壤土 또는 砂質壤土가 된
다고 하겠다. ②는 晩稻를 재배할 水田이 혹 泥濘하고 虛浮하며 또는 水冷하
면 客土로서 新土나 莎土를 넣으라는 것으로, 여기서 新土는 보통 토양으로서
의 壤土 또는 埴質壤土가 되겠고, 莎土는 잔디가 잘 자라는 토양이므로 아마
도 砂質壤土가 되겠다. 그리고 ③은 胡麻를 재배하게 될 農地는 荒地(耕作하고
있지 않은 황폐한 空地)가 좋은데, 그 중에서도 특히 白壤, 즉 白色의 壤土가
좋다는 것으로, 여기에서도 壤土의 존재를 전제하고 있었음을 볼 수 있겠다.
④는 慶尙道固城縣 사람들이 그곳에서는 土性이 粘而堅强해서 水田農業을 苗

────────────

282)『農事直說』種稻.
283)『農事直說』種黍粟.
284)『農事直說』種稻.
285)『農事直說』種胡麻.
286)『世宗實錄』卷 68, 世宗 17年 4月 丁巳, 3冊, p. 624.

種法으로 하지 않을 수 없으니, 이 農法을 禁하지 말아 달라고 上疏한 것이었
는데, 여기서 土性이 粘而堅强하다는 것은 그 농지의 土性이 바로 粘土·剛土,
즉 埴土였음을 말하는 것이었다. 이밖에도 이때에는 地勢가 높고 砂土相半한
水田이라도 灌漑가 잘되고 禾穀이 무성하게 자라는 곳이면 그 田品을 2, 3等
田, 砂石이 많고 瘠薄한 水田은 5, 6等田으로 구분하고 있었는데, 이럴 경우
의 전자는 壤土 또는 砂質壤土가 되겠고, 후자는 이른바 砂礫土를 뜻하는 것
이 되겠다.[287]

　이같이 몇몇 자료를 통해서 보면, 이때에는 농지의 土性이 아래로 ① 細砂
土·沙礫土가 있고, 그 위로 ② 砂土·沙土, ③ 砂質壤土, ④ 壤土, ⑤ 埴質壤
土, ⑥ 埴土 등이 있는 것으로 파악되고 있어서, 당시의 지식인들은 이를 통해
서 農地의 肥沃度, 농작물 경종의 適地 여부를 가늠하고 있었던 것이라고 하
겠다. 近代 土壤學의 土性 이해는 이같은 土性에 대한 이해의 전통을 배경으
로 형성된 것이었다고 하겠다.

　土性·토양조건에 대한 이와 같은 이해 방식은 『農桑輯要』의 農學에서도 마
찬가지였다. 중국 黃河 유역의 黃土層은 농작물을 재배하기 위한 토양으로서
안 좋은 조건을 지니고 있었으므로, 중국에서는 아주 일찍부터 토양에 대한
고찰이 발달하고 있었다.

　이상에서 살핀 바와 같이 『農事直說』과 『農桑輯要』의 耕種法에는 각각 여
러 가지 특징이 있었고, 따라서 두 農書의 耕種法 사이에는 많은 共通點이 있
는 가운데 커다란 差異点이 있었다. 그것은 단순한 양 지역 농업생산자간의
好不好나 嗜好에 따르는 차이가 아니라, 근본적으로는 강수량, 토양조건 등
자연환경 농업환경의 차이에서 연유하는 것이었다. 그러므로 이같은 여러 차
이점에서 본다면, 『農事直說』의 농업기술을 표본으로 삼고 있는 조선의 농업
생산자들이, 『農桑輯要』의 농업기술, 즉 중국 華北地方의 농업에서 그 稻作農
業의 기술이나 田作農業의 기술을 도입해야 할 필요성을 느끼지는 않았을 것
으로 생각된다. 『農事直說』의 농작물 재배기술의 차원에서 보면, 이 시기의

287) 『遵守冊』(『田制詳定所遵守條劃』) 等第田品.

시점에서는, 그렇게 할 필요가 없었으며, 그것은 다만 참고용으로 활용할 수 있는 것이었다고 하겠다. 麗末鮮初의 정부당국과 지식인들이 이 農書를 複刻하고 장기간에 걸쳐 그 기술을 수용하려 하였으나, 그 내부에 적지 않은 갈등이 있었고, 끝내 그렇게 될 수 없었던 것은 충분히 이유 있는 일이었다.

그러나 그럼에도 불구하고 이 시기의 조선에서는 통치권자의 입장에서도 그렇고 농업생산자의 입장에서도 그러하였지만 『農桑輯要』는 필요하였을 것으로 생각된다. 그것은 두 가지 점에서이다. 그 하나는 중국의 東北地域과 인접해 있으면서 元의 지배 아래에 있었던 한반도 북부지역은, 이 지역은 본시 渤海, 高句麗, 古朝鮮지역이었다고 하는 역사적 전통과도 관련하여, 그 農業慣行이 兩江 건너 쪽과 유사한 점이 많았을 것이고, 그러한 점에서는 『農桑輯要』의 참고를 필요로 하는 대목이 남부지방보다 많았을 것이다. 그리고 다른하나는 『農桑輯要』는 1 典訓, 2 耕墾·播種, 3 栽桑, 4 養蠶, 5 瓜菜·果實, 6 竹木·藥草, 7 孶畜·禽魚 등을 모두 기술하고 있는 綜合農書였는데, 『農事直說』은 그 중에서 2 耕墾·播種에 해당하는 분야만을 다루고 있는 各論격의 農書이었으므로, 그밖의 여러 분야의 농업기술에 관해서는 여전히 참고할 필요가 있었을 것으로 생각되기 때문이다.

5. 結 語

지금까지 우리는 高麗末 朝鮮初期의 體制矛盾과 易姓革命이라고 하는 전환기의 문제를 農業問題라는 각도에서 고찰하였다. 그 農業問題는 土地制度, 租稅制度의 矛盾으로 집약되는데, 그 토지·조세제도는 結負制를 기초로 하여 운영되는 것이었으므로, 그 모순문제의 기저에는 농업기술과 농업생산력의 발전 정도의 문제가 기초하고 있었다. 그러므로 당시 高麗國家가 그 모순의 혼란 속에서 국가를 유지하고 중흥시키기 위해서는 그 모순구조를 타개하지 않으면 아니되었고, 조선왕조가 革命을 통해서 새로이 개창한 국가를 건전하게 발전시켜 나가기 위해서는 前朝 이래의 모순의 문제를 變革하지 않으면 아니되었다. 그리고 이들 두 王朝國家에서 그 모순구조를 타개하고 變革하기 위해

서는, 토지제도, 조세제도, 結負制, 농업기술 등 모든 문제에 대한 적절한 조
치가 있어야 했으며, 어느 하나도 소홀히 해서는 아니되었다. 본고의 주제가
되는 농업기술의 문제도 그 지향하는 바는, 당시의 모순구조를 타개하고 거기
서 탈출할 수 있도록 농업기술을 발전시키고 농업생산을 증진시킴으로써, 농
민경제를 안정시키고 국가재정을 공고히 하고자 하는 데 있는 것이었음은 말
할 것도 없었다. 이제 우리는 끝으로 특히 그 농업기술의 문제를 당시의 知的
風土의 문제와 관련하여 생각해 봄으로써 稿를 맺고자 한다.

  농업생산을 증진시키기 위해서는 民에 대한 賦稅收取가 합리적으로 개혁되
어야 함은 말할 것도 없지만, 그러한 전제 위에서 적절한 勸農政策과 농업기
술의 개량이 있어야만 하였다. 고려시기에도 그렇고 조선초기에도 그러하였
지만, 두 王朝國家는 농업국가이기 때문에 이같은 문제가 항상 국가정책으로
서 추구되고 있었다. 그러한 가운데서도 농업생산을 증진시키는 데 관건이 되
는 것은 농업기술을 개량하는 문제였으므로, 두 나라에서는 새로운 농업기술
을 수록하고 있는 좋은 農書를 절실히 필요로 하고 있었다. 그러나 그러면서
도 두 나라에서 선정하고 활용하였던 바 農書는 그 내용에 차이가 있었다. 그
것은 결국 두 나라 정치인, 지식인의 농업기술과 농업생산에 대한 인식태도의
차이가 아닐 수 없었다.

  高麗國家에서 그 末年에 그 관료 지식인들이 새로운 農書로서 선정하고 이
를 활용하려 하였던 것은 몽골제국 元나라의 『農桑輯要』이었다. 그래서 그들
은, 이에 앞서 侍中 李嵒이 재래하였던 바 辰州路總管府에서 重刊한 大字本
『農桑輯要』를, 知陝州事 姜蓍가 중심이 되어 慶尙道按廉使 金湊, 晋州牧使 偰
長壽, 藝文館大提學 李穡, 學僧·王師인 木菴 등과 협력하여 이를 復刻하여 간
행하게 되었다. 慶尙道 陝川에서 開刊한 『元朝正本農桑輯要』는 그것이었는
데, 그들은 이를 통해 농업생산을 증진하고, 이로써 쇠미해가고 있는 高麗國
家의 중흥을 기하고자 하는 것이었다. 『農桑輯要』의 刊行事業에 참여한 이같
은 사람들은 中央의 高官·大儒學者, 地方官, 佛教高僧 등으로서, 이들은 知陝
州事 姜蓍가 구성하고 있었다. 그는 儒教思想과 佛教思想이 兩極으로 서로 대
립하고 있는 시대적 분위기 속에서(排佛論), 그리고 그들 내부에서도 적지 않
은 갈등이 있는 가운데,[288] 이들을 하나의 사업에 결집시키고 협력케 함으로써

보다 큰 목표로서의 高麗國家의 중흥을 기하고자 하는 것이었다.

이같은『農桑輯要』는 元나라가 아직 南宋과 대치하고 있는 가운데 黃河 유역 華北地方을 중심으로 한 중국의 일부지역을 대상으로 편찬한 것이었지만, 그러나 元나라는 金과 南宋을 정복하고 전 중국의 영토를 지배하게 된 후에도, 이 農書를 통해서 勸農政策을 펴고 농업생산을 증진시켜 나가고 있었다. 중국의 東北地域(滿洲)과 江南地方은 華北地方과 비교해서 기상조건이나 토양조건이 크게 달랐고, 따라서 개인 차원의『農書』『農桑衣食撮要』가 출현하기도 하였지만, 그러나 元나라 정부는 새로운 農書를 더 편찬 간행하지 않았고, 이 農書를 거듭 複刻하고 간행하는 가운데 農政을 펴나가고 있었다. 말하자면 元 정부는 이 農書를 통해서 지역차에 따르는 風土不同論을 극복하는 가운데 전 중국의 농업생산을 증진하고자 하는 것이었다고 하겠으며, 따라서 이 農書는 풍토를 달리하는 元과 이웃한 나라에 의해서도 주목되고 활용될 수 있는 農書였다고 하겠다.

더욱이 이 農書는 기술한 바와 같이 儒敎的 農政理念으로서 농민을 敎導하고 농업생산을 증진시키고자 하는 農書였으며, 그러한 점에서 이 農書는 동양적 儒敎文明圈, 元·中國을 중심으로 한 동아시아 세계에서는 국제적 共有性을 지닐 수 있는 農書였다. 그뿐만 아니라 이 시기 高麗의 知的 風土는 元나라와의 정치적 관계와도 관련하여 그 文化受容에 적극적이었다. 그러므로 이 農書를 高麗에서 複刻하고 활용하고자 한 사람들은 몽골제국의 세계지배의 국제질서 아래에서, 그 농업기술의 수용·국제화를 자연스럽게 생각하였던 것으로 이해되며, 그러한 점에서 이때『農桑輯要』의 농업기술을 도입함으로써 농업생산을 증진시키고자 한 高麗人의 農業振興運動은, 知的으로는 몽골제국 지배하에서의 風土不同論의 극복, 진취적이고 국제적 입장에서의 思考의 산물

---

288) 李穡이 그의 '農桑輯要後序'에서 그 結束語를 다음과 같이 맺고 있는 데서는 그러한 사정을 엿볼 수 있겠다. 그는 王朝中興의 大事業은 무엇보다도 '闢異端'하는 데서부터 始作해야 할 것으로 보고 있었는데, 姜著는 木菴과 協力하는 등 그렇지 못한 것으로 보는 데서,『農桑輯要』의 後序는 부탁한 대로 썼으면서도 그에게 이같이 충고하는 것이었다.

　制民産興王道 其事又不止此 姜君亦嘗講之乎 如欲必行 當自闢異端始 不然 吾俗無由變 此書所載 亦爲徒文矣 姜君尙勉旃

이 되는 것이었다고 하겠다.

그러나 이 農書는 중국 黃河 유역 華北地方의 토양조건, 기상조건을 기초로
하여 편찬된 農書였으므로, 이 지역과 風土가 다른 지역, 즉 토양조건, 기상조
건이 다른 지역에서는 그 耕種法을 그대로 수용하기 어려운 바가 있었다. 그
렇게 차이가 나는 것이라면 수용할 필요가 없는 것이기도 하였다. 그러한 지
역에서 이 農書의 농업기술을 수용하기 위해서는 일정한 조정이 필요하였다.
그러나 高麗末年에『農桑輯要』를 複刻하여 이용하려 하였던 사람들은 그같은
사실을 충분히 인식하고 있지 못하였으며, 難解한 文字의 音義를 注釋하는 정
도로 보충설명을 함으로써, 그것을 그대로 이용하고자 하고 있었다. 이는 이
시기의 風土不同論 극복의 분위기, 국제적인 知的風土가 지니는 學問的 限界
이기도 하였다.

조선왕조는 朱子學的 儒教를 國定教學으로 삼고, 그 農政理念으로 農業生
産者 農民層을 教導하고 농업을 장려하고 있는 農本主義 국가였다. 그러므로
이 국가에 들어와서도 좋은 農書는 절대적으로 필요하였다. 그래서 이 新王朝
에 들어와서도 그 초기의 당분간은, 高麗末年의 경우와 마찬가지로,『農桑輯
要』를 이용할 것을 생각하는 사람이 많았다. 易姓革命으로 새로운 국가를 세
우기는 하였지만, 그 革命主體들은 아직 新國家의 體制 生産基盤 등을 확립하
는 문제를 그 근본에서부터 준비하고 있지 못하였으며, 그것은 그들이 앞으로
하나 하나 풀어나가야 할 과제로 되어 있었다. 그러므로 新王朝는 앞으로 당
분간 高麗國家의 제도를 그대로 따라 國政을 운영하지 않으면 아니되는 실정
이었다. 농업문제를 해결해야 하는 과제도 그렇고 농업기술을 개량해야 하는
문제도 그대로 남겨져 있었다. 高麗末年에『農桑輯要』의 간행을 통해서 농업
을 진흥시키려 하였던 바 사람들의 人的 學問的 영향력도 아직 그대로 남아
있었다. 그리하여 그러한 知的 雰圍氣 속에서 太宗朝에는 정부에서『農桑輯
要』를 알기 쉽게 우리 글(吏讀)로 번역하여 간행 보급하는 飜譯事業을 전개하
게도 되었다.

그러나 이 農書의 농업기술·耕種法은 기술한 바와 같이 慣行하는 조선의 농
업기술·耕種法과 너무나 큰 차이가 나는 것이었기 때문에, 이 農書를 통해서
실제로 田野에 나아가 구체적으로 農耕작업을 한다고 할 때에는 곧 난감하게

되지 않을 수 없었다. 한반도 안에서도 남북간 동서간에 농업기술상의 지역차
는 적지 않았으므로, 중국 黃河유역 華北地方의 농업기술과는 더 말할 것이
없었다. 그리하여 世宗朝에 들어와서는 정부관료나 지식인들이 이를 風土상
의 차이, 風土不同論으로서 극구 강조하게 되었다. 중국과 조선은 풍토가 다
르기 때문에 『農桑輯要』의 농업기술을 그대로 도입해서는 아니된다는 강한
주장이었다. 高麗時期 이래의 佛敎僧侶의 정치적 기능이 그 일선에서 배제되
고, 정치인 지식인 사회에 점차 세대교체가 있게 되는 가운데, 知的 風土상에
도 변화가 오고 있는 것이었다. 그것은 일면 타당한 주장이었으며, 이같은 주
장은 바로 世宗의 견해이기도 하였다. 그러므로『農桑輯要』의 농업기술을 도
입하고자 하는 견해는 이제 근본적으로 재검토되지 않으면 아니되게 되었다.
　世宗은 太宗을 계승하여 국왕이 되었으므로 太宗의『農桑輯要』번역사업도
그대로 계승 수행하고 있었지만, 그러나 보다 근본적으로는, 이때 조선에 필
요한 農書는 조선의 풍토, 토양조건, 기상조건을 기초로 해서 마련한 農書가
아니면 아니된다고 확신하고 있었다. 그러한 農書는 이미 편찬되어 있는 것은
없었으며, 일성한 계획에 따라 새로 편찬되지 않으면 아니되었다. 世宗은 그
것을 建國초기의 新王朝가 그 財政基盤을 확립하고 농민경제를 안정시키기
위해서 수행하게 되는, 커다란 농업계획 농업개발사업의 틀 안에서 추진할 것
을 생각하고 있었다. 그러기 위해서 世宗朝의 정부에서는 농업생산을 위한 기
초조사를 하고 慣行하는 農法을 조사하게 되었다.
　농업생산을 위한 기초조사는 世宗 6년부터 있었던 地理志 편찬사업과 관련
하여 그 일환으로서 수행되었다. 전국의 地方官으로 하여금 그 지방의 風氣
(氣象), 戶口, 墾田(農地), 土宜(作物), 堤堰 등을 조사하여 이를『慶尙道地理
志』(世宗 7年) 등 각도 地理志의 한 항목으로 편제하고, 이를 기초로 하여서는
중앙에서『新撰八道地理志』(世宗 14年)를 편찬하였으며, 뒤에는『世宗實錄地
理志』(端宗 2年)로 증보 정리함으로써, 전국 각 지역의 농업생산을 위한 기초
사항을 일목요연하게 파악할 수 있도록 하였다. 강수량의 조사는 중앙에서 별
도로 행하였다. 그리고 慣行하는 農法의 조사는, 위의 기초조사를 전체적으로
중앙에서 파악할 수 있게 되는 것과 때를 맞추어, 世宗 10年에 慶尙道 등 三
南地方의 선진농업을 중심으로 행하였으며, 이를 撮要成書하여 보고하도록

하였다. 그리고 이를 기초로 하여서는 左軍都摠制府同知摠制 鄭招와 宗簿少
尹 卞孝文으로 하여금 체계적인 農書로 편찬하도록 하였는데, 그들은 이 작업
을 중국의 農學體系·『農桑輯要』의 農學體系를 참작하는 가운데, 世宗 11年에
하나의 새로운 農書로서 완성하였다. 이해에 간행된『農事直說』은 바로 그것
이었다.

　　그러므로 이『農事直說』은 조선 三南地方의 風土, 자연환경을 기초로 해서
형성된 조선의 農法을 기술한 것이었으며, 그러한 점에서 이때의 농업발전을
위한 운동은, 高麗人이『農桑輯要』의 농업기술에 의거해서 농업진흥을 기도
하였던 운동과는 대조적으로, 知的으로는 이 시기의 風土不同論에 입각한, 現
實的 主體的 입장에서의 思考의 산물이 되는 것이었다고 하겠다. 이같은 知的
風土는 바로 世宗朝 지식인 사회의 분위기이었다.

　　그러나『農事直說』이 이같이 風土不同論의 입장, 現實的 主體的 입장에서
의 저술이었다 하더라도, 그것이 자기 고장의 農法만을 고수하려는 보수적이
고 진취성을 결여한 입장이었음을 뜻하는 것은 아니었다. 그것은 世宗이『農
事直說』을 편찬케 한 목표가, 그것의 보급을 통해서 三南지방의 선진농법을
風土·자연환경이 크게 다른 북부지방에 까지도 전파케 함으로써, 전국의 농업
생산력을 증진시키려는데 있었던 것으로서 그와 같이 이해할 수 있다. 특히
早寒 早霜으로 水田農業과 木綿栽培가 적합하지 않은 平安道·咸吉道 지역에
까지, 여러 가지 방법을 동원하여 才稻의 재배와 木綿의 재배를 보급시키려
하였던 사실은 그같은 사정을 잘 보여주는 것이라고 하겠다. 이 시기 지식인
들의 思考에는 有用한 기술이라 하더라도, 우리 實情에 비추어 적절하지 않은
것은 이를 채택하지 아니하되, 우리 실정에 맞는 것은 이를 적극적으로 수용
하여 발전시키고자 하는 辨別力과 進就性이 있었다.

　　그러한 점에서『農事直說』의 農業技術論에 관철하는 思想은, 농업을 天·地
의 조건, 자연조건에 순응해서 수행하되, 그러나 무조건 그것에 따르기만 하
는 피동적이고 보수적인 것이 아니라, 농업생산을 天·地·人 중에서도 人이 주
체가 되어 운영하고, 그 장애요인을 농업생산자의 노력, 人功으로써 조정하고
극복해서 조화롭게 개척해 나가고자 하는 적극적 진취적인 것이었다고 하겠
다. 이는 이 시기 정부의 과학기술, 문화사업 전반의 정책과 보조를 같이하는

思考로서, 여기에 조선왕조의 농업기술 생산기반은 고려왕조의 그것에 비하여 보다 새로운 것으로서 확대 발전해 나갈 수가 있었다. 그리고 이같은 思惟方式과 思想이 기초가 됨으로써, 조선왕조는 독자적인 자기 문화를 확립, 유지, 발전시켜 나갈 수가 있었던 것이라고 하겠다.

〔『세종문화사대계』 2, 과학·역사·지리편, 2000〕

高麗刻本『元朝正本農桑輯要』를 통해서 본 『農桑輯要』의 撰者와 資料

1. 序 言

『農桑輯要』는 元 大司農司에서 편찬하고 간행 보급한 農書(1273년 편찬, 1286년 보급)로서, 같은 시기의 王禎의 『農書』(1313)나 魯明善의 『農桑衣食撮要(農桑撮要)』(1314)와 함께, 元代의 中國農業의 실상을 이해하기 위해서 빼놓을 수 없는 귀중한 자료가 되고 있다. 그리고 그러한 점에서 이 農書는 中國農學史를 체계화하는 데 있어서도 대단히 중요한 자료가 된다. 그러나 그럼에도 불구하고 이 農書는 그 편찬사정을 전하는 기록이 남아 있지 않아서, 이를 편찬한 撰者가 정확하게 누구인지, 그리고 이를 편찬할 때 자료로서 이용한 몇 가지 중요한 農書가 어느 시기의 누구의 것인지 정확하게 파악되고 있지 못하다. 그리고 바로 그러한 점에서 元代의 中國農業이나 이 시기 中國農學史를 이 農書와 관련하여 파악하고자 하는 논자들에게는 이러한 사정이 참으로 아쉬운 문제로 되어 있다.

이같은 아쉬움은 『農桑輯要』의 편찬사정을 기술하고 있는 초기 刻本을 볼 수 있을 때 풀릴 수 있을 것이다. 그리고 그러한 자료가 될 수 있는 것은 지금으로서는 그 현존이 확실한 高麗刻本『元朝正本農桑輯要』일 것으로 기대되어 왔다.[1]

『農桑輯要』는 元代의 農書였으므로 당시의 中國에서 소중하게 이용되었음은 말할 것도 없지만, 그러나 이 農書는 중국에서만 이용되고 있는 것이 아니

---

1) 天野元之助, '元 司農司撰 『農桑輯要』에 대하여'(『東方學』 30, 1965). 『中國古農書考』, 1975, pp. 131∼132.

었다. 이는 高麗末年의 우리나라에서도 널리 참고되고 있었다. 高麗王朝는 그
후기에 이르면서 봉건지배층의 농민수탈 이외에도, 元의 침략과 약탈을 받아
農業生産이 파괴되고, 그 말기에 이르면서는 倭寇의 계속적인 노략질과 紅巾
賊의 파괴 분탕질을 받는 가운데 더욱 피폐해지고 있었으므로, 國家의 유지나
중흥을 위해서는 農業生産의 재건과 발전을 기하지 않으면 아니되었기 때문
이었다. 말하자면 高麗의 위정자들은, 元이 그 國家建設 과정에서 농업생산력
을 발전시키기 위하여 이 農書를 적극 보급 활용하였듯이, 그 國家 中興의 목
적을 달성하기 위해서 이 農書를 널리 보급 활용하고자 한 것이었다.

그러나 農書를 이같이 활용하려면 다량의 부수가 필요할 터인데, 이를 모두
元으로부터 구입함으로써 해결할 수는 없었다. 高麗에서는 이같은 문제를 元
刻本『農桑輯要』를『元朝正本農桑輯要』의 서명으로 重刻하는 것으로서 해결
하고자 하였다. 이는 恭愍王 21年(洪武 5年, 1372)의 일로서 이 事業을 추진
한 것은 知陜州事 姜蓍였으며, 그는 이 일을 慶尙道按廉使 金湊, 晉州牧使 偰
長壽, 藝文館大提學 李穡, 學僧·王師 木菴 등과 의논하고 지원도 받으면서,
그의 고을 陜州(江陽)에서 수행하였다.[2] 이같은 重刻사업에서 그 底本으로서
이용한 것은 門下侍中 李嵒이 소장하고 있었던 善本이었으며, 이를 上·中·下
卷으로 편성하되 卷마다 그 권말에 木菴이 音·義를 달고, 맨 끝에 李穡과 偰長
壽의 後序를 첨부한 것이었다. 그리하여 이 重刻사업으로 高麗에서는 이 농서
를 널리 이용할 수 있게 되고, 따라서 농업생산력의 발전에도 적지않이 기여
하게 되었다.

高麗末年에『農桑輯要』가 重刻되었다는 사실은 李穡 文集의 農桑輯要後序[3]
나 그 冊板의 보존으로 역사적으로 잘 알려져 있었다.[4] 그리고 그 版本은 현
재 필자가 아는 것만 하더라도 몇 종이 된다. 그 하나는 解放 전후까지 故 宋
錫夏씨가 소장하고, 전쟁 후에는 某學校에서 비장하고 있는 것으로 알려져 있
는 것이고(이하 甲本으로 약칭), 다음은 5, 6년 전에 古書商人(朴東燮씨)이 安

2)『元朝正本農桑輯要』李穡 農桑輯要後序, 偰長壽 書農桑輯要後.
3)『牧隱集』文藁 卷 9, 農桑輯要後序.
4)『攷事撮要』宣祖 18 年版本, 附 冊板目錄, 慶尙道 陜川.
    李仁榮, '『攷事撮要』의 冊板目錄에 대하여'(『東洋學報』30의 2, 1943).

東지방에서 이 농서를 수집하여 延世大學校 中央圖書館에 납본하고자 하였다
가 某기관으로 들어가게 된 것이며(위 圖書館 金尙基 선생에 의함. 이하 乙本으
로 약칭), 셋째는 그 내력은 알 수 없지만 후반부만 남아 있는 破本의 상태로
流傳하다가 지금은 某氏에 의해서 소장되고 있는 것이다(許興植 교수에 의함.
이하 丙本으로 약칭).

그런데 筆者는 근자에 許교수의 호의로 이 丙本을 복사본으로서 볼 수 있었
고, 中國農學史에서 아쉬워하는 문제가 최소한 이것만으로서도 해결될 수 있
을 것으로 생각되었다. 筆者는 참으로 반가웠고, 그래서 許교수에게 그 소개
를 권하였더니 許교수는 그것은 農學史를 연구하는 필자의 임무라고 하며 고
사한다. 그러므로 이 일은 결국 필자가 맡게 되었거니와, 그러나 우리가 보고
있는『元朝正本農桑輯要』는 그 후반부만이 남아 있는 불완전한 것이므로, 農
書의 전 내용은 후일 위 소장자들의 공개를 기다려서 차분히 검토하기로 하
고, 이곳에서는 學界에서 절실히 필요로 하고 있는 몇 가지 문제에 관해서만
우선 소개하고자 한다.

2. 高麗刻本『元朝正本農桑輯要』의 構成과 그 底本

高麗刻本『元朝正本農桑輯要』를 통해서『農桑輯要』에 관한 몇 가지 의문을
해명하기 위해서는, 먼저 그 構成·體制 등을 검토하고 그 底本이 어떠한 것이
었는지를 알아보는 것이 좋겠다. 그러한 의문이 발생하게 된 것은『農桑輯要』
의 版本과 깊은 관련이 있는 것으로 생각되기 때문이다.

高麗에서 重刻한『元朝正本農桑輯要』의 構成이나 體制는 그 甲本에 대한
書誌적인 검토를 통해서 이미 널리 알려져 있는 바이다.[5] 그러므로 이곳에서
는 이를 기본으로 하면서, 필자가 보고 있는 丙本으로서 이를 비교 확인하면,

---

5) 三木 榮,『朝鮮醫書誌』, 1950. p. 304. 增修版, 1973. p. 268.
  이 書誌에 의하면, 이 책의 表題는『元朝正本重刊農桑輯要』이나(甲本), 그 內題가
  『元朝正本農桑輯要』이므로(뒤 附錄 참조), 이곳에서는 簡을 취하여 書題를 후자와
  같이 부르기로 하였다.

그 體制가 다음과 같이 구성되어 있었음을 알 수 있다.

上卷	蔡文淵 序(至治壬戌, 1322)	1장
	王 磐 序(至元癸酉, 1273)	1장
	卷 第 1 典訓	29장
	2 耕地 播種	
	音義	
中卷	卷 第 3 栽桑	31장
	4 養蠶	
	音義	
下卷	卷 第 5 瓜菜 果實	40장
	6 竹木 藥草	
	7 孶畜 禽 魚 歲用雜事	
	孟 祺 後序(至元癸酉, 1273)	1장
	辰州路總管府 重刊後序(至元 2年, 1336)	
	音義 江陽刊行	2장
	木菴誌	
	李 穡 農桑輯要後序(靑龍壬子, 1372)	1장
	偰長壽 書農桑輯要後(洪武壬子, 1372)	1장

이러한 構成에서 甲本은 全卷이 남아 있는 것으로 전하며, 丙本은 上卷 卷
第 1·2 전부와 中卷 卷 第 3의 앞부분 9장을 缺한 채 그 후반부만이 남아 있
고, 그 후반부 중에서도 下卷 卷 第 7의 牛에서 羊에 걸치면서는 다시 1장을
더 缺하고 있는데, 이 兩本은 그 版型이 縱 24.5cm 橫 16cm, 每面 12行 25
字(但 卷 5부터는 26~29字로 불규칙해 짐), 版心魚尾가 不規則한 점 등으로
보아 同一한 版本으로 생각된다.[6) 다만 甲本에 관해서는 그 刊記를 '洪武五年
壬子八月 日 江陽開板'으로 소개했으나, 丙本에서는 農桑書 下卷의 音義를 刻
한 같은 面에 '江陽刊行'이라고만 하였고, 洪武云云의 年紀는 偰長壽와 李穡의
後序에 보이는 것이어서 좀 불안하다. 그러나 그 兩本이 모두 같은 江陽開刊
本이라는 점에서 甲本과 丙本은 同一 版本임에 틀림없을 것으로 생각된다. 아
마도 甲本의 刊記가 위와 같이 되어 있는 것은, 각각 별개로 기술된 開刊處와

---

6) 金庠基 선생에 의하면 乙本도 이와 유사했다고 한다.

開刊年紀를 조사자가 한곳에 모은 데서 연유하거나, 아니면 어느 한쪽 版本의 刊記 부분에 이상이 생겨서 그 부분만을 다시 刻한 탓이 아니었을까 생각되기도 한다.

그리고 위의 構成에서 원래의 元刻本 부분과 高麗刻本 부분은 분명히 구분된다. 高麗에서 重刻할 때 元刻本과 달라진 점으로서 무엇보다 먼저 눈에 띄는 것은, 그 構成을 편차에 따라 上·中·下의 三卷으로 분류하고 있는 점이며, 그러한 위에서 上·中·下卷別로 卷末에다 難解한 문자의 音·義를 달고 있는 점이다. 이는 注釋作業에 속하는 것인데, 이 일을 담당한 것은 高麗末年의 學僧· 王師이었던 木菴이었다.[7] 그리고 李穡과 偰長壽의 後序를 추가하고 있는 점이다. 그밖의 나머지는 모두 元刻本을 그대로 옮긴 것으로, 그것은 蔡文淵 및 王磐의 序와 卷 第1에서 卷 第7까지의 本文 그리고 孟祺의 後序와 辰州路總管府의 重刊後序로 되어 있는 것이다. 辰州路總管府는 지금의 湖南省 沅陵 辰溪지역이다.

그런데 이러한 高麗刻本『元朝正本農桑輯要』에 수록되어 있는 元刻本『農桑輯要』를, 우리가 지금 흔히 볼 수 있는『農桑輯要』와 비교해 보면, 編目上으로 큰 차이가 있음을 발견하게 된다. 이곳에서 우리가 주목하게 되는 것은 바로 이 점이다. 현재 刊行本『農桑輯要』로서 우리가 쉽게 볼 수 있는 것은, 明代의『永樂大典』本에서 輯出한 淸代의 武寧殿聚珍版本(殿本)인데, 여기에는 蔡文淵 序나 孟祺 後序 및 辰州路總管府의 重刊 後序 등은 없다. 蔡文淵 序와 辰州路總管府의 重刊後序는 重刻 사정을 기술한 것이므로 생략할 수 있다 하더라도, 孟祺의 後序는 初刊時의 사정을 기술한 것이므로 王磐의 序와 함께 대단히 중요한 글이 되겠는데, 이 殿本에서는 王磐의 序는 수록하였으나 孟祺의 後序는 수록하고 있지 않은 것이다. 이는 그 원전이었던 明代의『永樂大典』本에 이미 그 글이 탈락하고 있었던 까닭이라고 생각한다.

明代에 보급된『農桑輯要』에서 孟祺의 後序가 삭제되고 있는 것은 흔히 있는 일이었던 것으로 생각된다. 이때의『農桑輯要』로서는『永樂大典』本 외에

---

7)『元朝正本農桑輯要』卷末의 木菴誌. 이는 難解한 문자에 音義를 단 木菴(大智國師 粲英, 忠肅王 15年·1328~ 恭讓王 2年·1390)이, 그 일을 끝내고 난해한 문자의 音義를 찾을 수 있었던 것과 없었던 것에 관하여 언급한 두 줄의 짧막한 글이다.

도 陳無私校本과 『格致叢書』本이 또한 있었는데, 여기에도 孟祺 後序는 수록
되고 있지 않았다.[8] 그뿐만 아니라 『格致叢書』本은 元刊本을 復刻하였던 것
으로 이해되고 있으므로,[9] 孟祺의 後序는 이미 元代부터 삭제된 채 간행되는
것이 일반이 아니었을까 생각된다.

이러한 사정은 中國에서 최근 진행되고 있는 『農桑輯要』에 대한 두 가지의
자료정리사업을 통해서도 어느 정도 짐작된다. 그 하나는 中國에는 『農桑輯
要』의 版本이 여러 가지 있었으므로, 農學者들이 오래 전부터 이들 異本을 대
조 검토함으로써 원본에 가장 가까운 校注本을 만들고자 노력해 왔으며, 최근
에는 이를 모두 참고하는 가운데 故 石聲漢 교수에 의해서 『農桑輯要校注』本
이 완성되고 있는 일이었다. 그런데 이같은 작업에서 이들 학자는 많은 異本
을 대조 검토하였음에도 불구하고, 그 異本들 가운데 孟祺의 後序를 실은 版
本은 없었으며, 따라서 그들의 校注本에다 이를 수록할 수가 없었다.[10] 그리
고 다른 하나는 上海圖書館에서 元刻本 『農桑輯要』를 수집하여 이를 影印本
으로서 간행하고 있는 일이었는데, 그러나 이렇게 해서 볼 수 있게 된 元刻本
에도 孟祺의 後序는 수록되고 있지 않았다.[11]

이같이 비교하고 보면 元刻本 『農桑輯要』에는 크게 두 종류가 있어서 하나
는 孟祺 後序를 싣고, 다른 하나는 그렇지 않았던 것으로 볼 수 있겠다. 그런
가운데 高麗刻本 『元朝正本農桑輯要』의 底本이 되고 있는 『農桑輯要』는 전자
적인 것이었으며, 그러한 가운데서도 그 底本은 특별한 의미를 지니는 版本이
었던 것으로 보인다. 그것은 高麗刻本이 그것을 '元朝正本'으로 표현하고 있는

---

8) 天野, 註 1)의 글.
9) 石聲漢, 『農桑輯要校注』, 略例, 1982, p. 2.
10) 同 上書 참조.
11) 筆者는 이 影印本을 보지 못하고 있었다. 그러나 上海圖書館의 元刻大字本 『農桑
   輯要』에 대해서는 胡道靜씨의 논문 '述上海圖書館所藏元刊大字本 『農桑輯要』'(『農
   書·農史論集』, 1985)가 있어서 그 전모를 알 수 있고, 그 影印 사정에 관해서는 中
   國農業科學院南京農學院 中國農業遺産硏究室의 『中國農學史』下冊, p. 55, 註 5)
   의 기술을 통해서 알 수 있다.
     그 후 필자는 上海圖書館의 이 影印本과 이 冊에 대한 繆啓愉 교수의 『元刻農桑輯
   要校釋』도 볼 수 있어서, 이번 本書의 刊行작업에서는, 高麗刻本을 이 元刻本과 대
   조 고찰할 수 있었다.

것으로서 그와 같이 이해할 수 있겠다. 그러면 그 版本이 지니는 특별한 의미
란 어떠한 점이었을가. 그것은 두 가지 점으로 말할 수 있겠는데, 그 하나는
蔡文淵의 序를 통해서 파악할 수 있을 것이다.

　逮我仁宗皇帝 克繩祖武 軫念民事 以舊板本弗稱 詔江浙省臣 端楷大書 更鋟諸梓 仍
印千五百帙 頒賜朝臣及諸牧守令 知稼穡之艱難 以勸諭民…越至治改元之明年 丞相曁
大司農臣 協謨奏旨 復印千五百帙 凡昔之未霑賜者 制悉與之 且勅翰林臣文淵 序諸卷
首[12]

이는 蔡文淵이 英宗 2年(至治改元之明年, 1322)에『農桑輯要』를 印行하고
거기에다 그가 序를 쓰게 되는 사정을 말한 것인데, 이에 의하면 이 版本은
종래의 그것과 크게 달랐다. 종래의 版本, 즉 世祖朝의 初刻冊板에 의한 舊版
本은 그 冊板이 좋지 않아서(弗稱), 仁宗皇帝가 延祐 元年(1314)에 江浙省臣
에게 詔勅하여 端楷大書의 字體로 다시 鋟梓하여 刊行케 한 것이었다. 종래의
版本이 小字粗版本이었다면 이때의 版本은 大字精版本인 셈이었다. 이는 특
별한 것이어서 이때 政府에서는 이를 1,500부 찍어서 朝臣과 地方守令에게
권농용으로 반급하였다. 그러나 이 부수로서는 朝臣과 地方守令 모두에게 이
를 반급할 수 없었고, 따라서 그 후 여러 차례 더 印行하였다.[13] 그리고 英宗
代에 이르러 至治 2年(1322)에는 다시 1,500부를 더 찍어서 전에 받지 못했
던 사람들에게 반급하게 되었는데, 이때 蔡文淵은 皇帝의 명에 의하여 그 卷
頭에 序를 쓰게 되었다는 것이었다.

이같은 여러 종류의 版本 중에서 高麗刻本의 底本이 되고 있었던 것은, 거
기에 蔡文淵 序가 있는 점으로 보아, 英宗 至治 2年의 大字精版本이었다. 그
러나 高麗刻本이 바로 이때의 版本을 직접 이용하고 있는 것은 아니었다. 이
大字本은 그 후 順帝 至元 2年(1336)에 이르러 辰州路總管府에서 한차례 더
重刻하고 印書하였는데, 高麗의 重刻사업에서 이용한 版本은 바로 이 辰州路
總管府의 重刻 大字本이었다.[14] 그러나 高麗에서는 이 大字本을 그 체제까지

12)『元文類』卷 36, 農桑輯要序.
13) 胡道靜, 前揭書, p. 64.
14)『元朝正本農桑輯要』辰州路總管府 重刊後序. 이 論文의 附錄 참조.

도 그대로 따라 元에서와 같이 호화로운 冊板으로 板刻하지는 않았다. 元의
大字本은 '字大帙重'해서 경비가 많이 들므로, 高麗에서는 이를 小楷字로 謄書
하여 小字本으로 板刻함으로써,[15] 값이 저렴한 보급용 책자를 만들고 있었다.

  그리고 다른 하나는 이같은 辰州路總管府의 大字精版本에서는 孟祺 後序를
수록하고 있었다는 점이다. 이는 대단히 중요한 의미가 있는 것으로 생각되는
데, 이 점은 뒤에 다시 언급하게 되겠다.

  그러므로 孟祺 後序를 수록하고 있는 元刻本『農桑輯要』의 稿本 또는 版本
을 말한다면, 그것은 世祖 至元 10年 또는 同 23年의 小字粗版本과,[16] 英宗
至治 2年의 大字精版本 또는 順帝 至元 2年에 이로써 重刊한 辰州路總管府의
大字精版本이 있는 셈이었다.[17]

3. 孟祺 後序를 통해 본 『農桑輯要』의 編纂과 撰者

  『農桑輯要』를 이용하는 논자들에게 있어서 무엇보다도 궁금한 문제의 하나
는, 이 農書를 編纂한 撰者는 누구였을까, 그리고 그것을 밝히지 않은 채 이를
보급시키고 있었던 이유는 무엇이었을까 하는 점이다. 『農桑輯要』는 그 내용

---

15) 註 2)의 李穡 後序 참조. 우리가 보고 있는 『農桑輯要』 丙本이 바로 그것이다.
16) 이 경우『農桑輯要』의 編纂이 완료된 것은 1273年이고 이것이 頒布되는 것은
    1286年인데, 그 板刻과 印書의 時點이 언제였는지는 분명치 않다. 그리고 編纂 당
    시의 稿本에는 분명히 孟祺 後序가 포함되어 있었는데, 그것을 印行 頒布하였을 때
    의 初刊本에도 그대로 그 後序가 수록되어 있었겠는지는 미상이다. 그러나 그 후 孟
    祺 後序의 印本 수록문제를 위요하여 진행되는 官界 知識人社會 내에서의 갈등사정
    으로서 보면, 그 初刊本은 1273年에 小字粗版本으로서 印行되었으며(舊板本) 거기
    에는 孟祺 後序가 수록되어 있어서, 그 후 그것을 삭제하게 된 후에도 그 사정이 世
    上에 널리 알려지고 있었던 것이 아닐까 추정된다.
17) 우리는 여기서 孟祺 後序를 수록한 大字精版本을, 英宗 至治 2年本 또는 順帝 至元
    2年 辰州路總管府本으로 표현했는데, 그것은 高麗刻本의 底本인 辰州路總管府本이
    孟祺 後序를 수록한 것은 확실하나, 그 底本인 英宗 至治 2年本도 그러했겠는지는
    분명치 않기 때문이다. 이 英宗 至治 2年本은 그보다 앞선 仁宗 延祐 元年本(1314)
    을 重刊한 것이었는데, 이 仁宗 延祐 元年本을 順帝 때 다시 重刊한 順帝 至元 5年本
    (1339, 上海圖書館影印本)에서는 孟祺 後序를 수록하고 있지 않은 것이다. 註 11)
    의 胡道靜氏 논문 참조.

상으로 보아 中國農學史상에서 빼놓을 수 없는 훌륭한 것이고, 그뿐만 아니라
이 農書만큼 한 나라가 농업생산력을 증진시키기 위하여 지속적인 國家事業
으로서 그들의 農書를 널리 간행 보급시키고 있었던 일은 일찍이 없었기 때문
에, 그러한 궁금증은 더욱 크다. 그러나 이 農書에서 그 撰者의 성명이 탈락하
게 된 것은 그 草稿 初版부터의 일이 아니었으며, 그것은 版을 거듭하여 간행
하게 되는 과정에서 일어나고 있는 일이었다. 그러한 사정은 이 農書를 편찬
하게 되는 경위와 高麗刻本『元朝正本農桑輯要』에 수록되어 있는 孟祺 後序
를 검토함으로써 분명해질 수 있다.

　孟祺의 기술에 의하면『農桑輯要』의 편찬은 元 世祖의 卽位年, 즉 中統 元
年(1260)에서부터 시작하여 至元 9年(1272)에 이르는 약 10여 년간의 勸農
政策의 산물로서 이루어지고 있었다. 孟祺는 그것을 다음과 같이 요약 설명하
고 있었다.

　　主上龍飛 勵精民事 大司農司寔居古九扈氏之職 越至元九年冬 具奏 以爲農蠶生民
　　之日用 苟事不師古 民習簡惰 將無以厚其生 有旨 耕蠶種蒔之說 載在方冊者 其擇以授
　　民 於是 裒集諸書 歷加銓次[18]

　이에 의하면 그 과정은 두 단계를 이루는데, 그 하나는 ① 卽位에서 大司農
司를 설치하게까지 되는 사정이고, 다른 하나는 ② 大司農司에서 世祖에게 農
書편찬을 건의하고 허락을 받아 이를 편찬하게 되는 사정이었다.

　전자 ①에 관해서 그는 이를 한두 구절로 표현했지만, 그러나 이는 요컨대
世祖의 農政策이 훌륭한 것이었음을 말한 것으로서, 世祖는 그의 즉위 이래로
民心수습과 勸農政策에 특히 힘쓰고 있었으며, 그 목적을 달성하기 위해서 勸
農機構를 설치하게 되었는데, 그것이 大司農司라는 것이었다. 世祖 卽位時에
는 金은 이미 정복했으나(1234), 南宋과는 아직 南北으로 대치하고 있었으
므로, 그 정복사업을 완수하기 위해서는 점령지역의 民을 안정시키고 그들로
하여금 농업생산에 열중케 함으로써 많은 賦稅를 징수할 필요가 있었기 때문
이었다. 그리하여 그러한 勸農政策을 수행하기 위해서는 그만한 일을 담당할

---

18)『元朝正本農桑輯要』孟祺 後序. 附錄 참조.

수 있는 機構가 필요하였으며, 따라서 世祖는 그 機構 설치를 위한 몇 차례의
제도 개폐의 조치를 거치면서, 마침내 至元 7年(1270)에 이르러는 大司農司
를 설치하게 되었었다. 그 몇 차례의 제도 개폐의 조치는 이미 中統 元年
(1260)부터 시작되는 것으로서, 그것은 다음과 같이 네 차례에 걸쳐 그 機構
를 置廢하는 가운데 勸農의 任務를 맡도록 하는 것이었다.

勸農機構의 變遷

① 中統 元年에는 十路宣撫司를 설치하고, 宣撫使와 副使를 파견하여 勸農桑 등
여러 가지 일을 맡게 하였으며, 農事일에 밝은 자를 勸農官으로 선발 임명토록
하였다. 元朝 勸農機構로서의 大司農司가 설치케 되는 기초는 여기에서 마련된
것이었다고 하겠다.

　　이때 王磐은 益都·濟南等路宣撫副使에 임명되고, 姚樞는 東平路宣撫使로 임
명되고 있었다.[19]

② 中統 2年에는 勸農司를 설치하고, 그 임무는 大司農과 勸農使가 맡도록 하였는
데, 大司農에는 姚樞가 임명되고, 勸農使로서는 陳澄를 위시하여 8명이 임명되
고 있었다. 그리고 이 機構가 기능을 발휘할 수 있게 되었을 때 十路宣撫司는
혁파되었다.[20]

　　中統 4年에는 大司農 姚樞가 中書省 左丞으로 轉任되나(註 40 참조), 이 中書
省의 임무 중에는 勸農桑의 일이 또한 포함되어 있었다.

③ 中統·至元間에는 지방에 行中書省이 세워지는 가운데, 지방의 庶政 전반, 따라
서 勸農桑에 관한 일도 이 機構에서 勸農司를 이어서 맡게 되었다. 일반 行政官
廳에서 勸農문제도 일괄 처리하게 된 것이었다.[21] 아마도 勸農司 직원으로서의
勸農使 중에는 이때 行中書省의 직원으로 전임하는 가운데, 그들이 담당하던 勸
農의 일을 그대로 수행하게 되는 사람도 있었을 것으로 생각된다.

　　이때에는 諸路에 '勸課農桑'할 것과, 中書省에 '采農桑事 列爲條目'할 것, 그리
고 提刑按察司에게 州縣官과 상의하여 '風土之所宜 講究可否 別頒行之'할 것 등
농업발전을 위한 조치가 적극적으로 취해지고 있었다.[22]

④ 至元 7年 2月에는 다시 勸農政策을 강화하는 뜻에서, 司農司와 四道巡行勸農司
의 機構를 설치하고 張文謙을 卿으로 삼았으며,[23] 同年 12月에는 이 機構를 더

---

19)『元史』卷 4, 本紀 4, 世祖 中統 元年 5月 乙未, 2年 4月 乙卯.
　　『元史』卷 93, 志 42, 食貨 1 農桑.
20)『元史』卷 4, 本紀 4, 世祖 中統 2年 8月 丁未.
21)『元史』卷 5, 本紀 5, 世祖 至元 元年 8月 乙巳.
　　『元史』卷 91, 志 41 上, 百官 7 行中書省.
22)『元史』卷 6, 本紀 6, 世祖 至元 6年 8月 丙申.

욱 확대 강화하는 뜻에서 大司農司로 改稱하고 거기에 巡行勸農使와 巡行勸農
副使를 첨설하였다.[24] 일반 行政機構에서의 勸農활동은 비효율적이었으며, 이
일은 專門家들로 하여금 전담케 하는 것이 바람직하였기 때문이었다. 그리하여
大司農司에서는 '凡農桑 水利 學校 饑荒之事' 등을 專掌하는 가운데,[25] 中書省에
명하였던 農業發展을 위한 정책적인 문제를 '農桑之制十四條'[26]로 정리하여 농
업정책에 반영 추진시켜 나가게 되었다.

  그 임무는 大司農卿과 네 명의 巡行勸農使 및 네 명의 副使가 맡도록 하였다.
大司農卿에는 御史中丞 孛羅가 겸직으로 임명되었으며, 孟祺는 이때 承事郎으
로서 山東東西道 巡行勸農副使로 임명되었다.[27] 다른 네 사람의 巡行勸農使와
세 사람의 巡行勸農副使에는 누가 임명되었는지 미상이나, 아마도 일부는 종전
의 司農司와 四道巡行勸農司의 巡行勸農使와 巡行勸農副使가 그대로 그 임무를
맡고, 다른 일부는 孟祺와 함께 새로 임명되었을 것으로 생각된다.

  후자 ②는 大司農司에서『農桑輯要』를 편찬하게 되는 사정인데, 이는 至元
9年 겨울부터의 일이었다(註 18 참조). 大司農司에서는 그간 '農桑之制十四
條'(勸農機構의 變遷 ④ 참조)로서 농업을 장려하고 있었지만, 그러나 이것만으
로서는 농업을 발전시키기 어렵다고 판단하였으며, 농민들에게는 구체적으로
農業技術을 교육할 필요가 있다고 생각한 데서였다. 농민들은 옛 先賢들의 농
업기술에 대한 가르침을 따르지 아니하고 거기에다 게을러서 그 厚生을 기대
하기 어렵다고 보았기 때문이었다. 孟祺는 그간에 어떠한 사정이 있었는지 말
하고 있지 않지만, 그러나 이 일도 至元 9年에 갑작스럽게 문제로 제기된 것
이 아니라, 다음에 보게 되는 王磐의 글에 大司農司 설립후 '行之五六年'(註
28 참조) 云云하고 있는 점과도 관련하여, 이미 至元 3, 4年경부터는 이 일이
中書省 내의 勸農의 일을 담당하는 사람들에 의해서 논의되고 있었을 것으로
생각된다. 그리고 그런 가운데 左丞姚樞, 農正韓公, 勸農副使孟祺 등 몇몇 사
람은 勸農의 業務와도 관련하여, 個人的 私的으로 農書의 편찬을 준비하거나

---

23) 『元史』卷 7, 本紀 7, 世祖 至元 7年 2月 壬辰.
24) 『元史』卷 7, 本紀 7, 世祖 至元 7年 12月 丙申.
25) 『元史』卷 87, 志 37, 百官 3 大司農司.
26) 『元史』卷 93, 志 42, 食貨 1 農桑.
27) 『元史』卷 7, 本紀 7, 世祖 至元 7年 12月 丙申.
  『元朝正本農桑輯要』孟祺 後序.

진행하고 있었던 것으로 생각된다(제4절 참조). 그러나 農書의 필요성을 皇帝
에 上奏하면 완벽한 農書를 편찬해야 한다는 責任問題가 따를 것이고, 아직
元이 南宋과 南北으로 대치하고 있는 政治的 상황과도 관련하여 상주하지 못
하고 있다가, 至元 9年 大司農司의 단계에 이르러서는 어쩔 수 없이 이 일의
필요성을 건의하게 되었던 것이 아닐까 추정된다. 그리고 大司農司 내에서 그
필요성을 극구 강조한 것은 勸農使의 末席에 있는 孟祺가 아니었을까 생각된
다. 그리하여 孟祺의 표현에 따르면, 大司農司에서는 이 해에 결국 農書의 필
요성을 世祖에게 상주하게 되었으며, 이어서는 그것을 허락하는 皇帝의 諭旨
를 받아 여기에 여러 가지 자료를 모아 이『農桑輯要』를 편찬하게 되었다는
것이었다.

『農桑輯要』의 편찬 경위에 관한 이같은 설명에 의하면, 그 撰者는 확실히
大司農司임이 분명하다고 하겠다. 그것은 至元 10年의 王磐의『農桑輯要』序
에도

> 詔立大司農司 不治他事 而專以勸課農桑爲務 行之五六年 功效大著 民間墾闢種藝
> 之業 增前數倍 農司諸公 又慮田里之人 雖能勤身從事 而播殖之宜 蠶繰之節 或未得其
> 術 則力勞而功寡 獲約而不豐矣 於是 徧求古今所有農家之書 披閱參考 刪其繁重 撮其
> 切要 纂成一書 目曰 農桑輯要 凡七卷 …… 至元癸酉歲季秋中旬日翰林學士王磐題[28]

이라 하였고, 至元 23年(1286)에『農桑輯要』를 頒布할 때의 世祖의 詔에도

> 詔以大司農司所定農桑輯要書頒諸路[29]

라고 하고 있음에서 분명한 사실이었다고 하겠다. 農書편찬의 필요성을 절실

---

28)『農桑輯要』(殿本) 王磐 序.
　　王磐은 여기에서 大司農司를 설립하고 勸課農桑의 일을 수행한 지 5, 6年만에 큰
成果가 있었던 것으로 말하고 있는데, 이 大司農司는 至元 7年에 설립된 大司農司가
아니라, 그 前身으로서의 中統 2年의 勸農司이었다. 王磐은 大司農司 단계에서 大
司農司의 업적을 찬양하면서『農桑輯要』의 序를 쓰고 있었으므로, 그 前身으로서의
勸農司가 수행한 일도 大司農司가 수행한 일로 표현하고 있는 것이었다고 하겠다.
29)『元史』卷 14, 本紀 14, 世祖 至元 23年 6月 乙巳.

히 느끼고, 그 허락을 받아 여러 자료를 수집하는 가운데『農桑輯要』를 편찬
하며, 이를 刊行 頒布케 한 것도 大司農司이었다. 그 점은 여러 기록이 공통되
고 있었다.

그러나 그것이 사실이라 하더라도, 이것만으로서 그 撰者가 결정되는 것은
아니라고 생각된다. 大司農司에서 農書를 편찬하도록 되어 있었다 하더라도,
그 機構 내에는 그것을 담당할 사람이 있었을 것이기 때문이다. 앞에서 보았
듯이 大司農司에는 大司農卿 휘하에 네 명씩의 巡行勸農使와 巡行勸農副使가
있었으므로, 大司農司에서 農書를 편찬할 경우, 그 작업은 그들 전원이 共同
작업으로서 이를 수행할 수도 있고, 어느 한 個人이 大司農司로부터 위임을
받아 個人작업으로서 이를 수행할 수도 있었을 것이다. 그리하여『農桑輯要』
의 편찬이 전자의 경우와 같이 이루어졌다면 그 撰者는 大司農司가 되겠지만,
그렇지 아니하고 그것이 후자의 경우와 같이 이루어졌다면 그 撰者는 그 작업
을 담당한 個人이 되어야 할 것이다. 그러므로『農桑輯要』의 撰者는 여전히
궁금한 문제로 남게 된다.

이같은 문제는 孟祺의 기술을 통해서 어느 정도 해명될 것으로 생각된다.
그는『農桑輯要』의 편찬작업이 완료된 후 거기에 後序를 쓰면서, 다음과 같이
지극히 겸허한 자세, 겸손한 말로써 그 저술의 辭을 기술하고 그 序를 마무리
하고 있었다.

　　噫 天下無無法之事 有智能者出 或作之或述之 其法浸以大備 若是書者 豈敢有心於
　述作之間哉 伏觀 聖人在上 財成天地之化 輔相天地之宜 神而化之 使民宜之 豊功至德
　不可得而名言矣 要其緒餘 亦在乎 措斯民於耕田鑿井 不飢不寒之地而已 涓埃之意 庶
　有補於萬一云
　　至元癸酉八月吉日 承事郎 山東東西道巡行勸農副使 孟祺 謹叙[30]

이를 오늘날의 우리말로 풀이하면, 그가 하고자 한 말의 뜻은, 대략 다음과
같은 세 가지 점으로 집약되겠다. 첫째는 '세상에 일이란 만사가 法(原則·方
法)이 없을 수 없는 것이어서, 著述은 智能있는 사람이 나와 이를 述作하는

---

30)『元朝正本農桑輯要』孟祺 後序. 附錄 참조.
　　『元史』卷 160. 列傳 47. 孟祺.

가운데 점차 완비되는 것이니, 어찌 本書와 같이 빈약한 책자가 그러한 저술 속에 끼이기를 바라겠는가'라고 하여, 찬자, 즉 그의 冊이 변변치 않은 것임을 世上의 讀者에게 양해를 구하고 있는 점이다. 다음은 '農業 農事란 聖人이 在天하야 天地의 造化를 裁成하고 天地간에 부족함을 도와 마땅하게 하며, 神妙하게 造化 變通하여 民으로 하여금 衣食이 족하고 便安케 하는 것이니, 그 지고 지대한 功德은 이루 말할 수 없는 것'이라고 하여, 農業 農事는 天과 地의 造化 — 自然의 理致로서 좌우되는 것이므로, 그에 관한 著述은 감히 智能이 부족한 자기와 같은 사람이 할 수 있는 일이 아니라는 것이다. 그리고 셋째는 '그래도 그 끝에 보텔 말이 있다면, 民으로 하여금 부지런히 耕田 鑿井, 즉 農事일에 종사토록 함으로써 飢寒에 떨지 않도록 할 뿐이라는 것'으로, 그가 할 수 있는 일은 天과 地 사이에서 人이 할 수 있는 일을 기술하여 그것을 民이 이용하도록 한다는 것이며, 그러한 점에서 그는 '작은 뜻이지만 조금이나마 世上에 도움이 되기를 바란다'는 것이었다. 그리고 이러한 글에다 孟祺는 분명히 '至元 癸酉(世祖 至元 10年, 1273) 八月吉日'부로 '承事郎 山東東西道巡行勸農 副使 孟祺'의 이름으로 삼가 서명하고 있었다.

그런데 이러한 기술은 冊을 저술하는 사람이면 누구나 의례적으로 할 수 있는 겸허한 辯이므로 이상할 것이 없지만, 그러나 이 孟祺 後序의 경우는 어딘가 좀 부자연스러운 데가 있다는 점을 느끼지 않을 수 없다. 앞에서 보았듯이 『農桑輯要』는 大司農司에서 편찬하도록 되어 있었으므로, 이 後序의 그같은 발언은 大司農卿의 명의로 발표되어야 할 터인데 그렇지 않았기 때문이다. 더욱이 孟祺는 이 農書를 편찬하는 데 있어서 선배나 동료직원과 공동으로 작업했다거나 또는 그 도움을 받아서 했다는 말을 한마디도 하고 있지 않았다. 그뿐만 아니라 이 農書는 大司農司가 皇帝의 命을 받아 大司農司의 이름으로 발행하는 것이므로, 卷頭의 序나 後序에서 아주 고압적인 자세로 농민들이 이 農書의 가르침에 따라서 農桑에 힘쓸 것을 지시할 것으로도 생각되는데, 이 農書의 孟祺 後序에서는 그렇게 하고 있지 않았다.

孟祺 後序의 겸사의 변은 이같이 부자연스러운 것이지만, 그러나 이같은 기술태도에서 오히려 우리는 『農桑輯要』의 撰者가 누구였는지 확인할 수 있는 것이 아닐까 생각된다. 그같은 後序의 변은 실제로 그 農書의 撰者가 아니면

결코 그와 같이 쓸 수 있는 것이 아니라고 판단되기 때문이다. 『農桑輯要』가 大司農司 諸公의 공동작업이었을 경우, 孟祺는 그 機關 내에서의 위치로 보아 그 後序를 쓸 수 있는 입장이 아니었다는 점을 고려하면, 더욱 그와 같이 생각된다. 그러한 점에서『農桑輯要』의 撰者는 바로 그 後序를 쓰고 있는 孟祺 자신이었다고 보는 것이 좋겠다. 明末의 徐光啓가 아무 의문이나 단서없이 이 農書의 撰者를 孟祺라고 하고 있었던 것도,[31] 이같은 後序의 표현으로서 그와 같이 판단하였을 것으로 생각된다.

그뿐만 아니라 孟祺는 이를 皇帝의 命이 내린 후 비로소 편찬하게 되는 것이 아니라, 그 이전부터 이미 이같은 작업을 私的으로 진행하고 있었으며, 따라서 皇帝의 命이 있은 후에는, 農書편찬의 原則을 정하는 문제와도 관련하여 大司農司 내에서 많은 논의가 있게 되고,[32] 이에 따라서는 선배 동료들에 의해서 大司農司의 사업을 孟祺의 책임하에 그의 작업으로서 대신할 것이 그에게 제의되지 않았을까 추측된다. 孟祺가 大司農司 내에서는 가장 하위직에 있으면서도(副使), 위 後序에서 볼 수 있는 바와 같이『農桑輯要』를 완전히 자기가 쓴 것으로 기술할 수 있었던 것은 그 때문이었을 것으로 사료된다. 이러한 추측은 그 農書의 편찬 기간이 대단히 짧았으므로(至元 9年冬~至元 10年 8月), 그 기간 내에는『農桑輯要』와 같은 비교적 분량이 크고 정밀을 요하는 冊이

---

31)『農政全書』卷 35, 蠶桑廣類 木棉에서 徐光啓는 '孟祺『農桑輯要』曰' 또는 '孟祺『農桑輯要』言'이라고 하여 이 農書의 撰者를 孟祺로 표기하고 있었다. 그는 上海人이었으므로 그곳에서 가까운 곳에서 重刊된 孟祺의 後序가 있는 辰州路總管府의 大字本을 보았을 것으로 생각된다.

32) 元 大司農司에서는 여러 사람이 공동으로 農書를 편찬하도록 되어 있었으므로, 그들은 먼저 그 農書의 편찬원칙을 정하게 되었을 것이고, 그러기 위해서는 많은 토론을 하였을 것이다. 그리고 이같은 경우 그 편찬원칙이 너무 一般性을 벗어나면 意見의 일치를 보기 어려웠을 것이다. 그런데 孟祺의『農桑輯要』에는 가령 몇몇 예를 들면 風土不同論을 적극 부정하고 그 克服을 강하게 주장하고 있었던 점이라든가, 冊 전체의 분량으로 볼 때 蠶桑의 분량을 너무 과다하게 배정하고 있었던 점, 그리고 商品作物의 재배를 도처에서 너무나 공개적으로 권유하고 있었던 점 등등 一般性을 벗어나는 特別한 점이 있었다. 이같은 점은 農書편찬에 참여하는 大司農司 諸公의 입장에 따라서는 이를 쉽게 받아들이기 어려웠을 것으로도 생각된다. 孟祺의 個性이 강하여 이같은 입장에서의 農書편찬을 이미 진행시켜 오고, 大司農司 내에서도 이같은 원칙을 고집하고 있었다면, 그들 諸公은 참으로 난감하였을 것이며, 그럴 경우 그들은 그들의 事業을 孟祺가 專擔하도록 일임할 수 있었을 것으로 생각된다.

완성되기 어려웠으리라는 점, 그리고 卷頭序를 쓴 사람이 大司農卿이 아니라 孟祺의 친지이고 대선배였던 王磐이었다는 점 등에서도 그와 같은 추측이 가능할 것으로 생각된다. 이 農書의 편찬이 大司農司의 사업으로서 이루어지는 것이었다면, 그 序는 당연히 그 기관의 대표가 쓰는 것이 자연스러울 터인데, 실제는 그렇지 아니 하였으니, 이는 그 편찬이 아무래도 그 기관의 책임하에서 보다는 孟祺의 책임하에서 수행된 까닭이 아니었을까 생각되기 때문이다.

4. 孟祺 後序를 통해 본 『農桑輯要』의 依據 資料

『農桑輯要』를 이용하는 사람들에게 있어서 다음으로 궁금한 문제는, 이 農書의 撰者가 이용하고 있는 여러 자료 중에는 『務本新書』『種蒔直說』 등 몇 가지 중요한 農書가 있었는데, 이러한 農書들은 어느 시기의 누구에 의해서 편찬된 것이었을까 하는 점이다. 『農桑輯要』를 서술할 때의 자료의 배열순서로 보아 현재 그 대략의 시기는 파악되고 있지만, 그러나 그 정확한 시기와 그 정확한 撰者는 여전히 미해결의 문제로 남아 있다.[33] 그뿐만 아니라 그것은 추정에 의한 것이므로, 경우에 따라서는 논자들간에 큰 견해차를 자아내고도 있다.[34]

이러한 사정은 우리가 흔히 볼 수 있는 『農桑輯要』에서, 그것을 편찬한 孟祺의 설명이 탈락한 데서 연유하고 있었다. 그것은 孟祺의 後序를 살피면 분명해진다. 그는 애초에 그가 이용한 자료에 관하여 다음과 같이 그 時期와 編者를 분명하게 기술하고 있었다.

遠惟神農后稷之言 歷年旣久 猝無完文可考 獨後魏賈思勰所撰齊民要術一書 備集前代諸家之善卽農書 論之 可謂探翠毛而拔象(齒者?)矣 遂列之銓次之 首閒有未備 取近代所有之書以補之 曰圖經 曰四時類要 曰博聞錄 曰歲時廣記 曰蠶經 若夫今代之書則

---

33) 王毓瑚, 『中國農學書錄』, pp. 106~109 참조.
34) 『務本新書』에 관하여 예를 든다면, 王毓瑚, 『中國農學書錄』에서는 이를 元代의 農書로 추정하였는데, 石聲漢, 『中國古代農書評介』(第 4章의 4) 및 『農桑輯要校注』(pp. 76~77)에서는 이를 金代의 저술로 보고 있었다.

有東平脩氏務本新書 左轄姚公之種蒔直說 士農必用 農正韓公之韓氏直說 桑蠶直說
其次第先後 各以年代歲月爲差 外乎是者 布衣鄕里之士 若農桑要旨 齊魯野語 陳道弘
所錄 雖片言隻說 有補於事者 亦附之分注之下 終之 以大司續添之法 合爲一書 目曰農
桑輯要 其曰輯要云者 芟繁就簡 區以爲別 庶覽者 易於檢閱爾 必欲考其全文 則有本書
具載[35]

이에 의하면, 그는 자료를 遠(代), 近代, 今代 등의 시대별로 구분하고 그
자료의 성격을 명백히 파악하는 가운데 이를 이용하고 있었다. 이러한 여러
자료 중에서 그가 기본 자료로 이용한 것은, 遠(代) 後魏 賈思勰의『齊民要術』
이었으며, 이를 중심으로 그의 저술의 골격을 세우고 체계를 세워 정리를 해
나가고 있었다. 그러나 이 農書는 오래된 것이었고, 따라서 元代의 입장에서
볼 때 그 내용 설명에는 未備한 점이 없지 않았다. 그러므로 그는 그같은 점을
近代, 今代 등 그 후의 農書로서 보완하고 있었다. 이 경우 그가 여기서 시기
구분하고 있는 今代는 그와 그의 同時期人들이 살고 있는 시기를 뜻하며, 近
代는 그 農書가 편찬된 시기로 보아, 今代 바로 직전까지외 그들보다 한 세내
앞서는 사람들이 살았던 시기였다.[36]

그런데 이러한 각 시기의 農書에 관하여 學界에서 궁금하게 여기는 것은 바
로 今代의 農書로 기술된 것이었는데, 孟祺는 그 중요한 저술에 대하여 그 撰
者를 밝히고 있었다. 위의 孟祺의 기술에 의하면 그것은 다음과 같았다.

『務本新書』: 今代의 農書로서 맨 앞에 든 것은『務本新書』였는데, 그는 이

---

35)『元朝正本農桑輯要』孟祺 後序. 附錄 참조.

36) 孟祺는 그가 참고한 近代의 자료로서『圖經』『四時類要』『博聞錄』『歲時廣記』『蠶
   經』등을 들고 있었는데, 이는 그것이 편찬된 순서를 따라 배열한(邃列之銓次之) 것
   이기도 하였다. 그러므로 이를 통해서는 孟祺가 그 시기구분에 있어서의 近代의 下限
   을 어느 시점까지로 잡고 있었는가를 알 수 있다. 그런데 이러한 자료에서『圖經』은
   宋 仁宗代,『博聞錄』과『歲時廣記』는 南宋 理宗代의 인물에 의해서 편찬된 것으로
   밝혀지고 있다(石聲漢,『農桑輯要校注』, p. 73, 276 ; 王毓瑚,『中國農學書錄』, p.
   102). 그러므로『四時類要』는 仁宗代와 理宗代의 사이,『蠶經』은『歲時廣記』와 동시
   기거나 좀 떨어지는 理宗代의 南宋 또는 金지역에서의 저술이었을 것으로 생각된다.
   그런데 孟祺의 시기구분에서 이같이 近代의 下限을 이루는 南宋의 理宗은 元 世祖
   至元 元年까지 南宋의 統治者로서 재세하고 있었다. 이로써 보면 孟祺는 그와 同時期
   人들이 살고 있는 시기를 今代, 그들보다 한 世代 앞서는 사람들이 살았던 시기, 특히
   元世祖 이전을 近代로 보고 있었던 것으로 생각된다.

를 東平脩氏가 편찬한 것으로 명기하고 있었다. 東平脩氏란 東平지방에 살고
있는 脩氏라는 뜻으로 생각된다. 孟祺는 본시 宿州(지금의 安徽省) 符離人이
었지만 그 父代에 東平으로 이사하여 東平人이 된 인물이었으며,[37] 또 그는
山東지역의 巡行勸農副使로서 勸農政策에도 종사하고 있었으므로, 그가 관심
을 가지고 있는 農學에 관하여 저술을 하고 있는 이 지역 인사에 관하여는 잘
알고 있었을 것이다. 따라서 그가『農桑輯要』를 편찬하게 되었을 때 그는 그
저술을 어렵지 않게 이용할 수 있었을 것으로 생각된다. 다만 그는 이 脩氏에
관하여 그 名을 기술하지 않았는데, 이 脩씨는 혹 이 무렵의 農書로 알려져
있는『務本直言』의 撰者 修延益이 아니었을까 생각되기도 한다.[38]

  『種蒔直說』『士農必用』: 孟祺가 다음으로 든 것은 이 두 農書였는데, 그는
이를 左轄姚公의 저술로 기술하고 있었다. 左轄은 中書省 左丞의 별칭으로
서,[39] 이 무렵에 이 벼슬을 지내고 있었던 인물은 姚樞였다.[40] 姚樞는 世祖년
간의 거물 정치인이고 학자로서, 앞에서 언급한 바와 같이 十路宣撫司가 설치
되었을 때는 東平路宣撫使를 지내고, 勸農司가 설치되었을 때는 그 책임자인
大司農이 되었으며, 그 후에는 中書 左丞을 지내기도 하였다. 그러므로 그가
農書를 저술하고 있었던 것은 자연스러운 일이었으며, 孟祺가 그의 農書 편찬
에서 이를 이용하게 되는 것도 자연스러운 일이었다고 하겠다.

  『韓氏直說』『桑蠶直說』: 孟祺는 姚樞의 農書와 함께 이 두 農書도 또한 아
주 중요한 자료로 이용하였는데, 그는 그 撰者를 農正韓公으로 기술하고 있었
다. 그는 大司農司를 옛 九扈之職에 비유하고 있었으므로,[41] 農正은 巡行勸農
使나 그 副使를 가리키는 것으로 생각된다. 그러므로 이 두 農書는 그의 동료
직원의 저술인 것이었으며, 따라서 그는 이 農書도 그의『農桑輯要』편찬에서
쉽게 이용할 수 있었던 것으로 생각된다. 그러나 그러한 직책에 있었던 韓公
이 구체적으로 누구였는지는 미상이다. 앞에서 언급했듯이『元史』世祖本紀

---

37)『元史』卷 160, 列傳 47, 孟祺.
  『東平縣志』卷 11, 人物 下, 孟祺.
38) 王毓瑚,『中國農學書錄』, p. 109.
39)『元史』卷 85, 志 35, 百官 1 中書省.
40)『元史』卷 5, 本紀 5, 世祖 中統 4年 正月 丙戌.
41) 註 18)의 원문. 附錄 참조.

에는 勸農使들의 姓名이 기술되고 있지 않다. 列傳에도 그럴듯한 韓公이 보이지 않는다. 그런데 이 무렵에 활동한 韓氏姓의 소유자로서는 濱棣路安撫使와 萬戶職을 지낸 바 있는 韓世安이란 인물이 있었고,[42] 世祖의 重臣 諸王塔察兒 휘하에 '習醫術以自給'하다가 官에 나오게 된 韓政,[43] 史天澤 휘하에 있으면서 濱棣路元師를 지낸 韓榮이란 인물이 있었으며, 또 尙書省都事 員外郞을 지낸 바 있는 韓仁, 中書兵部郞中을 지낸 韓天麟 등이 있었으므로,[44] 이들이 혹 農正의 직위와 어떤 관계가 있지 않았을까 생각해 볼 수도 있으나, 그러나 이는 전혀 막연한 추측일 뿐이다.

이 밖에 그는『農桑要旨』를 이용했는데 이는 官에 나가지 않은 시골 士人의 저술이었으며,『齊魯野語』는 齊魯지역의 관행 농법을 기록한 것,『陳道弘所錄』은 陳道弘이란 인물이 체계없이 기록해 놓은 雜錄이었다.[45] 그는 이같은 자료는 本文으로서가 아니라 '分注' 밑에 부록하여 설명하고 있었다.

끝으로『農桑輯要』에서 주목되는 것은 새로운 자료를 '大司續添之法'으로서 기술하고 있는 점인데, 이는 구래의 農書에 없었던 새로운 중요한 농업기술이 있을 경우, 그것을 大司農司의 農書編纂의 원칙으로서 구래 農書의 本文과 동격으로 '新添'의 이름으로 첨보하고 있는 것이었다. 孟祺는 巡行勸農副使의 직위에 있었으므로, 시방관청의 행정력을 이용하여 이같은 자료를 광범하게 수집할 수 있었을 것으로 생각된다.

그런데 이렇게 해서 新添된 농업기술에는 苧麻, 木綿 등 南部지방과 西域지방의 그것을 수록한 것도 있어서 주목된다. 당시의 元은 南宋과 대치하고 있었지만, 아마도 사람들의 왕래가 비교적 자유로운 가운데 그 재배법이 전래하고, 南宋지역의 자료나 관행하는 새로운 농업기술을 자유롭게 수집할 수 있었

---

42)『元史』卷 5, 本紀 5, 世祖 中統 3年 2月 甲辰, 3月 戊寅.

43)『新元史』卷 147, 列傳 71, 韓政.

44) 王德毅 外,『元人傳記資料索引』, p. 2035, 2041, 2045.

45)『元朝正本農桑輯要』의 本文에서는 이 農書와 관련되는 人物을 陳志弘이라고도 하고 陳道弘이라고도 하는 가운데, 그 孟祺 後序에서는 이 農書를『陳道弘所錄』이라고 기술하여 그 찬자의 姓名을 陳道弘으로 부르고 있었다.『農桑輯要』殿本에서는 이 陳道弘을 陳志弘으로 改書하고 있는 관계로, 殿本을 중심으로 한 石聲漢 校注本에서는 그 撰者를 陳志弘·陳志宏으로 표기하였으나, 孟祺 後序의 표기대로 陳道弘으로 보는 것이 옳겠다.

던 것이 아닐까 생각된다. 이는 이 農書의 한 특징으로서, 이 農書를 통해서
이 시기의 中國농업을 이해하고자 할 때 대단히 중요한 의미를 제공하게 될
것으로 생각된다.

5. 結　語

이같이 살피고 보면 孟祺 後序는 『農桑輯要』에서 빼놓을 수 없는 소중한 자
료였다고 하겠다. 그것은 이 農書의 撰者나 편찬경위, 그리고 거기에서 이용
한 當代자료를 이해하기 위해서 반드시 없어서는 아니되는 기록이었다. 그러
나 주지하는 바와 같이 明·淸代의 刊本은 말할 것도 없고, 元代에도 많은 版本
에서는 이미 孟祺 後序를 삭제하고 王磐 序나 기타의 글만을 실은 채 간행하
고 있었다. 아마도 元刊本으로서 孟祺 後序를 수록한 것이 분명한 版本은, 그
初刊本인 世祖 至元 10年刊의 小字本과, 蔡文淵 序가 수록된 英宗 至治 2年刊
의 大字本 또는 이로써 重刻한 順帝 至元 2年 辰州路總管府의 重刊本이 아닌
가 한다. 元代에는 『農桑輯要』가 여러 차례 板刻되고 거듭 간행되었으므로,
그 보급되고 있는 板本은 여러 가지 있었지만, 그러나 孟祺 後序를 정직하게
수록하고 있는 版本은 적었고 이를 수록하지 않은 版本은 많았던 셈이었다.
　　여기에서 우리에게는 끝으로 다음과 같은 의문이 제기된다. 즉 어찌하여 元
代에는 『農桑輯要』를 刊行함에 있어서, 이같이 중요한 孟祺 後序를 삭제하고
간행하는 바가 많았을까 하는 점이다. 이러한 의문을 음미해 보면 『農桑輯要』
의 撰者, 孟祺 後序에 대한 의미파악이 더욱 깊어질 수 있을 것으로 생각된다.
그러나 우리는 지금 이러한 사정을 설명해 줄 수 있는 어떤 특별한 자료를 갖
고 있지 못하다. 그러므로 여기서는 孟祺 後序를 검토한 바에서 그렇게 될 수
밖에 없었던 사정을 추정해 보는 수밖에 없겠다.
　　이러한 문제와 관련하여 우리가 우선 생각하게 되는 것은, 『農桑輯要』의 편
찬이 완료되고 그것이 간행되었을 때, 大司農司의 諸公은 거기에 수록된 孟祺
後序를 보고 어떠한 반응을 보였을까, 그리고 『農桑輯要』를 편찬하도록 지시
를 받은 大司農司는 어떠한 처지에 놓이게 되었을까 하는 점이다. 이 農書의

편찬에 관하여 그 진상을 정확히 파악함으로써 孟祺의 찬자로서의 공적을 사실에 즉해서 복원시켜 주고자 하는 筆者에게는 이 점이 몹시 마음에 걸린다. 생각건대 大司農司의 諸公들은 한편으로 皇帝의 命을 완수할 수 있게 되었음을 다행으로 여겼겠지만, 그러나 다른 한편으로 그들은 孟祺 後序로 인해 그 공적이 孟祺 한 사람에게로 돌아가게 될 것을 달갑지 않게 여기지 않았을까 염려되기 때문이다. 이러한 점을 예상한 데서, 그리고 孟祺를 보호하기 위해서 王磐은 그의 序에서(註 28 참조) 애써 農司諸公의 공로를 추켜 올렸던 것이겠지만,[46] 그러나 孟祺 後序를 보면 모든 것이 孟祺에 의해서 이루어졌음이 드러나므로, 農司諸公의 불편한 마음은 결코 해소될 수 없었을 것으로 생각된다. 그리고 漢族을 지배 통치하는 元나라 大司農司의 입장도 이로써 난처해지고, 그 체면도 적지않이 깎이게 되었을 것으로 생각된다.

이같은 분위기는 결국 大司農司 내에서의 孟祺의 처지를 어렵게 했을 것으로 생각되며, 『農桑輯要』에서 볼 수 있는 農書로서의 적지 않은 虛點과도 관련하여, 大司農司로 하여금 『農桑輯要』를 적극 보급하는 활동을 주저하게 하였을 것으로 생각된다. 이 農書가 至元 10年에 완성되고 간행되었음에도 불구하고, 『元史』本紀에 그 반포에 관한 기술이 보이지 않음은, 大司農司 내부에 그같은 불편한 사정, 갈등이 있었던 까닭으로 이해된다. 그간에는 大司農司에서 孟祺의 草稿本을 보완하였을 것으로 보는 見解도 있으나, 頒布된 후의 『農桑輯要』에도 여전히 커다란 虛點이 있고, 漏落된 것으로 보이는 부분이 있었음을 보면, 補完作業은 별로 없었던 것으로 생각된다. 그래도 孟祺가 살아 있는 동안에는 그 편찬에 관한 사실을 부정할 수 없었겠지만, 그러나 그가 사망한(至元 18年)[47] 후에는 사정이 크게 달라지지 않을 수 없었다. 『農桑輯要』를 반포하게 되는 것은 至元 23年(1286)에 이르러서의 일이었는데, 이때의 정부의 기록은 앞에서 본 바와 같이 이 農書의 編纂을 '大司農司所定農桑輯要'로 공식화하고 있었다(註 29 참조). 그리하여 元나라가 『農桑輯要』를 정부 정

---

46) 孟祺는 王磐의 천거로 官에 오를 수 있었던 인물로서, 말하자면 王磐의 사람이었다 (『元史』卷 160, 列傳 47, 王磐). 그러므로 그는 대선배로서 孟祺 後序로 인해 大司農司 내에서 문제가 생기지 않도록 배려했을 것으로 생각된다.

47) 『元史』卷 160, 列傳 47, 孟祺.

책으로서 적극 보급시켜 나가게 되는 것은 그 후의 일이 되었다.

그뿐만 아니라 이 農書를 간행 보급시키는 데 있어서도, 政府와 大司農司의 태도는 강경하여서, 그들은 그 農書의 권말에 孟祺 後序를 수록하는 것을 용납하지 않았을 것으로 생각된다. 그것은 至元 10年에 완성된 農書를 그 23年에 이르러서야 비로소 반급하고 있었던 태도에서 알 수 있지만, 보다 확실하게는 현존하는 元刻大字本『農桑輯要』(順帝 至元 5年, 1339, 上海圖書館影印本)가, 그에 앞서는 版本(高麗刻本의 底本, 辰州路總管府 重刊本, 1336)에서는 수록하고 있었던 孟祺 後序를 삭제하고 있었던 점이라든가,[48] 또는 近年의 胡道靜씨의 연구가 확실한 기록에 의거하여『農桑輯要』의 序文等件을 조사하여 밝히되, 역대에 걸쳐 간행된 7件의『農桑輯要』에서 孟祺 後序를 수록한 것은 오직 高麗刻本 뿐이었다고 지적하고 있는 점 등에서 그와 같이 이해할 수 있다.[49] 사실 大司農司나 元 皇帝의 입장에서는 이 農書가 元나라 정부의 大司農司가 아니라 孟祺 개인에 의해서 편찬되었다는 사실은, 元나라와 元 皇帝의 권위를 손상시키는 일, 漢族을 효율적으로 支配 統治하는 데 있어서 적지 않은 장애요인이 되는 것으로 보았을 것이며, 따라서 孟祺 後序를 삭제하는 것을 당연시했을 것으로 생각된다.

그리고 보면『農桑輯要』에 孟祺 後序를 수록할 것인가 아니면 삭제할 것인가 하는 문제는, 오늘날의 입장에서 보면, 著作權의 귀속문제가 되는 것이었다고도 하겠다. 그리고 이 문제를 元朝 政府에서는『農桑輯要』의 간행에서 孟祺 後序를 삭제함으로써, 이 農書가 비록 실질적으로 孟祺 개인에 의해서 연구 편찬되었다 하더라도, 그것이 법제상 大司農司의 사업으로서 수행되고 간행된 이상, 그 撰者의 권리가 孟祺 개인이 아니라 元나라 大司農司에게 있는 것으로 판단하는 것이었다고 하겠다. 다만 이 경우 大司農司에서는 이같이 그 著作權의 소유를 주장하면서도, 이 農書가 실질적으로 大司農司에서 편찬한 것이 아니었으므로, 대외적인 발표를 '大司農司所撰農桑輯要'라 하지 못하고 '大司農司所定農桑輯要'라고 애매하게 표현하였던 것으로 생각된다. 즉 '所撰'

---

48) 註 17) 참조.
49) 註 11) 胡道靜氏 논문 참조.

이 아니라 '所定'이라고 하고 있는 것이었다. 그러나 元朝 政府의 대체적인 분위기가 그러한 가운데서도, 때에 따라 그리고 간행주체에 따라서는 그러한 판단을 옳지 않은 것으로 보는 사람이 있었다. 그러한 사람들은 그 撰者의 권리를 실질관계에 의해서 인정해야 할 것으로 보고, 그 방법으로서는 이 農書의 初刊本에서와 같이 孟祺 後序를 그 農書의 권말에 수록해야 한다고 생각하고 이를 실천에 옮기고 있었던 것으로 보인다. 그 대표적인 예가 될 수 있는 것이 말하자면 蔡文淵 序, 王磐 序, 孟祺 後序, 辰州路總管府의 重刊後序를 모두 함께 수록하고 있는 辰州路總管府의 重刊本이었다고 하겠다.

高麗 知識人들은 이같은 갈등 속에서 후자의 입장을 옳은 것으로 판단하고, 따라서 그들이 간행한 版本을 여러 版本 중에서도 '正本'이 되는 것으로 보고 있었던 것으로 사료된다. 그리고 그러한 점에서 高麗人들은 그들의 重刻本을 내면서 유난스럽게도 그 書名을 『元朝正本農桑輯要』라고까지 하였던 것이라고 생각된다. 말하자면 高麗에서의 『元朝正本農桑輯要』의 重刻사업은, 歷史的으로, 孟祺가 元에서 잃었던 撰者로서의 權利아 榮譽를 되찾을 수 있게 한 사업이었다고 하겠다.

〔『東方學志』65, 1990. 揭載, 1998. 補〕

豆種 ○十一月貸薪炭綿絮 伐木界竹箭此月堅成 造什物農具 折麻放

麻 刈蒿菜 貯年支文章於隙地至六月及秋霖時俱剗鋤 ○十二月造車

野雪水 收膠糖 糞地 刈棘芭蘺 造農器 牧羔羜 牧牛糞

王禎正本農桑輯要卷第七 下終

後序

農桑之有書尚矣神農后稷而下其教列於九流數千百年之間世變風移

齊本逐末之教興農家者流遂不為世所重焉惜二諺此道或幾乎息矣

主上龍飛勵精民事大司農司寔居古九卿民之職载至元九年冬具

奏以為農蠶生民之日用尚事不師古民習商懦將無以厚其業諸歷

白澆委種蒔之說载在方册者其擇以授民於是哀纂諸書歷加給㳂

遠惟神農后稷之言歷年既久辞無完文可考蠲浚魏賈思勰齊

民要術一書備集前代諸家之善即農書論之可謂操翠也而撰錄

矣遂列之餘次之首閒有未備取近代兩有之善以補之凡圖經四時纂

要曰博聞錄曰歲時廣記曰蠶經蠶縱今代之書則有東平猗氏務本

新書九韓姥公之種時蒔五說士農兒用農正韓公之韓氏金說蠶養丕

說其次葉兒波各以年代歲月為卷好學是者布衣鄉里之士善農桑

要者齊魯野語陳道弘所錄雖片言隻說有補於事者亦附之分注之

下終之以大司續添之法合為一書目曰農桑輯要其曰輯要云者其繁

就簡區以為別廣覽者易於撿閒余欲孝其金文則有本書思戟噫

天下無無法之事有智能者出或作之或述之其法浸以大備若是書

者豈豎歌有心於述作之閒哉伏觀　聖人在上財成天地之化輔相天地之

宜神而化之使民宜之豐功至德不可得而名言矣要其緒餘亦在乎

措斯民於耕正鑿井不飢不寒之地而已湏渎之意庶有補於萬一云

至元癸酉八月吉日承事郎山東東西道巡行勸農副使陳垚秩謹祭

辰州路總管府重刊後序

農桑輯要乃古今撮揪之法牧養之方大而百穀桑麻小而諸果

菜蔬畜養牛羊驢馬雞鴨猪魚之類靡不備載實為百姓養生之本

蠶無窮之利也

聖朝雖已頒降中外而有司不能家喻戶曉往往束之高閣致使有

用之書置而為無用之物甚非導民厚生之意今刊頒印書給付農

民使知務本以廣其傳善能農蠶其功地盡其利得摸家給人足漸

資禮義之道識不負

聖朝惠愛教元之美意覽者勉焉至元二年九月謹識

Abstract

Studies on the History of Medieval Korean Agriculture

I have been studying various topics around the disintegration of the medieval systems in Korea. It has been mainly through the study of the history of agriculture that I approached these topics - such as the social structure, the land ownership and tenant systems, and the agricultural productivity.

In the course, I have become increasingly curious about a couple of aspects of the medieval agriculture. One is the basic characteristics of the medieval Korean agriculture. How did they differ from those of contemporary Chinese and Japanese agriculture, and how did they evolve? The other is the impact of government policies on agriculture during the late medieval years.

This curiosity led me to look on and off into mediaeval history over the years while I was primarily occupied with the transition to the modern times. This book is a collection of such scattered efforts. The articles contained are divided largely into two sections; one engaged with the land ownership and tenant systems and the other with the government policies. A small introductory section precedes them.

The introductory section overviews the basic frame of the Korean land system. The fundamental principle was that of 'private ownership', on which small-size self-farming and ordinary tenant systems were based. Superimposed on this princile throughout the medieval times was the 'tax-collecting right', awarded by the state to government officials.

The medieval state had the practice of awarding areas of land to officials and allowing them to collect tax there to compensate for their service to the state. The tax-collecting right was, therefore, essentially an equivalent of salaries, but tended to develop into domineering power of the officials over the land in question. The power of the officials with the taxcollecting rights were usually strong enough to restrict the private ownership of small landholders, and very often, even to usurp it. The super-structure of the private ownership and the tax-collecting right was one of the general aspects of the medieval Korean land system.

Three articles in the second section survey the gyeol-bu(結負) system of land measurement. The system was a way of inter-relating the land size, production capacity, and taxation, and thus worked as the fundamental instrument of the medieval land system.

The first article in the section deals with the land measurement system of the Koryo period. It notes that the area of a gyeol(結) diminished with time, as the ju-cheok(周尺) of the early years was replaced with ji-cheok(指尺) and smaller measures were provided for land of high grades of fertility. As a result, the number of gyeols increased without the addition of new farming land, and the size of taxation also increased.

Two factors seem to have worked for the scaling down of the gyeol. On the one hand, technological advancements caused the growth of agricultural productivity and farmers came to harvest the same amount of grain from a smaller area of land than before. On the other hand, the government was driven by various changes to seek more taxation from the land, and making smaller gyeols was a handy way of enlarging the taxation. Toward the end of the dynasty, the latter motivation prevailed, and led to the deterioration of the whole system.

The second article deals with the land grading system of the early Koryo period. It has been commonly understood that the land was classified during this period into three grades, and that these grades stood for the fallow frequency. My research led me to see that the land was in fact classified into nine grades, because the classification was twofold; districts were first classified into three grades, and then land in a district was classified into three grades. And the grading had nothing to do with the fallow frequency. All the land in question was supposed to be under continuous cultivation, without fallows.

It has also been commonly believed that the one-tenth taxation at the beginning of the dynasty grew into a one-fourth taxation in several decades' time. My research shows that the taxation over privately owned land stayed at one-tenth through the time. One-fourth was the share for the government appointees from the land of royal possession.

The third article overviews the history of the gyeol-bu system. At the stage of the ancient states, taxation was directly linked to production volume, and little thought was given to the relationship between production volume and land area. It was when the Three Kingdoms transformed themselves into mediaeval states during the 4-5th Centuries that the relationship among

the three factors — land area, production volume and taxation —
was incorporated into a land measurement system that was
widely applied.

The system was universalized at the beginning of the Koryo
period with a fairly low rate of taxation, but it came later to a
collapse because the dynasty in its later phase manipulated the
system to increase taxation by reducing the size of the gyeol to
an excessive degree. The Chosun dynasty inherited the system
and reorganized it in a highly sophisticated way to ensure stable
and equitable application. Practices developed in later years,
however, to ignore all the sophistications of the system, and the
system had lost its basic stability by the early 19th century.
Peasant uprisings all through the 19th century were the result
of this change.

Two articles in the third section examines the dynastic
transfer from Koryo to Chosun from the perspective of agricul-
tural history. The failure to effectively accommodate socio-
economical changes in the system of agriculture and taxation
developed into serious structural problems in the later years of
the Koryo dynasty, and played a major role in its fall. The
succeeding dynasty, Chosun, therefore, concentrated its effort
in reoganizing the system to secure a sound economic and fiscal
basis.

The first article of the section overviews the agricultural
policies during the early Chosun period. Vigorous efforts were
made to introduce new and powerful offices, to enlarge cultiva-
tion and enhance production, and to support private land
ownership.

My research views the support of private land ownership as

the central theme of the agricultural reform of this period. The government repeatedly made great efforts to reduce the practice of granting tax-collecting rights to officials in place of their salaries. Powerful agricultural offices were newly introduced to ensure that the application of government policies was not hindered by powerful and influential people on the scene. Farming manuals were printed and facilities were provided to the benefit of small farmers.

The second article compares two farming manuals, respectively representative of the late Koryo period and the early Chosun period. For the purpose of prompting the development of agricultural technology and enhancing production, the government and officials of late Koryo published 'Nong-sang-ji-yao(農桑輯要)', a Chinese agricultural treatise of the Yuan dynasty. Their counterparts of early Chosun, for the same purpose, compiled and published 'Nong-sa-jik-seol(農事直說)', which aimed at extending successful experiences in the country.

'Nong-sang-ji-yao' testifies to the cosmopolitan spirit of late Koryo intellectuals who sought remedies to agricultural problems at home from the Chinese version of universal principles. On the other hand, 'Nong-sa-jik-seol' shows early Chosun intellectuals seeking domestic answers to domestic questions. It was in line with the nationalist cultural policies of King Sejong, which aimed at establishing a national identity related to, yet distinct from the Chinese model. This sense of identity worked favorably for the development of agriculture and the effective reorganization of the agricultural system at the time.

圖 表 目次

I

〈表 1〉A지역의 田品租額과 所出 128
〈표 2〉B지역의 田品租額과 所出 128
〈표 3〉C지역의 田品租額과 所出 128
〈圖 1〉九等田品圖(水田) 129

II

〈표 1〉結負와 量田步數 216
〈표 2〉各 地域 田結의 田品과 租額,
　　　所出 221
〈표 3〉高麗末年의 田品과 量田尺,
　　　結 實積, 租額 226
〈표 4〉朝鮮前期의 田品과 量田尺,
　　　結 實積, 所出, 租額 245
〈표 5〉朝鮮前期의 田品과 准定結負
　　　(解負法) 252
〈표 6〉朝鮮後期의 田品과 量田尺,
　　　結 實積, 賦稅 260
〈표 7〉光武 度量衡法과 結負制 279
〈표 8〉隆熙 度量衡法의 地積單位 282
〈附表 1〉全國 各道 等級別 結數
　　　百分比 및 結當坪數(1909年
　　　1月 1日 現在) 290
〈附表 2〉全國各道 等級別 結數·坪數
　　　및 換算坪數와 百分比(1909年
　　　1月 1日 現在) 293

III

〈표 1〉高麗末年의 結實積과 租額 339
〈표 2〉黃河流域과 長江流域의
　　　降水量 356
〈표 3〉『農桑輯要』의 整地法 358
〈표 4〉『農桑輯要』의 播種法과
　　　中耕除草 364
〈표 5〉『農桑輯要』의 施肥法 371
〈표 6〉朝鮮初期의 結實積과 租額 382
〈표 7〉『世宗實錄地理志』의 地域別
　　　寒暖構圖 389
〈표 8〉『世宗實錄地理志』의 戶口數
　　　(郡計攄) 391
〈표 9〉『世宗實錄地理志』의 墾田數와
　　　旱田水田比率(郡計攄) 395
〈표 10〉『世宗實錄地理志』의 郡縣別
　　　農地의 肥瘠 397
〈표 11〉『世宗實錄地理志』의 地方別
　　　土宜作物과 郡縣數 399
〈표 12〉同上 主穀作物 및 纖維作物
　　　郡縣數의 百分比 402
〈圖 1〉堤堰의 灌漑規模別 分布 407
〈표 13〉『慶尙道續撰地理誌』의
　　　堤堰과 灌漑結數 409
〈표 14〉圈域別年中降水量 426
〈표 15〉『農事直說』의 稻 耕種法 435
〈표 16〉『農事直說』의 田作物 耕種法
　　　442

索 引

ㄱ

『駕洛國記』　　149, 165
各樣尺見樣式　　　253
각 지방의 風土觀　　430
墾田結數　384, 387, 394
間種法　　　　　445
監考　　　　　　300
甲戌量田　253, 258, 263
甲戌量田에 대한 이해　255
甲戌量田尺　　264, 265
甲午農民戰爭　　　47
江南지방 移秧法　　361
江南지방 種麥法　　359
姜蓍　　344, 352, 454
姜瑋　　　　　　49
剛土　　　　451, 452
强土와 弱土·輕土　　356
江華島政府　　81, 338
開京 還都 後의 土地分給制
　재검토　　　　82
開仙寺 田券　　60, 64
客土　　　　　　451
更定稅法　　　　84
桀道　　　157, 284
『格致叢書』本　　　466
畎·畝로 整地　　　362
遣使審量　　　　165
絹織物 생산　　　374
結 頃 周尺(積)의 換算値
　　　　　　　69
結(먹·멱·목)　　146
結과 頃　　　　66
結·負·束·把의 우리말 명칭
　　　　　46, 199

結負 量田制와 관련되는
　改革의 推移　　244
結負 量田制의 불합리　203
結負 量田制의 원형　166
結負를 頃畝로 換算　381
結負制 변동의 배경　230
結負制 재조정　163, 168
結負制 폐기 頃畝法 도입론
　　　　　　270, 281
結負制는 所出, 地積,
　稅額을 組合한 단위 338
結負制에 근본적인 결함
　　　　　　　270
結負制에서 所出과 結
　實積을 組合　284, 286
結負制와 貢法　241, 381
結負制의 고전적 연구　147
結負制의 單位數値　166
結負制의 矛盾構造　231
結負制의 변동 계기　162
結負制의 변동원리　214
結負制의 算法　　215
結負制의 性格 변동
　　　　　　222, 269
結負制의 量田事目　246
結 所出　112, 135, 143
結 所出·生産力의 증대방안
　　　　　　　270
結 實積　67, 112, 168
結 實積의 伸縮原理　213
結 實積 축소
　　　　66, 168, 286
結은 속칭으로 '먹'　137
結의 본질　　　137
結의 實積과 租額에 큰 변동
　　　　　　　255

結의 實積에 관한 연구동향
　　　　　　　208
結의 租額　　　112
結積과 頃積의 괴리
　　　　　　66, 69
結晶片岩系　　　429
兼幷된 土地를 還收 再分配
　　　　　　　79
耕-擺-勞　357, 433
耕墾篇(耕地)과 播種篇의
　編冊　　　　357
京畿量田　　　259
京畿의 堤堰　　411
頃畝法　145, 161, 254
頃畝法 量案　　239
頃畝法의 폐기　240, 381
頃畝法의 문제점　240
頃畝 量田制　234, 235,
　　　　　　380, 381
頃畝 量田制의 5等田品
　　　　　　　236
『慶尙道續撰地理誌』
　　　　　　387, 405
慶尙道按廉使 金湊
　　　　　　349, 462
慶尙道 漕輓之費　97
『慶尙道地理志』　386
慶尙, 忠淸, 全羅道의
　農事法 채취　417
經營地主(地主型富農)
　　　　　　42, 43
經營型富農　　　43
經營擴大·廣作　　44
頃을 結과 동일시　67
經濟外的인 강제　34
慶州府(慶州道)　408

庚辰量田의 量田尺　267
契券　　　　　　99, 261
計負授民　　　　　198
計日取値　　　　　44
高句麗 都城計劃　160
高句麗의 稅制　　15
高句麗의 量田法 전승 198
高句麗의 租稅制度　171
高句麗族과 粟末靺鞨族의
　聯合性國家　　195
古代國家의 성장 방향　11
古代社會의 토지제도　4
古代에서 中世로의 移行期
　　　　　　11, 178
古代王朝國家의 租稅부과의
　방법　　　　　157
古代의 結 實積　　239
高麗 結負 量田制의 한계점
　　　　　　　235
高麗刻本과 元刻本의 차이
　　　　　　　465
高麗舊將　　　　　193
高麗國家는 農業問題를 해결
　못함으로써 멸망　376
高麗國家에서 선정한 農書는
　『農桑輯要』　　454
高麗國家의 農業問題　333
高麗國家의 農政理念　353
高麗國家의 矛盾構造
　改革運動　　　333
高麗末年의 結負制　225
高麗末年의 農業事情　335
高麗末年의 田品　110
高麗末 朝鮮初期의 體制
　矛盾과 易姓革命　453
高麗時期 結負量田制의
　二段式 算法　　249
高麗時期 量田制 特徵　66
高麗時期의 3等田品과 山田
　　　　　　　247
高麗時期의 結負制 변동
　　　　　　　224

高麗時期의 三科公田　220
高麗時期의 量田事業　58
高麗時期의 田品制는
　道別로 마련　246
高麗時期의 租額　118
高麗時期 人口　391
高麗時期 田品　141
高麗 量田制의 변동
　　　　　　81, 103
高麗人의 農業振興運動
　　　　　　　455
高麗 知識人들의 撰者 시비에
　대한 판단　483
高麗尺　167, 169, 187
高麗尺으로 測地 設計　160
高麗初期의 結과 頃　66
高麗初期의 結實積　338
高麗後期의 結實積 변동
　　　　　　　339
栲栳(도리깨)　439
高城三日浦埋香碑 田券
　　　　　　60, 87
高王 大祚榮　196
高田과 下田　356
古朝鮮　　5, 150
雇只勞動　42, 44
苦寒　　　389
故墟(廢墟地)　369
穀作(粟作)의 비중　440
骨品官僚制　23
供國役者　99
貢納奴隸　9, 11
共同體社會의 分解　154
共同體的인 所有　4, 7
公民에 대한 강한 人身的
　支配關係　4
貢法과 頃畝法에 대한 반대
　　　　　　　240
貢法論議　135
貢法收稅　243, 315
貢法 시행 可否 토론　235
貢法制(定額制)　378, 380

貢賦　　　　　　387
公私田租의 徵收規程　134
公私賤人도 土地 所有하고
　納租　　　　90
公桑의 재배　304
襲逐　　　　420
公須田　　　96
功臣田　　　98
公田　　　107, 219
公田은 3科公田으로 구성
　　　　　　　120
公田租法　　　63
公田租四分取一　120
公田租率　26, 110, 123
公田租 2分取1　118
公租의 理想　22
空閑地를 有力者들이 占有
　　　　　　　321
公廨田柴法　28, 96
科擧官僚制　23
課稅者와 擔稅者의 대립
　　　　　　　45
科田法　27, 79, 94, 98
科田法 規定　322
科田法 收租量　137
科田의 지급을 空閑田으로
　　　　　　　322
科田主　27
科田主의 收租地 확대　31
科田 下三道移給 論議　101
灌漑 結數　406, 411
官屯田 國屯田 閑曠地를
　개간해서 설치 326, 327
官僚的 地主　42
官牛 지급　327
慣行하는 農法의 조사
　　　　　　416, 457
廣農 廣業 廣作　43
光武改革　273
光武量田　272
蕎麥 耕種　445
九穀　　　424, 431

9等田品   116, 128, 141
9等田品과 租額   123
구래의 結負制 두 制度로
  분화   281
求書目錄   72
區田   362
九扈之職   478
國家所有地와 王室所有地의
  地主經營   34
國家와 科田主의 대립   31
국가의 公田 地主經營에서
  地代收取   122
國家의 農政理念   343
國家의 荒遠田·陳荒田
  개발정책과 徙民政策   36
國家財用은 大米 중심   309
國家體制를 정착시킬 수 있는
  生産力 기반확립   334
國屯田   34
國王의 觀稼   307
國土의 求言策問(代筆)
  116
국왕이 본받아야 할 典範
  419
國王親耕   306, 353
國有地에서의 生産關係   11
國以民爲本 民以食爲天
  353
國定의 勸農指針書   418
국제적인 知的風土가 지니는
  學問的 限界   456
國學의 學生祿邑   21
郡計摠   393
郡民有志들의 呈訴運動
  (等訴)   46
軍의 勞動(且耕且戰)   327
君長·國王의 권력   5
軍田   98, 100
郡摠制   45
郡摠戶口   390
郡縣制의 齊民的 統治體制
  12, 162, 284

宮闕 안 書庫의 典籍 蕩盡
  345
宮庄土   42
勸農과 守令褒貶   304
勸農官   300
勸農機構   298, 469, 470
勸農副使   471
勸農使   343, 470
勸農司   470, 472, 478
勸農桑   386
勸農을 위한 地方行政기관
  299
勸農의 模範   299
勸農의 기본원칙   299
勸農政策   14, 198, 298,
  469
權勢家 執權勢力 土豪層의
  土地兼倂   102, 336
權守平과 卜章漢의 美談
  99
貴族들에게 收租地를 給與
  81
貴族 寺院의 農莊경영   25
貴族에 대한 견제책   12
貴族層 토지소유   18
貴族層의 土地集積   70
均田制   172, 176, 197
近代 土壤學에서의 土性의
  원리   451
『衿陽雜錄』   400
起耕의 원칙   432
基肥·種肥   373
己巳量田(恭讓王 元年)
  341, 377
氣象學   390
起主欄에 田主 時作의 성명
  275
基準尺·基本尺   60, 210
基準尺을 周尺으로   382
寄進·賣買·相續 處分權을
  행사   91
金良鑑   114

金用卿   91
金宗瑞   312
金湊   454
金銓王   165
金海府量田使   114

ㄴ

暖地帶   388
暖地帶 속 寒地   388
納租者 佃客   27
4개 界首官의 管轄地區
  408
勞는 '蓋磨'   361
勞動力의 多寡에 따라
  閑田을 급여   325
勞動地代   34
魯明善의 『農桑衣食撮要
  (農桑撮要)』   461
奴婢勞動   327
奴隷制 生産   9, 10
祿科田   27, 79, 94, 98
祿俸의 재원은 租稅穀   132
祿邑을 통해 土地를 集積
  70
祿邑制度   20, 179, 191
祿邑主   21
『農家集成』   270
農耕을 督勵   81, 82
農奴   26
農民들 農法을 改良   71
農民들 山田을 開發   74
農民들 新田을 개발   71
農民들의 無田農民 전락
  319
農民, 生産階層에 대한
  보호정책   12
農民의 賦役勞動   327
農民的 立場의 改革方案
  48
農民層의 租稅부담 경감
  383

農民層의 토지소유권 성장
　　30
農法 변동과 稅政의 改革
　　78, 279
農本主義 農政理念　349
農本主義思想은 儒敎文明
　圈의 普遍的 原理　349
農事季節에 早晚　440
『農事直說』 77, 327, 417,
　424
『農事直說』의 自然環境
　　424, 428
『農事直說』의 정지 畎·
　畝間으로　446
『農事直說』의 편찬 간행
　　414
『農桑要旨』　479
農桑之制十四條　471
『農桑輯要』 71, 315, 345,
　461
『農桑輯要校注』本　466
『農桑輯要』 번역　317, 416
『農桑輯要』 보급　481
『農桑輯要』에 대한 자료
　정리사업　466
『農桑輯要』의 刊行 頒布者
　　473
『農桑輯要』의 九穀　431
『農桑輯要』의 農書로서의
　虛點　481
『農桑輯要』의 농업기술 수용
　노선　414
『農桑輯要』의 農政理念
　　351
『農桑輯要』의 自然環境
　　355, 428
『農桑輯要』의 撰者　472
『農桑輯要』의 篇目　354
『農桑輯要』의 편찬과정
　　469
『農桑輯要』冊板　462
『農桑輯要』板刻　77, 354

農桑輯要後序　462
『農書』　416, 417
農書의 간행 보급
　　315, 412
農書의 필요성　472
農書편찬 건의　469
農時勿奪　344
農業開發政策　330, 412
農業改革의 方向　47
農業共同體社會　4, 151,
　152, 155
農業共同體社會에서 農村
　共同體社會로의 이행　5
農業共同體社會의 農業慣習
　　284
農業共同體社會의 점진적
　해체　5
農業技術과 農法 발달　39
農業技術 보급　315
農業技術의 開發 보급　412
農業技術의 한계성　342
農業勞動에 畜力 이용　73
農業問題 해결은 新國家의
　課題　376
農業發展에 지역차　156
農業生產과 관련되는 항목
　　387
農業生產力의 발달과
　結 實積의 조정　140
農業生產力의 발전에 段階性
　　155
農業生產力 限界性　342
農業生產에 관한 基礎調査
　　385, 457
농업 생산은 天·地·人 組合
　作用의 산물　422
농업 생산의 개별화　7, 14
農業生產者 農民層의 沒落
　　335
農業生產者 農民層 희생
　　337
農業生產 집약화　164

農業은 民의 衣食의 根源
　　350
農業集約化의 과정 진행
　　227
農牛官給　327
農牛飼育 강조　413
農牛喂養과 增殖策
　　329, 413
農牛策　328
農者天下國家之大本　418
農作物의 재배 集約化　76
農作物의 播種法　363
農作상황을 親審　242
農政에 관한 典範　419
農正韓公　358, 478
墾種　359
농지개량, 토지개량의 방법
　　432
農地開發에 租稅減免　319
農地開發의 주체　329
農地開發政策　330, 413
農地는 正田, 續田으로 정리
　　315
農地를 量給　81
農地賣買를 일정기간 통제
　　412
農地實積 표기방법　275
農地의 등급을 歲易 빈도에
　따라 구분　141
農地의 肥瘠　111, 218
農地의 肥瘠을 5等級으로
　구분　396
農地의 稅額·面積을 結·負·
　束으로 표기　185
農地의 整地法　357
農地의 荒遠田化　319
農地利用方式에 변화　163
農村共同體社會　4
農村共同體社會로의 점진적
　성장　5, 155
農村共同體社會의 農業慣行
　　284

農村社會의 經營形態　38
農村社會의 階級構成　37
農村社會의 分解　38
農村知識人　49

ㄷ

多種族國家　195
多寒　389
丹城 晉州民亂　46
單一量田尺　238
單一量尺制　63, 253, 383
단일의 經濟制度·土地制度　330
踏驗損實 釐正　234, 378
唐 '大尺'　67
大桀小桀　1　57
大光顯　195
大邱財務監督局長　281
大農　43
大豆·小豆의 耕種法　444
大貉小貉　157
對몽골 抗爭期의 江華島 피난　75
對몽골 抗戰 이후 農地 開墾　76
大司農　470
大司農卿　345, 471, 473
大司續添之法　479
大小麥 耕種法　444
大字精版本　467
代田　71, 73, 169, 189
代田農法　164
代田의 結 實積　284
大堤　404
大堤堰　406
大祚榮　193
大土地所有者　17, 37, 180
道結摠　393
稻 耕法　433, 434
度量衡規則　277
度量衡法　278

度量衡制度　273, 279
都城測量　149
都市測量　169, 277
屠牛禁止　413
稻作農業의 비중　440
稻作農業의 특징　439
稻作에 대한 認識體系　433
道摠戶口　390
碓車　364
同一實積 差等收租　218, 222
同積異稅　218, 222
東平脩氏　478
두 가지 量田方式　204
두 경향의 社會改革論　52
두 農書 間種法에 차이　448
두 農書 農法발달에 차이　441
두 農書 整地法에 차이　446
두 農書 播種法에 차이　448
두 農書 火耕農法에 차이　447
斗落　276
等級別結數表　289
等級別結數換算段別表　290
等級別結數換算坪數表　289

ㄹ

로마제국(共和國期)　158
榴木　436
未耜　14
耰犁·耰構　361, 364, 370, 448
耰犁 耰種法 연구동향　363
耰鋤　365, 367
耰種法　363, 364, 368, 370
耰種法의 地域差　367

耰車　364, 367, 370
耰播　448
訥堤　311

ㅁ

麻는 '熟治使平'　447
麻의 耕種法　443
『萬機要覽』　137, 146
晩稻의 耕種法　434
萬俟氏를 墨基(묵기), 木基(목기)氏로　200
萬石君　42
万(萬)은 '믁'　138
漫種(擲種)　368
妄認公私田幷盜貿賣者 處罰規定　102
賣買 자유　91
每一百五十步爲一結　67
貉道(二十而取一)　157, 199, 284
孟祺　346, 348, 350, 471
孟祺 後序　465, 466, 473, 476, 484
孟祺 後序를 권말에 수록　483
孟祺 後序를 삭제하고 간행　480
孟子　156, 199, 284
'믁'은 10,000把의 萬이라는 수량　138
明 '營造尺'　67
明農者　43
慕本王과 杜魯　11
母尺(基準尺)·量田尺·步尺의 관계　63
木綿(棉)　318, 360, 373, 398, 404
木綿 '種植之法'　319
木綿田을 '作成畦畛'　447
木綿 耕種法　446
木菴　454, 465

木斫   436
木柵과 環濠   153
墓域 測地하는 데 周尺
                            206
苗種處   436
繆啓愉   366
『務本新書』   477
『務本直言』   478
武寧殿聚珍版本(殿本)
                    357, 465
畝와 畝間으로 整地   433
無田農民들에게 空閑地를
   支給   412
無田者   37
無堤堰의 郡縣   405
武珍州上守繞木田   126
無土 收稅地   261
文券·文契   99, 100
文券作成에 관한 규정   99
文武王 法敏   114
文益漸   344
渼沙里   164
民亂   46
民俗所尙   387
民田의 租는 '什一租'   120
民調制   172
民族資本과 外來資本의 대립
                            46
民族的 矛盾   46

              ㅂ

朴璵   91
半乾旱의 광대한 原野   356
反骨品的인 사회세력   23
反同을 통한 勒賣抑買   337
班田制   197
半丁   83, 97, 223
발·尋   152
渤海國王世畧史」   196
渤海國典法九事   197
渤海에 結負制   195

渤海의 租稅制度   199
方 100把(발·尋)=1結
                            167
方 33步=1結   204, 225,
                    285, 379
方 35步=1結   379
方外(別)監   300
防川(川防)   302, 312
方耙   359
白圭   157
白文寶   121, 345
百姓付籍差役者   100
百姓丁田   19
白壤   451
白丁, 奴婢에게 閑田을 급여
                            321
白丁代田   73, 90, 100
白丁의 差役   98
白丁戶   101
『氾勝之書』   71, 344
梵魚寺 量田畓   182
碧骨堤   311
卞季良   386
卞孝文   318
別收   366
別種   366
벗이 달린 쟁기   14
立作半收   22, 25, 34, 93,
                    118, 122
步   152
步는 地積을 표시하는 단위
                            187
步는 尺度의 단위   187
步 단위 結負制   204
保堢   363
洑시설   406
步의 尺度規程   208
步尺   60, 63, 210
복합적인 經濟制度·土地制度
                            329
本高麗別種   193
本文·細註의 田品   123

봉건국가와 농민층의
   構造的 矛盾   46
封建的인 地主佃戶制   17
封建制 아래의 自營農民
                            36
封建制下의 隸屬農民   17
봉건제 해체기의 임노동층
                            44
封建支配層의 성장   331
封建地主制의 해체   49
鳳巖寺智證大師寂照塔碑
                            185
富農層의 經營擴大·廣作
                            270
負 단위의 소규모 農地의 量田
                            225
不動産法所關法   275
賦稅制度가 지니는 구조적
   특질   45
夫餘   150, 190
夫餘 殺人殉葬   10
富裕作人   44
富裕層의 성장   331
符離人   478
部族社會   4
北魏의 賦稅制度   172
北土高原지대   370
墳墓禁限步數   206
分蘖(가지치기)이 촉진
                            139
分田品事目   236
分田品事業   262
分田品事業의 경시   262,
                    271, 276
不輸不納의 農場   101
不易常耕田(平田)은 上等田
                    109, 189
不易之地   134
不合理한 結負制 釐正의
   필요성   341
肥膏不易之田 絶無而僅有
                    72, 74

備穀種　　　　　　430
B·C 地域 同一田品間의
　　租額差　　　　126
肥饒磽薄九等之品
　　86, 116, 130, 220
B 지역의 田品租額과 所出
　　　　　　　　128
B 지역의 租額과 田品　124
肥瘠의 等級　　　396
琵琶形 銅劍　　　150
貧女養母　　　　181
貧農作人　　　　43
貧農層　　　　　38

人

私券(紅契)　　　261
司農司　　　　　470
『士農必用』　　　478
司農하는 官司　　298
四道巡行勸農司　470
賜文武官僚田有差　18
徙民 自願制　　　323
徙民 抄定制　　　323
徙民에 施賞　325, 326
徙民에 良職賤良　325
徙民을 農地開發·農業開發
　　政策으로서 推進　324
徙民의 대상　　　323
徙民政策　　323, 413
徙民政策과 兩班支配層
　　　　　　　　326
徙民政策과 宗親　326
徙民政策은 軍事的 목적에서
　　　　　　　　324
『四時纂要』　　　315
砂岩　　　　　　429
寺院의 土地所有　25
私有財産制　　4, 154
私有地의 兼幷　　78
私的 所有權이 인정된
　　土地는 그 相續 自由　92

私的 土地所有關係　7
私田(收租地)文籍의 폐기
　　　　　　　　341
私田問題　　　　337
私田(收租地) 分給制　203
私田의 支配權者는 '田主'
　　　　　　　　101
社稷의 제도　　　353
砂質壤土　　　451, 452
砂土　　429, 451, 452
莎土　　　　451, 452
四標　　　62, 74, 88
沙害漸村　　　　183
山東東西道 巡行勸農副使
　　　　　　346, 471
『山林經濟』　　　270
山林과 低濕地　　356
算士 千達　　　59, 62
酸性土壤의 성분　429
山田　　　　74, 165
山田開發　71, 75, 227
山田의 田品　　　110
算學家　　　　　258
薩下知村　　　183, 186
三國時期의 밭(旱田)　164
三國統一을 위한 抗爭　162
三南地方의 風土상의 특성
　　　　　　　　424
3等의 田品規程　110
3等의 지역차를 전제한
　　3等田品　　　141
3等戶制　　　　175
360여 莊處　　　99
三十而稅一　　　198
三政紊亂　　41, 272
三陟府의 布帛尺　266
插種(苗種·移秧)　433
常耕連作하는 農地은 田品
　　　　　　　　141
常耕田　　　　　19
常耕하는 民田의 田品
　　　　　　　　218

上等田으로서 肥饒한 農地
　　　　　　　　136
上等地域 上等田의 所出
　　　　　　135, 136
上等地域의 표본　136
上上田　　　　　135
上上田三十頃　　114
『桑蠶直說』　　　478
尙州牧(尙州道)　　408
商品作物　　39, 373
商品貨幣經濟 발달　40
새로운 農書 필요　454
새로운 '미터法'　278
새로운 '尺'제　　278
塞浦　　　　　　302
徐光啓　　　　　475
西歐 近代國家의 租稅理論
　　　　　　　　273
徐兢　　　　　　67
徐有榘　　　　　49
石高(コクタカ)의 制度　145
石犁 木犁　　　　14
石聲漢　　　　　466
石製 木製의 농기구　155
石灰岩　　　　　429
宣撫使　　　　　470
鮮卑族 用語에서는 萬을
　　墨(묵), 木(목)으로　200
宣王 大仁秀　　　197
先進地域의 大農場　343
『宣和奉使高麗圖經』　67
設洑引水　　　　277
俍長壽　　　352, 454
俍長壽의 後序　　465
纖維作物　　　　403
聖君들의 農政　　420
成王　　　　　　420
成宗 11년 이전의 田品租額
　　　　　　　　127
成宗의 農政理念　353
3개의 步尺(量繩)　228
3개의 量田尺　　228

세 계열의 田品規程　219
細沙　451
細沙와 黑土가 半半씩 섞여
　있는 토양　451
細砂土·沙礫土　452
歲易農法　109
歲易農法의 常耕化
　70, 75, 111, 412
歲易의 빈도를 기준으로 한
　田品　109, 111, 130
歲易田　19, 72, 169, 189
歲易田 常耕化의 强行原則
　314
歲易田의 常耕田化
　164, 308, 313
歲易田의 歲易은 易田·換田·
　換地하는 것　366, 438
歲易田의 歲易은 易種·換種·
　輪作하는 것　366
歲易休閑　219
稅政문란을 釐正　48
稅制改革 賦稅의 불균을 시정
　83
世祖의 農政策　469
世宗시 尺度의 복원 시도
　266
『世宗實錄地理志』　387
世宗의 「勸農敎文」
　318, 418, 420
世宗의 自然觀　423
世宗朝 지식인들 風土不同論
　강조　457
世宗朝의 農政理念　334
世宗朝의 田稅制度 개혁
　134
稅總(벼 다발) 1握(한 줌)을
　産出　137, 146
小國　4, 150, 151
小規模 農地를 集約的으로
　經營　362
小農經濟의 안정　331
小農民 중심의 농업　227

小農層　38
所夫里郡　190
「所夫里郡田丁柱貼」　190
召信臣　420
所有權에 의한 土地支配
　87
所有權에 입각한 單一의
　土地制度　298
所有權에 입각한 地主佃戶制
　33
所有地를 施納　91
小字粗版本　467
小作法　275
小作爭議　54
小堤堰　406
所出과 地積을 組合하는 원칙
　285
所出量을 기준으로 하는
　단위는 가변적　147
所出의 증대는 두 계통으로
　138
所出 중심의 結負制　284
所出 중심의 組合　284
小土地經營의 확대와
　集約的 農業經營　367
束(뭇)　146
粟末靺鞨族　193
屬州稅에는 20분의 1稅나
　總額稅　158
續撰地理誌　387, 404
損實收稅　244
宋使　67
宋尺·宋代의 標準尺　67
水耕(水沙彌)　433, 434
水稻 乾耕(乾沙彌)
　433, 436
水稻 乾播技術　436, 441
水稻 苗種法　436
水稻가 土宜에 맞지 않는 郡縣
　398
水稻와 田作物을 輪作재배
　441

水稻作을 북방지역으로 전파
　423
隨等異尺制　241, 253,
　383
隨等異尺制로서 量田　86
隨等異尺制를 單一量尺制로
　전환　250, 252
守令은 '勸農之職'을 兼帶
　299
首領層　198
守令七事　300, 386
首露王陵廟王位田의 上上田
　130
首露王陵廟의 王位田
　66, 114, 135
水利施設　35, 164, 310
水利作畓　309
搜粟都尉 趙過　71
授時 月令의 문제　390
修延益　478
獸醫書　329
手作勞動　42
水田開發　308
水田農業과 旱田農業의
　地域의 偏差　395
水田農業을 農業의 중심으로
　309, 412
水田農業의 비중　440
水田에서의 田品과 租額
　124
水田의 分布상황　395
水田이 없는 郡縣　396
收租權 分給制　20, 24,
　90, 203, 284
收租權 分給制 쇠퇴·소멸
　30, 261
收租權 土地分給制의 약화,
　소멸　30
收租權과 所有權　107
收租權에 의한 土地支配
　87
收租權에 입각한 '田主佃客制

해체 33
收租權을 둘러싼 兩班官僚層
  대립 31
收租權을 매개로 한 '封建'
  261
收租權을 받은 후 부담하는 稅
  133
收租權을 私有地에 100
收租權을 지급받는 主體
  99
收租權의 兼幷과 사회문제
  78, 100, 102
收租權의 兼幷문제 수습방안
  79
收租紛爭 101
穗重型 품종 139
水車 311
水車의 灌漑效果 別無 312
收取體系 釐正 48
水·旱田 사이의 租額 차등
  124
肅宗 庚子量田 260, 262
殉葬의 풍습 10
殉葬制의 법적 폐기 163
純祖 庚辰年에 尺度의 혼란을
  수습 266
純祖 庚辰量田 262
巡行勸農副使 345, 473
巡行勸農使 345, 473
崇本抑末 351
繩尺(量繩) 63, 64
始給百姓丁田 19, 180
施肥法과 水利施設이 발달
  270
時作農民의 賃借權登記制
  275
時作農民層 38
試治田 極人力 423
C 지역의 田品租額과 所出
  124, 128
食邑 11
埴質壤土 451, 452

埴土 429, 451, 452
息土而代墾 169
新墾地에서 井田之法 시행
  321
新 結負制의 地積파악 280
新·舊 結負制의 기능 279
新·舊 結負制의 차이점
  280
新舊貢賦多不均 84
新舊 政治勢力 사이의
  葛藤構造 336
神農 350, 420
新羅 말년 地方勢力의 성장
  23
新羅·伽倻 結負制度 149
新羅의 收租權 分給制度
  179
「新羅帳籍」 19, 73, 183
新羅統一期 結負 量田制
  65
身分·階級·權力이 발생
  154
新石器時代 말기의 농경생활
  4, 150
新田開發 39, 75, 76, 227
新田開發政策 439
辛纂 420
『新撰八道地理志』 387
新添 479
新土 451
實積 파악을 위한 量田規程
  146
實驗재배 412
深耕農業 14
尋의 길이 167
甚寒 389
十路宣撫司 470, 478
14, 5세기 三南地方의
  발달한 農法 440
什一稅(1結 租2石)의
  租稅規程 22, 28, 220
'什一'制 197, 202

17結 1足丁 97

○

아르(are) 278
安吉의 繞木田 126
安東大都護府(安東道)
  408
安山郡의 量田 381
岩石으로부터 風化되어
  조성된 토양 428
壓良 340
「若木郡淨兜寺石塔造成記」
  61, 65, 87, 207
兩界 兩西지방 水田開發
  309
養苗處(苗板·秧基) 436
兩班官僚層은 納租者 261
兩班支配層의 토지 집적
  38
兩班支配層이 地主 대열에서
  탈락 42
量船尺 167
量繩 211, 238
量案에 記錄된 者 89
量案의 記載形式 65, 87
量案 작성에 관한 規定 62
良人 自營農民層 36
養蠶 301
量田 '步尺' 207
量田 불공정 384
良田(細沙·黑土相半田)
  443, 451
量田規式 251
量田規程 59, 206, 225
量田規程 負단위 양전 추가
  227
量田規程 不公正 不合理
  377
量田規程을 마련한 사회적
  배경 212
量田規程의 細註 208, 212

量田步數 59, 60, 63, 215
量田使 59, 165
量田使 前守倉部卿藝言 62
量田使 趙文善 66, 114
「量田事目」 95, 237, 241
量田事業 378
量田事業 國朝舊典에 의거
　 274
量田事業의 목표 260
量田事業의 역사적 전통
　 191
量田에 이용될 尺度 60
量田原則 재조정 204
量田의 原則 60
「量田帳籍」 62, 115, 184,
　 190, 338
量田制賦 84, 86
量田制와 稅의 賦課 58
量田制와 土地分給制 57
量田制와 土地測量 57
量田制의 변동 70, 102
量田地契事業 273
量田尺 60, 86, 210, 249,
　 263, 250
量田尺의 길이 229, 243,
　 271, 382
量田尺의 제정방식 249
量田尺의 尺度의 單位 62
襄州副使 朴琠 87
壤土 429, 451, 452
魚鱗圖 276
御史中丞 孛羅 471
掩種(打穴點播) 368
A 지역의 田品租額 125,
　 126, 128
曆書 390
聯盟國家 4, 151, 154
年分九等法 243, 271
年分九等法 폐지 269
烟受有田畓 19
連作 常耕하는 農地 134
連作 常耕하는 農地에서의

3等田品 110
年中 降雨量 355
『永樂大典』本 465
『永順太氏世譜』 195
營造尺 167
曳撻 365
濊貊族 156
濊貊(貊) 지역의 租稅收取의
　전통 199
藝文館大提學 李穡 462
五穀 4, 400
5道巡訪計定使 84, 115
5等田品 246, 381
5, 6세기 華北지방의 農法
　 440
王建 202
王磐 348, 350, 470, 476
王磐의 序 465
王室, 貴族의 大土地 소유
　 25
王禎의 『農書』 461
王朝國家 4, 5, 151, 154
王后寺 位田 165
倭寇의 침입 336
外位制度 18
遼東征伐 추진 336
堯舜之道 157, 202, 284
姚樞 358, 470, 478
『龍飛御天歌』 69
備春雇織 44
備作農民 9, 340
牛耕 14
牛欺地 361
牛犁耕 14, 164
우리나라 度量衡 67
우리나라 土地制度 특이성
　 145
牛馬數 183
牛馬의 宰殺禁止 328
牛馬醫書 413
牛馬籍 328
禹碻 348

禹希烈 310, 411
遠(代) 477
元刻本『農桑輯要』를 影印
　간행 466
元刻本『農桑輯要』의 두 종류
　 466
『元朝正本農桑輯要』 77,
　 454
『元朝正本農桑輯要』의 刊記
　 464
『元朝正本農桑輯要』의 構成
　 463
『元朝正本農桑輯要』重刻
　 462
緯度상의 5개 圈域 425
儒教的 農本主義 重農思想
　 352~354
儒教的 農政理念 418, 455
有主付籍之田 89, 93
有土 免稅地 261
6道墾田 319
6道의 總結數 85
6等田品 246, 383
6尺爲1步 60
六畜孳息條件 329
輪木(롤러) 439
隆熙 度量衡法 281
隱結, 漏結 270
邑落社會 5, 150, 151,
　 153
邑落社會의 사회구조 8
邑落社會의 원형 4
邑制國家 4, 150, 151,
　 154
義倉의 資本穀 96
犁(쟁기)의 발달 14
犁耕－耙－耖 361, 370
李沂 52
伊里干 91
犁耡 14
李穡 454
李穡의 後序 465

李成桂　　　　　　　32
李承休　　　　　　68. 91
李嵓　72. 347. 454. 462
移秧法　　　　　　436
李殷　　　　　　　310
移栽·移苗·移秧　　437
以田一負 出租三升　197
里正　　　　　　　300
李齊賢　　　　　83. 130
李齊賢의 史贊　72. 136
李齊賢의 策問　　116
泥炭土壤　　　　　429
人欺苗　　　　　　361
人力·人功에 의한 자연조건
　극복　　　　　　423
引繩人(裴使令)의 폐단
　　　　　　　　　250
人字耙　　　　　　359
人丁　　　　　　　96
1結 方 33步　　60. 235
日耕　　　　　　　276
1頃의 面積　　　　381
1等田에서 6等田까지의
　結實積　　　　　242
一易田은 中等田　109
賃勞動層　　　　38. 43
任延　　　　　　　420
臨川閣　　　　　　344

ㅈ

自·時作農民層　　　38
自耕　　　　　　　93
自營農民의 토지소유　17
自營農民層　　　9. 38
自營小農民層의 성장　331
字號　　　　　　64. 95
字號單位 구획　　　95
作尿灰法　　　　　436
殘堤堰(零細堤堰)　406
『蠶書』　　　　　416
蠶室의 설치　　　　304

雜穀의 交種 방법　417
長江流域의 降水量　355
張文謙　　　　　　470
莊舍　　　　　　18. 93
長栍標　　　　　　25
災結 규제　　　　　243
災結比摠法　　269. 271
栽木綿法　　　　　360
栽桑과 養蠶　　　374
災傷田 免稅문제　384
再易田은 下等田　109
財政運營 收取體制 재정비
　　　　　　　　　337
在地士族　　　　　258
苧麻　　　　　　　373
著作權의 귀속문제　482
赤城碑　　　　　　15
籍田　　　　299. 305. 353
籍田에서 農事試驗　307
籍田儀注　　　　　307
全國의 結數　　　393
전국의 戶數　　　390
全國土의 農業開發　385
前期祿邑　20. 170. 284
典農寺　　　　299. 305
典農寺의 籍田경영　306
田畓結數　　　　　183
田畓의 肥瘠　　　188
全面耕과 平土壤　362
佃舍法　　　14. 15. 176
佃舍·丁田農民　　16
田少者들은 麥田에 間種
　　　　　　　　　444
田柴科　　　　　27. 94
田野·農作地域에 대한 租稅
　　　　　　　　　192
田野의 農地는 結負로 표시
　　　　　　　　　187
田作農業의 비중　440
田作農業의 特徵　446
田作物과 畓作物을 回換 輪作
　　　　　　　　　438

田莊　　　　　　18. 93
전쟁포로를 良民으로 放良
　　　　　　　　　13
典籍 蕩盡　　　　353
田丁　　　　　83. 96. 191
田丁制　　　　　　222
「田丁柱貼」　　　191
田制詳定所　69. 241. 242.
　　　　　　　246. 380
『田制詳定所遵守條畵』
　　　　　　　211. 382
田制儀注　　　　　244
'田主'의 '佃客'지배　107
'田主佃客'　　　17. 27
田品　62. 88. 108. 217.
　　　　　　　　　218
田品과 所出의 조사 실험
　　　　　　　　　383
田品과 租額　　　117
田品規程　109. 116. 218
田品等第　218. 245. 249
田品等第와 租額을 정하는
　원칙　　　　　　123
田品分等 不通計八道 只以
　一道分之　　　　111
田品 3等　　　　　111
田品에 따라 租額에 균일한
　차등　　　　　　124
田品에 따르는 結의 所出
　　　　　　　　　134
田品 6等級　　　　286
佃戶農民　　　9. 25. 340
佃戶層에 대한 農奴的인 지배
　관계　　　　　　17
典訓　　　　　　　351
粘土　　　　　　　452
鄭道傳　　　　298. 419
町步法　　　　145. 282
政府의 遷都　　　81
鄭芬　　　　　　　310
定額稅制　　　　　269
定額制　　　　　　45

丁若鏞				49
井田法 시행				197
井田法의 내용				198
井田法의 租稅				198
丁田帳籍				184
井田制				158
丁田制			191, 197
丁田制의 稅·役(結·負·束,
	田丁) 量給			182
整地·施肥·栽植의 방법
					139
整地·播種·耘耔·收穫의 방법
					417
鄭招				318
鄭招의 『農事直說』序		418
整治都監			83, 116
丁·土地의 單位		95, 96
丁戶				101
『齊魯野語』				479
制民産 興王道			349
『齊民要術』	71, 344, 346,
					351
齊民的 租稅制度			165
齊民的 統治				284
齊民的 統治와 結負制		170
제반 賦稅의 田稅化		269
祭須				161
堤堰		302, 312, 387,
				404, 406
堤堰, 防川의 修築 新築
					310
堤堰의 規模와 數			405
堤堰의 水利효과			407
堤堰築造令				311
濟州島의 貢馬, 貢牛		328
提刑按察司				470
諸侯國家				157
趙過의 代田法		362, 367
早稻의 耕種法			434
條里制				158
粗放的 農法		164, 342
租簿				99

祖父文券				99
朝鮮 結負制의 특질		244
『朝鮮經國典』				419
朝鮮農業은 旱田農業이 중심
					395
朝鮮木綿의 재배법		424
朝鮮時期 結負 量田制의
	변동상황			245
朝鮮時期 結負 量田制의
	一段式 算法			249
朝鮮時期의 6等田品		247
朝鮮式 頃畝法		149, 238
朝鮮王朝는 農本主義 국가
					418
朝鮮王朝의 結負 量田制
		214, 234, 286, 382
朝鮮王朝의 農業開發政策
					385
朝鮮王朝의 農業技術 개량
					385
朝鮮王朝의 農政理念		418
조선의 農法을 기술한 『農事
	直說』				458
朝鮮의 水田地帶			395
朝鮮의 五穀				402
朝鮮의 風土에 맞는 농업기술
	개발 노선			414
朝鮮初期 農政의 課題		378
朝鮮初期의 結實積		338
朝鮮初期의 農業問題		334
朝鮮初期의 農業政策		334
朝鮮初期의 戶口			390
朝鮮初期의 戶口數 推定値
					393
朝鮮後期 結負制의 몇 가지
	특징				271
朝鮮後期 經濟制度·土地制度
	변동				37
租稅는 所出 중심으로		158
租稅로서 징수되는 租		118
租稅 米穀收納의 원칙		134
租稅收取 강화		335, 337

租稅收取 및 土地分給을
	위한 기초작업			105
租稅收取상의 혼란은 結負制
	구조에서			203
租稅 10分取1		22, 28,
				118, 120
租稅制度 改革과 結負制
					205
租稅制度 변동			269
租稅制度 운영을 위한
	基層單位			145
租稅制度와 結負制의 개혁
					272
租稅制度와 地積制度를 분리
					282
租稅制度의 矛盾構造		232
租稅制度의 불합리		40,
					376
租稅徵收의 단위 田丁·足丁·
	半丁				131
租稅體系가 田結에 집중
					263
租額				22
租額 所出의 米·稻 여부
					131
漕運船 수송 稅穀은 米穀
					132
漕運船이 수송하는 租稅穀
					131
租率과 租額			28
租의 用法				122
趙浚				121
趙浚의 私田改革論		73
早寒早霜				388
足蹂				365
足丁			83, 97, 223
足種		436, 437, 448
宗簿少尹 卞孝文			417
『種蒔直說』		358, 478
綜合農書				354
左軍都摠制府同知摠制 鄭招
					417

左倉(廣興倉)   132
左轄姚公   478
住居地와 農地를 배분 152
朱子는 성실한 勸農官 421
周尺   159, 278
周尺 5尺=1步   381
周尺을 중심한 尺度 일반에
    혼란   265
周尺의 길이   264
準農奴   17
『遵守冊』   211, 244, 258
『遵守冊』은 田制詳定所의
    내부용으로 編冊   253
准定結負   251, 383
准定結負의 원칙에 변화
               267
迳使令   211
中耕除草   365
中國 頃畝法 변동   238
中國農書   315
中國 書籍 購入   72
中國式 頃畝法   66, 238,
               286
中國의 頃의 實積   67
中國의 尺度   159
中國의 學問은 9개 流로 분화
               350
重農抑末   354
中農 이상의 富民   91
中農層   38
中書省 左丞   470
中世封建的 經濟制度의
    재편성   332
中世的 身分階級構成의
    동요 재편성   42
中世的 租稅制度   165
中小地主層   42
中·小土地所有者層   37
中央貴族들은 大土地所有者
               9
中堤堰   406
地契   261

地代는 半打作   22, 26,
          93, 122
地代는 4分取1   26, 120
地代는 3分取1   26, 118
地代 10分取3   23
地代徵收와 관련되는 租
               118
地理誌 편찬을 위한 規式
          386, 387
地方官들이 본받아야 할 典範
               420
地方官의 勸農成果   344
地方官의 量田시의 基礎調査
               59
地方守令의 임무   353
地方豪民層의 大土地所有
               9
支配層에게 土地(收租權)를
    分給   82
坤番   64
地稅制度 日本의 地價制를
    도입   282
地域에 따르는 地品   135
지역을 달리한 田品과 租額
               123
知莊   18, 93
知的 風土상에 변화   457
地積을 파악하는 단위는
    고정적   147
地積制度를 新 結負制=
    헥타르制로 개혁   282
地主的 立場의 改革方案
               48
地主佃戶制로 개편   327
地主佃戶制 발전   24
地主佃戶制의 경영 내용
               33
地主佃戶制下의 佃戶層 10
地主制를 중심한 農業再建策
               38
地主制의 재편성   53
地主層   38, 42, 258

地主層과 時作農民의 대립
               44
智證大師 道憲   90
指尺   86, 111, 229, 379
地品分等案   135
知陝州事 姜蓍   349
直干   74
直營農場   33
直營制   25
稷의 耕種法   443
稷의 栽培法   400
職田法   33
直播(付種法)   434
辰   5, 150
陳道弘   479
『陳道弘所錄』   479
陳無私校本   466
陳邃   470
陳田開墾   227, 412
陳田開墾과 依法收租 119,
               125
陳田 起墾시의 地代의 收取率
               93
辰州路總管府의 重刊後序
               465
辰州路總管府 重刊 大字本
          348, 454, 467
晋州牧(晋州道)   408
晋州牧使 偰長壽 349, 462
秦尺   159
陳荒田   385
集權的 官僚體制   12
集權的 封建國家의 勸農政策
               330
集權的 統治體制 강화 170
集團 隷民化   11
集團的 隷屬   9

        ㅊ

差等實積 同科收租
          223, 225

昌平刻本『農事直說』 446
蔡文淵 348, 350, 467
蔡文淵의 序 465
蔡洪哲 86, 115
處干 26
尺度의 발생 152
天·地의 제약조건을 人이
　극복 422
天·地·人 三才의 自然觀,
　農業觀 356
天文學 390
賤民層이 土地支配의 主體
　90
川上常郎 281
千石君 42
天下의 大本 350
天下通法 120, 202, 220
鐵器文明 150
鐵器文明의 생산 이용 5
鐵器文化 보급 7
鐵製農具 7, 150, 153
鐵製農具의 이용 身分
　階級差 155
鐵製農器具의 이용 지역차
　155
鐵齒擺 358
青銅器文化 150
菁州 居老縣 21
草料 101
村落의 地周步數 183,
　185, 187
村落·住居地域에 대한 稅役
　192
摠額制·結摠制의 田稅制度
　271
撮種(點種) 369
崔承老 96
最寒 389
追肥 373
逐末風潮 337
築堰作畓하여 屯田을 설치
　82

春夏에 乾旱多風 356
沖積土壤 429
測雨器 390

E

打量事業만을 量田事業의
　중요한 목표로 263
泰封王 弓裔 202
太祖 때의 什一稅 142
太祖의 農政의 原則 353
太祖의 租稅政策 121
土産貢物 387
土性所宜 417
土性 土壤條件 429, 451
土宜(作物) 387, 398
土宜作物 재배의 地域的 偏差
　402, 403
土地改革論(井田論, 均田論,
　限田論) 47, 49
土地兼併 331
土地 '國有論' 101
土地는 共同體의 所有 6
土地 없는 貧窮無告者에게
　閑田을 급여 321
土地兼幷과 농장의 확대
　78
土地를 步와 結負로 파악
　191
土地分給制(收租權) 94
土地分給制 운영 문란 70,
　78
土地肥瘠 387
土地私有制 107
土地生産力 발전의 사회적
　요청 77
土地所有關係에 변동 7
土地所有權은 收租權에 의해
　제약 27, 105
土地所有權을 辨別하는 근거
　94
土地所有權者는 法으로 보호

　93
土地所有權者와 收租權者
　대립관계 102
土地所有權者의 社會階層
　89
土地所有權者의 土地支配의
　권리 91
土地所有의 身分差 90
土地所有의 主體에 격동 8
土地의 經營 자유 92
土地의 私的 所有關係 9,
　17
土地의 私的 所有權 24
土地의 所有主 62, 88
土地의 所有主는 '佃客' 101
土地의 形態 62
土地制度 운영을 위한 基層
　單位 145
土地支配의 권리 94
土地支配의 主體 86, 88,
　89, 104
土地集積의 방법에 변화
　35
土地測量用 尺度 68
統監府의 財政整理 281
通度寺의 寺刹領 74
統主 300
通州副使 金用卿 87
投托 340
特殊尺 210, 211

ㅍ

把(줌·발) 146, 278
擺(耙)·勞의 작업을 畜力
　(牛)으로 362
擺(耙)는 '渠疏' 361
把는 한 줌·한 발 199
把 단위 복합적 結負制
　161, 204
把·발·尋의 量田尺 146,
　166, 188, 284

把·발·尋의 길이 167, 168
八條의 禁法 154
片麻岩土壤 429
編戶 177
編戶小民 170, 177
平面整地 433
平式院 277
平安道農民戰爭 46
平壤遷都 12
平田 73, 74, 98, 110, 165
平田의 結 實積 284
布帛尺 264
標準租稅로서의 堯舜之道 199
標準戶 177
品種改良 139
風氣(氣象) 388
風土論은 保守的인 思想 422
風土論의 克服 373, 423
風土不同 317, 386, 415
風土不同論 455
風土不同論 극복의 분위기 456
風土상의 차이 440
피·稗는 災害에 강한 作物 400
避亂民에게 農地를 給與 81
피난지에서는 農地求得에 경쟁 76
避亂地에서는 새로운 經濟 秩序를 수립 81
必須歲易(換田) 366

ㅎ

下等田 재조정 247
下三道의 耕種耘穫의 法 318
下三道의 五穀의 土性所宜 318
下三道의 雜穀交種의 방법 318
下三道지역의 民을 北方諸 道로 이동 323
夏秋에 常有暴雨 356
下戶 8, 9, 16
下戶層에 의한 생산 10
學僧·王師 木菴 349, 462
韓 150
寒暖·季節早晚 388
旱稻·山稻 433, 437
한 못을 내는 農地(束) 152
한반도 농지의 토양조건 428
한 '발'의 尺度를 量田尺으로 167
韓半島의 降水量 425
한반도의 강수량을 중국과 비교 428
『韓氏直說』 358, 478
韓雍 311
旱田과 水田의 構成比率 395
限田論 331
旱田에서의 田品과 租額 124
閑田을 賜牌田으로서 지급 322
旱田 1結(頃)은 150斗落 126
旱田地帶 395
漢族 農業과 農政理念을 계승 발전 349
閑地를 開墾 82
閑地를 官權으로 配分 321
한 짐을 내는 農地(負) 152
漢尺 159
陝溪太氏族譜』 195
抗稅運動 46, 272

抗租運動 45
海東盛國 渤海 197
行中書省 470
鄕權 42
向得舍知割股供親 181
鄕吏層 42
鄕村社會의 土着勢力 42
許傳 49
許皇后 165
헥타르(hectare) 278, 279
現實的 主體的 思考의 산물 458
戶口 387, 390
戶當 平均結數 394
胡麻 耕種法 445
豪民 6, 8
互相陳荒하는 農地 收稅 243
戶數는 編戶 390
戶籍帳籍 184
豪族·支配層·大農 중심의 농업 227
紅巾賊 319, 336, 345
洪景來 46
洪吉周 49
禾稈 한 줌을 내는 농지 (握·把) 152
花崗岩系 429
花崗岩土壤 429
花崗片麻岩系 429
花崗片麻岩系의 풍화에 의해서 조성 429
華北地方의 農法 71
華北地方의 種麥法 368
火山灰土 429
禾株(벼 포기)의 수 증가 138
劊子 365, 367
換茬(不重茬) 輪作하는 歲易 438
활(弓) 152

황무지 新墾　　　　　　439
荒遠田　　　　　　　　385
荒遠田·新田開發에 免稅조치
　　　　　　　320, 412
黃土層　　　　　　　　356
黃土層의 柱形紋理·毛細管
　　　　　　　　　356
黃河流域 農業技術의 특징
　　　　　　　　　356

黃河流域의 降水量
　　　　　　355, 428
回換農法　　　　　　438
後期祿邑　　　　　　　20
後魏 賈思勰의 『齊民要術』
　　　　　　　　　477
后稷　　　350, 362, 420
후진지역에 屯田을 설치 경영
　　　　　　　　　413

후치法　　　　　　　367
訓要十條　　　　　　353
畦種　　　　　　　　359
黑土　　　　　　　　451

김용섭 교수 정년기념 한국사학논총 1
◉── 한국사인식과 역사이론
김용섭교수정년기념한국사학논총간행위원회 편/신국판/양장 668쪽

김용섭 교수의 정년을 맞아 그가 제시한 '내재적 발전'의 관점에서 한국사를 총정리하기 위해 발간한 〈김용섭교수 정년기념 한국사학논총〉의 첫 번째 책. 우리 역사의 각 시기별로 그 당시 사회가 요청하는 실천적 과제에 역사학계가 어떻게 답했는가에 대한 검토를 통해 한국역사학의 발전과정을 총정리하였다. 또한 시대구분론부터 역사교육론까지, 한국사의 11개 연구 분야에 걸쳐 해당 분야의 권위자가 그 분야를 이론적으로 정리함으로써, 한국사 연구의 나아갈 방향을 점검하였다.

김용섭 교수 정년기념 한국사학논총 2
◉── 한국 고대, 중세의 지배체제와 농민
김용섭교수정년기념한국사학논총간행위원회 편/신국판/양장 774쪽

한국의 전근대사를 고대, 중세전기, 중세후기의 세 시대로 구분하고, 각 시대가 어떻게 발전을 해왔는가를 정리한 책. 1편에서는 신석기시대의 생산력과 사회단위의 확대에 관한 시론을 비롯, 삼국시기 대민수취를 위한 지방편제와 그 운영방식을 살폈으며 2편에서는 통일신라에서 고려말에 걸친 시기의 주요 문제를 '중세 전기의 신분제와 토지소유' 중심으로 살폈다. 3편에서는 조선왕조의 성립을 중세질서의 재편과정이라고 이해하고 조선후기는 근대로 변화해 가는 중세해체기로 파악하였다.

김용섭 교수 정년기념 한국사학논총 3
◉── 한국 근현대의 민족문제와 신국가건설
김용섭교수정년기념한국사학논총간행위원회 편/신국판/양장 786쪽

이 책은 오늘날 우리 민족이 안고 있는 분단 극복과 민주화라는 역사적 과제를 한국사학의 입장에서 조명하였다. 한국에서의 분단구조 형성은 외세의 영향 때문이기도 하지만, 보다 근본적으로는 사회 내부의 갈등을 조정하지 못한 민족운동의 분열에 원인(책임)이 있으며, 따라서 통일의 길은 오늘날 사회 내부의 갈등을 치유하는 데서부터 시작되어야 한다는 관점이 강하게 깔려 있다. 그리고 마지막은 '식민지 근대화이론'의 이론적 맹점을 예리하게 분석한 한국자본주의론으로 마무리하였다.

◉── 朝鮮前期土地制度研究(Ⅱ)
이경식 지음/신국판/양장 586쪽

우리나라 중세의 사회구성과 그 연원 및 해체 문제를 일관된 맥락에서 추구한 책이다. 흔히들 조선사회는 정체된 사회인 것처럼 말한다. 그러나 우리는 저자가 10여 년 동안 오직 조선전기 사회의 모습을 밝히는 데 심혈을 기울여 쓴 이 책을 통하여, 조선사회가 얼마나 힘이 넘치고 있는 사회인가를, 마치 남대문시장이나 동대문시장에서 느낄 수 있는 사람들의 살아 숨쉬는 분위기를 느낄 수 있다.

김용섭저작집 1

●──증보판 朝鮮後期農業史研究〔Ⅰ〕

김용섭 지음/신국판/양장 628쪽

이 책은 일제의 식민사관을 우리 농업문제를 중심으로 구체적인 실증을 통하여 타파한 역저이다. 저자는 양안(토지대장)과 호적대장 분석을 통하여 농촌경제나 이를 통해 드러난 사회변동을 추적하였고, 중세사회 해체기의 농업문제가 무엇이었으며, 농민층의 분화와 중세적인 지주 전호 관계의 해체와 경영형 부농의 형성, 중세사회의 사회구성과 농민층의 관련 등을 폭넓게 다루고 있다.

김용섭저작집 6

●──韓國近代農業史研究〔Ⅲ〕

김용섭 지음/신국판/양장 258쪽

조선후기 농업사를 실학파의 농업개혁론과 보수 지배층의 개혁론 및 정책의 비교 연구를 넘어, 그 모순구조의 실질적 담지자인 민중과 그들의 항쟁의 측면에서 고찰한 책이다. 동학농민운동이 발생하게 된 배경을 살펴봄으로써, 동학란은 진보적 실천운동가와 농촌지식인들이 지도한 농민운동, 농민혁명을 위한 운동이었으며, 동학교단은 농민군을 동원하기 위한 조직으로 활용되었다는 사실을 밝혀낸다.

김용섭저작집 7

●──증보판 韓國近現代農業史研究

김용섭 지음/신국판/양장 520쪽

이 책은 경영사례를 중심으로 하고 있다. 즉 농업개혁론과 농업정책에 의해서 정착하게 되는 한말·일제하의 지주제·지주경영의 구체적인 사례를 수집하고 史實로서 객관화시켜 명쾌하게 설명했다. 지주제 일반의 모순관계, 농민운동, 그 모순의 개혁방법과 타개방법 등을 그 핵심주제로 다루어 엮었다.

●──조선후기정치사상사연구

김준석 지음/신국판/양장 672쪽

세 권으로 기획된 고 김준석 선생의 유고집 가운데 제1권. 저자는 17~18세기 조선의 국내외 위기에 대한 대응으로 儒者·官人 사이에 대두되었던 國家再造論의 성격을 南人·老論·少論 각 정파와 학파별로 나누어 계통적으로 분석하였다. 아울러 저자는 17세기 중반~18세기 전반의 정치사상사의 흐름이 결국은 19세기에 노론 세도정권의 정치론으로 연결되는 맥락과 함께 남인·소론의 개혁론으로 계승되는 과정을 밝히고 있다. 우리는 이 연구서를 통해 조선후기 사회변동에 대응하는 보수 개량과 진보개혁의 논리를 이해함으로써, 이 시기 사상사의 역사적 성격을 거시적으로 조망할 수 있게 되었다.